红 外 系 统

张建奇　编著

西安电子科技大学出版社

内 容 简 介

本书全面地论述了各类红外系统的基本概念、组成框架、工作原理，并对典型红外系统的工作流程、性能指标、发展趋势等进行了详细的描述。同时，还对红外系统中采用的一些新技术进行了介绍。

本书叙述由浅入深、循序渐进，内容全面、系统，重点突出。

本书可作为电子科学与技术、光学工程、光电信息科学与工程等专业本科高年级学生或研究生的教材，也可供红外与光电系统相关领域的科技工作者参考。

图书在版编目(CIP)数据

红外系统/张建奇编著. —西安：西安电子科技大学出版社，2018.8
ISBN 978 - 7 - 5606 - 4919 - 1

Ⅰ. ① 红… Ⅱ. ① 张… Ⅲ. ① 红外系统—高等学校—教材 Ⅳ. ① TN21

中国版本图书馆 CIP 数据核字 (2018) 第 126510 号

策划编辑 毛红兵
责任编辑 王 瑛
出版发行 西安电子科技大学出版社(西安市太白南路 2 号)
电 话 (029)88242885 88201467 邮 编 710071
网 址 www.xduph.com 电子邮箱 xdupfxb001@163.com
经 销 新华书店
印刷单位 陕西天意印务有限责任公司
版 次 2018 年 8 月第 1 版 2018 年 8 月第 1 次印刷
开 本 787 毫米×1092 毫米 1/16 印 张 29
字 数 694 千字
印 数 1～3000 册
定 价 70.00 元

ISBN 978 - 7 - 5606 - 4919 - 1/TN

XDUP 5221001 - 1

＊ ＊ ＊ 如有印装问题可调换 ＊ ＊ ＊

前　言

红外系统将红外物理、光学元件、红外探测器、信息检测与处理、信号显示与控制等技术融为一身，是人们感知和认识光学信息的主要工具，是目前红外技术发展的最高阶段和表现形式。近半个世纪以来，随着红外技术的进步和发展，各种类型的红外系统不断涌现，其功能持续完善，应用领域大幅拓宽，已在军事、工业、农业、医疗、科学等领域得到了广泛应用。

红外系统是一种工作在红外波段的辐射探测和观察装置，其基本功能是接收景物的红外辐射，测定辐射量大小以及景物特征空间分布。通常，红外系统可分为红外探测系统和红外成像系统。所谓红外探测系统，是指通过接收目标红外辐射，经转换处理后获取目标特征参量的一种装置。依据特征参量，红外探测系统又可分为红外测温仪、红外光谱仪、红外测角仪和红外报警器等。所谓红外成像系统，是指通过接收景物的红外辐射，经转换后获得景物可见光图像的装置。根据图像生成方式，红外成像系统又分为扫描成像系统和凝视成像系统。将红外光谱仪和成像系统融合，可同时获得景物的光谱分布和图像，这种装置称为光谱成像系统。如果将红外系统的基本框架与应用平台相结合，可派生出红外侦察系统、红外预警系统、红外制导系统、红外搜索系统、红外遥感系统、红外监视系统、红外导航系统、红外生命探测仪、红外无损探伤系统等。因此，将种类如此繁多、功能如此多样的红外系统在有限篇幅内进行系统、深入、完整、全面的论述，实在是一种挑战。

为了使读者掌握红外系统的基础知识、基本原理，并了解红外系统的发展水平，编者结合多年来的科研和教学体会，编写了本书。本书首先简单地回顾了红外光学系统、红外探测器以及信息检测和信号处理等内容，如果读者对此内容已有了解，可忽略此部分。接着，全书通过将功能类似的红外探测系统进行整合，选取具有代表性的典型系统，对其组成结构、工作原理和性能分析等进行论述。因为，许多不同红外探测系统在结构组成、工作原理等方面有很多相同之处，往往在一种探测系统的基础上，增加某些元部件、扩展信号处理电路的某些功能后，便可以得到另一种探测系统。这样安排，既注重了基础，又关注到体系；既可深入描述工作原理，又能重点介绍典型系统。本书在编写过程中，尽力收集一些新的研究成果，列举了一些新颖的红外系统内容。同时，在每一章都列举了最新的参考文献，读者可根据具体需要进行必要的选择。

本书共分 8 章：第 1 章概述红外系统的基本组成、类型划分、主要应用等；第 2 章简述光学系统性能参数和典型红外光学系统；第 3 章介绍红外探测器的分类和典型红外探测器的性能指标；第 4 章讨论典型红外信息检测和信号处理方法；第 5 章以红外辐射测温系统为典型代表，描述红外辐射测量系统的工作原理和主要性能；第 6 章以红外方位探测系统为典型代表，描述红外点目标探测系统的工作原理和主要性能；第 7 章论述红外成像系统的工作原理和性能分析；第 8 章论述光谱成像技术和典型光谱成像系统。

本书由张建奇执笔，黄曦参与第 4 章内容的编写，孙浩参与全书的校稿。

本书在编写过程中得到了西安电子科技大学出版社、西安电子科技大学物理与光电工程学院红外技术系的教师和同学的支持与帮助，谨向他们表示诚挚的感谢。同时，在本书编写过程中，参考了大量的文献资料，在此向所有作者同仁深表谢意。

红外系统涉及的技术领域十分广泛，综合性非常强，且其正处于高速发展的阶段，作者虽竭尽所能，但因水平有限，书中难免有一些不妥之处，恳请读者批评指正。

作　者
2018 年 5 月

目　　录

第1章 绪 论

红外系统是各种红外技术的集中体现，涉及红外物理、光学设计、红外探测器、信息检测与处理、信号显示与控制等领域，它将光学信息感知扩展到红外光谱区，极大地提高了人们的观测能力和认知水平。红外系统发端于军事目的，并在军事需求刺激下得以快速发展，具有一些神秘特色和独有特征。随着技术的进步，红外系统开始进入大众视野，并得到广泛应用。本章简要描述红外系统的基本组成、类型划分、主要特征、应用领域和发展趋势等。

1.1 红外系统的基本组成

红外系统是一种工作在红外波段的辐射探测和观察装置。红外系统最基本的功能是接收景物（目标与背景）的红外辐射，测定其辐射量大小以及景物特征空间分布，通常包括光学系统、光学调制器或光机扫描器、红外探测器、信号处理器以及信号显示、信号控制、信号存储或信号传输等子系统。由于某些探测器工作时必须冷却到较低的温度，故有些红外系统也包括探测器制冷器。典型的红外系统组成框图如图1-1所示。

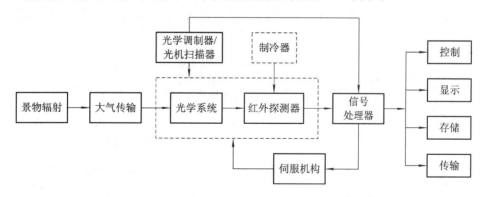

图1-1 红外系统组成框图

由景物发出的红外辐射，经大气传输衰减后投射到光学系统上；光学系统接收景物的红外辐射，并将其会聚在探测器上；红外探测器将入射的红外辐射转换成电信号；转换后的电信号经信号处理器后，获得与目标相关的温度、方位、相对运动角速度等参量信息，这些参量信息可以不同的信号形式进行输出，从而满足显示、存储、传输以及控制等各种应用。

红外系统取得景物方位信息的方式有两种：一种是调制工作方式，另一种是扫描工作方式。若红外系统是以调制方式取得目标方位信息的，则在光学系统的像平面上设置调制器。调制器用来对景物红外辐射进行调制，调制后的辐射遵循某一规律变化，并含有目标的空间方位信息。调制器还配以基准信号发生器，向信号处理器提供作为确定目标空间方位的基准信号。若红外系统以扫描方式工作，则在光学系统中或红外探测器内设置扫描器。扫描器对景物空间进行扫描，扩大观察范围并对景物空间进行分解，以确定目标空间坐标，或获取景物空间的辐射分布。扫描器也向信号处理器提供基准信号以及扫描空间位置同步信号，以作信号处理的基准和同步显示。

当红外系统需要对景物空间进行搜索、跟踪时，则需设置伺服机构。空间搜索时，需将搜索信号发生器产生的信号送入信号处理器，经处理后用它来驱动伺服机构，伺服机构带动光学系统/红外探测器在空间进行搜索。目标跟踪时，根据信号处理器输出的误差信号，对目标进行跟踪。采用调制方式工作的红外系统，可以对点目标实行探测、跟踪、搜索；采用光机扫描方式工作的红外系统，扫描器和伺服机构这两个环节总是合并为一个环节。带有扫描器的红外系统，除了能对景物实行探测、跟踪、搜索外，还能显示景物的图像。

红外探测器输出的电信号，经信号处理器后可提取出景物的有用信息，这些信息可送至显示、存储装置，也可用于对其他装置进行控制，或由传输系统发送至接收装置，进行再加工处理。

完整的红外系统应包括目标与背景红外辐射、大气辐射传输以及辐射探测和观察装置。红外系统的研究，应从目标与背景红外辐射特性、大气辐射传输特性的分析出发，根据不同的应用需求，设计不同类型的红外系统。

1.2　红外系统的分类

红外系统可按照入射辐射的来源、工作方式以及功能特征等进行类型划分，如图 1-2 所示。

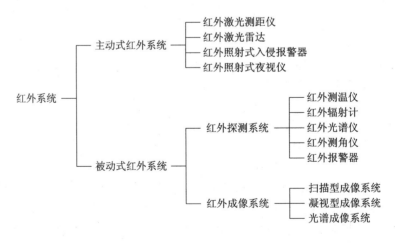

图 1-2　红外系统分类

1.2.1　主动式红外系统和被动式红外系统

由图 1-2 可知，总体上，红外系统可分为主动式红外系统和被动式红外系统两类。

1．主动式红外系统

所谓主动式红外系统，是指由系统自身所带的红外光源照射景物，入射辐射被景物反射进入系统，从而完成探测任务的一种仪器。如果辐射光源来自第三方，则这种仪器称为半主动式红外系统。红外激光测距仪、红外激光雷达、红外照射式入侵报警器以及红外照射式夜视仪就是典型的主动式红外系统。例如，红外激光雷达通过向目标发射红外激光光束，将接收到的目标反射信号（激光回波）与发射信号进行比较后，就可获得目标的有关信息，如目标距离、方位、高度、速度、姿态、形状等参数，从而对目标进行探测、跟踪和识别。而红外照射式夜视仪是利用近红外光源照射景物，将景物反射的红外辐射转换为可见光图像，从而实现有效的"夜视"。

主动式红外系统是一种特殊的光电系统，其工作原理与可见光系统类似，不属于本书所讨论的内容。

2．被动式红外系统

被动式红外系统是通过接收景物自身红外辐射，利用不同温度景物红外辐射特性的差异，完成目标探测的一种仪器。被动式红外系统最显著的特征是不需要借助外来辐射源进行工作，而景物自身红外辐射与其温度有关，所以也将被动式红外系统称为热红外系统。通常情况下，红外系统指的就是被动式红外系统。

1.2.2　红外探测系统和红外成像系统

根据红外系统的工作方式，可将红外系统分为红外探测系统和红外成像系统两类。

1．红外探测系统

红外探测系统是指通过接收目标红外辐射，经转换处理后获取目标特征参量的一种装置。根据所要获取的目标特征参量，红外探测系统又可分为不同的种类：特征参量为目标表面温度时，称为红外测温仪；特征参量为目标辐射量时，称为红外辐射计；特征参量为目标辐射光谱分布时，称为红外光谱仪；特征参量为目标方位时，称为红外测角仪；特征参量为目标存在与否时，称为红外报警器；等等。

必须指出的是，上述不同类型的红外探测系统，它们在结构组成、工作原理等方面都有很多相同之处，往往在一种探测系统的基础上，增加某些元部件、扩展信号处理电路的某些功能后，便可得到另一种类型的探测系统。例如，红外测温仪和红外（光谱）辐射计，它们的相同之处是都测量目标的辐射通量，不同的是，红外测温仪是根据测得的辐射通量求出目标的表面温度，而红外（光谱）辐射计则是由所测得的辐射通量和测量时的限制条件计算出各种红外辐射量。再譬如，红外测角仪和红外报警器，它们都是根据测得的目标红外辐射来确定目标的方位信息的，不同之处在于，红外测角仪需要精确确定目标的方位坐标，而红外报警器只需大致给出方位，或无需给出目标方位仅标识目标的存在即可。

2．红外成像系统

红外成像系统是指通过接收景物的红外辐射，并将其转换成可见光图像的装置。由于红外成像系统通过摄取景物热辐射分布，并将其转换为人眼可见图像，因此人们也将红外成像系统称为红外热成像系统，或简称为热成像系统。

根据红外图像的生成方式，可将红外成像系统分为扫描型红外成像系统和凝视型红外成像系统。所谓扫描型红外成像系统，是指利用光机扫描器，使探测器依次扫过景物的各个部分，从而形成景物图像的成像系统；凝视型红外成像系统是利用红外焦平面阵列探测器，并借助器件内的电子扫描部分完成景物的空间分解，生成景物图像的成像系统。

光谱成像系统也称光谱成像仪，是一种将光谱和成像技术组合，可同时获得景物图像和光谱分布的装置。光谱成像系统将由物质成分决定的目标光谱与反映目标存在格局的空间图像完整地结合起来，对每一个空间图像的像元赋予具有其本身特征的光谱信息，实现了图谱合一。

1.2.3 红外系统的功能特征

将上述红外系统的基本框架与应用平台结合，可赋予红外系统丰富的功能特征，按照所拓展的功能特征，又将派生出许多红外系统类型，如红外侦察系统、红外预警系统、红外制导系统、红外搜索系统、红外遥感系统、红外监视系统、红外导航系统、红外生命探测仪、红外无损探伤系统等。

1.3 红外系统的基本特点

红外系统与电视系统、雷达系统一起并称为三大信息传感系统。与电视系统和雷达系统相比，红外系统具有一些独有的特性。

1. 适应性强

红外系统的环境适应性优于电视系统。电视系统只能在白天以及能见度较好的环境条件下工作，而红外系统无论在白天，还是在夜晚，都能很好地工作，甚至在恶劣天候下，也能穿透烟雾和尘埃进行较好的探测和成像。

2. 隐蔽性好

由于红外系统是以被动方式工作的，无需借助外界光源和辐射照射，因此，相对于电视系统和雷达系统而言，红外系统的隐蔽性和保密性很强，不易被对方发现，这一特性对于军事应用尤为重要。

3. 灵敏度高

红外系统对目标与背景之间的热辐射或温度差异非常敏感，只要存在或遗留有几十毫度的温度差别，就可完成探测或成像。

4. 分辨率高

相对雷达系统而言，红外系统的方位探测精度或空间分辨率是很高的，角分辨率一般为十分之几毫弧度，可以精确地进行目标探测和识别。

5. 结构简单

红外系统的结构较为简单，无需太多的辅助装置，使用灵活，扩展方便。

1.4 红外系统的应用

随着红外技术的发展，红外系统的功能持续完善，应用范围不断扩展，从地面、海上、空中到太空，从军事、工业、农业、医疗、科学领域到百姓家庭，不同类型的红外系统层出不穷。表1-1给出了红外系统在不同领域的典型应用。

表 1－1　红外系统的典型应用

应用领域		说　　明	图　　例
军事	红外侦察	大孔径、高灵敏度、高分辨率红外（光谱）成像系统，能在昼夜与不良天气条件下摄取良好质量的（光谱）图像，获得所需情报	
	红外预警	通过对来袭威胁源进行红外探测，发现目标后，发出告警信号，启动防范措施	
	红外搜索	通过对大区域进行扫描，探测、发现和识别目标，给出目标在视场中的方位及与视场中心轴的偏离，驱动随动系统精确瞄准目标	
	红外制导	在导弹前端装有红外导引头，利用红外跟踪原理，捕获、跟踪目标，并引导导弹飞向目标	
民用	红外测温	红外测温仪是一种非接触式测量仪器，测量速度快，不影响被测物体表面的温度分布，常用于热容小、距离远、运动物体以及无法接触物体的表面温度测量	
	红外安防	红外安防摄像机要采用主动成像方式，因能满足夜间环境下的隐蔽拍摄以及拍摄画面清晰而被广泛应用于视频监控中	
	红外遥感	远距离探测地物红外辐射特性的差异信息，确定地物的性质、状态和变化规律	
	红外导航	红外导航系统是驾驶员在夜间或不良能见度条件行驶时不可或缺的一种装备，可为驾驶员实时提供更清晰的环境图像，提高驾驶安全性	

应用领域		说　明	图　例
民用	红外生命探测	利用红外成像系统探测生命体所发出的红外辐射，实现倒塌废墟、矿井、变形汽车等失事现场失踪人员的救援	
	红外无损探伤	根据不同材料的结构特性、缺陷性质，采用不同种类的热激励源，对被测物体表面进行主动式加热，利用红外成像系统检测物体表面温度，通过红外热图序列分析检测物体的缺陷	
	红外疾病诊断	红外成像系统可用于多种疾病的临床诊断，已逐渐成为现代影像诊断技术的一个新领域，可与CT、B超等影像诊断方法相互补充，提高疾病诊断符合率	
	红外天体观测	红外系统是观测被宇宙尘埃掩蔽的天体的得力手段。红外波段有许多重要的分子谱线，许多天体在远红外区的辐射较强，红外天文学正在成为实测天文学的最重要领域之一	

★本章参考文献

[1]　张建奇. 红外物理[M]. 2版. 西安：西安电子科技大学出版社，2013

[2]　梅逐生. 光电子技术[M]. 2版. 北京：国防工业出版社，2008

[3]　杨宜禾，岳敏，周维真. 红外系统[M]. 2版. 北京：国防工业出版社，1995

第 2 章　红外光学系统

红外光学系统是指工作在红外波段的光学系统，是红外系统的主要组成部分。一般地讲，红外光学系统作为光学系统的一个类别，和其他光学系统相比，在光辐射能接收、传递、成像等概念上没有原则上的区别。但是，由于红外光学系统工作波长在红外波段，且大多数系统的辐射能量接收者是红外探测器，因此其本身具有与一般光学系统所不同的特点。本章在简要阐述常用红外光学材料特性和一般光学系统性能参数的基础上，重点描述一些常用的红外光学系统。

2.1　红外光学系统的功能和特点

红外光学系统包括红外物镜和其他辅助光学元件。

2.1.1　红外光学系统的功能

红外光学系统的功能如下：

(1) 收集并接收目标发出的红外辐射能量。

收集红外辐射能量，主要是通过红外物镜来实现的。通常目标都是向周围整个空间发出辐射，且辐射能是很弱的。同时，红外探测器的光敏面面积很小，只能接收很小立体角范围内的红外辐射。因此只有采用尺寸远大于探测器尺寸的物镜来会聚红外辐射，才能提高红外系统的探测灵敏度。

(2) 确定辐射目标的方位。

通过光学系统可将目标成像在像平面上，由于像点位置与目标偏离光学系统轴的方位一致，因此可以用编码器或图像处理算法提取目标的方位信息。

(3) 完成大视场内的目标搜寻。

红外系统要对大视场范围内的目标进行成像，由于单个探测器对应的视场很小，因此常采用光机扫描的方法来扩大视场。即利用某种扫描方式，按照一定的运动规律来对整个搜索视场进行扫描取样，以达到大视场内搜寻目标的目的。

2.1.2　红外光学系统的特点

红外辐射的特有属性，使红外光学系统具有下列与普通光学系统不同的特点。

(1) 光学系统大多采用反射式系统。

普通光学玻璃只能透过 3 μm 以下的辐射，对于工作在中远红外波段的物镜及光学元件，要采用折射式系统，必须使用特殊的光学材料制造，这往往受到材料本身特性的影响。红外光学系统为了收集更多的辐射能量，物镜的口径必须很大，但是所用材料的性能和成型尺寸不能完全满足使用要求，且透射式系统消除色差也较困难，所以，大多红外光学系统都采用反射式结构。

（2）光学系统的接收器是红外探测器。

红外系统属于光电子系统，其接收器是各种光电器件。因此相应光学系统的性能和像质应以它和探测器匹配的灵敏度、信噪比作为主要评定依据，而不是以光学系统的分辨率为主。这是因为分辨率往往要受光电器件本身尺寸的限制，相应地对光学系统的要求有所降低。

（3）光学系统的相对孔径大。

由于红外系统作用的目标一般较远，接收的能量微弱，因此要求其光学系统的接收孔径要大。同时，光学系统要将收集到的辐射能会聚到探测器上，为了在探测器的光敏面上获得更大的照度，希望系统的焦距要短，这样系统的相对孔径就会大。由于探测器的信号输出电压与光敏面的照度成正比，而光敏面上的照度又与物镜相对孔径的平方成正比，因此，为了提高系统的探测能力，就要使光学系统的相对孔径加大。

2.1.3　红外光学系统的设计原则

根据红外光学系统的特点，在设计系统时应遵循以下原则。

1. 光谱匹配

光学系统与目标、大气窗口、探测器之间的光谱匹配，即光学系统的工作波段应选择在目标辐射强度大、大气透过率高、探测器响应大的波段内；光学系统应对所工作的波段有良好的透过性能，即具有高的光学透过效率。

2. 高系统灵敏度

光学系统在尺寸、像质和加工工艺许可的范围内，应使接收口径尽可能大，同时应保障尽可能大的相对孔径，以保证系统有较高的灵敏度。

3. 杂光和噪声抑制

对于视场外的背景或杂光，可以用适当的光阑遮挡，使它不能直达像面；对于视场内的背景，常用光谱滤波和空间滤波的方法将它抑制到不妨碍红外系统的正常工作。通常采用探测器光学系统，如场镜、浸没透镜与光锥等来减小探测器尺寸，提高信噪比。

4. 大视场

为了增大红外系统的物方视场、增加探测能力，往往在光学系统中引入物方扫描器和像方扫描器。

2.2　光学系统的主要参数

描述光学系统性能的参数很多，这里就一些常用的参数给予简单的总结性描述，详细的讨论可参考有关应用光学的教材。

2.2.1　光阑

组成光学系统的透镜、反射镜都有一定的孔径，它们必然会限制可用来成像光束的截面或范围，有些光学系统中还特别附加一定形状的开孔的屏，这些统称为光阑，在光学系统中起拦光的作用。

实际光学系统中可能有许多光阑，按其作用可分为孔径光阑和视场光阑两类。

1. 孔径光阑

1）孔径光阑的定义及作用

限制轴上物点成像光束宽度,并有选择轴外物点成像光束位置作用的光阑称为孔径光阑。

孔径光阑的作用如下:

(1) 孔径光阑的大小和位置限制了轴上物点孔径角的大小。对同一物点,在同一位置设置孔径光阑时,光阑尺寸越大,则物点孔径角越大,如图 2-1 所示;就限制同一物点孔径角而言,孔径光阑可以设置在成像光学元件的前面、后面或光学元件上,效果相同,如图 2-2 所示。

(2) 孔径光阑的位置对轴外物点成像光束具有选择性。对轴外点发出的宽光束而言,在保证轴上点孔径角不变的情况下,光阑处于不同位置时,将选择不同部分的光参与成像,如图 2-3 所示。这样通过改变光阑的位置,就可以选择成像质量较好的部分光束参与成像,提高(改善)成像质量。

孔径光阑对光束的限制作用是相对某一固定位置的物点而言的,如果物点的位置发生变化,孔径光阑可能改变。

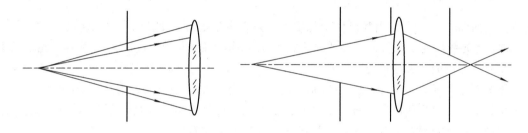

图 2-1　光阑尺寸大小对光束限制作用的影响　　图 2-2　光阑处于不同位置对光束的限制作用

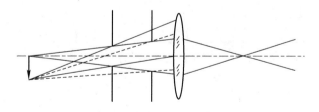

图 2-3　孔径光阑对轴外点的限制作用

2）入瞳和出瞳

孔径光阑经前面的光学系统在物空间所成的像称为入瞳。入瞳决定了物方最大孔径角的大小,是所有入射光的入口。图 2-4 中 B' 即为该光学系统中的入瞳。

孔径光阑经后面的光学系统在像空间所成的像称为出瞳。出瞳决定了像方孔径角的大小,且是出射光的出口。图 2-4 中 B'' 即为该光学系统中的出瞳。

一般而言,判断入瞳、出瞳和孔径光阑的方法是,将光学系统中所有光学元件的通光口径分别对其前(后)面的光学系统成像到系统的物(像)空间,并根据各像的位置及大小求出它们对轴上物(像)点的张角,其中张角最小者为入瞳(出瞳),同时该光学元件即为光学系统的孔径光阑。

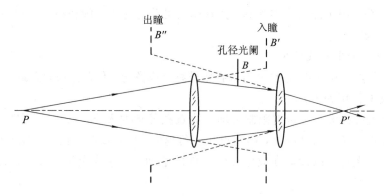

图 2-4　光学系统中入瞳、出瞳示意图

2. 视场光阑

限制物体成像范围的光阑称为视场光阑。在光学系统中，视场光阑可以是其中某个光学零件的镜框，也可以是专门设置的光阑。视场光阑的形状多为正方形、长方形。大多数红外系统的探测器放在光学系统的焦面上，探测器本身就是视场光阑。

2.2.2　焦距

如图 2-5 所示，当物点位于光轴上并且在无限远时，投射到光学系统的光线平行于光轴，此光线经光学系统后落在光轴上的 F' 点，称为像方焦点。过 F' 点且垂直于光轴的平面称为像方焦面。入射光线与出射光线的延长线相交的点，经此点作一垂直于光轴的平面，此平面称为像方主平面，它与光轴的交点 H' 称为像方主点，像方主点 H' 与像方焦点 F' 之间的距离称为后焦距 f'，即一般所称的焦距。焦距是光学系统的重要参数，它决定了系统的轴向长度及目标像的大小，它与视场一起确定了像面的大小。

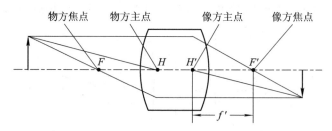

图 2-5　基点与物像位置

2.2.3　相对孔径和 $F/$数

相对孔径定义为入瞳直径 $D_\circ$ 与焦距 f' 之比，即 $D_\circ/f'$。相对孔径对像面照度有很大影响，下面讨论像面照度与相对孔径的关系。

设物与像的关系如图 2-6 所示，目标的面积为 A，目标到光学系统的距离为 l，像的面积为 A'。若目标的辐射亮度为 L，则其辐射强度为

$$I = LA \tag{2-1}$$

目标在光学系统入瞳上的辐射功率 P 为

$$P = LA \frac{\pi(D_\circ/2)^2}{l^2} \tag{2-2}$$

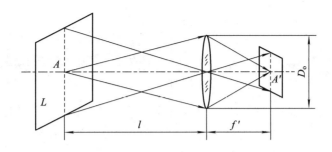

图 2 - 6 像的照度与相对孔径的关系

式中，$\pi(D_o/2)^2$ 为入瞳面积。考虑到光学系统的透过率 τ_o，则像面上的辐射功率 P 为

$$P = LA\tau_o \frac{\pi(D_o/2)^2}{l^2} \tag{2-3}$$

由光学系统成像关系

$$\frac{A}{l^2} = \frac{A'}{f'^2} \tag{2-4}$$

将其代入式(2-3)可得

$$P = LA'\tau_o \frac{\pi(D_o/2)^2}{f'^2} \tag{2-5}$$

所以像面上的辐照度为

$$E = L\tau_o \frac{\pi(D_o/2)^2}{f'^2} \tag{2-6}$$

从式(2-6)可知，像面上的辐照度与光学系统的相对孔径 D_o/f' 的平方成正比。要增加像面的辐照度，必须增加相对孔径 D_o/f'。

相对孔径的倒数 f'/D_o 为 F 数，记为 $F_\#$。例如一个物镜系统的焦距为 160 mm，其入瞳直径为 20 mm，则其 F 数为 $160/20=8$，就写此物镜的 F 数为 $F/8$。$F/8$ 表示系统的焦距为入瞳直径的 8 倍。

像面上的照度与 F 数的平方成反比，例如 $F/1.4$ 的物镜在像面上形成的照度比 $F/2.0$ 形成的高一倍。因此，相对孔径或 F 数是衡量光学系统聚光能力的一个参数。为使红外导引头有较大的作用距离，一般要求 F 数尽可能小。理论极限为 0.5，但很难达到，合理的值约为 1。

2.2.4 视场和视场角

视场是探测器通过光学系统能感知目标存在的空间范围。度量视场的立体角称为视场角，其单位为球面度(sr)，但习惯上常用平面角表示。

通常红外系统的作用目标都在无限远处，因此可将红外系统的物镜等价成一个薄透镜。在红外系统中，视场角一般取决于探测器的大小，因为一般总是把探测器放在光学系统的焦平面上，以保证尺寸最小，此时探测器本身就是视场光阑。如图 2-7(a)所示，假设探测器尺寸很小，直径为 d，而光学系统的焦距为 f'，则视场立体角 ω 为

$$\omega = \frac{\pi d^2}{4f'^2} \approx \delta \times \delta = \frac{d^2}{f'^2} \tag{2-7}$$

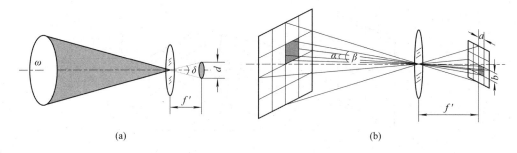

(a)   (b)

图 2-7 视场角示意图

(a) 单个探测器情形；(b) 面阵探测器情形

如果探测器不是圆形，而是长方形，假设长和宽分别为 a 和 b，则水平视场角 W_H 和垂直视场角 W_V 可分别表示为

$$\begin{cases} W_H = 2\arctan\dfrac{a}{2f'} \approx \dfrac{a}{f'} \\ W_V = 2\arctan\dfrac{b}{2f'} \approx \dfrac{b}{f'} \end{cases} \tag{2-8}$$

当多个探测元组成线阵或面阵探测器时，单个探测元所对应的视场称为瞬时视场（IFOV），而将线阵或面阵探测器所对应的视场称为光学视场（FOV）。由图 2-7(b) 可知

$$\begin{cases} \mathrm{IFOV}_H = \alpha = \dfrac{a}{f'} \\ \mathrm{IFOV}_V = \beta = \dfrac{b}{f'} \end{cases} \tag{2-9}$$

若水平方向有 m 个探测器，而垂直方向有 n 个探测器，则 FOV 和 IFOV 的关系可分别表示为

$$\begin{cases} \mathrm{FOV}_H = m \times \mathrm{IFOV}_H = m \times \alpha = m \times \dfrac{a}{f'} \\ \mathrm{FOV}_V = n \times \mathrm{IFOV}_V = n \times \beta = n \times \dfrac{b}{f'} \end{cases} \tag{2-10}$$

很明显，对采用单元探测器的红外系统，其光学视场和瞬时视场是一致的；线阵或面阵探测器的瞬时视场角与单元探测器的相同，光学视场则与面阵大小有关；对于扫描模式下的光学系统，光学视场与具体的光机扫描方式有关，如图 2-8 所示。

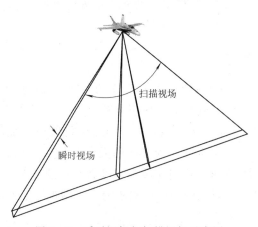

图 2-8 瞬时视场与扫描视场示意图

视场是红外系统的一个重要参数,视场角大,有利于红外系统捕获目标。但是,正如式(2-7)所示的简单关系,视场角大,将要求探测器的面积大。由于红外探测器的噪声与探测器的线尺寸成正比,因而增大视场角将导致噪声的增加而使信噪比降低。为了不增加系统的噪声又能扩大红外系统的捕获范围,可采用小的瞬时视场与扫描相结合的方法。

2.2.5 光学增益

一束辐射能经过光学系统聚集后落到探测器上的辐射能,与未经光学系统时直接落在它的入瞳处的辐射能之比称为光学增益。假设探测器的面积为 A_d,入瞳面积为 A_c,则对于点源系统,其光学增益为

$$G = \tau_o \frac{A_c}{A_d} \tag{2-11}$$

式中,τ_o 为光学系统的透过率。由式(2-11)可见,随着探测器光敏面积的减小,光学增益将增大。

对于扩展源系统,其光学增益为

$$G = \tau_o \left(\frac{\sin\theta'}{\sin\theta} \right)^2 \tag{2-12}$$

式中:θ' 为光学系统像方孔径角的半角;θ 为物体对入瞳中心张角的半角。因为 $F/$数变小时 θ' 变大,所以光学增益随 $F/$数减小而增大。

2.2.6 最小弥散圆斑和衍射斑

对光学系统像质的影响,除了几何像差因素外,还有衍射效应。几何像差取决于光学零件表面的几何形状和材料的色散,它是可以通过光学设计进行控制的;而衍射是由光的波动性所产生的,无法消除。对于一般大像差(即像差值超过瑞利判据几倍)的光学系统,通常是从几何光学角度考虑光线在最佳像面上聚焦时的最小弥散圆斑直径,从而估计各种像差的大小,并不考虑衍射效应。对于工作在红外波段的一些红外光学系统,往往要考虑衍射的影响。所以,应综合考虑衍射和几何像差两种因素,从而评价红外光学系统的像质。

由光的衍射理论可知,无穷远的点光源,经具有圆形孔径光阑的光学系统成像,其像为明暗交替的圆形衍射图案,中心圆斑最亮,约占总照度的84%。这个中心圆斑称为艾里斑,有时亦称衍射斑。对于波长为 λ 的入射光,当光学系统的入瞳直径为 D_o 时,艾里斑直径对像方主点的张角为

$$\delta\theta = 2.44 \frac{\lambda}{D_o} \tag{2-13}$$

艾里斑的线直径 δl 可用张角 $\delta\theta$ 与光学系统的焦距 f' 相乘求得,即

$$\delta l = f' \delta\theta = 2.44 \frac{\lambda f'}{D_o} = 2.44\lambda F_\# \tag{2-14}$$

由式(2-14)可见,波长 λ 越长,$F/$数越大,衍射越严重。

例如,对于 $\lambda = 4~\mu m$ 的红外光,若 $F/$数$=2$,则 $\delta l \approx 20~\mu m$,比一般的单元探测器尺寸(约 $50~\mu m$)要小;如果 $\lambda = 15~\mu m$,若 $F/$数$=2$,则 δl 可达 $73~\mu m$,其衍射斑直径比一般单元探测器尺寸要大。为了使衍射不溢出探测器,必须把探测器做得比 δl 大,或者减小 $F/$数。但增大探测器面积,将使噪声增大;减小 $F/$数,又使几何像差增加。因此,如果目

标辐射信号足够强,可使衍射斑溢出一点。由于光学系统也存在几何像差,成像弥散斑要比艾里斑大得多,所以对于探测器尺寸和系统的 $F/$ 数选择,要同时考虑到能量、像差、衍射等因素的影响。

一般而言,红外光学系统采用探测器或调制器作接收器,而光学系统的瞬时视场又很小,且探测器或调制盘又都靠近光轴,因此起主要作用的像差是球差、慧差和位置色差,所以,只要光学系统的各种像差综合后的最小弥散圆斑直径与探测器的尺寸或调制器的图案格子大小相匹配即可。

2.2.7 焦深和景深

红外光学系统要对不同距离目标进行瞄准,虽然移动光学系统或移动探测器进行调焦可达到这一目的,但实现较为困难。因此,需对红外光学系统的焦深和景深进行估计。

红外光学系统校正像差后,在实际使用中,除在高斯像面上可获得清晰的像面外,在高斯像面左右移动某一小量 $\Delta l_o'$ 时,也能得到比较清晰的像,这段距离称为焦深。用物理焦深进行计算,可得焦深 $2\Delta l_o'$ 的表示式:

$$2\Delta l_o' \approx \frac{4\lambda}{n'(D_o/f')^2} = \frac{4\lambda F_\#^2}{n'} \qquad (2-15)$$

式中: n' 为像方折射率; $F_\#$ 为光学系统的 $F/$ 数。

对应于焦深范围内的目标,在物空间移动某一距离 x 时,只要像面的移动距离 x' 不超过 $\Delta l_o'$ (理想像焦点约为线段 $2\Delta l_o'$ 的中点),仍可以得到清晰的像。这一物空间深度称为景深。假定光学系统对无限远目标聚焦,像成在焦深 $2\Delta l_o'$ 的中心,并且物像在同一介质中,利用牛顿物像关系式 $xx' = ff' = (f')^2$,令 $x' = \Delta l_o'$,代入式(2-15),可得景深 x 的表示式:

$$x = \frac{n'f'^2}{2\lambda F_\#^2} = \frac{n'D_o^2}{2\lambda} \qquad (2-16)$$

例如,红外光学系统入瞳直径 $D_o = 50$ mm,入射辐射波长 $\lambda = 4 \mu m$,则 $x = 318$ m。这说明只要物距大于 318 m,光学系统就不需要重新调焦,从物镜前 318 m 直至无限远的目标都成像清晰。

上述光学系统的主要参数是互相制约的,例如,不能同时要求大视场、大孔径、小 $F/$ 数、大光学增益,而只能根据具体情况,确定相对合理的数值。

2.3　常用红外光学系统

根据以上分析,结合红外系统的应用要求,可以设计和选择不同类型的红外光学系统。下面介绍一些常见的红外光学系统和光学元件的基本概念及特性。

2.3.1 反射式物镜

反射式物镜具有一些优点,例如可以制成大口径物镜,光能损失小,不产生色差等。但是它也有一些缺点,例如视场小、体积大、费用高等。

1. 球面反射镜

球面反射镜是最简单的反射式物镜，它的像质接近单透镜，但没有色差。如图 2-9 所示，若孔径光阑置于球心 C 处，由于任一主光线（通过光阑中心）都可以作为此物镜的光轴，因此任一角度投射到物镜上的光束，其像质都和轴上点的像质一样，这样就在整个视场范围内得到均匀良好的像质。球面反射镜的焦距为球面半径 r 的一半。

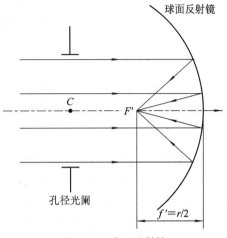

图 2-9　球面反射镜

简单的球面反射镜是很有用的红外物镜，它的价格便宜，没有色差，而且在小孔径时能得到优良图像。但是，当视场增大，$F/$数变小时，像质会迅速恶化。有时可在球面反射镜球心处加一补偿透镜，并使其球差和球面反射镜的球差大小相同，符号相反。

2. 抛物面反射镜

绕 x 轴旋转 $x=y^2/(2r_0)$ 抛物线，就产生抛物面，如图 2-10 所示。所有平行于光轴入射的光线均相交于焦点 F'。对无限远轴上的物点来说，抛物面反射镜没有像差，像质仅受衍射限制，弥散斑是艾里斑。因此，抛物面反射镜是小视场运用的优良物镜。抛物面反射镜的焦距为顶点曲率半径 r_0 的一半。

图 2-11 是两种常用的抛物面反射镜的结构。图 2-11(a) 的抛物面的光阑位于焦面上，球差和像散均为零，像质较好，但探测器必须放在入射光束中，要挡掉一部分中心光束，使用起来不方便。图 2-11(b) 为离轴抛物面反射镜，焦点在入射光束以外，可从入射光束中取出图像，但光学装校比较困难，非对称的抛物面加工也比较困难。

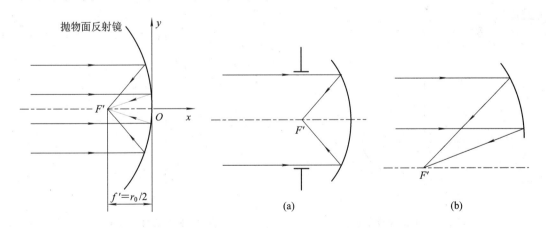

(a)　　　　　　　　　(b)

图 2-10　抛物面反射镜　　　　图 2-11　两种常用抛物面反射镜结构示意图

3. 双曲面反射镜

将双曲线的一支绕其对称轴 x 旋转一周，所得到的旋转曲面称为双曲面，取其一部分制成反射镜，即为双曲面反射镜，如图 2-12 所示。

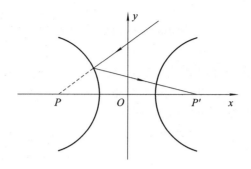

图 2-12 双曲面反射镜

双曲面既可以利用凸面也可以利用凹面。双曲面有一对共轭点 P、P'（称为双曲面的几何焦点，但不是光学系统中的焦点），由一个焦点 P 发出的光线，将严格地会聚于另一焦点 P'，没有像差。也就是说，只有那些射向 P 点的光线才能无像差地在 P' 点成完善像，其他光线是不能成完善像的，此外，射向 P 的光线，不在 P' 处观察，也是不能成完善像的。在红外光学系统中，经常使用双曲面反射镜的近轴区。

若双曲面反射镜的顶点曲率半径为 r_0，则它的光学焦距 f' 为顶点曲率半径的一半。光学焦点 F'（近轴平行光的会聚点）与双曲面几何焦点 P' 一般并不重合。

4. 椭球面反射镜和扁球面反射镜

将椭圆绕其长轴旋转一周，所得之旋转曲面称为椭球面，如图 2-13 所示。取椭球面的一部分作为反射镜，即为椭球面反射镜。椭球面反射镜一般利用内表面，但也有利用外表面的。椭球面反射镜也有一对共轭的几何焦点 P、P'，由 P 发出的光线将严格地会聚于 P' 点，没有像差。同样，P、P' 点也不是光学焦点，光学焦点亦为顶点曲率半径的一半。

如果将椭圆绕其短轴旋转一周，取一部分，即得旋转扁球面，如图 2-14 所示。扁球面反射镜一般利用凸面。它没有共轭的几何焦点，光学焦点也是它本身的顶点曲率半径（与椭球面的 r_0 不一样）的一半。扁球面反射镜很少单独使用，有时可与球面反射镜配合作次镜使用。

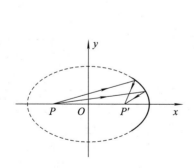

图 2-13 椭球面反射镜

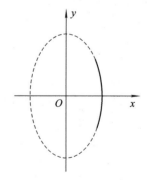

图 2-14 扁球面反射镜

椭球面反射镜和双曲面反射镜的慧差较大，像质不好，很少单独使用。它们都在与其他反射镜组合的双反射镜系统中使用。

5. 双反射镜

为减少对入射光线的遮拦，便于接收元件的放置，在光学系统中放一块反射镜，将焦点引到入射光束的外侧或引到主镜之外,这就是双反射系统。

入射光线首先遇到的反射镜常称为主反射镜,简称主镜;第二个反射镜称为次反射镜,简称次镜。

1) 牛顿系统

牛顿系统是由抛物面主镜与平面次镜组成的,如图 2-15(a)所示。次镜位于主镜的焦点附近,且与光轴呈 45°角,可把焦点引到入射光束的外部。另一种牛顿补充型系统是在反射物镜前面放一大的倾斜反射镜,通过其轴上的孔,将像和入射光束分离,如图 2-15(b)所示。

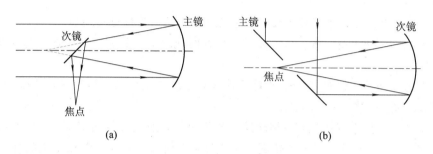

(a)   (b)

图 2-15 牛顿双反射镜系统

牛顿系统的特点是,对无限远的轴上点没有像差,像质仅受衍射限制;轴外点像差较大,常用在像质要求较高的小视场红外系统中。由于牛顿系统的镜筒很长,因而重量大,这是红外系统所不希望的。

2) 卡塞格林系统

卡塞格林系统(简称卡氏系统)的主镜是抛物面反射镜,次镜是凸双曲面反射镜,如图 2-16 所示。双曲面的一个焦点与抛物面主镜的焦点重合,则双曲面的另一焦点便是整个物镜系统的焦点。此时形成的像没有球差。卡氏系统的次镜位于主焦点之内,次镜的横向放大率大于零,整个系统的焦距 f' 是正的,因而整个系统所成的像是倒像。

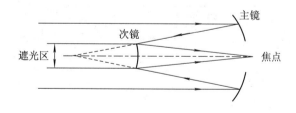

图 2-16 卡塞格林双反射镜系统

卡氏系统多了一个次镜,因而可以比牛顿系统更好地校正轴外像差。它的优点是像质好,镜筒短,焦距长,而且焦点可以在主镜后面,便于在焦平面上放置红外探测器。

3) 格里高利系统

典型的格里高利系统(简称格氏系统)是由一个抛物面镜和一个凹椭球面次镜组成的,如图 2-17 所示,这样可使最终的像没有球差。这种系统的次镜放在主镜焦点之外,次镜的横向放大率小于零,整个系统的焦距 f' 是负的,因而整个系统所成的像是正像。与卡氏系统相比,格氏系统的缺点是其长度较长。若格氏系统的两个反射镜均采用椭球反射镜,则这种系统可既无慧差也无球差。

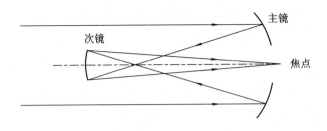

图 2-17　格里高利双反射镜系统

4）三种系统的比较

如图 2-18 所示，上述三种双反射镜系统比较而言，其特点总结如下：

牛顿系统与卡氏系统、格氏系统比较，前者的镜筒长，重量大，这是红外装置所不希望的。

卡氏系统和格氏系统多了一个非球面次镜，系统成折叠式，镜筒短，且多一个次镜，可比牛顿系统更好地校正轴外像差。

卡氏系统与格氏系统比较，在相同的系统焦距与相对孔径的情况下，卡氏系统的次镜挡光小，镜筒更短，比格氏系统更优越。像质好，镜筒短，焦点可以在主镜后面这几个优点，使卡氏系统在红外装置中得到了广泛应用。卡氏系统成倒像，格氏系统成正像。对红外探测器而言，这是无所谓的，因为在瞬时视场内无须区分正像、倒像。

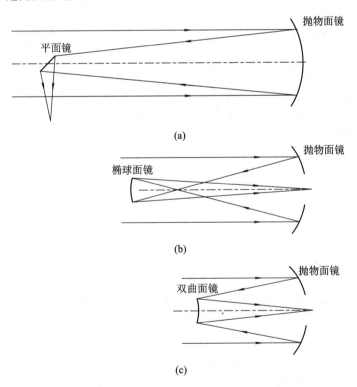

图 2-18　三种相同孔径的双反射镜系统比较示意图
（a）牛顿系统；（b）格氏系统；（c）卡氏系统

5）中心遮挡

双反射镜系统的次镜把中间一部分光挡掉，且一旦视场和相对孔径变大，像质迅速恶化，这是双反射镜系统最大的缺点。因此，双反射镜系统往往只用在物面扫描的红外装置中，很少用在像面扫描的红外装置中。

为了描述双反射镜系统中心光束被次镜遮挡的程度，特引入遮挡系数 α_D：

$$\alpha_D = \frac{D_2}{D_1} \tag{2-17}$$

式中，D_1、D_2 分别为主镜和次镜的直径。

遮挡后，有效通光面的有效直径为

$$D_{eo} = D_1 \sqrt{1 - \left(\frac{D_2}{D_1}\right)^2} = D_1 \sqrt{1 - \alpha_D^2} \tag{2-18}$$

遮挡后，系统的有效 F_e/数为

$$F_{e\#} = \frac{f^\#}{D_{eo}} = \frac{f'}{D_1 \sqrt{1 - \alpha_D^2}} \tag{2-19}$$

式中，f' 为系统的焦距。当系统没有遮挡时，D_2 为 0，F_e/数就是一般的定义了。

2.3.2 折-反射系统

如 2.3.1 节所述，为了得到较好的像质，反射式系统可以采用非球面镜。但由于非球面镜不易加工，成本高，检验也麻烦，所以人们在主镜和次镜仍采用球面镜的系统中加入了一些附加的补偿透镜来校正球面反射镜的像差，于是就出现了折射-反射式物镜系统，简称折-反射系统。

有不少红外系统采用这种设计，尤其在红外导引头光学系统中应用更多。加入补偿透镜虽然能校正球面反射镜的某些像差，但却带来色差，因此补偿透镜本身应当消色差，或做得很薄，以使色差尽可能地小。当然，在折-反射系统中亦可以采用抛物镜等非球面反射镜。下面介绍几类主要的折-反射系统。

1. 施密特折-反射系统

施密特折-反射系统由一块球面反射镜和一块位于球面镜曲率中心的非球面校正板构成。校正板的表面做成适合于补偿反射镜球差的形状，如图 2-19 所示。校正板就是孔径光阑，因其安置在曲率中心，所以该系统没有慧差、像散和畸变，球差利用校正板校正。

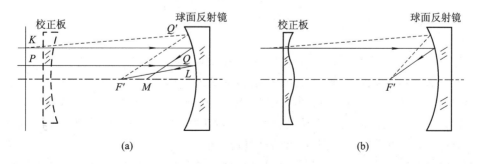

（a）　　　　　　　　　　　（b）

图 2-19　施密特折-反射系统

施密特校正板的工作原理可由图 2-19(a) 说明。施密特校正板是由折射率为 n 的透光材料制成的，一面是平面，另一面是非球面，边缘厚度较大，是为了产生与反射镜相反的球差，补偿原理可用费马原理说明。图中 KP 为入射平面波，当未加校正板时，近轴光线 PL 交于焦点 F' 处。由于球面反射镜有球差，故边缘光线 KQ 不交于 F' 处而交于 M 点，这时边缘光线的光程小于近轴光线。在反射镜曲率中心处的校正板具有光楔作用，可使边缘光线 KQ 偏折为 KQ'，经反射后通过近轴焦点 F'。由于校正板的边缘比中心厚，边缘光线通过校正板后光程有个增量。如果这个增量恰好等于由反射镜引起的光程差，则光线到达焦点 F' 时各光程相等，系统的球差得到校正。

由于光线通过这种校正板时，边缘会引起强烈的折射，因而产生很大的色差。同时这种校正板中心应为无限薄，不易加工。为了克服这种缺点，施密特折-反射系统采用图 2-19(b) 的形式，这样校正板的一面仍是平的，另一面的边缘做成微凹的负透镜，中间做成微凸的正透镜，这时经过转折点的光线不偏折。使用消色差校正板并且完全校正球差的施密特折-反射系统，对无限远的轴上点来说没有像差，只受衍射限制，相当于抛物面镜一样。但是，施密特折-反射系统并不能成完善像，因为轴外光束投射到校正板上的角度和轴上光束不同，这样就产生一个过校正的轴外像差。通过下面几种方法可一步改进施密特折-反射系统的性能：使轴上点球差欠校正，以减小轴外像差的过校正；使主镜轻微地非球面化，以减少校正板的作用，从而也减少因校正板而造成的对轴外像差的过校正；适当修正校正板的曲率，使轴外像差的过校正减少；采用多个校正板，减少高级像散；采用消色差校正板，使色差减少。

施密特折-反射系统的视场比双反射镜系统的视场大得多，可提供全视场达 25°、F/数达 2 或 1，因此在红外系统和天文望远镜中用得较多。施密特折-反射系统的缺点是镜筒较长，校正板加工较困难，此外，它的像面呈弯曲形，而探测器不易做成弯曲的，这些缺点限制了它的应用。

2. 曼金折-反射系统

曼金折-反射系统是由一个球面反射镜和一个与它相贴的弯月形折射透镜组成的。实际上，弯月形透镜的第二球面镀反射膜构成球面反射镜，如图 2-20 所示。

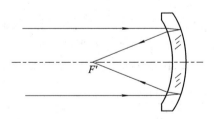

图 2-20 曼金折-反射系统

球面反射镜本身就是光阑，且球面反射镜的球差可以用与它相贴的负透镜（即第一折射面）来校正。当反射镜的相对孔径较大时，曼金折-反射系统只能校正边缘球差，因此仍有剩余球差存在。曼金折-反射系统的弧矢慧差约为类似的球面镜的一半，由于负折射透镜会造成色差，所以曼金折-反射系统的色差较严重。

由于曼金折-反射系统的折-反射面都是球面，加工方便，所以目前已广泛地用于红外光学系统。

3. 包沃斯-马克苏托夫折-反射系统

在曼金折-反射系统的基础上，人们又提出了由球面主镜和负弯月形厚透镜组成的折-反射系统，即包沃斯-马克苏托夫折-反射系统，如图 2-21 所示。这种物镜系统，可以看成是曼金折-反射系统的推广，其中把球面反射镜和负透镜分开。由于多了反射镜与弯月形透镜第二面的间距及透镜第二面的曲率半径 r_2 这两个变量，因此可以消去更多的像差，也改善了像质。

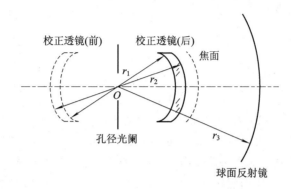

图 2-21 包沃斯-马克苏托夫折-反射系统

在图 2-21 所示的基本包沃斯-马克苏托夫折-反射系统中，三个曲面的曲率中心都取在同一点 O 上，并在此处放置孔径光阑，这样，整个系统与光阑位于曲率中心的单球面反射镜一样，没有慧差、像散和畸变。弯月形厚透镜用于校正球面反射镜的球差，但是带来了一些剩余色差。

在使用中，包沃斯-马克苏托夫折-反射系统的校正透镜也可以放在孔径光阑的前面，如图 2-21 中虚线所示的位置，这种系统称为心前系统，它的光学特性与心后系统完全一样。心前系统常用在红外制导系统中，这种校正透镜兼有整流罩的作用。

为了校正剩余球差，可在系统的共同球心处放一块施密特校正板，如图 2-22 所示，也称包沃斯-施密特折-反射系统。该系统的剩余形差很小，施密特校正板的非球面度也很小，加工很容易。

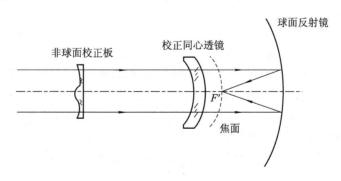

图 2-22 包沃斯-施密特折-反射系统

包沃斯-马克苏托夫折-反射系统像质虽然很好，但由于焦点在球面反射镜和校正透镜之间，探测器必然造成中心挡光，并且使用起来不方便，为此人们又进一步发展了包沃斯-马克苏托夫-卡塞格林折-反射系统。这种系统把校正透镜的中心部分镀上银或铝等反射膜用作次镜,从而将焦点移出主反射镜之外,如图 2-23 所示。图 2-23(a)用校正透镜的凸面作反射次镜;图 2-23(b)用凹面作反射次镜(曼金次镜)。

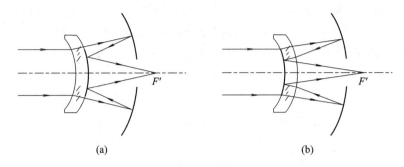

图 2-23 包沃斯-马克苏托夫-卡塞格林折-反射系统

为了把包沃斯-马克苏托夫-卡塞格林折-反射系统应用在导引头上,校正透镜必须为心前型,以承受导弹的高速运动。这时校正透镜兼作整流罩用,这样卡氏次镜就必须与校正镜分离,这种系统的镜筒长度必然要增加,为了缩短长度,常常把焦点移到主反射镜里面。

图 2-24 为导引头所用的包沃斯-马克苏托夫-卡塞格林折-反射系统的基本形式。其中:图 2-24(a)采用曼金主镜和正的小校正透镜来改善像质;图 2-24(b)不用曼金主镜,依靠负的小校正透镜来改善像质;图 2-24(c)用曼金次镜和整流罩一起来减小系统球差,这样对整流罩的要求就降低了,正的小校正透镜主要用来校正系统慧差。图 2-24 这样的系统色差往往是严重的,因此要求各块透镜做得薄一些,并且采用色散系数较小的材料。

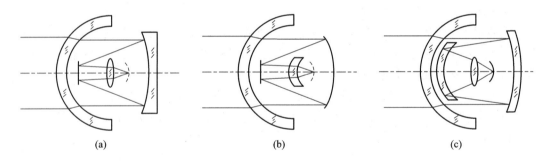

图 2-24 导引头上所采用的包沃斯-马克苏托夫-卡塞格林折-反射系统

应当指出,图 2-24 所示的系统是不同心的,但是整流罩的两个曲面在主反射镜的同心处。主镜为孔径光阑,也是入瞳,这样就能保证从视场内各个方向,沿整流罩法线入射光束的主光线都能通过入瞳中心,以适应导弹跟踪目标时主镜转动的需要。由于光阑不在主镜球心,因此系统存在像散、畸变和慧差。正是由于这种系统中的包沃斯-马克苏托夫基本结构存在各种像差,才需要依靠次镜和附加的小校正透镜来校正系统的各种像差,使整个系统的结构显得复杂。这种系统的所有的曲面均为球面,容易加工。

2.3.3 折射式系统

反射式红外光学系统虽然在红外系统中得到了广泛应用,但是不能满足大视场、大孔径的成像要求,而且系统本身体积大、成本高。近年来,随着透红外光学材料的增多,已使用熔石英、硫化锌、硒化锌、硅、锗等材料制作折射式红外光学系统,其特点正好弥补了反射式光学系统的不足,在要求像质不高的红外系统中得到了广泛应用。

在红外光学系统中常采用的折射式物镜主要有单片透镜和多片(组合)透镜等,使用时可针对红外系统对透镜的要求,依据目前可用的透镜红外材料,进行消像差设计。关于透镜的设计问题,一般应用光学教材中都有详细的描述,这里不再赘述。

2.4 辅助光学系统

为了提高整个红外系统的性能指标,使红外物镜所收集到的红外辐射能量在系统中真正得到有效的应用,在主光学系统(红外物镜)的后面一定要配合一些辅助光学元件,如场镜、光锥、浸没透镜等。通常将这些辅助光学元件称为探测器光学系统,也可称为辅助光学系统或二次聚焦光学系统。

2.4.1 场镜

场镜是一种二次聚焦光学元件,它通常位于光学系统的焦平面或焦平面附近,这种光学元件对改善红外系统的性能有较大的作用,主要作用体现在以下几个方面。

(1)场镜可以扩大光学系统的视场。

图 2-25 表示一个最简单的望远型红外光学系统,探测器位于物镜的焦平面上。若物镜的焦距为 f',半视场角为 θ,探测器光敏面口径为 d,那么三者之间有如下关系:

$$d = 2f' \tan\theta \tag{2-20}$$

对于该系统,半视场角 θ 是非常小的,因为探测器尺寸 d 一般只有几微米到几毫米的大小。如果要进一步扩大视场角,就必须加大探测器尺寸 d。同时,在许多红外系统中需要在焦平面上安置调制盘,这样探测器的位置就要向后移。既然探测器从视场光阑向后移动,为了接收到原来的所有辐射能量,就必须增大探测器的面积。我们知道,随着探测器面积的增大,噪声也将增大,从而降低了系统的灵敏度。这样,如果在焦平面处放置一块正透镜(场镜),它可以把边缘光线会聚到探测器上,探测器可不增大面积而同样接收到物镜收集的所有辐射通量。也就是说,可在噪声影响不增加的情况下扩大光学系统的视场。场镜的工作原理如图 2-26 所示。

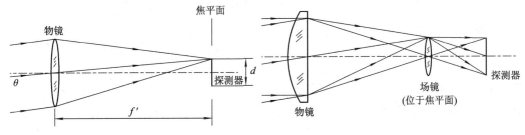

图 2-25 望远型红外光学系统

图 2-26 场镜的工作原理

(2)系统中加入场镜可使会聚到探测器上的辐照度比较均匀。由于场镜是把物镜出瞳而不是将目标成像在探测器上,这样可使焦平面上每一点发出的光线都充满探测器的光敏面,从而使探测器上的辐照度均匀。这一点对红外系统是极为重要的,如果对探测器光敏面的照度不均匀,探测器光敏面上各点的响应就会不一致,从而可能出现假信号,导致系统的严重失真。

（3）系统中加入场镜后能够缩小探测器的尺寸，提高信噪比，增加系统的灵敏度。

（4）在像面附近增加一个平像场镜，可使原来的曲面像平面化，从而可以使用平面探测器。

（5）如果红外光学系统是由两个分系统组成的，把场镜放在前系统的像平面上，就可减小后系统的通光口径。如望远镜中的目镜的第一片镜子就是场镜，它的作用就是减小目镜片的口径。

在红外系统中，物镜、场镜和探测器组成了一个光学系统，利用近轴光学成像公式可以求出它们之间各种性能参数的关系。

在设计场镜时，要保证在探测器上成像后的物镜口径与探测器的尺寸大小一样。显然，场镜的最佳位置是在焦平面上，但在实际中要考虑调制盘的作用，这样场镜的位置应选择在物镜焦面后一定距离处，如图 2-27 所示。光学系统的物镜可以等价为一个薄透镜，这时，物镜的孔径光阑和入瞳、出瞳及主面重合。若物镜的孔径为 D_o、焦距为 f'、F/数等于 f'/D_o，视场光阑位于物镜的焦平面上且口径为 D_r，系统半视场角为 θ，场镜放在物镜焦平面后距离为 l_f 处，场镜到物镜的距离为 l，场境的口径和焦距分别为 D_l 和 f_l，探测器的直径为 d，探测器到场镜的距离为 l'，则根据透镜的成像关系，有

$$\frac{1}{l'} - \frac{1}{l} = \frac{1}{f_l} \tag{2-21}$$

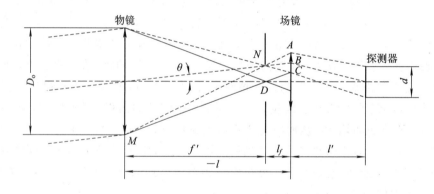

图 2-27　场镜位置的计算

由垂轴放大率关系式，有

$$\frac{d}{D_o} = -\frac{l'}{l} \tag{2-22}$$

联立式(2-21)和式(2-22)可得场镜的焦距为

$$f_l = -\frac{ld}{D_o + d} = -\frac{(f' + l_f)d}{D_o + d} \tag{2-23}$$

由图 2-27 可知，视场光阑的口径为

$$D_r = 2f' \tan\theta \tag{2-24}$$

而场镜的口径为

$$D_l = 2(AC) = 2(AB + BC) \tag{2-25}$$

式中

$$BC = (-l)\tan\theta = (f' + l_f)\tan\theta \tag{2-26}$$

由 $\triangle ANB$ 与 $\triangle MND$ 相似关系,可得

$$\frac{D_o/2}{f'/\cos\theta} = \frac{AB}{l_f/\cos\theta} \tag{2-27}$$

故有

$$AB = \frac{D_o l_f}{2f'} \tag{2-28}$$

将式(2-27)和式(2-28)代入式(2-25),可得

$$D_l = 2(f' + l_f)\tan\theta + \frac{D_o l_f}{f'} \tag{2-29}$$

在场镜设计中常忽略第二项,此时

$$D_l = 2(f' + l_f)\tan\theta = D_r + \frac{l_f D_r}{f'} \tag{2-30}$$

由于 $D_r < D_o$,所以由式(2-30)计算的场镜口径略小,结果使视场边缘的一部分光束被限制掉,造成渐晕现象。为保证视场中心的光线能通过场镜到达探测器,在场镜设计中其口径略大于式(2-30)的值。

当场镜在物镜的焦平面上时,$l_f = 0$,$-l = f'$,则其口径大小为

$$D_l = D_r = 2f'\tan\theta \approx 2f'\theta \tag{2-31}$$

场镜的焦距为

$$f_l = \frac{f'd}{D_o + d} \tag{2-32}$$

或探测器直径为

$$d = \frac{D_o f_l}{f' - f_l} \tag{2-33}$$

当场镜在物镜的焦平面上时,探测器直径与场镜口径之比,即为探测器的缩小倍数,由式(2-33)可得

$$\frac{D_l}{d} = \frac{D_l}{D_o f_l}(f' - f_l) \tag{2-34}$$

由于 $f' \gg f_l$,故

$$\frac{D_l}{d} \approx \frac{f'/D_o}{f/D_l} = \frac{F_\#}{F_{\#l}} \tag{2-35}$$

即场镜使探测器缩小的倍数是物镜 F/数与场镜 F_l/数之比。

2.4.2 光锥

光锥又称圆锥形聚光镜,其结构为一圆锥形空腔(或实心),且具有高反射率的内壁。它的大端一般放在主光学系统焦平面附近,收集物镜出瞳的光辐射,然后借助内壁的连续反射把光线引导到小端。在光锥的小端处放置探测器。显然,光锥在光路中是一种非成像光学元件,它与场镜、浸没透镜一样是一种聚光元件,能缩小探测器的尺寸,增加系统的灵敏度。

根据使用要求,光锥可以制成空心或实心型,外表的形状可分为圆锥形、二次曲面形或角锥形等。光锥的工作原理可用图2-28所示的实心光锥进行说明。若光轴与光锥轴线

重合，则光锥顶角为 2α，如图 2-28 所示，当光线以一定入射角进入光锥后，光线每经光锥壁反射一次，它与光轴的夹角就要增加 2α，入射角相应要减小 2α。经过多次反射，当入射角达到零或负值时，光线就不能再向小端继续传播了，而将沿相反方向折回大端。为了避免这种情况的发生，在实用中对一定形状的光锥，要使光线能到达小端，i_1 必须大于某一临界值 i_{1c}。i_{1c} 的大小与光锥的顶角 2α 和光锥的长度 L 有关，对于实心光锥来说，i_{1c} 也与材料的折射率 n 有关。当 i_1 达到临界值 i_{1c} 时，相应地光线相对于光轴的入射角 u 也就达到临界值 u_c。由图 2-28 及折射定律可得

$$u_c = \arcsin\left[n \sin\left(\frac{\pi}{2} - i_{1c} - \alpha \right) \right] \quad （实心光锥） \tag{2-36}$$

$$u_c = \frac{\pi}{2} - i_{1c} - \alpha \quad （空心光锥） \tag{2-37}$$

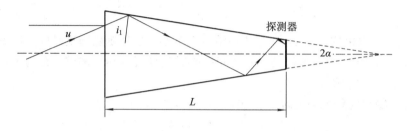

图 2-28 光锥的工作原理

由此可见，光锥的顶角、长度及实心光锥的材料折射率直接决定了光学系统的临界值 u_c，进而也限制了系统的全视场角的大小。当光线入射角 $u > u_c$（$i < i_c$）时，入射光线就无法经光锥内壁到达小端，信号不能被探测器收集。

在光学系统中，光锥的设计首先要确定光锥的顶角 2α 和长度 L。对于简单的空心光锥，如它的大端在物镜的焦平面作为视场光阑，小端安装探测器，如图 2-29 所示。光锥的长度、光锥大端和小端半径 s、c 以及边缘光线与光轴夹角 u 之间的关系可以利用图 2-29 求出：

$$(a + l)\sin u = a - L \tag{2-38}$$

$$\frac{c}{s} = \frac{a - L}{a} \tag{2-39}$$

$$s = l \tan u \tag{2-40}$$

其中 c/s 为光锥小端和大端半径之比，称为光锥的缩小比。联立式(2-38)～式(2-40)，

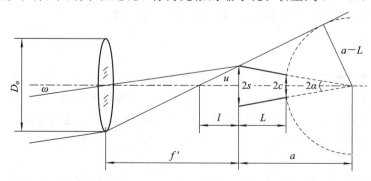

图 2-29 光锥参数确定示意

可得

$$L = \left(1 - \frac{c}{s}\right) \frac{s \cos u}{\frac{c}{s} - \sin u} \tag{2-41}$$

$$\frac{c}{s} = \frac{1 + \dfrac{L}{s} \tan u}{1 + \dfrac{L}{s} \sec u} \tag{2-42}$$

利用式(2-41)和式(2-42)，即可根据光锥的缩小比和一端尺寸要求来确定光锥的长度，或根据光锥的长度以及一端尺寸来确定光锥的缩小比。

由图2-29及式(2-42)可知，光锥的缩小比必须大于 $\sin u$，否则光锥的长度 L 要为无穷大。所以，$1/\sin u$ 就是加光锥后探测器尺寸所能缩小的极限倍数。当探测器取极限尺寸时，$c/s = \sin u$。而物镜的焦平面即光锥大端尺寸为 $s = f' \tan \omega$，所以

$$c = s \sin u = f' \tan \omega \sin u \tag{2-43}$$

由正弦条件 $\sin u = D_o/(2f')$，得

$$c = \frac{1}{2} D_o \tan \omega \tag{2-44}$$

当系统视场角很小时，$\tan \omega \approx \omega$，探测器直径

$$d = 2c \approx D_o \omega \tag{2-45}$$

这就是红外系统使用光锥后探测器光敏面的理论极限。这个极限值只取决于主光学系统的口径 D_o、半视场角 ω，而与系统的焦距无关。

由于光锥不是成像光学元件，所以不受 $F/$ 数等于1的极限限制。红外光学系统加空心光锥后，有效 $F/$ 数与加场镜时的一样，应为 $F_e \geqslant 0.5$，实际使用时应为 $F_e \geqslant 1$。

空心光锥的设计方法同样可用于实心光锥，同时也可以用光锥的展开图对实心光锥作光线的轨迹。只是由于端面的折射作用，展开图中光线在光锥内路径的等效光线在进出光锥两端面部分应该是折线，而对应于光锥内部的则是直线。由于增加了两端面的折射，因此实心光锥的设计要比空心光锥的设计复杂。

使用实心光锥时，要尽量减少光线在光锥中的路径长度和反射次数，以减少对辐射能的吸收。另外，实心光锥的外面要镀制高反射层，以利于光线的全反射。

要选用合适的光学材料制作实心光锥，注意光锥与探测器的接触和材料的匹配问题。实心光锥与探测器应实现"光胶"，否则光线由介质射到空气层将发生全反射，且探测器的折射率应与光锥相同或更高，目的是防止光线在小端处发生全反射而使光线无法到达探测器。

直线光锥的缺点是光线在光锥中的反射次数很多，反射损失较大，为此可以采用二次曲面(球面、椭球面、抛物面、双曲面)构成的曲面光锥。

在探测器光学系统的实际应用中，为了增大光学系统的临界接收角，又不致使场镜的 $F/$ 数太小，以避免带来像差，从而更好地缩小探测器尺寸，提高聚光效果和信噪比，常常将场镜与光锥配合使用，将一个场镜放在空心光锥的大端，如图2-30(a)所示；或把一个实心光锥大端磨成与场镜曲率一样的凸球面，相当于一个凸平场镜，如图2-30(b)所示。采用这种结构后，来自物镜出瞳的边缘光线将会减小进入光锥的入射角，相当于增大了光锥的临界入射角 u_c。

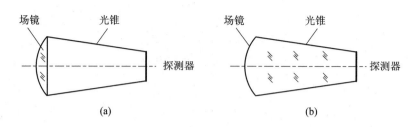

图 2-30 场镜与光锥的组合

同样，曲面光锥的大端也可与场镜组合在一起，这样可以缩短曲面光锥的长度。

理论计算表明，对于大口径、小视场的红外光学主物镜系统，配置什么样的二次聚焦系统，与主物镜的 F/数密切相关。一般而言，当物镜的 F/数>2 时，宜采用场镜，探测器尺寸只能大于或等于实际极限；当物镜的 F/数≤1 时，只能使用光锥，且探测器尺寸可以小于实际极限；当物镜的 F/数在 1 和 2 之间时，可采用场镜与光锥的组合结构，此时探测器尺寸可以小于实际极限。

2.4.3 浸没透镜

浸没透镜同场镜、光锥一样，也是二次聚光元件。它们与红外探测器有密切的关系，因此亦称为探测器光学系统。

浸没透镜通常是由球面和平面围成的球冠体，在红外系统中由高折射率红外材料(如 Ge、Si 等)做成。探测器光敏面采用光胶或光学树脂胶粘接在透镜的平面上，使像面浸没在折射率较高的介质中，如图 2-31 所示。它和可见光显微物镜与观察物体一起浸没在液体介质中相类似。

浸没型红外探测器一般是光学系统中最后一个光学组件。使用浸没透镜可以显著地缩小探测器的光敏面面积，提高探测器的信噪比。在使用中，浸没型红外探测器必须严格地按照物像共轭关系来进行设计。

浸没透镜成像过程中，由于像面并没有离开浸没透镜，因此可以看成是光线经单个球面折射成像，如图 2-32 所示。

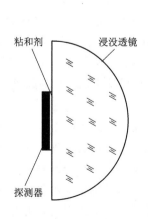

图 2-31 浸没透镜示意图

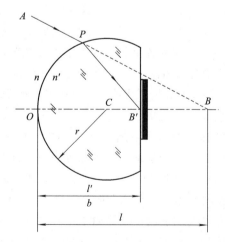

图 2-32 浸没透镜的成像原理

图 2-32 中，浸没透镜前的介质折射率为 n，浸没透镜的折射率为 n'，透镜球面半径为 r，球心为 C，透镜厚度为 b，顶点为 O。现考虑通过前面的物镜由轴上点发出而入射到浸没透镜上的光线 AP，若没有浸没透镜，则成像在 B 处。而加入浸没透镜后，由于折射，将成像在 B' 处。设物距 $OB=l$，像距 $OB'=l'$，根据单个折射球面的物像公式，则有

$$\frac{n'}{l'} - \frac{n}{l} = \frac{n'-n}{r} \tag{2-46}$$

而单个折射球面的垂轴放大率 β 为

$$\beta = \frac{nl'}{n'l} \tag{2-47}$$

如果浸没透镜置于空气中，$n=1$，且使用时，必须使成像面与探测器光敏面重合，即像距 $l'=b$。这样，联立式 (2-46) 和式 (2-47) 可得

$$\beta = 1 - \frac{n'-n}{n'}\frac{l'}{r} = 1 - \frac{n'-1}{n'}\frac{b}{r} \tag{2-48}$$

或

$$b = 1 - \frac{n'}{n'-1}(1-\beta)r \tag{2-49}$$

在应用中，将单个折射球面垂轴放大率 β 的倒数称为浸没透镜的浸没倍率，以 B 表示，即

$$B = \frac{1}{\beta} = \frac{n'r}{n'(r-b)+b} \tag{2-50}$$

我们知道，单个折射球面是有像差的，使用浸没透镜后虽然探测器尺寸缩小了，像差却增大了。我们还知道，单个折射球面在齐明点处，球差和慧差可以消除。三种齐明点的物像位置是：

(1) $l=l'=0$，即物点和像点重合，皆在折射球面上；

(2) $l=r=l'=b$，即物点和像点都在折射球面的曲率中心；

(3) 物距为 $l=(n'+n)r/n$，像距为 $l'=(n'+n)r/n'$。

上述第 (1) 种情况是没有实用意义的，(2)、(3) 两种条件可用来设计浸没透镜。通常按条件 (2)、(3) 设计的透镜称为齐明透镜。

如果浸没透镜按 $l'=r=b$ 进行设计，则称为半球型浸没透镜。这时，浸没透镜对其物成像在半球平面上，即探测器的光敏面上。这种情况下，浸没透镜的球差和慧差皆为零，因此可以供校正过像差的物镜系统直接使用。

半球型浸没透镜的工作原理如图 2-33 所示，如果将带有探测器的半球型浸没透镜装入红外系统，曲率中心与光线的主焦点重合，探测器位于物镜的焦平面处，则由无穷远轴上点发出的光束是垂直投射在球面上的，故光线的会聚角与原来未装浸没透镜的相同，但像面高度发生变化。由于 $r=b$，由式 (2-48) 得

$$\beta = 1 - \frac{n'-1}{n'}\frac{b}{r} = \frac{1}{n'} \tag{2-51}$$

系统中，使用半球型浸没透镜后，像的高度缩小到原来的 $1/n'$，面积则缩小到原来的 $1/n'^2$，故探测器面积也缩小到原来的 $1/n'^2$。若探测器直径尺寸也缩小到原来的 $1/n'$，由 d 变成 d/n'，而半视场角 θ 保持不变，则系统的相对孔径增大，探测器上的辐照度增大。由于探测器的信噪比与面积的平方根成反比，所以信噪比提高 n' 倍。

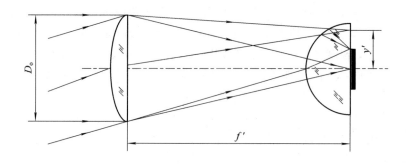

图 2-33 半球型浸没透镜的工作原理

如果令浸没透镜的中心厚度 $b > r$，则这种透镜不仅可使探测器的噪声等效功率进一步减小，还可以扩大入射光线的孔径角。由于探测器放在比球心更远的地方，所以称之为超半球浸没透镜。如果该种浸没透镜按 $l = (n' + n)r/n$，$l' = (n' + n)r/n'$ 进行设计，当取 $l' = b$ 时，由前面齐明条件（3）可知，此时浸没透镜没有球差、慧差和像散。如图 2-32 所示，这种浸没透镜称为标准超半球浸没透镜。如果透镜的厚度 b 介于 r 和 $(1 + n/n')r$ 之间，则称为非标准超半球浸没透镜。

标准超半球浸没透镜的成像特性与半球型浸没透镜的相同。当透镜处于空气中时，$n = 1$，将厚度 $b = l' = (n' + n)r/n' = (n' + 1)r/n'$ 代入式（2-48），得

$$\beta = 1 - \frac{n' - 1}{n'} \frac{b}{r} = 1 - \frac{n' - 1}{n'} \frac{1}{r} \frac{n' + 1}{n'} r = \frac{1}{n'^2} \qquad (2-52)$$

这表明，使用标准超半球浸没透镜后，可以使探测器直径尺寸缩小到原来的 $1/n'^2$，面积缩小到原来的 $1/n'^4$，同时信噪比增加 n'^2 倍。例如使用锗（$n' = 4$）制作的标准超半球浸没透镜，能使探测器尺寸缩小到原来的 $1/16$，系统信噪比提高 16 倍，显然比半球型浸没透镜的效果要好些。使用标准超半球浸没透镜时，探测器应放在离球面顶点距离为 $(n' + 1)r/n'$ 的地方，这时浸没透镜没有像差，如果主光学系统本身的像差已校正好，则装有浸没透镜的探测器可以直接安装使用。如果探测器浸没位置不满足齐明条件（3），则为非标准超半球浸没透镜。此时，浸没透镜产生像差，像差的校正应当与主光学系统的物镜一起进行平衡。

2.4.4　整流罩和窗口

整流罩又称头罩，位于红外装置的最前部，可以看成是光学系统的一部分。它有三种主要功能：第一是保护红外装置的光学系统免受大气、灰尘、水分等的影响；第二可以校正光学系统的像差；第三可提供良好的空气动力学特性，对于在空气流中高速飞行的红外装置，必须装有整流罩。

由于整流罩安装在飞机、导弹、飞船等高速飞行体的光学系统的最前部，飞行中与空气摩擦产生高温，因此要求整流罩的熔点、软化温度要高，并且材料的热稳定性能要好。

在探测器响应的波段范围内，整流罩必须有很高的透过率，且自身辐射也应很小，以免产生假信号。例如有些锗材料，虽然在高温下对红外波段有很高的透过率，但在高温时，由于自由载流子吸收增加，使红外波段的透过率显著下降，因此锗材料不能做整流罩。

整流罩在大气中飞行时，为了防止被尘土和砂石所擦伤，其硬度要高；为了防止大气中的盐溶液或腐蚀性气体的腐蚀，化学稳定性也要好；整流罩的外型尺寸，其直径从几十

毫米到几百毫米，在光学系统中对像差的平衡也起着一定的作用；为了避免散射，便于光学冷加工，材料的折射率要均匀分布。通常整流罩是用单晶或折射率在晶粒间没有突变的均匀多晶体材料制成的，如石英、三硫化砷、红外玻璃等。

整流罩既对红外光学系统起保护作用，又是光学系统的像差平衡元件，所以整流罩结构大多采用同心球面，厚度是内外表面曲率半径之差。在不影响强度的条件下，整流罩的厚度通常都选得很薄，这样可减小热应力和温度影响，同时也不至于显著改变入射光的行进方向和引起严重的吸收。

整流罩的曲率半径要根据主镜球差的平衡来确定。对于小视场、大孔径的物镜系统，球差和慧差是主要的，若把光阑（即主镜的镜框）放在整流罩的球心上，则整流罩本身不产生慧差和像差。当整流罩的内外半径中有一个确定之后，根据厚度的要求，另一个曲率半径也随之而定。整流罩的口径可根据主镜转动最大角度（即方位扫描角）和主镜口径，以及整流罩曲率半径决定。

许多红外仪器，其精密的光学系统和灵敏的探测元件，都要和环境温度及大气隔绝起来。通常的方法是将其密封于容器中。对于某些探测器来说，为提高灵敏度，还要密封于真空中，这样就要求在密封容器上安装透红外窗口。

窗口的形状通常都是 $1\sim2$ mm 厚的平行平板，它没有屈光作用，但存在像差，在光路设计时应予以考虑。

窗口材料的选择，除了在所响应的光谱范围内有很好的透红外性能之外，还应具备化学稳定性，要能经受住工作温度的影响，以及易于加工和切割，同时易于与密封容器焊接等。

常用的窗口材料有锗、硅、石英、硫化锌等。

除了上述红外光学系统和光学元件外，为了扩大系统视场和进行系统成像，还需要光机扫描元件。根据不同的功能需要，人们已经设计出许多种光机扫描元件。有关光机扫描的原理，将在以下各章中针对具体的红外系统进行描述。

★ 本章参考文献

[1] 冯克成，付跃刚，张先徽. 红外光学系统[M]. 北京：兵器工业出版社，2006
[2] 赵秀丽. 红外光学系统设计[M]. 北京：机械工业出版社，1986
[3] 张幼文. 红外光学工程[M]. 上海：上海科学技术出版社，1981

第 3 章 红 外 探 测 器

红外探测器是红外系统的核心部件,其技术进步推动着红外系统的发展。对于种类繁多的红外探测器,其性能的优劣可以通过一些指标参数来描述,使用者也可依据这些性能参数来了解红外探测器的发展水平,或根据系统需求,从市场中选择所需要的红外探测器。

红外探测器经历了第一代、第二代的技术演进过程,目前已进入以大规模、高分辨率、多波段、高集成、轻型化和低成本为特征的第三、四代的技术发展阶段。

3.1 红外探测器的分类

红外探测器是一种辐射能转换器件,它将红外辐射能转换为可以测量的热能、电能等不同形式的能量。依据能量转换方式或红外辐射与物质相互作用效应的不同,可以将红外探测器分为热探测器、光子探测器以及辐射场探测器等。对于种类繁多的红外探测器,还可根据其使用条件、作用波段和结构特征等进行进一步的划分,如根据工作温度,可分为低温探测器、中温探测器和室温探测器等;根据响应波长范围,可分为短波红外探测器、中波红外探测器、长波红外探测器、双色/多色红外探测器等;根据结构和用途,可分为单元成像探测器、多元成像探测器和阵列成像探测器等。

为了便于理解红外探测器的工作原理,按物理效应对红外探测器进行分类,用特征参数来描述其工作温度、响应波长和结构类型等是普遍采用的方式。

3.1.1 热探测器

探测器材料吸收红外辐射后产生温升,然后伴随着发生某些物理性质的变化,测量这些物理性质的变化,就可以测量出它吸收的能量或功率,这类探测器就是热探测器。根据热致物理性质变化的不同,热探测器可进一步分为测辐射热电偶和热电堆、测辐射热计、热释电探测器、气动探测器以及双材料探测器等。

1. 测辐射热电偶和热电堆

把两种不同的金属或半导体细丝连成一个封闭环路,当一个接头(结点)的温度与另一个接头(结点)的温度不同时,环路内就产生电动势,其大小与冷热两结点处的温差成正比,这种效应称为温差电效应。利用温差电效应制成的感温元件称为热电偶(也称温差电偶)。如果两结点处的温差是由一端吸收辐射而引起的,则通过测量热电偶温差电动势的大小,就能得到结点处所吸收的辐射功率。此时,将这种热电偶称为测辐射热电偶。

制造热电偶的材料有纯金属、合金和半导体。用半导体材料制成的热电偶比用金属制成的热电偶的灵敏度高,响应时间短。

将若干个热电偶串联在一起就成为热电堆。在相同的辐照下,热电堆可以获得比热电偶大得多的温差电动势。

2. 测辐射热计

热敏材料吸收红外辐射后，温度升高，阻值发生变化，其阻值变化的大小与吸收的红外辐射能量近似成正比。利用材料吸收红外辐射后电阻发生变化而制成的红外探测器称为测辐射热计。依据所选用的热敏材料不同，有几种不同的测辐射热计：金属测辐射热计、半导体测辐射热计、超导测辐射热计以及复合测辐射热计等。

金属测辐射热计的电阻温度系数为正值（电阻随温度升高而增加），它们的电阻温度系数比较小，所以金属测辐射热计的灵敏度较差。

半导体测辐射热计的电阻温度系数为负值（电阻随温度升高而降低），它们的电阻温度系数比较大，所以半导体测辐射热计的灵敏度较好。半导体测辐射热计又可分为室温测辐射热计和低温测辐射热计。室温测辐射热计就是人们常说的热敏电阻测辐射热计。

某些金属及合金，当其温度低于某一临界温度时，电阻下降为零，这种现象称为超导。具有超导现象的物体称为超导体。将超导样品的环境温度保持在略低于临界温度，吸收入射辐射而产生的微小温升将引起样品电阻的显著变化，这种变化可以用来产生相当大的输出信号，由此可制成超导测辐射热计，其灵敏度非常高，光谱响应非常宽。

复合测辐射热计是将辐射吸收单元和温度传感单元分别制作，然后组合到一起的一种测辐射热计，它可使器件灵敏度提高的同时，保持较低的噪声。

需要说明的是，除了上述测辐射热计外，依据半导体二极管两端电压随温度而变制作的二极管测辐射热计已经商业化。但是，二极管测辐射热计受辐射作用后，随温度变化的不是电阻值，而是二极管两端的电压值，其温度系的定义也不一样。

3. 热释电探测器

有些晶体当受到红外辐射照射时，温度升高，引起自发极化强度的变化，结果在垂直于自发极化方向的晶体两个外表面之间产生微小电压，电压的大小与吸收的红外辐射功率成正比。利用这一原理制成的红外探测器称为热释电探测器。

4. 气动探测器

气动探测器也称高莱（盒）探测器，它由一个内部充满气体，外壳上覆盖有柔性薄膜的容器构成。气体或薄膜吸收入射红外辐射后，容器内气体温度升高、压强增大，柔性薄膜发生膨胀而产生微小形变。该形变可用光学方式（柔性薄膜表面镀有高反射材料）或电学方式（柔性薄膜表面镀以金属电极从而构成可变电容器）的系统来检测。由于高莱（盒）探测器的灵敏度低，且易受振动影响，因而不宜在野外场合使用。

5. 双材料探测器

双材料探测器的热敏单元通常是由两种材料（双金属或双压电晶片）构成某种形式的悬臂梁。由于双材料的热膨胀系数不同，当温度变化时，由双材料组成的悬臂梁会因膨胀而产生形变，该形变测量可采用电学读出法或光学读出法进行。利用这种双材料效应制作的探测器常被称为双材料悬臂梁探测器。

除了上述五种类型的热探测器外，还有利用热磁效应、金属丝热膨胀效应、液体薄膜蒸发效应、氧化物阴极热发射效应、半导体边缘吸收热移动效应、液晶光学特性热致变化效应以及能斯特效应等物理效应制成的热探测器，不过这些热探测器还未达到商业化水平。

综上所述，热探测器依据的是红外辐射与物质相互作用的热效应，所以热探测器的响应只依赖于吸收的功率，与入射辐射的光谱分布无关。理论上，热探测器对于一切波长的红外辐射都具有相同的响应，但实际上对某些波长的红外辐射的响应偏低，等能量光谱响应曲线并不是一条水平直线，这主要是由于热探测器敏感面对不同波长红外辐射的吸收和反射存在着差异。涂覆良好的吸收层有助于改善吸收性能，增加了对于不同波长响应的均匀性。热探测器的响应速度取决于热探测器材料温度变化的快慢，因此与热容量和散热速度有关。减小热容量，增大热导，可以提高热探测器的响应速度。

必须指出，在红外系统中，主要采用的是已经成熟且商业化的辐射热电堆、测辐射热计以及热释电红外探测器。

3.1.2 光子探测器

光子探测器吸收光子后，探测器材料的电子状态会发生改变，从而引起光电效应。光电效应可以再分成内光电效应和外光电效应两类。在内光电效应中，光子所激发的载流子（电子或空穴）仍保留在样品内部；外光电效应也称为光电子发射效应，是入射光子引起光吸收物质表面（称为光电阴极）发射电子的效应。通过测量光电效应的大小可以测定被吸收的光子数。利用光电效应制成的探测器称为光子探测器。

1. 光电子发射器件

当光入射到某些金属、金属氧化物或半导体表面时，如果光子能量足够大，能使其表面发射电子，则这种现象统称为光电子发射效应，也称为外光电效应。利用光电子发射效应制成的器件称为光电子发射器件，如光电倍增管。光电倍增管的灵敏度很高，时间常数较短（约几毫微秒），所以在激光通信中常使用特制的光电倍增管。

大部分光电子发射器件只对可见光起作用，用于红外的光电阴极目前只有两种：一种是 S-1 的银氧铯（Ag-O-Cs）光电阴极，另一种是 S-20 的多碱（Na-K-Cs-Sb）光电阴极。S-20 光电阴极的响应长波限为 $0.9~\mu m$，基本上属于可见光的光电阴极；S-1 光电阴极的响应长波限为 $1.2~\mu m$，属于近红外光电阴极。近年来，在窄禁带半导体上生长一层 GaAs 再镀一层铯的复合阴极，可以探测波长较长的红外辐射。

2. 光电导探测器

当半导体材料吸收入射光子后，半导体内有些电子和空穴从原来不导电的束缚状态转变为能导电的自由状态，从而使半导体的电导率增加，这种现象称为光电导（PC）效应。利用半导体的光电导效应制成的红外探测器称为光电导探测器，目前，它是种类最多、应用最广的一类光子探测器。

光电导探测器可分为单晶型和多晶薄膜型两类。多晶薄膜型光电导探测器的种类较少，主要有响应于 $1\sim3~\mu m$ 波段的硫化铅（PbS）、响应于 $3\sim5~\mu m$ 波段的硒化铅（PbSe）和碲化铅（PbTe）（PbTe 探测器有单晶型和多晶薄膜型两种）。单晶型光电导探测器可再分为本征型和掺杂型两种。本征型红外探测器早期以锑化铟（InSb）为主，只能探测 $7~\mu m$ 以下的红外辐射，后来发展了响应波长随材料组分变化的碲镉汞（$Hg_{1-x}Cd_xTe$）和碲锡铅（$Pb_{1-x}Sn_xTe$）三元化合物探测器。掺杂型红外探测器主要是由锗、硅和锗硅合金掺入不同杂质而制成的多种掺杂探测器，如锗掺金（Gu：An）、锗掺汞（Ge：Hg）、锗掺锌（Ge：Zn）、锗掺铜（Ge：Cu）、锗掺镉（Ge：Cd）、硅掺镓（Si：Ga）、硅掺铝（Si：Al）、硅掺锑（Si：Sb）和锗硅掺锌（Ge-Si：Zn）等。

3. 光伏探测器

当半导体 PN 结附近吸收光子并产生电子、空穴后，在结区外，它们靠扩散进入结区；在结区内，电子受静电场作用漂移到 N 区，空穴漂移到 P 区。N 区获得附加电子，P 区获得附加空穴，结区获得一附加电势差，它与 PN 结原来存在的势垒方向相反，将降低 PN 结原有的势垒高度，使得扩散电流增加，直到达到新的平衡为止。如果 PN 结两端开路，可用高阻毫伏计测量出光生伏特电压，这就是 PN 结的光伏(PV)效应。利用光伏效应制成的红外探测器称为光伏探测器。

常用的光伏探测器有锑化铟(InSb)、碲镉汞(HgCdTe，也称 MCT)、铟镓砷(InGaAs)和碲锡铅(PbSnTe)等。

虽然非本征光伏效应也是可能的，但几乎所有实用的光伏探测器都采用本征光电效应。通常采用简单的 PN 结即可制作光伏探测器，采用的其他结构还有 PIN 结、肖特基势垒结以及金属–绝缘体–半导体(MIS)结等。

4. 光电磁探测器

当光辐射入射到置于横向磁场中的半导体样品上时，辐射被材料所吸收，其强度按其进入材料的深度呈指数关系而降低，所以将产生一个载流子浓度梯度，方向垂直于表面。这样一来，光激发载流子由表面向体内扩散，并在扩散运动中切割磁力线。由于这些带相反电荷的载流子运动方向相同，所以它们在磁场的作用下分别向样品的相互对立的两端偏转，从而在样品的两端产生电位差。这种现象称为光电磁效应。利用光电磁效应制成的探测器称为光电磁探测器。

光电磁探测器的实际应用很少。对于大部分半导体来说，在室温或是在低温条件下工作，这一效应的本质使它的响应比光电导探测器低，光谱响应特性与同类光电导或光伏探测器相似，由于工作时必须加磁场又增加了其使用的不便，所以光电磁探测器的使用受到限制。

除了上述光子探测器外，还有利用其他光子效应制成的探测器，如磁聚集探测器、丹倍探测器、光子牵引探测器等。

另外，随着半导体超晶格、量子阱材料的研制成功，一些新型的红外探测器，如超晶格、量子阱以及量子点红外探测器等相继出现，大大地拓展了红外光子探测器的类型。

在红外系统中，主要采用的是商业化的光电导和光伏探测器。

3.1.3　辐射场探测器

在讨论红外辐射与一般探测器的作用时，对于入射辐射的描述均采用了平均辐射量，并不考虑辐射场的概念。利用红外辐射场(电磁场)与物质相互作用时所呈现的某些特性，也可以进行红外辐射探测。这种基于场效应的探测器称为辐射场探测器。由于辐射场探测器常有一个天线，因此也称为天线耦合探测器。

在天线耦合探测器中，入射辐射直接与天线作用，从而在天线内产生高频谐振电流，该电流与传感元件(也称整流元件)进行耦合，并根据传感元件的作用机理完成辐射探测。

3.1.4　热探测器与光子探测器的比较

在红外系统中用得最多且最成熟的是热探测器和光子探测器，所以，这里主要对热探测器和光子探测器的特点进行简单比较。

根据前述可知，红外探测器是利用红外辐射对物体的某些物理效应，把不可见的红外辐射转变成可以探知或测量的物理量。热探测器利用的是热效应，热效应的主要特点有：热吸收与入射辐射的波长分布无关；热敏单元的温度变化较慢；通常情况下，室温环境下即可观测到热敏单元的温度变化。光子探测器利用的是光子效应，光子效应的主要特点是：入射光子能量要大于一定值时才能产生光电效应；光电效应是半导体中电子直接吸收光子而产生的效应；通常情况下，必须将光敏单元冷却到较低温度才能观测到光电效应。

由于热探测器和光子探测器的工作机理不同，因此这两类探测器有很大的差别，一般地讲，主要体现在以下三个方面。

(1) 热探测器对各种波长的红外辐射均有响应，是无选择性的探测器；光子探测器只对小于或等于特定波长的入射红外辐射才有响应，是有选择性的探测器。

(2) 热探测器的灵敏度较低，响应速度较慢；而光子探测器的灵敏度比热探测器高1~2个数量级，响应速度比热探测器的快得多。

(3) 热探测器一般在室温下工作，不需要制冷设备；多数光子探测器必须工作在低温条件下才具有优良的性能。

3.2　红外探测器的性能参数

红外探测器性能的好坏可用一些参数来描述，这些参数称为红外探测器的性能参数或性能指标。红外系统在设计时，首先要做的是根据任务要求选择红外探测器，然后再进行其他系统单元设计。根据红外探测器的性能参数，再加上红外系统其他组成部分的参数，即可确定整个红外系统的性能指标。因此，红外探测器性能参数对于整个红外系统的性能指标起决定性的作用。

3.2.1　主要工作条件

红外探测器的性能参数与探测器的具体工作条件有关，因此，在给出探测器的性能参数时，必须注明探测器的工作条件。主要的探测器工作条件有以下几个方面。

1. 辐射源的光谱分布

许多红外探测器对不同波长的辐射响应是不相同的，所以，在描述探测器性能时，需说明入射辐射的光谱分布。如果是单色光源，就要给出单色光的波长；如果是黑体源，则要给出黑体的温度；如果入射辐射通过了相当距离的大气和光学系统，则必须考虑大气和光学系统所造成的影响；如果入射辐射经过了调制，则应给出调制频率分布，但当放大器通频带很窄时，只需给出调制的基频和幅值。

2. 工作温度

许多探测器，特别是由半导体制备的红外探测器，其性能与它的工作温度有密切的关系，所以，在给出探测器的性能参数时必须给出探测器的工作温度。最重要的几个工作温度为室温(295 K 或 300 K)、干冰温度(194.6 K，它是固态 CO_2 的升华温度)、液氮沸点(77.3 K)、液氦沸点(4.2 K)，此外，还有液氖沸点(27.2 K)、液氢沸点(20.4 K)和液氧沸点(90 K)。在实际应用中，除将这些物质注入杜瓦瓶获得相应的低温条件外，还可根据不同的使用条件采用不同的制冷器获得相应的低温条件。

3. 光敏面积和形状

探测器的性能与探测器敏感元的面积和形状有关。虽然有些性能指标(如探测率)考虑到面积的影响而引入了面积修正因子,但在实践中发现,不同光敏面积和形状的同一类探测器的性能指标(如比探测率)仍存在着差异,因此,给出探测器的性能参数时应给出它的面积和形状。

4. 探测器的偏置条件

光电导探测器的响应度和噪声,在一定直流偏压范围内随偏压线性变化,但超出这一线性范围,响应度随偏压的增加而缓慢增加,噪声则随偏压的增加而迅速增大。光伏探测器的最佳性能有的出现在零偏置条件,有的却不在零偏置条件,这说明探测器的性能与偏置条件有关,所以在给出探测器的性能参数时应给出偏置条件。

5. 电路的频率范围

因为探测器的噪声(方均根电压)与电子线路的通频带宽的平方根成比例,其他噪声还与频率有关,所以在描述器件性能时,必须给出电路的通频带宽。

6. 特殊工作条件

给出探测器的性能参数时一般应给出上述工作条件。对于某些特殊情况,还应给出相应的特殊工作条件。如受背景光子噪声限制的探测器应注明探测器的视场立体角和背景温度,对于非线性响应(入射辐射产生的信号与入射辐射功率不成线性关系)的探测器应注明入射辐射功率。

3.2.2 主要性能参数

探测器的性能指标可分为实际性能指标与参考性能指标两种。实际性能指标是指对每个实际探测器直接测量出来的指标。参考性能指标则是对某类探测器折到标准条件时的指标值。下面列举的探测器指标中,除了比探测率 D^* 之外,都是实际性能指标,即它们都是针对个别探测器而言的。D^* 则是参考性能指标,它是对某类探测器而言的。必须指出,在论述探测器的性能参数时,还必须包括若干有关测定这些参数的信息,因为在文献和产品目录中所公布的有关探测器的数据,通常只是一般的或典型的数据,而单个探测器的性能与那些典型数据相差甚远。

1. 响应度 R

响应度 R 是探测器的输出信号 S 与探测器的输入量 X 的商,即

$$R = \frac{S}{X} \tag{3-1}$$

换句话说,探测器的输出 S 正比于输入 X,即

$$S = RX \tag{3-2}$$

式中,比例常数 R 即为响应度。

在式(3-1)和式(3-2)中,输入量 X 可以有几种类型,例如辐射通量或辐照度。由于输入的不同,特定义不同的响应度(通量响应度、辐照度响应度)。输出信号 S 可以是电压 U_S,也可以是电流 I_S,对应的响应度分别称为电压响应度 R_u、电流响应度 R_i,其单位分别为 V/W、A/W,表示探测器将红外辐射转换成信号电压、电流的能力。

1) 输入量的影响

对于输入量,必须考虑三个不同因素的影响:

（1）几何方面，例如入射角、光束的横截面等。

（2）光谱方面，例如入射辐射的光谱分布以及它与探测器光谱响应的耦合程度。

（3）时间方面，例如与探测器上升时间相比的脉冲辐射上升时间。

2）直流响应度和交流响应度

如果入射辐射是恒定的，探测器的输出信号也是恒定的，则这时的响应度称为直流响应度，以 R_0 表示。实际中，为了避免使用直流放大器，常把辐射调制成交变辐射，因此探测器的输出信号也相应地成为交变信号，此时的响应度称为交流响应度，用 $R(f)$ 表示，其中 f 为调制频率。由于探测器的响应速度是有限的，对辐射的响应不是瞬时的，在高频下，$R(f) < R_0$，且 $R(f)$ 是调制频率 f 的函数，在低频下，$R(f)$ 值与调制频率 f 无关，因此，在讨论交流响应度时，为了明确起见，应说明所用的调制频率 f。响应度随调制频率的变化称为探测器的频率响应。

3）黑体响应度和光谱响应度

探测器的响应度通常有黑体响应度和光谱响应度两种。黑体响应度记为 $R(T)$，表示对绝对温度为 T 的黑体入射辐射所测得的响应度。常用的参考辐射源为 500 K 黑体。如果在不同波长 λ 处测得其响应度，则此时给出的就是光谱响应度，记为 $R(\lambda)$。

入射辐射可以是单色的，也可以是多色的。单色辐射功率包含在很窄的波段内；多色辐射覆盖一定的波长范围，并具有以波长表示的特征分布。例如，根据响应度的定义，光谱电压响应度 $R(\lambda)$ 可以表示为和波长有关的探测器输出信号电压 $U_s(\lambda)$ 与光谱输入功率 $P(\lambda)$ 之比，即

$$R(\lambda) = \frac{U_s(\lambda)}{P(\lambda)} \tag{3-3}$$

此时，输入量 $P(\lambda)$ 的单位是 $W/\mu m$，输出量 $U_s(\lambda)$ 的单位是 V，则光谱响应度的单位是 $V/(W \cdot \mu m)$。

（1）总响应度与光谱响应度的关系。

对于具有给定光谱响应度 $R(\lambda)$ 的探测器，其总输出电压 U_s 与光谱辐射功率 $P(\lambda)$、$R(\lambda)$ 之间存在下列关系：

$$U_s = \int_0^\infty U_s(\lambda) d\lambda = \int_0^\infty P(\lambda) R(\lambda) d\lambda \tag{3-4}$$

而辐射源的总辐射功率 P 与光谱辐射功率 $P(\lambda)$ 之间的关系为

$$P = \int_0^\infty P(\lambda) d\lambda \tag{3-5}$$

作为总输出 U_s 与总输入 P 之比的探测器总响应度，现在可写成

$$R = \frac{U_s}{P} = \frac{\int_0^\infty P(\lambda) R(\lambda) d\lambda}{\int_0^\infty P(\lambda) d\lambda} \tag{3-6}$$

式（3-6）表明，探测器的总响应度不仅是用光谱响应度 $R(\lambda)$ 表征的与探测器有关的函数，而且还是用光谱辐射功率 $P(\lambda)$ 表征的与光源有关的函数。对每一种入射辐射的光谱分布，探测器具有一特定的响应度值 R。如果光源是黑体，则式（3-6）表征了黑体响应度 $R(T)$ 与光谱响应度 $R(\lambda)$ 之间的联系。

（2）光谱匹配因子。

光源光谱辐射功率 $P(\lambda)$ 常用相对光谱分布表示，有

$$p(\lambda) = \frac{P(\lambda)}{P(\lambda_0)} \tag{3-7}$$

式中，$p(\lambda)$ 是归一化波长 λ_0 处的相对光谱辐射功率，$P(\lambda_0)$ 是 λ_0 处的绝对光谱辐射功率，因而 $p(\lambda_0)=1$。类似地，探测器的相对光谱响应度 $r(\lambda)$ 可表示为

$$r(\lambda) = \frac{R(\lambda)}{R(\lambda_0)} \tag{3-8}$$

式中：$R(\lambda)$ 为绝对光谱响应度；$R(\lambda_0)$ 为归一化波长 λ_0 处的绝对光谱响应度。绝对光谱响应测量需校准辐射能量的绝对值，比较困难；相对光谱响应测量只需辐照能量的相对校准，比较容易实现。在光谱响应测量中，一般都是测量相对光谱响应。

利用式（3-7），总响应度表达式（3-6）可改写为

$$R = R(\lambda_0) \frac{\int_0^\infty p(\lambda)r(\lambda)\mathrm{d}\lambda}{\int_0^\infty p(\lambda)\mathrm{d}\lambda} \tag{3-9}$$

式（3-9）表明，为了从光谱分布中计算出总响应度，只需入射辐射的相对光谱分布就足够了。

在式（3-9）中出现了一项

$$\delta = \frac{\int_0^\infty p(\lambda)r(\lambda)\mathrm{d}\lambda}{\int_0^\infty p(\lambda)\mathrm{d}\lambda} \tag{3-10}$$

它只包含相对函数，称为"光谱匹配因子"，可解释为探测器光谱响应分布和入射辐射光谱分布之间的相对匹配程度（见图 3-1）。交叉影线面积表示分子的积分，而单影线面积表示分母的积分。注意，这两个函数（对光源为 $p(\lambda)$，对探测器为 $r(\lambda)$）都是对其最大值归一化的相对函数。因此，有 $0 \leqslant \delta \leqslant 1$，且只有在整个波长范围内 $r(\lambda) \equiv 1$，才出现 $\delta = 1$。

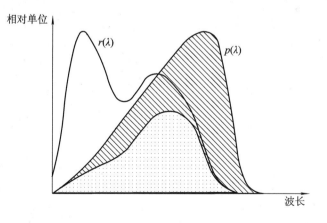

图 3-1　光谱匹配因子示意图

（3）光子探测器的光谱响应度。

光子探测器是基于所用半导体材料吸收光子产生自由载流子而工作的，入射的光子能量必须大于或等于本征半导体的禁带宽度或杂质半导体的杂质电离能。小于这个能量的光子将不会被吸收，因而不能产生光电效应。光子探测器的光谱响应曲线在长波方向存在一

个截止波长 λ_c，它与半导体的禁带宽度或杂质电离能有如下关系：

$$\lambda_c \leqslant \frac{1.24}{E_g}, \quad \lambda_c = \frac{1.24}{E_i} \tag{3-11}$$

式中：λ_c 为光子探测器的截止波长（μm）；E_g 为半导体的禁带宽度，E_i 为杂质电离能（eV）。

图 3-2 是光子探测器的理想光谱响应曲线，其中也给出了热探测器的理想响应曲线。

从图 3-2 可以看出，光子探测器对辐射的吸收是有选择的，所以称光子探测器为选择性探测器；热探测器对所有波长的辐射都吸收，因此称热探测器为无选择性探测器。

实际的光子探测器的光谱响应曲线（如图 3-3 所示）与理想的光谱响应曲线有差异。随着波长的增加，探测器的响应度逐渐增大（但不是线性增加），到最大值时不是突然下降而是逐渐下降。响应度最大时对应的波长为峰值波长，以 λ_p 表示。通常将响应度下降到峰值 50% 时所对应的波长称为截止波长，以 λ_c 表示，在一些文献中也有注明下降到峰值响应 10% 或 1% 时所对应的波长。

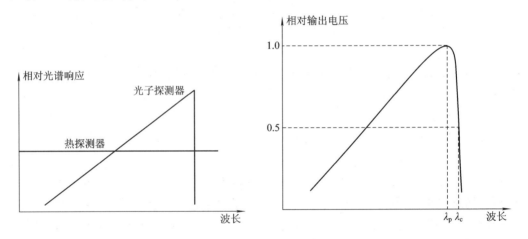

图 3-2　光子探测器和热探测器的理想光谱响应曲线　　图 3-3　光子探测器的实际光谱响应曲线

从探测器光谱响应测量的有关数据可知探测器的光谱响应范围、峰值响应波长 λ_p 和截止波长 λ_c，由此可推算出半导体的禁带宽度 E_g 或杂质电离能 E_i，再结合黑体比探测率的有关数据，可以计算各波长所对应的响应度和比探测率。这些数据不仅为红外探测器的使用者所关心，而且也为器件的制造者提供了分析和改进器件制造工艺的依据。

2. 噪声等效功率 NEP

由于探测器存在噪声，因此不能无限制地测量很小的辐射信号，当辐射小到它在探测器上产生的信号完全被探测器噪声所淹没时，探测器就无法肯定是否有辐射投射在探测器上，即探测器探测辐射的能力有一个下限，通常，我们用噪声等效功率来表征探测器的这个特征。

当辐射在探测器上产生的信号电压 U_S 恰好等于探测器自身的噪声电压 u_n（即信号噪声比为 1）时，所需投射到探测器上的辐射功率为 P，这个辐射功率称为噪声等效功率，以 NEP 表示，即

$$NEP = \frac{P}{U_S / u_n} \tag{3-12}$$

按上述定义，NEP 的单位为 W。

噪声等效功率也分为黑体噪声等效功率和光谱噪声等效功率两种，前者以 NEP(T) 表

示，后者以 NEP(λ) 表示。如果需要标注频率 f 和带宽 Δf，则写成 NEP(T，f，Δf) 或 NEP(λ，f，Δf)。

另外，由响应度的定义，可将噪声等效功率的表达式写成

$$\text{NEP} = \frac{u_n}{R} \tag{3-13}$$

由式(3-13)可知，NEP 与探测器的噪声电压成正比，与探测器的响应度成反比。

3. 比探测率 D^*

用 NEP 基本上能描述探测器的性能。但是，一方面由于它是以探测器能探测到的最小功率来表示的，NEP 越小表示探测器的性能越好，这与人们的习惯不一致；另一方面，在辐射能量的较大范围内，红外探测器的响应度并不与辐照能量成线性关系，从较弱辐照下测得的响应度不能外推出较强辐照下应产生的信噪比。为了克服上述两方面存在的问题，引入另一个性能参数——探测率，它被定义为 NEP 的倒数，以 D 表示，即

$$D = \frac{1}{\text{NEP}} \tag{3-14}$$

探测率 D 的单位为 W^{-1}，它表示辐照在探测器上的单位辐射功率所获得的信噪比。这样，探测率 D 越大，表示探测器的探测能力越强，所以在对探测器性能进行相互比较时，用探测率 D 比用 NEP 更合适些。

1) 归一化探测率

噪声等效功率 NEP 和探测率 D 与探测器面积 A_d、噪声等效带宽 Δf 有关，因此仅用 NEP 和 D 这两个参数还不能准确地比较出两个不同来源的探测器性能的优劣。人们发现，大部分探测器的噪声等效功率 NEP 与 $\sqrt{A_d \Delta f}$ 成正比，为了避免这一缺憾，建议用一个标准化参数来度量探测器的性能，即用 $\sqrt{A_d \Delta f}$ 去除 NEP，从而得到一个与面积 A_d 和带宽 Δf 无关的量，这个量的倒数称为归一化探测率，记为 D^*，即

$$\text{NEP} \propto \sqrt{A_d \Delta f} \tag{3-15}$$

因为 $D = \dfrac{1}{\text{NEP}} \propto \dfrac{1}{\sqrt{A_d \Delta f}}$，写成等式有

$$D = \frac{D^*}{\sqrt{A_d \Delta f}} \tag{3-16}$$

从而有

$$D^* = D \sqrt{A_d \Delta f} = \frac{\sqrt{A_d \Delta f}}{\text{NEP}} = \frac{R}{u_n} \sqrt{A_d \Delta f} = \frac{U_S / u_n}{P} \sqrt{A_d \Delta f} \tag{3-17}$$

从 D^* 的表达式可以看出，D^* 实际上是当探测器的敏感元具有单位面积、放大器的测量带宽为 1 Hz 时，单位辐射功率所能获得的信号噪声比，其单位为 $\text{cm} \cdot \text{Hz}^{1/2} / \text{W}$。

由于 D^* 消除了探测器面积 A_d 和噪声等效带宽 Δf 的影响，所以称 D^* 为归一化探测率。因此，现在一般在使用探测率这个术语时，已不是指 D，而是指 D^* 了。由于它是式(3-16)中的比例常数，所以也称它为比探测率。

2) 黑体比探测率和光谱比探测率

比探测率 D^* 值可用类似于 NEP 的标注方法进行标注。比探测率 D^* 有黑体比探测率和光谱比探测率两种。黑体比探测率 D^* 应标明黑体温度 T、调制频率 f 和带宽 Δf，所以

黑体比探测率 D^* 常被表示为 $D^*(T,f,\Delta f)$。因为 D^* 参数中所用带宽都是 1 Hz，所以常将 Δf 略去，写为 $D^*(T,f)$。例如，对于 500K 黑体源，调制频率为 900 Hz，黑体探测率可写为 $D^*(500K,900)$。对于光谱比探测率，应标明辐射波长 λ 和调制频率 f，如 $D^*(\lambda,f)$。若是峰值波长，则可表示为 $D^*(\lambda_p,f)$。如 $\lambda_p = 5\ \mu m$，$f = 800$ Hz，则可表示为 $D^*(5,800)$。在不需要说明具体条件时，比探测率用 D^* 表述即可。

黑体比探测率 $D^*(T,f)$ 与光谱比探测率 $D^*(\lambda,f)$ 的关系为

$$D^*(T,\lambda) = \frac{\int_0^\infty D^*(\lambda,f)\Phi(T,\lambda)\,d\lambda}{\int_0^\infty \Phi(T,\lambda)\,d\lambda} = \frac{\int_0^\infty D^*(\lambda,f)E(T,\lambda)\,d\lambda}{\int_0^\infty E(T,\lambda)\,d\lambda} \quad (3-18)$$

式中：$\Phi(T,\lambda) = E(T,\lambda)A_d$ 是入射黑体光谱辐射通量（W/μm）；$E(T,\lambda)$ 是黑体光谱辐照度（W/($cm^2 \cdot \mu m$)）。

3）背景噪声限比探测率

当探测器的噪声和放大器的噪声低于光子噪声时，就达到了探测器的最佳性能。在某种意义上讲，光子噪声是基本的，它的产生不是来自探测器本身的不完美以及与它相关的电子器件，而是源于探测过程本身，其结果会导致辐射场本质的不连续。当探测器自身的噪声与来自背景的光子噪声相比可以忽略时，该探测器就达到了背景噪声限。背景噪声限探测器的比探测率与视场角有关，为了消除视场角的影响，用 D^{**} 来描述探测器的背景噪声限性能。D^{**} 定义为

$$D^{**} = \left(\frac{\Omega}{\pi}\right)^{1/2} D^* \quad (3-19)$$

式中，Ω 是挡板或冷屏对探测器响应单元所张的有效立体角。当 Ω 对应锥角为 θ 的锥形空间时，有

$$\Omega = \pi \sin^2\left(\frac{\theta}{2}\right) \quad (3-20)$$

此时

$$D^{**} = D^* \sin\left(\frac{\theta}{2}\right) \quad (3-21)$$

当 $\theta = \pi$ 时，$D^{**} = D^*$。

式（3-21）说明，背景噪声限比探测率与探测器的视场角有关，加冷屏减小视场角可以提高比探测率。当视场角为 π 时，D^{**} 就是通常所说的探测率 D^*。D^{**} 对小视场角没有意义，因为视场角很小时，由背景辐射引起的光子噪声也很小，光子噪声不是探测器的主要噪声，不满足背景限条件。

4. 响应时间

探测器的响应时间（也称时间常数）表征探测器对交变辐射响应的快慢。由于红外探测器有惰性，对红外辐射的响应不是瞬时的，而是存在一定的滞后。探测器对辐射的响应速度有快有慢，以时间常数 τ 来区分。

为了说明响应的快慢，假定在 $t=0$ 时刻以恒定的辐射强度照射探测器，探测器的输出信号从零开始逐渐上升，经过一定时间后达到一稳定值。若达到稳定值后停止辐照，探测器的输出信号不是立即降到零，而是逐渐下降到零，如图 3-4 所示。这个上升或下降的快慢反映了探测器对辐射响应的速度。

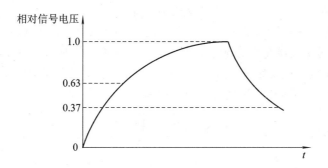

图 3-4 探测器的响应时间

探测器受辐照的输出信号遵从指数上升规律，即在某一时刻以恒定的辐射功率照射探测器，其输出信号 S 按下式表示的指数关系上升到某一恒定值 S_0。

$$S = S_0(1 - e^{-t/\tau}) \tag{3-22}$$

式中，τ 为响应时间(时间常数)。

当 $t = \tau$ 时，有

$$S = S_0(1 - e^{-1}) = 0.63S_0 \tag{3-23}$$

除去辐照后输出信号随时间下降，即

$$S = S_0 e^{-t/\tau} \tag{3-24}$$

当 $t = \tau$ 时，有

$$S = \frac{S_0}{e} = 0.37S_0 \tag{3-25}$$

由此可见，响应时间 τ 的物理意义是：当探测器受红外辐射照射时，输出信号上升到稳定值的 63% 时所需要的时间；或去除辐照后输出信号下降到稳定值的 37% 时所需要的时间。τ 越短，响应越快；τ 越长，响应越慢。从对辐射的响应速度要求来说，τ 越小越好，然而对于像光电导这类探测器，响应度与载流子寿命 τ 成正比(响应时间主要由载流子寿命决定)，τ 越短，响应度也越低。当然，这里强调的是响应时间由载流子寿命决定，而热时间常数和电时间常数不成为响应时间的主要决定因素。事实上，不少探测器的响应时间都是由电时间常数和热时间常数决定的。热探测器的响应时间长达毫秒量级，光子探测器的时间常数可小于微秒量级。

5. 频率响应

探测器的响应度随调制频率变化的关系称为频率响应。当一定振幅的正弦调制辐射照射到探测器上时，如果调制频率很低，则输出的信号与频率无关，当调制频率升高时，由于在光子探测器中存在载流子的复合时间或寿命，在热探测器中存在着热惰性或电时间常数，响应跟不上调制频率的迅速变化，从而导致高频响应下降。对于大多数探测器来说，响应率 R 随频率 f 的变化(如图 3-5 所示)如同一个低通滤波器，可表示为

$$R(f) = \frac{R_0}{(1 + 4\pi^2 f^2 \tau^2)^{1/2}} \tag{3-26}$$

式中，R_0 是低频时的响应率，$R(f)$ 是频率为 f 时的响应率。

当频率 $f \ll 1/(2\pi\tau)$ 时，响应率与频率 f 无关；在较高频率时响应率开始下降；当 $f = 1/(2\pi\tau)$ 时，$R(f) = R_0/\sqrt{2}$，此时所对应的频率称为探测器的响应频率，以 f_c 表示；当

$f \gg 1/(2\pi\tau)$时，响应率随频率的增高呈反比例下降。

有些探测器具有两个时间常数，其中一个比另一个长得多，其响应度与频率的关系如图 3-6 所示。有的探测器在光谱响应的不同区域出现不同的时间常数，对某一波长的单色光，某一个时间常数为主要因素，而对另一波长的单色光，另一个时间常数成为主要因素。在大多数实际应用中不希望探测器具有双时间常数。

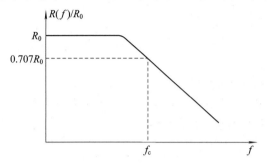 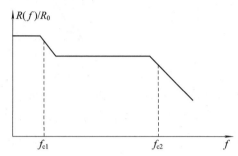

图 3-5　探测器的频率响应　　　　图 3-6　具有双时间常数探测器的频率响应

现在介绍比探测率的频率依赖关系。因为 D^* 所表示的是在单位带宽内由具有一定光谱分布的单位辐射功率所产生的不依赖面积的信号噪声比，对于噪声不依赖频率（此类噪声称为白噪声）的探测器，比探测率和频率的依赖关系与响应度的频率依赖关系具有同样的形式。但是，对于受电流噪声限制的探测器，其噪声电压随 $(1/f)^{1/2}$ 变化，D^* 与频率有如下的关系：

$$D^*(f) = \frac{K_f f^{1/2}}{(1 + 4\pi^2 f^2 \tau^2)^{1/2}} \tag{3-27}$$

式中，K_f 是一个除频率 f 外的包括其他参数在内的比例数。

3.2.3　多元及焦平面探测器的品质参数

以上讨论均默认是针对单元探测器的。所谓单元探测器，是指探测器的光敏感元只有一个。为了达到特定的红外探测和成像目的，人们研制出了不同形式的多元探测器：十字叉型、L型、线列型以及阵列型等，其中使用较多的是线列型和阵列型。利用微电子工艺和集成电路技术制作的大规模线列型和阵列型红外探测器，既可完成光电转化功能，又能实现信号处理功能。由于这种红外探测器主要放置在光学系统的焦平面上，所以常称为红外焦平面阵列（IRFPA）。

多元及焦平面阵列探测器实质上是由多个单元探测器组成的，对其像元（对应每一个单元）品质因素的表征可借用单元探测器的性能参数及定义。另外，多元探测器，特别是焦平面探测器的像元数众多，各像元的信号又不能直接读出，因而对探测器品质因素的表征又与单元探测器并不完全相同。为了更好地表征多元和焦平面红外探测器的品质因素，需要增加一些性能参数。

1. 有效像元率

响应度小于多元或焦平面器件平均响应度 1/10 的像元称为死像元，符号为 d_{pix}；噪声电压大于平均噪声电压值 10 倍的像元称为过热像元，符号为 h_{pix}；焦平面的有效像元数占总像元数的百分比为有效像元率，符号为 N_{eff}，即

$$N_{eff} = \left(1 - \frac{d_{pix} + h_{pix}}{M \times N}\right) \times 100\% \qquad (3-28)$$

式中，M 和 N 分别为多元或焦平面像元的总行数和总列数。

2. 平均响应度

多元或焦平面器件各有效像元响应度的平均值称为平均响应度，符号为 $\bar{R}$，表达式为

$$\bar{R} = \frac{1}{M \times N - (d_{pix} + h_{pix})} \cdot \sum_{i=1}^{M} \sum_{j=1}^{N} R(i,j) \qquad (3-29)$$

式中，$R(i,j)$ 为第 i 行、第 j 列像元的响应度，求和中不包括无效像元（死像元 d_{pix} 和过热像元 h_{pix}）。

3. 响应度的不均匀性

多元或焦平面器件各有效像元响应度 $R(i,j)$ 均方根偏差与平均响应度 $\bar{R}$ 的百分比表征响应度的不均匀性，符号为 U_R，表达式为

$$U_R = \frac{1}{\bar{R}} \sqrt{\frac{1}{M \times N - (d_{pix} + h_{pix})} \cdot \sum_{i=1}^{M} \sum_{j=1}^{N} (R(i,j) - \bar{R})^2} \times 100\% \qquad (3-30)$$

式中，求和中不包括无效像元。响应度不均匀性可归纳为空间噪声。

材料本身光谱响应的变化、掺杂不均、厚度不等、光敏元尺寸不一致等因素，都会造成响应度的不均匀性。此外，探测器的工作温度及其均匀性、探测器驱动信号的起伏、背景辐射的不均匀性，也会对响应度的不均匀性产生影响，但器件自身的非均匀性是造成响应度不均匀性的主要原因。

4. 平均噪声电压

多元或焦平面器件各有效像元噪声电压的平均值称为平均噪声电压，符号为 $\bar{u}_n$，表达式为

$$\bar{u}_n = \frac{1}{M \times N - (d_{pix} + h_{pix})} \cdot \sum_{i=1}^{M} \sum_{j=1}^{N} u_n(i,j) \qquad (3-31)$$

式中，$u_n(i,j)$ 为第 i 行、第 j 列像元的噪声电压，求和中不包括无效像元。

利用上述平均响应度 $\bar{R}$、平均噪声电压 $\bar{u}_n$，即可获得平均噪声等效功率 $\overline{NEP}$。

5. 平均比探测率

多元或焦平面器件各有效像元比探测率的平均值称为平均比探测率，符号为 $\bar{D}^*$，表达式为

$$\bar{D}^* = \frac{1}{M \times N - (d_{pix} + h_{pix})} \cdot \sum_{i=1}^{M} \sum_{j=1}^{N} D^*(i,j) \qquad (3-32)$$

式中，$D^*(i,j)$ 为第 i 行、第 j 列像元的比探测率，求和中不包括无效像元。

6. 噪声等效温差

噪声等效温差是度量焦平面器件温度分辨能力的参数，符号为 NETD。NETD 也用于描述红外系统的性能。在明确系统参数并考虑系统损耗的情况下，探测器 NETD 与系统 NETD 的概念是一致的。NETD 定义为器件的输出信号等于噪声时，入射辐射目标的温度变化，即

$$\mathrm{NETD} = \frac{\Delta T}{\Delta U_S / u_n} \quad\quad (3-33)$$

式中：u_n 为基准电路输出的噪声；ΔU_S 为目标与背景之间温差为 ΔT 时，基准电路输出端的目标与背景信号之差。因此，NETD 的单位为 K。

NETD 的计算常采用一种与器件和系统参数相关的表达式，下面给出推导过程。假设目标的温度为 T，光谱辐射亮度为 $L(T,\lambda)$；探测器敏感元面积为 A_d，放置在光学系统的焦点 f_0 处，光学系统的入瞳直径为 D_0（即数值孔径 $F_\# = f_0 / D_0$，数值孔径 $F_\#$ 也称 F/数）。由红外物理知识可得，探测器表面所接收的辐射功率为

$$P(\lambda) = L(T,\lambda) \frac{\pi D_0^2}{4} \frac{A_d}{f_0^2} = L(T,\lambda) \frac{\pi}{4} \frac{A_d}{F_\#^2} \quad\quad (3-34)$$

若探测器的平均电压光谱响应度为 $\overline{R}(\lambda)$，则器件在响应光谱范围 (λ_1, λ_2) 内的输出电压为

$$U_S = \frac{\pi}{4} \frac{A_d}{F_\#^2} \int_{\lambda_1}^{\lambda_2} \overline{R}(\lambda) L(T,\lambda) \mathrm{d}\lambda \qu\quad (3-35)$$

若目标温度发生变化，则器件输出信号的变化为

$$\frac{\mathrm{d}U_S}{\mathrm{d}T} = \frac{\pi}{4} \frac{A_d}{F_\#^2} \int_{\lambda_1}^{\lambda_2} \overline{R}(\lambda) \frac{\partial L(T,\lambda)}{\partial T} \mathrm{d}\lambda \quad\quad (3-36)$$

根据响应度与比探测率的关系，并假设目标温度变化不大，式 (3-36) 可写为

$$\frac{\Delta U_S}{u_n} = \Delta T \frac{\pi}{4} \frac{A_d}{F_\#^2} \frac{1}{\sqrt{A_d \Delta f}} \int_{\lambda_1}^{\lambda_2} \overline{D}^*(\lambda) \frac{\partial L(T,\lambda)}{\partial T} \mathrm{d}\lambda \quad\quad (3-37)$$

根据 NETD 的定义式 (3-33)，以及光谱辐出度 $M(T,\lambda)$ 与光谱辐亮度 $L(T,\lambda)$ 之间的关系 $M(T,\lambda) = \pi L(T,\lambda)$，有

$$\mathrm{NETD} = \frac{4 F_\#^2}{\sqrt{A_d / \Delta f}} \left[\int_{\lambda_1}^{\lambda_2} \overline{D}^*(\lambda) \frac{\partial M(T,\lambda)}{\partial T} \mathrm{d}\lambda \right]^{-1} \quad\quad (3-38)$$

在上述讨论中，假设大气和光学系统的透过率均为 1。根据 NETD 的定义和计算式 (3-38) 可知，NETD 即为器件输出信噪比等于 1 所需的温度变化（温差），NETD 越小，表示器件的热灵敏度越高；而且，在其他参数已知的情况下，探测器的比探测率越大，器件热灵敏度越高；同时，NETD 与光学系统参数（数值孔径 $F_\#$）有关，所以在计算和测量 NETD 时，应标注出所使用的光学系统参数，即记为 NETD(F/数)。

7. 占空比

红外焦平面阵列像元由光敏区（面）和非光敏区构成，这两部分合在一起称为一个探测单元，简称像元，如图 3-7 所示。光敏面与整个像元的面积之比称为占空比（或填充因子）。如果像元光敏面的面积为 A_d，而相邻像元之间的水平中心间距为 D_x，垂直中心间距为 D_y，占空比用符号 FF 表示，则有

$$\mathrm{FF} = \frac{A_d}{D_x \cdot D_y} \quad\quad (3-39)$$

由图 3-7 可以看出，中心间距限定了光敏面的大小，它对焦平面器件的空间分辨率有很大的影响，所以中心间距也是一个非常重要的指标。在过去的二十多年里，红外焦平面阵列像元的中心间距从 50 μm 左右开始不断减小，12 μm 中心间距现已成为中波和长波红外探测器的标准，甚至有的还实现了 5 μm 中心间距。另外，必须说明的是，非光敏区常称

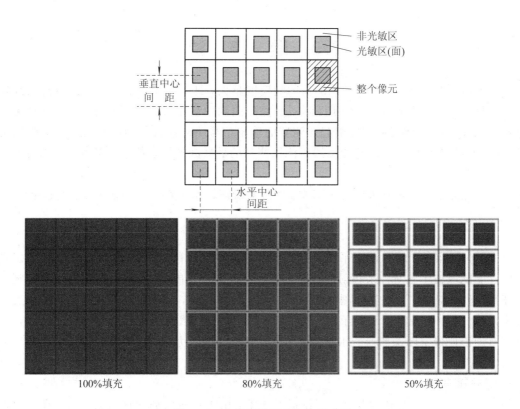

图 3 - 7 焦平面阵列占空比示意图

为"死区",它通常由一块共用母板上的机械间隔、芯片边缘上的非敏感区、芯片边缘上的附属电路以及相邻母板间的芯片间距构成。为了使光敏面达到最大,要求将"死区"减至最小。但是,"死区"又是必须存在的,所以 100% 填充只是一个理想概念。

8. 串音

当信号光子只是入射到多元或阵列探测器的某一个像元上时,探测器的其他像元应该没有信号输出。但实际上的情况并非如此。由于像元对相邻像元的串扰,相邻像元引起的信号 U_{NB} 与本像元信号 U_{LC} 之比称为该像元对相邻像元的串音(CT),即

$$CT = \frac{U_{NB}}{U_{LC}} \times 100\% \qquad (3-40)$$

像元对相邻像元的串音共有三类:光串音、电串音及光电串音。光串音是由探测器内部和外部的光反射、折射及散射引起的;电串音产生的原因较多,如电极引线间的耦合电容、探测器共有衬底接触区电势分布、电荷转移损失及积分电容放电不完全等,都可能引起电串音;光电串音主要与光生载流子的横向扩散有关。串音将降低系统的调制传递函数,使探测器的整体性能下降。

除了上述性能参数外,对于多元或焦平面器件还有其他一些重要的参数,例如:积分时间,即像元累积辐照产生电荷的时间(或者说,像元对辐射信号进行积分的时间,符号为 t_{int},单位为 s);帧周期,即阵列焦平面探测器读出一帧像元信号所需的时间(符号为 t_{frame},单位为 s);行周期,即线列焦平面读出一行像元信号所需的时间(符号为 t_{line},单位为 s);电荷容量,即焦平面像元能容纳的最大信号电荷数(符号为 N_S)等。

3.3 噪 声 源

根据前面的描述可知，红外探测器的响应度越大，即灵敏度越高，所能探测到的红外辐射功率就越小。但是，一个红外探测器所能探测到的最小红外辐射功率受到一种"无规则起伏"的限制，当辐射弱到所引起探测器的输出信号小于这种"无规则起伏"时，就无法辨别出输出信号，即一个红外探测器所能探测到的最低红外辐射能量，受到这种称为噪声的"无规则起伏"的限制。

红外探测器中的噪声大致分为三类：探测器噪声、背景辐射光子噪声和放大器噪声。

3.3.1 探测器中的噪声

实际探测器的最高性能水平往往与其具体的噪声机理有关，这是因为，一个实际探测器的性能既取决于它对外来辐射的响应，又取决于它的固有噪声。探测器固有噪声的定量描述是比较复杂的，只有当探测器的制作工艺十分完备时，它才可以由某些确定的噪声机理来评估。本节将着重讨论实际红外探测器的噪声机理，给出噪声和噪声频谱的表达式，这将有助于评价实际探测器的水平，指出进一步提高的潜力，而且也有助于正确地使用探测器。

1. 热噪声

不论是金属、半导体或其他材料组成的电阻，由于材料内部的热运动，都会导致电阻内载流子运动的起伏，由此产生的噪声称为热噪声。热噪声公式首先由约翰逊(Johnson)和奈奎斯特(Nyquist)导出，所以热噪声也常被称为约翰逊噪声或奈奎斯特噪声。

一个阻值为 R_d 的电阻器，处于温度 T 时，在测量带宽 Δf 内所具有的热噪声电压为

$$u_J = (\overline{u_J^2})^{1/2} = (4kTR_d\Delta f)^{1/2} \qquad (3-41)$$

式中：k 为玻尔兹曼常数(1.3807×10^{-23} J/K)；$\overline{u_J^2}$ 为均方噪声电压。将式(3-41)除以电阻值 R_d 就得到热噪声电流：

$$i_J = \left(\frac{4kT\Delta f}{R_d}\right)^{1/2} \qquad (3-42)$$

热噪声电压和热噪声电流的乘积即是热噪声功率：

$$P_J = 4kT\Delta f \qquad (3-43)$$

由式(3-41)和式(3-42)可以看出，一个电阻器的热噪声电压及热噪声电流与电阻值 R_d、电阻器的温度 T 以及测量放大器的带宽 Δf 有关。而由式(3-43)可以看出，热噪声功率与电阻无关。所以说，对于某一电阻器，只能通过降低温度和减小带宽这两种方式来降低热噪声。

由式(3-41)~式(3-43)可知，热噪声与频率无关，这类噪声称为"白噪声"。

如果在一个网路中有多个电阻器，且每个电阻器的温度不同，则这个网路的噪声可以把每个电阻器当作互不相关的热噪声源来考虑。

温度为 T_1 的电阻器 R_{d1} 与温度为 T_2 的电阻器 R_{d2} 串联时，均方噪声电压为

$$\overline{u_J^2} = 4k\Delta f(R_{d1}T_1 + R_{d2}T_2) \qquad (3-44)$$

利用等效噪声温度 T_n，式(3-44)可写为

$$\overline{u_{\mathrm{J}}^2} = 4kT_n(R_{\mathrm{d1}} + R_{\mathrm{d2}})\Delta f \qquad (3-45)$$

由式(3-44)和式(3-45)得出

$$T_n = \frac{R_{\mathrm{d1}}}{R_{\mathrm{d1}} + R_{\mathrm{d2}}}T_1 + \frac{R_{\mathrm{d2}}}{R_{\mathrm{d1}} + R_{\mathrm{d2}}}T_2 \qquad (3-46)$$

温度为 T_1 的电阻器 R_{d1} 与温度为 T_2 的电阻器 R_{d2} 并联时，均方噪声电流相加，得

$$\overline{i_n^2} = 4k\left(\frac{T_1}{R_{\mathrm{d1}}} + \frac{T_2}{R_{\mathrm{d2}}}\right)\Delta f \qquad (3-47)$$

利用等效噪声温度，式(3-47)可写为

$$\overline{i_n^2} = 4kT_n\left(\frac{1}{R_{\mathrm{d1}}} + \frac{1}{R_{\mathrm{d2}}}\right)\Delta f \qquad (3-48)$$

此时，T_n 为

$$T_n = \frac{T_1 R_{\mathrm{d2}}}{R_{\mathrm{d1}} + R_{\mathrm{d2}}} + \frac{T_2 R_{\mathrm{d1}}}{R_{\mathrm{d1}} + R_{\mathrm{d2}}} \qquad (3-49)$$

均方噪声电压为

$$\overline{u_{\mathrm{J}}^2} = 4k\frac{R_{\mathrm{d1}}R_{\mathrm{d2}}}{(R_{\mathrm{d1}} + R_{\mathrm{d2}})^2}(T_1 R_{\mathrm{d2}} + T_2 R_{\mathrm{d1}})\Delta f \qquad (3-50)$$

式(3-50)中，R_{d1} 与 R_{d2} 的并联电阻 $R_{\mathrm{d}} = R_{\mathrm{d1}}R_{\mathrm{d2}}/(R_{\mathrm{d1}} + R_{\mathrm{d2}})$。等效噪声温度 T_n 为电阻 R_{d1} 和 R_{d2} 同时具有统一温度，在这个统一温度下它们所具有的噪声与它们处于不同温度下所具有的噪声相等。

在电容器、电感器和电阻器组成的网路中，只有电阻(包括电感器导线及绕组的电阻)有热噪声。理想的电感器和理想的电容器不耗散能量，因而不产生热噪声。

2. 电流噪声或 $1/f$ 噪声

热噪声是几种工作时不需加偏压的探测器(如光电磁探测器、高频工作的光伏探测器、测辐射热电偶探测器)的主要噪声。然而，许多半导体探测器(如光导探测器)工作时是需要加偏压的，因而有一定的偏流流过。流过探测器的电流不是纯粹的直流，而是在直流上叠加一些微小的电流起伏。这些微小的起伏电流随时都在变化，这就形成了噪声。实验发现，这种噪声的大小与探测器尺寸、流过的电流、工作频率和带宽等因素有关。许多光导探测器的性能受这种电流噪声的限制。产生这种噪声的机理尚不清楚，其来源有多种。实验证明，在碳质电阻器的晶粒间接触会引起电流噪声；电流噪声与宽禁带晶体的非欧姆接触有关；具有整流接触的硫化镉晶体的主要噪声已被证明是电流噪声；而具有欧姆接触的硫化镉晶体的电流噪声又不是主要的。某些单晶半导体(如锗)，即使是欧姆接触，也存在电流噪声。

尽管在不同情况下电流噪声的起因仍有不同的解释，但都有相近的规律，即电流噪声的均方噪声电流近似与频率倒数成比例，所以通常把电流噪声称为 $1/f$ 噪声。综合实验数据，电流噪声的均方噪声电流 $\overline{i_f^2}$ 可表示为

$$\overline{i_f^2} = \frac{k_1 I_{\mathrm{d}}^\alpha \Delta f}{f^\beta} = \frac{C_1 I_{\mathrm{d}}^\alpha \Delta f}{lAf^\beta} \qquad (3-51)$$

式中：l 为探测器的长度；A 为探测器的横截面积；$\alpha(\approx 2)$ 为常数；$\beta(\approx 1)$ 为常数；k_1 为比例常数；C_1 为常数，与材料本身有关，与材料尺寸无关；I_{d} 为流过探测器的电流。

电流噪声的均方噪声电压可表示为

$$\bar{u}_f^2 = \bar{i}_f^2 R_d^2 = \frac{k_1 I_d^2 R_d^2 \Delta f}{f} = \frac{C_1 I_d^2 R_d^2 \Delta f}{lAf} = \frac{C_1 \rho^2 I_d^2 l \Delta f}{fA^3} \qquad (3-52)$$

式中，ρ 为探测器材料的电阻率。

由式(3-52)可看出，电流噪声的均方噪声电压与材料电阻率 ρ 的平方、流过探测器的电流 I_d 的平方和探测器的长度 l 成正比，与探测器的横截面积 A 的立方成反比，所以以薄膜探测器与较厚的块状晶体探测器相比更可能受电流噪声的限制。$\alpha > 2$ 时，电流噪声对材料的依赖关系就更大了。

3. 产生-复合噪声

半导体中载流子的产生、复合过程的无规则起伏，会引起载流子浓度的瞬时起伏，从而产生噪声，这种噪声称为产生-复合噪声。产生-复合噪声是半导体中载流子浓度统计起伏的结果。这种噪声的特点是，低频时，为常数；当频率高于一个同载流子寿命的倒数有关的特征频率时，迅速下降；在中间频率范围内，它是半导体中的主要噪声。晶格振动和入射光子的随机性可引起载流子产生及复合的无规则性，所以在光子探测器中，这种噪声与光子噪声有密切关系。在所有半导体光子探测器中，一般都会出现这种噪声，尤其是对许多光电导探测器来说，产生-复合噪声往往是给出其极限工作性能的限制噪声。

产生-复合噪声电流的经验表达式为

$$\bar{i}_{G\text{-}R}^2 = \frac{k_2 I_d^2 \Delta f}{1 + (f/f_1)^2} \qquad (3-53)$$

式中：k_2 为常数；f_1 为特征频率；I_d 为流过探测器的电流。

若材料电阻为 R_d，则产生-复合噪声的噪声电压为

$$\bar{u}_n = (\bar{i}_n^2 R_d^2)^{1/2} = \left[\frac{k_2 I_d^2 R_d^2 \Delta f}{1 + (f/f_1)^2} \right]^{1/2} \qquad (3-54)$$

由式(3-53)或式(3-54)可以看出，产生-复合噪声存在一个特征频率 f_1。当 $f \ll f_1$ 时，产生-复合噪声与频率无关，为一恒定值。但当 $f \gg f_1$ 时，产生-复合噪声随 f 的增加而下降。

4. 散粒噪声

由于电流是由带电荷微粒组成的，因此电微粒的涨落会引起电流的起伏，由此产生的噪声称为散粒噪声，这种噪声往往是构成光电发射器件、光伏器件及薄膜光电导器件的限制性噪声。

对于光电发射器件，无光照时的噪声电流表达式为

$$\bar{i}_{sd}^2 = 2q I_{d0} \Delta f \qquad (3-55)$$

式中：q 是电子电荷；I_{d0} 是光电阴极的暗电流，该暗电流可由热离子发射、场致发射或阳极与阴极间的漏电流引起。

PN 结光伏器件中的散粒噪声与光电发射器件中的散粒噪声表达式类似。但应注意到 PN 结与真空二极管的区别，即在 PN 结中，穿过空间电荷区有两个方向流过的电流，而散粒噪声与每个方向流动的电流是相关的。所以无论有没有偏压，PN 结的散粒噪声都必须考虑流过结的各种电流成分的贡献。

当没有辐射照射时，如果在 PN 结上加一正向偏压 U_b，则由 PN 结的伏安特性可知，流过结的电流为

$$I_d = I_{sat}\left[\exp\left(\frac{qU_b}{kT}\right) - 1\right] = I_{sat}\exp\left(\frac{qU_b}{kT}\right) - I_{sat} \tag{3-56}$$

等式右端第一项为正向电流,第二项为反向饱和电流。在这种情况下,可写出 PN 结散粒噪声的表示式为

$$\overline{i_{sd}^2} = 2q\left[I_{sat}\exp\left(\frac{qU_b}{kT}\right) + I_{sat}\right]\Delta f \tag{3-57}$$

当外加偏压 $U_b = 0$ 时,亦即在无光照下,处于开路状态的 PN 结噪声电流为

$$\overline{i_{sd}^2} = 2q(I_{sat} + I_{sat})\Delta f = 4qI_{sat}\Delta f \tag{3-58}$$

考虑到零偏压时的结电阻 $R_{d0} = kT/(qI_{sat})$,所以

$$\overline{i_{sd}^2} = \frac{4kT\Delta f}{R_{d0}} \tag{3-59}$$

由此可见,当没有辐射照射时,PN 结开路状态的散粒噪声可表示为热噪声。

若在 PN 结上加一反向电压,且反向电压足够大,则流过结的正向电流为零。无光照时,散粒噪声为

$$\overline{i_{sd}^2} = 2qI_{sat}\Delta f \tag{3-60}$$

相应的均方噪声电压为

$$u_{sd} = (\overline{i_{sd}^2})^{1/2}R_{d0} = (2qI_{sat}\Delta f)^{1/2}R_{d0} \tag{3-61}$$

比较式(3-58)与式(3-60)可看出,光伏器件在反向偏压下使用时,可使散粒噪声降低一半。

5. 温度噪声

温度噪声是红外热探测器中的主要噪声之一,它是由于探测器温度的无规则起伏或热量从探测器向周围传递起伏所引起的噪声。原则上,所有探测器都可能有工作温度起伏,因而存在温度噪声,但只是对各种热探测器,温度噪声才可能成为限制性噪声,这是因为各种热探测器都是根据响应元的温度变化并转变为电信号来探测辐射的,所以探测器自身温度起伏所引起的温度噪声必然限制了其所能探测的最小辐射功率。

为了适用不同类型的热探测器,往往用探测器响应元的温度均方起伏 $\overline{\Delta T^2}$ 来表示温度噪声的大小。若探测器元件与基板或容器处于温度 T,元件热容量为 C_{th},元件到周围环境的热导为 G_{th},则每单位频率间隔的温度均方起伏为

$$\overline{\Delta T^2}(f) = \frac{4kT^2}{G_{th}}\left(\frac{1}{1 + \omega^2\tau_{th}^2}\right) \tag{3-62}$$

式中:$\omega = 2\pi f$ 为圆频率;$\tau_{th} = C_{th}/G_{th}$ 为热时间常数。

当 $\omega \ll 1/\tau$ 时,在带宽 Δf 中温度均方起伏的最终表达式为

$$\overline{\Delta T^2}(f) = \frac{4kT^2}{G_{th}}\Delta f \tag{3-63}$$

3.3.2 背景的辐射噪声

3.3.1 节介绍的探测器中出现的各类噪声是探测器本身具有的噪声。实际上,探测器总是工作在一定的环境中,所以探测器在接收目标辐射的同时也接收到目标以外的背景发出的辐射。背景发出的辐射(光子)有涨落,即使探测器本身无噪声,也会在探测器的输出中产生噪声,我们称由背景辐射光子数的涨落而引起的探测器噪声为辐射噪声,又称背景

噪声或光子噪声。有关光子噪声的讨论是非常复杂的，这里仅给出一些重要的结论。

背景辐射可近似看作黑体或灰体辐射，而黑体或灰体辐射满足波色-爱因斯坦分布。根据波色-爱因斯坦统计，黑体温度为 T_b 时，若涉及的探测器面积为 A_d，在 Δf 频带内，探测器前表面所吸收的光子噪声的均方功率值为

$$\overline{\Delta P^2} = 8k\varepsilon_{\text{rad}}\sigma T_b^5 A_d \Delta f \tag{3-64}$$

式中：σ 为斯忒藩-玻尔兹曼常数；ε_{rad} 为探测器表面的吸收率（即发射率）。

探测器也是一个辐射体，它发射的辐射功率的无规则起伏也增加噪声。若探测器的温度为 T_d，则由探测器发射出来的光子起伏所产生的均方噪声功率为

$$\overline{\Delta P^2} = 8k\varepsilon_{\text{rad}}\sigma T_d^5 A_d \Delta f \tag{3-65}$$

在带宽 Δf 内总的均方噪声辐射功率为

$$\overline{\Delta P_b^2} = 8k\varepsilon_{\text{rad}}\sigma A_d (T_d^5 + T_b^5)\Delta f \tag{3-66}$$

对于在室温下工作的探测器，探测大地、海洋或空中目标时，其背景温度 T_b 与探测器的温度 T_d 相近，则

$$(\overline{\Delta P_b^2})^{1/2} = (16k\varepsilon_{\text{rad}}\sigma A_d T_d^5 \Delta f)^{1/2} \tag{3-67}$$

当探测器在低温下工作时，$T_d \ll T_b$，则

$$(\overline{\Delta P_b^2})^{1/2} = (8k\varepsilon_{\text{rad}}\sigma A_d T_b^5 \Delta f)^{1/2} \tag{3-68}$$

由式(3-68)可以看出，探测器的背景噪声功率与探测器的面积 A_d、背景温度 T_b、探测器温度 T_d 和放大器的噪声等效带宽 Δf 成正比，减小上述参量可减小背景噪声。

根据 NEP 与 u_n 的关系，可将背景噪声电压 u_{bn} 表示为

$$u_{bn} = \text{NEP} \cdot R_u = \frac{(\overline{P_b^2})^{1/2} \cdot R_u}{\varepsilon_{\text{rad}}} \tag{3-69}$$

由式(3-69)可以看出，背景噪声的大小与探测器的响应率成正比，即灵敏度越高的探测器，背景噪声也越大。若一个红外系统的噪声是背景噪声起主要作用，则在这种情况下选用更高探测率的探测器并不能进一步提高系统的探测能力。

由式(3-66)可以看出，背景辐射的光子噪声与其面积、绝对温度及带宽有关，这就给我们指出了减少光子噪声的途径：利用冷却的滤光片可以改善受光子噪声限制的光子探测器的工作性能，如果探测器的响应光谱范围大于目标所发出辐射的光谱范围，那么探测器就要接收到一些来自背景的噪声。加滤光片以后，就有可能将探测器的响应光谱范围减小到目标辐射的光谱范围，同时滤光片又是冷却的，因而它本身发出的光子噪声也大大减小，从而改善了探测器的工作性能。

其次，为了减少来自背景的噪声，就要减少探测器所能"看"到的背景面积。如果探测器在冷却的状态下工作，可以将探测器装在一个冷却的外壳中，这个外壳上有一小孔，探测器通过小孔"看"到背景面积，如图 3-8 所示，这样可以减少探测器"看"到的背景面积。

另外，所有噪声的大小都与带宽有关，因此，可以用减小放大器通频带宽的方法来减少噪声。

最后，一般情况下，背景起伏的光子噪声比探测器

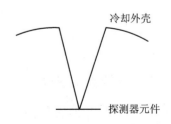

图 3-8　冷却外壳中的探测器

中的噪声要小得多，可以不予考虑，但对于某些在低温下工作的本身噪声极低的探测器来说，这种噪声的影响就显得突出了。

3.3.3 放大器噪声

探测器的作用是把目标的红外辐射转变成电信号。这个信号一般很小，为了处理方便，往往要进行放大，因而放大器中的噪声对整个红外系统的性能是有影响的。所以，为了充分发挥探测器的探测能力，就必须要求前置放大器的噪声电平低于探测器的噪声电平。

红外探测器配用的前置放大器的电路较多，有适用于光导型和光伏型的前置放大器，有适用于低阻抗、中阻抗和高阻抗的前置放大器。概括来说，它们应具有噪声低、工作稳定可靠、能充分反映探测器性能的特点。低源阻抗、中等源阻抗和高源阻抗的低噪声前置放大器是红外探测器用到的最基本的三种类型前置放大器。关于前置放大器的噪声问题，可参考有关文献。

3.4 红外探测器制冷器

在红外探测器的具体使用中，除了上述所给出的探测器性能参数外，还有一个对探测器性能有影响的因素需要进一步说明，即低温探测器所采用的制冷器。尽管这个因素不会直接出现在探测器的性能参数中，但它给探测器提供工作环境，对探测器的性能参数产生影响，对红外系统的设计十分重要。

3.4.1 微型制冷器的性能

许多红外探测器工作时需要一定温度和冷量的制冷，才能呈现出较高的性能。例如，硫化铅和硒化铅探测器可在室温下工作，但在195 K（−78℃）温度下有更好的响应度。而锑化铟和碲镉汞探测器的禁带宽度很小，需要77 K（−196℃）的低温才可较好地工作。因此，在选择探测器时，必须相应地选择适合的微型制冷器。

红外探测器对微型制冷器的要求有温度、启动时间、蓄冷时间、气动噪声、体积和质量、工作时间等。

1. 温度

不同的探测器所要求的工作温度不同，主要取决于探测器的工作原理和响应波长。如长波的非本征探测器，需要更低的制冷温度。目前红外系统中广泛应用的红外探测器只需要冷却到液氮温度77K即可。另外，红外探测器的工作温度对附近的温度起伏也很敏感，制冷器工作时对温度的任何扰动都会使探测器产生附加的噪声，从而使探测器的性能下降，因此，微型制冷器不仅要保证探测器所需的工作温度，而且还要保持温度恒定。

2. 启动时间

制冷器从开始工作到探测器被冷却到所要求的温度，输出信号达正常值的70%所需要的时间称为启动时间。制冷器启动时间的长短，主要取决于制冷器的制冷功率、热负载以及制冷介质向负载的冷量传递过程。

3. 蓄冷时间

使用制冷器的红外系统处于工作状态时，假若制冷器停止制冷，就得靠蓄冷来保持探测器所需的工作温度。当制冷器停止工作后，红外探测器仍能正常工作（信号下降到正常值的70%）的时间称为蓄冷时间。蓄冷时间的长短主要取决于制冷器停止工作前所提供的冷量储存和探测器是否漏热，设计时应在满足启动时间的前提下，尽可能延长蓄冷时间，有时可以采用适当的蓄冷材料来提高蓄冷能力，延长蓄冷时间。

4. 气动噪声

气动噪声是指在制冷器工作时，由制冷气体介质的高速流动而引起的附加噪声。其工作机理主要是气流与制冷器内壁摩擦产生静电干扰噪声，以及气体流动使探测器引线产生震颤噪声。这两种附加噪声使探测器的探测率严重下降，因此必须采取措施加以消除。

5. 体积和质量

有些红外系统对整个探测器的体积和质量有苛刻的要求。如有可能，应把制冷器的某些部件，如阀门、压力传感器、高压气瓶或储液器等尽量放置在远离探测器的部位。

6. 工作时间

有些红外系统中红外探测器的工作时间很短，要求制冷器工作时间在几秒到几分钟之间。对于工质气体不回收的制冷器，其工作时间主要取决于工质气源储存器的容积和气压。

其他如可靠性高、备用时间长、后勤供给及维修方便、供电简单、准备时间短等也是红外系统中红外探测器的制冷器所必须具备的特点。

3.4.2 典型微型制冷器

微型制冷器的种类有很多，如低温杜瓦瓶（Dewar）、焦耳-汤姆逊（Joule-Thompson，JT）制冷器、斯特林（Stirling，ST）制冷器、热电制冷器（TEC）以及辐射制冷器等。图3-9给出了四种常用微型制冷器的原理结构以及外观图。图3-10给出了各种实用红外探测器对应的工作温度和波长范围。

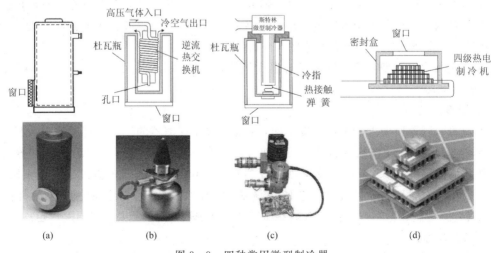

图 3-9　四种常用微型制冷器

（a）低温杜瓦瓶；（b）焦耳-汤姆逊制冷器；（c）斯特林制冷器；（d）热电制冷器

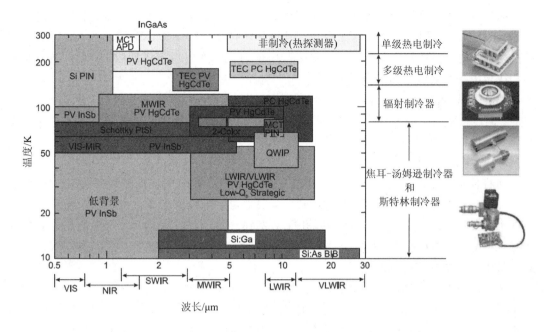

图 3-10 各种实用红外探测器对应的工作温度和波长范围

下面针对红外探测器常用的微型制冷器,对其工作原理、性能和特点等进行简要介绍。

1. 低温杜瓦瓶

杜瓦瓶是一种储藏液态气体或固体制冷剂的玻璃或金属容器。在有低温制冷剂(如液氮、液氦或干冰)供应的场合,可采用直接向杜瓦瓶中灌注制冷剂来实现探测器制冷的目的。液氮制冷剂可达到 77 K($-196℃$)、液氦制冷剂可达到 4.2 K($-269℃$)、干燥冰可达到 196 K($-77℃$)的低温。一个 0.1 L 的液氮杜瓦瓶,在 77 K 下可维持 6 小时;1.2 L 的液氦杜瓦瓶,在 4.2 K 下可维持 10 小时。

采用杜瓦瓶实现低温制冷的优点是:简单有效,制冷迅速,无噪音;缺点是:有些笨重,且每隔几个小时就要重新灌充制冷剂,应用大多限于实验室内。另外,真空杜瓦瓶的真空寿命是有限的,玻璃杜瓦瓶大约为 3~5 年,金属杜瓦瓶大约为 1~2 年,使用时应予注意。

2. 焦耳-汤姆逊制冷器

焦耳-汤姆逊制冷器是利用高压气体的节流来获得制冷的,所以又称其为节流式制冷器。所谓节流,就是气体不作外功,从高压降到低压的过程。焦耳-汤姆逊效应是在绝热及不作外功的情况下,气体连续节流所产生的温度变化。这一变化是由于气体膨胀时克服分子间引力消耗了一定的内能,另外容积能也有变化,然而,只有当高压气体节流前的温度低于其转换温度时,内能和容积能变化的综合结果是使气体节流后降温。氮、氧和氩等气体的转换温度比室温高,所以这些气体在常温下节流就可获得制冷。

在红外系统中所用的焦耳-汤姆逊节流式制冷器,一般都要与一个装有探测器的杜瓦瓶相配合。制冷器工作时,利用高压气体通过毛细管热交换器后节流膨胀来获得制冷。这些冷的低压气体沿毛细管与杜瓦瓶内管之间的间隙逸出,同时预冷了沿毛细管内进入的高压气体,使后者在较低的温度下节流膨胀,从而获得更低的温度。如此连续一定时间,高压气体节流后就会有部分气体液化。由于探测器的金属座与低温液体直接接触,因而探测器就能处于低温液体的温度。

高压气体有两种不同的来源：一是利用压缩机，二是使用高压储气瓶。前者可用在封闭循环系统，工作时，工质气体无损耗，因此可长时间连续工作，其寿命主要取决于压缩机的寿命。使用高压储气瓶供气时，制冷器用过的气体逸出后不再回收，因此，储气瓶的容积决定了制冷系统连续工作的时间。

焦耳-汤姆逊节流式制冷器的制冷部件体积小，与高压气源的连接灵活，启动快，制冷可靠。高压气源可长时间储存，制冷温度可以从室温以下一直到液态气体的沸点；缺点是高压气源的净化要求较高。

3. 斯特林制冷器

斯特林制冷器是由电力驱动的一种机械式制冷机，它采用逆向斯特林循环工作而制冷，由两个等温过程和两个等容过程组成。一般地讲，斯特林制冷机由压缩单元和膨胀单元两个主要部分组成，在压缩单元中，由于活塞在气缸中作往复运动，产生的压力波传播到膨胀单元中，推动冷指（芯柱）中的排出器作往返运动，并在回热器中完成热力循环，实现热量由低温端到室温端的泵送。

在红外系统中应用的斯特林制冷机，根据不同的分类原则，可分为以下几类：根据压缩单元和膨胀单元的位置关系，分为整体式和分置式；根据制冷机与杜瓦瓶的耦合方式，分为集成式和分体式；根据电机驱动方式，分为旋转驱动式和线性驱动式。

斯特林制冷机已由单级发展到双级和三级。为了增加机器的制冷量，还有利用四个单级制冷机并联组成的四缸回热式气体制冷机。单级斯特林制冷机的制冷温度范围为 173 K～73 K；双级制冷机的制冷温度范围为 12 K～15 K；三级制冷机的制冷温度为 7.8 K；当工质处于气液两相区时，最低温度可到 3.1 K。

与节流制冷器相比，斯特林制冷器工作时不需要高压气瓶或高压供气系统，具有制冷工质闭式循环、结构紧凑、工作温度范围宽、启动快、效率高、操作简便等优点，已逐渐成为红外探测器组件应用的主流制冷方式。这种制冷器最大的缺点是噪声较大和寿命不长。

4. 热电制冷器

热电制冷器亦称半导体制冷器或温差电制冷器，它的机理是利用半导体材料的帕尔贴效应，亦即当电流按一定方向流经串联的 N 型和 P 型半导体材料电偶时，在两半导体材料的连接处会产生降温现象，降温的程度取决于所用的材料。目前既能使用又能投产的最好材料是铋-碲合金（$Bi_2 - Te_3$），纯 $Bi_2 - Te_3$ 掺杂各种杂质而形成 N 型或 P 型材料。单级半导体制冷器的工作原理可以这样理解：当电流由 N 型材料流向 P 型材料时，N 型材料中的电子和 P 型材料中的空穴相背运动，为了补充电子和空穴的来源，P 型半导体满带上的电子转移到 N 型半导体的导带上，而这些同时形成的电子和空穴在外电场的作用下亦相背运动，但是要形成电子和空穴，并且使之具有一定的势能和动能，必须消耗一定的能量，这一能量取自两半导体材料接头处晶格的热振动能，于是使接头处降温。这些具有一定势能和动能的电子和空穴在到达半导材料的另一端时复合，其能量又转变成晶格的热能，所以在这一端会引起升温。如果在放热端安装一个散热器，以维持其温度恒定，而在吸热端用一绝热罩子罩着，那么吸热端就会下降到较低的温度。

一对电偶所产生的冷量是很小的，一般不到几百毫瓦，为了增加冷量，常常把若干对电偶串联或并联成电堆。单级电堆所得到的温差也较小，要得到更大的温差，必须做成多级电堆，亦即使第一级的吸热端作为第二级的放热端，而第二级的吸热端又作为第三级的放热端，依次类推。每一级放出的热量都必须为前一级所吸收。单级电堆的温差可达 50℃，二级可达 80℃，三级可达 100℃，四级可达 110℃，六级可达 130℃，而八级的温差可达 150℃，以上温差均指电堆热端处于室温的情况下所能得到的最佳温差。但是级数过多，在体积、功耗、重量和启动时间等问题上就不一定适合系统的需要。如果将红外探测器或列阵与小型半导体制冷器一同封装在晶体管或集成电路管壳中，在干燥的氮气环境中进行密封，元件和窗口都不会结霜，探测器可冷却到 -20℃～-80℃，功耗仅 2～6 W，这种封装结构紧凑、方便可靠、成本低，探测器性能比未冷却时大有改进。

总之，半导体制冷器结构紧凑、无运动部件、寿命长、可靠性高、重量轻、无噪声、仅需直流电源，但制冷效率低、启动慢。

5. 辐射制冷器

辐射制冷是利用宇宙空间自然的高真空、深低温和黑热沉的有利条件，将热量通过辐射的方式传递到宇宙空间而进行降温的。它是一种被动式制冷技术，其装置具有以下特点：寿命长，可适应空间飞行任务的时间要求；无功耗，省去飞行器的有限能源供给；无运动部件，具有较高的可靠性和稳定性；无机械振动，无电磁干扰，对红外探测器的工作性能没有影响。

辐射制冷器是较理想的空间红外探测器用制冷技术之一。辐射制冷器的结构形式有方锥型、圆锥型、W 型、抛物面型、V 型和盆型等。典型的制冷在 200 K～80 K。图 3-11 给出了一种典型的辐射制冷器结构形式，其制冷温度约为 100 K。

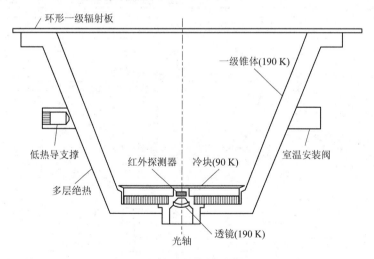

图 3-11　圆锥型辐射制冷器外形

3.5　典型的红外探测器

1800 年，赫歇尔（Herschel）利用涂黑水银温度计发现了红外线，人们通常把这支温度计看作第一个红外探测器。早期的红外探测器发展一直是与热探测器有关的，大约从 20 世纪 30 年代起，光子探测器逐渐成为红外探测器的主流。现代红外探测器技术起源于第二次世界大战期间，得益于六十多年来各种高性能红外探测器的发展，使红外技术应用于不同领域成为可能。图 3-12 给出了不同红外探测器及其重要材料的发展年表。图 3-13 给出了一些商用红外探测器的光谱比探测率曲线,其中实线为几种主要红外探测器的光谱$D^*(\lambda)$曲线,虚线为理想探测器(视场为2π、背景温度300K时)的理论最大$D^*(\lambda)$。

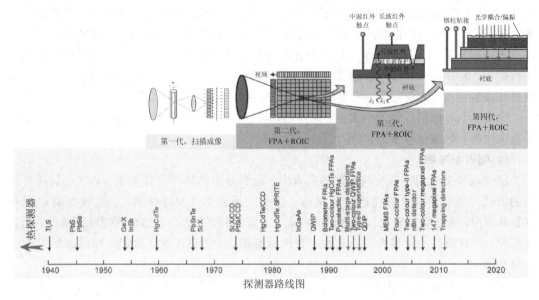

图 3-12　典型红外探测器及其材料发展历程

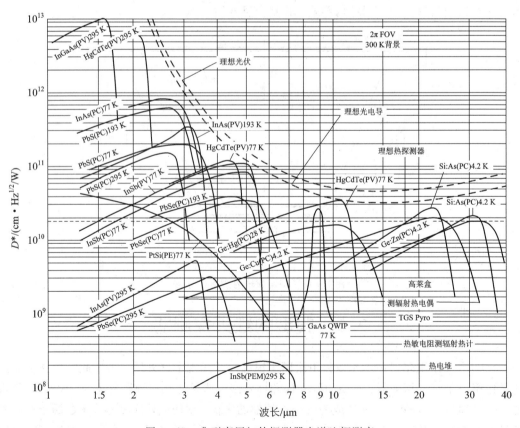

图 3-13　典型商用红外探测器光谱比探测率

3.5.1 热探测器

在很长一段时间里，热探测器被认为是一种反应迟钝、灵敏度差、笨重而昂贵的器件。但是随着半导体工艺技术的发展，热探测器的性能不断改进，古老的热探测器又焕发出新的活力。虽然热探测器没有光子探测器那样灵敏，但由于其可靠性和良好的性价比，在许多领域仍然得到了广泛应用。

最常用的热探测器有测辐射热电堆、测辐射热计和热释电探测器等。

1. 测辐射热电堆

最常见的测辐射热电堆红外探测器主要有两种类型，一种是薄膜型热电堆探测器，另一种是微机械热电堆探测器。

1）薄膜型热电堆探测器

最早的热电偶是用两根细金属丝制作的，常用的金属组合是：铋/银、铜/康铜以及铋/铋-锡合金。将两根金属丝连接形成热电偶结，一个表面涂黑的辐射接收器与热结相连，通常使用金箔作为辐射接收器。后来，人们利用真空镀膜方法，将热电偶材料（如铋和锑）沉积到陶瓷、蓝宝石、金属（如铝、氧化铍）或塑料等基体上，并采用腐蚀、剥离技术将热电偶材料分离，从而制作成薄膜型热电堆探测器。20世纪80年代之前，这种薄膜型热电堆探测器占主导地位。采用上述工艺制作的探测器，结构较大、灵敏度较低，但由于其结构坚固、性能稳定，仍被广泛用于需要高可靠性、高稳定性的领域，如空间测量、气象测量和工业高温计等。

表3-1中列出了一些典型体块和薄膜型热电堆探测器的性能参数。

表3-1　典型体块和薄膜型热电堆探测器的性能参数

类型	敏感元面积 A_d /mm²	响应度 R_u /(V/W)	比探测率 D^* /(cm·Hz$^{1/2}$/W)	电阻 R_d /Ω	时间常数 τ_{th} /ms
体块热电偶	0.2×0.2	2	3×10⁸	10	20~30
薄膜型热电偶	1.0×1.0	50	2×10⁸	2000	30~50
	0.12×0.12	280	3.6×10⁹	5000	13

2）微机械热电堆探测器

随着微电子机械系统（Micro-Electro-Mechanical System，MEMS，简称微机械系统）技术的蓬勃发展，半导体不仅仅被看成是电学载体，其机械性能也被充分利用。在此前提下，半导体材料作为热电堆探测器基体的技术日趋成熟，微机械热电堆红外探测器也得到了快速发展，性能不断提高。

与薄膜型热电堆探测器相比，微机械热电堆探测器的优势在于：

（1）由于与标准集成电路工艺兼容，微机械热电堆探测器的制造成本更加低廉，并适合批量生产；

（2）可以具有更多的结点，使输出信号更大，灵敏度更高；

（3）器件尺寸大幅度减小，可实现小型化封装结构，同时响应时间更短。

微机械热电堆红外探测器的优点在于体积小、重量轻，可在室温下工作；具有高的灵敏度和非常宽的频谱响应；与标准IC工艺兼容，成本低廉，且适合批量生产。微机械热电堆红外探测器近年来得到了快速发展，有些已进入商业化。表3-2列出了一些典型的微机械热电堆红外探测器的性能参数。

表 3-2　典型微机械热电堆红外探测器的性能参数

面积 /mm²	$D^* \times 10^7$ /(cm·Hz$^{\frac{1}{2}}$/W)	R_u /(V/W)	材料系统	τ_{th} /ms	电偶对数	气体
0.013	0.68	10	Al/poly-Si	—	20	—
0.77	1.5	25	Al/poly-Si	—	200	—
15.2	5	—	p-Si/Al	300	44	Air
15.2	10	10	p-Si/Al	—	44	Vac
0.12	1.7	12	Al/poly-Si	10	4×10	—
0.3	2	44	n, p-poly-Si	18	4×12	—
0.15	2.4	72	n, p-poly-Si	10	4×12	—
0.15	2.4	150	n, p-poly-Si	22	4×12	Kr
0.12	1.74	12	Al/poly-Si	10	10	Air
0.12	1.78	28	Al/poly-Si	20	2×24	Air
0.42	4.4	11	InGaAs/InP	—	—	Air
0.42	71	184	InGaAs/InP	—	—	Vac
4	6	6	Bi/Sb	15	60	—
4	3.5	7	n-poly-Si/Au	15	60	—
4	4.8	9.6	p-poly-Si/Au	15	60	—
0.25	9.3	48	n-poly-Si/Al	20	40	—
3.28	13	12	n-poly-Si/Al	50	68	—
0.2	55	180	Bi/Sb	19	72	Air
0.2	88	290	Bi/Sb	35	72	Kr
0.2	52	340	Bi$_{0.5}$Sb$_{1.5}$Te$_3$/ Bi$_{0.87}$Sb$_{0.13}$	25	72	Air
0.16	2.51	43.5	p-poly-Si/Al	14.1	64	—
0.16	3.25	31.8	p-poly-Si/Al	12.6	60	—
0.36	18.7	63.1	poly-Si/Ti	170.2	96	Air
0.36	40.6	137	poly-Si/Ti	37.0	96	Vacuum
0.2	77	500	Bi$_{0.5}$Sb$_{1.5}$Te$_3$/ Bi$_{0.87}$Sb$_{0.13}$	44	72	Kr
9	26	14.8	Bi/Sb	100	72	Ar
0.785	29	23.5	Bi/Sb	32	15	Ar
0.49	21	110	BiSb/NiCr	40	100	—

热电堆探测器几乎不在视频热成像中作为阵列器件使用。然而，它们可制成线阵器件，采用机械扫描方式形成静止或几乎静止物体的图像。另外，对于热结和冷结差异变化不大的场合，器件工作不需要温度稳定控制，因此，热电堆焦平面阵列很适用空间成像应用。

典型热电堆 IRFPA 的像元数为 120×90，每一个像元由两对 p-n 多晶硅热电偶组成，在 $8 \sim 13\ \mu m$ 内的红外吸收率大于 90%。整个芯片的尺寸是 $14.4\ mm \times 11.0\ mm$，成像面积为 $12.0\ mm \times 9.0\ mm$。表 3 – 3 是该器件的性能参数表。

表 3 – 3 120×90 元热电堆 IRFPA 参数说明

参　数	指　标	参　数	指　标
像元间距	$100\ \mu m$	时间常数	44 ms
填充因子	42%	电阻	99 kΩ
热电堆对	2	芯片尺寸	14 mm×11 mm
热电堆宽度	$0.8\ \mu m$	窗口材料	锗
电压响应度	3900 V/W	封装尺寸	44 mm(直径)

2. 测辐射热计

测辐射热计(Bolometer)是一种应用广泛的热探测器，它使用了一种电阻随温度变化的热敏电阻作为热敏元，通过测量热敏电阻在辐射作用下的电阻变化，从而确定入射的辐射通量。必须说明的是，这种电阻变化类似于光电导器件的特性，但其基本机理是不一样的。对测辐射热计而言，辐射功率在热敏电阻内部产生热，进而改变其电阻，其间没有光电之间的转换。

典型的测辐射热计有金属测辐射热计、半导体测辐射热计、微机械室温测辐射热计、复合测辐射热计以及超导测辐射热计。不同类型的测辐射热计所采用的材料及制作方法有很大的差别，其性能和应用领域也不一样。

1) 金属测辐射热计

用于制作金属测辐射热计的典型材料有镍、铋、铂、钛和锑等，这些材料具有较好的稳定性，可满足测辐射热计的基本要求。金属测辐射热计的体积可做得较小，使其具有足够小的热容，从而获得适当的灵敏度。

金属测辐射热计一般工作在室温下，其比探测率约为 $1 \times 10^8\ cm \cdot Hz^{1/2}/W$，响应时间约为 10 ms。遗憾的是，金属测辐射热计的机械韧性很差，从而限制了它们的应用场合。

2) 半导体测辐射热计

半导体测辐射热计又可分为室温半导体测辐射热计和低温半导体测辐射热计，而室温半导体测辐射热计就是人们常说的热敏电阻测辐射热计。

热敏电阻测辐射热计所采用的热敏材料通常是由锰(Mn)、钴(Co)和镍(Ni)等氧化物烧结而成的。这种半导体氧化物的电阻温度系数为负值，比金属要高，为 $2 \sim 4 (\%)/K$。另外，这种半导体氧化物的成品常被制成约 $10\ \mu m$ 厚的薄片，并嵌在电绝缘但导热的材料(如蓝宝石)上，然后与蓝宝石一起安装在金属散热器上，从而控制器件的时间常数。为了改善热敏材料的热吸收特性，常将接收辐射的区域进行黑化处理。室温下，半导体氧化物电阻率的典型变化范围是 $250 \sim 2500 \ \Omega \cdot \text{cm}$，工作面积的典型尺寸为 $0.05 \sim 5 \ \text{mm}^2$。

研究表明，在室温下，热敏电阻测辐射热计的主要噪声是热噪声，其比探测率大约为

$$D^* = 3 \times 10^9 \tau_{\text{th}}^{1/2} \quad (\text{cm} \cdot \text{Hz}^{1/2}/\text{W}) \tag{3-70}$$

其中，时间常数 τ_{th} 的单位是 s，通常为 $1 \sim 10$ ms。

低温半导体测辐射热计，顾名思义，就是将热敏半导体元件制冷到一定低温的测辐射热计。由于将半导体元件进行了低温制冷，半导体材料的电阻温度系数将大幅增加，元件的电阻变化要比室温下大得多，测辐射热计的灵敏度有很大的提高。低温半导体测辐射热计是低辐照度下最成熟的热探测器，可应用于许多领域，尤其在远红外和亚毫米光谱范围内。

典型的低温 Ge、C 测辐射热计的性能参数见表 3-4。

表 3-4　低温测辐射热计特性参数

特性参数	Ge 测辐射热计	C 测辐射热计
热沉温度 T_{sin}/K	2.15	2.10
探测器面积 A_d/cm^2	0.15	0.20
负载电阻 R_L/Ω	5.0×10^5	3.2×10^6
暗电阻 R_d/Ω	1.2×10^4	1.2×10^6
响应度 $R_u/(\text{V/W})$	4.5×10^3	2.1×10^4
时间常数 $\tau/\mu\text{s}$	400	10^4
频率 f/Hz	200	13
热导 $G_{\text{th}}/(\mu\text{W/K})$	183	36
噪声等效功率 NEP/W	5.0×10^{-13}	1.0×10^{-11}
比探测率 $D^*/(\text{cm} \cdot \text{Hz}^{1/2}/\text{W})$	8.0×10^{11}	4.5×10^{10}

近年来，人们越来越重视用硅替代锗制作测辐射热计。与锗相比，硅的比热较低、材料制备容易、制造技术先进，已出现了 NEP 达 2.5×10^{-14} $\text{W} \cdot \text{Hz}^{-1/2}$ 的硅测辐射热计，完全可与锗测辐射热计媲美。

3）微机械室温测辐射热计

对于测辐射热计探测器而言，要想获得较高的探测性能，热绝缘是一个关键的因素。为了减小热量损失，常采用具有低热导率的材料及 MEMS 技术，从而获得最佳的热绝缘和最低的热容。随着 MEMS 技术的成熟，体微加工技术及表面微加工技术已用于测辐射热计中，这种探测器简称为微测辐射热计。

微测辐射热计常使用的热敏材料主要有氧化钒（VO_x）、非晶硅（a-Si）、非晶与多晶锗硅（a-Si/SiGe）。表 3-5 给出了国外几家著名研究机构所研制的微测辐射热计焦平面阵列的主要性能参数。

表 3-5　主要微测辐射热计焦平面阵列性能参数

研究机构	微测辐射热计类型	阵列规模	像元间距/μm	NETD（$F/1$）/mK
FLIR（美国）	VO$_x$	$160\times120\sim640\times480$	25	35
L-3（美国）	VO$_x$	320×240	37.5	50
	a-Si	$160\times120\sim640\times480$	30	50
	a-Si/SiGe	$320\times240\sim1024\times768$	17	50
BAE（美国）	VO$_x$	$160\times120\sim320\times240$	46	35
		$320\times240\sim640\times480$	28	35
		$640\times480\sim1024\times768$	17	35
DRS（美国）	VO$_x$	$320\times240\sim640\times480$	25	50
		$320\times240\sim1024\times768$	17	50
RVS（美国）	VO$_x$	$320\times240\sim640\times480$	25	30
		$640\times480,640\times512$	20	30
		$320\times240\sim640\times480$	17	30
SCD（以色列）	VO$_x$	384×288	25	50
		640×480	25	50
NEC（日本）	VO$_x$	320×240	23.5	75
		640×480	23.5	50
		320×240	$17\sim12$	63
ULIS（法国）	a-Si	$160\times120\sim640\times480$	$25\sim50$	$35\sim80$
		$640\times480,1024\times768$	17	46

4）复合测辐射热计

复合测辐射热计主要由三部分组成：吸收体（辐射吸收材料）、决定其作用面积的衬底和温度传感器。一般情况下，采用黑化铋和镍铬合金薄膜作为吸收体，采用 MEMS 方式将温度传感器（锗元件）固定在衬底上，并保持良好的热接触。薄膜和衬底共同起着有效吸收元件的作用，从而使得非常小的温度传感器具有较大的有效面积，而其热容又很小，能减小时间常数。

金刚石衬底在超过 10 μm 时是透明的，且其热容约为锗的六百分之一，可以实现更大的作用面积，目前广泛应用于约为 1 K 的低温背景测辐射热计中。硅衬底具有较大的晶格比热，由于晶格热容足够小，并且比金刚石具有更小的杂质热容，所以当温度远小于 1 K时，非常有用。

5）超导测辐射热计

在低温条件下，随着电阻的消失，材料处在一个新的状态，这个状态就是超导态，这种材料就是超导体。电阻发生突变时的温度称为临界温度或转变温度，常用 T_c 表示。当保持在临界温度 T_c 附近的超导体吸收红外辐射时，在临界温度 T_c 附近的曲线斜率很大，很小的温度变化将引起很大的阻抗变化。超导测辐射热计是利用超导体从正常态转变到超导态的过程中，其电阻急剧变化的特性来探测红外辐射的。

对于超导体，其电阻温度系数比金属高 100 倍，比半导体高 20 倍，这是采用超导体制作测辐射热计红外探测器的优点。表 3-6 列出了国内外几家研制的高 T_c 超导测辐射热计的性能。

表 3-6 高 T_c(大于 90 K)超导测辐射热计探测器的性能比较

超导材料	响应度 /(V/W)	NEP /(W·Hz$^{-1/2}$)	D^* /(cm·Hz$^{1/2}$/W)	研究机构
YBCO		7.0×10^{-14}	2.0×10^{10}	昆明物理所
YBCO		1.1×10^{-13}	1.8×10^{10}	上海技物所
GBCO	3312	3.8×10^{-12}	1.7×10^{10}	西北大学
YBCO	3380	7.8×10^{-12}	9.8×10^{9}	华中理工大学
YBCO		1.6×10^{-11}	6.0×10^{9}	NASA
YBCO		5.0×10^{-12}	1.4×10^{10}	伯克利大学
YBCO	478	4.5×10^{-12}	5.0×10^{9}	美国加州大学
YBCO	750	1.9×10^{-13}	5.3×10^{9}	北京物理所

3. 热释电探测器

几十年来，人们对热释电材料特性以及红外探测器制作方面进行了大量的研究，取得了大量的成果。常用的热释电材料有硫酸三甘肽（TGS）、钽酸锂（LiTaO₃）、铌酸锶钡（SBN）、钛酸锶钡（BST）、聚偏氟乙烯（PVDF）等。

热释电探测器的结构坚固，且无需偏置，因而消除了 $1/f$ 噪声的影响。由于没有 $1/f$ 噪声，可容易地权衡响应速度和灵敏度，因此热释电探测器在扫描探测、脉冲式辐射测量中得到了广泛应用。

图 3-14 给出了几种热释电探测器在不同工作频率下的比探测率。

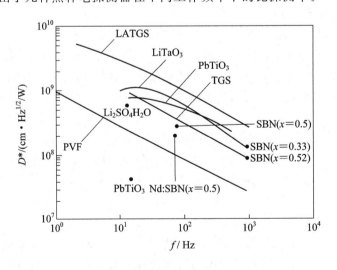

图 3-14 单元型热释电探测器的比探测率

表 3-7 给出了 1×128、1×256 像元 LiTaO₃ 线阵 IRFPA 的典型性能参数。表 3-8 给出了 245×328 像元 BST 面阵 IRFPA 的主要性能参数。

表 3 - 7　LiTaO₃ 线阵 IRFPA 性能参数(阵列温度 25℃，调制频率 128 Hz)

像元数	1×128	1×128	1×128	1×256	1×256
像元尺寸/(μm×μm)	90×100	90×100	90×2300	42×100	40×50
像元间距/μm	100	100	100	50	50
响应度/(V/W)	200 000	500 000	200 000	620 000	600 000
非均匀性/(%)	1~2	2~5	1~2	5	5.5
NEP/nW	5	2	6	1.1	1.1
NETD/K (F/1, 300K)	0.8	0.3	0.04		

表 3 - 8　BST 面阵 IRFPA 性能参数

性能参数	指标数值
像元数目	245×328
像元间距/μm	48.5
无效像元	<100
吸收系数/(%)	95
工作温度/℃	22
光学填充因子/(%)	100
读出集成电路	1 μm CMOS
热时间常数/ms	15
NETD/K	0.047
响应度/(V/W)	85 000
比探测率/(cm·Hz$^{1/2}$/W)	2.5×10⁸

3.5.2　光子探测器

由于光子探测器所具有的优良性能，人们在光子探测器上进行了不懈的努力；同时，随着半导体材料和技术的不断发展，光子探测器的研究取得了令人瞩目的进展。

1. 本征光电导探测器

本征光电导探测器利用的是本征吸收，所以长波限较短，通常小于 7.5 μm，但有的可达 22 μm。现在已普遍采用的本征光电导探测器有单质、二元化合物及多元系材料。

1）硫化铅(PbS)和硒化铅(PbSe)探测器

Ⅳ-Ⅵ族化合物半导体 PbS 和 PbSe(也称铅盐)是制造窄禁带直接带隙红外探测器的一种常用材料，可以说 PbS 和 PbSe 是应用于红外探测器的最早的材料。由于该类材料制成的多晶薄膜光导型红外探测器具有制备工艺简单、工作于室温附近、响应率高、价格低廉等优点，20 世纪 60 年代之后，在 1~3 μm 和 3~5 μm 光谱区的许多应用中，低成本铅盐探测器仍是首选的探测器。

铅盐探测器的敏感元一般呈正方形或矩形，大部分厂商提供的尺寸如下：PbS 探测器为 0.025 mm×0.025 mm~10 mm×10 mm；PbSe 探测器为 0.08 mm×0.08 mm~

10 mm×10 mm。图 3-15 为典型铅盐探测器比探测率的光谱分布，表 3-9 列出了典型铅盐探测器的性能指标。

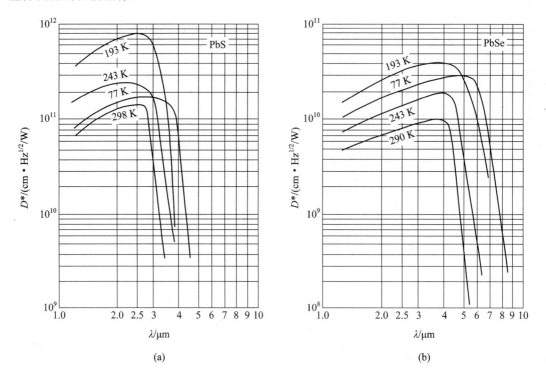

图 3-15　典型铅盐探测器比探测率的光谱分布

（a）PbS；（b）PbSe

表 3-9　典型铅盐探测器的性能指标

	工作温度 /℃	光谱范围 /μm	偏置电压 /V	λ_p /μm	光敏面尺寸 /(mm×mm)	$R_u(\lambda_p)$ （偏压 15 V） /(V/W)	$D^*(\lambda_p,600,1)$ /(cm·Hz$^{1/2}$/W)	τ /μs	R_d /MΩ
PbS	−30~65	1~3	100	2.2	1×5	$1.0×10^5$	$1×10^{11}$	200	0.05~1.0
					2×2	$1.0×10^5$			0.25~2.5
					3×3	$5.0×10^4$			0.25~2.5
					4×5	$3.0×10^4$	$5×10^{10}$		0.20~2.0
PbSe	25	1~4.8	100	4.0	2×2	$3.0×10^3$	$2.5×10^9$	10	0.1~3.0
	25	1~4.8	100	4.0	3×3	$1.3×10^3$	$2.5×10^9$	10	0.1~3.0
	25	1~4.4	100	4.25	2×2	$1.5×10^3$	$1.3×10^9$	10	0.1~3.0
	−10	1~5.1	100	4.1	2×2	$7.5×10^3$	$5.0×10^9$	20	0.5~10.0
	−10	1~5.1	100	4.1	3×3	$3.3×10^3$	$5.0×10^9$	20	0.5~10.0
	−20	1~5.2	100	4.2	2×2	$1.0×10^4$	$1.0×10^9$	20	0.5~10.0
	−20	1~5.2	100	4.2	3×3	$4.7×10^4$	$1.0×10^9$	20	0.5~10.0

表 3-10 给出了典型铅盐焦平面阵列性能参数。

表 3-10 典型铅盐焦平面阵列性能参数

像元数	320×256	帧速/Hz	60
响应波长/μm	PbS：1～3；PbSe：3～5	积分周期/ms	6.33
像元尺寸/(μm$\times\mu$m)	30×30	最大动态范围/dB	69
峰值比探测率 D^* /(cm·Hz$^{1/2}$/W)	PbS：8×10^{10}～3×10^{11} PbSe：$1 \times 3 \times 10^{10}$	主动散热/mW	最大值200
		有效像元率/(%)	>99
信号处理器	CMOS	集成方式选择	快照
时间常数	PbS(ms)：0.1～0.5(295K) 2～5(220K) PbSe(μs)：10～40(193K) 1～3(295K)	输出线数目	2
		最大跨阻/MΩ	100
		探测器偏压/V	0～6

2）锑化铟(InSb)

InSb 是一种由Ⅲ族元素 In 和Ⅴ族元素 Sb 组成的直接窄禁带半导体，具有较小的禁带宽度，是制作 3～5 μm 红外探测器的重要材料。室温下 InSb 的禁带宽度为 0.18 eV，其长波限可达到 7 μm；而在液氮温度下，InSb 的禁带宽度增加到 0.23 eV，使其得以覆盖整个中波红外波段。

InSb 光电导探测器可在非制冷或热电制冷环境下，即 190～300 K 温度范围内使用，但随着工作温度升高，比探测率会明显下降，如图 3-16 所示。表 3-11 列出了典型 InSb 光电导探测器的性能指标。

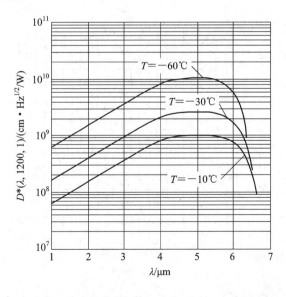

图 3-16 不同温度下 InSb 光电导探测器的光谱比探测率

表 3 – 11　典型 InSb 光电导探测器性能

	工作温度 /℃	光谱范围 /μm	λ_p /μm	光敏面尺寸 /(mm×mm)	$R_u(\lambda_\mathrm{p})$ /(V/W)	$D^*(\lambda_\mathrm{p},1200,1)$ /(cm·Hz$^{1/2}$/W)	τ /μs	R_d /Ω
	−10	1～6.7		1×1	10	1×10^9		20
	−30	1～6.5		1×1	50	2.5×10^9		25
InSb	−60	1～6.3	5.5	0.5×0.5	2500	1×10^{10}	0.4	150
	−60	1～6.3		1×1	650	1×10^{10}		80
	−60	1～6.3		1×1	150	5×10^9		80

3) 碲镉汞（HgCdTe）

HgCdTe 也简写为 MCT，是一种非常重要的红外探测器材料。自 1959 年人工合成以来，尤其是从 20 世纪 70 年代开始，借助于晶体制备技术以及外延技术的快速发展，HgCdTe 及器件的研究工作取得了很大进展。通过调节 Cd 的组分（按摩尔数比），$\mathrm{Hg}_{1-x}\mathrm{Cd}_x\mathrm{Te}$ 的带隙可以在 0～1.6 eV 之间实现连续变化，所对应的波长能够完全覆盖短波、中波、长波和甚长波等整个红外波段。

HgCdTe 光电导探测器可工作在液氮制冷（77 K）、热电制冷以及室温条件下。工作于液氮制冷温度的 MCT 探测器主要用于长波、甚长波红外范围，响应度及比探测率等性能较高，见图 3-17 及表 3-12。工作在室温附近下的 MCT 光电导探测器，主要用于中波红外，同时也可用于激光辐射探测，但性能会有所下降，见图 3-18 及表 3-13。提高工作温度，对于许多应用来说是有明显益处的，例如，可以降低制冷功率，延长器件寿命等。

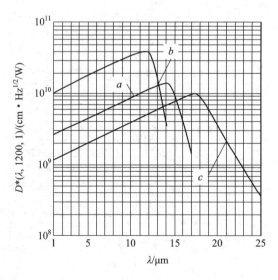

图 3-17　工作于 77 K 下的 MCT 探测器的比探测率

表 3-12　工作温度为 77 K 下的典型 MCT 光电导探测器的性能指标

	工作温度 /℃	光谱范围 /μm	λ_p /μm	光敏面尺寸 /(mm×mm)	$R_u(\lambda_p)$ /(V/W)	$D^*(\lambda_p,1200,1)$ /(cm·Hz$^{1/2}$/W)	τ /μs	R_d /Ω
MCT	−196	1~14	12	1×1	1000	4×10^{10}	0.6	40
		1~14	12	1×1	1000	4×10^{10}	0.6	40
		1~14	12	0.25×0.25	10 000	4×10^{10}	0.6	40
		1~17	14	1×1	500	1.5×10^{10}	0.6	30
		1~22	17	1×1	250	1.0×10^{10}	0.4	100
		1~12	10	0.025×0.025	1×10^5	4×10^{10}	0.6	40
		1~12	10	0.1×0.1	3×10^4	4×10^{10}	0.6	80
		1~12	10	1×1	1×10^3	4×10^{10}	0.6	40
		1~12	10	0.5×0.5	2×10^3	4×10^{10}	0.6	40

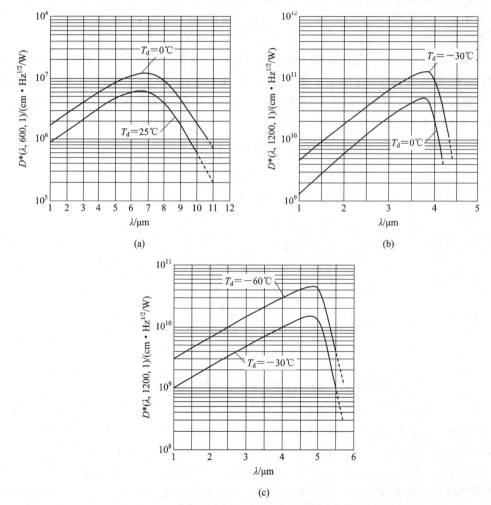

图 3-18　工作在室温附近下的 MCT 光电导探测器的比探测率

（a）较高温度；（b）中等温度；（c）较低温度

表 3 - 13 工作温度高于 77 K 的典型 MCT 光电导探测器的性能指标

	工作温度 /℃	光谱范围 /μm	λ_p /μm	光敏面尺寸 /(mm×mm)	$R_u(\lambda_p)$ /(V/W)	$D^*(\lambda_p,1200,1)$ /(cm·Hz$^{1/2}$/W)	τ /μs	R_d /Ω
	25	1～10	6.5	1×1	2×10^{-3}	3.0×10^{6}	0.001	30
	0	1～10.6	7.0	1×1	5×10^{-3}	6.0×10^{6}	0.001	35
MCT	-30	1～4.3	3.6	1×1	1×10^{4}	5.0×10^{9}	10.0	600
	-30	1～5.4	4.8	1×1	3×10^{2}	3.0×10^{9}	2.0	160
	-60	1～5.5	4.8	1×1	2×10^{3}	9.0×10^{9}	3.0	200

2. 杂质光电导探测器

非本征光电导探测器是波长大于 20 μm 的主要探测器，其工作光谱范围取决于掺杂杂质以及被掺杂半导体材料，从几个 μm 到约 300 μm。为了抑制产生-复合噪声以及热噪声，非本征光电导探测器必须制冷才能工作。另外，由于杂质吸收远低于本征吸收，所以非本征光电导探测器的性能较低。

非本征光电导探测器主要应用于红外天文学以及空间领域中。在低背景辐射以及波长范围为 13～30 μm 的情况下，主要是非本征硅；而对更长的波长（大于 100 μm），则感兴趣的是非本征锗。为了满足地基和空间天文学应用，非本征探测器常使用液态氢制冷，但闭式循环两级和三级制冷器也适用于这些探测器，可分别制冷到 20 K～60 K 和 10 K～20 K。

图 3 - 19 给出了几种典型非本征硅探测器的相对光谱响应。

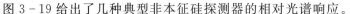

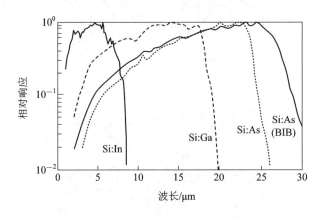

图 3 - 19 几种典型非本征硅探测器的相对光谱响应

通常，对于高、低背景辐射情况，非本征硅探测器可以得到较为理想的光谱响应，所以很大程度上，非本征硅探测器已经替代了非本征锗探测器。但是，对于很长的波长光谱，非本征锗探测器仍然得到人们的青睐，各种非本征锗探测器已经应用于红外天文以及机载、星载领域。图 3 - 20 给出了掺杂锌(Zn)、铍(Be)和镓(Ga)以及受压掺杂镓的非本征锗探测器的相对光谱响应。到目前为止，非本征锗光电导探测器是截止波长为 240 μm 的最灵敏的探测器。

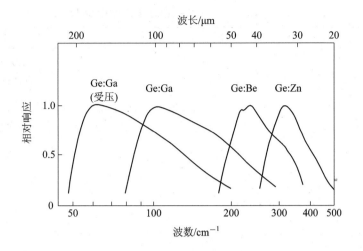

图 3-20　一些非本征锗探测器的相对光谱响应

为了比较起见，表 3-14 列出了典型非本征硅和锗探测器在低背景应用中的一些性能参数。

表 3-14　典型非本征硅和锗探测器在低背景应用中的性能参数

探测器	E_i /meV	λ_p/μm	$\lambda_c(T)$ /μm(K)	$\eta(\lambda_p)$ /(%)	Φ_B /(Phcm^{-2}s^{-1})	NEP /(W·Hz$^{-1/2}$)
Si：As	53.76	23	24～24.5 (5)	50～20	9×10^6～6.4×10^7	0.88×10^{-17}～4.0×10^{-17}
Si：P	45.59	24/26.5	28/29 (5)	30	2.5×10^8	7.5×10^{-17}
Si：Sb	42.74	28.8	31 (5)	58～13	1.2×10^8	5.6×10^{-17}～5.5×10^{-17}
Si：Ga	74.05	15.0	18.4 (5)	47	6.6×10^8	1.4×10^{-17}
Si：Bi	70.98	17.5	18.5 (27)	34	1.7×10^8	3×10^{-17}
Ge：Li	9.98	125			8×10^8	1.2×10^{-16}
Ge：Cu	43.21	23	29.5 (4.2)	50	5×10^{10}	1.0×10^{-15}
Ge：Be	24.81	39	50.5 (4.2)	100	1.9×10^{10}	1.8×10^{-16}
Ge：Ga	11.32	94	114 (3)	34	6.1×10^9	5.0×10^{-17}
Ge：Ga	11.32	94	114 (3)	100	5.1×10^9	2.4×10^{-17}
Ge：Ga	6	150	193(2)	73	2.2×10^{10}	5.7×10^{-17}

早期的非本征探测器阵列规模较小(典型的像元数为 32×32)，读出噪声大于 1000 个电子。大规模、高性能的探测器阵列主要针对军事应用和天文学领域。天文观测对象的特殊性(宽谱、低背景、弱信号)，要求天文用红外探测器具有较宽的波段覆盖、极高的灵敏度、长的积分时间和极低的暗电流。受阻杂质带(BIB)红外探测器具有覆盖波段宽、灵敏度高、暗电流低、抗辐射性能高等优点，能够胜任空间技术和天文探测在中远红外波段探测的苛刻要求。现在，大规模受阻杂质带探测器凝视阵列已经商品化，表 3-15 给出了美国雷声(RVS)公司、DRS 公司为天文学领域提供的最先进的非本征受阻杂质带(BIB)红外探测器阵列的性能参数。

表 3－15　Si：As 探测器阵列性能参数

参　　　数	美国 DRS 公司	美国雷声（RVS）公司
波长范围/μm	5～28	5～28
规模大小	1024×1024	1024×1024
像元间距/μm	18	25
工作温度/K	7.8	6.7
读出噪声/e⁻	42	10
暗电流/(e⁻/s)	<5	0.1
势阱容量/e⁻	>10⁵	2×10⁵
量子效率/(%)	>70	>70
输出	4	4
帧频/Hz	1	0.3

注：e⁻ 表示电子数。

3. 光伏探测器

光伏探测器具有以下特点：

（1）光伏探测器的响应速度比光导探测器快，有利于进行高速探测，它既可以用于直接探测，也可以用于外差探测；

（2）光伏探测器的结构利于排成二维阵列形式，特别是该型探测器工作于无偏压情况时的功耗非常低，适用于大规模阵列。

因此，光伏探测器受到人们普遍的重视。

1）InGaAs 光电二极管

InGaAs 材料具有高的电子迁移率和量子效率以及良好的抗辐照特性等特点。用 InGaAs 材料制作的短波红外探测器具有较高的灵敏度和比探测率，同时，在热电制冷或室温下仍具有较好的性能，而且工艺简单、加工成本低，因此 InGaAs 探测器得到了快速发展和广泛应用。红外系统中常用的 InGaAs 光电二极管主要为 PIN InGaAs 光电二极管。标准型 PIN InGaAs 光电二极管的室温比探测率可达 10^{13} cm·$Hz^{1/2}$/W。图 3－21 给出了室温下具有不同截止波长的典型 InGaAs PIN 光电二极管的光谱响应度和比探测率分布曲线。表 3－16 给出了室温下典型 PIN InGaAs 光电二极管的性能参数。

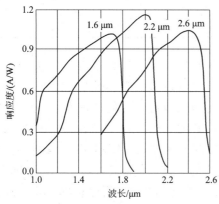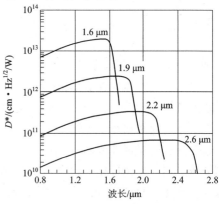

图 3－21　室温下 PIN InGaAs 光电二极管的光谱响应度和比探测率分布曲线

表 3-16 室温下典型 PIN InGaAs 光电二极管的性能参数

类型	敏感元直径 /mm	光谱响应范围 /μm	峰值波长 /μm	峰值响应度 （A/W）	暗电流 /nA	截止频率 /MHz
标准型	0.3	0.9~1.7	1.55	0.95	0.3（U_R=1 V）	400（U_R=5 V）
	1.0				1.0（U_R=1 V）	35（U_R=5 V）
	3.0				15.0（U_R=1 V）	2（U_R=5 V）
长波型	0.3	0.9~1.9	1.75	1.1	1（U_R=0.5 V）	90（U_R=0 V）
	1.0				10（U_R=0.5 V）	10（U_R=0 V）
	3.0				100（U_R=0.5 V）	1.5（U_R=0 V）
长波型	0.3	0.9~2.1	1.95	1.2	10（U_R=0.5 V）	90（U_R=0 V）
	1.0				100（U_R=0.5 V）	10（U_R=0 V）
	3.0				1000（U_R=0.5 V）	1.5（U_R=0 V）
长波型	0.3	0.9~2.6	2.3	1.3	0.4（U_R=0.5 V）	50（U_R=0 V）
	1.0				3（U_R=0.5 V）	6（U_R=0 V）
	3.0				30（U_R=0.5 V）	0.8（U_R=0 V）

注：U_R 为反偏电压。

美国 Goodrich(SUI)公司是近外（NIR）和短波红外（SWIR）成像用 InGaAs 器件及相机的国际著名提供商，在 InGaAs 探测器的研究方面处于世界领先地位，目前已开发的 InGaAs 产品如表 3-17 所示。

表 3-17 美国 Goodrich(SUI)公司 InGaAs 焦平面阵列性能

像元规格	像元间距/μm	响应波段/μm	性能
128×128	30	1.0~1.7	量子效率大于 80%，暗电流小于 100 pA，工作温度为−40℃~70℃，比探测率＞1×10^{14} cm·Hz$^{1/2}$/W
320×240	40	0.9~1.7	量子效率大于 70%，帧频为 60 f/s，工作温度为−35℃~70℃，比探测率＞1×10^{14} cm·Hz$^{1/2}$/W
320×256	25	0.9~1.7	量子效率大于 80%，帧频为 30 f/s，工作温度为−25℃~60℃，比探测率＞2.6×10^{13} cm·Hz$^{1/2}$/W
640×480	30	0.9~1.7 0.4~0.75	量子效率大于 65%，帧频为 30 f/s，工作温度为−35℃~71℃，比探测率＞1.8×10^{13} cm·Hz$^{1/2}$/W
640×512	15	0.75~1.0 1.0~1.7	量子效率大于 65%，帧频为 30 f/s，盲元率小于 2%，工作温度为−20℃~45℃，比探测率＞9.7×10^{12} cm·Hz$^{1/2}$/W
1024×1024	20	0.9~1.7	量子效率约为 70%~85%，帧频为 30 f/s，工作温度为−20℃~45℃，比探测率＞9.7×10^{12} cm·Hz$^{1/2}$/W
1280×1024	20	0.9~1.7	量子效率约为 70%~85%，帧频为 30 f/s，工作温度为−20℃~45℃，比探测率＞9.7×10^{12} cm·Hz$^{1/2}$/W

2）InAs、InAsSb 和 InSb 光电二极管

InAs、InAsSb 以及 InSb 光电二极管能够探测到的辐射波长分别约为 3.5 μm、5.0 μm 和 5.5 μm。InAs 和 InSb 光电二极管与 InAs 和 InSb 光电二极管覆盖的波长范围相同，但 InAs 和 InSb 光电二极管具有更高的响应度和更好的信噪比。

InAs 光电二极管的响应波长范围为 1～3.5 μm，其响应度和比探测率的光谱分布如图 3-22 所示。表 3-18 列出了典型 InAs 光电二极管的性能参数。

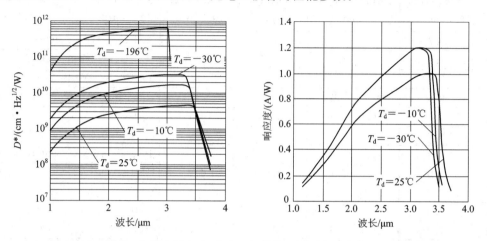

图 3-22 不同工作温度下 InAs 光电二极管的比探测率和响应度的光谱分布

表 3-18 典型 InAs 光电二极管的性能参数

工作温度 /℃	敏感元直径 /mm	截止波长 /μm	峰值波长 /μm	峰值响应度 /(A/W)	峰值比探测率 (600,1) /(cm·Hz$^{1/2}$/W)	峰值噪声等效功率 /(W·Hz$^{-1/2}$)	响应时间 /μs
25		3.65	3.35	1.0	4.5×10^9	1.5×10^{-11}	0.70($U_R = 0$ V)
-10	1.0	3.55	3.30	1.2	1.6×10^{10}	5.3×10^{-12}	0.45($U_R = 0$ V)
-30		3.45	3.25	1.2	3.2×10^{10}	2.8×10^{-12}	0.30($U_R = 0$ V)
-196		3.10	3.00	1.3	6.0×10^{11}	1.5×10^{-13}	0.10($U_R = 0$ V)

InSb 光电二极管在大气窗口 3～5 μm 内具有很高的灵敏度，工作于 60 K～80 K 时，可获得最佳的性能。图 3-23 给出了典型 InSb 光电二极管的光谱比探测率分布曲线。表 3-19 列出了典型 InSb 光电二极管在 -196℃（77 K 液氮制冷）时的性能参数。

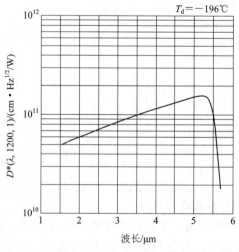

图 3-23 典型 InSb 光电二极管光谱比探测率曲线

表 3-19　典型 InSb 光电二极管的性能参数

敏感元 直径 /mm	截止 波长 /μm	峰值 波长 /μm	峰值 响应度 /(A/W)	黑体比探测率 (500K，1200，1) /(cm·Hz$^{1/2}$/W)	峰值比探测率 (1200，1) /(cm·Hz$^{1/2}$/W)	峰值噪声 等效功率 /(W·Hz$^{-1/2}$)	响应时间 /ns
0.6						$3.3×10^{-13}$	$30(U_R=0\ \text{V})$
1.0						$5.5×10^{-13}$	$70(U_R=0\ \text{V})$
2.0	5.5	5.3	2.5	$3×10^{10}$	$1.6×10^{11}$	$1.1×10^{-12}$	$150(U_R=0\ \text{V})$
3.0						$1.6×10^{-12}$	$600(U_R=0\ \text{V})$

过去 30 年来，已经研发出适用于 3～5 μm 的高质量 InAsSb 光电二极管。根据成分的变化，InAs$_{1-x}$Sb$_x$ 探测器的截止波长已经从 3.1 μm($x=0.0$)增加到 7.0 μm($x=0.6$)，在 Ⅲ-Ⅴ 族合金半导体中，该材料很可能是以最长截止波长(温度 77 K 时约为 9.0 μm)工作的材料。图 3-24 所示为工作在 −196℃ 和 −30℃ 下，典型 InAsSb 光电二极管的比探测率光谱分布(其中标出了典型气体的光谱辐射峰位置)。图 3-25 所示为 −30℃ 下的光谱响应度。表 3-20 所示为典型 InAsSb 光电二极管的性能参数。

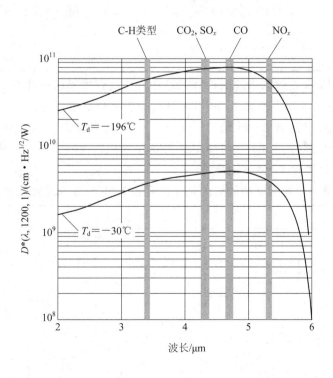

图 3-24　−196℃ 和 −30℃ 时典型 InAsSb 光电二极管的比探测率光谱分布

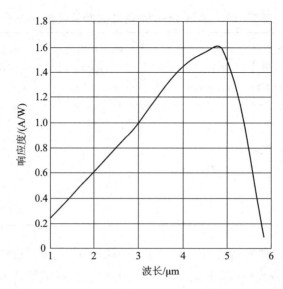

图 3 - 25 －30℃时 InAsSb 光电二极管的光谱响应度

表 3 - 20 典型 InAsSb 光电二极管的性能参数

工作温度 /℃	敏感元直径 /mm	截止波长 /μm	峰值波长 /μm	峰值响应度 /(A/W)	峰值比探测率 (1200,1) /(cm·Hz$^{1/2}$/W)	峰值噪声等效功率 /(W·Hz$^{-1/2}$)	响应时间 /μs
－196	1.0	5.8	4.8	0.8	8.5×10^{10}	1.1×10^{-12}	0.2
－30		5.9	4.9	1.6	5.0×10^{9}	1.8×10^{-11}	(U_R＝0 V)

　　不同规格的 InSb 光敏二极管凝视阵列已在许多高背景辐射条件下得到了应用，包括制导系统、拦截系统和商业相机等。随着对更高分辨率日益增强的需求，一些厂商开始研发兆级像元探测器阵列。表 3 - 21 给出了美国 L - 3 通信公司(辛辛那提电子公司)、美国圣巴巴拉(Santa Barbara)焦平面阵列公司以及美国半导体器件(SCD)公司制造的商业化兆像元级 InSb 光敏二极管焦平面阵列的性能。

表 3 - 21 不同公司所制造的商业化兆像元级 InSb 光敏二极管焦平面阵列性能

参　　数	结构布局		
	1024×1024 (美国 L - 3 通信公司)	1024×1024 (美国圣巴巴拉焦平面阵列公司)	1280×1024 (美国 SCD 公司)
像素间距/μm	25	19.5	15
动态范围/bit		14	15
像元电容量/e$^-$	1.1×10^7	8.1×10^6	6×10^6
功耗/mW	＜100	＜150	＜120
NEDT/mK	＜20	＜20	20
帧速/Hz	1～10	120	120
可操作性/(%)	＞99	＞99.5	＞99.5

注：e$^-$ 表示电子数。

3）HgCdTe 光电二极管

最初，HgCdTe 光电二极管主要用作高速探测器，如 CO_2（10.6 μm）激光的直接和外差探测。HgCdTe 光电二极管比 HgCdTe 光电导探测器具有许多优点，如：$1/f$ 噪声非常小；无偏压功耗；阻抗非常大，可与低噪声硅多路传输器相匹配，实现大规模混成焦平面列阵；结构通用性好，适用于具有密集元件的二维列阵；线性度较好；具有直流耦合功能，可用于测量入射光子通量。因此，自 20 世纪 70 年代中期，人们开始了基于 HgCdTe 光电二极管的中波、长波以及甚长波红外焦平面列阵器件的研制，并在航空、航天以及军事领域得到了广泛的应用。

图 3-26 为不同工作温度下 HgCdTe 光电二极管的光谱比探测率。表 3-22 为典型 HgCdTe 光电二极管的性能参数。

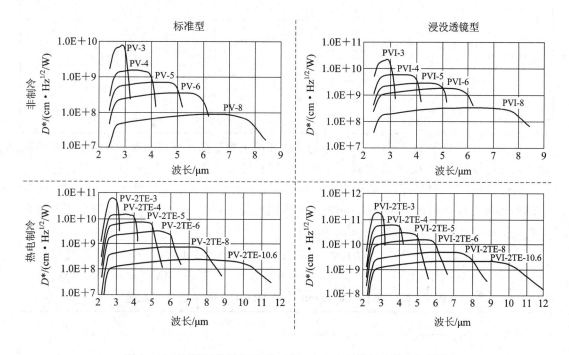

图 3-26　不同工作温度下 HgCdTe 光电二极管的光谱比探测率

表 3-22　典型 HgCdTe 光电二极管的性能参数

工作温度 /K	敏感元面积 /mm²	截止波长 /μm	峰值波长 /μm	峰值响应度 /(A/W)	峰值比探测率 (1200,1) /(cm·Hz^{1/2}/W)	电阻×光学面积 /(Ω×cm²)	响应时间 /ns
300	0.05×0.05 ~ 0.1×0.1	3.0	2.9	0.5	8.0×10^9	1	350
		4.0	3.8	1.0	7.0×10^9	0.1	150
		5.0	4.8	1.0	2.0×10^9	0.01	120
		6.0	5.7	1.0	1.0×10^9	0.002	80
		8.0	7.6	0.3	8.0×10^7	0.0001	4

工作温度/K	敏感元面积/mm²	截止波长/μm	峰值波长/μm	峰值响应度/(A/W)	峰值比探测率(1200,1)/(cm·Hz^{1/2}/W)	电阻×光学面积/(Ω×cm²)	响应时间/ns
230	0.05×0.05 ～ 0.1×0.1	3.0	2.9	0.5	$1.1×10^{11}$	150	280
		4.0	3.8	1.0	$4.0×10^{10}$	2.0	100
		5.0	4.6	1.3	$15.0×10^{10}$	0.1	80
		6.0	5.6	1.5	$5.0×10^{9}$	0.002	50
		8.0	7.5	0.8	$4.0×10^{8}$	0.0002	30
		10.6	10.0	0.4	$2.0×10^{8}$	0.0001	10
195	0.05×0.05 ～ 0.1×0.1	3.0	2.8	0.5	$3.0×10^{11}$	300	280
		4.0	3.8	1.0	$1.0×10^{11}$	8.0	100
		5.0	4.6	1.3	$4.0×10^{10}$	0.4	80
		6.0	5.6	1.5	$9.0×10^{9}$	0.003	50
		8.0	7.8	1.5	$5.0×10^{8}$	0.0006	30
		10.6	10.0	0.7	$4.0×10^{8}$	0.0005	10

在 HgCdTe 焦平面阵列中，所使用的光敏元件主要是光伏型探测器。与光导型探测器相比，尤其是在长波和超长波波段，光敏二极管有许多优点：$1/f$ 噪声很小，可以忽略不计；阻抗很高，便于与低温前放或多路传输器对接；背照模式的密集像元二维排布，使阵列结构布局更加合理，有利于多功能性能；线性度较好；采用 DC 耦合方式测量总入射光子通量，背景噪声限比探测率可提高 $\sqrt{2}$ 倍。

表 3-23～表 3-26 给出了美国雷声(Raytheon)、法国索弗拉迪(Sofradir)、美国特利丹(Teledyne)和意大利塞莱克斯(Selex)等公司制造的 MCT IRFPA 的典型技术规范。

表 3-23 美国 Raytheon 公司 HgCdTe 焦平面技术规范

参　数	短　波
阵列大小	2048×2048
光谱范围/μm	0.8～2.5
像元尺寸/(μm×μm)	20×20
光学填充因数/(%)	＞98
结构	三面拼接
读出电路	CMOS
探测器材料	HgCdTe
势阱电容量(0.5V 偏压)/e⁻	≥$3×10^{5}$
输出性能/μs	≤2.5
输出数目	4 或 16
帧时/ms	每帧 690(1.43 Hz 下，16 输出模式)；每帧 2660(0.376 Hz 下，4 输出模式)

参　　数	短　　波
量子效率/(%)	>80
读出噪声/(e⁻/s)	<20
暗电流/(e⁻/s)	<1
工作温度/K	70～80

注：e^-表示电子数。

表 3-24　法国 Sofradir 公司 HgCdTe 焦平面技术规范

参　　数	中　　波	长　　波
阵列大小	1280×1024	384×288
像元尺寸/(μm×μm)	15×15	25×25
光谱响应/μm	3.7～4.8	7.7～9.5
工作温度/K	77	77～80
最大电荷容量/e⁻	$4.2×10^6$	$3.37×10^7$
读出噪声/μV	<150(400e⁻)	<130(1460e⁻)
信号输出	4 或 8	1 或 4
像元输出率/MHz	20	8
帧速/Hz	120	300(全帧)
NEDT/mK	18	17
像元有效率/(%)	>99.5	>99.5
非均匀性/(%)		<5
残余固定图案噪声	< NEDT	< NEDT

注：e^-表示电子数。

表 3-25　美国 Teledyne 公司 HgCdTe 焦平面技术规范

参　　数	单　位	1.7 μm	2.5 μm	5.4 μm
像元数目		2048×2048		
像元尺寸	μm	18		
输出		可编程 1，4，32		
功耗	mW	<0.5		
探测器衬底		CdZnTe，可去掉		
截止波长(50%峰值量子效率)　　1.7 μm，140 K　　2.5 μm，77 K　　5.4 μm，40 K	μm	1.65～1.85	2.45～2.65	5.3～5.5
平均量子效率(QE) 0.4～1.0 μm	%	≥70		

参　　数	单　位	1.7 μm	2.5 μm	5.4 μm
平均量子效率(QE) 1.7 μm：1.0～1.6 μm 2.5 μm：1.0～2.4 μm 5.4 μm：1.0～5.0 μm	%	≥80		
平均暗电流 1.7 μm，0.25 V 偏压和 140 K 2.5 μm，0.25 V 偏压和 77 K 5.4 μm，0.175 V 偏压和 40 K	e^-/s	≤ 0.01	≤ 0.01	≤ 0.05
100 kHz 像元读出率时中等读出噪声	e^-	≤25	≤20	≤16
0.25 V（以及 0.175 V）偏压和 5.4 μm 截止波长时的势阱电容量	e^-	≥80000		
串扰	%	≤2		
有效像元	%	99	≥99	≥98
集簇性： 阵列上中心位置 2000×2000 像素 范围内大于 50 个连续无法使用像元	%	≤0.5		

注：e^- 表示电子数。

表 3－26　意大利 Selex 公司 HgCdTe 焦平面技术规范

参　　数	MW	LW
工作波段/μm	3～5	8～10
阵列数目	1024×768	640×512
像元间距/μm	16	24
工作区面积/(mm×mm)	16.38×12.29	15.36×12.29
NEDT/mK	15	24
像元有效率/(%)	>99.5	>99.5
非均匀性/(%)	<5	<5
扫描格式	快照或者滚动读出	快照或者滚动读出
电荷容量/e^-	8×10^6	1.9×10^7
输出数目	8	4
像元速率/MHz	每个输出 10	每个输出 10
读出技术	CMOS	CMOS
本征 MUX 噪声(rms)/μV	50	50
工作温度/K	140	90
功耗/mW	40	40

注：e^- 表示电子数。

目前，工作在液氮温度(77 K)以下的中波和长波 HgCdTe 焦平面阵列，通常采用焦耳-汤姆逊或者气缸制冷器制冷；而工作在较高温度(190 K～240 K)时，多采用热电制冷。

4) 肖特基势垒焦平面阵列

肖特基势垒焦平面阵列技术一直受到人们的密切关注。1973 年，人们提出了将硅化物肖特基势垒探测器(Scottky Barrier Detector，SBD)用于制作焦平面列阵。从那以后，SBD FPA 技术经历了 20 世纪 70 年代的初步论证，80 年代的早期研究，90 年代的快速发展，以及 21 世纪初的不断完善等历程，这些 SBD FPA 正被广泛应用于近红外和中红外波段。SBD IRFPA 在多光谱/宽光谱成像、激光探测、天文观测、医疗检测等领域具有广泛的应用潜力。

在肖特基势垒焦平面阵列中，硅化铂(PtSi)红外焦平面阵列最具有代表性，它是硅化铂红外探测器和硅(Si)读出电路相结合的产物。硅化铂红外探测器与标准 Si 工艺兼容，具有以下优点：

(1) 易于制作大规模阵列，已研制成功规模达 4096×4096 的探测器阵列；

(2) 均匀性好，可做到百万量级的面阵具有百分之几以下的非均匀性和千分之几以下的盲元；

(3) 响应光谱范围宽，响应波段从 0.76~1.0 μm 到 1~5 μm，甚至具有扩展到 0.4~0.76 μm 以及紫外波段的潜力；

(4) 制造成本低；

(5) 器件稳定性好。

硅化铂红外焦平面阵列的主要不足有：

(1) 量子效率低，典型值仅为 0.1%~1%；

(2) 填充因子小，典型值约为 30%，且高频调制传递函数较低。

国外高水平 PtSi FPA 的性能参数见表 3-27。

表 3-27 典型高水平 PtSi FPA 的性能参数

阵列尺寸	读出电路	像元尺寸 /($\mu m \times \mu m$)	填充因子 /(%)	饱和度 /e^-	NEDT(F/数) /K	年份	厂 商
512×512	CSD	26×20	39	1.3×10^6	0.07(1.2)	1987	日本三菱公司
512×488	IL-CCD	31.5×25	36	5.5×10^5	0.07(1.8)	1989	美国仙童(Fairchild)公司
512×512	LACA	30×30	54	4.0×10^5	0.10(1.8)	1989	美国罗姆航空发展中心
640×486	IL-CCD	25×25	54	5.5×10^5	0.10(2.8)	1990	美国柯达公司
640×480	MOS	24×24	38	1.5×10^6	0.06(1.0)	1990	美国萨尔诺夫(Sarnoff)公司
640×488	IL-CCD	21×21	40	5.0×10^5	0.10(1.0)	1991	日本电气公司
640×480	HB/MOS	20×20	38	7.5×10^5	0.10(2.0)	1991	美国休斯(Hughes)公司
1040×1040	CSD	17×17	53	1.6×10^6	0.10(1.2)	1991	日本三菱公司
512×512	CSD	26×20	71	2.9×10^6	0.03(1.2)	1992	日本三菱公司
656×492	IL-CCD	26.5×26.5	46	8.0×10^5	0.06(1.8)	1993	美国仙童(Fairchild)公司
811×508	IL-CCD	18×21	38	7.5×10^5	0.06(1.2)	1996	日本尼康公司
801×512	CSD	17×20	61	2.1×10^6	0.04(1.2)	1997	日本三菱公司
537×505	IL-CCD	15.2×11.8	32	2.5×10^5	0.13(1.2)	1997	—
1968×1968	IL-CCD	30×30	—	—	—	1998	美国仙童(Fairchild)公司

注：IL-CCD 为行间转移 CCD；HB 为混合型；CSD 为电荷扫描器件；MOS 为金属氧化物半导体；LACA 为行寻址电荷累积；CCD 为电荷器件；e^- 表示电子数。

4. 量子结构红外探测器

将不同化合物材料在结构上进行拼接，可构成具有特定能带结构的半导体材料，即超晶格、量子阱材料。半导体材料的设计和制造从"杂质工程"发展到"能带工程"，从而产生了许多新型的红外光子探测器，即量子结构红外探测器，如超晶格、量子阱以及量子点红外探测器等。

基于量子阱、量子点、超晶格等新型光子探测器的诸多理论优势及特点，其材料物理特性、材料生长技术、器件制备技术等得到了许多研究机构的关注，材料生长技术和材料质量得到了快速提高，从最初的单元探测器研制，到 21 世纪初不断出现的焦平面阵列，显示出这种新型探测器的迅猛发展势头。与传统的碲镉汞红外探测器材料相比，以量子阱、超晶格为代表的低维红外探测材料生长技术成熟，能够生长大面积均匀的材料以及多个波段探测的叠层材料，特别适于制备多色探测、大面阵探测器。这类探测器焦平面所具有的独特优势，在大面阵长波、高温中波、双色探测器以及甚长波红外探测器领域显示出优异的性能，成为第三代红外探测器技术的最佳选择之一，在世界各国引起了高度的重视和发展。

1）量子阱红外焦平面阵列

二十多年来，量子阱红外探测器焦平面已取得了很大的发展，单色量子阱焦平面已经趋于成熟。目前中等规模的 256×256、384×288、640×512 等规格的单色焦平面器件及相关热成像系统在美国、德国、法国等先进国家已经商品化，主要工作在中波红外以及长波红外波段，焦平面器件性能与同样材料单元器件性能的差异不大，光谱半宽度大多在 $10\% \sim 15\%$ 之间，NETD 在 30 mK～50 mK 之间，最好的焦平面器件工作在液氮温度下，响应度在 $0.5 \sim 1$ A/W 之间，比探测率可以达到 2×10^{11} cm·Hz$^{1/2}$/W。

表 3-28 给出了美国 JPL 实验室制作的量子阱红外探测器阵列的相关结构和性能参数。

表 3-28　JPL 实验室的 GaAs/AIGaAs QWIP FPA 的性能参数

参　　数	截止波长 9 μm			截止波长 15 μm
阵列规模	256×256	320×256	640×486	128×128
像元间距/μm	38	30	25	50
像元尺寸/μm$\times\mu$m	28×28	28×28	18×18	38×38
光学耦合	2D 周期光栅	2D 周期光栅	2D 周期光栅	2D 周期光栅
峰值波长/μm	8.5	8.5	8.3	14.2
截止波长/μm	8.9	8.9	8.8	14.9
可工作比例/(%)	99.98	99.98	99.9	99.9
非均匀性/(%)	5.4		5.6	2.4
校准均匀性/(%)	0.03		0.04	0.05
量子效率/(%)	6.4	6.9	2.3	3
比探测率/(cm·Hz$^{1/2}$/W)	2.0×10^{11}		2.0×10^{11}	1.6×10^{10}
NETD(F/2)/mK	23	33	36	30

由表 3-28 可以看出，以截止波长为 9μm 的 QWIP FPA 为例，其规格为 256×256，

像元大小为 $28\ \mu m \times 28\ \mu m$，像元间距为 $38\ \mu m$，采用二维周期光栅耦合获得的量子效率为 6.4%，在温度为 $70\ K$ 时，比探测率为 $2.0 \times 10^{11}\ cm \cdot Hz^{1/2}/W$。该阵列中的探测器单元性能已可以和 HgCdTe 相比。

德国 IAF 应用固体物理研究所研制的 QWIP FPA 性能参数见表 3-29。由表 3-29 可知，对于高掺杂（每个量子阱 $4 \times 10^{11}\ cm^{-2}$）及大周期数（$N = 35$）阵列，积分时间只有 $1.5\ ms$ 的热分辨率有希望达到 $40\ mK$。

表 3-29 德国 IAF 应用固体物理研究所研制的 QWIP FPA 性能参数

焦平面阵列类型	阵列规模	像元间距/μm	工作波段/μm	F/数	积分时间/ms	NETD/mK
256×256 PC	256×256	40	8～9.5	2	16	10
640×512 PC	640×512 512×512	24	8～9.5	2	16	20
256×256 LN	256×256	40	8～9.5	2	20 40	7 5
384×288 LN	384×288	24	8～9.5	2	20	10
640×512 LN	640×486 512×512	24	8～9.5	2	20	10
384×288 PC-HQE	384×288	24	8～9.5	2	1.5	40
640×512 PC-HQE	640×486 512×512	24	8～9.5	2	1.5	40
640×512 PC	640×486 512×512	24	4.3～5	1.5	20	14

注：PC 指光导型；LN 指低噪声；HQE 指高量子效率。

法国 Sofradir 公司和美国 Lockheed Martin 公司所研制的 QWIP FPA 性能参数分别见表 3-30 和表 3-31。

表 3-30 法国 Sofradir 公司的 QWIP FAP 性能参数

参　　数	长波系列 1（天狼星系列）	长波系列 2（织女星系列）
阵列规模	640×512	384×288
像元尺寸/($\mu m \times \mu m$)	20×20	25×25
光谱响应/μm	$\lambda_p = 8.5 \pm 0.1$，$\Delta\lambda = 1$	$\lambda_p = 8.5 \pm 0.1$，$\Delta\lambda = 1$
工作温度/K	70～73	73
最大电荷容量/e^-	1.04×10^7	1.85×10^7
读出噪声	110 μV（增益为 1）	950 e^-（增益为 1）
信号输出	1，2 或 4	1，2 或 4
像元读出速率/MHz	10	10
帧频/Hz	120（全帧速率）	200（全帧速率）
NETD/mK	31	35
可工作比例/(%)	99.9	99.95
非均匀性/(%)	<5	<5

注：e^- 表示电子数。

表 3-31　美国 Lockheed Martin 公司的 QWIP FPA 性能参数

光谱范围	8.5～9.1
像元规模/像元间距/μm	1024×1024/19.5，640×512/24，320×256/30
积分时间/μs	<15
动态范围/bit	14
数据传输速率/(像元/s)	32M
帧频/Hz	1024×1024/114，640×512/94，320×256/366
最大电荷容量/Me⁻	1024×1024/8.1，640×512/8.4，320×256/20
NETD/mK	35
可工作比例/(%)	95.5

注：e⁻ 表示电子数。

2）量子点红外焦平面阵列

从 1998 年第一个量子点红外探测器诞生以来，由于其优越的特性，人们开始关注量子点红外探测器焦平面阵列的研制。目前，国外从事量子点红外探测器焦平面研究的主要国家有美国、日本、荷兰和加拿大等，国内单位有上海技术物理研究所、中科院半导体所、昆明物理研究所等。表 3-32 为一些典型量子点 IRFPA 器件性能参数。

表 3-32　典型量子点 IRFPA 器件性能参数

研究机构 性能参数	美国西北大学 （2004）	日本国防部 电子系统研究中心 （2009）	美国喷气推进实验室 （2007）	美国喷气推进实验室 （2011）
器件材料	InGaAs/InGaP QDIP	InAs/GaAs QDIP	InAs/InGaAs/GaAs	InAs/InGaAs/GaAs
峰值光谱/μm	4.7	5.2	8.1	8.5
像元规模	256×256	256×256	640×512	1024×1024
工作温度/K	77	80	77	70
峰值比探测率 /(cm·Hz$^{1/2}$/W)	$3.7×10^{10}$	$1.5×10^{10}$	$1×10^{10}$	
NETD/mK		87（F/2.5）	40（F/2）	33（F/2）

3）超晶格红外焦平面阵列

基于Ⅱ类超晶格在红外探测器应用方面的诸多理论优势及特点，其材料物理特性、材料生长技术、器件制备技术等得到了诸多研究机构的关注。从 20 世纪末单元器件的研制成功，到 21 世纪初陆续出现的焦平面阵列以及双色/多色探测器的研制，InAs/GaSb 超晶格红外探测器的发展势头非常迅猛。

美国西北大学量子器件中心先后在 2012 年、2013 年制作出不同类型的长波/长波、中波/长波以及短波/中波双色锑化物Ⅱ类超晶格焦平面阵列器件。表 3-33 给出了这些双色焦平面器件的主要性能参数。

表 3-33 美国西北大学量子器件中心所研制的双色锑化物 II 类超晶格 FPA 主要性能参数

波段组合	长波/长波	中波/长波	短波/中波
截止波长/μm	9.5/13	4.7/11.2	2.2/5
像元规模	512×640	320×256	512×640
工作温度/K	77	77	150
比探测率/(cm·Hz$^{1/2}$/W)	$5×10^{11}/1×10^{11}$	$7×10^{12}/2×10^{11}$	—
NETD(F/2)/mK	15/20	10/30	49/—

　　高性能红外探测器的发展已经进入第三代发展阶段，这将极大拓展红外探测器件在现代军事装备及信息化工业社会中的应用领域。碲镉汞、量子阱和锑化物 II 类超晶格红外材料是目前国际上公认的第三代红外探测材料，这三类材料在物理特性及器件性能上各具优势，同时也面临着各自的技术挑战。分析表明，碲镉汞器件将与量子阱探测器、II 类超晶格探测器、锑化铟探测器等光子探测器长期共存，用户应根据自己的需要，在性能、价格上做出决策，选择符合不同红外系统性能要求的红外探测器。

★本章参考文献

[1] 张建奇. 红外探测器[M]. 西安：西安电子科技大学出版社，2016

[2] ROGALSKI A，MARTYNIUK P，KOPYTKO M. Challenges of small-pixel infrared detectors：a review[J]. Rep Prog Phys，2016，79：1-42

[3] ROGALSKI A. Infrared detectors[M]. 2nd ed. Boca Raton：CRC Press，2011

第4章 信息检测与信号处理

红外探测器所输出的信号通常是非常微弱的，需要经过放大、滤波，然后才能判定是否为目标信息。信号的放大、滤波属于能量检测的范畴；而判定是否为目标信息则属于统计检测的范畴。对于各类不同的检测而言，由于信号形式和噪声特性的差异，以及检测系统本身的工作特点，可以选择不同的衡量信号检测系统质量的准则。选定了衡量系统质量的准则后，即可进一步确定最佳的检测方式及检测系统的最佳结构。

所谓信号处理，就是对信号进行某种加工或变换。在红外系统中，常将信号处理的内容分成以下两个方面：一是利用电路技术，使探测器输出的信号变成输出单元或应用单元等终端系统所需的某种形式的信号；二是为了提高系统的分辨率和灵敏度，对传输的信息所采取的一系列措施。信号处理可直接对模拟信号进行，也可将其变成数字信号后再进行。

4.1 噪声和信号分析

噪声是限制信号检测系统性能的决定性因素，因此，它是信号检测中的不利因素，对红外微弱信号检测和估计来说，尤为重要。若能有效克服噪声，就可以提高信号检测的灵敏度。只有了解了噪声和信号的特点，分析噪声与信号的异同，才能有针对性地采用特定的方法或理论，对信号给以增强，或是对噪声进行抑制。

4.1.1 噪声分析

噪声是红外系统中的一种随机扰动，是随机性的信号。其产生可能来自于背景辐射、大气吸收和散射、红外探测器和电路元器件中的电子热运动以及载流子的不规则运动。对光电噪声的信号处理主要是通过研究噪声的统计特征来实现的。

1. 噪声的主要类型

对于红外系统来说，噪声通常可分为外部和内部噪声。来自外部的干扰噪声就其产生原因又可分为人为造成和自然造成两类。人为造成的干扰噪声通常来自电器电子设备，如高频炉、无线电发射、电火花和气体放电等，它们都会产生不同频率的电磁干扰。自然形成的噪声主要来自大气和环境的干扰，如雷电、太阳、天空的辐射等。可以通过采用适当的屏蔽、滤波等方法来减少或消除这些干扰所引起的噪声。

系统内部的噪声也可分为人为产生的噪声和固有噪声两类。人为产生的噪声主要是指寄生反馈造成的自激等干扰，这些干扰可通过合理地设计和调整将其消除或降到允许范围内。而内部固有噪声是由于系统各单元、器件中带电微粒不规则运动的起伏所造成的，主要有热噪声、散粒噪声、产生-复合噪声、$1/f$ 噪声和温度噪声等。这些噪声对实际元器件来说是固有的，不能消除，只能通过电路来控制它们对检测结果的影响。

2. 噪声的主要特性

光电噪声的主要统计特征包括频域统计特征、时域统计特征和幅域统计特征。了解并掌握这些统计特征量，就可以采取相应方法对噪声信号进行各种处理，从而从噪声中提取微弱信号。

1) 噪声的概率分布密度

光电噪声是一种连续型随机变量，即它在某一时刻可能出现各种可能数值。每一时刻 t，其取值（噪声电压 u_n）是随机的，可采用概率分布方法描述其取值的大小。噪声电压在 t 时刻的值用概率分布密度 $p(u_n)$ 表示，则 t 时刻噪声电压 $u_n(t)$ 取值在 u_{n1} 与 u_{n2} 之间的概率为

$$p(u_{n1} \leqslant u_n \leqslant u_{n2}) = \int_{u_{n1}}^{u_{n2}} p(u_n) \mathrm{d}u_n \qquad (4-1)$$

噪声属于一种随机过程。根据随机过程理论，其统计特征量如下：

(1) 数学期望 $E[u_n]$：表示信号平均值，即

$$E[u_n] = \int_{-\infty}^{+\infty} u_n p(u_n) \mathrm{d}u_n \qquad (4-2)$$

(2) 方差 $D[u_n]$：表示信号取值的离散性，即

$$D[u_n] = \int_{-\infty}^{+\infty} (u_n - E[u_n])^2 p(u_n) \mathrm{d}u_n = E[u_n^2] - E^2[u_n] \qquad (4-3)$$

式中，$E[u_n^2]$ 为噪声的二阶中心矩；$E[u_n]$ 为噪声的一阶统计特征；$E[u_n^2]$、$D[u_n]$ 为噪声的二阶统计特征。

为计算及测量方便，通常假定在电路中遇到的噪声具有各态经历性，可以用时间平均代替统计平均，即

$$E[u_n] = \overline{u_n(t)} = \lim_{T \to \infty} \frac{1}{T} \int_0^T u_n(t) \mathrm{d}t \qquad (4-4)$$

$$E[u_n^2] = \overline{u_n^2(t)} = \lim_{T \to \infty} \frac{1}{T} \int_0^T u_n^2(t) \mathrm{d}t \qquad (4-5)$$

其中，T 为所考虑的时间间隔。将式(4-4)和式(4-5)代入式(4-3)可得到随机过程的方差 $D[u_n]$。

2) 不同概率分布的噪声

高斯分布噪声：线性电路中噪声电压的概率分布密度一般符合高斯分布（又称正态分布），即

$$p(u_n) = \frac{1}{\sqrt{2\pi}\sigma} \exp\left[-\frac{(u_n - a)^2}{2\sigma^2}\right] \qquad (4-6)$$

将式(4-6)代入式(4-2)和式(4-3)可以得到高斯分布的数学期望和方差，即

$$\begin{cases} E[u_n] = a \\ D[u_n] = \sigma^2 \end{cases} \qquad (4-7)$$

式(4-6)和式(4-7)中：a 为电噪声的平均值，通常 $a=0$；σ^2 为电噪声的交流功率，σ^2 越大，表示噪声越强。电子元器件中，由自由电子不规则运动所引起的热噪声符合高斯分布。

瑞利分布噪声：两个正交的噪声信号之和的包络服从瑞利分布。其概率分布密度函

数为

$$p(A) = \begin{cases} \dfrac{A}{\sigma^2} \exp\left(-\dfrac{A^2}{2\sigma^2}\right) & (0 \leqslant A \leqslant \infty) \\ 0 & (A < 0) \end{cases} \qquad (4-8)$$

将式(4-8)代入式(4-2)和式(4-3)可以得到瑞利分布的数学期望和方差，即

$$\begin{cases} E[A] = \sqrt{\dfrac{\pi}{2}}\sigma \\ D[A] = \dfrac{4-\pi}{2}\sigma^2 \end{cases} \qquad (4-9)$$

高斯噪声经过 $y = x^2$ 非线性电路可以形成瑞利分布噪声。

均匀分布噪声：均匀分布噪声的概率分布密度函数为

$$p(\varphi) = \begin{cases} \dfrac{1}{2\pi} & (0 \leqslant \varphi \leqslant 2\pi) \\ 0 & (其他) \end{cases} \qquad (4-10)$$

通常研究的随机正弦信号的相位服从均匀噪声分布。

3）噪声的功率谱密度

在频域中采用谐波分量和频谱密度来描述一个随机信号，其结果仍然是一个随机量，不具有确定性。因此，工程上需要寻找一个确定量来描述平稳随机过程的频域特性，即功率谱密度。

设噪声电压 $u_n(t)$ 的功率为 P_n，在频率为 f 与 $f + \Delta f$ 之间的功率为 ΔP_n，则噪声的功率谱密度定义为

$$S_n(f) = \lim_{\Delta f \to 0} \frac{\Delta P_n}{\Delta f} \qquad (4-11)$$

式中：f 为频率点；Δf 为带宽；ΔP_n 为在 Δf 内的噪声功率。功率谱密度的单位为 V^2/Hz 或 A^2/Hz。

式(4-11)描述不同频率 f 点的功率分布情况，功率谱密度也可用 $S_n(\omega)$ 来表示，其中 ω 为角频率。由式(4-11)可以得出噪声的功率为

$$P_n = \int_{-\infty}^{+\infty} S_n(t)\,\mathrm{d}f = \frac{1}{2\pi}\int_{-\infty}^{+\infty} S_n(\omega)\,\mathrm{d}\omega \qquad (4-12)$$

功率谱密度具有如下性质：

（1）对于平稳随机过程，$S_n(f)$ 是确定量，因此，可用于平稳随机过程的计算。

（2）双边功率谱密度是对称的。

工程应用中，为计算方便，经常采用单边功率谱密度，这是因为正频率与负频率的功率谱密度是对称的，故定义单边功率谱密度为

$$F_n(f) = \begin{cases} 2S_n(f) & (f > 0) \\ 0 & (f < 0) \end{cases} \qquad (4-13)$$

3. 窄带滤波器对噪声的作用

任何噪声都可表示为

$$x(t) = \sum_{m=1}^{\infty} (x_{mc}\cos\omega_m t + x_{ms}\sin\omega_m t) \qquad (4-14)$$

即无穷多个频率分量之和，且认为直流分量为零。

由于噪声是随机的，所以 x_{mc} 和 x_{ms} 也应是随机的。红外系统中的噪声通常为高斯型的，可以证明，在式 (4-14) 中，当 $x(t)$ 为高斯型时，各谐波分量 x_{mc}、x_{ms} 也是高斯型的。

红外系统中常利用窄带滤波器尽可能滤去噪声以突出信号。窄带滤波器的传递函数为线性的，它的幅值只在其中心频率 ω_0 附近的一小段区域 $\Delta\omega$ 内为有限值，其余区域内都为零，如图 4-1 所示。

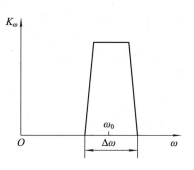

图 4-1 窄带滤波器的传递特性

噪声通过该窄带滤波器后，其输出为

$$y_n(t) = K_\omega x(t) = K_\omega \sum_{m=1}^{\infty} \left[x_{mc}(t)\cos\omega_m t + x_{ms}(t)\sin\omega_m t \right] \tag{4-15}$$

式 (4-15) 可以改写成如下形式：

$$y_n(t) = y_c(t)\cos\omega_0 t + y_s(t)\sin\omega_0 t \tag{4-16}$$

其中

$$\begin{cases} y_c(t) = K_\omega \sum_{m=1}^{\infty} \left[(x_{mc}(t)\cos(\omega_m - \omega_0)t + x_{ms}(t)\sin(\omega_m - \omega_0)t \right] \\ y_s(t) = K_\omega \sum_{m=1}^{\infty} \left[(x_{ms}(t)\cos(\omega_m - \omega_0)t - x_{mc}(t)\sin(\omega_m - \omega_0)t \right] \end{cases} \tag{4-17}$$

因为是窄带滤波器，所以 K_ω 只有在 ω_0 附近一小段区域 $\Delta\omega$ 内为有限值，其余区域内都为零，因此式 (4-17) 中的值 $y_c(t)$ 和 $y_s(t)$ 只取 $|\omega_m - \omega_0| \leqslant \Delta\omega/2$ 频率范围内的值。在窄带范围内，$y_c(t)$ 和 $y_s(t)$ 只是缓慢变化的随机量，因此 $y_n(t)$ 相当于以 ω_0 为载波的调制波。

式 (4-16) 还可以写成如下形式：

$$y_n(t) = Y_n(t)\cos\left[\omega_0(t) - \varphi_n(t)\right] \tag{4-18}$$

其中

$$\begin{cases} Y_n(t) = \sqrt{y_c^2(t) + y_s^2(t)} \\ \varphi_n(t) = \arctan\dfrac{y_s(t)}{y_c(t)} \end{cases} \tag{4-19}$$

显然有

$$\begin{cases} y_c(t) = Y_n(t)\cos\varphi_n(t) \\ y_s(t) = Y_n(t)\sin\varphi_n(t) \end{cases} \tag{4-20}$$

式 (4-16) 或式 (4-18) 只表示窄带情况下的噪声，对宽带情况是不成立的。

现在来看输出噪声 $y_n(t)$ 及其分量 $y_c(t)$、$y_s(t)$ 以及 $Y_n(t)$、$\varphi_n(t)$ 的分布规律是怎样的。输入噪声 $x(t)$ 是高斯分布的，窄带滤波器的传递函数是线性的，所以输出噪声 $y_n(t)$ 也是高斯分布的；同样可以证明，式 (4-16) 中的分量 $y_c(t)$ 和 $y_s(t)$ 也都是高斯分布的，且 $y_c(t)$ 和 $y_s(t)$ 是相互统计独立的，因此 $y_c(t)$ 和 $y_s(t)$ 的联合概率密度为

$$p(y_c, y_s) = \frac{1}{2\pi\sigma^2}\exp\left(-\frac{y_c^2 + y_s^2}{2\sigma^2}\right) \tag{4-21}$$

由此可进一步求得 $Y_n(t)$ 和 $\varphi_n(t)$ 的概率密度函数。根据概率论中的变量代换原则，有

$$p(Y_n, \varphi_n) = |J| \, p(y_c = Y_n \cos\varphi_n, \ y_s = Y_n \sin\varphi_n) \qquad (4-22)$$

式中，$|J|$ 为雅可比行列式，即

$$|J| = \begin{vmatrix} \dfrac{\partial Y_n \cos\varphi_n}{\partial Y_n} & \dfrac{\partial Y_n \sin\varphi_n}{\partial Y_n} \\ \dfrac{\partial Y_n \cos\varphi_n}{\partial \varphi_n} & \dfrac{\partial Y_n \sin\varphi_n}{\partial \varphi_n} \end{vmatrix} = Y_n \qquad (4-23)$$

所以

$$p(Y_n, \varphi_n) = \begin{cases} \dfrac{Y_n}{2\pi\sigma^2} \exp\left(-\dfrac{Y_n^2}{2\sigma^2}\right) & (Y_n \geqslant 0, \ 0 \leqslant \varphi_n \leqslant 2\pi) \\ 0 & (其他) \end{cases} \qquad (4-24)$$

下面分别求出 Y_n、φ_n 的概率密度函数。

Y_n 是噪声的包络(或其幅度)，因此它的概率密度函数 $p(Y_n)$ 应是 $p(Y_n, \varphi_n)$ 在 $0\sim2\pi$ 范围内对 φ_n 的积分，即

$$p(Y_n) = \int_0^{2\pi} p(Y_n, \varphi_n)\,\mathrm{d}\varphi_n = \frac{Y_n}{\sigma^2} \exp\left(-\frac{Y_n^2}{2\sigma^2}\right) \quad (Y_n \geqslant 0) \qquad (4-25)$$

这种分布称为瑞利分布。

若令 $Y_n/\sigma = v$，即以均方根噪声实行归一化，则式(4-25)变为

$$p(v) = |J| \, p(Y_n = \sigma v) = \left|\frac{\mathrm{d}Y_n}{\mathrm{d}v}\right| \frac{v}{\sigma} \exp\left(-\frac{v^2}{2}\right) = v \exp\left(-\frac{v^2}{2}\right) \qquad (4-26)$$

该式为噪声通过窄带滤波器后的噪声幅度概率密度表达式。

φ_n 是噪声的相位，显然其概率密度函数应为 $p(Y_n, \varphi_n)$ 在 $0\sim\infty$ 范围内对 Y_n 的积分，即

$$p(\varphi_n) = \int_0^{\infty} p(Y_n, \varphi_n)\,\mathrm{d}\varphi_n = \int_0^{\infty} \frac{Y_n}{2\pi\sigma^2} \exp\left(-\frac{Y_n^2}{2\sigma^2}\right) \mathrm{d}Y_n = \frac{1}{2\pi} \qquad (4-27)$$

上式表明 $p(\varphi_n)$ 服从均匀分布。

4.1.2　信号分析

红外系统的信号主要是按选定的调制或扫描方式确定的。在规定的工作条件下，信号的幅值、相位、频率均为已知。虽然大气对信号幅值存在着随机干扰，但常将大气衰减当作已知量来处理，因此信号幅值也认为是确定的。

下面针对调幅信号、调频信号、脉冲调制信号等几种确知信号，描述其时域特性及频谱特性。

1. 信号调制的一般概念

在电子学领域及光电系统中，广泛地应用了调制和解调技术。调制实质上是对所需处理的信号或被传输的信息做某种形式上的变换，使之便于处理或传输。解调是从已调制信号中恢复原始信号的过程，故解调即通常所说的信息检测。例如，在第 4、5 章所要讨论的红外测温系统和方位探测系统，即为利用目标发射的红外辐射对目标的温度、方位等信息进行检测的系统。当目标温度一定时，目标所发射的红外辐射能是恒定的，系统所接收到的辐射能也是恒定的。为了探测目标，需要对目标辐射能进行调制，即把红外系统接收到

的恒定辐射能转换成随时间变化的断续的辐射能,并使断续的辐射能的某些特征随着目标信息的变化而变化。例如,使已调制辐射能的幅度、频率或相位等随目标在空间的不同方位而变化,这样,调制后的目标辐射能便包含了目标的方位信息,通过进一步的光电变换、放大、解调后,便可以检测出目标的空间方位。因此,对辐射能进行调制的目的,主要是使断续的辐射能中包含目标信息,便于信号的放大、处理和检测。

设已知一高频信号,其瞬时值由下式确定:

$$a(t) = a_c \sin(\omega t + \varphi) = a_c \sin\Phi \tag{4-28}$$

式中:幅度 a_c、角频率 ω 和相位 φ 可以是常量或缓慢变化的量;Φ 是时间为 t 时信号的相角。

如果 a_c、ω 和 φ 是常数,则式(4-28)表示一个简单的未调制波,通称为载波,这个波形的角频率 $\omega = \omega_0$ 称为载频。使载波的某一参量(a_c、ω 或 φ)随时间按一定规律变化的过程称为调制,此时,a_c、ω 或 Φ 发生变化,以相应地传送信息,则信号 $a(t)$ 就成了调制波。

我们把所要传送的信息称为调制信号,调制信号与载波信号相比,通常可以看作慢变化的时间函数,就是说,相对于载波频率 ω_0 而言,调制信号频谱聚于较低的频率区域。

式(4-28)所表示的高频正弦信号,只要有一个参数(a_c、ω 或 φ)按调制信号规律发生了变化,那么该信号就不再是单一频率的正弦信号,而变成了一个由若干个不同频率的正弦型信号(以下把余弦信号和正弦信号统称为正弦型信号)组合而成的信号。由此可见,调制波具有一个频谱,频谱的结构与调制信号的性质以及调制的类型有关。

2. 调制波的形式及主要特征

按照调制参量的不同,调制可分为两种主要形式:调幅(幅度调制)和调角(角度调制)。调角又分为两类:调频和调相。这两类调制之间有着紧密的联系,它们的差别只是在同一调制函数作用下,相角 Φ 随时间变化的性质不同。

系统的检测性能是与调制波的形式及调制器、解调器的性能密切相关的,因此从信号检测的要求出发研究调制波的形式、调制器的类型将是十分必要的。

1)调幅信号

设调制信号如图 4-2(a)所示,其中 $g(t)$ 为调制信号,载波为余弦波,载频为 f_c。这

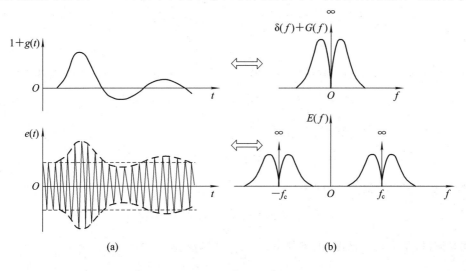

图 4-2 调幅波及其频谱

样，图 4-2(a)所示的调幅波可以表示为

$$e_{AM}(t) = [a_c + kg(t)]\cos 2\pi f_c t = A(t)\cos 2\pi f_c t \tag{4-29}$$

式中：k 为比例系数；a_c 为载波信号的幅度（未调制时）；$A(t) = a_c + kg(t)$ 为 t 时刻的调制波幅度。

比值 $M = k/a_c$ 称为调制指数或调制度系数，它是表征调制深度的量，通常用百分比表示。这时，调幅波的一般表示式为

$$e_{AM}(t) = [1 + Mg(t)]a_c \cos 2\pi f_c t \tag{4-30}$$

一般假定 $g(t)$ 的极大值 $g_{max}(t)$ 和 M 满足下列条件：

$$|g_{max}(t)| \leqslant 1 \quad (0 < M < 1) \tag{4-31}$$

如果上述条件遭到破坏，便会出现过调制现象，即同时出现调幅和调相现象，这是我们所不希望的。

由式(4-29)可知，在调幅的情况下，载波信号的幅值随着调制信号的变化而变化，即 $A(t) = a_c + kg(t)$，也就是载波信号的包络线按着被传送信号的规律而变化。因此，在提取有用信号时，可以采用包络检波的解调方法。

对式(4-30)进行傅里叶变换，并利用 δ 函数的性质及傅里叶变换的频谱搬移定理，可以得到调幅波的频谱为

$$E_{AM}(f) = \frac{a_c}{2}[\delta(f - f_c) + \delta(f + f_c)] + \frac{Ma_c}{2}[G(f - f_c) + G(f + f_c)] \tag{4-32}$$

$g(t) \Leftrightarrow G(f)$ 为傅里叶变换对。

由式(4-32)可见，在调制过程中并不产生新的频谱，而只是把调制信号（低频信号）的频谱从原点附近移到载频谱线附近，如图 4-2(b)所示。

当 $g(t) = \cos 2\pi F$ 时，式(4-30)和式(4-31)分别成为

$$e_{AM}(t) = a_c \cos 2\pi f_c t + \frac{Ma_c}{2}[\cos 2\pi(f_c - F)t + \cos 2\pi(f_c + F)t] \tag{4-33}$$

$$E_{AM}(f) = \frac{a_c}{2}[\delta(f - f_c) + \delta(f + f_c)]$$
$$+ \frac{Ma_c}{4}[\delta(f - f_c - F) + \delta(f - f_c + F) + \delta(f + f_c - F) + \delta(f + f_c + F)] \tag{4-34}$$

由式(4-33)可以求出调幅波中各谐波分量的平均功率，其中载波平均功率为

$$P_0 = \frac{1}{2\pi}\int_0^{2\pi}(a_c \cos 2\pi f_c t)^2 \, d(2\pi f_c t) = \frac{a_c^2}{2} \tag{4-35}$$

同样可得，上、下边频谐波分量平均功率为

$$P_{ups} = P_{uds} = \frac{M^2 a_c^2}{8} \tag{4-36}$$

因而两个边频分量的总平均功率为

$$P_{as} = \frac{M^2 a_c^2}{4} \tag{4-37}$$

在 100% 调制（最大可能情况）的条件下，式(4-37)成为

$$P_{as} = \frac{a_c^2}{4} = \frac{P_0}{2} \tag{4-38}$$

因而总功率 P_a 为

$$P_a = P_{as} + P_0 = \frac{3P_0}{2} = 3P_{as} \tag{4-39}$$

在调幅波中，载波并不能传送有用信号，只有边频才能传送有用信号。式(4-39)说明，总功率中只有 1/3 被用来传送有用信号，能量利用效率较低，这是调幅的一个主要缺点。

2) 调频信号

如果载波信号的相角 Φ 按照调制信号的规律而变化，则这种调制称为调角。调角波的一般表示式为

$$e_a(t) = a_c \cos[2\pi f_c t + \varphi(t)] = a_c \cos\Phi(t) \tag{4-40}$$

相角 $\Phi(t)$ 随时间 t 而变化有两种不同的情况：一种称为调相，另一种称为调频。

在调相的情况下，载波相位在变化，即

$$\varphi(t) = k_p g(t) \tag{4-41}$$

式中：k_p 为比例常数；$g(t)$ 为调制信号。因而调相波为

$$e_{PM}(t) = a_c \cos[2\pi f_c t + k_p g(t)] \tag{4-42}$$

这个调相波的相角的瞬时值由下式决定：

$$\Phi(t) = 2\pi f_c t + k_p g(t) \tag{4-43}$$

由于角频率 ω 是相角 $\Phi(t)$ 的变化速度，即 $\omega = d\Phi(t)/dt$，所以瞬时频率为

$$f_i = \frac{1}{2\pi} \frac{d\Phi(t)}{dt} = f_c + \frac{k_p}{2\pi} \frac{dg(t)}{dt} \tag{4-44}$$

由此可见，调相时不仅载波信号的相位发生变化，而且它的频率也在变化。

在调频的情况下，载波瞬时频率在改变，令其按下式变化：

$$f_i = f_c + \frac{k_F}{2\pi} g(t) \tag{4-45}$$

式中，k_F 为比例常数。由于

$$f_i = \frac{1}{2\pi} \frac{d\Phi}{dt} \tag{4-46}$$

因此

$$\Phi(t) = \int_0^t 2\pi f_i \, dt = 2\pi f_c t + k_F \int_0^t g(t) dt \tag{4-47}$$

将其代入式(4-40)，得调频波为

$$e_{FM}(t) = a_c \cos\left[2\pi f_c t + k_F \int_0^t g(t) dt\right] \tag{4-48}$$

此时载波的相位为

$$\varphi(t) = k_F \int_0^t g(t) dt \tag{4-49}$$

由此可见，调频时不仅载波的频率发生变化，而且它的相位也发生变化。

由以上分析可知：调角时，频率和相位的变化都会使相角发生变化。频率与相位的变化是有密切联系的，调频与调相虽然调制方式不同，但实质上是有共同之处的。因此，下面仅对调频波信号进行分析。

调频波的基本特征是载波信号幅度保持不变，信号频率随调制信号的大小而变化，即

所需传送的信息反映在高频载波的频率变化上。

无论什么形式的调制信号，都可以看作是由各种不同频率的正弦波叠加而成的。这里为讨论方便，仅用单一频率的正弦型信号 $g(t)=a_m\cos2\pi Ft$ 作为调制信号，来讨论调频波及其频谱。

单频正弦型信号对载频调制的情况如图 4-3 所示。

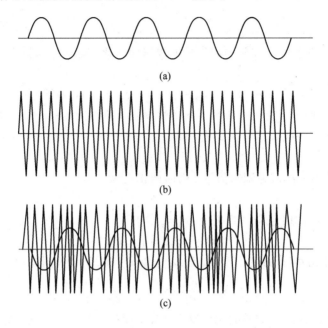

图 4-3　正弦调制波
(a) 调制信号；(b) 载波；(c) 调频波

将调制信号 $g(t)=a_m\cos2\pi Ft$ 代入式(4-48)，得单频正弦调频波为

$$e_{FM}(t) = a_c\cos\left(2\pi f_ct + k_Fa_m\int_0^t\cos2\pi Ft\ dt\right) = a_c\cos(2\pi f_ct + M\sin2\pi Ft) \quad (4-50)$$

其中

$$M = \frac{k_Fa_m}{2\pi F} = \frac{k_Fa_m}{2\pi}\frac{1}{F} = \frac{\Delta f}{F} \quad (4-51)$$

式(4-51)中：M 为调制指数；$\Delta f=k_Fa_m/(2\pi)$ 为最大频率偏移，它是调频波中瞬时频率的最大值相对载频的偏移量，即 $\Delta f=f_{max}-f_c$。显然，由式(4-51)可见，调制指数为最大频率偏移与调制信号频率之比。因此，M 也常称为频偏峰值比或简称频偏比。

将式(4-51)展开，可得

$$\begin{aligned}e_{FM}(t) = {}& a_cJ_0(M)\cos2\pi f_ct - a_cJ_1(M)\big[\cos2\pi(f_c-F)t - \cos2\pi(f_c+F)t\big] \\ & + a_cJ_2(M)\big[\cos2\pi(f_c-2F)t + \cos2\pi(f_c+2F)t\big] \\ & - a_cJ_3(M)\big[\cos2\pi(f_c-3F)t - \cos2\pi(f_c+3F)t\big] + \cdots \end{aligned} \quad (4-52)$$

式中，$J_k(M)$ 是宗数为 M 的第一类 k 阶贝塞尔函数，可以通过查表求出相应的值。

由式(4-52)可见，调频波的频谱是由载频 f_c 和无数对边频($f_c\pm kF$)组成的，其中 k 为任意正整数，$k=0,1,2,\cdots$。这些边频对称地分布在载频左右两侧，每相邻两边频之间的间隔等于调制频率 F。可见调频的结果使频谱大为展宽，如图 4-4 所示。由图 4-4 可见，所有同阶数的上、下边频振幅大小相等，其中只有偶数阶的上、下边频与载波同相，而奇数阶的边频中，下边频与载波及上边频异相。边频的相对振幅是以调制指数 M 为宗数的各阶贝塞尔函数，其边频振幅可能超过载频振幅。这里假设未调制时的载波振幅为 100%。

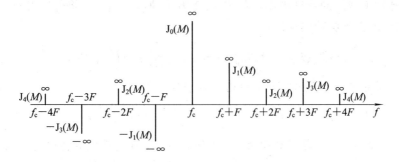

图 4-4 余弦调频波频谱（正频谱部分）

虽然调频波的频谱中包含无限多根谱线，但实际上有意义的只有其中有限根谱线，所以有可能用它们来近似地确定调频波的带宽。从能量角度和信噪比角度考虑，$\Delta F = 2F$ 为最佳带宽。

3）脉冲调制信号

用脉冲串作载波的调制称为脉冲调制。也就是说，用低频调制信号（即信息）去调制脉冲串，使它的某些参量随低频调制信号的变化而变化。脉冲调制主要有脉冲调幅、脉冲调宽、脉冲调位等形式，如图 4-5 所示。

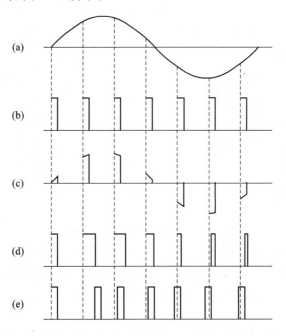

图 4-5 各种脉冲调制形式

（a）调制信号；（b）脉冲串载波；（c）脉冲调幅；（d）脉冲调宽；（e）脉冲调位

（1）脉冲调幅。

周期性重复脉冲的幅度，按调制信号规律而变化的过程称为脉冲调幅，这样所得到的

调制脉冲串称为脉冲调幅波。脉冲串载波的表示式可写为

$$h_{\mathrm{p}}(t) = \sum_{k=-\infty}^{+\infty} \mathrm{rect}\left(\frac{t-kT}{T_{\mathrm{p}}}\right) \qquad (4-53)$$

其中：T 是脉冲串载波的重复周期；T_{p} 是幅度为 1 的脉冲宽度。将低频调制信号 $g(t)$ 与 $h_{\mathrm{p}}(t)$ 直接相乘就得到脉冲调幅波：

$$e_{\mathrm{PAM}}(t) = g(t)h_{\mathrm{p}}(t) = g(t)\sum_{k=-\infty}^{+\infty} \mathrm{rect}\left(\frac{t-kT}{T_{\mathrm{p}}}\right) \qquad (4-54)$$

利用傅里叶变换的相乘和卷积特性，可得其频谱为

$$E_{\mathrm{PAM}}(f) = G(t) * H_{\mathrm{p}}(f) = \frac{T_{\mathrm{p}}}{T}\sum_{k=-\infty}^{+\infty} \mathrm{sinc}\left(\frac{kT_{\mathrm{p}}}{T}\right)G\left(f-\frac{k}{T}\right) \qquad (4-55)$$

由式(4-55)可知，其频谱除了载频及上、下边频以外，还有载频的各次谐波以及这些谐波的上、下边频，见图 4-6。图 4-6 中：$\varepsilon = T_{\mathrm{p}}/T$；$M_{\mathrm{a}}$ 为调制指数；U_0 为载波幅值。

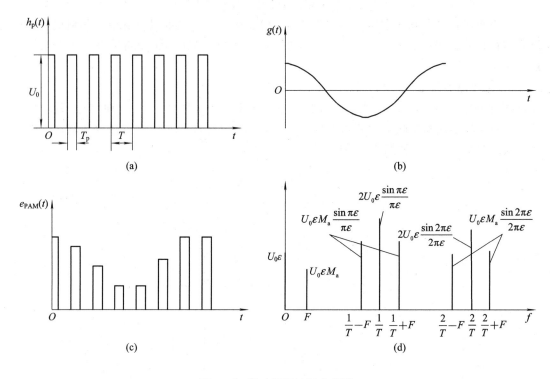

图 4-6　脉冲调幅波及其频谱

（a）未调制脉冲串载波；（b）低频余弦调制信号；（c）脉冲调幅波；（d）脉冲调幅波低频部分频谱

由式(4-55)及图 4-6 可见，脉冲调幅波频谱包含有调制频率分量。因此，解调时，只需将脉冲调幅波通过一个通带为 $(0, F)$ 的低通滤波器，便可将原信息还原。

（2）脉冲调宽。

脉冲调宽是指脉冲串载波的幅度与频率均无变化，而只有脉冲宽度 T_{p} 按调制信号规律变化，其表达式为

$$T_{\mathrm{p}}' = T_{\mathrm{p}} + \Delta T_{\mathrm{p}}g(t) = T_{\mathrm{p}}\left[1 + \frac{\Delta T_{\mathrm{p}}}{T_{\mathrm{p}}}g(t)\right] = T_{\mathrm{p}}[1 + Mg(t)] \qquad (4-56)$$

式中：$M = \Delta T_{\mathrm{p}}/T_{\mathrm{p}}$ 为调制指数；ΔT_{p} 为脉冲宽度的最大增量；T_{p} 为未调载波脉冲宽度；

$g(t)$为调制信号，如图 4-7 所示。

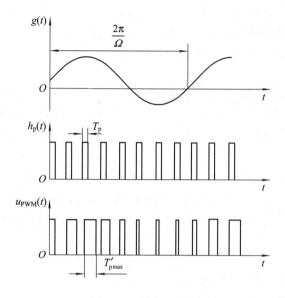

图 4-7 脉冲调宽波

脉冲调宽频谱图与脉冲调幅频谱图大致相同，只是组合频率更加复杂而已，频谱中仍然包含直流分量、调制频率分量、载波及其高次谐波，因此解调时可使脉冲调宽波通过低通滤波器直接分离出低频调制信号。

（3）脉冲调位。

脉冲调位是用脉冲串载波的脉冲位置参量来传输信息，所以也称其为脉位调制。脉冲调位的波形如图 4-8 所示。以 A 为基准脉冲，脉冲 B 与 A 相隔时间 T_0，假设我们按照某一规律改变 T 的大小，则脉冲 B 对 A 来讲是位置被调制了的脉冲。T 随调制信号的变化关系为

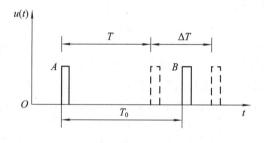

图 4-8 脉冲调位波

$$T = T_0[1 + M_T g(t)] \tag{4-57}$$

式中：T_0 为脉冲 B 未被调制时 B 与 A 的时间间隔；M_T 为位置调制指数，$M_T = \Delta T / T_0$；ΔT 为脉冲位置的最大变化量；$g(t)$ 为低频调制信号。一般 A 称为参考脉冲，B 称为可移脉冲。

脉冲调位波的频谱中，仍有直流分量与调制频率分量，并有无穷多个未调载波的谐波与以各谐波频率为中心的无穷多个组合频率，且各组合频率是不相等的。在未调制脉冲相同和调制信号相同的情况下，调位脉冲频谱的调制频率分量幅值比调幅或调宽的调制频率分量幅值小很多，而且存在频率失真。这样，脉冲调位的解调就不能采用通过低通滤波器从调位脉冲序列中直接分离的方法，而是要把调位脉冲转变为调宽或调幅脉冲，再用低通滤波器分离出调制信号。

在脉冲调宽和脉冲调位的情况下，可以采用限幅器来消除噪声干扰，而脉冲调幅时的噪声不能用限幅器消除，因此脉冲调幅时的抗干扰性比前两者要差一些。

分析表明，对于连续波调制，无论是在大信噪比还是小信噪比输入的情况下，调频系统的输出信噪比都高于调幅系统。在大信噪比输入条件下，采用宽带调频时，信噪比增益更高。调频系统的能量利用效率也高于调幅系统。这说明调频系统的抗干扰性（即检测弱信号的能力）优于调幅系统。但是调幅波的信号处理系统要比调频系统结构简单、工作可靠。

脉冲调宽和脉冲调位的抗干扰性能比脉冲调幅的强。但脉冲调位波的解调方法比脉冲调宽和脉冲调幅要复杂些。脉冲调幅与连续波调幅相比，后者的信噪比增益略高于前者。进行红外系统设计时，可根据不同的使用要求以及各种调制信号形式的特点，选择系统调制信号的形式。

以上分析说明，红外系统的信号可能包含着各种不同的频率成分，且各种频率分量具有各自的幅值和相位。但通常在进行信号检测分析、计算时，可只取基频成分，若还需计算其他频率成分，则可类比进行。因此，红外系统的信号 $u(t)$ 可简单地表示成幅值为 a、角频率为 ω_0 的余弦信号，即

$$u(t) = a\cos\omega_0 t \tag{4-58}$$

3. 窄带滤波器对信号加噪声的作用

在噪声干扰下检测信号，首先应讨论信号加噪声的特性。如上所述，红外系统信号是确知量，但噪声是随机量，因此信号加噪声后也成为随机量，所以应讨论其统计特性。在 4.1.1 节曾讨论过纯噪声通过窄带滤波器后的概率分布情况，现在我们要分析信号加噪声通过窄带滤波器后将具有怎样的分布特性。由式（4-16）和式（4-58）知，信号加噪声的总输出为

$$\begin{aligned}
y(t) &= u(t) + y_n(t) = a\cos\omega_0 t + y_c(t)\cos\omega_0 t + y_s(t)\sin\omega_0 t \\
&= [a + y_c(t)]\cos\omega_0 t + y_s(t)\sin\omega_0 t = y_c'(t)\cos\omega_0 t + y_s(t)\sin\omega_0 t
\end{aligned} \tag{4-59}$$

式中：$y_c'(t)$ 是确定量 a 和随机量 $y_c(t)$ 之和；$y_c(t)$ 为高斯分布，因此 $y_c'(t)$ 的分布由 $y_c(t)$ 决定，也应是高斯分布，只是 $y_c'(t)$ 分布的平均值较 $y_c(t)$ 的大，但不影响方差。对于噪声的任一取样值而言，式（4-59）可用图 4-9 表示。图 4-9 中：

$$\begin{cases}
\rho(t) = \sqrt{y_c'^2(t) + y_s^2(t)} \\
\theta(t) = \arctan\dfrac{y_s(t)}{y_c'(t)} \\
y_c'(t) = \rho(t)\cos\theta(t) \\
y_s(t) = \rho(t)\sin\theta(t)
\end{cases} \tag{4-60}$$

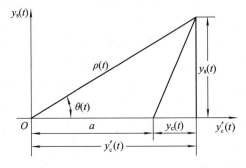

图 4-9 信号加噪声的组合

由此可得 $y_c'(t)$ 和 $y_s(t)$ 的概率密度为

$$\begin{cases} p(y_c') = \dfrac{1}{\sqrt{2\pi}\sigma}\exp\left[-\dfrac{(y_c'-a)^2}{2\sigma^2}\right] \\[3mm] p(y_s) = \dfrac{1}{\sqrt{2\pi}\sigma}\exp\left(-\dfrac{y_s^2}{2\sigma^2}\right) \end{cases} \qquad (4-61)$$

因为 $y_c(t)$ 和 $y_s(t)$ 是相互统计独立的，所以 $y_c'(t)$ 和 $y_s(t)$ 也是相互统计独立的。因此，$y_c'(t)$ 和 $y_s(t)$ 的联合概率密度为

$$p(y_c',\ y_s) = \frac{1}{\sqrt{2\pi}\sigma^2}\exp\left[-\frac{(y_c'-a)^2 + y_s^2}{2\sigma^2}\right] \qquad (4-62)$$

利用式($4-60$)，将 $y_c'(t)$ 和 $y_s(t)$ 的联合概率密度进行参量变换，可得 $\rho(t)$ 和 $\theta(t)$ 的联合概率密度为

$$p(\rho,\theta) = |J|\,p(y_c',\ y_s) \qquad (4-63)$$

其中

$$|J| = \begin{vmatrix} \dfrac{\partial y_c'}{\partial \rho} & \dfrac{\partial y_s}{\partial \rho} \\[3mm] \dfrac{\partial y_c'}{\partial \theta} & \dfrac{\partial y_s}{\partial \theta} \end{vmatrix} = \frac{\partial y_c'}{\partial \rho}\frac{\partial y_s}{\partial \theta} - \frac{\partial y_s}{\partial \rho}\frac{\partial y_c'}{\partial \theta} = \rho \qquad (4-64)$$

所以

$$\begin{aligned} p(\rho,\theta) &= \frac{\rho}{2\pi\sigma^2}\exp\left[-\frac{(y_c'-a)^2 + y_s^2}{2\sigma^2}\right] \\[3mm] &= \frac{\rho}{2\pi\sigma^2}\exp\left(-\frac{\rho^2 + a^2 - 2\rho a\,\cos\theta}{2\sigma^2}\right) \quad (\rho \geqslant 0,\ 0 \leqslant \theta \leqslant 2\pi) \quad (4-65) \end{aligned}$$

由式($4-65$)可以求出信号加噪声的幅值 ρ 的概率密度函数和相位 θ 的概率密度函数。

1）信号加噪声的幅值的概率密度函数 $p(\rho)$

$p(\rho)$ 可用对 $p(\rho,\theta)$ 在 $0\sim2\pi$ 范围内进行积分求出：

$$\begin{aligned} p(\rho) &= \int_0^{2\pi} p(\rho,\theta)\mathrm{d}\theta = \int_0^{2\pi}\frac{\rho}{2\pi\sigma^2}\exp\left(-\frac{\rho^2 + a^2 - 2\rho a\,\cos\theta}{2\sigma^2}\right)\mathrm{d}\theta \\[3mm] &= \frac{\rho}{2\pi\sigma^2}\exp\left(-\frac{\rho^2 + a^2}{2\sigma^2}\right)\int_0^{2\pi}\exp\left(\frac{2\rho a\,\cos\theta}{2\sigma^2}\right)\mathrm{d}\theta \\[3mm] &= \frac{\rho}{\sigma^2}\exp\left(-\frac{\rho^2 + a^2}{2\sigma^2}\right)\mathrm{I}_0\left(\frac{\rho a}{\sigma^2}\right) \qquad (4-66) \end{aligned}$$

式中，$\mathrm{I}_0(x)$ 是以 x 为宗量的零阶第一类变形贝塞尔函数。式($4-66$)所表示的概率分布称为广义的瑞利分布或莱斯分布。

若将 ρ、a 归一化，则

$$\frac{\rho}{\sigma} = R, \qquad \frac{a}{\sigma} = A \qquad (4-67)$$

有

$$p(R) = |J|\,p(\rho = \sigma R) \qquad (4-68)$$

而 $|J| = \sigma$，所以有

$$p(R) = R\exp\left(-\frac{R^2 + A^2}{2}\right)\mathrm{I}_0(RA) \quad (R \geqslant 0) \qquad (4-69)$$

式$(4-67)$中的 A 是信噪比,当 A 为不同值时,根据式$(4-68)$所画出的曲线有不同的形状,见图 $4-10$。从图 $4-10$ 可以看出:当信噪比 A 趋近于零时,这个分布退化为瑞利分布;当信噪比 A 比较大时$(A>6)$,这个分布趋向高斯分布。

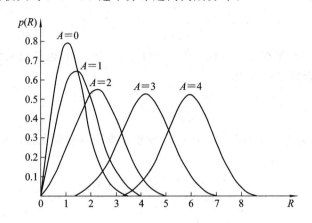

图 $4-10$　广义瑞利分布(莱斯分布)

2) 信号加噪声的相位的概率密度函数 $p(\theta)$

$p(\theta)$ 可用 $p(\rho,\theta)$ 在 $0\sim\infty$ 范围内积分求出。

$$p(\theta) = \int_0^\infty p(\rho,\theta)\mathrm{d}\rho = \frac{1}{2\pi}\exp\left(-\frac{a^2}{2\sigma^2}\right) + \frac{a\,\cos\theta}{2\sigma\,\sqrt{2\pi}}\exp\left(-\frac{a^2\,\sin^2\theta}{2\sigma^2}\right)\left[1 + \mathrm{erf}\left(\frac{a\,\cos\theta}{\sqrt{2}\sigma}\right)\right]$$

$$(4-70)$$

式中,$\mathrm{erf}(x) = \dfrac{2}{\sqrt{x}}\displaystyle\int_0^{-x}\mathrm{e}^{-y^2}\mathrm{d}y$ 称为误差函数,且 $\displaystyle\int_0^\infty\mathrm{erf}(\cdot)x\,\mathrm{d}x = 1$。

令

$$S^2 = \frac{1}{2}\frac{a^2}{\sigma^2} = \frac{1}{2}A^2 \tag{4-71}$$

则式$(4-70)$变为

$$p(\theta) = \frac{1}{2\pi}\exp(-S^2) + \frac{S\,\cos\theta}{2\sqrt{\pi}}\exp(-S^2\sin^2\theta)\left[1 + \mathrm{erf}(S\cos\theta)\right] \tag{4-72}$$

$p(\theta)$ 的曲线如图 $4-11$ 所示。

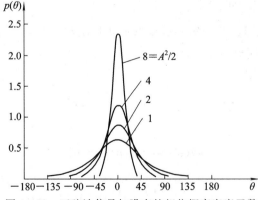

图 $4-11$　正弦波信号加噪声的相位概率密度函数

当 $S=0$，即无信号时，$p(\theta)=1/(2\pi)$，为均匀分布；当 $S>0$ 时，$p(\theta)$ 的值在信号相位（图 4-11 中 $\theta=0$）附近呈最大值。因此，可以用它来检测信号。

4.2 信 号 检 测

信号检测的基本内容就是如何从噪声干扰中提取更多的有用信息。由于信息随机性的客观存在，合适的方法是采用统计学的方法。

红外系统的检测通常是属于信号有或无的检测，但是目标是否会在视场中出现，也是无法预先知道的。如设 H_0 为信号不存在的假设，H_1 为信号存在的假设，也就是说有关消息的先验概率 $p(H_0)$、$p(H_1)$ 无法预知。

在信号检测时，总要在一定门限情况下对接收到的信号进行判断。由于检测是从统计观点出发的，因此会发生以下四种情况：

（1）正确报警：实际有信号而报信号存在。

（2）虚警：实际无信号而报信号存在，称为第一类错误。

（3）漏警：实际有信号而报无信号存在，称为第二类错误。

（4）正确不报警：实际无信号而报信号不存在。

上述两类错误均出现在噪声与信号之间，因此，对随机噪声峰值幅度概率分布的研究是克服这两种错误的关键。而前面对信号加噪声通过窄带滤波器的研究结论，恰为这里的讨论提供了基础。

4.2.1 单次脉冲检测

红外系统所检测的信号常是若干个脉冲串，如图 4-12 所示。其中 T_1 为任意一个脉冲的宽度，T_2 为脉冲串的周期。在检测时首先对单个脉冲进行检测，即单次检测，然后再根据需要对单次检测值进行积累检测以提高检测性能。

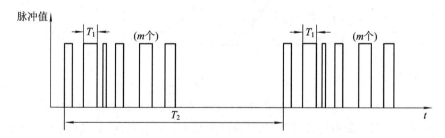

图 4-12 光电系统信号波形图

单次检测是最简检测，其框图如图 4-13 所示，输入量为信号加噪声 $[S(t)+n(t)]$ 或纯噪声 $n(t)$。首先对输入信号进行滤波，这时输入值变成了 $R(t)$。然后将 $R(t)$ 和某一固定的设计门限值 U_0 进行比较。当输入值 $R(t)$ 的瞬时值超过门限值 U_0 时，比较器即有输出。

若输入为纯噪声 $n(t)$，则超过门限的概率即为虚警概率 P_{fa}。单脉冲匹配滤波器如同窄带滤波器一样，因此

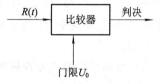

图 4-13 单次检测

噪声 $n(t)$ 通过单脉冲匹配滤波器后，其包络概率密度如式(4-26)所示，

$$p(v) = v \exp\left(-\frac{v^2}{2}\right) \qquad (4-73)$$

将该值与门限值 U_0 进行比较，便可得到输出概率，即虚警概率 P_{fa}：

$$P_{fa} = \int_{U_0}^{\infty} v \exp\left(-\frac{v^2}{2}\right)\mathrm{d}v = \exp\left(-\frac{U_0^2}{2}\right) \qquad (4-74)$$

若输入为信号加噪声 $[S(t)+n(t)]$，通过单脉冲匹配滤波器后，其包络的概率密度如式(4-69)所示，

$$p(R) = R \exp\left(-\frac{R^2+A^2}{2}\right)\mathrm{I}_0(RA) \quad (R \geqslant 0) \qquad (4-75)$$

将 $R(t)$ 和门限值 U_0 进行比较，则可得到输出为有目标的概率，即发现概率 P_d：

$$P_d = \int_{U_0}^{\infty} R \exp\left(-\frac{R^2+A^2}{2}\right)\mathrm{I}_0(RA)\mathrm{d}R = \exp\left(-\frac{R^2+A^2}{2}\right) \cdot \sum_{n=0}^{\infty}\left(\frac{U_0}{A}\right)^n \mathrm{I}_n(U_0 A)$$

$$(4-76)$$

式中，I_n 为 n 阶第一类变形贝塞尔函数。

图 4-14 为信号检测示意图。U_0 为某一设定门限值。$A=0$ 为纯噪声情况。当 $R>U_0$ 时，$P(R)(A=0)$ 曲线下面的那块面积即为虚警概率 P_{fa}；$A>0$ 为有信号情况，当 $R>U_0$ 时，$P(R)(A>0)$ 曲线下面的那块面积即为发现概率 P_d。显然，$P(R)(A=0)$ 曲线下面 $R<U_0$ 的那部分面积应为正确不发现概率 P_c；而 $P(R)(A>0)$ 曲线下面 $R<U_0$ 的那部分面积应为漏警概率 P_t。

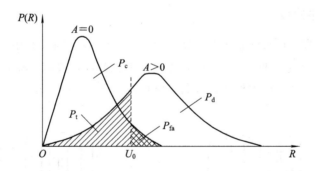

图 4-14 信号检测示意图

在进行系统设计时，常常给出虚警概率(或虚警时间)和发现概率的要求值，即可根据上面的公式进行计算，最后定出系统应取的门限值 U_0 和信噪比 A，进而可算出系统的作用距离。P_d 的计算式(4-76)亦称为马克姆(MaMum)Q 函数。Q 函数表是以信噪比 $A^2/2$ 作为参变量，门限值 U_0 与发现概率 P_d 的关系曲线表。Q 函数表是根据 Q 函数计算出的数据绘制的，计算时可查用。对红外系统而言，使用较方便的还是以门限值 U_0 作为参变量，信噪比 A 与发现概率 P_d 的关系曲线如图 4-15 所示。

例如：

(1) 如果系统要求发现概率大于 0.9，虚警概率小于 10^{-6}，则根据 P_{fa} 及 P_d 的计算公式(即式(4-74)和式(4-76))，并查阅图 4-15，可算出应取门限值 U_0 和相应的信噪比为 $U_0=5.3$，$A=6.5$。

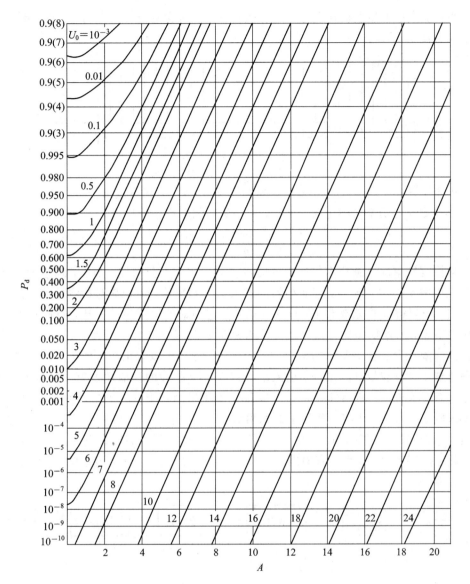

图 4-15　信噪比与发现概率的关系图

本例所列的发现概率和虚警概率值是通常的一般要求，而计算所得的门限值及信噪比值却是比较大的，因此相应的系统作用距离值也较小。

（2）若门限值和信噪比都取得小些，如取 $U_0 \approx 3$，则当信噪比 $A \approx 3$ 时，可算出单次检测时的虚警概率 $P_{fa} = 3 \times 10^{-3}$ 和发现概率 $P_d = 0.57$。

由此可见，在上述所取门限值和信噪比的情况下，所得的检测性能是不高的。

4.2.2　积累检测

积累检测系统用于准最佳检测系统，它在保证虚警概率不大于某一给定值的情况下，使发现概率值为最大或者使所需要的信噪比值为最小，这正是奈曼-皮尔逊准则的检测原则。

设红外系统信号波形如图 4-16 所示，信号由若干个脉冲串组成，每个脉冲串又由 m

个脉冲组成。在理想相参积累情况下，m 个脉冲信号所含的全部频率分量同相相加，则其积累后功率便增加 m^2 倍。

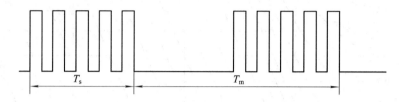

图 4-16　调制后的等幅脉冲波形

设单个脉冲功率为 P_s，则积累后功率为 $m^2 P_s$。噪声的积累效果是功率增加仅为 $m P_n$。单个脉冲检测时的功率信噪比为 P_s/P_n，则积累后的功率信噪比应为

$$\left(\frac{P_s}{P_n}\right)_m = \frac{m^2 P_s}{m P_n} = m\left(\frac{P_s}{P_n}\right) \tag{4-77}$$

可见积累检测较单次检测功率信噪比可提高 m 倍，效果十分明显。当然，理想的相参积累在实际应用中是很难实现的，因而积累的效果会受到影响，但积累对检测性能肯定会起到改善作用。积累检测系统属于准最佳检测系统，它和最佳检测系统相比，对同样的发现概率和虚警概率，所需信噪比值只比最佳系统大 0.8～1.4 倍。

二次门限积累器检测系统的结构如图 4-17 所示。可以看出，它是在单次检测基础上增加积累器 Ⅰ 和比较器 Ⅱ 组成的。输入信号每有一个脉冲的幅值超过第一门限 U_0 时，比较器 Ⅰ 就有一次输出。积累器有幅度积累和计数积累两种形式。积累器的工作时间 Δt 由系统要求限定。积累器 Ⅰ 将比较器 Ⅰ 的积累值 j 送到比较器 Ⅱ，与第二门限 k 进行比较。k 可以是某一选定的电压值，也可以是选定的个数值，由积累器的形式决定。在 Δt 时间内积累值 j 超过门限 k 时，则判定有输出；反之，判定为无信号。可见，该系统的检测性能是由 U_0 和 k 共同决定的。

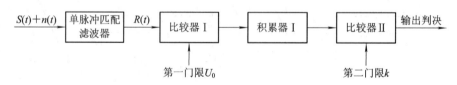

图 4-17　二次门限积累器检测系统

红外系统可能产生的信号脉冲个数 m 为积累器 Ⅰ 的最大可能积累数。积累器 Ⅰ 的工作时间 Δt 可按输入一串脉冲的总延续时间 $T_s = T_m/2$ 取固定值，也可以实际输入脉冲的个数和脉宽为变化的量，连续脉冲的个数越多，脉宽越宽，积累器工作时间 Δt 就越长。可认为各单个"信号加噪声"脉冲间是互不相关的，用单个脉冲独立地进行概率密度计算。因此，积累后的虚警概率 P_{FA} 和探测概率 P_D 都服从二项式分布规律，表达式为

$$P_{FA} = \sum_{j=k}^{m} C_m^j P_{fa}^j (1-P_{fa})^{m-j} \tag{4-78}$$

$$P_D = \sum_{j=k}^{m} C_m^j P_d^j (1-P_d)^{m-j} \tag{4-79}$$

式中，C_m^j 表示从 m 中取 j 的组合。

计算 P_D 时，最大可能积累数 m 就是在探测时间内可能出现的信号脉冲个数。在计算 P_{FA} 时，最大可能积累数 m 应是系统中积累器 I 的工作时间 Δt 内的噪声脉冲个数 n'。n' 由 Δt 和系统频带宽度 Δf 而定，即

$$n' = \Delta t \cdot \Delta f \tag{4-80}$$

在一般计算 P_{FA} 时，m 也可取可能出现的信号脉冲个数。

例如，系统要求探测概率大于 0.9，虚警概率小于 10^{-6}，按单次检测计算则有 $U_0 = 5.3$，$A = 6.5$；若取 $U_0 \approx 3$，$A \approx 3$，则单次检测结果为 $P_{fa} = 3 \times 10^{-3}$，$P_d = 5.7$，以后面的数据用于二次门限积累检测时，若取 $m = 7$，$A = 3$，则有 $P_{FA} \approx 10^{-6}$，$P_D \approx 0.9$。

由结果可知，积累检测可提高检测性能，当系统同时要求 $P_{fa} < 10^{-6}$，$P_d > 0.9$ 时，与单次检测相比，第一门限 U_0 可由 5.3 下降为 3，信噪比 A 也可由 6.5 下降为 3，这种下降使探测目标的距离大为增加。

能否利用积累检测的作用，采用三次或三次以上门限积累器来提高检测性能呢？经分析研究可知，为提高检测性能，适当选取二次门限积累器的参数即可达到目的。只有在二次门限积累器的参数受到限制时，才选用三次门限积累器。由于信号不一定能出现许多组脉冲串，因此三次以上甚至三次门限系统不一定都能实现。

由于一般产生的调制信号有一定空度比，为在时域上进行叠加，须采用延迟线或延迟电路，如对图 4-17 的信号进行积累计数，这时的信噪比改善系数 k_{SNR} 为

$$k_{SNR} = \sqrt{\frac{mT_s}{T_m}} = \sqrt{ma} \tag{4-81}$$

式中，$a = T_s/T_m$ 为调制信号的空度比。当 $a = 1$ 时，$k_{SNR} = \sqrt{m}$；如果 a 很小，则 k_{SNR} 可能小于 1，此时系统的信噪比反而降低了，这就要使积累计数器在有信号脉冲时工作，在没有信号只有噪声时不工作。

4.2.3 相关检测

相关检测是一种时域信息的检测方法，主要是对信号和噪声进行相关性分析。相关性分析能从噪音和其他无关信号中找出信号两部分之间或两个信号之间的函数关系，并根据相关性进行检测和提取。下面首先介绍自相关函数和互相关函数。

利用数学期望和方差来描述随机函数的基本特性还不够。随机过程的分布函数能全面描述其统计特性，但使用时比较困难，因而引入随机过程的基本数字特征，它们既能反映随机过程的重要特征，又便于进行运算和实际测量。数学期望、方差、自相关函数和互相关函数都是随机过程的重要数学特征。

随机过程的自相关函数定义为

$$R_{xx}(t_1, t_2) = E[x(t_1)x(t_2)] = \int_{-\infty}^{+\infty} \int_{-\infty}^{+\infty} x_1 x_2 P_x(x_1, x_2; t_1, t_2) \mathrm{d}x_1 \, \mathrm{d}x_2 \tag{4-82}$$

式中：$x(t_1)$ 和 $x(t_2)$ 是随机过程 $x(t)$ 在任意两个时刻 t_1 和 t_2 时的状态；$P_x(x_1, x_2; t_1, t_2)$ 是相应的二维概率密度，称为二阶原点混合矩。$R_{xx}(t_1, t_2)$ 有时记为 $R_x(t_1, t_2)$。

如果随机过程在 t_1 和 t_2 之间间隔较大，$x(t_1)$ 和 $x(t_2)$ 是统计独立的随机变数量，则

$$E[x(t_1)x(t_2)] = E[x(t_1)]E[x(t_2)] \tag{4-83}$$

若 $x(t)$ 在任意时刻的数学期望为 0，则在 $|t_2 - t_1| \rightarrow \infty$ 时，$R_x(t_1, t_2)$ 趋近于零。

互相关函数用于描述两个随机过程之间关联性的数字特征。两个随机过程 $x(t)$ 和 $y(t)$ 的互相关函数定义为

$$R_{xy}(t_1, t_2) = E[x(t_1)y(t_2)] = \int_{-\infty}^{+\infty}\int_{-\infty}^{+\infty} xy P_{xy}(x, y; t_1, t_2) \mathrm{d}x\, \mathrm{d}y \tag{4-84}$$

令 $\tau = t_2 - t_1$，则有

$$R_{xy}(t_1, t_2) = E[x(t)y(t+\tau)] \tag{4-85}$$

若两个随机过程在统计上相互独立，则

$$R_{xy}(t_1, t_2) = E[x(t_1)]E[y(t_2)] \tag{4-86}$$

当随机过程中一个或两者的数学期望为零时，$R_{xy}(t_1, t_2) = 0$，但当互相关函数为零时，两者并不一定是统计独立的。

相关检测就是利用信号与噪声相关特性上的差异，来检测淹没在随机噪声中的微弱周期信号的一种重要方法。

1. 自相关检测

设信号 $S(t)$ 和噪声 $n(t)$ 的混合波形为 $f(t) = S(t) + n(t)$，把 $f(t)$ 送到如图 4-18 所示的自相关器中做自相关函数运算。相关器有两条通路，一路将 $f(t)$ 直接送乘法器，另一路经延时 τ 后送 $f(t-\tau)$ 到乘法器，两路信号相乘后送给积分器积分(这里积分的作用就是对时间求平均)，即可得到相关函数上的一个点的数据，改变 τ，重复进行计算就得到自相关函数曲线。混合波形 $f(t)$ 的自相关函数 $R_f(\tau)$ 为

$$R_f(\tau) = \lim_{T\to\infty} \frac{1}{2T}\int_{-T}^{T}[S(t)+n(t)][S(t-\tau)+n(t-\tau)]\mathrm{d}t$$

$$= R_{SS}(\tau) + R_{nn}(\tau) + R_{nS}(\tau) + R_{Sn}(\tau) \tag{4-87}$$

公式右边四项中前两项分别为信号和噪声的自相关函数，后两项为信号与噪声的互相关函数。现分别讨论这四项的计算结果。

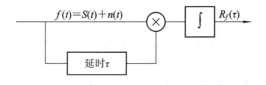

图 4-18 自相关器

设信号为余弦函数 $S(t) = A_S \cos(\omega t + \varphi_S)$，其自相关函数为

$$R_S(\tau) = \lim_{T\to\infty}\frac{1}{2\pi}\int_{-T}^{T} A_S\cos(\omega t + \varphi_S)\times A_S\cos[(\omega t + \varphi_\tau) + \varphi_S]\mathrm{d}t = A_S^2\cos\varphi_\tau \tag{4-88}$$

式中，φ_τ 是不同延时 τ 所对应的相位角。自相关函数仍是余弦函数，只是变量为 φ_τ，且失去了初相位。若信号是由多个周期性分量(基波和各次谐波)组成的，则信号的自相关函数也应包含同样的周期性分量。可见，周期性信号的自相关函数仍有周期性。

通过计算可知噪声的自相关函数有如图 4-19 所示的规律，当 τ 较小时，自相关函数值较大，随 τ 的增加自相关性迅速下降，并趋于零。

由于信号与噪声互相独立，互相关项为

$$R_{Sn}(\tau) = R_{nS}(\tau) = E[S(t)n(t+\tau)] = E[S(t)]E[n(t)] \tag{4-89}$$

只要其中一项为零，通常噪声的 $E[n(t)]=0$，所以互相关项 $R_{Sn}(\tau) = R_{nS}(\tau) = 0$。

对于平稳随机过程，自相关器输出函数 $R_f(\tau)$ 的关系如图 4-20 所示，随着延时 τ 的增加，可以看出输出信噪比愈来愈高。

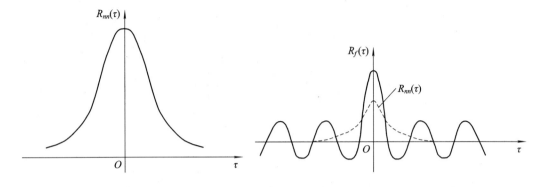

图 4-19　噪声的自相关函数　　　　　图 4-20　自相关器输出的自相关函数

2. 互相关检测

如果把信号和噪声的混合波形 $f(t)$ 送进互相关器中，与参考信号 $S(t-\tau)$ 进行互相关运算，就得到

$$R_{fS}(\tau) = \lim_{T \to \infty} \frac{1}{2\pi} \int_{-T}^{T} f(t) S(t-\tau) \mathrm{d}t = \lim_{T \to \infty} \frac{1}{2\pi} \int_{-T}^{T} [S(t) + n(t)] S(t-\tau) \mathrm{d}t$$

$$= R_S(\tau) + R_{nS}(\tau) \tag{4-90}$$

式中：$R_S(\tau)$ 为信号与参考信号的互相关函数；$R_{nS}(\tau)$ 为噪声与参考信号的互相关函数。

由于噪声与参考信号不相关，因此 $R_{nS}(\tau) = 0$。可见，互相关检测比自相关检测更为有效，因为它不存在噪声的互相关项。但困难的是，必须事先知道信号的形式 $S(t)$ 才能构成参与运算的参考信号 $S(t-\tau)$。

互相关器原理如图 4-21 所示。它由多个乘法器、积分器和延时线组成。信噪混合波 $f(t)$ 同时输给多个乘法器，而参考信号经延时线输出的延时信号 $S(t-\tau)$ 也送入乘法器与 $f(t)$ 相乘，然后由积分器输出。各积分器输出对应于某 τ 值下的相关函数，各点值组合成相关函数曲线。

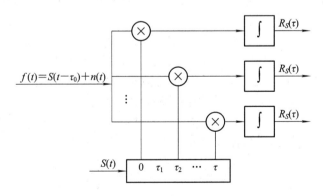

图 4-21　互相关检测器

如果信号为 $S(t-\tau_0)$，如图 4-22 所示。图 4-22(a) 中 A 为振幅，τ_d 为宽度，T_0 为重复周期，τ_0 为初始时间。若有 m 个输入脉冲，相关器输出的相关函数 $R_S(\tau)$ 为

$$R_S(\tau) = \int_0^{mT_0} S(t - \tau_0)S(t - \tau)\mathrm{d}t \qquad (4-91)$$

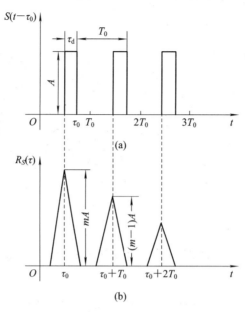

图 4-22　信号与相关函数的波形

（a）矩形脉冲；（b）矩形脉冲自相关函数

当 $\tau = \tau_0$ 时，$R_S(\tau)$ 有最大值。图 4-22(b)中为相关器各点的输出值。可见，互相关检测能有效提高信噪比，但要符合理论运算，则需花费无限长的时间；在有限时间内会有误差，时间越短，误差越大。

在弱光信号的检测过程中，大量使用相关方法，如光强度的相关检测、光电转换后的电信号的相关检测等；跟踪技术中的相关跟踪也是相关检测理论的应用之一。

4.2.4　多元检测

从信号检测的角度考虑，总是希望尽可能地提高检测信噪比以改进检测性能。探测器的比探测率 D^* 对信噪比有着直接影响。提高 D^* 值固然可以增大信噪比值，但是现在的探测器制造工艺可使 D^* 值接近于理论极限，因此这方面已没有多大潜力可以挖掘了。减小探测器的敏感面积 A_d，也可以提高探测灵敏度。但是 A_d 的大小一方面受探测器制造工艺的限制，不可能太小；另一方面 A_d 的大小又与检测系统的其他设计参量（如视场、像质等）有关，不能随意单独确定。因此，为了提高检测性能，人们提出了多元探测方法，即将探测器从单元形式变成多元阵列形式，把很多个元件集合起来去探测景物以提高检测性能。多元检测有串联扫描方式、并联扫描方式以及串并联扫描方式等几种。

单元探测器可以用于调制盘检测系统中，也可以用于扫描检测系统中；而多元探测器则只能用于扫描检测系统中。对于多元检测，应设法从增加信号值和降低扫描速度两个方面来提高系统的信噪比。

1. 串联扫描检测

所谓串联扫描检测，就是将数个至数十个单元探测器排成一行，行排列方向与扫描方向一致，从而完成检测的一种方式，如图 4-23 所示。

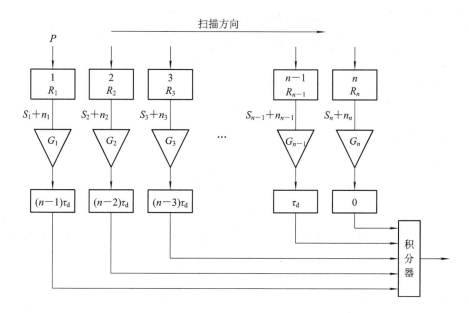

图 4 - 23　串联扫描检测

行扫描时,景物空间上的一点所成的像依次扫过横向排列的 1,2,3,…,$n-1$、n 各探测器单元。可以想见,如果景物像点扫过每个探测器单元的时间为 τ_d(称为驻留时间),且各单元之间的间隔不计,则同一景物像点扫过两个相邻单元之间的延迟亦应为 τ_d。对于共有 n 个探测器单元的串联方式,同一景物像点扫过第 n 个单元的时间应比扫过第一个单元的时间迟了 $(n-1)\tau_d$,因此,若将由同一像点能量 P 产生的各单元信号 S_1,S_2,…,S_n 分别经不同的延迟,即将信号 S_1 延迟 $(n-1)\tau_d$,S_2 延迟 $(n-2)\tau_d$,…,S_{n-1} 延迟 τ_d,而 S_n 不延迟,则延迟后的各单元信号 S_1'、S_2',…,S_n' 便具有相同的波形和相位,将这些信号叠加起来,即可增大景物信号强度,使系统性能有较大的提高。上述整个过程称为时间延迟积分(TDI)技术,在红外系统中常被采用。下面分析串联扫描的检测性能。

如图 4 - 23 所示,由于串联扫描的延迟方向与行扫描方向相反,对串联扫描的每个探测器单元来说,对景物空间的同一点的扫描时间依次差了一个 τ_d,因此串联扫描在实质上和单元扫描完全相同,只是串联扫描增强了景物信号。所以,串联扫描的扫描速度和单元扫描的完全相同。

设入射辐射功率为 P,在串联扫描的情况下,辐射功率依次照射到各探测器单元。设探测器单元数为 n,但各单元的响应度 R_i 和比探测率 D_i^* 可以具有不同的值,与各单元相连的前置放大器的增益 G_i 也可以不一致。这样,对单个探测器单元而言,每个单元输出的信号电压 U_{Si} 和噪声电压 u_{ni} 分别为

$$U_{Si} = PR_iG_i \tag{4-92}$$

$$u_{ni} = R_iG_i \frac{(A_d\Delta f)^{1/2}}{D_i^*} = \frac{R_iG_i}{D_i} \tag{4-93}$$

式中:A_d 为探测器单元的面积;Δf 为噪声带宽;D_i 为每个探测器单元的探测率。因此,各单元的信噪比为

$$\frac{U_{Si}}{u_{ni}} = PD_i \tag{4-94}$$

由于各单元产生的信号是经分别延迟后叠加的，因此总的输出信号电压 U_S 应为

$$U_S = P \sum_{i=1}^{n} R_i G_i \tag{4-95}$$

总噪声输出 u_n 为

$$u_n = \left[\sum_{i=1}^{n} \left(\frac{R_i G_i}{D_i} \right)^2 \right]^{1/2} \tag{4-96}$$

从而，串联扫描的总信噪比为

$$\frac{U_S}{u_n} = \frac{P \sum_{i=1}^{n} R_i G_i}{\left[\sum_{i=1}^{n} \left(\frac{R_i G_i}{D_i} \right)^2 \right]^{1/2}} \tag{4-97}$$

为了计算方便，现将各前置放大器的增益 G_i 都以某一前置放大器的增益（如第一个单元的前置放大器的增益 G_1）为标准折合成相对增益，再进行运算，即

$$g_i = \frac{G_i}{G_1} \tag{4-98}$$

显然，对第一个前置放大器而言，$g_1 = 1$。因此，总的信噪比为

$$\frac{U_S}{u_n} = \frac{P \sum_{i=1}^{n} R_i g_i}{\left[\sum_{i=1}^{n} \left(\frac{R_i g_i}{D_i} \right)^2 \right]^{1/2}} \tag{4-99}$$

人们总是考虑信噪比的最大可能取值问题。在什么情况下总的信噪比可取最大值呢？在式(4-99)中，P、R_i、D_i 都是已经确定的值，剩下的参量 g_i 是可调的。理论分析表明，当 g_i 满足下面的表达式时，可使 U_S/u_n 取得极大值，即

$$g_i = \frac{R_1}{R_i} \left(\frac{D_i}{D_1} \right)^2 \tag{4-100}$$

将式(4-100)代入式(4-99)可得

$$\frac{U_S}{u_n} = P \left(\sum_{i=1}^{n} D_i^2 \right)^{1/2} \tag{4-101}$$

将式(4-101)与单元信噪比的表达式(4-94)相比，显然多元串联扫描的信噪比值提高了。

当各单元的探测率 D_i 都相同时，有

$$\left(\sum_{i=1}^{n} D_i^2 \right)^{1/2} = (nD^2)^{1/2} = \sqrt{n}D \tag{4-102}$$

即多元串联扫描时的信噪比比单元扫描提高了 $\sqrt{n}$ 倍。

2. 并联扫描检测

所谓并联扫描检测，就是将数个至数百个单元探测器排成一列，排列方向与行扫描方向垂直一致，从而完成检测的一种方式，如图 4-24 所示。

假设在垂直方向上有 n 个探测器单元纵向并列，则 n 个探测器单元对应于 n 个垂直方向的景物空间单元。行扫描时，n 个并列的探测器单元同时对景物空间进行方位扫描，因此每进行一次行扫描，各探测器单元都彼此平行地在景物空间上扫过一行，即扫过 n 行景

物空间，从而形成多路信号。并联的多路信号分别经由各自的放大器放大后送到采样开关处，多路信号经采样开关依次采样后变成单一的信号。采样开关由采样脉冲分配器控制，同时将同步信号送至后端信号处理器进行处理。

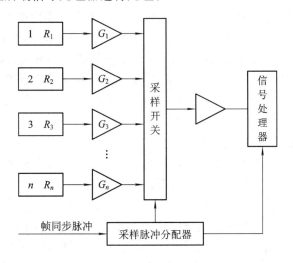

图 4-24　并联扫描检测

并联扫描由于降低了扫描速度而使系统噪声有所改善，从而提高了检测性能。理论分析(见第 7 章红外成像系统)表明，采用多元并扫的红外系统带宽是单元扫描带宽的 $1/n$。带宽缩小了 $1/n$，噪声也就减小了 $1/\sqrt{n}$。多元并联扫描和单元扫描两者信号值是相同的，因此多元并联扫描时的信噪比比单元扫描时的提高了 $\sqrt{n}$ 倍。

4.3　信　号　处　理

所谓信号处理，就是对信号进行某种加工或变换。在红外系统中，为了便于分析，常将信号处理的内容分为以下两个方面。一是利用电路技术使探测器输出的低电压信号变成输出单元或应用单元等终端系统所需的某种形式的信号。这些电路处理技术有低噪声前置放大、主放、自动增益控制、低通滤波、多路传输等。二是为了提高系统的分辨率和灵敏度而对传输的信息所采取的一系列措施。例如，系统所接收到的目标信号往往淹没在噪声之中，为分离出有用的信息，达到实际应用所要求的分辨率和灵敏度，除采用上述电路处理技术之外，常常还需采取其他信息处理技术，包括滤波(光谱、空间)、采样、累积计数、伪彩色合成等。

4.3.1　低噪声前置放大器

在红外系统中，红外探测器输出的信号一般是很微弱的，为了提高有用信号的信噪比，前置放大器必须采用低噪声放大器，因此，在红外系统中，首先对电信号进行处理的就是前置放大器，它是信号处理中的关键部分。

与普通放大器相比，低噪声放大器具有低得多的噪声系数。在设计和选择低噪声放大器时，首先需要分析低噪声这个关键指标。对放大器的其他非噪声质量指标，如放大器的增益、频率响应、输入阻抗和输出阻抗、稳定性等，则可放在噪声指标中同时分析，或在满足噪声指标的基础上进行进一步的调整。

欲使放大器获得良好的低噪声特性，除采用好的低噪声器件外，还要进行周密的设计。低噪声放大器设计的一般步骤为：首先根据噪声要求、源阻抗特性、频率响应等指标来确定输入级电路；然后，根据放大器要求的总增益、频率响应、动态范围、稳定性等非噪声指标设计后继电路，决定电路级数、电阻阻态、反馈和频率补偿方法等。这些设计与一般多级放大器的设计原理相同，但要注意，后继电路不能影响总的噪声性能。为此，下面主要对低噪声前置放大器的一些性能参数进行描述，而关于低噪声前置放大器的设计问题，可参考有关文献。

1. 噪声等效参量

在分析电路网络时，为使复杂的噪声问题得到简化，需引入噪声等效参量。噪声等效参量主要有等效噪声带宽、等效噪声电阻等。

1）等效噪声带宽

在讨论放大器或网络时提到的电路带宽，是指电压（或电流）输出的频率特性下降到最大值的某个百分比时所对应的频带宽度。例如，低频放大器的三分贝带宽是指输出电信号频率特性下降到最大值（低频）信号的 0.707 倍时，对应从零频率到该频率间的频带宽度。这是实际电路频率特性的一种表示方法。

等效噪声带宽 Δf 定义为

$$\Delta f = \frac{1}{A_{p\max}} \int_0^\infty A_p(f)D(f)\mathrm{d}f \qquad (4-103)$$

式中：$A_{p\max}$ 为放大器或网络功率增益的最大值；$A_p(f)$ 为放大器或网络的相对功率增益，是频率 f 的函数；$D(f)$ 为等效于网络输入端的归一化噪声功率谱。

对于白噪声的情况，$D(f)=1$，则有

$$\Delta f = \frac{1}{A_{p\max}} \int_0^\infty A_p(f)\mathrm{d}f \qquad (4-104)$$

当网络的频率响应为如图 4-25 所示的带通型时，$A_{p\max}$ 为中心频率上所对应的功率增益；当网络为低通或高通型时，$A_{p\max}$ 就是低频或高频处的增益。将式（4-104）改写为

$$A_{p\max}\Delta f = \int_0^\infty A_p(f)\mathrm{d}f \qquad (4-105)$$

等式右边功率增益函数的积分是函数 $A_p(f)$ 曲线下所包含的面积，而左边 $A_{p\max}\Delta f$ 是以 $A_{p\max}$ 为高、Δf 为宽的一块面积，并与 $A_p(f)$ 曲线下的面积相等。Δf 是等效矩形面积的宽度，表征网络通过噪声的能力，或者说它是网络通过噪声能力的一种度量。通过计算可知，对于低通滤波器来说，当 3 dB 频率 $f_h=(2\pi RC)^{-1}$ 时，噪声等效带宽 $\Delta f=\pi f_h/2$。

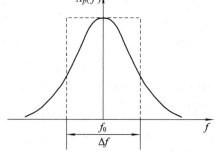

图 4-25　带通型网络中噪声等效带宽的物理意义

2）等效噪声电阻

各种噪声可能不属于同一起因和类型，为便于计算和分析，可以用一个电阻的热噪声来等效，这个电阻就称为等效噪声电阻。

对于图 4-26 所示的典型放大器，噪声通常由三部分组成：输入电阻 R_i 的热噪声、放大器的噪声和负载电阻 R_L 的热噪声。通常用电阻 R_{eq}' 的热噪声来等效放大器的噪声。负载电阻 R_L 的热噪声为

$$u_{nL}^2 = 4kTR_L\Delta f \qquad (4-106)$$

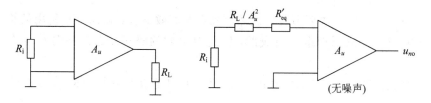

图 4-26　放大器等效噪声电阻

当放大器的电压放大倍数为 A_u 时，等效到输入端的负载电阻噪声为

$$u_{nLi}^2 = 4kT\frac{R_L}{A_u^2}\Delta f \qquad (4-107)$$

对应等效电阻为 R_L/A_u^2，所以总等效电阻 R_{eq} 为

$$R_{eq} = R_i + R_{eq}' + \frac{R_L}{A_u^2} \qquad (4-108)$$

等效输入总噪声为

$$u_{ni}^2 = 4kTR_{eq}\Delta f = 4kT\left(R_i + R_{eq}' + \frac{R_L}{A_u^2}\right)\Delta f \qquad (4-109)$$

对应总输出噪声为

$$u_{no}^2 = 4kT\left(R_i + R_{eq}' + \frac{R_L}{A_u^2}\right)\Delta f A_u^2 \qquad (4-110)$$

2. 前置放大器的噪声

在光电系统中，首先对电信号进行处理的是前置放大器，它是信号处理中最为关键的部分。

1）噪声系数 F

为了正确评价网络（包括前放）的噪声特性，常采用噪声系数来估计。如图 4-27 所示的线性四端网络，其噪声系数 F 定义为

$$F = \frac{P_i/P_{ni}}{P_o/P_{no}} \qquad (4-111)$$

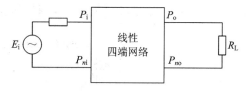

图 4-27　线性四端网络

式中：P_i 为输入网络的信号功率；P_o 为网络输出的信号功率；P_{ni} 为输入网络的噪声功率，由电阻的热噪声构成；P_{no} 为网络输出的总噪声，包括电阻的热噪声和网络内部噪声。

对于理想无噪声的网络，应有 $P_i/P_{ni} = P_o/P_{no}$，即 $F=1$；而当网络存在噪声时，$P_i/P_{ni} > P_o/P_{no}$，即 $F>1$。所以，F 总是等于或大于 1 的数。

噪声系数 F 常用分贝表示，即

$$F = 10\lg F = 10\lg\frac{P_i/P_{ni}}{P_o/P_{no}} \qquad (4-112)$$

引入网络功率增益 A_p，则有 $A_p = P_o / P_i$，P_{ni} 通过网络后输出为 $P_{nio} = A_p P_{ni}$，所以有

$$F = \frac{P_i P_{no}}{P_o P_{ni}} = \frac{P_{no}}{A_p P_{ni}} = \frac{P_{no}}{P_{nio}} \tag{4-113}$$

噪声系数又可定义为有噪声网络与无噪声网络的输出噪声功率之比。

2）晶体器件的噪声系数

充当前置放大工作的主要器件是晶体三极管和场效应管，目前大量使用的集成放大器也是依上述两类器件的原理组合而成的，因此对它们的噪声系数进行分析将有益于选用前放。

关于晶体三极管和场效应管的噪声系数，可根据其等效电路来具体计算，这里不再赘述。

4.3.2　系统的工作带宽

系统的工作带宽应根据信号带宽来确定。而信号最佳带宽的选取取决于信号的频谱特性。假定信号是一宽度为 τ_d 的脉冲信号，它的数学表达式为

$$S(t) = \begin{cases} A_m & \left(|t| \leqslant \dfrac{\tau_d}{2} \right) \\ 0 & \left(\dfrac{\tau_d}{2} < |t| < \dfrac{T}{2} \right) \end{cases} \tag{4-114}$$

其中：A_m 为脉冲幅值；T 为周期。

将上述脉冲周期函数用傅里叶级数表示为

$$S(t) = b_0 + \sum_{n=1}^{\infty} b_n \cos n 2\pi f_0 t \tag{4-115}$$

式中：$f_0 = 1/T$ 为基频；$b_0 = (1/T) \int_0^T S(t) \mathrm{d}t = \tau_d A_m / T$ 为信号的直流分量；b_n 可表示为

$$b_n = \frac{2\tau_d}{T} A_m \left(\frac{\sin n\pi f_0 \tau_d}{n\pi f_0 \tau_d} \right) \tag{4-116}$$

以 $x = n\pi f_0 \tau_d$ 为横坐标，可得到式（4-116）的谱线分布图，如图 4-28 所示。图中每条谱线对应信号的一个谐波分量，谱线幅值的包络按 sinc 函数变化。在 $x = \pi$，即 $n' = 1/(f_0 \tau_d)$

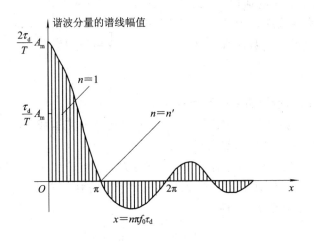

图 4-28　脉冲周期函数各谱线分量分布图

处，谱线幅值为零。这是谱线的第一个零点，此后随着 x 增加还有无穷多条谱线和无穷多个零点，也就是说谐波分量还有无穷多个，其中幅值为零的谐波分量也有无穷多个。但在第一个零点之后的所有谐波分量的平均功率是很小的，可以忽略。如果取第一个零点以前的信号所占的频带宽度为信号的带宽，它是基频的 n' 倍，则信号带宽 B_S 可表示为

$$B_S = n'f_0 = \frac{1}{\tau_d} \tag{4-117}$$

因此可以得出结论：矩形脉冲信号的带宽 B_S 与脉冲信号的持续时间 τ_d 成反比。这是从谱线幅度大小考虑的一种近似，要求系统带宽大于信号带宽。

如果从允许波形失真的情况考虑，则需分析带宽与波形的关系。如果要保持脉冲信号的波形，则要求电路系统的带宽无限，但实际应用很少这样要求，图 4-29 说明了所需保持波形和电路 3 dB 带宽 Δf 之间的关系。当 $\Delta f < 0.5/\tau_d$ 时，信号峰值幅度能保持；当 $\Delta f = 1/\tau_d$ 时，有一点脉冲波形的轮廓；如要较正确地复现波形，则需 $\Delta f = 4/\tau_d$。

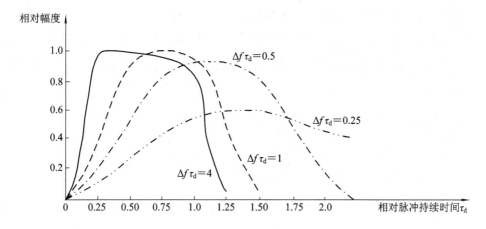

图 4-29　带宽对矩形脉冲形状及幅值的影响

但是，任何系统都存在噪声，且系统输出噪声功率与系统带宽成正比。如果单纯地增加系统的带宽，也将增加输出噪声功率，从而可能降低系统的输出信噪比。因此，系统的最佳带宽将受失真度、分辨率和信噪比三种因素的限制。综合考虑这些方面的因素，当需要保证最大的输出信噪比时，就较少考虑脉冲的精确形状。对矩形脉冲，当

$$\Delta f = \frac{1}{2\tau_d} \tag{4-118}$$

时，系统的输出信噪比最大。当 $\Delta f < 1/(2\tau_d)$ 时，脉冲峰值幅度减小，脉冲宽度增加；当 $\Delta f \gg 1/(2\tau_d)$ 时，峰值幅度基本不变，但脉冲形状更接近矩形；当 $\Delta f < 5/\tau_d$ 时，可近似复现矩形脉冲形状。在红外系统中，探测器驻留时间相当于脉冲持续时间，所以根据上述分析可确定红外系统带宽。

4.3.3　滤波

总的来讲，滤波的目的是提高系统的信噪比。在光电系统中通常采用多种滤波方式（如光谱滤波、空间滤波和时间滤波等）来提高有用信息，并抑制噪声。现主要讨论时间滤波。在光电系统中，下述三种情况常采用电子滤波的方法：

（1）要求放大器只让信号通过而与之混在一起的噪声不能通过，这需要对信号和噪声性质进行分析，并设计具有一定传输性质的放大器，这种放大器称为匹配滤波器。

（2）调制波经过检波后要滤去高频分量，而让代表信号的包络通过，这将由低通滤波器来完成。

（3）根据要求只让代表信号波形的基波或某次谐波通过，这将由带通滤波器来完成。

上述滤波的实现可采用模拟滤波器，也可采用数字滤波器。模拟滤波器是适当选用电感、电容、电阻、晶体管或运算放大器等组成满足规定传输特性的电路，在连续应用过程中达到要求滤波的目的；而数字滤波器则是将输入数列按既定要求转换成输出数列，通常利用数字相加、乘某个常数和延时等，从而达到滤波的目的。

1. 匹配滤波器

所谓匹配滤波器，是指针对信号为确知信号的情况下，在线性范围内以最大信噪比为准则的滤波器。

下面以白噪声条件下的匹配滤波器为例简要给以说明。

图 4-30 所示为一线性系统，其传递函数为 $H(\omega)$，输入信号为 $S_1(t)$，频谱为 $S_1(\omega) = \int_{-\infty}^{+\infty} S_1(t)\mathrm{e}^{-j\omega t}\mathrm{d}t$，输入噪声为 $n_1(t)$，白噪声时频谱均匀，设其功率谱密度为 $N_0/2$，线性系统的输出信号应为

$$S_2(t) = \frac{1}{2\pi}\int_{-\infty}^{+\infty} H(\omega)S_1(\omega)\mathrm{e}^{j\omega t}\ \mathrm{d}\omega \tag{4-119}$$

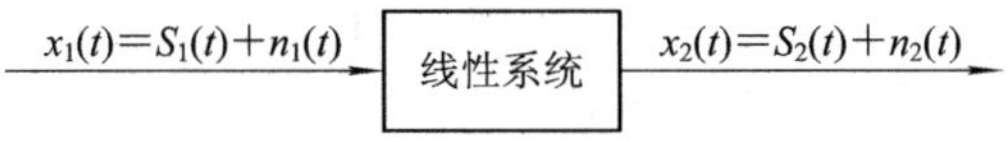

$$x_1(t)=S_1(t)+n_1(t) \longrightarrow \boxed{\text{线性系统}} \longrightarrow x_2(t)=S_2(t)+n_2(t)$$

图 4-30 线性滤波器

显然该值随时间而变化，设 $t=t_0$ 时，$|S_2(t_0)|$ 为

$$|S_2(t_0)| = \frac{1}{2\pi}\int_{-\infty}^{+\infty} H(\omega)S_1(\omega)\mathrm{e}^{j\omega t_0}\ \mathrm{d}\omega \tag{4-120}$$

而线性系统输出噪声功率与时间无关，其平均值 σ^2 应为

$$\sigma^2 = \frac{N_0}{2}\frac{1}{2\pi}\int_{-\infty}^{+\infty} |H(\omega)|^2\ \mathrm{d}\omega \tag{4-121}$$

当 $t=t_0$ 时，输出瞬时功率信噪比为

$$a^2 = \frac{\dfrac{1}{2\pi}\displaystyle\int_{-\infty}^{+\infty} H(\omega)S_1(\omega)\mathrm{e}^{j\omega t}\ \mathrm{d}\omega}{\dfrac{N_0}{2}\dfrac{1}{2\pi}\displaystyle\int_{-\infty}^{+\infty} |H(\omega)|^2\ \mathrm{d}\omega} \tag{4-122}$$

使输出功率信噪比在 t_0 时达最大值的线性系统称为匹配滤波器。

通过对频域的讨论，可得到最佳传递函数的表达式：

$$H(\omega) = K\left[S_1(\omega)\mathrm{e}^{j\omega t_0}\right]^* = KS_1^*(\omega)\mathrm{e}^{-j\omega t_0} \tag{4-123}$$

可见匹配滤波器的传递函数为输入信号频谱的复共轭，即匹配滤波器的传递函数必须按信号的波形来设计。

与频域相对应，也可在时域对匹配滤波器的脉冲影响 $h(t)$ 进行分析讨论，可得表达式：

$$h(t) = K \int_{-\infty}^{+\infty} \delta(t_1 - t_0 + t) S_1(t_1) \, \mathrm{d}t_1 = K S_1(t_0 - t) \tag{4-124}$$

由此可见，匹配滤波器的脉冲响应函数应是输入信号 $S_1(t)$ 的镜像函数 $S_1(-t)$，并在时间上位移 t_0，在幅度上乘因子 K。

匹配滤波器的传递函数和脉冲响应中均有一比例常数 K，一般为任意常数，与问题实质无关，可取 $K=1$。

综上所述，匹配滤波器的特性如下：

(1) 匹配滤波器的最大瞬时功率信噪比为 $2E/N_0$，它只与输入信号的功率 E 和白噪声频谱密度 $N_0/2$ 有关，而与信号波形无关。

(2) 在 $t=t_0$ 时刻，对信号来说，匹配滤波器输出信号的各频率分量具有同相位，因而它们的振幅将代数相加，使输出信号幅度达到最大值；对噪声来说，因其相位是随机的，所以不论什么时刻，各种频率成分在输出端形成同相叠加的可能性极小。所以，在 $t=t_0$ 时刻，输出信噪比达最大值；在 $t<t_0$ 的其他时刻，输出信噪比都比最大值小。观察时刻 t_0 通常在接近信号持续时间的最终时刻。

(3) 由脉冲响应式可知，当输入混合波形为 $x_1(t)$ 时，匹配滤波器的输出混合波形为

$$x_2(t) = \int_{-\infty}^{+\infty} S_1(t_0 - \tau) x_1(t - \tau) \mathrm{d}\tau \tag{4-125}$$

该式与互相关函数类似。因此，可以说匹配滤波器与互相关器是等效的。

所设计的处理电路符合上述特性的滤波器就是匹配滤波器。

2. 低通滤波器

任何线性系统的频率响应都能直接由系统函数求得。假设一已知信号源为

$$x(t) = A \cos(\omega t + \phi) = \mathrm{Re}\{A \mathrm{e}^{\mathrm{j}\phi} \mathrm{e}^{\mathrm{j}\omega t}\} \tag{4-126}$$

式中，$A \mathrm{e}^{\mathrm{j}\phi}$ 是 $\mathrm{e}^{\mathrm{j}\omega t}$ 激励的复数幅值。系统函数 $H(s)=H(\mathrm{j}\omega)$，其模为 $|H(\mathrm{j}\omega)|$，相角为 θ，那么系统输出函数或响应 $y(t)$ 为

$$y(t) = \mathrm{Re}\{|H(\mathrm{j}\omega)| A \mathrm{e}^{\mathrm{j}(\phi+\theta)} \mathrm{e}^{\mathrm{j}\omega t}\} = |H(\mathrm{j}\omega)| A \cos[\omega t + (\phi + \theta)] \tag{4-127}$$

可见，线性系统正弦响应有三个主要特性：

(1) 响应频率与信号频率相同。

(2) 响应的幅值等于信号幅值乘以系统函数 $H(\mathrm{j}\omega)$ 的模。

(3) 响应的相角等于信号相角加上系统函数的相角。

系统函数 $H(\mathrm{j}\omega)$ 的模与相角随频率的函数关系称为频率响应。因此，知道 $|H(\mathrm{j}\omega)|$ 和 θ 如何随频率变化，就能够确定系统对任何激励的稳态响应。

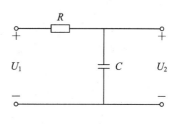

图 4-31 低通滤波器

如图 4-31 所示的四端网络所具有的系统函数为

$$H(\mathrm{j}\omega) = \frac{U_2}{U_1} = \frac{1}{1 + \mathrm{j}\omega RC} = \frac{1 - \mathrm{j}\omega RC}{1 + (\omega RC)^2} \tag{4-128}$$

于是

$$\mathrm{Re}\{H(\mathrm{j}\omega)\} = \frac{1}{1 + (\omega RC)^2}, \quad \mathrm{Im}\{H(\mathrm{j}\omega)\} = \frac{-\omega RC}{1 + (\omega RC)^2} \tag{4-129}$$

$H(\mathrm{j}\omega)$ 的模与相角由下式分别给出，即

$$\begin{cases} |H(j\omega)| = \dfrac{1}{\left[1+(\omega RC)^2\right]^{1/2}} \\ \theta = -\arctan\omega RC \end{cases} \qquad (4-130)$$

假定在特定频率 ω_0 时的输入为

$$U_1(t) = A\sin\left(\omega_0 + \frac{\pi}{4}\right) \qquad (4-131)$$

则输出稳态响应 $U_2(t)$ 为

$$U_2(t) = \frac{A}{\sqrt{1+(\omega_0 RC)^2}}\sin\left(\omega_0 t + \frac{\pi}{4} - \arctan\omega_0 RC\right) \qquad (4-132)$$

由上述关系可知，在低频，即 $\omega_0 RC \ll 1$ 时，有 $U_2 \approx U_1$。随着频率增加，U_2 的模降低，相位相对于 U_1 移动。这个形式的网络使低频通过，而使高频衰减，因此被称为低通滤波器。

低通滤波器模的频率响应曲线如图 4-32 所示。随着频率的增加，响应值下降，当下降到最大值的 0.707 倍时，用分贝表示的衰减为最大值的 3 dB，对应频率 ω_0 或 f_0 称为 3 dB 频率，对应的低频带宽称为 3 dB 带宽。

在实际电路中实现低通滤波必须采用适当的 RC、RL 或 CL 等网络，并通过调整网络电器元件

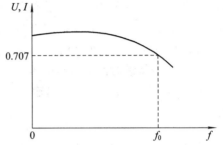

图 4-32 低通滤波器的频率响应

（如 R、C 或 L）的参数，以满足低通滤波器 3 dB 带宽的要求。

3. 带通滤波器

滤波器是有选择地通过一定范围频率的网络。前面讨论的低通滤波器允许单边随信号频率的增加而衰减，可用简单的 RC 器件来完成，它们都是无源器件，又称为无源滤波器。带通滤波器则允许两个限定频率之内的频率不衰减地通过，而衰减两个限定频率以外的频率。如图 4-33 所示的带通滤波器由于把运算放大器这个有源器件也包括在内，所以称为有源带通滤波器。

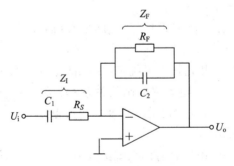

图 4-33 有源带通滤波器

有源带通滤波器是输入阻抗与反馈阻抗都是 RC 网络的运算放大电路，假设运算放大器对所有频率都是理想的，其传递函数可以用输入阻抗 $Z_1(s)$ 及反馈阻抗 $Z_F(s)$ 表示为

$$\frac{U_o}{U_i} = \frac{-Z_F(s)}{Z_1(s)} \qquad (4-133)$$

其中

$$s = \mathrm{j}\omega, \quad Z_{\mathrm{F}} = \frac{R_{\mathrm{F}}}{1 + sC_2R_2}, \quad Z_{\mathrm{I}} = \frac{1 + sC_1R_{\mathrm{S}}}{R_{\mathrm{S}}} \qquad (4-134)$$

所以

$$\frac{U_{\mathrm{o}}}{U_{\mathrm{i}}} = \frac{sC_1R_{\mathrm{F}}}{(1 + sC_1R_{\mathrm{S}})(1 + sC_2R_{\mathrm{F}})} \qquad (4-135)$$

这样，假定 $R_{\mathrm{F}}C_2 \ll R_{\mathrm{S}}C_1$ 时，可得到如图 4-34 所示的幅值图，在 $1/(R_{\mathrm{S}}C_1)$ 和 $1/(R_{\mathrm{F}}C_2)$ 之间的平顶区域称为通带。如果 $R_{\mathrm{F}} > R_{\mathrm{S}}$，这个滤波器在通带内的增益大于 1，则可利用该滤波器电路作为选频放大器。

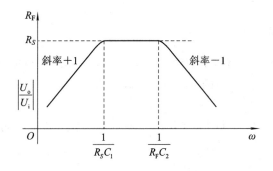

图 4-34　带通滤波器的频率响应

调整该网络的电阻和电容值，构成不同的 $R_{\mathrm{S}}C_1$ 和 $R_{\mathrm{F}}C_2$，就形成了所希望的任何通带特性，正是这一灵活性使得运算放大器和由运算放大器构成的有源滤波器应用日渐广泛。

利用各种带通滤波器原理可设计成各种窄带滤波器，并把它们作为放大器的一个选频环节，构成多种类型的选频放大器。如将选频放大器所选频率与光电信号的调制频率取得一致，就可使信号得到放大，并使所选频率间隔外的噪声得以消除，从而显著地提高信噪比。

4. 数字滤波器

随着廉价的高速数字计算机的普及，数字信号处理方法被广泛应用。这里介绍一个最简单的数字滤波器，以期对数字滤波有所了解。

图 4-35 所示为一单边数字滤波器，将数列 $\{x_n\}$，即 x_0、x_1、x_2 作为输入，它可以是对模拟波形采样所得的一个数组。相应输出序列 $\{y_n\}$ 代表着对应的"输出波形"。

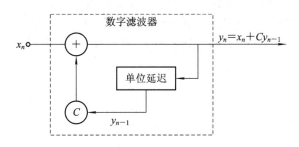

图 4-35　单边数字滤波器

在处理器中，在第 n 个时间间隔中的输出 y_n 是上一时间间隔中输出 y_{n-1} 经单位延迟后乘以常数 C，以及同时间隔输入 x_n 之和，其代数方程为

$$y_n = x_n + Cy_{n-1} \qquad (4-136)$$

利用计算机程序很容易完成这一运算。不断重复上述计算，即可实现数字滤波的作用。

该滤波器的单位脉冲响应可通过该滤波器的代数方程得到。若单位时间表示为

$$x_n = \begin{cases} 0 & (n \neq 0) \\ 1 & (n = 0) \end{cases} \tag{4-137}$$

则按上述计算关系运算，输出量为

$$\begin{cases} y_0 = 1 \\ y_1 = C \\ y_2 = C^2 \\ \quad\vdots \\ y_n = C^n \end{cases} \tag{4-138}$$

当取 $C = 1/2$ 时，该输入、输出情况如图 4-36(a)所示。其规律与单边模拟滤波器对脉冲的指数衰减响应从外观上看是类似的。如将通式改写为

$$y_n = C^n = e^{n \ln C} \tag{4-139}$$

则类似性更明显，由于 $C < 1$，故 $\ln C$ 为负数，属指数衰减，相应时间常数为 $|1/\ln C|$。

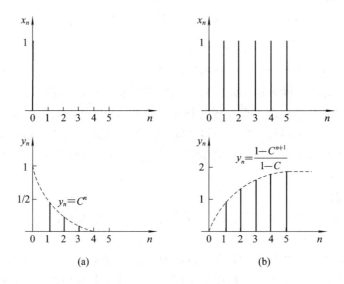

(a)　　　　　　　　　　(b)

图 4-36　单边数字滤波器的响应

(a) 当 $C=1/2$ 时的单位脉冲响应；(b) 当 $C=1/2$ 时的阶跃响应

该滤波器的阶跃响应也可通过该滤波器的代数方程得到。若阶跃输入表示为

$$x_n = \begin{cases} 0 & (n < 0) \\ 1 & (n \geqslant 0) \end{cases} \tag{4-140}$$

则阶跃响应通式为

$$y_n = \frac{1 - C^{n+1}}{1 - C} \tag{4-141}$$

当取 $C = 1/2$ 时，该输入、输出情况如图 4-36(b)所示。这组幅值变化符合指数上升的规律，其时间常数同上。

由此可见，该数字滤波器的作用类似于一个确定时间常数的单边模拟滤波器。

4.3.4 直流的隔除与恢复

在红外系统中，信号中的直流成分不是所关注的信号，因此通常需要在对信号处理之前采用隔直流或交流耦合的方法将其去除。这样做不仅可以使信号处理变得简单，还可以达到抑制背景和$1/f$噪声的目的。但是，这样做的结果也会带来两个问题：一是减弱了电路对低频信号的通过能力，使信号受到干扰和变形；二是去掉了信号的直流成分，信号不再具有温度绝对值的意义，对于测温用途显然是不行的。

为了使概念简明，将电路的交流耦合效应看作一 RC 高通滤波器来等效，如图 4-37 所示。这种电路将抑制信号的低频成分，可造成下述信号缺陷。

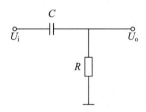

图 4-37　等效电路

（1）对于一个中等温度差异的大目标而言，产生的信号是平顶方波，方波信号在耦合后信号失真，产生直流下跌和负尖峰，图像也发生畸变，如图 4-38 所示。在某些情况下，这种图像畸变严重时会掩盖掉其他图像细节。

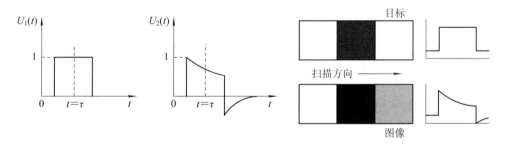

图 4-38　直流下跌和负尖峰对图像的影响

（2）对高温小目标，由于电路输出的平均值为零，因此输出信号在正信号响应之后将伴随一振幅较低但持续时间较长的负信号响应，图像会发生严重的黑色拖尾现象，如图 4-39 所示。

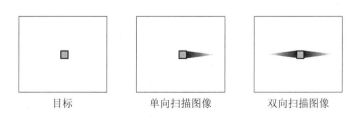

图 4-39　高温小目标的图像拖尾

（3）当采用多元并联扫描方式时，各个元件的前置放大器是交流耦合的。设两个元件各自视场中的背景温度分别为 T_1 和 T_2。视场中有一目标，温度为 T_0，且 $T_1 > T_0 > T_2$，如图 4-40(a)所示。理想情况下，即电容 C 为无限大时，信号将无失真地传输，所显示的图像与景物相一致，如图 4-40(b)所示。但实际上，耦合电路具有时间常数 RC，当扫描进入视场后，背景电平对电容充电。即使两路信道中的耦合电容电压 E_0 的初始值相等，但由于 $T_1 > T_2$，耦合前的电信号 $E_1 > E_2$，使得在进入目标区域的时刻两路信道输出 E_0 的平顶降不同，即

$$\Delta E = \Delta E_1 - \Delta E_2 = (E_1 - E_2)\left[1 - \exp\left(-\frac{t}{RC}\right)\right] \tag{4-142}$$

其中，ΔE 是两路信道中的 E_0 之差。在对目标区域成像时，虽然在交流耦合前两路信号电平相同，但耦合后的输出信号却由于电容电压 E_0 的不同而异，如图 4-40(c)所示。结果是热背景的信道输出电平要低些，反映在图像上，表现为对同一目标温度 T_0，热背景通道显示的亮度要暗于冷背景通道所显示的亮度，如图 4-40(d)所示。

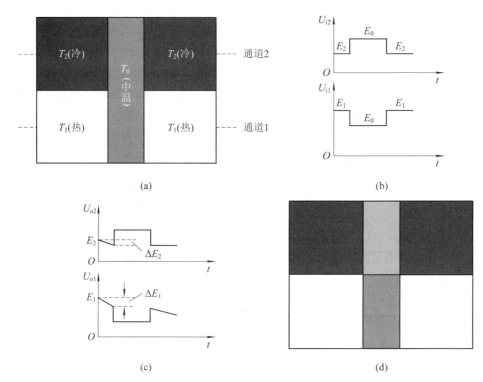

图 4-40 交流耦合产生的多路信号失真

解决这一问题的方法是使用直流模拟恢复技术。对于光机扫描方式的红外系统，直流恢复过程分为两步。

在红外系统中设置一个标准的参考源，在每行扫描的有效视场之外，探测器扫描一个参考热源(黑体)。与此同时，将耦合电容输出端钳到地电位。在钳位期间，时常数足够小，使电容充电到与参考热源温度对应的信号电压值。之后，当扫描到有效视场时，去掉钳位。在有效视场中，温度高于参考热源的地方其电信号经耦合电容后为正信号，反之为负信号，如图 4-41 所示，由此起到了以某个绝对量(参考热源)为基准来确定信号对于该基准的相对电平的作用。

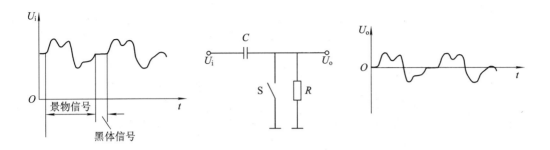

图 4 - 41   直流恢复前后信号波形的比较

当探测器探测到这个参考源时，由耦合电容输出的探测器信号通过电阻对地连接，于是使电容器充电，一直到由参考源引起的探测器信号到达直流特征值为止。这时只有电容器参考电压周围的信号变化才能通过，从而达到直流恢复的目的。图 4 - 41 所示为恢复与未恢复的信号比较。

要得到景物的绝对温度，还需在相对电平确定之后，将参考热源的温度信号叠加上去。具体做法是：用另一个温度敏感元件(如热敏电阻、热电偶等)将参考热源的温度转换成直流电压，将此信号与经相对电平确定后输出的信号相叠加，由此得到的信号便具有绝对温度的意义。直流恢复的原理框图如图 4 - 42 所示。

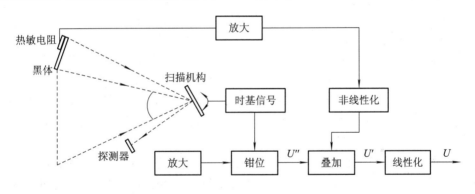

图 4 - 42   直流恢复原理框图

4.3.5 测温信号处理

对于红外测温仪而言，有一些特殊的信号处理要求，如直流恢复就是其中之一。下面简要介绍其他处理方式。

1. 温度信号的线性化

在测温用途中，为了温度信号的数字化存储与显示，要求温度信号与景物温度呈线性关系。由于景物辐射功率与温度是非线性关系，因此需要对输出信号作线性化处理。根据系统的工作波段及目标的辐射特性，可以获得输出 $S_{\Delta\lambda}(T)$ 与温度 T 的关系曲线，进而由探测器的响应度、放大器增益及补偿电平，确定出未经线性化时的温度信号 U' 与温度 T 的关系以及期望的 U - T 线性曲线，如图 4 - 43(a)所示。线性化网络的作用是完成由 U' 向 U 的映射，如图 4 - 43(b)所示。

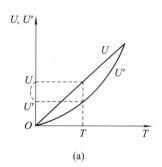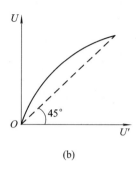

(a)   (b)

图 4 - 43　温度信号的线性化

(a) U - T，U' - T 曲线；(b) $U'{\rightarrow}U$ 变换

U' - T 关系中的 T 是绝对量，则 U' 必须是经直流恢复后的信号电平。显然，在直流恢复前的信号电平 U' 与 T 呈非线性关系，而作为补偿之用的直流电平是由热敏电阻、热电偶等元件产生的，这类元件的电信号与温度近于线性关系。因此在叠加之前，需要先将直流电平与温度的线性关系转换成 U' 与温度的非线性关系。线性化与非线性化两个环节在系统框图中的位置参看图 4 - 42。

线性化及非线性化的转换可用非线性网络实现，但更灵活、更精确的实现方法是由微处理器完成，目前已有相当多的红外成像系统以及红外测温仪采用了微处理器实现线性化的处理方式。

2. 中心温度调节及测温范围选择

在测温应用中，要求热成像系统能够可变地选择一定温度范围内的中心温度，这样才能适应对不同温度景物的观测。由于放大器的静态工作点是已确定的，因此中心温度的选择可通过改变（作为放大器输入信号）输出信号的直流电平来实现。对输出信号中的任一电平，当其被调节到等于放大器输入端静态电位时，原信号电平所对应的温度即是中心温度。

除了要可变地选择中心温度外，在应用中还要求改变热像仪的测温范围，也就是说热像仪既要适用于对大温差景物的观测，也要在对小温差景物观测时有适当的测温精度。这可通过改变放大器的增益来实现，因为放大器输出的动态范围是一定的，改变增益也就改变了输入动态范围，也即改变了能观测的温度范围（在中心温度上下）。

4.3.6　自动增益控制

自动增益控制电路是光电系统中常用的电路。其主要作用是当输入信号在很宽的动态范围变化时，使输出维持在一定的范围以内，保证放大器不饱和，以便对系统信号进行探测或解调等处理。

例如，对红外目标进行探测跟踪时，由于距离的远近不同，其输入信号可从 $1\ \mu V$ 到 $10\ mV$ 变化，其动态范围达 $80\ dB$。显然，在接收弱信号时，要求放大器有较大的增益。而在接收强信号时，要求放大器不至于饱和。特别是按调幅信号工作的接收装置，其信号的幅值包络代表着目标位置的信息，若信号经放大而产生失真，接收装置将不能正常工作。因此，要求放大器能自动改变增益，使输出维持一定电平。这可通过自动增益控制（AGC）电路来实现。

增益控制分为人工和自动两大类。人工控制多为缓变信号。自动增益控制电路又可分为闭环和开环两种。下面介绍闭环 AGC 控制原理及其特性。

图 4-44 所示为闭环自动增益控制电路的方框图。它由检波器、滤波器、直流放大器和受控增益放大器组成，各环节的传输函数分别为 K_1、K_2 和 K_3，A_u 为受控增益放大器的电压增益。输入信号 U_i 经受控增益放大器放大后输出为 U_o。U_o 经检波器、滤波器变为直流信号，去控制受控增益放大器的增益，这是一种简单的 AGC 电路，若加入门限电压 U_{sh}，如图 4-44 虚线框所示，则构成延迟式 AGC 电路。图中增加直流放大器是为了提高 AGC 的抑制能力。

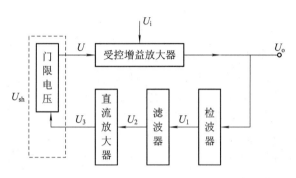

图 4-44　AGC 电路框图

AGC 系统的重要特性之一的振幅特性如图 4-45 所示，它描述了 U_o 和 U_i 的函数关系。图中：曲线 2 是未加 AGC 晶体管的工作特性，它有一线性工作区存在，这时放大器增益与 U_i 无关；曲线 1 为增加简单 AGC 时的结果，增益 A_u 随输入电压 U_i 的增大而减小。

简单 AGC 的优点是电路简单，缺点是可控范围较窄，而且只要有 U_i 输入，就会产生 AGC 电压，当输入信号很小时，使增益减小，这对弱信号探测极为不利。为此，产生了延迟式 AGC。

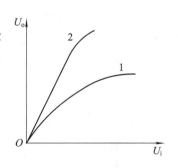

图 4-45　简单 AGC 的振幅特性

图 4-46 所示是带有延迟电路的延迟式 AGC 框图。VD_s 为稳压二极管，提供门限电压，它接在晶体管 VT 的发射极和地之间，由电源电压 E_c 通过电阻 R 提供工作电流。VT 的发射极到地的电压为 U_{sh}，调节直流放大器，使其输出端为零电位。

当输入信号电压 U_i 很小时，产生的直流电压 U_{DC} 也较小，使 $U_{DC} < U_{sh}$，VT 的发射结处于反向偏置，VT 截止，集电极无 AGC 电流输出，AGC 不起作用。当 U_i 增大到某一规定值时，$U_{DC} = U_{sh}$，VT 处于临界情况。当 U_i 继续增大，$U_{DC} > U_{sh}$ 时，VT 的发射结正向偏置，产生 AGC 控制。

延迟式 AGC 的振幅特性如图 4-47 中曲线 1 所示。当 $U_i < U_{i min}$ 时，电路不产生控制信号，放大器增益不受控而按原电路特性工作，此时曲线 1 与曲线 2 重合；当 $U_i > U_{i min}$ 时，电路产生控制使增益减小，而使输出电压 U_o 变化平坦。

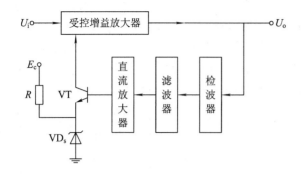

图 4-46 延迟式 AGC 框图

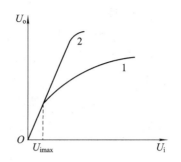

图 4-47 延迟式 AGC 的振幅特性

AGC 电路的另一个重要特性是控制特性，它表征放大器的增益 A_u 与控制电压 U_{AGC} 之间的关系，如图 4-48 所示。当控制电压 U_{AGC} 增大时，增益 A_u 随之减小。图中曲线 1 和曲线 2 分别表示环路增益为 A_{L1} 和 A_{L2} 的控制特性，显然，曲线 1 比曲线 2 的控制特性好。有时为提高控制特性的性能，在滤波器后需增加直流放大器。

AGC 的控制方式很多，可通过改变晶体管的发射极电流 I 或集电极与发射极之间的结电压 U_{ce} 来实现，也可通过改变受控级与其他级之间的耦合程度来实现，还可通过差分放大器的增益控制来实现。

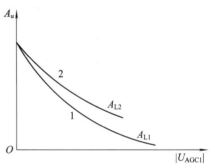

图 4-48 AGC 电路的控制特性

4.3.7 多路传输和延时

当使用多元探测器时，通常要把多个信号转换为单个信号通道，这种传输方法称为多路传输。可以采用多种方法来实现这一过程。一种方法是将多路信号经各个前置放大器放大后，将信号送给一个电子开关，电子开关按一定顺序对每个单元采样，并周期地重复这个过程，这样将多路通道输入的信号按时间顺序输出给单通道，形成串联信号。这种电子开关要实现高速和低噪声是比较困难的。

目前仍较为常用的方法是利用电荷耦合器件(CCD)实现多路传输。CCD 在这里起移位寄存器或延迟线的作用，其工作原理如图 4-49 所示。并联探测器扫描装置对景物或图像同时进行多路采样，并同时将对应元的辐射信号转换成电信号，这些电信号并列注入到 CCD 移位寄存器的各个单元。各个 CCD 单元中的电荷量将正比于对应探测器的采样信号，然后快速地驱动时钟脉冲将 CCD 各单元的电荷依次移出，经过输出耦合电路便可形成一组串行的与采样信号对应的视频信号。周期性地重复以上过程，即可完成由多路采集、多路传送到单路传送的转换。

随着计算机技术及集成芯片的发展，采用数字存储的方式实现多路传输到单路输出的转换方式已为人们所采用，特别是在从非标准到标准电视制扫描体制转换的场合更为方便。由于存在帧存储，因而也便于增加数字图像处理的环节。

当利用串联型探测器对空间进行扫描时，由于每个探测器单元在不同瞬间都要扫过同

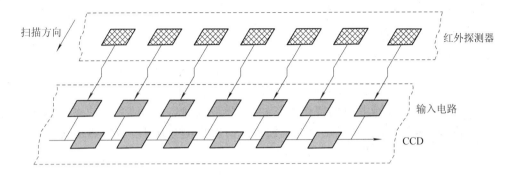

图 4 - 49　CCD 多路传输原理示意图

一视场空间,因此探测器输出的信号具有相同的函数形式,只是在时间上依次相差一个时间间隔 Δt。N 个探测器各自输出的信号分别为 $S_1(t)$,$S_2(t-\Delta t)$,$\cdots$,$S_N[t-(N-1)\Delta t]$,经由 N 个输出端输出。为把它们相应空间同一点上的信号累积起来,以取得多元串联带来提高信噪比的好处,需将它们进行不同的延时,使同一目标点的信号能在多路同一时刻输出,从而完成累积处理。可见,第 N 路延时 t_n 为

$$t_n = (N-n)\Delta t \tag{4-143}$$

实现延时也有多种途径,如图 4 - 50 为利用 CCD 完成延时积分的原理示意图,要求 CCD 转移一位信号的时间和串联探测器扫描移过一个探测元的时间相等,这样就可在 CCD 的输出端得到对空间各描述点经延时积分后的信号,即与空间一一对应序列的扫描

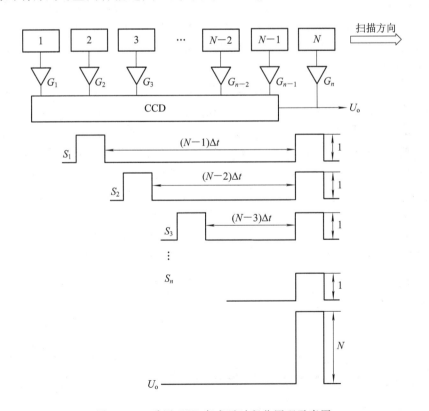

图 4 - 50　采用 CCD 完成延时积分原理示意图

信号。如设串联探测器行扫描频率为 f_H，水平视场为 A，探测器及其间隔的角宽度分别为 α 和 θ，则探测单元间的延时 Δt 为

$$\Delta t = \frac{\alpha + \theta}{A} f_H \qquad (4-144)$$

完成延时功能也可采用多路延时电路或通过微机进行数字延时。

用 CCD 作多路传输或延时的转换器件，可直接应用到焦平面阵列型的探测器中，使这些转换在探测单元中完成，从而减少通过杜瓦瓶的引线，减小制冷器的热负荷。目前，该方法仍是二代热像仪中探测器设计的首选方法。

4.3.8 相位检波

在光电系统中所获得的调制信号不仅包含信号的大小，还包含信号的相位，它们分别代表待测信息的不同内容，通过解调把它们从信号中分离出来，可以达到一定的探测目的。

从信号中将相位信息解调出来，通常采用相位检波的方式来实现。例如，在跟踪系统的调制盘产生的载波信号中，将目标位置方位角的信息寓于调制相位中，而将偏离光轴的误差角信息寓于调制信号的幅值中，通过相位检波可将目标的方位角解出；又如，在检测某目标的温度时，所获得的调制信号的大小将表征目标辐射与常温"黑体"辐射的差值，而调制信号的相位则反映了差值的正负，后者也要通过相位检波来实现；再如，确定某物面位置是否位移的光电探测系统中，在所获得的调制信号中，幅值的大小表征物面位置偏离标准位置的距离，而相位的变化则反映物面偏离标准位置的方向。此外，在光电计量系统的细分电路中也常依靠对相位的检测来确定变化量的方向。

相位检波的电路形式很多，图 4-51 所示为一种检测两输入信号相位差在 ±180° 范围内的线性相位检波器的框图。对应图中各环节波形分析如图 4-52 所示，基准信号和待测信号分别加到不同的过零检测器上，将其变换为方波。图 4-52(a) 为两信号同相位的情况，将基准信号由同相端输入运算放大器，待测信号由反相端输入，所以 u_1 与 u_2 相位相反。分别经微分器和限幅器后，各取上升沿产生的尖脉冲 u_3 和 u_4，再将它们送至双稳态触发器上，产生脉冲 u_5，后经低通滤波器取其直流分量，由于 u_5 的正、负极性持续相等，因此直流分量 $u_o = 0$。图 4-52(b) 是 u_B 滞后 u_A 90° 的情况，这时 u_5 负极性持续时间为 $3T/4$，而正极性持续时间为 $T/4$，所以直流分量 $u_o < 0$。图 4-52(c) 是 u_B 超前 u_A 90° 的情况，同理 $u_o > 0$。由于正、负极性持续时间正比于两输入信号的相位差，因此直流分量 u_o 的大小正比于相位差，是一种线性相位检波器。当相位差 φ 超过 ±180° 时，所反映的只是小于 180° 的 $\varphi - n(180°)$，所以该相位检波器只适于 ±180° 的工作范围。

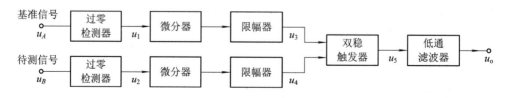

图 4-51　线性相位检波器框图

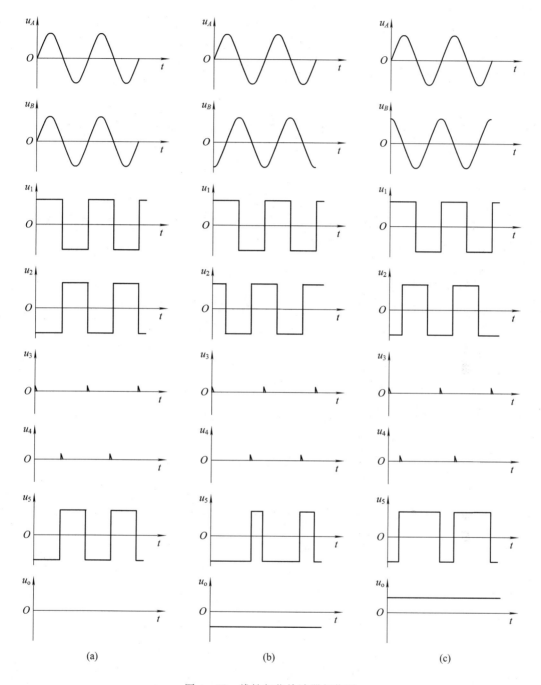

图 4-52　线性相位检波器相位图

另一种只反映方向的相位检波器如图 4-53 所示，又称其为相敏整流器。它是由模拟乘法器和低通滤波器组成的。图中待测信号为 $u_i(t) = u_o(t)\cos\omega t$，本机振荡（或称参考信号）为 $u_L(t) = u_L\cos(\omega t + \varphi)$，于是乘法器的输出信号为

$$u(t) = K_m u_o(t)\cos\omega t \cdot u_L\cos(\omega t + \varphi) = \frac{1}{2}K_m u_o(t)u_L[\cos\varphi + \cos(2\omega t + \varphi)]$$

$$(4-145)$$

经低通滤波器滤去 2ω 的分量，输出为

$$u(t) = \frac{1}{2} K_m K_\varphi u_o(t) u_L \cos\varphi \qquad (4-146)$$

式中，K_φ 为低通滤波器的传输系数。

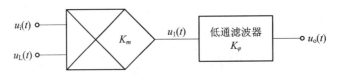

图 4-53　相敏检波框图

由式(4-146)可知，为使检出信号幅度大，希望 $\varphi = 0$ 或 $\varphi = 180°$。实际中运用这类检波器也是利用参考信号去判定待测信号是否与其同相或反相，从而解调出含有特定物理意义的相位量，以确定如前所述测温中哪一个辐射量大的问题，以及探针中物面位移方向的问题等。

利用该相敏检波器的输出与待测信号和本机信号相位有关这一特点，可在探测中抑制干扰或噪声。因为一切与本机载波频率不同，或频率虽同，但相位差 90°的非信号，全将被低通滤波器滤掉。因此，这类相敏检波器也常用于对微弱信号探测的光电系统中。

4.3.9　抽样

"抽样"或"函数抽样"是通过抽样函数来实现的。设以 S 为变量的连续函数 $f(S)$，定义梳状函数 $\mathrm{comb}(s/S)$ 为抽样函数，式中 S 为抽样周期。对于连续函数的抽样，一般可记为

$$f_s(S) = f(S)\mathrm{comb}(s/S) = f(S) \sum_{n=-\infty}^{+\infty} \delta(s - nS) \qquad (4-147)$$

式中，$\delta(s)$ 为克隆尼克函数，也称 δ 函数。当 $s=0$ 时，$\delta=1$；当 $s\neq0$ 时，$\delta=0$。

如果以 $F_s(k)$ 表示抽样后函数 $f_s(S)$ 的频谱，则

$$\widetilde{F}\mathrm{comb}\left(\frac{s}{S}\right) = K \sum_{n=-\infty}^{+\infty} \delta(k - nK) = K\,\mathrm{comb}\left(\frac{k}{K}\right) \qquad (4-148)$$

式中：$\widetilde{F}$ 表示傅里叶变换；k 为频谱函数的变量频率；K 为对应抽样周期的频率间隔，$K = 2\pi/S$。由此可得

$$F_s(k) = \widetilde{F}f_s(S) = \frac{1}{2\pi}F(k) * \left[K\,\mathrm{comb}\left(\frac{k}{K}\right) \right] = \frac{K}{2\pi} \sum_{n=-\infty}^{+\infty} \delta(k - nK) \qquad (4-149)$$

图 4-54(a)和(b)分别给出了函数域与频率域中抽样前后的变化情况。特别是可以看出在函数域中以 S 为周期抽样后，原频谱将以其常数倍($K/2\pi$)按周期 $K = 2\pi/S$ 在频域中重复排列，这就是说函数经抽样以后，除保留有原频谱成分之外，还引入了假频干扰成分。设原函数的频带宽为 K_b 或 $\pm K_b/2$，$K < K_b$，则会导致抽样后的函数真假谱出现重叠，这是由于抽样过疏、K 值太小、或函数带宽过大、K_b 太大所造成的混淆效应，如图 4-55 所示。只要在抽样过程中保证

$$K = \frac{2\pi}{S} \geqslant K_b \qquad (4-150)$$

就不会有混淆效应发生，这就是奈奎斯特条件。与此对应，在被抽样函数频谱带宽已定的

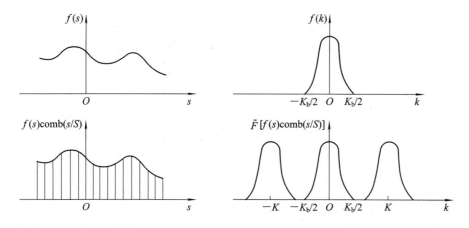

图 4 - 54　抽样前后函数频谱变化

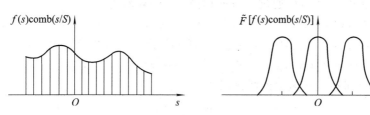

图 4 - 55　混淆效应

情况下，应使抽样周期

$$S \leqslant S_N = \frac{2\pi}{K_b} \qquad (4-151)$$

在抽样周期已确定的情况下，应当使被抽样函数的频谱带宽

$$K_b \leqslant K_N = \frac{2\pi}{S} \qquad (4-152)$$

临界的抽样周期 S_N 与频率 K_N 分别称为奈奎斯特周期和奈奎斯特频率。

按照香农抽样理论可知：对于一个有限带宽的信号，只要抽样频率高于奈奎斯特频率，抽样信号就与原信号等效，也就是说它们所包含的信息量完全相同。如果进行"抽样"的逆过程，则可以由"抽样信号"完全复现出原始的连续信号。

在光电系统中，扫描成像、脉宽调制、多路传输等都是典型的抽样过程。例如，光机扫描式红外热成像系统正是由于这种抽样过程，才能将二维的空间频率信息转为一维的时间频率信息，以供只能进行一维信号处理的电子线路进行处理。如果将处理后的一维信号进行采样过程的逆变换，则用显示器件又可将一维信号还原为二维形式的空间信息。如果热成像系统用线列多元并行扫描景物 $O(x,y)$，转换的信息通过多路传输等处理后，由显示器变为可见光图像，其强度分布为 $I(x,y)$，如图 4 - 56 所示。如将像平面的空间坐标归一化到物平面上，探测器的脉冲响应函数为 $r_d(x,y)$，显示器的响应函数为 $r_m(x,y)$，且空间两方向上扫描情况不同，扫描在 x 方向上是单方向直线扫描，$r_d(x,y)$ 在扫描方向是不变的，则在扫描方向上，通过探测器扫描后的物像关系是：像函数 $I'(x)$ 是物函数 $O(x)$ 与探测器的脉冲响应函数 $r_d(x)$ 的卷积，记为

$$I'(x) = O(x) * r_d(x) \qquad (4-153)$$

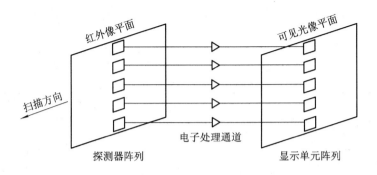

图 4-56　多元并行扫物像关系

在 y 方向上脉冲响应是不连续的,呈周期性变化。对同一 x 坐标的相邻 y 方向的信号,要隔一行扫描时间后才输出一次,因此 y 方向是一周期性抽样过程,若行距为 r,则抽样梳状函数为 $\text{comb}(y/r)$。所以,$I'(x,y)$ 通过 y 方向扫描后的像函数为

$$I''(x,y) = I'(x,y)\,\text{comb}(y/r) = [O(x,y) * r_d(x,y)]\,\text{comb}(y/r) \qquad (4-154)$$

再用显示器的响应函数 $r_m(x,y)$ 与 $I''(x,y)$ 卷积,即可获得景物的像函数 $I(x,y)$:

$$I(x,y) = \{[O(x,y) * r_d(x,y)]\,\text{comb}(y/r)\} * r_m(x,y) \qquad (4-155)$$

通过傅里叶变换后可得到像函数的频谱函数:

$$I(f_x,f_y) = \{[O(x,y) * r_d(x,y)] * \text{comb}(rf_y * \delta(f_x))\} * r_m(f_x,f_y) \qquad (4-156)$$

其中包含了水平和垂直扫描所得到的两种信息,抽样过程如能将两种信息的频谱分布错开,将不会产生混淆现象。

用相同的方法可以分析一维时间信号及抽样过程。应用离散的时间信号处理和分析方法的优点是:对连续信号进行抽样、量化后,可存入数字计算机,便于实现计算机处理;便于利用大规模集成电路,做到精度高、可靠性好;此外也利于在多维技术中推广应用。

4.3.10　彩色合成

人眼对彩色图像的识别等级远远大于对单色或黑白图像中灰度差异的识别等级。有时为使合成后的图像更易被人眼识别,而采用伪彩色或假彩色的形式。下面讨论如何把黑白图像变成彩色图像。

国际照明委员会(CIE)定义任意色彩由三基色红(R)、绿(G)、蓝(B)进行相加混合而成,定义三基色波长:R 为 $0.6452\ \mu m$,G 为 $0.6263\ \mu m$、B 为 $0.4444\ \mu m$。若 C 代表任意颜色,T 为三基色单位量,则 C 与 R、G、B 的关系将遵循下列方程:

$$\begin{cases} T(C) = rT(R) + gT(G) + bT(B) \\ r + g + b = 1 \end{cases} \qquad (4-157)$$

式中,r、g 和 b 是三基色的配色系数。

由式(4-157)关系可知,只要知道两种颜色的配色函数就可以求出第三种配色系数,并得到所要求的任意一种 C 色光。

所谓黑白图像的假彩色合成,就是利用这种彩色合成的原理,通过电路进行假彩色编码,以获得不同要求色所需的 r、g、b 值。为使黑白图像彩色化后更易被人眼所感知,常用亮度分层法进行假彩色合成,也就是将黑白图像信号分成若干等份,每等份反映该图像的一个灰度级别或范围。若使不同灰度等级赋以不同的颜色,并以对应配色系数的三种颜色

的电信号控制红、绿、蓝三色电子枪，在显示屏上就将黑白图像转换为彩色图像。该过程大致以黑白图像的存储器开始，由读出放大器输出图像灰度对应的信号，经钳位、消隐以消除同步信号对图像信号的影响，再与灰标信号合成后送入分层电路。分层电路主要由电压比较器和逻辑电路组成。信号分层后进入彩色编码电路即可得到所设定的多种色彩。从原理上讲，通过计算机，目前每种颜色可分为 256 级。三元色则可产生 256^3 种色彩。实际工作中应按需选定，并按工作速度的要求平衡各关系，然后设计适当的电路系统来实现。

★本章参考文献

[1] 周求湛，胡封晔，张利平. 弱信号检测与估计[M]. 北京：北京航空航天大学出版社，2007

[2] 高稚允，高岳. 军用光电系统[M]. 北京：北京理工大学出版社，1996

[3] 杨宜禾，岳敏，周维真. 红外系统[M]. 2 版. 北京：国防工业出版社，1995

第5章 辐射测温系统

一切温度高于绝对零度的物体都在不停地向周围空间发出辐射能量，辐射测温系统（也称辐射测温仪或辐射温度计）就是通过测量物体所发射的辐射能量来确定物体表面温度的，这种测温方法称为非接触测温或间接测温，亦称为辐射测温法。如果测量的辐射能量限于红外波段，这类辐射测温仪则称为红外测温系统或红外测温仪，测温方法称为红外测温法。

红外测温仪、红外辐射计和红外光谱仪都属于辐射量测量系统，其工作原理基本相同，不同的是红外辐射计和红外光谱仪只需确定系统输出信号与辐射量的关系后，即可直接测定相应的辐射量；而红外测温仪则需要利用热辐射定律，明确温度与辐射量之间的联系，建立系统输出信号与温度的关系，从而测量相应的表观温度。所以，只要对红外测温仪的工作原理有充分的了解，理解红外辐射计和红外光谱仪的工作原理就十分简单了。

近几十年来，随着光电探测器和电子技术的发展，辐射测温系统在测温范围、测温精度、反应时间等方面都有了很大的进展，同时，在工业生产、科学研究、医疗应用、国防领域等方面得到了广泛应用。

5.1 概　　述

根据系统的工作方式，辐射测温仪可分为亮度（单色）测温仪、比色（双色）测温仪、宽带（全波长）测温仪和多波长测温仪等。根据系统的使用方式，辐射测温仪可分为便携式测温仪、手持式测温仪和固定安装式测温仪等。根据能量的传输方式，辐射测温仪可分为光纤式测温仪和一般光学式测温仪等。根据测量目标的多少，辐射测温仪可分为单目标测温仪、线目标测温仪和面目标测温仪等。

在系统制造方面，辐射测温仪的发展经历了以下几个阶段：隐丝式光学高温计阶段；用光电倍增管作为检测器的光电高温计阶段；用硅光电二极管、碲镉汞等作为检测器的光学测量和光电精密测温阶段。

隐丝式光学高温计出现在 20 世纪初，直到现在仍在高温（800℃以上）测量领域中使用。1927 年，国际温标采用此种高温计作为金熔点以上的温度复现及传递标准器。它的工作原理是在峰值为 650 nm 处，并在尽可能小的带宽内，使目标与钨灯灯丝的亮度平衡，灯丝消隐在目标中。由于要进行人眼比较亮度平衡，需手动调节灯丝电流，因此，人为误差大，不适于自动控制系统。

20 世纪 60 年代中期，出现了用光电倍增管作为检测器的光电高温计。它是以光电倍增管替代隐丝式光学高温计中的人眼来做亮度比较的，具有较高的灵敏度和精度，且不需要人参与，因而被许多国家用来复现金熔点以上的国标温标以及传递 800℃～2000℃ 的高温实用温标。

20 世纪 70 年代初，人们发现硅光电探测器稳定性、线性度及灵敏度优良，结构牢固，寿命长，且价格适中，适合于精密光度测量，同时证明了硅光电二极管应用到高分辨率测温仪的可能性，不久制成了用硅光电二极管作为检测元件的高精度光电高温计。

与此同时，辐射测温仪的工作波长从单波长发展为两色（比色）和多色，从短波发展到长波，仪器的功能亦逐步丰富和智能化。仪器的测量精度、响应速度、稳定性、分辨率都达到了相当高的水平，测温范围从以往的中高温延伸到室温或更低温度。

辐射测温仪的主要优点如下：

（1）非接触测量。辐射测温探测器不直接接触被测物体，因此，无扰动和不破坏被测物体的温度场和热平衡，并具有较高的准确度。

（2）测量范围广。由于辐射测温仪所接收的是辐射能量，所以，探测元件自身不必达到被测温度，故测温上限可以根据所选用的测温元件的性质来决定。从理论上讲，测温上限是没有限制的，因而可以测量相当高的温度。

（3）测温速度快。探测器的动态响应快、滞后时间短，宜于快速测量和动态测量。

（4）灵敏度高。只要物体温度有微小变化，辐射能量就有较大改变，易于测出；可进行微小温度场的温度测量和温度分布测量。

（5）使用灵活。在一定的条件下，可以实现连续测量、自动记录和自动控制。

辐射测温仪的主要缺点如下：

（1）由于被测物体是非黑体，测得的是辐射温度而不是真实温度，其测量需要进行材料发射率的修正，而发射率是一个影响因素相当复杂的参数，使测温的数据处理难度较大。

（2）辐射温度仪测出的温度是被测物体的表面温度，当被测物体内外温度分布不均时，它不能测出物体的内部温度。

（3）辐射测温原理相对复杂，温度仪的结构要求各不相同，且价格较昂贵，因而不能被广泛使用。

（4）由于是非接触测温，所以受客观环境中间介质影响较大，特别是工业现场周围环境恶劣（如烟雾、灰尘、水蒸气、二氧化碳等），对测量准确度有一定的影响。

5.2 辐射测温仪的基本构成和工作原理

辐射测温仪是一种典型的辐射能量探测装置。在辐射测温仪中，将所探测到的辐射能量转换成温度信息通常要分三步：第一步，利用光电探测器把辐射能量变为电信号，该信号反映了目标所发射的辐射强弱；第二步，利用目标辐射能量与温度的关系，将所测得的电信号转化为一种表观温度；第三步，通过参数设定即表观温度求出目标的真实温度。其中，第一步是光电系统都要进行的一般步骤，第二步和第三步与辐射测温方法有关，需根据不同的测温方法进行不同的计算。

5.2.1 辐射测温仪的基本构成

无论根据什么原理设计的辐射测温仪，都是由光学系统、光电探测器和信号处理电路三部分组成的。

1. 光学系统

图 5-1 所示为典型辐射测温仪的光学系统。物镜可前后移动，将被测目标调焦成像在视场光阑上。视场光阑为中心带小孔的反射镜，或为中心带小孔的挡光板。视场光阑往往接近垂直于光轴（偏离角一般在 10°左右），其中心小孔的大小决定被测目标的大小。

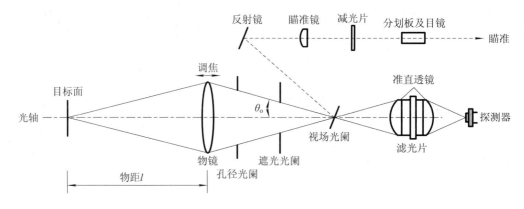

图 5-1　典型辐射测温仪的光学系统示意图

另一个重要光阑为孔径光阑，它决定目标辐射在探测器上的辐照度，由下式给出：

$$E = \pi L \tau_{\circ} \sin^2 \theta_{\circ} \tag{5-1}$$

式中：E 为探测器上的辐照度；$\tau_{\circ}$ 为光学系统的透过率；L 为目标的辐射亮度；$\theta_{\circ}$ 为透镜对视场光阑所张的角度。

式(5-1)表明，在设计测温仪时，如保证 $\theta_{\circ}$ 为常数，则在被测目标辐射亮度不变时，探测器上的辐照度也保持不变，因此探测器输出不变，测温数值与被测目标距离 l 无关（这里忽略了距离上空气吸收的影响）。这一点对设计辐射测温仪是十分重要的。

除了最重要的视场光阑和孔径光阑外，在光学系统中往往还会设置一个或多个遮光光阑，其作用主要是遮挡测量目标以外的杂散光线对探测器输出的影响。为了选择测温波段，在光路上有时还配有滤光片，利用滤光片光谱特性和探测器光谱响应曲线配合，组成合适的测温光谱通带。基准或标准测温仪往往采用光谱通带较窄的滤光片（光谱通带半宽约为几纳米），而工业用测温仪一般采用滤光玻璃等材料制成的滤光片，它的光谱通带较宽，一般需配合探测器的光谱响应曲线，以获得合适的测温光谱通带。

图 5-1 所示光学系统是高精度、高性能辐射测温仪的光学系统结构，目前大部分工业用辐射测温仪，为了价格便宜和使用简单方便，进行了简化。其中的重要简化为：物镜不能调焦，即所谓定焦距；略去瞄准光学系统或简化瞄准方法；省去滤光片或简化滤光方法（如仅用滤光玻璃片替代干涉滤光片等）。但每一种省略或简化都会带来性能指标的降低。

瞄准光学系统只是在探测器张角较小的测温仪中才配备。为了便于找到目标，瞄准系统的观察视场要远大于测温视场（由探测器张角决定，一般在 0.5°以内），一般要求光学观察视场在 5°以上。除了光学瞄准方法之外，最简单的瞄准目标方法是采用步枪瞄准目标方法，即在测温仪的外壳上方加上瞄准缺口及瞄准标志（相当于步枪管上的准星）。但这种方法较粗糙，只适合探测器张角较大的测温仪。除了图 5-1 中的光学瞄准方法之外，目前较流行的是激光点瞄准方法，即将红色激光笔发出的红色激光投射到目标上，用以显示测温区域的中心点（并不代表测温目标的实际大小）。这种瞄准方法适合于探测器张角较小的测温仪。除了上述流行的单个激光点瞄准方法以外，还有双激光点指示目标中心方法，甚至环形激光圈用以显示测温范围的方法。以上激光点瞄准方法只适合于中、低温测温仪，因为当目标湿度高于900℃时，投射到目标上的激光光斑已无法观察出来。而光学瞄准方法则不受目标温度高低影响，当目标温度很高时，只需在观察目镜前加减滤光片，即可获得合适的观测亮度。激光点瞄准方法的另一个缺点是，目前大多数廉价的红色激光笔在环境温度高于40℃时即不能正常工作(工业现场环境温度高于40℃是经常发生的情况)，因而影响瞄准目标。

对于测温波段在2.8 μm以下的可见光或近红外区域的辐射测温仪来说，物镜的材料一般选用普通光学玻璃即可，它不仅价格较低，而且还具有很好的光学、机械和化学稳定性。如果物镜须处在强辐射的情况下(环境温度高而且剧烈变化)，则可以采用红外石英玻璃取代一般光学玻璃。石英玻璃除具有光学玻璃的上述优点以外，其热膨胀系数比光学玻璃低十几倍，且能耐500℃环境温度而不软化。此外，红外石英玻璃的透过波长可达4 μm以上。

对于测温波段大于4 μm的测温仪而言，透镜材料的选择会碰到很多的问题，可参考红外光学材料有关文献。

尽管透镜式光学系统被广泛采用在大多数辐射测温仪中，但在某些情况下，应用反射式光学系统会更有利。与测温仪的整个成本相比，红外透镜价格过高。反射镜的优点在于它不受色差影响，且价格不贵，这一优点对多波段测温仪更加有利，可大大简化光路设计。与透镜相比，反射镜的反射膜易受灰尘、湿气和烟气影响，往往需在反射镜前加一个保护窗口，而前窗口的材料可能与红外透镜材料一样贵。有的反射式测温仪在前窗口采用廉价、可更换的透红外塑料薄膜，但辐射在塑料膜上的散射以及更换薄膜带来的透过率变化，会对测温仪的准确性带来不利影响。

在许多实际情况下，用光纤可以全部或部分替代透镜或反射镜光学系统。光纤由于具有柔软性和长距离传输光的能力，特别适合于以下情况：

(1) 由于存在屏障而不能直接对目标进行瞄准。

(2) 测温仪的工作环境存在大量烟雾或水蒸气，用光纤探头可以非常靠近目标，从而可减少这些气体、烟雾的影响。

(3) 测量现场存在核辐射或强电磁场，电子线路要求离开一定的安全距离工作，而光纤不怕核辐射或强电磁场。

(4) 存在着很高的环境温度，一般电子线路只能耐120℃环境温度，而石英光纤可耐500℃环境温度。

(5) 被测目标在一个真空容器内，通过窗门瞄准很困难或不可能，而光纤可弯曲埋入容器，允许从容器外观察瞄准目标。

(6) 在感应加热的情况下，需要小尺寸的光学传感器，而光纤传感器可以做得很小。

2. 光电探测器

光电探测器是辐射测温仪的关键元件，它在很大程度上决定了测温仪的测量范围、测温灵敏度和长期稳定性(即测温仪的准确度)。在选择光电探测器时，应考虑的主要因素有光谱响应度、响应度的稳定性、线性度、响应速度、工作模式和工作温度等。

3. 信号处理电路

在现代辐射测温仪中，普遍使用信号处理电路，具体包括以下几种：

1）模拟放大电路

由于探测器的输出信号很微弱，一般需要进行模拟放大和预处理后，才能与信号处理电路相匹配。选用低噪声及零漂移（或低漂移）的放大器是模拟放大电路的关键。

2）测温仪计算电路

由于被测目标的辐射亮度明显地不与温度成线性关系，因此，探测器的信号也同样如此。为了获取温度读数，必须对探测器输出信号进行处理，通常将这一部分电路称为计算电路。在现代测温仪中，通常采用微处理器来完成这一工作。在测出温度信号的瞬时值之后，可以根据需要给出不同时间间隔的平均位温度、峰值温度、谷值温度及温度偏差等输出信号。发射率校正一般也在这个环节完成。不但单波段测温仪及全辐射测温仪要将测量得到的亮度温度及辐射温度根据反射率大小换算出真实温度，比色测温仪也要根据发射率的比值进行修正，从比色温度（或颜色温度）换算出真实温度。

3）输出电路、存储电路及通信电路

为了与其他仪表相匹配，一般测温仪需要输出与温度成线性关系的电流或电压值，一般为 $4\sim20$ mA、$0\sim20$ mA，$1\sim5$ V、$0\sim30$ V 等标准形式。这样，可直接与控制仪表或测温仪量仪表相连接。

在便携式测温仪中，通常还配备存储电路，可以存储几百个至数千个温度数位。在每个温度存储数值中，往往还附标注测量时间及测量条件。

在某些测温仪中，还配置通信电路。操作者可通过过程计算机对测温仪进行询问或重新调整参数（如发射率等），对测温仪进行遥控，同时测温仪也不断地向计算机报告现场情况。

随着现代电子技术的快速发展，电子线路集成度越来越高，信号处理电路体积越来越小，这部分可小到放置到测量探头中，形成所谓的一体化测温仪。

5.2.2 辐射测温仪的工作原理

为了便于描述辐射测温仪的工作原理，可将辐射测温仪简化为图 5-2 所示的形式，其中 D 为目标（被测物体）的直径，l 为目标与系统的距离（工作距离），f 为光学系统的焦距，x 为遮光光阑距透镜的距离，ω_0 为透镜对探测器所张的立体角，d 为探测器的直径。

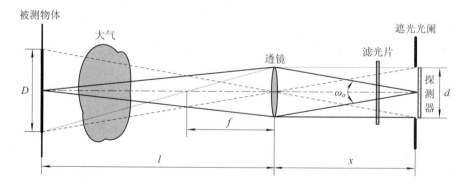

图 5-2 辐射测温仪工作原理示意图

由图 5-2 可知，热辐射来自被测目标，透镜（光学系统）决定了系统的视场，带通滤光片限制了被测辐射的光谱范围，探测器前的光阑用于防止杂散光，探测器的输出信号（电压或电流）被放大且通过信号处理器进行处理。该系统的输出信号与目标表面的光谱辐射能量有关，因此，可以推算出它的温度。

1. 测温仪输出信号

当辐射测温仪用来测量物体表面的真实温度时，会出现两个问题：第一，物体表面的发射率（影响来自物体的热辐射）是未知的；第二，来自环境以及被环境所吸收的辐射的干扰（可明显地影响到达探测器的辐射）。此外，来自周围物体的热辐射或其他电磁辐射也会产生影响，造成更多的不确定性。

对于图 5-2 所示的辐射测温仪，如果不考虑周围环境及大气的影响，则在光谱区间 $\lambda_1 \sim \lambda_2$ 内，系统的输出信号可以写为

$$S = \int_{\lambda_1}^{\lambda_2} A_d \omega_o \tau_o(\lambda) L(\lambda, T) R_i(\lambda) d\lambda \tag{5-2}$$

式中：A_d 为探测器面积；ω_o 为透镜对探测器所张的立体角；$\tau_o(\lambda)$ 为光学系统（含透镜和滤光片）的光谱透过率；$L(\lambda, T)$ 为温度 T 时被测目标的光谱辐亮度；$R_i(\lambda)$ 为探测器的光谱响应度。

实际上，当系统已确定时，A_d、ω_o、$\tau_o(\lambda)$ 以及 $R_i(\lambda)$ 均为已知，所以可以定义系统的光谱响应度 $R_{sysi}(\lambda) = A_d \omega_o \tau_o(\lambda) R_i(\lambda)$，因此，式（5-2）可以写为

$$S = \int_{\lambda_1}^{\lambda_2} L(\lambda, T) R_{sysi}(\lambda) d\lambda \tag{5-3}$$

注意 $R_i(\lambda)$ 和 $R_{sysi}(\lambda)$ 的差别：$R_i(\lambda)$ 是光电探测器的光谱响应度，而 $R_{sysi}(\lambda)$ 是整个系统的光谱响应度。

2. 距离系数

由图 5-2 可以看出，当目标（被测物体）直径 D、探测器直径 d、工作距离 l、光学系统焦距 f 四者满足一定关系时，目标的像恰好覆盖探测器的面积，则光学系统所接收的能量全部落到探测器上。

由透镜成像光学可知

$$\frac{1}{f} = \frac{1}{l} + \frac{1}{x} \tag{5-4}$$

其中，l 和 x 分别为物、像距离。而由图 5-2 可知，目标大小 D 和像大小 d 满足：

$$\frac{D}{l} = \frac{d}{x} \tag{5-5}$$

由式（5-4）和式（5-5）可得，如果要求目标的像恰好覆盖探测器的面积，则目标大小应满足：

$$D = d\left(\frac{l}{f} - 1\right) \tag{5-6}$$

当目标距离较远时，有 $l/f \gg 1$，由式（5-6）可得

$$D = \frac{d}{f} l \tag{5-7}$$

由式（5-7）并结合图 5-2 可知，如果目标辐射亮度 $L(\lambda, T)$ 是均匀的，则当 $l < Df/d$ 时，目标像大于探测器尺寸，探测器表面的辐照度为常数，系统输出 S 与距离 l 无关；当 $l > Df/d$ 时，目标像小于探测器尺寸，探测器表面的辐照度随测量距离的变化而改变，系统输出 S 随距离 l 的增大而减小，如果不能准确知道目标距离，就会产生测量误差。

由此可知，对于一定大小 D 的被测目标，存在一个临界距离 Df/d，该临界距离与系

统参数 f/d 有关，因此，可定义距离系数 K_l，即

$$K_l = \frac{f}{d} \qquad\qquad (5-8)$$

距离系数给出了满足一定测量误差条件下的探测距离限制，它也是测温仪的主要参数之一。在光学系统成像为理想的条件下，距离系数由 $K_l = f/d$ 确定，考虑到光学系统像差以及装校误差时，实际的 K_l 值要比计算值大大减小，故 K_l 应取实测值。通常情况下，带瞄准光学系统的测温仪的距离系数较大(而被测目标点很小)，一般大于 50；不带瞄准光学系统的测温仪，一般物镜也不用调焦，距离系数一般在 30 以下。图 5-3 给出了两种典型

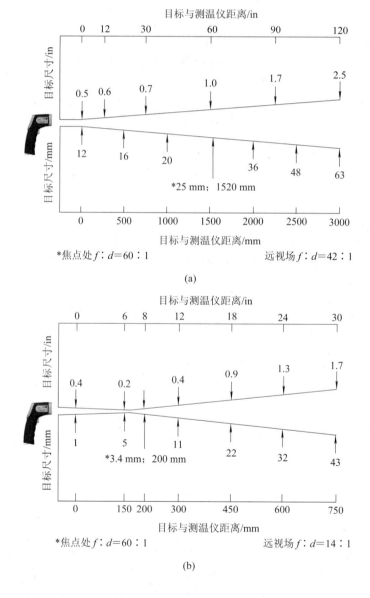

图 5-3　测温仪距离系数图

（a）标准焦距测温仪；（b）近焦距测温仪

测温仪的距离系数图，其中图 5-3(a)为标准焦距测温仪的距离系数图，图 5-3(b)为近焦距测温仪的距离系数图。

根据距离系数的定义，并利用距离系数图，可以估算出一定大小被测目标的最远测量距离。例如，由图 5-3(a)可知，其距离系数为 60∶1，对于直径为 25 mm 的被测目标，其最远被测距离为 1520 mm。

根据定义可知，d/f 为测温仪的瞬时视场角，所以说，距离系数 K_l 为系统瞬时视场角的倒数。由式(5-7)及式(5-8)可知

$$D = \frac{d}{f}l = \frac{l}{K_l} \tag{5-9}$$

而由图 5-2 可知，D 为瞬时视场角在物平面的投影尺寸，因此利用距离系数 K_l 也可以估算对于一定距离 l 处的最小被测目标尺寸 D。例如，由图 5-3(b)可知，其距离系数为 60∶1，当被测距离为 200 mm 时，要求被测目标的直径不小于 3.4 mm。

由红外物理可知，黑体辐射满足普朗克公式，而一般物体的辐射，在已知其发射率的基础上，也可确定其辐亮度与温度的关系，这是辐射测温的理论基础。由于实际物体不是黑体，因此直接根据物体的辐射测得的温度不是物体的真实温度，还要通过测定或设定物体的发射率才能求出物体的实际温度。下面结合图 5-2，在引入表观温度(亮度温度、辐射温度和比色温度)的概念，并给出它们与真实温度的关系后，介绍常用辐射测温仪的原理和特点。

5.3　亮度温度及亮度法测温仪

依据物体辐射亮度测定其表观温度的方法，称为亮度法，它是非接触测温中重要的方法之一。基于该方法的光学高温计历史最悠久，目前广泛使用的光电高温计或红外测温仪大部分属于亮度法测温仪。这些测温仪直接测得的是物体的亮度温度。

5.3.1　亮度温度的定义和测温仪定标

实际物体(非黑体)在某一波长下的单色辐射亮度与黑体在同一波长下的单色辐射亮度相等时，该黑体的温度称为实际物体的亮度温度，简称亮温。

如果测温仪光学系统的光谱透射率 $\tau_o(\lambda)$ 具有理想的窄带滤波形式，即在选定工作波长 λ_e 处 $\Delta\lambda$ 带宽内为常数，而在 $\Delta\lambda$ 外为零，如图 5-4(a)所示，此时系统的光谱响应度 $R_{sysi}(\lambda_e)$ 为常数。由此可知，对于这种理想的辐射测温仪，在选定工作波长 λ_e 处对已知温度 T_0 的黑体进行测量时，可通过输出信号 $S_b(T_0)$ 来确定系统的响应度 $R_{sysi}(\lambda_e)$，即完成测温仪的定标。由于 $R_{sysi}(\lambda_e)$ 为常数，因此在整个测温范围内，系统的响应输出与单色辐亮度具有线性关系，如图 5-5 所示。

由式(5-3)可知

$$S = L(\lambda_e, T)R_{sysi}(\lambda_e)\Delta\lambda \tag{5-10}$$

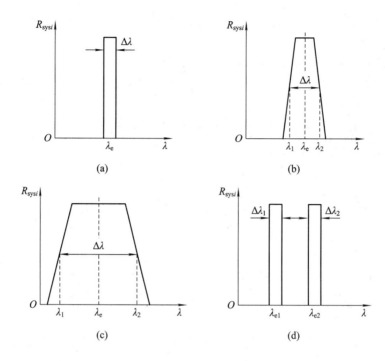

图 5-4　测温仪工作波段示意图

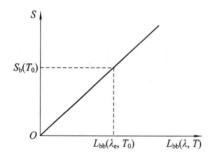

图 5-5　理想亮度法测温仪的定标

5.3.2　亮温与物体真温的关系

设某一物体的真实温度为 T，选定工作波长 λ_e 处的光谱发射率为 ε_{λ_e}，则该目标在波长 λ_e 处的光谱辐射亮度为 $L(\lambda_e,T)=\varepsilon_{\lambda_e}L_{bb}(\lambda_e,T)$，其中 $L_{bb}(\lambda_e,T)$ 为黑体光谱辐亮度。在这种情况下，将亮度法测温仪对准该物体进行测量时，利用式(5-10)可直接写出 $\Delta\lambda$ 内的系统输出信号：

$$S(\lambda_e,T) = \varepsilon_{\lambda_e}L_{bb}(\lambda_e,T)R_{sysi}(\lambda_e)\Delta\lambda \tag{5-11}$$

根据定义，当该物体的光谱辐射亮度 $L(\lambda_e,T)$ 与温度 T_1 下的黑体光谱辐射亮度 $L_{bb}(\lambda_e,T_1)$ 相等时，这一黑体温度 T_1 就称为物体的亮度温度。因此，由式(5-10)可知，当测温仪对准处于温度 T_1 的黑体进行测量时，系统输出信号应为

$$S_b(\lambda_e,T_1) = L_{bb}(\lambda_e,T_1)R_{sysi}(\lambda_e)\Delta\lambda \tag{5-12}$$

此时，有

$$S(\lambda_e, T) = S_b(\lambda_e, T_1) \tag{5-13}$$

即

$$\varepsilon_{\lambda_e} L_{bb}(\lambda_e, T) = L_{bb}(\lambda_e, T_1) \tag{5-14}$$

而黑体的光谱辐亮度 $L_{bb}(\lambda_e, T)$ 为

$$L_{bb}(\lambda_e, T) = \frac{1}{\pi} \frac{c_1}{\lambda_e^5} \frac{1}{\exp[c_2/(\lambda_e T)] - 1} \tag{5-15}$$

式中，c_1 和 c_2 分别为第一和第二辐射常数。由式(5-14)和式(5-15)，并根据维恩近似，可得

$$\frac{1}{T_1} - \frac{1}{T} = \frac{\lambda_e}{c_2} \ln \frac{1}{\varepsilon_{\lambda_e}} \tag{5-16}$$

式(5-16)通过光谱发射率 ε_{λ_e} 和工作波长 λ_e 把实际物体的真实温度 T 与其亮度温度 T_1 联系起来，当用测温仪测出亮度温度 T_1 后，可通过设定工作波长 λ_e 处的光谱发射率 ε_{λ_e} 推算出物体的真实温度 T。

5.3.3 亮度法的性能

根据亮度法的定义及式(5-16)可知，亮度法的相对灵敏度为

$$s = \frac{dL_{bb}(\lambda_e, T)/L_{bb}(\lambda_e, T)}{dT/T} = \frac{c_2}{\lambda_e T} \tag{5-17}$$

表观温度与真实温度的偏差为

$$\frac{\Delta T_1}{T} = \frac{T - T_1}{T} = \frac{\lambda_e T_1}{c_2 \ln \dfrac{1}{\varepsilon_{\lambda_e}}} \tag{5-18}$$

发射率误差引起表观温度误差为

$$\frac{dT_1}{T_1} = \frac{\lambda_e T_1}{c_2} \frac{d\varepsilon_{\lambda_e}}{\varepsilon_{\lambda_e}} \tag{5-19}$$

由于 ε_{λ_e} 总是小于1的正数，因此可以得出如下结论：

(1) 实际物体的亮度温度永远小于它的真实温度，即 $T_1 < T$。光谱发射率越小，亮度温度偏离真实温度越大；反之，光谱发射率越接近于1，则亮度温度越接近真实温度。换句话说，亮度温度的修正量总是正值。

(2) 若 ε_{λ_e} 保持恒定，则物体的亮度温度对真实温度的偏离随着工作波长 λ_e 的增大而增大。

(3) 若物体的真实温度保持恒定，则亮度温度随着波长的增大而减小。

5.3.4 有效波长

由式(5-16)可知，物体的真实温度 T 是一个确定的量，而亮度温度 T_1 是一个与波长相联系的量，因此，未注明对应波长 λ_e 的亮度温度是没有意义的。

另外，ITS-90 国际温标中规定，银凝固点(1234.93K)以上的温度，是以普朗克辐射定律为理论基础，采用光谱辐射亮度比的方法来决定温度的，其表达式为

$$\frac{L_{bb}(\lambda, T_x)}{L_{bb}(\lambda, T_0)} = \frac{\exp[c_2/(\lambda T_0)] - 1}{\exp[c_2/(\lambda T_x)] - 1} \tag{5-20}$$

式中：T_x 为待测温度；T_0 为 ITS－90 给出的三个定义固定点，即银凝固点温度 (1234.93K)、金凝固点温度(1337.33K)和铜凝固点温度(1357.77K)。这样，只要测出待测温度 T_x 与固定点温度 T_0 的比值 $L_{bb}(\lambda, T_x)/L_{bb}(\lambda, T_0)$，即可根据式(5-20)计算出待测温度 T_x 的数值。

式(5-20)中所指定的辐射亮度比值是在一定的单色波长下进行的，而国际温标并未规定这一波长的数值，所取波长可以在红外光谱范围内，也可以在可见光或紫外区域。不论所取波长处于何种光谱区域，普朗克辐射定律所要求的"单色"都是必需的。然而，任何可检测到的辐射都是由一定宽度的光谱带所组成的，即使是最好的单色仪，也不可能得到完全单色的热辐射。此外，接收辐射的探测器也必须获得具有一定光谱带宽的辐射能量，否则由于所接收的能量很小而无法给出响应信号。一般来讲，光谱带宽越大，探测器得到的辐射功率越大，输出信号也越强。也就是说，在具体测温应用中，式(5-20)的光谱是不能满足"单色"要求的。

在亮度法测温的讨论中，针对的是理想单色辐射测温系统，工作波长 λ_e 假定为窄带滤光片(宽度为 $\Delta\lambda$)的中心波长。在实际测温仪的设计中，为了增大系统的输出信号，往往会增加谱带宽度，在一段光谱区间$(\lambda_1 \sim \lambda_2)$带宽内测量辐射信号，即式(5-3)所表示的形式，此时，工作波长将会偏离谱带中心，见图5-4(b)。这种测温方法的波段很宽，但又没有完全覆盖 0～∞ 整个波长，其工作原理介于亮度法和全辐射法之间，常称为部分辐射测温法，对应的测温仪称为部分辐射测温仪。对于部分辐射测温仪而言，常见的工作波段为 8～14 μm 及 3～5 μm。

1. 有效波长的概念

为了把式(5-20)所给出的物理概念与式(5-3)所反映的物理过程联系起来，进而解决实际测量中光谱波段要求的问题，就需要引入有效波长的概念。引入有效波长的概念之后，将使测温系统在光谱区域内所测的辐射亮度之比等于在该有效波长下的单色辐射亮度之比，从而可以把普朗克辐射定律用于实际测量中，不会带来任何理论上的偏差。实际上，有效波长理论是整个辐射测温理论的重要组成部分，它对推动辐射测温学理论的发展起了重要作用。

如今，人们已经研究出实用的方法来确定辐射测温仪的有效波长，该方法不但适用于观测黑体，而且也适用于观测非黑体。

为了得到一般的结论，将式(5-20)所用的两个温度点 T_0 和 T_x 用任意一对温度点 T_1 和 T_2 代替，其中 $T_1 < T_2$。在某一可以确定的波长下，对应于温度 T_1 与 T_2 的黑体的单色辐射亮度之比等于在相同温度下测温仪所接收到的黑体辐射亮度之比，则此波长称为该测温仪在温度间隔(T_1, T_2)内的平均有效波长或有效波长。利用式(5-3)可知

$$\frac{L_{bb}(\lambda_e, T_2)}{L_{bb}(\lambda_e, T_1)} = \frac{\int_{\lambda_1}^{\lambda_2} L_{bb}(\lambda, T_2) R_{sysi}(\lambda) d\lambda}{\int_{\lambda_1}^{\lambda_2} L_{bb}(\lambda, T_1) R_{sysi}(\lambda) d\lambda} \tag{5-21}$$

式中：λ_1、λ_2 为测温仪的光谱带宽；λ_e 为平均有效波长或有效波长。

式(5-21)在理论上是完全严格的，不带任何近似，而且存在数学上的唯一性，该定义式的意义在于把实际测量与理论公式科学地联系起来。

为了能使用比较简单的数学形式，将维恩近似代入式(5-21)，于是有

$$\frac{\int_{\lambda_1}^{\lambda_2} L_{\mathrm{bb}}(\lambda, T_2) R_{\mathrm{sys}i}(\lambda) \mathrm{d}\lambda}{\int_{\lambda_1}^{\lambda_2} L_{\mathrm{bb}}(\lambda, T_1) R_{\mathrm{sys}i}(\lambda) \mathrm{d}\lambda} = \frac{\exp\left(\dfrac{c_2}{\lambda_{\mathrm{e}} T_1}\right)}{\exp\left(\dfrac{c_2}{\lambda_{\mathrm{e}} T_2}\right)} \tag{5-22}$$

将式(5-22)两边取自然对数，有

$$\frac{1}{T_1} - \frac{1}{T_2} = \frac{\lambda_{\mathrm{e}}}{c_2} \ln \frac{\int_{\lambda_1}^{\lambda_2} L_{\mathrm{bb}}(\lambda, T_2) R_{\mathrm{sys}i}(\lambda) \mathrm{d}\lambda}{\int_{\lambda_1}^{\lambda_2} L_{\mathrm{bb}}(\lambda, T_1) R_{\mathrm{sys}i}(\lambda) \mathrm{d}\lambda} \tag{5-23}$$

$$\lambda_{\mathrm{e}} = \frac{c_2\left(\dfrac{1}{T_1} - \dfrac{1}{T_2}\right)}{\ln \dfrac{\int_{\lambda_1}^{\lambda_2} L_{\mathrm{bb}}(\lambda, T_2) R_{\mathrm{sys}i}(\lambda) \mathrm{d}\lambda}{\int_{\lambda_1}^{\lambda_2} L_{\mathrm{bb}}(\lambda, T_1) R_{\mathrm{sys}i}(\lambda) \mathrm{d}\lambda}} \tag{5-24}$$

式(5-24)表明，有效波长并非单色测温仪的特征常数，它不仅与测温仪光学系统的光谱透过率以及探测器的光谱响应度有关，而且还与所取的两个温度点以及它们的间隔有关。在 T_1 为一定的条件下，有效波长 λ_{e} 将随着温度 T_2 的增大而减小。随着被测辐射源的温度的升高，其光谱能量分布也随之发生变化，它的最大单色辐射亮度朝着短波长方向移动，不过，有效波长减小的幅度将会越来越小。在 2000℃ 以上，有效波长对温度的线性度会越来越好，这对高温下的有效波长的估计是很有帮助的。

在温度 T_1 与 T_2 确定的情况下，不同测温仪的有效波长是不同的；同一台测温仪，对于不同的温度间隔，其有效波长也不相同。然而，由于有效波长随温度的变化很小，因此测温仪往往在一个温度范围内给出一个有效波长值，不会带来较大的偏差。

2. 极限有效波长

当温度 T_1 无限趋近于 T_2，即温度区间 (T_1, T_2) 为无限小时，此温度区间的有效波长或平均有效波长 λ_{e} 就变为在一个温度点上的有效波长，该有效波长被定义为在温度 T 下的极限有效波长 λ_T，其表达式为

$$\lambda_T = \lim_{T_2 \to T_1} \lambda_{\mathrm{e}} \tag{5-25}$$

极限有效波长 λ_T 可以看作是在无限小温度间隔 $(T, T+\mathrm{d}t)$ 内的平均有效波长。利用式(5-3)，可将式(5-21)写成

$$\frac{L_{\mathrm{bb}}(\lambda_{\mathrm{e}}, T_2)}{L_{\mathrm{bb}}(\lambda_{\mathrm{e}}, T_1)} = \frac{S(T_2)}{S(T_1)} \tag{5-26}$$

由此可得

$$1 - \frac{L_{\mathrm{bb}}(\lambda_{\mathrm{e}}, T_2)}{L_{\mathrm{bb}}(\lambda_{\mathrm{e}}, T_1)} = 1 - \frac{S(T_2)}{S(T_1)} \tag{5-27}$$

有

$$\frac{L_{\mathrm{bb}}(\lambda_{\mathrm{e}}, T_1) - L_{\mathrm{bb}}(\lambda_{\mathrm{e}}, T_2)}{L_{\mathrm{bb}}(\lambda_{\mathrm{e}}, T_1)(T_2 - T_1)} = \frac{S(T_1) - S(T_2)}{S(T_1)(T_2 - T_1)} \tag{5-28}$$

对式(5-28)两边在 T_2 趋近 T_1 时求极限，并注意到 λ_{e} 的极限即是 λ_T，则有

$$\left[\frac{1}{L_{\mathrm{bb}}(\lambda, T)} \frac{\mathrm{d}L_{\mathrm{bb}}(\lambda, T)}{\mathrm{d}T}\right]_{\lambda_T} = \frac{1}{S} \frac{\mathrm{d}S}{\mathrm{d}T} \tag{5-29}$$

注意这里只有一个温度值 $T_1 = T_2 = T$。

在式(5-29)中,有

$$L_{bb}(\lambda, T) = c_1 \lambda^{-5} \exp\left(-\frac{c_2}{\lambda T}\right) \tag{5-30}$$

$$\frac{dL_{bb}(\lambda, T)}{dT} = \frac{c_2}{\lambda T^2} L_{bb}(\lambda, T) \tag{5-31}$$

$$S = \int_{\lambda_1}^{\lambda_2} R_{sysi}(\lambda) L_{bb}(\lambda, T) d\lambda \tag{5-32}$$

$$\frac{dS}{dT} = \int_{\lambda_1}^{\lambda_2} \frac{c_2}{\lambda T^2} R_{sysi}(\lambda) L_{bb}(\lambda, T) d\lambda \tag{5-33}$$

将以上各式代入式(5-29),得

$$\left[\frac{1}{L_{bb}(\lambda, T)} \frac{c_2}{\lambda T^2} L_{bb}(\lambda, T)\right]_{\lambda_T} = \frac{\frac{c_2}{T^2} \int_{\lambda_1}^{\lambda_2} \frac{1}{\lambda} R_{sysi}(\lambda) L_{bb}(\lambda, T) d\lambda}{\int_{\lambda_1}^{\lambda_2} R_{sysi}(\lambda) L_{bb}(\lambda, T) d\lambda} \tag{5-34}$$

$$\lambda_T = \frac{\int_{\lambda_1}^{\lambda_2} R_{sysi}(\lambda) L_{bb}(\lambda, T) d\lambda}{\int_{\lambda_1}^{\lambda_2} R_{sysi}(\lambda) L_{bb}(\lambda, T) \frac{1}{\lambda} d\lambda} \tag{5-35}$$

式(5-35)即极限有效波长 λ_T 的计算公式。由于 R_{sysi} 通常只可能得到数值,而不是解析表达式,因此,式(5-35)只可能进行数值积分,采用图表方式来表示它与温度的关系。

引入极限有效波长的概念是有意义的。尽管极限有效波长并不能直接用于具体的温度测量,但是,由于它同平均有效波长之间存在确定的关系,因而给计算有效波长带来较大的方便。进一步的分析表明,有效波长 λ_e 与极限有效波长 λ_T 之间的关系,可用较为简单的经验公式表示,即

$$\frac{1}{\lambda_e} \approx \frac{1}{2}\left(\frac{1}{\lambda_{T_1}} + \frac{1}{\lambda_{T_2}}\right) \tag{5-36}$$

计算表明,利用上述经验公式可以准确计算到四位有效数字,这对温度测量来讲,已经足够了。所以,只要预先计算出在各温度点下的极限有效波长值,就可利用式(5-36)计算出任何温度区间的有效波长。

在光学高温测量学中,有效波长主要有两种应用:一是用于基准复现,二是用于量值传递。如果辐射源都是黑体,就无须引入有效波长的概念,但是,在传递中,被测对象绝大多数不是黑体,因此,引入有效波长就成为必要。

5.3.5 典型亮度法测温仪

亮度法测温仪发展历史最早,而且目前还是主流测温方法。由于引入有效波长概念,理论上十分严格,至今仍是基准和标准测温仪唯一采用的方法,各国计量部门均以此方法作为高温温标传递的基准或标准测温仪。

最早的辐射测温仪是以光学高温计为代表的亮度法测温仪表。光学高温计的出现和不断完善,在一定程度上解决了高温温标的传递和生产中不能用接触法测温的问题。针对光学高温计不能进行自动测量,在生产现场应用不便、测量下限偏高(约800℃),以及用人

眼进行亮度平衡会引入主观误差等缺点，人们利用光电探测器代替人眼，发展了自动化、宽量程、高精度的亮度法测温仪。目前不同类型的亮度法测温仪，从计量基准或标准测温仪到工业生产及生活上常见的红外测温仪，均已替代光学高温计，得到广泛应用。这是由于亮度法理论上严格、灵敏度高、准确度高，采用滤光片和光电元件光谱灵敏曲线相配合可以优选测量波段，而且，它结构较简单、价格较便宜，具有较强的竞争能力。在当前及今后一个相当长的时间内，亮度法测温仪仍将在工业生产和温标传递中起主导作用。

1. 亮度测温仪的构成

亮度测温仪也称单波段测温仪，它是应用最广泛的辐射测温仪。图 5-1 所示的光路图也是典型的亮度测温仪光路图，探测器通常采用光电二极管。由式(5-3)可知，当用亮度测温仪瞄准温度为 T 的黑体时，系统输出的光电流 I_p 为

$$I_p = \int_{\lambda_1}^{\lambda_2} L_{bb}(\lambda, T) R_{sysi}(\lambda) d\lambda \qquad (5-37)$$

而当测温仪瞄准温度为 T_r 的黑体时，系统输出电流 I_{pr} 为

$$I_{pr} = \int_{\lambda_1}^{\lambda_2} L_{bb}(\lambda, T_r) R_{sysi}(\lambda) d\lambda \qquad (5-38)$$

引入有效波长 λ_e，由式(5-21)可得

$$\frac{L_{bb}(\lambda_e, T_r)}{L_{bb}(\lambda_e, T)} = \frac{I_{pr}}{I_p} \qquad (5-39)$$

λ_e 称为在温度间隔 T_r 至 T 之间的平均有效波长。引入 λ_e 概念后，把实际应用中有限带宽 ($\lambda_1 \sim \lambda_2$) 的测量值与单色光谱辐射值联系起来。严格地讲，平均有效波长是测温仪光谱特性和黑体温度的函数。在基准和标准测温仪中，为了提高测量精度，在标定时要考虑有效波长随温度范围变化而产生的微小变化。而在常用的单波段测温仪中，通常可认为有效波长是恒定的，由此而引起的标定误差在规定精度允许范围之内。

将普朗克公式代入式(5-39)，若已知温度 T_r，测出系统的输出 I_p 和 I_{pr} 之后，可得待测温度 T 为

$$T = \frac{c_2}{\lambda_e \ln\left\{\frac{I_{pr}}{I_p}\left[\exp\left(\frac{c_2}{\lambda_e T_r}\right) - 1\right] + 1\right\}} \qquad (5-40)$$

当 $\lambda_e T \ll c_2$ 时，利用维恩近似代替普朗克公式，则式(5-40)可近似为

$$T = \frac{c_2}{\lambda_e \ln\frac{I_{pr}}{I_p} + \frac{c_2}{T_r}} \qquad (5-41)$$

2. 标准辐射测温仪

对基准或标准测温仪，必须采用式(5-40)作为标定的基本公式；对一般用单波段测温仪，可采用简化的式(5-41)作为计算被测温度的基本公式。例如，根据式(5-41)，由两个温度点 T 及 T_r 相对应的 I_p 及 I_{pr}，可得到 λ_e 值为

$$\lambda_e = \frac{c_2\left(\frac{1}{T} - \frac{1}{T_r}\right)}{\ln\frac{I_{pr}}{I_p}} \qquad (5-42)$$

由式(5-40)或式(5-41)可知，只要知道测温仪的有效波长 λ_e 值，当用黑体标定测温

仪时，只要标定 T_r 一点的光电流值 I_{pr}，即可根据实测某温度时的光电流 I_p 计标出该点的温度值 T。

用黑体标定后的测温仪去直接测量实际物体的温度时，测得的是该物体的亮度温度 T_1，而不是真实温度 T。要得到真实温度 T，需设置该物体的光谱发射率 ε_λ。根据亮度温度的定义，由式(5-16)可得真实温度和亮度温度的关系为

$$T = \frac{c_2 T_1}{\lambda_e T_1 \ln\varepsilon_\lambda + c_2} \tag{5-43}$$

其中：λ_e 为亮度测温仪的有效波长；ε_λ 为物体的光谱发射率。

真实温度与亮度温度的差值同物体的光谱发射率及所选的波长有关。图 5-6 给出了各种光谱发射率下，$T-T_1$ 与波长之间的关系曲线。由图 5-6 可以看出：发射率对单波段测温仪读出的影响随波长的增大而增大；发射率越小，差值 $T-T_1$ 越大。因此，选择较短的工作波长对提高测温仪的测量准确性有利；另外，应尽量选择材料发射率较高的工作波段来测量材料温度。然而，物体发射率的准确测量相当复杂。发射率不但与材料的性质有关，而且与材料表面粗糙度及材料温度等因素有关，要准确测定材料发射率往往要在生产现场或模拟生产现场条件进行测量。

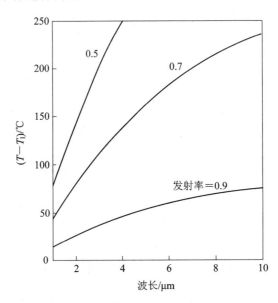

图 5-6　在 $T=1000℃$ 下，$T-T_1$ 与波长之间的关系曲线

对于单波段测温仪，工作波段的选择是非常重要的，通常应遵循以下原则：

(1) 就相对灵敏度而言，波长越短，相对灵敏度越高。由相对灵敏度 s 的定义式(5-17)可知：测温波长越短，相对灵敏度越高；温度越低，相对灵敏度越高。例如，当测温波长为 $1~\mu m$，温度为 $1000~K$ 时，$s=14.4$。相对灵敏度高时，目标发射率的变化引起的测温误差也小(因为发射率变化引起的目标亮度变化是线性的)。

(2) 虽然在大多数辐射测温情况下，主要应考虑相对灵敏度，但在测低温目标时，由于目标的辐射能量很小，在测温波段选择时应考虑让绝对灵敏度最大。将普朗克公式对温度求导数，并令 $\mathrm{d}L_{bb}(\lambda, T)/\mathrm{d}T=0$，可得

$$\lambda_0 T_0 = 2411 \quad (\mu m \cdot K) \tag{5-44}$$

由式(5-44)可以看出，在温度 T_0 处测量目标辐射亮度时，选择波长 $\lambda_0 = 2411/T_0$ 处测量，可得到最大的绝对辐射亮度变化。例如，在测室温 20℃附近目标的辐射温度时，选择 $\lambda = 8.2\ \mu m$ 附近波段测温，可得到最大的绝对灵敏度。

在低温辐射测温仪设计中，由于辐射能量很小，除考虑优选 λ_0 波段测温外，还应尽量扩展测温波段的宽度，以便探测器(常用热电堆)获取较大的信号，同时也应考虑大气在测温波段内有较高的透过率(所谓"大气窗口")，因此，综合考虑上述因素，选用 $8\sim12\ \mu m$ 波段作为低温辐射测温仪的优选波段。

(3) 测温波段应选择目标发射率较高的波段。不同目标，有不同的选择。例如，对于金属材料，其发射率一般随波长的减小而增加，因此测量金属温度时，选择短波长更有利。而对于大多数玻璃和某些陶瓷来讲，它们在短波(从可见光到 $2.6\ \mu m$ 近红外)是透明的(即发射率极小)，因而难以在短波长测温。而当波长大于 $3\ \mu m$ 后，玻璃的发射率很高，特别当波长大于 $5\ \mu m$ 后，玻璃的发射率接近于黑体。因此测量玻璃的辐射测温仪，工作波段选择大于 $3\ \mu m$，若大于 $5\ \mu m$ 则更好(但此波段辐射探测器灵敏度低甚至需制冷，因而价格高)。对塑料材料，它们大多数在可见光至近红外总体透明(发射率极低)，但在红外区有几个发射率很高的吸收波段，所以，测量塑料的温度应选择其吸收波段(此时发射率高)。

(4) 在大气中总是存在水蒸气、CO_2、O_3 等成分，这些成分有其特定的吸收带，因此，测温波段的选择应尽量避开这些吸收带。总体来讲，从可见光到 $2.8\ \mu m$ 近红外及 $3.0\sim5.0\ \mu m$ 和 $8\sim14\ \mu m$ 三个较宽波段内吸收带较少，被称为三个较宽的大气窗口。

下面针对一种典型的精密直流单波段辐射测温仪，介绍其构成和性能参数。该辐射测温仪的光学系统布置如图 5-7 所示，被测辐射源经物镜成像于视场光阑，视场光阑中心为小孔的反射镜，通过小孔的辐射经准直镜1、孔径光阑、滤光片、减光片、准直镜2会聚到探测器上。孔径光阑决定了测温仪的孔径比，因而测温值与目标距离无关。可转动的滤光片轮上有四个安装位置，可安装三个不同波长的滤光片，使光束单色化。减光片用于扩展测温上限(使探测器工作于线性区域)。

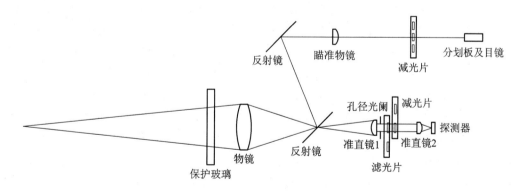

图 5-7 典型精密直流单波段辐射测温仪的光学系统

因为是实验室用精密仪器，仪器距目标的距离范围为 $0.3\sim2.5\ m$，距离系数约为 500(可测最小测量直径为 $0.75\ mm$，以满足温标传递中测钨带灯温度的应用)。考虑与国家基准在测量参数上相匹配，本仪器选用两个有效波长：一种有效波长为 $660\ nm$，主要在温标传递中应用；另一种为 $900\ nm$，利用它可以扩展测温下限至 600℃。改变有效波长是通过旋转滤光片来实现的。为了提高测温准确度，采用原地测定有效波长技术，以提高有效波长精度。同时利用固定点黑体炉，进行仪器定标。探测器选用量子效率高、噪声低、稳定性和线性度好的硅光电二极管。实验数据及分析表明：使用 660 nm 波长时，测温仪在 900℃ 以上，具有 0.01℃ 灵敏度，在 800℃～2000℃ 内不确定度为 1.0℃～2.0℃；使用 900 nm 波长时，测温仪在 700℃ 以上，具有 0.01℃ 灵敏度，量程范围为 600℃～2000℃。本仪器可把国际温标(ITS)从国家基准实验室传递到省、直辖市级计量标准实验室，因此，也可以称它为传递温标的标准测温仪。

上述标准测温仪虽然性能指标高，但价格贵，且体积较大，对使用环境要求严格，因此不适合工业应用。

3. 工业用辐射测温仪

工业用辐射测温仪的探测器，目前高温型大部分采用硅光电二极管。硅光电二极管的优点有：比探测率高，有利于制作小目标或远距离辐射测温仪(距离系数较大)；测温有效波长在 1 μm 左右，因而受水蒸气等吸收影响小；稳定性好；响应速度快(响应速度达纳秒级)；适合在常温下工作，在环境温度为 -20℃～80℃ 范围内均可正常工作，非常适合工业应用。硅光电二极管的主要不足是：工作波段在 1 μm 左右，因而使测温下限在 600℃ 左右，从而限制了它只能适用于高温辐射测温仪。对于测温下限在 200℃ 左右的中温辐射测温仪，主要选择铟镓砷(InGaAs)探测器。尽管铟镓砷的性能略次于硅光电二极管，但测量波段为 0.8～1.9 μm，峰值波长为 1.55 μm，因而能将测温下限延伸到 200℃ 左右。对于用途很广的低温辐射测温仪，探测器多采用热电堆。由于热电堆没有光谱选择性，因而常用 8～14 μm 大气窗口，对应的测温下限可达 -30℃ 左右。由于光谱通带太宽，因此它属于部分辐射测温仪(有效波长不能认为是固定的，λ_e 随被测温度值增加而略为变短)。

工业用辐射测温仪是应用最广泛的测温仪，可以做成在线式(探测头和二次仪表分开，适合生产线应用)，也可以做成便携式(探测头和二次仪表做成一体)。随着电子技术的发展，信号处理电路的集成度大幅度提高，在线式和便携式在制造难度上已经没有多大差异。

下面针对一种典型的便携式红外测温仪，介绍其原理、结构和性能。该测温仪的光学系统由测量和瞄准两部分组成，如图 5-8 所示。测量部分为定焦式，将被测目标的辐射能会聚在探测器上。高温(600℃～1800℃ 或 900℃～2500℃)辐射测温仪采用硅光电管作为探测器，测温波段 0.8～1.1 μm。由于波段较窄，它属于亮度法测温仪表，有效波长约为 0.9 μm。中温(0℃～1000℃)辐射测温仪采用薄膜热电堆作为探测器，测温波段为 8～14 μm。由于波段较宽，它属于部分辐射测温仪。探测器在接收到辐射能量后，输出电信号。电信号经前置放大器放大后通过模拟开关，经模/数转换后进入微机系统。微机系统根据内存程序将检测目标的相应温度值通过输入/输出接口，显示在液晶显示屏上。同时，环境温度检测器将检测到的环境温度信号输入到前置放大器，按微机指令通过模拟开关和模/数转换进入微机系统，微机系统根据内存程序对探测器的环境温度予以补偿。瞄准部分是 0.9 倍的直视式望远系统，具有视场大、出瞳远的特点，可清晰地寻找检测目标。该直视式望远系统由物镜、分划板、转像镜、场镜和目镜组成，利用反射镜等结构使测量部分和瞄准部分的光学系统处于同一光轴上，具有共同的视场，从而保证了瞄准的部分就是检测部分。可以通过功能选择键，依次选用下列各种功能：发射率 ε 的显示(并可通过发射率的递增键或递减键修改发射率）、瞬时温度测量和显示、峰值温度的测量和显示、谷值温度的测量和显示、平均温度的测量和显示。

该测温仪还具有模拟量输出插口，提供 0～1 V 线性分度的模拟量输出；同时具有外接电源插口，以便外接 DC9V 电源。

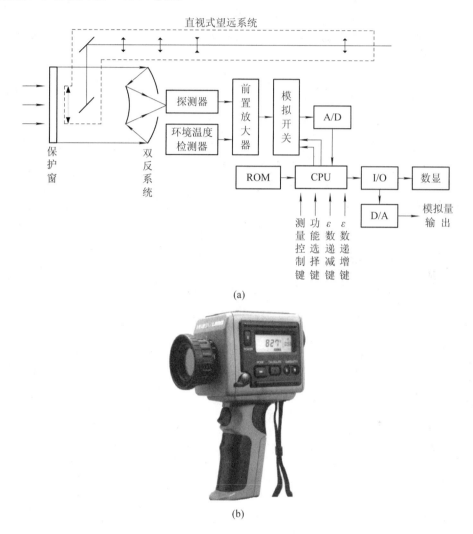

图 5 - 8　便携式红外测温仪示意图
（a）原理图；（b）外观图

5.4　辐射温度及全辐射测温仪

由斯蒂芬-玻耳兹曼定律可知，黑体单位面积全波长辐射功率（全辐射出射度）正比于其绝对温度的四次方，这一结论不仅对黑体是正确的，对灰体也成立（只需乘该物体的总发射率 ε）。利用全辐射出射度测量目标温度的方法称为全辐射法，其测温仪称为全辐射测温仪。

5.4.1 辐射温度的定义和测温仪定标

当实际物体(非黑体)的全辐射出射度与黑体的全辐射出射度相等时,该黑体的温度称为实际物体的辐射温度。

由式(5-2)可知,如果测温仪光学系统的光谱透过率 $\tau_o(\lambda)$ 为常量(或在很宽的光谱范围内为常量),且探测器的光谱响应度不具有光谱选择性(如热探测器),则在全光谱范围内($\lambda_1=0\sim\lambda_2=\infty$)或在很宽的光谱范围内,如图5-4(c)所示,对已知温度 T_0 的黑体进行测量时,可通过输出信号 $S_b(T_0)$ 来确定系统的响应度 R_{sysi},即完成测温仪的定标。由于 R_{sysi} 为常数,因此在整个测温范围内,系统的响应输出与其全辐射出射度 $M_{bb}(T)=\sigma T^4$ 具有线性关系,如图5-9所示。

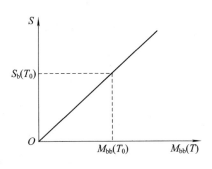

图5-9 全辐射法测温仪的定标

由式(5-3)可知

$$S = M(T)R_{sysi} \tag{5-45}$$

5.4.2 辐射温度与真温的关系

设物体的真实温度为 T,总发射率为 ε,此时该物体的全辐射出射度 $M(T)=\varepsilon\sigma T^4$,当全辐射测温仪对准该物体进行测量时,系统输出信号应为

$$S(T) = M(T)R_{sysi} = \varepsilon\sigma T^4 R_{sysi} \tag{5-46}$$

根据定义,当该物体的全辐射出射度 $M(T)$ 与温度 T_r 下的黑体全辐射出射 $M_{bb}(T_r)$ 相等时,这一黑体温度 T_r 就称为物体的辐射温度。因此,由式(5-45)可知,当测温仪对准处于温度 T_r 的黑体进行测量时,系统输出信号应为

$$S_b(T_r) = M_{bb}(T_r)R_{sysi} = \sigma T_r^4 R_{sysi} \tag{5-47}$$

此时,有

$$S(T) = S_b(T_r) \tag{5-48}$$

即

$$\varepsilon\sigma T^4 = \sigma T_r^4 \tag{5-49}$$

可得

$$T_r = T\varepsilon^{1/4} \tag{5-50}$$

式(5-50)表明了辐射温度 T_r 与真实温度 T 之间的关系。

5.4.3 全辐射测温仪的性能

根据全辐射法的定义及式(5-50)可知,全辐射法的相对灵敏度为

$$s = \frac{dL_{bb}(\lambda,T)/L_{bb}(\lambda,T)}{dT/T} = 4 \tag{5-51}$$

表观温度与真实温度的偏差为

$$\frac{\Delta T_r}{T} = \frac{T-T_r}{T} = 1-\varepsilon^{1/4} \tag{5-52}$$

发射率误差引起表观温度误差为

$$\frac{\mathrm{d}T_r}{T_r} = \frac{1}{4}\frac{\mathrm{d}\varepsilon}{\varepsilon} \tag{5-53}$$

对于任何实际物体，其总全发射率总是小于 1 的正数，因此，由式(5-50)可以看出，辐射温度总是小于真实温度，即 $T_r < T$。ε 越接近于 1，物体的辐射温度越接近其真实温度。在 $\varepsilon = \varepsilon_{\lambda_e}$ 的情况下，辐射温度对真实温度的偏离要比亮度温度对真实温度的偏离大得多。

5.4.4 典型全辐射测温仪

全辐射测温仪通常采用热探测器，如热电偶、热敏电阻、热释电探测器等，因为它们可以提供一个很宽的光谱工作区域。若在热探测器前设置反射式物镜，并选用 ZnS(硫化锌)等宽波段红外窗口，其光谱通带常为 $0.4\sim20~\mu\mathrm{m}$，则包含了常见温度范围的绝大部分辐射能，基本上可称为全辐射测温仪。但大部分工业上采用的辐射测温仪，从价格上考虑会采用透镜作为物镜。由于普通光学玻璃透镜大约只能透过 $0.4\sim2.5~\mu\mathrm{m}$ 波段辐射能，不能透过全部波长的辐射能，所以所谓"全"辐射测温仪，实际上并不全，但只要接收了该温度范围内黑体辐射的大部分能量，则按全辐射测温理论进行处理不会带来很大误差(全辐射测温仪的精度等级均在 1% 以下，常见的精度等级为 1.5%、2.0% 和 2.5% 等)。

典型的全辐射测温仪的工作原理如图 5-10 所示，被测目标的辐射能经过透镜聚焦在热探测器(热电堆)的受热区上。受热区上有许多由串联的微热电偶构成的热电堆，受热区将接收到的辐射能转变为热能，而使受热区的温度升高。热电堆对受热区的温度敏感而产生相应电压信号。

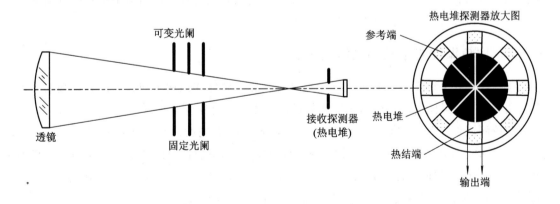

图 5-10 全辐射测温仪工作原理示意图

热电堆所产生的信号电压与热结端和冷结端(即参考端)的温度差成比例，则全辐射测温仪的输出电压 U 与测量目标温度 T 的四次方成正比，即

$$U = kT^4 \tag{5-54}$$

式中，k 为比例常数。

全辐射测温仪也是用黑体进行标定的。用全辐射测温仪测量实际目标时，直接测得的是目标的辐射温度 T_r，要得到目标的真实温度 T，同样需要设置目标的发射率 ε，并根据

式(5-50)求取目标的真实温度。

全辐射测温仪的主要优点是：结构简单，价格便宜；坚固耐用，稳定性好，能可靠地在工业现场工作；可进行自动测量记录，并进一步实现自动控制。全辐射测温仪尤其在高温测量而且材料发射率较高时有一定优越性，因此在工业上得到了较广泛的应用。

全辐射测温仪的主要缺点是：辐射温度与真实温度偏差较大，尤其对于材料是低发射率的情况；由于测温波段太宽，中间介质（如空气中的水蒸气、CO_2 等）吸收辐射能，对测量结果影响大，带来不确定性。因此，全辐射测温仪不适用于测量低发射率目标的温度。

全辐射测温仪表，虽然理论上不十分严格（严格地讲，不存在严格的全辐射测温仪），精度也不高（一般低于 1‰），但由于价格便宜，所以在生产线上自动测量或控制温度，较广泛地应用于工业生产。

5.5 比色温度及比色测温仪

前面介绍的亮度温度和全辐射温度以及相应的测温仪，它们可测出目标的亮度温度和全辐射温度。如果需要测量目标的真实温度，需设置目标的光谱发射率或总发射率（简称发射率）。然而，手册上给出的目标发射率数值与实际目标发射率数值可能存在较大差别，实际测量发射率的准确数值又相当复杂，这给测量真实温度带来不确定性。

利用两个波长处的辐射亮度比进行比色温度（简称色温）测量的方法称为比色法，相应的测温仪称为比色测温仪。比色测温仪在一定程度上解决了发射率不确定性影响，只要两个测温波段选择适当，很多材料的比色温度就接近其真实温度。特别是当材料的发射率在两个测温波段相等时，比色温度就等于真实温度。

5.5.1 比色温度的定义和测温仪定标

实际物体在某两个波长处的光谱辐射亮度之比与黑体在该两个波长处的光谱辐射亮度之比相等时，该黑体的温度称为实际物体的比色温度，简称色温。

比色测温仪是利用被测目标两个不同波长光谱辐射亮度之比实现辐射测温的，如图 5-4(d)所示。与亮温测温仪一样，比色测温仪也使用黑体进行定标。如图 5-11 所示，设温度为 T_0（如 1000 K）的黑体在波长 λ_{e1} 和 λ_{e2} 处的光谱辐射亮度为 $L_{bb}(\lambda_{e1}, T_0)$ 和 $L_{bb}(\lambda_{e2}, T_0)$，由式(5-10)可知，在波长 λ_{e1} 和 λ_{e2} 处对该黑体进行测量时，有

$$S_b(\lambda_{e1}, T_0) = L_{bb}(\lambda_{e1}, T_0) R_{sysi}(\lambda_{e1}) \Delta\lambda \qquad (5-55)$$

$$S_b(\lambda_{e2}, T_0) = L_{bb}(\lambda_{e2}, T_0) R_{sysi}(\lambda_{e2}) \Delta\lambda \qquad (5-56)$$

因此，有

$$\frac{S_b(\lambda_{e1}, T_0)}{S_b(\lambda_{e2}, T_0)} = \frac{L_{bb}(\lambda_{e1}, T_0) \Delta\lambda}{L_{bb}(\lambda_{e2}, T_0) \Delta\lambda} \frac{R_{sysi}(\lambda_{e1})}{R_{sysi}(\lambda_{e2})} \qquad (5-57)$$

由式(5-57)和图 5-11 可知，由于系统光谱响应度在 λ_{e1} 和 λ_{e2} 处是确定的，则 $C = R_{sysi}(\lambda_{e1})/R_{sysi}(\lambda_{e2})$ 为常数；同时，由于 $L_{bb}(\lambda_{e1}, T_0)\Delta\lambda = A_1$，$L_{bb}(\lambda_{e2}, T_0)\Delta\lambda = A_2$，令

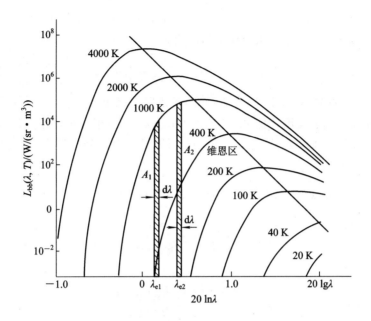

图 5-11 黑体光谱辐亮度分布示意图

$$B_b(\lambda_{e1},\lambda_{e2};T_0) = \frac{A_1}{A_2} = \frac{L_{bb}(\lambda_{e1},T_0)\Delta\lambda}{L_{bb}(\lambda_{e2},T_0)\Delta\lambda} \tag{5-58}$$

其中，$B_b(\lambda_{e1},\lambda_{e2};T_0)$ 为图 5-11 中两条矩形面积 A_1、A_2 之比。因此，有

$$\frac{S_b(\lambda_{e1},T_0)}{S_b(\lambda_{e2},T_0)} = B_b(\lambda_{e1},\lambda_{e2};T_0)C \tag{5-59}$$

由式（5-59）可知，对已知温度 T_0 的黑体进行测量时，通过输出信号比 $S_b(\lambda_{e1},\lambda_{e2};T_0)=$ $S_b(\lambda_{e1},T_0)/S_b(\lambda_{e2},T_0)$，即可确定系统的响应度比 $R_{sysi}(\lambda_{e1})/R_{sysi}(\lambda_{e2})$，从而完成测温仪的定标，如图 5-12 所示。由于 C 为常数，因此在整个测温范围内，系统的响应输出 $S(\lambda_{e1},\lambda_{e2};T)=S(\lambda_{e1},T)/S(\lambda_{e2},T)$ 与其辐射亮度比 $B(\lambda_{e1},\lambda_{e2};T)=L(\lambda_{e1},T)\Delta\lambda/L(\lambda_{e2},T)\Delta\lambda$ 具有线性关系，即

$$S(\lambda_{e1},\lambda_{e2};T) = B(\lambda_{e1},\lambda_{e2};T)C \tag{5-60}$$

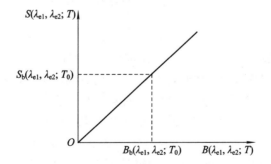

图 5-12 比色温度测温仪的定标

5.5.2 比色温度与真温的关系

设物体的真实温度为 T，在波长 λ_{e1} 和 λ_{e2} 处的发射率分别为 $\varepsilon_{\lambda_{e1}}$ 和 $\varepsilon_{\lambda_{e2}}$，光谱辐射亮度分

别为 $L(\lambda_{e1},T)=\varepsilon_{\lambda_{e1}}L_{bb}(\lambda_{e1},T)$ 和 $L(\lambda_{e2},T)=\varepsilon_{\lambda_{e2}}L_{bb}(\lambda_{e2},T)$。当比色测温仪对准该物体且在波长 λ_{e1} 和 λ_{e2} 处进行测量时，系统输出信号应为

$$S(\lambda_{e1},\lambda_{e2};T) = B(\lambda_{e1},\lambda_{e2};T)C = \frac{L(\lambda_{e1},T)}{L(\lambda_{e2},T)}C = \frac{\varepsilon_{\lambda_{e1}}L_{bb}(\lambda_{e1},T)}{\varepsilon_{\lambda_{e2}}L_{bb}(\lambda_{e2},T)}C \qquad (5-61)$$

根据定义，当该物体在波长 λ_{e1} 和 λ_{e2} 处的光谱辐射亮度比值 $L(\lambda_{e1},T)/L(\lambda_{e2},T)$ 与温度 T_s 下的黑体光谱辐射亮度比值 $L_{bb}(\lambda_{e1},T_s)/L_{bb}(\lambda_{e2},T_s)$ 相等时，这一黑体温度 T_s 就称为物体的比色温度。因此，由式(5-60)可知，当测温仪对准处于温度 T_s 的黑体进行测量时，系统输出信号应为

$$S_b(\lambda_{e1},\lambda_{e2};T_s) = B_b(\lambda_{e1},\lambda_{e2};T_s)C = \frac{L_{bb}(\lambda_{e1},T_s)}{L_{bb}(\lambda_{e2},T_s)}C \qquad (5-62)$$

此时，有

$$S(\lambda_{e1},\lambda_{e2};T) = S_b(\lambda_{e1},\lambda_{e2};T_s) \qquad (5-63)$$

可得

$$\frac{\varepsilon_{\lambda_{e1}}L_{bb}(\lambda_{e1},T)}{\varepsilon_{\lambda_{e2}}L_{bb}(\lambda_{e2},T)} = \frac{L_{bb}(\lambda_{e1},T_s)}{L_{bb}(\lambda_{e2},T_s)} \qquad (5-64)$$

将维恩近似代入，可得

$$\frac{1}{T}-\frac{1}{T_s} = \frac{\ln\dfrac{\varepsilon_{\lambda_{e1}}}{\varepsilon_{\lambda_{e2}}}}{c_2\left(\dfrac{1}{\lambda_{e1}}-\dfrac{1}{\lambda_{e2}}\right)} \qquad (5-65)$$

比色温度与真实温度之间的关系式(5-65)可以写为

$$T_s = \frac{c_2 T}{c_2 - T\lambda_{e1,e2}\ln\dfrac{\varepsilon_{\lambda_{e1}}}{\varepsilon_{\lambda_{e2}}}} \qquad (5-66)$$

或

$$T_s = \left(\frac{1}{T}-\frac{\lambda_{e1,e2}}{c_2}\ln\frac{\varepsilon_{\lambda_{e1}}}{\varepsilon_{\lambda_{e2}}}\right)^{-1} \qquad (5-67)$$

式(5-66)和式(5-67)中，$\lambda_{e1,e2}$ 为比色测温仪的等效波长，即

$$\frac{1}{\lambda_{e1,e2}} = \frac{1}{\lambda_{e1}}-\frac{1}{\lambda_{e2}} \qquad (5-68)$$

由式(5-65)可以看出比色温度与真实温度之间的关系：

(1) 当 $\varepsilon_{\lambda_{e1}}=\varepsilon_{\lambda_{e2}}$，即物体为灰体时，式(5-65)的右侧等于零，从而 $T_s=T$。也就是说，灰体的比色温度等于它的真实温度。当然，绝对灰体在自然界中是不存在的。

(2) 当 $\lambda_{e1}<\lambda_{e2}$，$\varepsilon_{\lambda_{e1}}>\varepsilon_{\lambda_{e2}}$ 时，即物体的光谱发射率随波长的增大而减小的情况，大多数金属材料属于这种情况，此时 $\ln(\varepsilon_{\lambda_{e1}}/\varepsilon_{\lambda_{e2}})>0$，因此，这类物体的比色温度 T_s 大于它的真实温度 T，即 $T_s>T$。这一特点与上述的辐射温度和亮度温度不同，即它们均小于真实温度，而比色温度有可能大于真实温度。

(3) 当 $\lambda_{e1}<\lambda_{e2}$，$\varepsilon_{\lambda_{e1}}<\varepsilon_{\lambda_{e2}}$ 时，即物体的光谱发射率随波长增大而增大的情况，大多数非金属材料包括金属氧化物属于这种情况，此时 $\ln(\varepsilon_{\lambda_{e1}}/\varepsilon_{\lambda_{e2}})<0$，因此，这类物体的比色温度小于它的真实温度，即 $T_s<T$。

（4）由比色温度求真实温度时，没有必要知道发射率的绝对值，只要知道在两个波长下发射率的比值。这一点很重要，因为测量光谱发射率的比值，要比测量光谱发射率的绝对值简单，而且准确。

5.5.3 测温仪的性能

同样，经过与单波段测温仪类似的换算，可得出比色测温仪的相对灵敏度为

$$s = \frac{\mathrm{d}\left[L_{bb}(\lambda_{e1},T)/L_{bb}(\lambda_{e2},T)\right]/\left[L_{bb}(\lambda_{e1},T)/L_{bb}(\lambda_{e2},T)\right]}{\mathrm{d}T/T} = \frac{c_2}{\lambda_{e1,e2}T} \qquad (5-69)$$

表观温度与真实温度的偏差为

$$\frac{\Delta T_s}{T} = \frac{T-T_s}{T} = \frac{\lambda_{e1,e2}T_c}{c_2}\ln\frac{\varepsilon_{\lambda_{e1}}}{\varepsilon_{\lambda_{e2}}} \qquad (5-70)$$

发射率误差引起表观温度误差为

$$\frac{\mathrm{d}T_s}{T_s} = \frac{\lambda_{e1,e2}T_s}{c_2}\frac{\mathrm{d}(\varepsilon_{\lambda_{e1}}/\varepsilon_{\lambda_{e2}})}{\varepsilon_{\lambda_{e1}}/\varepsilon_{\lambda_{e2}}} \qquad (5-71)$$

将式(5-69)与单波段测温仪的式(5-17)比较，可认为比色测温仪相当于等效波长为 $\lambda_{e1,e2}$ 的单波段测温仪。根据单波段测温仪的结论可知，比色测温仪的灵敏度低于单波段测温仪，因为 $\lambda_{e1,e2}$ 总是大于 λ_{e1} 和 λ_{e2}，例如，当 $\lambda_{e1}=0.95\ \mu m$，$\lambda_{e2}=1.55\ \mu m$ 时，$\lambda_{e1,e2}=2.5\ \mu m$。由于比色测温仪灵敏度较低，故不适用于实验室精密测量。而在工作现场，特别在中间气体介质吸收较大而且波动变化的情况下，应用比色测温仪往往会非常方便。因为辐射能量的衰减在两个波长相等时，中间介质的干扰不会影响它们之间的比值，因而不会影响比色温度。

在色温的测量中，波长 λ_{e1} 与 λ_{e2} 选择适当时，绝大多数物体的色温要比其亮度温度及全辐射温度更接近于它们的真实温度。比色测温仪的两个测量波段之间的间隔选择很有讲究。当两个波段间隔选择较近时，灵敏度会较低；增加两个波段间隔会增大灵敏度；但间隔增大可能会导致在两个波段下，材料光谱发射率的差异增大，从而导致较大的测量误差。此外，在选择测量波段时，应考虑中间介质不能对两个测量波段有选择吸收，否则会造成很大的测量误差。当然，两个测量波段的选择还要考虑光电探测器应在这两个波段均有足够的灵敏度。总之，比色测温仪的两个测量波段的选择，要兼顾上述诸因素，综合平衡进行优选。

5.5.4 典型比色测温仪

比色测温仪在结构上按探测器的个数分为单通道型和双通道型。使用一个探测器时，目标辐射经两个不同的滤光片，依次入射到同一探测器上，这种结构属单通道型。使用两个探测器时，目标辐射被分光后，分别通过各路的滤光片，入射到两个探测器上，这种结构属双通道型。对于单通道型，按光路数量，又分为单光路和双光路两种。对于双通道型，按信号是否被调制，又分为无光调制和有光调制两种。上述各类比色测温仪的基本结构见表5-1。

无论哪种类型的比色测温仪，都要计算两个光谱辐射亮度的比值。早期的比色测温仪，常用模拟电子线路实现比值运算；如今带有微处理器的比色测温仪，则通过软件直接计算比值并进行线性化处理。

表 5-1 比色测温仪的基本结构和工作原理

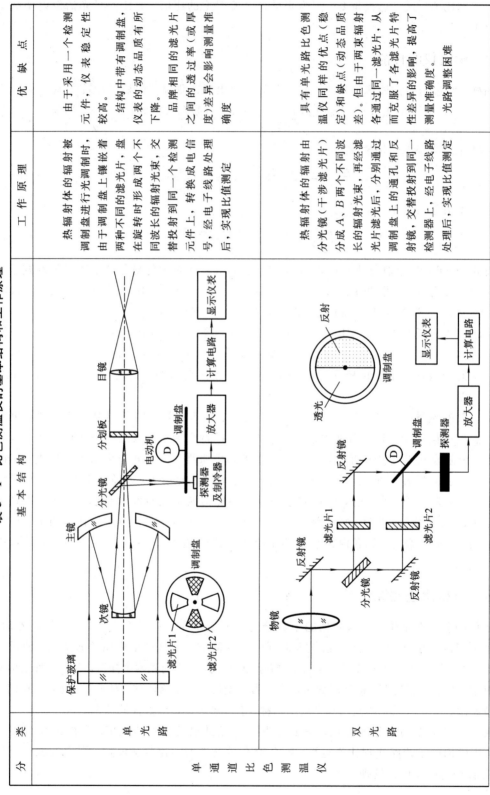

分类		基本结构	工作原理	优缺点
单通道比色测温仪	单光路	（见图）	热辐射体的辐射被调制盘进行光调制时，由于调制盘上镶着两种不同的滤光片，盘在旋转时形成两个不同波长的辐射光束，交替投射到同一个检测元件上，经电子线路转换成电信号，转换成电信号，经电子线路处理后，实现比值测定	由于采用一个检测元件，仪表稳定性较高。结构中带有调制盘，仪表的动态品质有所下降。同品牌相同的滤光片（或厚度）之间的透过率差异会影响测量准确度
	双光路	（见图）	热辐射体的辐射由分光镜（干涉滤光片）分成 A、B 两个不同波长的辐射光束，分别通过滤光片后，再经调制盘上的通孔和反射镜，交替投射到同一检测器上，实现比值线路处理后，实现比值测定	具有单光路比色测温仪同样的优点（稳定性质定）和缺点（动态品质差）。但由于两束辐射各通过同一滤光片，从而克服了各滤光片特性差异的影响，提高了测量准确度。光路调整困难

分类	类	基本结构	工作原理	优缺点
双通道比色测温仪	无光调制	反射镜、倒像镜、目镜、分光板、分光镜、红外光滤光片、硅光电二极管E_2、可见光滤光片、硅光电二极管E_1、场镜、物镜、光阑	利用分光镜（干涉滤光片或棱镜），将被测目标的辐射分成不同波长的辐射，投射到两个检测元件上，根据两个元件转换的电信号之比，测定热辐射体的温度	结构简单；动态品质高。由于双元件性能不可能完全对称，因此，测量准确度及稳定性较差
	带光调制	调制盘、计算电路、显示仪表、放大器、探测器1、滤光片1、D、调制盘、反射镜、分光棱镜、反射镜、滤光片2、探测器2、物镜	热辐射体的辐射由反射镜（或反射棱镜）分光和反射镜反射后，形成两束辐射，通过带通孔的调制盘同步旋转调制（两束辐射同步调制），然后投射到两个不同滤光片的元件转换上，根据两个元件转换的电信号之比，测定热辐射体的温度	结构简单。动态品质比无光调制的低，测量准确度及稳定性较差

下面选取两种典型的比色测温仪进行讨论。

1. 单通道-单光路比色测温仪

单通道-单光路比色测温仪的光学系统如表 5-1 所示。物镜采用格氏反射物镜，焦距 $f=302$ mm，通光口径（入射瞳孔）约 $\phi=25$ mm。测温目标对应的视场角约为 3 mrad，即当目标距测温仪 1 m 时，对应目标的线度尺寸约为 3 mm。探测器选用 PbS，其响应波长范围为 $0.6\sim3$ μm。两个工作波段由两块干涉滤光片决定，分别为 $1.5\sim1.6$ μm 及 $2.3\sim2.4$ μm。两块干涉滤光片镶嵌在调制盘上，由电动机直接带动调制盘进行辐射调制。由于普通光学玻璃能透过 2.6 μm 以内辐射，所以保护玻璃窗等光学零件用普通光学玻璃。

当 PbS 光敏电阻接收到经过调制的热辐射后，阻值发生变化，转换成电压信号，输入到前置放大器，经放大和自动增益控制后，送给比值运算器进行比值计算。由于比值信号与颜色温度之间呈非线性关系，所以比值运算后输出的信号还需经线性化处理，再送到表头指示目标温度。

调制盘上装有两个高度不等的钢针，分别与两个磁头相对应。当调制盘旋转时，两个钢针分别切割磁力线，产生两个同步脉冲，控制两个门电路，用以分离两个波段的电信号。

比位运算的原理是进行恒压处理，即由门电路发出的同步信号将两个波段的信号分开，其中之一控制交流放大器的放大倍数，使电压高的大信号保持恒定。于是两个信号之差就代表了两个信号的比值，仅与两个信号的真实比值相差一个常数。

2. 双通道-无光调制比色测温仪

双通道-无光调制比色测温仪的光学系统如表 5-1 所示。探测器选用寿命长、稳定性好、输出信号大，而且不要外接电源的硅光电二极管。所选定的工作波长分别为 $\lambda_1=0.8$ μm 和 $\lambda_2=1.0$ μm。由于硅光电二极管的光谱响应范围限在 $0.4\sim1.2$ μm，峰值波长在 0.9 μm 左右，实现低温探测比较困难，因此该测温仪的下限取 800℃。

目标的热辐射经物镜成像在光阑上，光阑的中心开有小孔，为测温区。通过小孔的辐射经场镜准直成平行光投射到分光镜上，分光镜使长波（红外）部分透过，将短波（可见）部分反射，长波部分和短波部分分别由带有红外和可见滤光片的硅光电二极管所接收，并转换为电信号。光阑边缘部分镀有反射膜，将入射光线的一部分反射到另一反射镜上，这部分光再经过倒像镜和目镜供人眼瞄准。

该比色测温仪的测量线路如图 5-13 所示，测量线路是用电子电位差计改装而成的。在测温时，继电器 K 处于 2 位置。硅光电二极管 E_1 和 E_2 输出电流，在各自的负载电阻上产生相应的电压信号 U_{λ_1}、U_{λ_2}。$U_{\lambda_1}\neq U_{\lambda_2}$，测量电桥失去平衡，$U_{\lambda_1}$ 和 U_{λ_2} 的差值信号传输给放大器放大，放大器输出驱动可逆电机 D 带动滑线电阻 R_6 上的滑动触点移动，同时带动显示仪表指针移动，直到 $U_{\lambda_1}=U_{\lambda_2}$。这时，指针在温度标尺上所指示的刻度就是目标的比色温度。当继电器处于位置 1 时，仪表指针回零。

该比色测温仪需设指针回零结构，否则当目标离开测温仪视场后，热辐射能量极小，无信号输入显示仪表，指针不是停留不动就是受外界干扰而来回移动，给人以错觉，因此必须有回零机构。回零机构的工作原理是：当高温目标进入测温仪视场时，利用回零信号接收器（硅光电二极管）接收反光镜的反射光，输出电信号，经放大后使继电器 K 通电，触

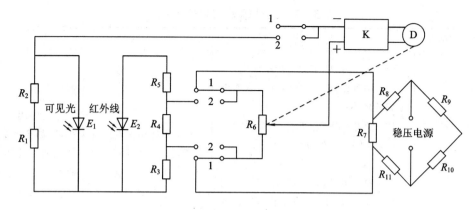

图 5-13　比色测温仪的测量线路

点吸合而处于测量位置；当测温仪视场内无高温目标时，回零信号接收器无光照，无信号输出，继电器处于释放位置，触点处于回零位置，指针返回机械零位。

5.6　三种辐射测温方法的比较

前面几节已经介绍了辐射测温的三种基本方法，用这三种方法可分别测出物体的亮度温度、全辐射温度和比色温度，基于这三种方法的测温仪分别称为亮度测温仪（也称单波段测温仪）、全辐射测温仪和比色测温仪。这三种基本方法的表观温度数学表达式及相对灵敏度等特点的比较见表 5-2，各种方法的优缺点及用途见表 5-3。

表 5-2　三种基本方法的表观温度数学表达式及相对灵敏度等特点比较

方法 / 项目	亮度法	全辐射法	比色法
基本公式	$\varepsilon_{\lambda_e} L_{bb}(\lambda_e, T) = L_{bb}(\lambda_e, T_1)$	$\varepsilon \sigma T^4 = \sigma T_r^4$	$\dfrac{\varepsilon_{\lambda_{e1}} L_{bb}(\lambda_{e1}, T)}{\varepsilon_{\lambda_{e2}} L_{bb}(\lambda_{e2}, T)} = \dfrac{L_{bb}(\lambda_{e1}, T_s)}{L_{bb}(\lambda_{e2}, T_s)}$
表观温度与真实温度的关系	$\dfrac{1}{T_1} - \dfrac{1}{T} = \dfrac{\lambda_e}{c_2} \ln \dfrac{1}{\varepsilon_{\lambda_e}}$	$T_r = T \varepsilon^{1/4}$	$\dfrac{1}{T} - \dfrac{1}{T_s} = \dfrac{\ln \dfrac{\varepsilon_{\lambda_{e1}}}{\varepsilon_{\lambda_{e2}}}}{c_2 \left(\dfrac{1}{\lambda_{e1}} - \dfrac{1}{\lambda_{e2}} \right)}$
相对灵敏度	$s = \dfrac{dL_{bb}(\lambda_e, T)/L_{bb}(\lambda_e, T)}{dT/T} = \dfrac{c_2}{\lambda_e T}$	$s = \dfrac{\dfrac{dL_{bb}(\lambda_e, T)}{L_{bb}(\lambda_e, T)}}{dT/T} = 4$	$s = \dfrac{d\left[\dfrac{L_{bb}(\lambda_{e1}, T)/L_{bb}(\lambda_{e2}, T)}{L_{bb}(\lambda_{e1}, T)/L_{bb}(\lambda_{e2}, T)} \right]}{dT/T}$ $= \dfrac{c_2}{\lambda_{e1,e2} T}$
表观温度与真实温度的偏差	$\dfrac{\Delta T_1}{T} = \dfrac{T - T_1}{T} = \dfrac{\lambda_e T_1}{c_2 \ln(1/\varepsilon_{\lambda_e})}$	$\dfrac{\Delta T_r}{T} = \dfrac{T - T_r}{T} = 1 - \varepsilon^{1/4}$	$\dfrac{\Delta T_s}{T} = \dfrac{T - T_s}{T} = \dfrac{\lambda_{e1,e2} T_c}{c_2} \ln \dfrac{\varepsilon_{\lambda_{e1}}}{\varepsilon_{\lambda_{e2}}}$
发射率误差引起表观温度误差	$\dfrac{dT_1}{T_1} = \dfrac{\lambda_e T_1}{c_2} \dfrac{d\varepsilon_{\lambda_e}}{\varepsilon_{\lambda_e}}$	$\dfrac{dT_r}{T_r} = \dfrac{1}{4} \dfrac{d\varepsilon}{\varepsilon}$	$\dfrac{dT_s}{T_s} = \dfrac{\lambda_{e1,e2} T_s}{c_2} \dfrac{d(\varepsilon_{\lambda_{e1}}/\varepsilon_{\lambda_{e2}})}{\varepsilon_{\lambda_{e1}}/\varepsilon_{\lambda_{e2}}}$

表 5 - 3 三种辐射测温仪的比较

名　　称	优　　点	缺　　点	用　　途
亮度(光电)测温仪	(1) 结构简单，轻巧，价格便宜； (2) 灵敏度高，亮度温度与真实温度偏差较小； (3) 发射率误差影响亮度温度较小； (4) 中间介质吸收影响较小； (5) 采用红外探测器扩展测温范围，测温下限可达−50℃； (6) 可自动测量、自动记录、自动控制； (7) 采用微处理器后，实现多功能、智能化	(1) 不适用测量低发射率物体的温度； (2) 所选波长应避开中间介质的吸收带	广泛应用于工业生产(如金属冶金、热处理、轧钢、陶瓷焙烧)、科研及计量标准进行量值传递
全辐射测温仪	(1) 结构简单，价格较低； (2) 稳定性较好，可靠性较高； (3) 可自动测量、自动记录、自动控制； (4) 在测量高温时有一定优越性	(1) 辐射温度与真实温度偏差较大； (2) 中间介质吸收和发射率误差对测量结果影响较大； (3) 不适用测量低发射率物体的温度	广泛应用于工业生产(如金属冶金、热处理、轧钢、陶瓷焙烧)、科研及计量标准进行量值传递
比色测温仪	(1) 比色温度接近真实温度； (2) 发射率误差及中间介质非选择性吸收对测量结果的影响小； (3) 可自动测量、自动记录、自动控制	(1) 结构复杂，价格较高； (2) 中间介质吸收测温仪一个波段时，仪器无法正常工作	适用钢铁、冶金工业及发射率较低的物体温度测量，如铝以及其他光滑的金属表面； 适用于光路上有中性吸收介质的场合

为了便于理解和有定量概念，补充讨论如下：

(1) 相对灵敏度。全辐射法的相对灵敏度为常数 4。亮度法的相对灵敏度高(但随着温度、波长的增长而降低)。如取 $\lambda_e = 1\ \mu m$，在 $T = 1000\ K$ 时，$s = 14.4$；$T = 2000\ K$ 时，$s = 7.2$。比色法的相对灵敏度最低，且温度增加时相对灵敏度进一步降低。例如取 $\lambda_{e1} = 1.65\ \mu m$，$\lambda_{e2} = 2.35\ \mu m$，在 $T = 1000\ K$ 时，$s = 2.5$；在 $T = 20\ 000\ K$ 时，$s = 1.3$。

(2) 表观温度与真实温度偏差。全辐射温度与真实温度差别最大，特别对金属，由于发射率低，影响更大，如 $\varepsilon = 0.35$ 时，$\Delta T_r = 23\%$。亮度温度与真实温度偏差较小，如 $\varepsilon = 0.5$，$\lambda_e = 1\ \mu m$，$T = 1000\ K$ 时，$\Delta T_l / T = 7.3\%$。一般而言，比色温度接近真实温度。

(3) 发射率误差引起的表观温度误差。由于发射率是温度、波长、表面状态及辐射方向的函数，准确测量相当困难，在大多数情况下是设定发射率(根据发射率表格或事先测定的发射率)，求出真实温度。设定的发射率与测量当时情况下的发射率会有较大误差，因此分析发射率误差的影响十分重要。由表 5-2 可以看出：全辐射法发射率误差影响最大，例如，$d\varepsilon/\varepsilon=10\%$ 时，$dT_r/T_r=2.5\%$；亮度法发射率误差影响较小，例如，$d\varepsilon/\varepsilon=10\%$，$\lambda_e=1\ \mu m$，$T_1=1000\ K$ 时，$dT_1/T_1=0.69\%$；比色法发射率影响最小，这是由于比色温度误差正比两个波长的发射率比值的误差（与发射率绝对值无关），而测量光谱发射率的比值比测量发射率的绝对值准确和简便。

亮度法是辐射测量中最重要的方法。该方法应用历史最长，测量灵敏度高，亮度温度与真实温度偏差小，发射率误差影响也小，引入有效波长概念后，在理论上十分严格，因此，在工业生产、科学研究以及计量基准和标准的传递中被广泛应用。采用亮度法时，必须用人眼进行亮度平衡，因此容易带有主观误差，同时无法实现自动记录、控制和调节；受人眼限制，测量下限为 800℃。近 60 年来迅速发展的光电高温计，以光电元件代替人眼进行测量，可以克服上述缺点，而且光电元件的光谱范围比人眼宽，因而可以扩展测温范围、与滤光片配合，可以优选测温的波段（如避开水蒸气、二氧化碳等吸收带），使测温仪更合适于工业恶劣环境下测温。20 世纪 70 年代以后，又进一步将微处理器应用于光电高温计，使仪器测量准确度提高、功能增加、量程扩展（能自动切换量程）、成本降低，仪器更加智能化和小型化，因而应用更加广泛。在辐射测温领域，目前和今后一段时间内，基于亮度法原理的光电测温仪表在计量量值的传递和工业应用方面仍起主导作用。

全辐射测温仪也是应用较广泛的测温仪表。特别是简易式全辐射测温仪，其结构简单、价格便宜，使用方便，可以连续测量、记录和实现自动控制，因而广泛用于工业中；但由于波段较宽，不可避免地受水蒸气、二氧化碳、烟雾等中间吸收介质的影响，同时为了测真实温度，受发射率设置误差影响较大。总之，全辐射测温仪的价格便宜，受发射率与中间吸收介质影响大，在测量高温时有优越性。

比色法测温有许多优点：

（1）大多数物体的比色温度比亮度温度和全辐射温度更接近真实温度。特别当实际物体接近灰体时，可以认为实际物体的颜色温度等于其真实温度。

（2）比色法测温受被测物体光谱发射率影响小，针对被测物体的辐射特性，以及中间吸收介质的光谱吸收特性，合理选择两个工作波段，可以大大减小因被测体光谱发射率变化而引起的误差，以及中间吸收介质的影响。

（3）与光电高温计和全辐射测温仪一样，其输出信号可以自动记录、控制和调节。因此，比色测温仪在工业生产和科学研究中也得到广泛应用，尤其适用于测量发射率较低的表面光亮的物体温度，或者在光路上存在着尘埃、烟雾等小件吸收介质场所。但是，比色测温仪结构比较复杂，价格较贵，对于光路上存在选择吸收比色测温仪所选用的两个波段之一者，会带来很大误差，因此应用不如上述两种方法广泛。

通过综合比较，可以得出以下结论：亮度测温法的灵敏度高，亮度温度与真实温度偏差小，引入有效波长概念后定义严格，适用于高准确度测量和量值的传递；比色测温法受发射率变化影响小，适合于低发射率物体的测温，尤其适合测量灰体的真实温度；全辐射法在测量高温时有优越性。

5.7　多光谱辐射测温法

前面介绍的单波长测温仪、全辐射测温仪及比色测温仪，它们所测得的分别为亮度温度、辐射温度及比色温度，并不是物体的真实温度，必须知道物体的另一参数——材料发射率，才可以求得物体的真实温度。众所周知，物体的材料发射率不仅与物体的组分、物体表面状态及考察波长有关，还与它所处的温度有关，一般不宜在线测量，且易随表面状态改变而改变，因此，用辐射法测量物体的真实温度是辐射测温领域中重要而困难的研究课题。

用辐射法测量物体的真实温度是各国学者一直关心的问题，从辐射测温仪诞生时开始，至今还在大力开展相关的研究。目前比较成功的方法有 6 种，下面依次做简要介绍。

第 1 种方法：发射率修正法。该方法需事先利用其他设备测得物体的材料发射率，再将测温仪结果据此发射率数据进行修正，从而得到物体的真实温度。由于发射率在线变化及随温度不同而改变，因此该方法的精度不高。

第 2 种方法：减小发射率影响法（或逼近黑体法）。该方法即利用一定措施，使被测表面的有效发射率增加且接近 1。该方法适用于大平板物体，如轧板等，但因要靠近被测物体，故不适用于过高的温度；适用于科学实验中，但由于要破坏试样，故不适用于生产过程中。

第 3 种方法：辅助源法（或测量反射率法）。该方法在线向目标投射一辐射照射，测量反射或散射信息，进而得到物体发射率和温度。

第 4 种方法：偏振光法。该方法是应用抛光金属表面纯镜反射时，两个偏振分量强度比与物体反射率的关系，测量两个偏振分量的强度比，即可获得被测物体的反射率，从而得到物体的发射率和温度。

第 5 种方法：反射信息法。该方法利用特殊的光学结构获取多次反射信息，进而得到发射率信息，最后得到真实温度。

第 6 种方法：多波长（多色）辐射测温法。该方法在一个仪器中制成多个光谱通道，利用多个光谱的物体辐射亮度测量信息，再经数据处理得到物体的温度和材料光谱发射率。与前 5 种方法相比，该方法不需辅助设备和附加信息，对被测对象亦无特殊要求，因而特别适合于高温、甚高温目标的真实温度及材料发射率的同时测量。尽管目前其理论还不够完善，但在已有的应用实践中已表现出了极好的发展前景。

5.7.1 多波长辐射测温法数学模型

多波长辐射测温方法是通过多通道的单色辐射信息测量，并构建适宜的发射率模型来实现温度的反演。为了不同的应用目的，人们分别提出了不同的多波长辐射测温数学模型，主要有以下三种。

1. 基于检定常数的数学模型

如果多波长测温仪有 n 个通道，则第 i 个通道的输出信号 U_i 可表示为

$$U_i = A_{\lambda_i} \varepsilon(\lambda_i, T) \frac{1}{\lambda_i^5 \left[\exp\left(\frac{c_2}{\lambda_i T}\right) - 1 \right]} \quad (i = 1, 2, \cdots, n) \tag{5-72}$$

式中：A_{λ_i} 为只与波长有关而与温度无关的检定常数，它与该波长下探测器的光谱响应度、光学元件透过率、几何尺寸以及第一辐射常数有关；$\varepsilon(\lambda_i, T)$ 为温度 T 时的目标光谱发射率。

为了便于处理，将式(5-72)改写成下式，即用维恩公式来代替普朗克定律：

$$U_i = A_{\lambda_i}\varepsilon(\lambda_i,T)\lambda_i^{-5}\exp\left(-\frac{c_2}{\lambda_i T}\right) \quad (i=1,2,\cdots,n) \tag{5-73}$$

对于有 n 个通道的多波长测温仪来说，共有 n 个方程，却包含 $(n+1)$ 个未知量，即目标真温 T 和 n 个光谱发射率 $\varepsilon(\lambda_i,T)$。如果不在理论或实验上找出它们之间的关系，此问题难以解决。

在多波长辐射测温学领域被普遍认可的一种假设是，认为光谱发射率随波长的变化而变化，可表达如下：$\varepsilon(\lambda)$ 可以用含有 $n-1$ 个可调参数的波长函数代替，对 n 个不同波长下的辐射通量进行测量，因而可以解出 $n-1$ 个可调参数以及目标真温 T。

目前一些著名的假设方程有

$$\ln\varepsilon(\lambda,T) = a + b\lambda \tag{5-74}$$

$$\ln\varepsilon(\lambda,T) = \sum_{i=0}^{m}a_i\lambda^i \quad (m\leqslant n-2) \tag{5-75}$$

$$\varepsilon(\lambda,T) = a_0 + a_1\lambda \tag{5-76}$$

$$\varepsilon(\lambda,T) = \frac{1}{2}\left[1+\sin(a_0+a_1\lambda)\right] \tag{5-77}$$

$$\varepsilon(\lambda,T) = \exp\left[-(a_0+a_1\lambda)^2\right] \tag{5-78}$$

其中，a、a_0、$a_i(i=1,2,\cdots,m)$ 以及 b 均为常数。

将式(5-74)~式(5-78)中的任一个代入式(5-73)，就得到 n 个新的方程，而未知数的个数少于或等于 n，因此可以用曲线拟合法或求解方程法来获知目标真温和光谱发射率。

由式(5-73)可得

$$\ln\left(\frac{U_i\lambda_i^5}{A_{\lambda_i}}\right) = -\frac{c_2}{\lambda_i T} + \ln\varepsilon(\lambda_i,T) \tag{5-79}$$

以式(5-75)为例，将其代入式(5-79)，可得

$$\ln\left(\frac{U_i\lambda_i^5}{A_{\lambda_i}}\right) = -\frac{c_2}{\lambda_i T} + a_1\lambda_i + a_2\lambda_i^2 + \cdots + a_m\lambda_i^m + a_0 \tag{5-80}$$

设 $Y_i = \ln\left(\dfrac{U_i\lambda_i^5}{A_{\lambda_i}}\right)$，$a_{m+1} = -\dfrac{c_2}{T}$，$X_{m+1,i} = \dfrac{1}{\lambda_i}$，$X_{1,i} = \lambda_i$，$\cdots$，$X_{m,i} = \lambda_i^m$，则式(5-80)变为

$$Y_i = a_0 + a_1X_{1,i} + \cdots + a_mX_{m,i} + a_{m+1}X_{m+1,i} \quad (i=1,2,\cdots,n;\ m\leqslant n-2) \tag{5-81}$$

由此可用最小二乘的多元回归法求得各项系数 $a_0,a_1,\cdots,a_{m+1}$，进而求得目标真温 T 和光谱发射率 $\varepsilon(\lambda,T)$。

需要说明的是，此方法需要事先标定好各通道的检定常数 A_{λ_i}，而 A_{λ_i} 的标定过程较复杂，且 A_{λ_i} 准确与否会直接影响目标真温 T 和光谱发射率 $\varepsilon(\lambda,T)$ 的计算结果。

2. 基于亮度温度的数学模型

如果多波长测温仪有 n 个通道，则第 i 个通道测得的亮温 T_i 与目标真温 T 的关系为

$$\frac{1}{T} - \frac{1}{T_i} = \frac{\lambda_i}{c_2}\ln\varepsilon(\lambda_i,T) \tag{5-82}$$

将式(5-75)代入式(5-82)，可得

$$\frac{1}{T} - \frac{1}{T_i} = \frac{\lambda_i}{c_2}(a_1\lambda_i + a_2\lambda_i^2 + \cdots + a_m\lambda_i^m + a_0) \qquad (5-83)$$

整理得

$$-\frac{c_2}{\lambda_i T_i} = -\frac{c_2}{\lambda_i T} + a_1\lambda_i + a_2\lambda_i^2 + \cdots + a_m\lambda_i^m + a_0 \qquad (5-84)$$

记 $Y_i = -\dfrac{c_2}{\lambda_i T_i}$，$a_{m+1} = -\dfrac{c_2}{T}$，$X_{m+1,i} = \dfrac{1}{\lambda_i}$，$X_{1,i} = \lambda_i$，$\cdots$，$X_{m,i} = \lambda_i^m$，则式(5-84)变为

$$Y_i = a_0 + a_1 X_{1,i} + \cdots + a_m X_{m,i} + a_{m+1} X_{m+1,i} \quad (i=1,2,\cdots,n; \ m \leqslant n-2) \qquad (5-85)$$

需要指出的是，此方法需要事先标定好各通道的亮温，而标定亮温的过程不仅很费时间，而且又等于增加了一次误差积累过程，所以各通道亮温标定准确与否会直接影响目标真温 T 和光谱发射率 $\varepsilon(\lambda_i, T)$ 的计算结果。

3. 基于参考温度的数学模型

多波长测温仪第 i 个通道的输出信号 U_i 如式(5-73)所示，在定点黑体参考温度 T' 下，第 i 个通道的输出信号 U_i' 为

$$U_i' = A_{\lambda_i}\lambda_i^{-5}\exp\left(-\frac{c_2}{\lambda_i T'}\right) \quad (\varepsilon(\lambda_i, T') = 1.0) \qquad (5-86)$$

由式(5-73)、式(5-86)，可得

$$\frac{U_i}{U_i'} = \varepsilon(\lambda_i, T)\exp\left(-\frac{c_2}{\lambda_i T}\right)\exp\left(\frac{c_2}{\lambda_i T'}\right) \qquad (5-87)$$

整理得

$$\ln\left(\frac{U_i}{U_i'}\right) - \frac{c_2}{\lambda_i T'} = -\frac{c_2}{\lambda_i T} + \ln\varepsilon(\lambda_i, T) \qquad (5-88)$$

将式(5-75)代入式(5-88)，且记 $Y_i = \ln\left(\dfrac{U_i}{U_i'}\right) - \dfrac{c_2}{\lambda_i T'}$，$a_{m+1} = -\dfrac{c_2}{T}$，$X_{m+1,i} = \dfrac{1}{\lambda_i}$，$X_{1,i} = \lambda_i$，$\cdots$，$X_{m,i} = \lambda_i^m$，则式(5-88)变为

$$Y_i = a_0 + a_1 X_{1,i} + \cdots + a_m X_{m,i} + a_{m+1} X_{m+1,i} \quad (i=1,2,\cdots,n; \ m \leqslant n-2) \qquad (5-89)$$

此方法只需测量任一参考温度 T' 下各通道的输出即可。只要在测量过程中参考温度 T' 稳定，则不论参考温度选为何值，都不会影响目标真温 T 及光谱发射率 $\varepsilon(\lambda_i, T)$ 的计算结果。

由计算分析可知，在前提条件完全相同，所选用数学计算方法也完全相同的情况下，只是由于数学模型建模方法不同，最后的计算结果有较大的差异。通过比较可知，由基于参考温度的数学模型得到的真温及光谱发射率数据均优于由基于亮度温度的数学模型得到的数据。基于参考温度的数学模型不仅仅在计算机仿真方面优于现有的数学模型，在实际应用方面也有良好的应用价值。

5.7.2 典型多波长辐射测温仪

自从 1964 年正式提出多波长辐射测温的概念和理论以来，人们不断地努力研制各种类型的多波长辐射测温仪，已有 35 波长的多波长辐射测温仪出现。在众多的多波长辐射测

温仪中，具有代表性的是以下三种。

1. 滤光片阵列分光式多波长测温仪

滤光片阵列分光式多波长测温仪的结构框图如图 5-14 所示。

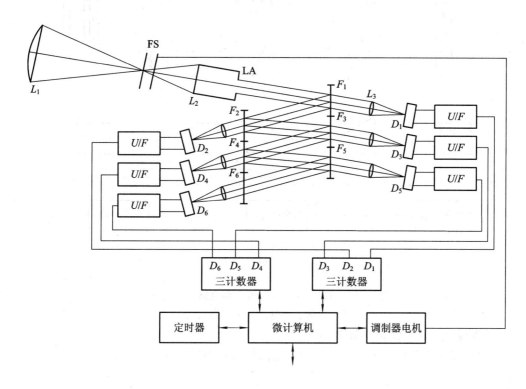

图 5-14　滤光片阵列分光式多波长测温仪的结构框图

测温仪的测试距离为 750 mm，目标直径为 3 mm，目标经主物镜 L_1 成像在直径为 1.0 mm 的视场光阑 FS 上，经 L_2 透镜产生平行光线，再通过直径为 9 mm 的孔径光阑 LA 投射到滤光片列 F_1 至 F_6 上，光束至滤光片的入射角为 10°，6 个相同的透镜 L_3 把从滤光片透过的光束分别聚焦在 6 个探测器 $D_1 \sim D_6$ 上，其中 3 个为硅探测器，另 3 个为锗探测器，工作波长分别为 0.75 μm、0.89 μm、1.0 μm、1.27 μm、1.55 μm 和 1.7 μm，带宽为 0.07～0.09 μm。

探测器工作方式都是光伏式，经前置放大后由 U/F 转换送入各自的计数器转变成数字量，最后送入微处理器，微处理器可以通过串行接口与微机通信。

2. 光导纤维束分光式多波长测温仪

图 5-15 为 6 波长测温仪的光学和电路部分示意图。

图 5-15(a) 中的 L_1 为主物镜，FS_1 为第一视场光阑（ϕ1.5 mm），L_2 为中继物镜，AS 为有效孔径光阑，FS_2 为主视场光阑（ϕ1 mm），L_3 为场镜，FB 为分光用光导纤维束，L_4 为准直物镜，F 为干涉滤光片（6 个），D 为光电探测器（6 个），M_1、M_2 为平面反射镜，W 为衰减片转轮。

该测温仪的工作波长分别为 0.5 μm、0.6 μm、0.68 μm、0.8 μm、0.96 μm 和 1.04 μm。

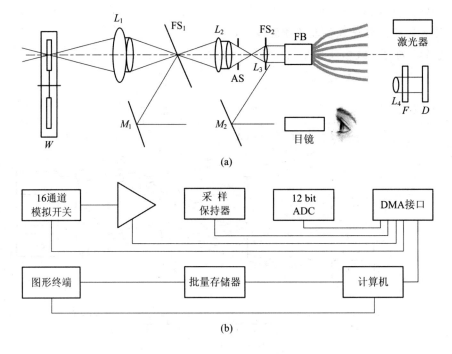

(a)

(b)

图 5-15 6 波长测温仪的光学和电路部分示意图

（a）光学示意图；（b）电路示意图

3. 棱镜分光式多波长测温仪

棱镜分光式多波长测温仪的光学和电路部分示意图如图 5-16 所示。

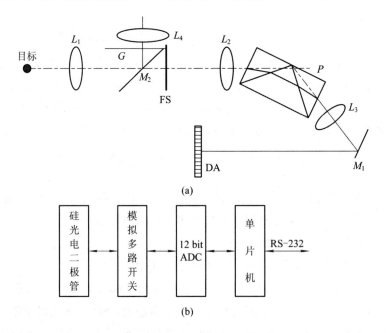

(a)

(b)

图 5-16 棱镜分光式多波长测温仪的光学和电路部分示意图

（a）光学示意图；（b）电路示意图

图 5 - 16(a)中 L_1 为主物镜，FS 为视场光阑，L_2 为准直物镜，P 为组合色散棱镜，L_3 为暗箱物镜，M_1 为平面反射镜，M_2 为可移动平面反射镜，DA 为光电探测器阵列，G 为分划板，L_4 为目镜。

该测温仪有以下特点：

(1) 能量损耗小，易于向低温发展；

(2) 取消了传统仪器中的干涉滤光片，消除了因干涉滤光片老化，随温度、湿度漂移造成的不稳定性；

(3) 结构简单，易于产品化。

多波长高温计是一种新的测温仪器，需要有一个发展与完善的过程，特别在理论方面，它采用假定的波长与发射率的函数关系，带有一定的盲目性，还需进一步研究各种材料发射率和波长之间的函数曲线，找到一个适合所有材料或一类材料的函数模型，另外，对前面的理论还需要实验验证。

多波长高温计在辐射真温测量中已显示出很大潜力，在高温、甚高温，特别是瞬变高温对象的真温测量中，多波长高温计是很有前途的仪器。

★ 本章参考文献

[1] ZHANG Z M，TSAI B K，MACHIN G. Radiometric Temperature Measurements：Ⅱ. Applications [M]. Pittsburgh：Academic Press，2009

[2] ZHANG Z M，TSAI B K，MACHIN G. Radiometric Temperature Measurements：Ⅰ. Fundamentals [M]. Pittsburgh：Academic Press，2009

[3] 李志林，肖功弼，俞伦鹏. 辐射测温和检定/校准技术[M]. 北京：中国计量出版社，2009

[4] SOLTANIZADEH H，SHOKOUHI S B. Increasing Accuracy of Tracking Loop for the Rosette Scanning Seeker Using Improved ISODATA and Intelligent Center of Gravity[J]. Journal of Applied Sciences，2008，8（7）：1159 - 1168

[5] KAPLAN H. Practical Applications of Infrared Thermal Sensing and Imaging Equipment [M]. 3rd ed. Bellingham：SPIE Press，2007

[6] 戴景民，杨茂华，褚载祥. 多波长辐射测温仪及其应用[J]. 红外与毫米波学报，1995，14(6)：461 - 466

[7] 戴景民. 多光谱辐射测温技术研究[D]. 黑龙江：哈尔滨工业大学，1995

[8] DEWITT D P，NUTTER G D. Theory and Practice of Radiation Thermometry [M]. Hoboken：John Wiley & Sons，Inc.，1988

第6章 红外方位探测系统

红外方位探测系统是指通过接收目标红外辐射，并把辐射能量转换为电信号，经放大处理后实现目标方位确定的装置。通常情况下也把这类系统称为点源探测系统，一是因为这类系统所作用的目标对象距离较远，可以看作点源；二是为了区分采用成像方式的探测系统。

红外方位探测系统的用途是测定目标的空间方位信息。从概念上讲，红外报警器也可看作是简化的红外方位探测系统，用来警戒一定的空间范围，并对进入该范围内的目标发出报警信号。因此，只要深入地理解了具有代表性的目标方位探测系统的工作原理，就不难理解其他类型的探测系统。

6.1　方位探测系统的基本组成

红外方位探测系统是利用目标自身发射的辐射对其进行方位探测的，其基本组成如图6-1所示。光学系统、红外探测器和信息处理电路是红外方位探测系统最基本的组成部分。为把分散的辐射收集起来，系统必须有一个辐射能收集器，这就是通常所指的光学系统；光学系统所会聚的辐射能，通过红外探测器转换成为电信号；方位处理电路把电信号进一步放大并完成必要算法处理。在确定目标的方位信息时，必须把光学系统会聚的辐射进行方位编码，使目标辐射能中包含目标的方位信息，这样红外探测器输出的信号中就包含了目标的方位信息，再通过方位处理电路中的方位信号处理算法进一步解算，即可得到表示目标方位的误差信号。图6-1中的方位编码器可以是调制盘系统、十字叉系统、L型系统或扫描系统。另外，作为目标方位探测系统的输入信号，还要充分考虑目标、背景的辐射特性和大气传输特性。

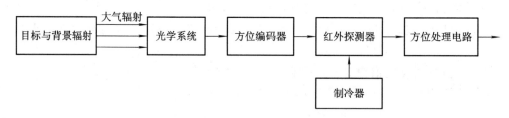

图6-1　目标方位探测系统基本组成示意图

6.1.1　性能要求

从红外方位探测系统的功用来考虑，对系统的主要要求有以下两点：

（1）良好的检测性能和高的灵敏度。

所谓系统的灵敏度，是指系统检测到目标时所需要的最小入射辐射能，可以用最低的入射辐射通量或最低的辐照度等来表示。由于红外方位探测系统所针对的主要是点目标，系统所接收到的辐射能与距离平方成反比，因此系统的灵敏度实际上就决定了系统的最大作用距离。

另外，系统对目标的探测总是在噪声干扰下进行的，这些噪声干扰包括系统外部的来自背景的干扰和系统内部探测器本身的噪声干扰，为了能从噪声干扰中更多地提取有用信息，把噪声干扰造成的系统误动作的可能性降到最小，要求系统的虚警概率要低，发现概率要高。

（2）测量精度要高。

对于红外方位探测系统而言，测量精度是指目标位置的测量准确度。红外方位探测系统使用的场合不同，对精度的要求也不同。

要满足上述基本要求，需要选择合理的设计方案，选用优良的元器件以及严格的加工制作和装调工艺过程来保证。

6.1.2　影响因素

对红外方位探测系统而言，影响其性能的主要因素包括：

（1）目标、背景和各种干扰的红外辐射特性以及大气传输特性、系统的工作波段。

（2）信息处理体制。如调制盘式、扫描式等工作体制，是红外方位探测系统设计的核心任务，是确定探测器要求、光学系统结构的前提条件。

（3）探测器及信息处理电路的技术参数。

（4）光学系统技术参数，包括光学系统的基本形式、接收面积、视场、像质要求、光学效率等。

（5）探测系统的技术条件，包括灵敏阈值、捕获视场等。

6.2　调制盘方位探测系统

调制盘方位探测系统技术成熟，结构相对简单，适用于背景单纯、目标红外辐射对比度较大的场合，如探测天空背景中的飞机或导弹等，不适用于对地面桥梁、建筑物等大型红外目标的探测。调制盘方位探测系统组成如图 6－2 所示。

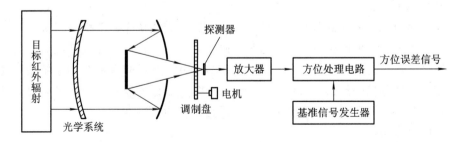

图 6－2　调制盘方位探测系统组成示意图

由图 6－2 可知，来自目标的红外辐射，经光学系统聚焦在调制盘平面上，调制盘由电机带动相对于像点扫描，像点的能量被调制，由调制盘出射的红外辐射通量中包含了目标的方位信息。由调制盘出射的红外辐射经探测器转换成电信号，该电信号经放大器放大后，送到方位处理电路。方位处理电路的作用是把包含目标方位信息的电信号进一步变换处理，取出目标的方位信息，最后系统输出的是反映目标方位的误差信号。

调制盘可采用不同的形式，而方位探测系统各部分的结构形式都与调制盘的类型有关。

6.2.1　调制盘的基本概念

调制盘是在能透过红外辐射的基板上，覆盖上一层涂层，然后用光刻的方法把涂层做成许多透辐射和不透辐射的栅格，这些栅格构成了调制盘的花纹图案。调制盘置于光学系统的焦平面上，当目标像点与调制盘之间有相对运动（通常也称扫描）时，透辐射和不透辐射的栅格切割像点，由于这种切割作用使得恒定辐射能在通过调制盘后转换成随时间变化的断续形式，因此调制盘就对目标像点的红外辐射能量进行了调制。

1. 调制盘的作用

（1）把恒定的辐射通量变为交变的辐射通量。

当目标距红外系统较远时，红外系统接收到的辐射通常很微弱，且是不随时间变化的恒定通量，经探测器转变成直流电信号，须经过放大处理。为了避免使用直流放大器，应当使落到探测器上的红外辐射随时间变化。在光学系统焦平面附近加一调制盘，可使红外辐射断断继续地落到探测器上，这样，探测器就产生随时间变化的交流信号。这种将恒定的红外辐射变成随时间变化的交变辐射的调制盘也称为斩波器。

（2）产生目标所在空间方位的信号编码。

物体经过光学系统成像，物和像有着一一对应的关系。因此，目标在物空间方位的变化与目标像点在像空间（即在调制盘上）位置的变化相对应。像点位置的变化，使调制盘输出的载波信号的某些参量，如幅度、频率或相位也随之变化。此时，由调制盘输出的辐射信号就包含了目标的方位信息，然后由红外探测器把调制后的辐射通量转换成电信号，用方位处理电路检出载波的相应变化量，就得到了目标在空间的方位。故调制盘可看作是目标位置的信号编码器。

（3）进行空间滤波，以抑制背景干扰。

红外系统所要探测的目标（如飞机、军舰、车辆等）总是存在于背景（如云团、海面和地物等）之中。利用目标和背景相对于系统张角大小的差异，调制盘可以抑制背景，突出目标，从而把目标从背景中分辨出来。这种滤去背景干扰的作用称为空间滤波。

（4）提高红外系统的检测性能。

红外系统对目标的探测总是在噪声干扰下进行的，为能从噪声干扰中更多地提取有用的信息，红外系统必须根据合适的检测准则，确定系统的最佳检测方式及相应的具体系统结构。一定的检测方式，要求确定与之相应的信号形式，在设有调制盘的系统中，调制盘的形式决定了系统的信号形式。因此，通过调制盘图案的设计及扫描方式的选择，可以给出满足最佳检测方式所要求的信号形式，从而提高系统的检测性能。

2. 调制盘的分类

按照扫描方式不同，调制盘可分为旋转式、圆锥扫描式（也称为光点扫描式）和圆周平移式三类。

（1）旋转式调制盘：调制盘本身以一定的角速度旋转运动。在这种系统中，当目标方位一定时，像点在调制盘上的位置就固定不动。若目标方位发生变化，则像点在调制盘上的位置亦发生相应的变化，且调制盘输出包含了目标方位信息并进行了空间滤波。

（2）圆锥扫描式调制盘：调制盘不动，而光学系统的扫描机构运动，使得当目标在空间某一位置时，光点（即目标像点）在调制盘上以一定的频率作圆周运动，其轨迹为一中心在不同位置的圆，即扫描圆。

（3）圆周平移式调制盘：调制盘工作时调制盘不旋转，而调制盘中心绕光学系统中心作同圆周平移运动。调制盘平移一周，光点在调制盘上扫出一个圆，该圆偏离调制盘中心的大小和方向，与目标偏离光轴的大小和方向相对应。

如果按照调制方式来分，上述每一种类型的调制盘又可分为调幅式、调频式、调相式和脉冲编码式四种。前三种分别用调制信号的幅度、频率、相位来反映目标的方位，而脉冲编码式调制盘则由该调制盘的图案通过输出一组组脉冲的频率和相位的变化来反映目标的方位。

3. 目标与像点的位置关系

前面讲过，在红外探测系统中，调制盘的主要功能是给出目标的方位信息，而调制盘又处于光学系统焦平面附近，因此必须明确调制盘上目标像点位置与目标在物空间位置之间的关系。

图 6-3 为调制盘上目标像点位置与目标在物空间位置示意图。假设目标位于物空间 xOy 的 T 处，T 的空间极坐标为 (ρ_T, θ_T)，其偏离光学系统光轴的角度 Δq 称为失调角。目标 T 经光学系统成像于像平面（即调制盘平面）上的 T' 处，T' 的极坐标为 (ρ, θ)，其距光轴的偏离量 ρ 和方位角 θ 与失调角 Δq 和目标方位角 θ_T 之间的关系为

$$\begin{cases} \rho = f' \cdot \tan\Delta q \\ \theta = \theta_T \end{cases} \qquad (6-1)$$

式中，f' 为光学系统的像方焦距。由式（6-1）可知，像点 T' 在像平面的位置 (ρ, θ) 反映了目标 T 在物空间的方位坐标 (ρ_T, θ_T)。

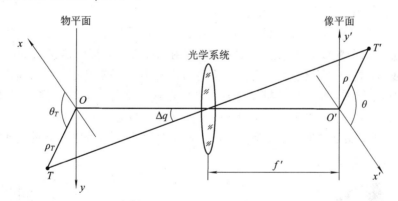

图 6-3　调制盘上目标像点位置与目标在物空间位置示意图

6.2.2　调制盘的工作原理

红外方位探测系统中采用的调制盘，类型很多，图案各异，像点与调制盘间相对运动的方式也各有不同，因此对目标位置进行编码的方式也是各种各样的。从位置编码的基本原理即调制方式角度考虑，编码方式分为调幅式、调频式、调相式、调宽式和脉冲编码式。本节将在上述每种类型中选择一种或几种图案形式的调制盘，叙述其工作原理，并对它们

之间的性能比较作简要说明。

1. 旋转调幅式调制盘

日出式调制盘是一种最简单的旋转调幅式调制盘，其图案形式如图 6-4(a)所示。该调制盘由两个半圆部分组成，上半圆为目标调制区，由透辐射(透过率为 1)与不透辐射(透过率为 0)的扇形条交替呈辐射状；下半圆为半透区(透过率为 0.5)。

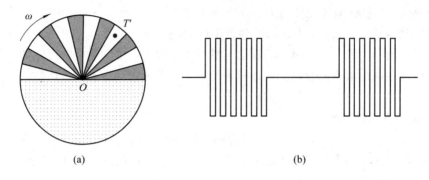

(a)   (b)

图 6-4   日出式调制盘示意图

将这一调制盘置于光学系统的焦平面处，使调制盘中心 O 位于光轴上，调制盘绕中心 O 转动。这时，假定像点位于图 6-4(a)中的 T' 点不动，调制盘以角速度 ω 顺时针方向转动。当像点在调制区内相对于调制盘转动时，像点交替通过透辐射与不透辐射扇形，则透过调制盘的像点能量就在最大与最小之间交替变化；当像点在半透区内运动时，透过调制盘的像点能量为像点总能量的一半。这样，在调制盘一个转动周期内，透过调制盘的能量大小随着调制盘转角而变化，像点能量被调制成调幅波。若像点的大小比扇形条尺寸小得多，就形成了如图 6-4(b)所示的脉冲信号波形，即脉冲"串"波形。

1) 调制信号与像点偏离量的关系

假设不能忽略像点的大小，当像点由调制盘中心向外移动时，如图 6-5 所示，在位置 A，像点可充满六个扇形，像点透过调制盘的辐射功率较少，探测器接收到的辐射功率也较少，产生的脉冲信号幅度较低；当像点移动到位置 B 时，像点充满两个扇形，探测器接收到的辐射功率增加，脉冲信号幅度增加；当像点移动到位置 C 时，像点充满一个扇形，探测器接收到的脉冲信号幅度达到极大值。由此看来，在这种调制盘中，当像点由中心向外作径向移动时，出现幅度调制。那么，根据调制盘输出辐射功率脉冲的大小，就可以确定像点的径向位置。

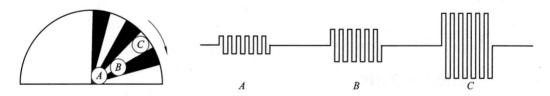

图 6-5   调制盘输出与像点位置的关系

2) 调制信号与调制深度的关系

如图 6-6 所示，像点 M 的偏离量为 ρ，方位角为 θ。假定像点为有限半径的圆形，像点上辐射照度均匀分布。设像点总面积为 S，像点上一部分辐射功率 P_1 透过调制盘，其面

积为 S_1，像点上一部分辐射功率 P_2 不能透过调制盘，其面积为 S_2。显然，P_1 与 S_1 成正比，而 P_2 与 S_2 成正比。当调制盘旋转时，透过调制盘的辐射功率就在 P_1 与 P_2 之间周期性地变化。此时调制盘输出的有用的调制信号应为 $|P_1-P_2|$，它与 $|S_1-S_2|$ 成正比。

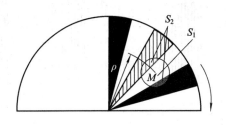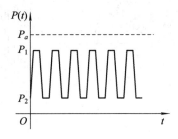

图 6-6　调制信号与调制深度的关系

为了表示像点辐射功率被调制的程度，特引入调制深度 D 的概念，表征目标辐射通量中被调制部分所占的比例，即

$$D = \frac{|P_1-P_2|}{P_a} \tag{6-2}$$

式中，P_a 为像点总功率，它与像点的总面积成正比。由此可见，像点的调制深度愈大，所得到的调制信号的幅值也愈大。

假定目标像点的面积 S 不变，则随着像点偏离量 ρ 增大，调制深度 D 将逐渐增大，此时，调制信号的幅值也逐渐增大。反之，当 ρ 减少时，D 值也将减少，调制信号的幅值也减少。因此，这种调制盘在像点面积一定时，所得调制信号的调制深度 D 是目标像点在调制盘上的偏离量 ρ 的函数，即 $D=f(\rho)$。于是，我们可以用有用调制信号的幅值来表示像点偏移量的大小。

若像点的面积为变值，则调制深度 D 将随着 ρ 及 S 两个参数变化，即

$$D = f(\rho,S) \tag{6-3}$$

像点面积实际上在整个视场范围内是变化的，如果能控制像点的面积 S 使其随偏离量按一定规律变化，如 $S=g(\rho)$，则

$$D = f[\rho,g(\rho)] \tag{6-4}$$

对于整个红外系统，往往要求有用信号的大小随目标偏离光轴的角度（即失调角 Δq）或目标像点在调制盘上的偏离量 ρ 值成某一特定的关系，亦即要求式(6-4)为某一特定的函数关系式。也就是说，光学系统所成的像点面积 S 的大小随其偏离量 ρ 的变化呈某一特定的函数关系。可见，光学系统所需满足的成像规律是与调制盘的形式密切相关的。

3）调制信号与像点在调制盘上方位角之间的关系

日出式调制盘图案有明显的分界线，令这一分界线 Ox 为起始坐标线，见图 6-7。当目标像点偏离 Ox 不同方位角时，所得调制波包络的初相角不同，因此可以用包络的初相角来反映目标的方位。

假定像点为一个几何点，这时所得载波为矩形脉冲。调制信号的相位角通常要同基准信号相比较，我们把基准信号的起始相位取 Ox 轴。由于调制盘转一周对应包络信号变化一个周期，因此包络的初相角就等于目标在空间的方位角，如图 6-7(a)中目标分别处于 A 点和 B 点，方位角分别为 θ_a 和 θ_b，所得调制波波形分别示于图 6-7(b)和图 6-7(c)，此

时调制信号（即包络）与基准信号的相位差角 θ 分别等于目标在空间的方位角 θ_a、θ_b。

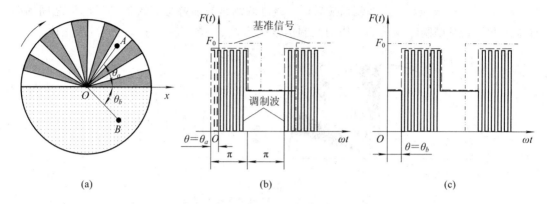

(a)　　　　　　　　　(b)　　　　　　　　　(c)

图 6-7　包络初相位与目标方位角的关系

为了确定脉冲序列的相位，调制盘的半透明区是必需的。有了半透明区，就使调制盘具有确定的起始坐标线。如果没有半透明区，下半圆也做成和上半圆一样的图案，那么，产生的矩形脉冲将一个接一个，没有间隔的直流信号，从而无法区别像点的方位。

由上可见，调制信号的幅值的大小可反映目标偏离光轴的角度——失调角 Δq 的大小。调制信号的初始相位与目标偏离系统的方位有关，与一定的基准信号相配合，即可确定目标的方位角 θ 的大小。

4）空间滤波作用

由于红外系统要保证一定的视场，因此不可避免地会引入背景辐射干扰，如地物、云层的辐射和太阳反射散射等。系统中设置的调制盘可以大大地抑制这些背景干扰，提高系统的信噪比。

若有面积比目标大得多的背景进入视场，则它在调制盘上所成的像会覆盖多个扇形，见图 6-8。若此像光斑总通量为 P_b 且分布均匀，则透过调制区的通量约为 $0.5P_b$，在半透明区的透射通量亦为 $0.5P_b$。于是，背景不会造成有用信号输出。这就是调制盘的空间滤波作用——抑制大面积背景。

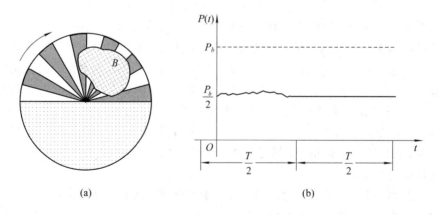

(a)　　　　　　　　　　　　　(b)

图 6-8　大面积像及其调制波形

（a）调制盘与大面积像 B；（b）像点 B 的调制波形

若有面积不甚大的背景出现在上述日出式调制盘边缘区域，见图 6 - 9(a)，则仍可产生调制信号，对目标信号形成干扰。为进一步抑制背景，人们把调制盘上离中心较远的区域再做径向划分形成沿径向相间分布的透光与不透光小区域，这就是棋盘格式调幅调制盘，见图 6 - 9(b)，该调制盘已在空空导弹导引头中所采用。

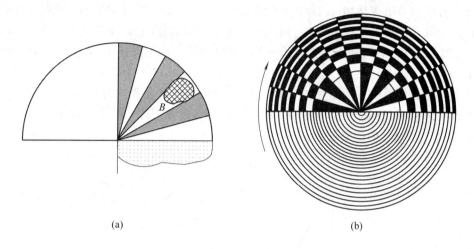

(a)   (b)

图 6 - 9　棋盘格式调幅调制盘

5）调制特性分析

红外系统在捕获目标、跟踪目标的过程中，目标像点通常具有一定的偏离量 ρ，目标偏离量可用失调角 Δq 表示。失调角 Δq 与有用调制信号 u 之间的关系曲线称为调制曲线。

在图 6 - 10 中，假定目标像点处于中央扇形区的点 A 处，当调制盘以一定的转速转动时，像点能量的调制波形如图 6 - 6 所示。将该信号波形按傅里叶级数展开，取载频及上、下旁频信号，则得到有用的辐射能量信号。这部分有用的辐射能经探测器转换成电信号，又经方位处理电路进行放大变换处理，因此通常用方位处理电路某一级的输出电压 u 来表示有用调制信号的大小。对于不同的失调角 Δq，有不同的有用信号 u 值，画出 u 随 Δq 的

图 6 - 10　目标在棋盘格式调幅调制盘中的位置示意图

变化曲线，就得到了调制曲线。假定目标像点大小为一确定不变的值，则当目标处于光轴上或处于光轴附近 Δq 很小的区域内时，由于像点透过面积和不透过面积几乎相等，调制深度很小，有用信号很小且小于噪声，此时系统输出电压大小取决于噪声值，因而调制曲线出现变化比较平缓的一个区域 OE，见图 6-11。当 Δq 继续增加时，调制深度也随之迅速增加，有用信号值也增加，调制曲线出现线性上升区 EF。再继续增加，进入棋盘格区以后，若目标像点直径大于环带宽度，由于该区每一环带宽度随 Δq 增加逐渐变窄，则调制深度随 Δq 增加显著下降，即有用信号值下降，调制曲线出现下降区 FG，整个调制曲线相对于光轴对称，见图 6-11。当然，这一调制曲线是对图 6-10 所示的调制盘及一定大小的像点而言的。曲线的峰值位置由像点直径与调制盘角度分格及径向分格宽度的相对大小而定。像点在跨越径向环带的分界处时，有用信号值将显著下降，因此实际在调制曲线的下降段还会有许多很窄的凹陷区。

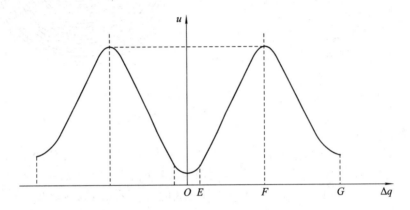

图 6-11　调制曲线(棋盘格式调幅调制盘)

从前面的分析可以看出，调制曲线的获得是由于调制盘本身的图案与像点相互作用的结果。因此，决定调制曲线形状的因素有以下几方面：

(1) 调制盘本身图案形式的影响。

对于同样的像点，同样的偏离量，当调制图案不同时，像点透辐射面积和不透辐射面积也不相同，因而调制深度不相同，这就使调制曲线形状，即盲区大小、线性上升区的宽度和斜率以及下降区的宽度和斜率等都会发生变化。

(2) 像点大小及其变化规律的影响。

任何一个光学系统，在整个视场内像点的大小和形状都是变化的，它按一定的像差规律变化。因此，当调制盘图案不变，而像点大小随视场角的变化规律不同时，调制曲线形状也不相同。

(3) 距离的影响。

对于给定的目标而言，当目标与系统之间的距离变化时，像点大小和像点能量同时发生变化。距离减小时，像点面积增加，调制深度下降，有用信号值减小，调制曲线的纵坐标值减小。但距离减小时，系统所接收到的目标辐射能增加(即像点能量增加)，会导致有用信号值增加。像点面积和像点能量的影响是相互矛盾的。通常在距离较远时，能量变化因素的影响较强，像点面积的影响较弱，因而随着距离的减小，有用信号值的增加是主要的，从而调制曲线的斜率增大。当距离很近时，像点面积变大而起的作用占主导地位，因此调制深度降低，有用信号减小，调制曲线斜率降低。

2. 光点扫描式调幅调制盘

光点扫描式调幅调制盘也称为圆锥扫描式调幅调制盘。工作时，光点扫描式调幅调制盘本身不动，由光学系统的专用机构(偏轴次镜或光楔)旋转作圆锥扫描，使目标像点在调制盘上作圆周运动，得到一光点扫描圆，被调制盘所斩割，输出调制信号，如图 6 - 12 所示。

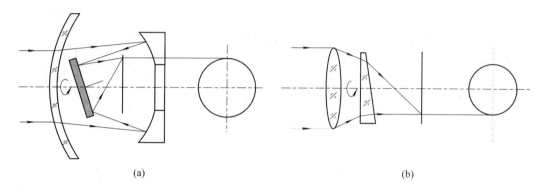

(a)　　　　　　　　　　　　　　(b)

图 6 - 12　光点扫描圆的形成

(a) 次镜旋转；(b) 光楔旋转

图 6 - 13 为光点扫描式调幅调制盘的一种图案，最外圈为三角形图案，里面为扇形分带棋盘格式图案。里面的图案是根据空间滤波的考虑设计的，故各环带上的黑白面积应尽量相等；外圈三角形的数目根据所选择的载波频率和光点扫描频率来确定。调制盘置于光学系统的焦平面上，图案中心与光学系统主光轴重合，调制盘本身不动，目标像点相对于调制盘作圆周运动，其轨迹即为光点扫描圆。

当目标位于光轴上时，光点扫描圆(以下简称为扫描圆)是一个与调制盘同心的圆；当目标偏离光轴时，扫描圆中心偏离调制盘中心。在这种系统中，可用扫描圆中心在调制盘

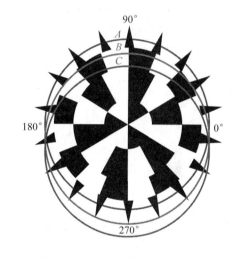

图 6 - 13　光点扫描式调幅调制盘

上的位置来标示目标的位置。目标偏离光轴的偏离量大小和偏离方位，决定了扫描圆中心偏离调制盘中心的偏离量大小和偏离方位。

1) 误差信号的产生

当目标位于光轴上时，扫描圆与调制盘同心，光点扫在外圈三角形的中部，见图 6 - 13 中扫描圆 A，这时由于在整个扫描圆上像点所扫过的三角形宽度全部相等，所以由调制盘出射的是等幅光脉冲，这样的光脉冲经探测器转换为电信号，并经过滤波后得到如图 6 - 14(a)所示的等幅波，此时包络信号为零，没有交流部分，即无有用信号输出。当目标偏离光轴时，扫描圆偏离三角形腰部，见图 6 - 13 中扫描圆 B，此时光点转动一周扫过三

角形的不同部位，调制盘输出的便是调制光脉冲，经光电转换及滤波后得到图 6-14(b)所示的调幅波。当目标更偏离光轴时，像点一边扫出调制盘，见图 6-13 中扫描圆 C，这时出现图 6-14(c)所示断开的调幅波。可见，当目标偏离光轴时，由调制盘出射的光脉冲包络信号不为零，即产生了误差信号。误差信号的来源主要有：像点调制深度的变化；载波波形的变化；载波频率的变化。这三种因素综合作用的结果，决定了误差信号的形式及其变化规律，也就决定了调制曲线的形状。

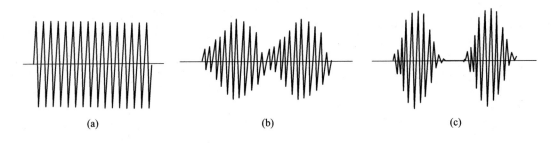

(a) (b) (c)

图 6-14　光点扫描调幅调制盘系统输出电信号波形

(1) 像点调制深度的影响。

假定像点大小不变，像点上能量均匀分布，像点沿三角形的不同部位扫描时，所得调制深度是不相同的。如图 6-15(a)所示，像点扫过 A、B、C 不同部位时，辐射能调制波形分别如图 6-15(b)、(c)、(d)所示。可见，当像点从三角形中部移向三角形根部时，调制深度增加，载波信号电压幅值增加；当像点从三角形中部移向三角形尖部时，调制深度减小，载波信号电压幅值减小。

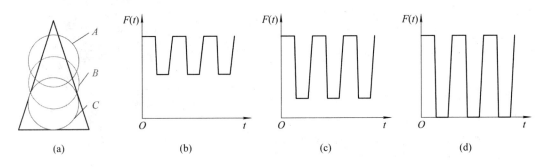

(a) (b) (c) (d)

图 6-15　像点沿不同位置扫描的载波波形

(2) 载波波形的影响。

为了只考虑波形的影响，我们假定各点的调制深度 D 都相同，取 D 均为 100% 来分析其波形。为此，使像点与三角形两腰内切，像点能量保持不变。这使得 A、B、C 各点对应的像斑能量密度不同——由 A 至 C 逐渐减小。设三角形高为 H，则 $H/4$、$H/2$、$3H/4$ 处的载波波形如图 6-16 所示。

由此可见，各点的波形不同，有的为梯形波，有的近似于三角波。由于波形不同，其载波基波分量的幅值也不相同，经滤波后，载波的幅值就不相同。显然，像点从三角形中部移向三角形根部时，波形从梯形波变成三角波，载波电压幅值增加；像点从三角形中部移向三角形尖部时，从梯形波变成间隔更小的梯形波，载波电压幅值下降。

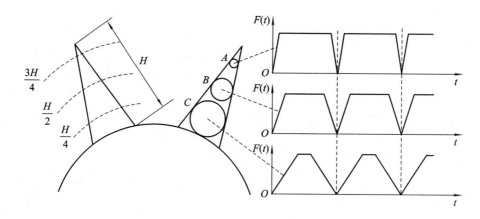

图 6-16　调制深度等于 100％ 的载波波形

（3）载波频率的影响。

所谓载波频率，即载波每秒钟变化的次数。如果载波变化一次所用的时间变短，则载波的频率就要升高；反之亦然。

光点扫描的角速度是一定的，而扫描圆的大小又不变，因为扫描圆的线速度也是一定的。因而，当光点移向三角形根部时，载波频率升高；当光点移向三角形尖部时，载波频率降低，如图 6-17 所示。

频率对载波信号幅值的影响，取决于滤波器的频率特性。如果滤波器的频率特性曲线为图 6-18 所示的对称形式，则无论频率升高或降低都会导致载波信号电压幅值减小。

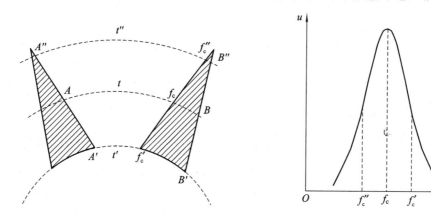

图 6-17　扫描圆位于不同位置时载波变化一次对应的弧长　　图 6-18　对称滤波器的频率特性曲线

2）调制信号与目标像点位置之间的关系

明确了上面三种因素的影响之后，再来看这种调制盘如何反映目标的偏离量 ρ 和方位角 θ。

（1）偏离量 ρ 与调制信号。

目标偏离光轴一失调角 Δq 以后，扫描圆中心相应地偏离调制盘中心，光点也就偏离了三角形中部，如图 6-13 中扫描圆偏到 B，由于调制深度、载波波形及载波频率三种因素的综合影响，使之在 90° 方向上载波幅值增加，在 270° 方向上载波幅值减小，光点扫一圈，在三角形的不同部位上载波幅值不等，即产生了调幅波，其包络频率为光点沿扫描圆转动频率，如图 6-15(c) 所示。当扫描圆在三角形区域内移动时，包络的幅值随偏离量增大而增大，所以三角形区域对应于调制曲线的上升段。

当目标的偏离量 Δq 再继续增大时，扫描回到了图 6-13 中 C 的位置，则 $90°$ 方向上已扫到三角形根部以内的区域，$270°$ 方向上已扫出了调制盘。这样光点转动一周时间内，有时有光脉冲输出（上半圆），有时无光脉冲输出（下半圆），这种情况称为单边调制。单边调制情况下，随着偏离量的增大，调制光脉冲数目减少。单边调制的波形见图 6-15(d)。单边调制时的包络幅值较三角形区域调制的包络幅值有所下降，随着偏离量 Δq 的继续增大，包络幅值下降得更严重，所以三角形以内的区域对应了调制曲线的下降段。

（2）方位角 θ 与调制信号。

当目标偏离的方位角为任意角 θ 时，扫描圆中心偏离调制盘中心的方位角亦为 θ，这时载波的包络信号也具有初相角 θ。将包络信号检出，与基准信号相比较，所得的相位差即为目标在空间的方位角 θ。

这种调制盘同前述日出式调制盘一样，也是用包络的幅值来反映目标的偏离量，用包络的初相角来反映目标的方位角。

这种调制盘的空间滤波性能较前述日出式调制盘差些，因为在外圈三角形区域，透辐射和不透辐射的分格面积相差很大，在三角形内部有些地方透辐射和不透辐射分格连在一起，造成分格不均匀，这就使大面积像点在一个旋转周期内的透射比不均匀，因而空间滤波性能下降。

（3）调制曲线及其影响因素。

光点扫描式调幅调制盘的调制曲线如图 6-19 所示，r 为上升区宽度，$a-r$ 为下降区宽度。上升区宽度比较窄，主要由外圈三角形高度和光学系统焦距确定；下降段斜率较大。

影响上升段斜率的因素是三角形的形状，例如对于细长三角形和粗短三角形来说，当光点沿三角形高度方向上移动的距离相同（即偏离量相同）时，由于粗而短的

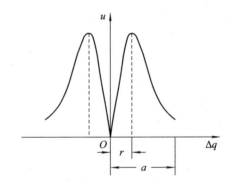

图 6-19　光点扫描式调幅调制盘的调制曲线

三角形调制深度、载波波形及频率的变化量大，因而所得到的包络幅值较细长三角形所得到的包络幅值大，粗短三角形对应的调制曲线上升段的斜率大。细而长的三角形，虽然可以得到较宽的上升区，但上升段的斜率却不大。

下降段对应了三角形以内的区域，光点扫到此区域时，载波波形及载波频率都相对三角形区域变化较大，因此包络幅值下降很快。

3）主要特点

这种光点扫描式调制盘与旋转式调制盘相比较，其优点有两个：一是调制曲线无盲区，斜率大，线性区窄，系统的灵敏度高，因此多用于跟踪精度要求较高的系统；二是实际工作的有效视场大，它比由调制盘图案决定的视场扩大了近一倍。因为当扫描圆偏离到只能扫到两个三角形时，理论上认为系统仍可以检测到目标，此时扫描圆中心所决定的一个圆为实际的有效视场，如图 6-20 所示。也就是说，要求有效视场相同的情况下，采用此种调制盘时，调制盘尺寸可以比采用日出式调制盘小得多。

这类调制盘的缺点也有两个：一是空间滤波特性比日出式调制盘要差，因为在外圈三角形区域，透辐射和不透辐射的分格面积相差很大，在三角形内部有些地方透辐射和不透辐射分格连在一起，造成分格不均匀，这就使大面积像点在一个旋转周期内的透射比不均匀，因而空间滤波性能下降；二是当目标偏离时，载波频率变化较大，信号频谱变宽，给电子线路设计带来了麻烦。

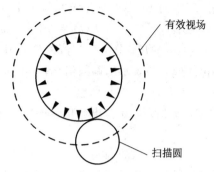

图 6-20　光点扫描式调幅调制盘的有效视场

3. 旋转式调频调制盘

旋转式调频调制盘是以基频信号进行频率调制为基础的。对基频信号进行频率调制同样可以获得目标的方位及偏差信号，并起到空间滤波的作用。

图 6-21 为一种旋转式调频调制盘。整个调制盘划分为三层环带，各层环带中黑白相间的扇形分格从内向外为 8、16、32。每层环带扇形角度分格大小也是不均匀的，沿圆周基线 OO' 起按正弦规律变化。

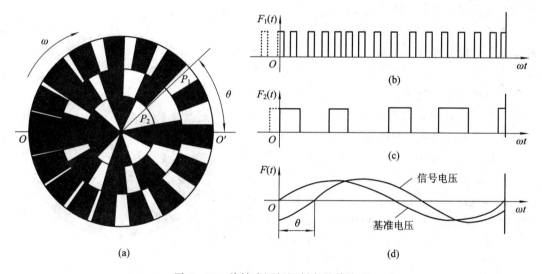

图 6-21　旋转式调频调制盘及其波形

目标像点与盘心距离增大时，经调制后输出辐射脉冲的平均宽度就变窄。如目标像点位于图 6-21(a) 中外层 P_1 处，方位角为 θ，则经调制后辐射脉冲波形如图 6-21(b) 所示，图中矩形脉冲频率在调制盘的一个旋转周期内呈正弦规律变化，用公式表示为

$$F(t) = F_0 \cos[\omega_0 t + M \sin(\omega t + \theta)] \tag{6-5}$$

式中：F_0 为目标像点辐射功率；ω_0 为像点所处环带内黑白扇形分格完全均匀时所对应的载波角频率；ω 为调制盘的旋转角频率；M 为与像点所处环带扇形角度分格大小的变化范围相应的调制系数，$M = \Delta\omega/\omega$（即像点所处环带内最大偏频与调制盘频率之比）；θ 为目标像点的方位角。

由于各环带内黑白扇形分格数目不等，因而 ω_0 不相同；同时不同环带内的最大频偏 $\Delta\omega$ 不同，所以不同环带内的调制系数 M 也不相同，即 ω_0 与 M 都是像点偏离量 ρ 的函数。

对任一环带而言，式(6-5)又可写成下列一般表达式：

$$F(t) = F_0 \cos[\omega_0(\rho)t + M(\rho)\sin(\omega t + \theta)] \tag{6-6}$$

式中，$\omega_0(\rho)$、$M(\rho)$分别为与偏离量ρ相对应的角频率、调制系数。

由式(6-6)表示的调频信号，其波形如图6-21(b)所示，经过鉴频及滤波后可以得到如图6-21(c)所示的正弦电压信号，这个信号与基准信号的相位差即为目标方位角θ，如图6-21(d)所示；正弦电压信号的幅值由$\omega_0(\rho)$、$M(\rho)$决定，即幅值反映了目标偏离量的大小。

图6-21所示的调制盘只有三个环带，如欲使信号能较精确地反映目标偏离的情况或使信号能满足特定的调制曲线的要求，则环带数可以增加。环带中的角度分格也可按不同的要求来安排。

这种调频调制盘的特点(与调幅式比较)如下：

(1) 调制效率高，在考虑最佳信噪比情况下，这种调制盘的调制效率最高可达0.822，这较之调幅式系统高得多。

(2) 抗干扰能力强，这是由于调频信号的处理线路能较好地抑制噪声。

(3) 各环带角度分格不均匀，使得这种调制盘的空间滤波性能不够理想。此外，和其他调频调制盘一样，这种调制盘系统的电子处理线路较复杂。

图6-22所示的是另一种旋转式调频调制盘。整个调制盘沿着半径方向分成四个环带，每一环带又分成若干个黑白扇形格子，同一环带内的黑白格子所对应的扇形角度相等，每一环带内的扇形黑白格子的数目随径向距离而变化。由内向外每增加一个环带，扇形黑白格子数目增加一倍。

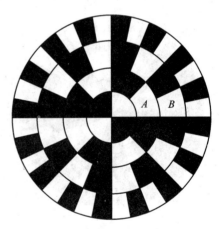

目标位置一定时，像点处于调制盘上某固定位置。在调制盘旋转的过程中，当像点处于A点时，产生的脉冲数目为像点处于B点时的脉冲数目的一半，因而当像点由某环带移到相邻的外边一个环带时，调制频率便升高一倍。因此，可根据调制频率的变化决定目标的径向位置。但这种调制盘却不能反映目标的方位角，原因是同一环带内扇形分格间距

图6-22 旋转式调频调制盘

相等，处于同一环带内不同方位角的像点，调制频率都相同。

4. 圆锥扫描式调频调制盘

前述的两种旋转式调频调制盘，当目标处于同一环带内不同径向位置时，输出信号的幅值相同(因为同一环带内的$\omega_0(\rho)$、$M(\rho)$值都相同)，所以它们不能反映目标偏离量的连续变化情况。对于图6-23(a)所示的扇形辐条式调制盘，则可以连续地反映目标的偏离量。

调制盘置于光学系统焦平面上，且不运动，光学系统通过次镜偏轴旋转作圆锥扫描，在调制盘上得到一个光点扫描圆。当目标位于光轴上时，光点扫描圆A的圆心与调制盘中心重合，信号波形如图6-23(b)所示，载波频率为一常值，无误差信号输出，如图6-23(c)所示。当目标偏离光轴时，扫描圆中心偏离调制盘中心，如图6-23(a)中扫描圆B，此时，光点扫描一周扫过扇形辐条的不同部位，扫描轨迹靠近调制盘中心部分，载波信号频率升

高，扫描轨迹远离调制盘中心部分，载波信号频率降低，光点扫描一个周期内，载波频率不等，便产生了调频信号，如图 6-23(d)所示，其瞬时频率的变化情况如图 6-23(e)所示。调频信号通过鉴频后与基准信号相比较，便可以确定目标的偏离量和方位角。

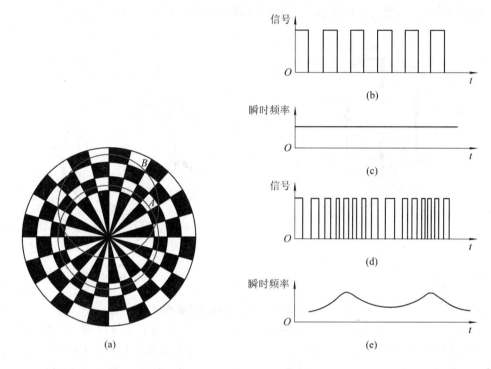

图 6-23 圆锥扫描式调频调制盘

5. 圆周平移扫描式调频调制盘

前述的圆锥扫描式调频调制盘，其优点是调制特性曲线无盲区，如用于测角或跟踪系统，其测角精度和跟踪精度较高；主要缺点是，采用次镜偏轴旋转的方式来产生光点扫描圆，光学系统始终工作在偏轴状态下，因此光学系统的成像质量较差。若采用调制盘绕光轴作圆周平移的扫描方式，则可以在光学系统共轴（无倾斜和旋转部件）的情况下，产生与上述圆锥扫描式调频调制盘相同的扫描效果（即在调制盘平面上产生光点扫描圆，且光点扫描圆中心位置随目标像点在视场小的偏离量和方位角而变化）。因此，圆周平移扫描与次镜偏轴旋转的圆锥扫描式调频调制盘，只是扫描方式不同，误差信号产生的原理及解调方式均相同。下面着重介绍调制盘作圆周平移扫描产生光点扫描圆的工作原理。

首先说明什么是平移及圆周平移。若位于物体上的任一直线，在物体运动过程中始终平行于其本身，则该物体的运动称为平移。物体作平移运动的轨迹可以是直线、圆或任意曲线。作平移运动的物体，其上各点的轨迹均相同。轨迹为圆的平移称为圆周平移，也称为章动，所以圆周平移扫描也称为章动扫描。显然，物体作圆周平移时，其上各点的轨迹均为大小相同、位置不同的圆。

圆周平移扫描调频调制盘的图案形式仍采用图 6-4 所示的扇形辐条式，设其有 n 对黑白扇形辐条，调制盘中心为 O'，光学系统视场中心为 O，如图 6-24 所示（图中只画出了一个扇形辐条）。工作时，光学系统不动，调制盘不转动，而其中心 O' 绕光学系统中心 O 作圆周平移。图6-24(a)为在像面上观察时,调制盘逆时针平移与光学系统视场的相对位置图。若假定调制盘不动,则视场相对于调制盘的运动情况如图6-24(b)所示,即相当于视场中心O绕调制盘中心O'逆时针方向作圆周平移。由于作圆周平移的物体其上各点的轨迹均为相同的圆,因此视场内任何一点的轨迹都是半径为$O'O$的圆。

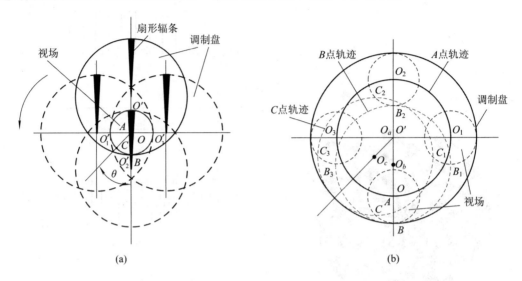

(a)   (b)

图6-24 调制盘圆周平移扫描原理图

比较图6-24(a)和(b)可见,当目标像点A位于光轴上时,A与O重合,像点在调制盘上的扫描轨迹(即光点扫描圆)是以O'为圆心的圆,扫描圆圆心O_a与O'重合;当目标像点偏离光轴时,如处于B或C点,则光点扫描圆大小不变,其圆心偏离到O_b和O_c点,光点扫描圆圆心O_b和O_c偏离调制盘中心O'的距离和方向与目标像点B和C偏离光轴O的距离和方向相同。

像点A、B、C扫过调制盘所得载波波形分别如图6-25(a)、(b)、(c)所示,其中(b)、(c)为调频波。调频波通过鉴频并和基准信号相比较,便可得到与像点B、C相对应目标的偏离量和方位角。

由以上分析可以看出,调制盘绕光轴圆周平移的效果和圆锥扫描有着同样的效果。它除了圆锥扫描所具有的无盲区、跟踪精度高等优点外,突出的优点是:

(1)次镜不偏轴,整个光学系统为共轴系统,且无运动部件,因此成像质量好。

(2)所采用的探测器小得多。因为若不用场镜进行二次聚焦,则圆锥扫描的探测器要做成与调制盘同样大小,而圆周平移扫描的探测器只要做成与像平面上的视场面积一样大小,通

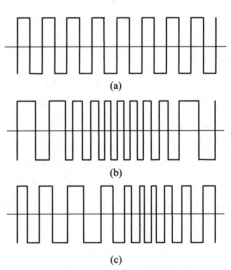

(a)

(b)

(c)

图6-25 载波频率

常视场比调制盘小，探测器面积减小，噪声降低，提高了系统探测灵敏度，增加了作用距离。

圆周平移扫描与圆锥扫描相比的缺点是：圆周平移扫描运动的实现方法较复杂。

调频调制盘与调幅调制盘相比，前者对目标能量的利用率高，抗干扰能力强，探测距离较远，但调频调制盘的信号带宽较宽，信号处理系统较复杂（必须采用鉴频器）；调幅调制盘最大的缺点是目标能量利用率低，抗干扰能力较弱，但它的信号处理电路却比较简单（采用包络检波的解调方法），因而系统工作稳定、可靠。

6. 脉冲编码式调制盘

从运动方式来看，脉冲编码式调制盘属于光学系统不动而调制盘转动的调制盘；从调制的波形来看，基本上属于脉冲调制。脉冲编码式调制盘对像点的辐射能进行调制时，所产生的脉冲幅度不变，而脉冲包络的宽度、相位及脉冲重复频率随像点位置而变化。由于利用脉冲包络宽度、相位以及载频脉冲重复频率的变化分别反映像点的方位、俯仰方向的偏离量大小，因此称之为脉冲编码式调制盘。

1）调制盘图案

图 6-26 为一种脉冲编码式调制盘图案，在半径 r_1 与 r_2 之间有 s 组相同的辐条式透辐射（白色）和不透辐射（斜线）相间的辐条。令每组辐条由 n 对透辐射和不透辐射辐条组成，图中 $s=5$，$n=6$。辐条宽度均为 d；每组辐条中心线的延长线都通过调制盘中心 O'，且各辐条相互平行；调制盘置于光学系统焦平面上，圆 W 为光学系统视场角与焦平面相交所得的截面，称其为视场截面；辐条组的尺寸通常取为 $B'C'=EF$，并使 $B'C'$、EF 等于圆 W 的直径。视场截面 W 的中心 O 即为光轴，调制盘中心 O' 为转动中心，调制盘转动中心与光轴不同心，故此调制盘又称为偏置调制盘或辐条式偏轴旋转调制盘。当调制盘旋转时，视场中心 O 在调制盘平面上的轨迹是一个以 r_0 为半径的圆，称为节圆。辐条组之间是透过率为 50% 的半透区，在节圆上辐条组的宽度与半透区的宽度相等，即图中的 $\overset{\frown}{AB}=\overset{\frown}{BC}=\overset{\frown}{CD}=$

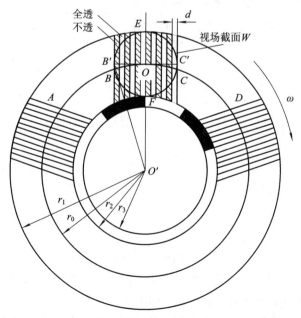

图 6-26　脉冲编码式调制盘

…。r_2 与 r_3 之间整个圆周被分成 $2s$ 等份，相间地镀上全不透射膜，以产生方位基准信号。不透射图案的中心线 $O'B$ 与辐条组中心线 OO' 之间的夹角为 $\pi/2s$，这样便可保证目标处于光轴上时，目标调制信号的包络与基准信号之间的相位差为 $90°$，从而使输出的方位直流信号为零。

2）基本工作原理

在图 6-26 中，$B'OC'$ 表示空间的方位方向，EOF 表示俯仰方向。设计时，取辐条的宽度 d 大于像点弥散圆的直径，因此当调制盘转动时，所得脉冲的幅度不变，但当像点位置在方位方向或俯仰方向发生变化时，就会使脉冲载波包络的相位、宽度以及载波频率随之变化。因此载波包络的相位和宽度的变化，以及载波频率的变化就反映了像点位置的变化。

为分析问题方便起见，像点在方位方向位置发生变化时，不考虑俯仰方向位置的变化，反之亦然。

在方位方向上，我们取 B'、O、C' 三点为代表，讨论其信号波形。当目标位于光轴上时，像点位于 O 点，调制盘转动所得到的信号波形如图 6-27(a)所示；当目标偏离光轴时，如像点位于 B' 或 C' 点，则信号波形分别如图 6-27(b)、(c)所示。从图中可以看出，当像点位置不同时，载波包络的相位是不同的。如果把不同像点位置所得到的包络信号与基准信号（见图 6-27(d)）相比较，则所得到的相位差值是不相同的，该相位差即反映了目标在方位方向偏离光轴的距离和方向。

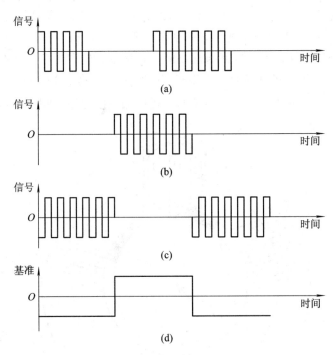

图 6-27 不同方位像点的信号波形

为说明当像点在俯仰方向位置发生变化时，载波包络的宽度和载波频率随像点位置变化的原理，我们画出一个辐条组的示意图，如图 6-28 所示。E、O、F 分别为俯仰位置不同的三个点。如果像点位于 E 点，当调制盘转动时，像点 E 相对于调制盘的扫描轨迹即为以 r_1 为半径的圆。同理，像点位于 O 点或 F 点时，扫描轨迹是以 r_2 或 r_3 为半径的圆。以

r_1、r_2为半径的圆,切割辐条组宽度所得弧长对应的圆心角分别为θ_1、θ_0和θ_2。显然由于辐条组的宽度相同,这些圆心角是不相等的,$\theta_1<\theta_0<\theta_2$,调制盘转动的角速度一定,即像点扫描的角速度一定,则扫过不同的圆心角θ_1、θ_0和θ_2所用的时间τ_1、τ_0和τ_2不等,$\tau_1<\tau_0<\tau_2$,τ_1、τ_0和τ_2即为E、O、F三点载波包络的宽度,由此可得E、O、F三点包络信号波形,如图6-29所示。由图可见,俯仰角的变化对应着包络脉冲宽度τ的变化,由于包络信号的周期T是不变化的,因此包络脉冲的占空比τ/T随俯仰角的变化而变化。

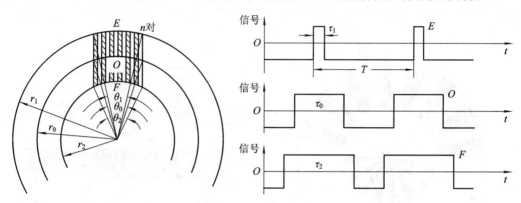

图6-28　辐条组及不同半径处对应的圆心角　　图6-29　俯仰不同位置处载波包络信号波形

　　由于辐条组有n对透辐射、不透辐射辐条,因此像点在任何俯仰位置扫过辐条组,都产生n个载波脉冲。若包络脉冲宽度为τ,则载波周期为τ/n。设载波频率为f,则$f=n/\tau$。令E、O、F三点载波频率分别为f_1、f_0、f_2,因为$\tau_1<\tau_0<\tau_2$,所以$f_1>f_0>f_2$,即俯仰角的变化对应着载波频率的变化。因此,包络脉冲宽度的变化、载波频率的变化都可以反映像点在俯仰方向的位置变化。

　　从以上对脉冲编码调制盘图案形式、扫描方式及基本工作原理的叙述中,可以初步分析归纳出它的优缺点:

　　(1)由于调制盘转动中心与光轴不相重合,因此理论上没有盲区;与旋转中心在光轴上的日出式调制盘相比,精度较高,可用于精跟踪系统或测角系统。

　　(2)方位和俯仰误差特性曲线(调制曲线)在整个视场内单调上升,线性区宽。

　　(3)空间滤波性能较好。由于它的辐条宽度窄,分格均匀,因此对大面积背景辐射的滤除效果较好。前述的光点扫描式调制盘,由于次反射镜偏轴旋转,使调制盘在目标空间的映像作圆周平移扫描,或者说瞬时视场在空间作圆锥扫描运动,这样一来,系统对景物中间的扫描范围加大,故使背景对系统的干扰作用增大。脉冲编码式调制盘,由于光学系统不动,瞬时视场不对景物空间扫描,因此背景的干扰作用可大大减小。

　　(4)当像点在俯仰方向的变化范围较大(即视场较大)时,载波频率的变化范围也较大,因此系统的带宽较大,使探测器噪声的影响较大。

　　(5)对调制盘图案精度、图案中心与转动中心的同心度、带动调制盘的马达的转速和稳定性等要求都较高,给制作和调校工作带来一定困难。

　　(6)方位、俯仰通道之间有交叉干扰(即方位通道与俯仰通道的误差信号相互影响)。

7. 调相式调制盘

图6-30(a)所示的是一种简单的调相式调制盘。目标像点聚焦在旋转着的调制盘上,

用透过辐射脉冲串的相位信息去标示目标的径向位置。图 6-30(a)中以 R 为半径的圆将调制盘分成两个不同的区域，两个区域中的目标调制区与半透区的相位相反。当像点位于小于 R 的一根辐条上时，得到如图 6-30(b)所示的波形。若像点位于同一根辐条大于 R 的位置上，则波形与图 6-30(a)类似，但相位与图 6-30(a)相差 180°，如图 6-30(c)所示。若像点正好处于分界线上，则得到如图 6-30(b)所示的波形，这是由于调制盘转动的一个周期中，像点能量始终只有一半被调制扇形区调制，因而其幅度为图 6-30(a)、(c)波形的一半。显然，这种调制盘只能给出目标沿径向处于"界外"、"压线"、"界内"的信息，而无法表示偏离量的具体大小，也不能反映目标偏离的方位角。因此，调相体制很少单独使用。

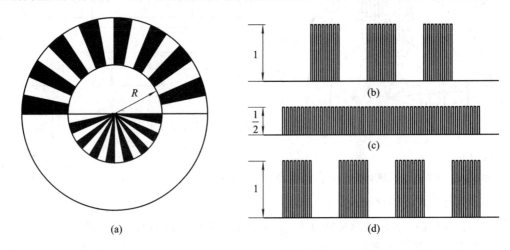

图 6-30 调相式调制盘及其信号波形

8. 脉冲调宽式调制盘

图 6-31 表示的是一种脉冲调宽式调制盘，白色为全透射区，黑色为不透射区。调制盘绕中心旋转，目标像点不动。当目标像点位于中心 O 附近时，透射辐射所产生的波形如图 6-32(a)所示；而当目标像点靠近调制盘边缘时，形成如图 6-32(b)所示的波形。由图 6-32 可见，当目标像点沿径向偏离中心时，透射辐射脉冲的周期 T 不变，而脉冲宽度 τ 逐渐变大，因此脉冲占空比 τ/T 增大。在脉冲占空比的变化中，包含了目标沿径向偏离光轴的位置信息。

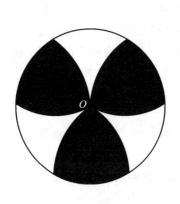

图 6-31 脉冲调宽式调制盘

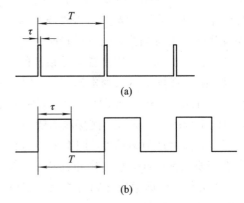

图 6-32 脉冲调宽调制波形

对于图 6-31 所示的调制盘形式,脉冲宽度的变化只能反映目标像点径向偏离量的大小,而不能反映目标的方位。因此,脉冲调宽体制往往与其他调制形式综合起来反映目标的位置。

6.2.3 方位信号处理

调制盘方位探测系统各部分的结构形式与所用调制盘的形式有关,调制盘一经确定,光学系统、方位信号处理电路则应采用与其相适应的形式。

光学系统常采用折反系统或折射系统。例如,采用圆锥扫描式调幅或调频调制盘时,由于光学系统中有运动部件,因而常采用折反系统,用次反射镜进行偏轴旋转;若采用调制盘运动的系统,且要求的像质较高,则采用折射系统。另外,在一个系统中,可同时用上述两种光学系统完成两种视场下探测的功能,例如,为捕获目标而采用折射式大视场光学系统,为精确跟踪则采用折反式小视场光学系统。

方位信号处理电路的具体形式也随调制方式不同而异。调幅调制盘系统的方位信号处理电路如图 6-33 所示,调频调制盘系统的方位信号处理电路如图 6-34 所示。采用脉冲编码式调制盘的系统,其方位信号处理电路的结构形式又与调幅、调频系统的不同。

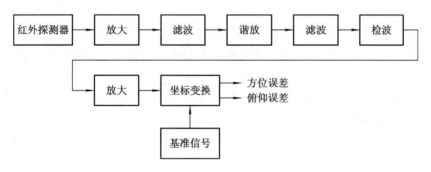

图 6-33 调幅调制盘系统的方位信号处理电路框图

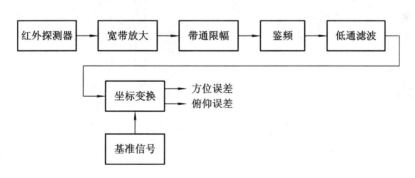

图 6-34 调频调制盘系统的方位信号处理电路框图

1. 目标位置信号的形式

方位探测系统最终要求是能给出反映目标方位信息的误差信号。调幅调制盘对目标光辐射进行幅度调制,所得调幅通量经探测器转换,并由电路进一步放大后,再由检波器取出包络信号,其信号表示为

$$u(t) = u_{\mathrm{m}} \sin(\omega t + \theta) = k_{\mathrm{d}} \Delta q \sin(\omega t + \theta) \qquad (6-7)$$

式中：u_{m} 为包络幅值；Δq 为目标失调角；θ 为包络的相位，即目标在空间的方位角；ω 为包络信号的角频率；k_{d} 为比例系数。

包络信号的幅值及相位反映了目标在空间的位置，式(6-7)即为目标误差信号的基本形式。对调频系统来说，瞬时频率相对于中心频率的变化量（频偏）反映了目标的失调角 Δq，而频率变化的相位角 θ 反映了目标的方位角。调频信号经鉴频器处理，并由低通滤波器输出的信号电压形式上与式(6-7)一致。因此可以说，调幅调制盘系统和调频调制盘系统，最终都用幅度和相位随 Δq 和 θ 变化的正弦电压信号来反映目标在空间的位置。

式(6-7)表示的是目标的极坐标位置 $(\Delta q, \theta)$。一般所说的目标在空间的方位，是指目标在方位方向（即水平方向）和俯仰方向（即高低方向）偏离光轴的距离和方向，即用直角坐标来表示目标在空间的位置。为此用坐标变换器把极坐标信号转换成直角坐标信号。

2. 基准信号的产生

要提取目标的方位信息（θ 角），通常是要把位置信号 $u(t) = k_{\mathrm{d}} \Delta q \sin(\omega t + \theta)$ 与一个基准信号相比较，因此在方位信号处理电路中必须设有基准信号发生器。

通常基准信号可用光电法、磁电法和电路法产生。

1) 光电法产生基准信号

图 6-35 为一种光电式基准信号发生器原理图。基准信号发生器由四个光敏电阻（GR_2、GR_3、GR_4、GR_5）、四个小灯泡和略大于 180° 角的扇形斩光器组成。光敏电阻在空间互成 90° 排列，如图 6-35(a)所示，小灯泡与光敏电阻一一对应。斩光器放在光敏电阻和小灯泡之间，并与次反射镜同轴旋转，如图 6-35(b)所示（如在用于调制盘旋转的系统中，斩光器与调制盘同轴旋转）。

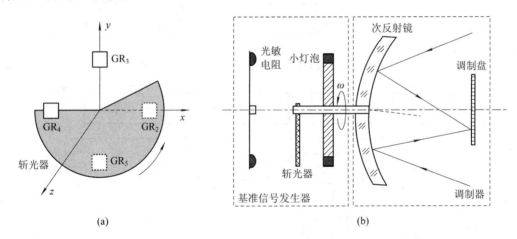

(a)   (b)

图 6-35 光电法基准信号发生器原理图

由图 6-35 可以看出，斩光器旋转时，四个光敏电阻按次序得到周期性光照，它们的阻值变化如图 6-36(a)~(d)所示，这便是基准信号波形。如果把这四个光敏电阻各接到一个偏置电路中，则阻值的周期性变化可以转换成电压的周期性变化，于是便得到了基准信号电压，其波形与图 6-36 的波形相同。

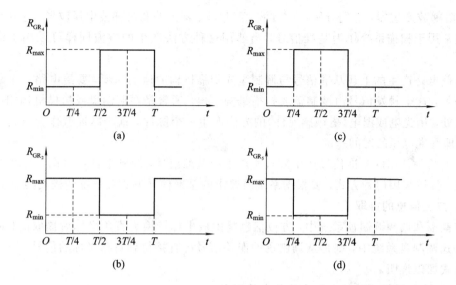

图 6 - 36 光敏电阻阻值变化图

2）磁电法产生基准信号

利用在固定的线圈中通入周期性变化的磁通，线圈中便产生周期性变化的感应电势的方法，也可以得到基准信号电压。如图 6 - 37(a)所示，一块永久磁铁与调制盘同轴旋转，调制盘图案的分界线与永久磁铁的极轴（N 极与 S 极连线）一致。永久磁铁周围互成 90°放置四个基准线圈 JZQ_1、JZQ_2、JZQ_3、JZQ_4，相对的两个连接成一组。当永久磁铁以角速度 ω 旋转时，就在这两对线圈中产生感应电势，即基准信号电压，分别用 u_{Jx} 和 u_{Jy} 表示。电压 u_{Jx} 和 u_{Jy} 与永久磁铁转角的关系如图 6 - 37(b)所示，两个电压的相位相差 90°，可分别作为方位通道和俯仰通道的基准电压。

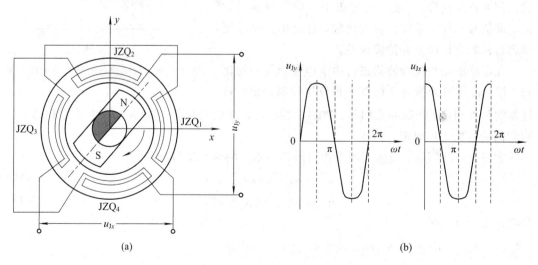

图 6 - 37 磁电法基准信号发生器及其波形

（a）基准信号发生器；（b）波形

3）电路法产生基准信号

利用晶体管开关特性，或者用运算放大器构成的电路，都可以作为方波、三角波、锯齿波、阶梯波产生器，它们分别产生方波、三角波、锯齿波和阶梯波电压波形。这几种基准电压通常用于扫描系统作为基准信号，当然用这种方法产生的方波同样可以用于调制盘系统。

为使电路产生的上述基准信号与调制盘或扫描机构的运动同步，要给电路一个外加的触发信号，这个触发信号由调制盘或扫描机构给出，通常是在调制盘或扫描机构相应的起始位置处，用光电或温电(磁敏感元件)的方法产生一个脉冲，这个脉冲就作为电路的触发信号，即基准电压的时间基准。

以上几种常用的基准信号产生方式所产生的基准信号，原则上都可以用来作为方位检测基准。具体采用何种方式，要根据系统所要求的基准信号形式及系统结构类型而定。

3. 方位信息的提取

在调幅和调频调制盘系统中，方位信息是由极坐标转换为直角坐标后提取的；而在脉冲编码式调制盘系统中，则是从调制盘的误差信号中直接得到直角坐标的信号。下面对这两种方式加以说明。

1) 调幅和调频调制盘系统方位信息的提取

设空间目标为 T 点，其失调角为 Δq，方位角为 θ，在对应的像平面 xOy 上。如图 6-38 所示，目标像 T' 点到 O 点的距离为 ρ，方位角为 θ，OT' 在方位方向和俯仰方向的分量分别为 Oa 和 Ob。当 Δq 很小时，偏离量 ρ 正比于失调角 Δq，令其比例系数为 k_d，则 $\rho = k_d \Delta q$。由图 6-38 可得

$$Oa = \rho \sin\theta = k_d \Delta q \sin\theta \qquad (6-8)$$

$$Ob = \rho \cos\theta = k_d \Delta q \cos\theta \qquad (6-9)$$

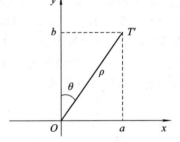

坐标变换器就是把 T' 点的极坐标信号 $u(\rho, \theta)$ 分解成方位通道及俯仰通道上的分量，输出与 Oa、Ob 成比例的直流信号。为此，要把极坐标信号分别与方位基准信号和俯仰基准信号相比较，通过相位比较便得到目标的方位误差和俯仰误差。

在电路中用相位检波器进行两个信号相位间的比较，相位检波器又称为鉴相器或相位比较器。相位检

图 6-38　目标像点的坐标分解图

波器的种类很多，如脉冲鉴相器、数字鉴相器等。这里利用第 4 章给出的正弦鉴相器，说明它们的一般工作原理。

如图 4-53 所示，设输入频率相同但相位不同的两个信号分别为

$$u_1 = u_{m1} \sin(\omega t + \varphi_1) \qquad (6-10)$$

$$u_2 = u_{m2} \cos(\omega t + \varphi_2) \qquad (6-11)$$

按乘法器关系，有

$$u_o' = K_m u_{m1} \sin(\omega t + \varphi_1) \cdot u_{m2} \cos(\omega t + \varphi_2)$$

$$= \frac{1}{2} K_m u_{m1} u_{m2} \sin(2\omega t + \varphi_1 + \varphi_2) + \frac{1}{2} K_m u_{m1} u_{m2} \sin(\varphi_1 - \varphi_2) \qquad (6-12)$$

等式右边第一项是高频成分，通过低通滤波器时将滤除，则鉴相器输出为

$$u_o = \frac{1}{2} K_m u_{m1} u_{m2} \sin(\varphi_1 - \varphi_2) = u_d \sin\varphi \qquad (6-13)$$

式中，$u_d = \dfrac{1}{2} K_m u_{m1} u_{m2}$，$\varphi = \varphi_1 - \varphi_2$。

输出电压 u_o 随两个输入信号的相位差作正弦变化。当 φ 为定值时，u_o 为相应的直流电压。若把 u_2 作为基准电压，使它的幅值 u_{m2} 和相位 φ_2 不变，u_1 视为误差信号，则此时输出电压 u_o 只与 u_{m1} 和 φ_1 有关。

红外探测系统中的坐标变换就是按上述原理进行的。采用两个相同的相位检波器，分别加入两个相位相差 $90°$ 的基准信号，输入同一极坐标的误差信号，就构成了一个坐标变换器。当输入误差信号为 $u_o = k_d \Delta q \sin(\omega t + \theta)$ 时，鉴相器的输出为

$$u_{Oy} \propto k_d \Delta q \cos\theta, \quad u_{Ox} \propto k_d \Delta q \sin\theta \tag{6-14}$$

显然，u_{Oy} 和 u_{Ox} 分别为俯仰方向和方位方向的直流误差信号。

2）脉冲编码式调制盘系统方位信息的提取

根据 6.2.2 节所描述的脉冲编码式调制盘工作原理可知，当目标像点在方位方向和俯仰方向位置发生变化时，调制信号（即载波的包络）的相位、宽度以及载波的频率都会随着变化，因此，可以用下列两种方式提取目标的方位信息：一种是方位鉴相、俯仰鉴宽；另一种是方位鉴相、俯仰鉴频。下面将分别简述它们的工作原理。

（1）方位鉴相、俯仰鉴宽体制。

利用图 6-26 中 r_2 与 r_3 之间的图案，通过光电的方法，在调制盘旋转时产生一串方波脉冲，通常将这个脉冲作为方位方向的基准信号。

为分析方便起见，像点在方位方向位置变化时，不考虑俯仰方向位置的变化，反之亦然。

① 方位误差信号的产生。

在方位方向上，我们取三个点 B'、O、C' 为代表，讨论其误差信号形式。根据图 6-26 和图 6-27 可知，当目标像点在 $B'OC'$ 直线上运动时，误差信号与基准信号的相位差 φ 在 $0°\sim180°$ 之间变化，$B'O$ 线上相位差在 $0°\sim90°$ 之间变化，相位检波器直流输出 U_o 为正；而 OC' 线上相位差在 $90°\sim180°$ 之间变化，相位检波器直流输出 U_o 为负。因此，就得到了如图 6-39 所示的方位输出特性。这样一来，由 U_o 的大小和极性就反映了像点在方位方向偏离光轴 O 的距离和方向。

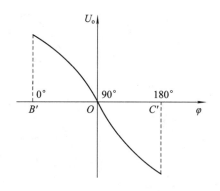

图 6-39　方位输出特性

根据相位检波器的工作原理以及调制盘图案的几何关系，可以推导出：

$$U_o \propto A \cos\left(s \arctan \frac{x}{r_0}\right) \tag{6-15}$$

式中：A 为信号包络幅值；s 为辐条组数；r_0 为节圆半径；x 为目标像点在方位方向偏离光轴的距离。由式（6-15）可以看出，方位直流输出在整个视场内部是单调上升的，其线性度可以近似看作余弦函数的变化速率，在目标偏离光轴比较小时，可以认为是直线性的。

② 俯仰误差信号的产生。

当像点在俯仰方向位置发生变化时，所得到的载频脉冲包络的宽度就会随之变化，以

下称这个包络信号为视频信号，即通过视频脉冲宽度的变化可以反映目标像点在俯仰方向的偏离量。在俯仰方向，取三个特殊点 E、O、F(见图 6 - 28)，图 6 - 29 为这三点的视频信号波形。从图 6 - 29 中可以看出，俯仰角的变化对应着视频脉冲宽度 τ 的变化。

对于图 6 - 29 所示的周期脉冲作傅里叶展开。设脉冲高度为 A，宽度为 τ，周期为 T，则

$$A(t) = A\left(\frac{\tau}{T}\right) + \frac{2A}{\pi}\sin\left(\frac{\pi\tau}{T}\right)\cos\left(\frac{2\pi}{T}t\right) + \frac{A}{\pi}\sin\left(\frac{2\pi\tau}{T}\right)\cos\left(\frac{4\pi}{T}t\right) + \frac{2A}{3\pi}\sin\left(\frac{3\pi\tau}{T}\right)\cos\left(\frac{6\pi}{T}t\right) + \cdots$$

$$= A_0 + A_1\cos\left(\frac{2\pi}{T}t\right) + A_2\cos\left(\frac{4\pi}{T}t\right) + A_3\cos\left(\frac{6\pi}{T}t\right) + \cdots \tag{6-16}$$

式中，A_0 为直流分量，以后各项为各次谐波分量，各次谐波的幅值均为 τ/T 的函数。当目标像点位于光轴上 O 点时，$\tau/T = 0.5$(如图 6 - 29(b)所示)，此时二次谐波的幅值 $A_2 = (A/\pi)\sin(2\pi\tau/T) = 0$。当目标在俯仰方向偏离光轴时，$\tau/T \neq 0.5$，就出现二次谐波；如目标像点位于光轴上方的 E 点，由图 6 - 29(a)可知 $\tau/T < 0.5$，则 $A_2 = (A/\pi)\sin(2\pi\tau/T) > 0$；若像点下偏到 F 点，由图 6 - 29(c)可知 $\tau/T > 0.5$，此时 $A_2 < 0$，A_2 出现不同的符号，说明像点处于光轴上下不同方向时，二次谐波的相位相差 180°，而且二次谐波的幅度大小又与像点偏离光轴的距离有关(因为 τ 与俯仰偏离量有关)。因此，我们只要得到一个相位不变而频率与二次谐波频率相同的基准信号，并与不同俯仰角的二次谐波信号一同加入鉴相器，就可以得到俯仰直流误差信号 A_2。A_2 与 τ/T 的关系如图 6 - 40 所示。

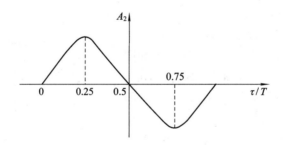

图 6 - 40　A_2 与 τ/T 的关系

式(6 - 16)中，基波幅值 A_1 为

$$A_1 = \frac{2A}{\pi}\sin\left(\frac{\pi\tau}{T}\right) \tag{6-17}$$

当 τ/T 在 0~1 之间变化时，A_1 的符号不变，这表明基波的相位不随 τ/T 而变化，而且 A_1 的大小在 $\tau/T = 0.5$ 附近变化也不大，因此只要将基波分量倍频，就可以作为上面所需的基准信号。把这一倍频的基波信号与二次谐波信号一同加入鉴相器，就可以输出俯仰直流误差信号。由图 6 - 40 可见，当 $\tau/T = 0.25$ 时，A_2 出现正的极大值；当 $\tau/T = 0.75$ 时，A_2 出现负的极大值。因此，设计时，如果把俯仰角的变化范围取在 $\tau/T = 0.25 \sim 0.75$ 对应的范围内，则鉴相器的直流输出在整个俯仰视场内都是单调上升的，近似为线性，其线性度即为正弦函数 $\sin(\tau/T)$ 的变化速率。

根据以上分析，方位鉴相、俯仰鉴宽体制的电路组成方框图如图 6 - 41 所示。图中的 F 是指包络信号的频率。

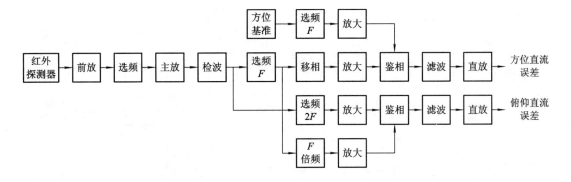

图 6-41　方位鉴相、俯仰鉴宽体制的电路组成方框图

（2）方位鉴相、俯仰鉴频体制。

① 方位误差信号的产生。

方位鉴相、俯仰鉴频体制的方位误差信号的产生方式与方位鉴相、俯仰鉴宽体制的相同。

② 俯仰误差信号的产生。

由于调制盘以角速度 ω 恒速转动，因此在俯仰方向上，处于不同半径上的点（例如图 6-28 中 E、O、F 点）所得调制信号的载波频率不同，通过载波频率的变化，可以取得目标的俯仰误差信息。

要得到俯仰直流误差电压，通常使用鉴频器，鉴频器的直流输出正比于载波中心频率的变化。可以推导出像点处于任意半径 r 处的载波中心频率为

$$f_{0r} = \frac{r\omega}{4d}\left[1 + \cos\left(\arcsin\frac{a}{r}\right)\right] \tag{6-18}$$

式中：f_{0r} 为半径 r 处载波中心频率；r 为像点到调制盘中心 O' 的距离；ω 为调制盘旋转角速度；d 为辐条宽度；a 为辐条组宽度的一半，$a=nd$。如果取像点处于光轴上（$r=r_0$）时的中心频率 f_{0r_0} 为基准，则处于不同 r 上的中心频率相对于 f_{0r_0} 就有不同的偏离 $f_{0r}-f_{0r_0}$。此时若将一个鉴频器调谐到 f_{0r_0}，则目标从视场中心向上或向下移动时，该鉴频器就会产生正的或负的直流输出。直流误差信号与上述频偏成正比，也就是在一定范围内与俯仰误差角（由 r 折算）成正比。

方位鉴相、俯仰鉴频体制的电路组成方框图如图 6-42 所示。比较图 6-41 和图 6-42 所示的两种电路，不同之处只是俯仰信号提取方式上，一个采用鉴相器（鉴宽体制），一个采用鉴频器（鉴频体制）。采用鉴宽体制时，电子线路虽较鉴宽体制复杂，但容易实现。其缺点是：为得到较好的二次谐波波形，要求调制波形要好，为此要求工作信噪比高，适用于目标较远、像点较小的情况；由于占空比 τ/T 在俯仰两个方向上随偏离量的变化而不对称，因此误差特性曲线在高低两个方向的斜率不对称。采用鉴频体制时，高低两个方向频率变化是线性的，因而有可能使输出特性对称；对调制波形的要求不十分严格，因而小信噪比、近距离条件下亦能工作；电路容易实现调零。载波信号波形的变化直接影响鉴频器直流输出的线性段及线性度，由于载波除频率变化外，其宽度也变化，宽度的变化又会影响鉴频器输出直流电压的大小，因此鉴频电路虽然较简单，但不易调整。

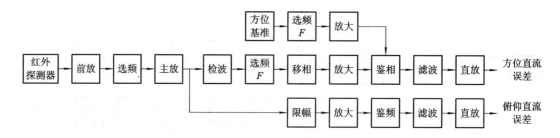

图 6-42 方位鉴相、俯仰鉴频体制的电路组成方框图

选择处理电路方案的原则是，在目标较强的情况下，当作用距离不是主要矛盾时，采用鉴宽体制比较方便，为改善输出特性不对称，可采取增加辐条组数目的办法。如要求作用距离较远或要求输出特性比较对称，则采用鉴频体制较为有利，而且线路简单，调零容易。

6.3 十字叉探测系统

所谓十字叉探测系统，是指将四个长方形探测器排列成正交十字叉型的探测系统，常常用来进行目标位置的探测，有时也称为四元正交探测系统(或四元正交探测器系统)。十字叉探测系统是介于单元探测和成像探测系统之间的过渡型系统，它与成像探测系统相比，具有成本低、制作工艺简单、技术成熟等优点，与单元探测系统相比，具有探测精度高、抗干扰能力强等优点。因此，十字叉探测系统在今天仍有较大的应用空间。

6.3.1 十字叉探测系统的基本构成

十字叉探测系统由光学系统、探测器及信号处理电路三大部分组成。光学系统可为反射式、透射式或折反式，其工作方式为圆锥扫描式，在像平面上产生光点扫描圆。十字叉探测器放置在像平面上，十字叉中心与光轴重合，目标像点以圆轨迹扫过十字叉探测器阵列。图 6-43(a)、(b)给出了反射式光点扫描光学系统以及十字叉探测器阵列示意图，图 6-44 给出了探测器偏压馈电和元件连接方式。

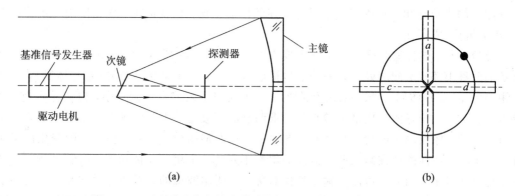

图 6-43 反射式光点扫描光学系统以及十字叉探测器阵列示意图

由图 6-43 可知，红外目标的辐射经过光学系统会聚成像点，由于旋转次镜的偏转和旋转，所成的像点将围绕光轴在像平面上作圆周扫描。这一扫描像点聚焦在十字叉探测器上，产生序列脉冲信号。根据图 6-44 方式连接的十字叉探测器阵列，上下两个探测器 a

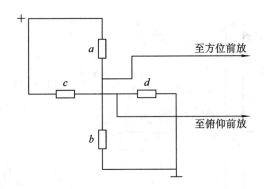

图 6 - 44　探测器偏压馈电和元件连接方式示意图

和 b 为方位通道误差信号敏感元件，左右方向的 c 和 d 为俯仰通道误差信号敏感元件。像点在十字叉探测器阵列上作圆形扫描，像点扫过每个探测器的瞬间，就使光导探测器的电阻值发生变化，造成同一通道的两个元件 $a - b$ 或 $c - d$ 的电阻值形成瞬间的不平衡，这样在每一通道元件的输出端引起相对于地的电位瞬间变化而产生正、负极性的脉冲信号。

当目标位于光轴上时，扫描圆中心与十字叉探测器阵列中心重合，各通道信号脉冲等间隔出现。当目标不在光轴上时，像点扫过各通道元件所产生的信号脉冲不等间隔出现。随着目标偏离光轴的大小和方向不同，信号脉冲出现的时间先后及脉冲间隔都不相同。由于目标和像点在物、像空间是相对应的，因此产生的脉冲序列中就携带了目标的方位信息，这种脉冲位置调制信号简称为脉位调制信号。

6.3.2　十字叉探测系统的时域特征及方位信息提取

如前所述，十字叉探测系统属于脉冲位置调制方式，脉冲位置的变化表示目标的方位信息，而脉冲波形则反映了目标的特征。脉冲位置和脉冲波形完全表达了目标的时域特征，该时域特征是该探测系统信号处理、目标识别的基础，下面进行必要的分析。

1. 时域特征分析

根据图 6 - 43(b)所给出的十字叉探测器阵列排布，可以画出光点扫描圆，见图 6 - 45。如图 6 - 45(a)所示，十字叉探测器置于光学系统焦平面上，目标红外辐射经光学系统会聚，成像于探测器的焦平面上，目标像点随陀螺转子在焦平面上以角速度 ω 作半径为 R 的圆周运动。光学系统旋转的同时，带动基准信号发生器产生 2 个相位相差 90°的基准脉冲，如图 6 - 45(b)所示，当 ωt 分别等于 0°、90°、180°以及 270°时，分别产生 U_d、U_a、U_c 和 U_b 基准信号。

当目标正好位于光学系统的光轴上(失调角 $\Delta q = 0$，图中未画出 Δq)时，像点轨迹(章动圆)的圆心 O' 与正交四元探测器中心 O 重合，像点以等间隔时间扫过 a、b、c、d 四个探测器，探测器输出等间隔的脉冲信号，与基准脉冲信号无相位差。当目标不在光轴上时，系统出现偏差，轨迹圆中心 O' 与探测器中心 O 不重合，像点通过各个探测器之间的时间间隔不再相等，探测器输出不等时间间隔的脉冲串，如图 6 - 45(b)中的 U_d'、U_a'、U_c' 和 U_b'。信号脉冲串 U_d'、U_a'、U_c' 及 U_b' 与基准信号 U_d、U_a、U_c 及 U_b 存在一定的相位差。

另外，当像点扫过探测器时，由于探测器接收到的能量发生变化，从而产生随时间而变化的幅度电信号，这个电信号就是探测器输出的目标波形。

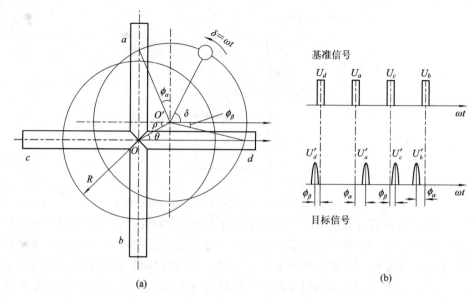

(a)　　　　　　　　　　　　　(b)

图 6-45　十字叉探测器阵列排布及扫描圆示意图

(a) 不同像点的扫描圆；(b) 基准信号与目标信号

在以上的分析中，我们假设目标在焦平面上的像为一个理想的点。实际上，由于存在衍射和像差，其成像并不是严格意义上的像点，而是具有一定大小和形状的弥散圆，且辐射功率分布不均匀。假设目标在焦平面上的辐照度 E 具有面密度分布函数 $E(x)$。通常认为，在瞬时情况下，$E(x)$ 是面元上的点距弥散圆中心距离 x 的函数。由于圆锥扫描运动引起目标像点与各个探测元之间的相对运动，因此只有当弥散圆在探测器上有投影时，探测器才能接收到红外辐射能量而产生电压信号。根据探测器响应度的定义，探测器所输出的信号电压 U_S 可以写为

$$U_S = R_u P(t) = R_u \int_S E(x) \mathrm{d}S \tag{6-19}$$

式中：R_u 为探测器的电压响应度；P 为探测器所接收的辐射功率；S 为弥散圆在探测器上的投影面积。由于 S 随弥散圆扫过探测器面元的变化而变化，P 是关于时间 t 的函数，所以 U_S 也是时间的函数。由式（6-19）可知，要想求出 $U_S(t)$，关键是要确定 $P(t)$。

如图 6-46 所示，假设探测器宽度为 d，ρ 为探测器中心 O 到弥散圆轨迹中心 O' 的距离，θ 为 ρ 与基准线之间的夹角。弥散圆绕其轨迹中心 O' 以角速度 ω 逆时针旋转，R 为弥散圆的运动轨迹半径，r 为弥散圆的半径，δ 为弥散圆转过的角度（$\delta = \omega t$），ϕ 为弥散圆通过探测器时的半圆心角。

考虑到弥散圆直径与探测器宽度的关系：当 $d < 2r$ 时，弥散圆在探测器中始终只有部分投影；当 $d > 2r$ 时，弥散圆在一段时间里完全浸没于探测器中。为便于数学分析，将弥散圆进入探测器的过程作以下假设：圆 O_1、O_2 分别是进入探测器区域和越过探测器区域时的弥散圆，则当弥散圆在探测器上没有投影时 $\phi = 0$，完全进入探测器时 $\phi = \pi$，且 ϕ_1、ϕ_2 分别是圆 O_1、O_2 对应的 ϕ 角。由图 6-46 的几何关系，可得弥散圆与探测器所满足的四个边界条件：

$$\delta = \begin{cases} \delta_a = 2n\pi + \arccos\left[\dfrac{\dfrac{d}{2} + r - \rho\cos\theta}{R}\right] \\[3em] \delta_b = 2n\pi + \arccos\left[\dfrac{\dfrac{d}{2} - r - \rho\cos\theta}{R}\right] \\[3em] \delta_c = 2n\pi + \arccos\left[\dfrac{-\dfrac{d}{2} + r - \rho\cos\theta}{R}\right] \\[3em] \delta_d = 2n\pi + \arccos\left[\dfrac{-\dfrac{d}{2} - r - \rho\cos\theta}{R}\right] \end{cases} \tag{6-20}$$

其中，δ_a、δ_b、δ_c 和 δ_d 分别为探测器与圆 O_1 外切、与圆 O_1 内切、与圆 O_2 内切以及与圆 O_2 外切时的 δ 角，n 为整数。

令 $\phi_1 = \angle CO_1B$，$\phi_2 = \angle C'O_2B'$，由图 6-46 的几何关系，得到

$$\phi_1(\omega t) = \begin{cases} \arccos\left[\dfrac{\rho\cos\theta + R\cos\delta - \dfrac{d}{2}}{r}\right] & (\delta_a \leqslant \omega t \leqslant \delta_b) \\[2em] \pi & (\delta_b < \omega t \leqslant \delta_d) \\[0.5em] 0 & (其他) \end{cases} \tag{6-21}$$

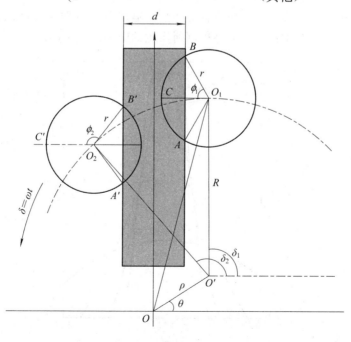

图 6-46　弥散圆通过探测器示意图

$$\phi_2(\omega t) = \begin{cases} \arccos\left[\dfrac{\rho\cos\theta + R\cos\delta - \dfrac{d}{2}}{r}\right] & (\delta_c \leqslant \omega t \leqslant \delta_d) \\ 0 & (\text{其他}) \end{cases} \quad (6-22)$$

同理，由对称关系可得另外三个探测器所满足的条件及对应的 $\phi_1(\omega t)$ 和 $\phi_2(\omega t)$，其结果类似于式(6-20)、式(6-21)、式(6-22)，但需要取相应的正、负号或正、余弦，这里不再一一列出。

令 $S_1(\phi_1)$ 为圆 O_1 通过探测器最右端的弓形面积 $S_{\overset{\frown}{ACB}}$，$S_2(\phi_2)$ 为圆 O_2 通过探测器最左端的超弓形面积 $S_{\overset{\frown}{A'C'B'}}$，则弥散圆在探测器上的实际投影面积为

$$S(\omega t) = S_1(\phi_1) - S_2(\phi_2) \quad (6-23)$$

从而可得探测器所接收的辐射功率 $P(\phi)$ 为

$$P(\phi) = \begin{cases} \displaystyle\int_0^\phi \int_{\frac{r\cos\phi}{\cos\eta}}^r 2xE(x)\mathrm{d}x\,\mathrm{d}\eta & \left(0 \leqslant \phi \leqslant \dfrac{\pi}{2}\right) \\ \displaystyle\int_0^{\pi-\phi}\int_0^{-\frac{r\cos\phi}{\cos\eta}} 2xE(x)\mathrm{d}x\,\mathrm{d}\eta + \int_0^\phi\int_0^r 2xE(x)\mathrm{d}x\,\mathrm{d}\eta & \left(\dfrac{\pi}{2} < \phi \leqslant \pi\right) \end{cases} \quad (6-24)$$

又由式(6-23)知，弥散圆投射到探测器的辐射功率为

$$P(\omega t) = \int E(x)\mathrm{d}S_1 - \int E(x)\mathrm{d}S_2 = P(\phi_1) - P(\phi_2) \quad (6-25)$$

假设入射辐照度 E 为常数，则

$$P(\phi) = \int E\,\mathrm{d}S = E\int_0^\phi\int_{\frac{r\cos\phi}{\cos\eta}}^r 2x\,\mathrm{d}x\,\mathrm{d}\eta = Er^2(\phi - \cos\phi\,\sin\phi) \quad (0 \leqslant \varphi \leqslant \pi) \quad (6-26)$$

利用式(6-26)可得探测器的输出信号归一化波形，如图 6-47 所示。可见，当弥散圆半径 $2r \ll d$，即弥散圆直径远小于探测器宽度时，输出波形近似于宽度固定的矩形脉冲；当弥散圆半径 $2r > d$ 时，不同大小的弥散圆所产生的输出波形不同。

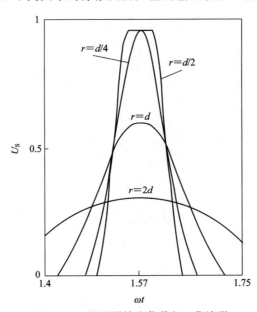

图 6-47　探测器输出信号归一化波形

2. 基于脉冲基准信号的方位信息提取

由光学系统原理知，当目标偏离光轴角度 Δq 时，像点轨迹圆的圆心 O' 与探测器中心 O 不重合，O' 与 O 之间的偏离量 ρ 与失调角 Δq 的关系满足：

$$\rho = f' \tan\Delta q \tag{6-27}$$

式中，f' 为光学系统的焦距。

由时域特性分析可知，如果光学系统旋转的同时，能带动基准信号发生器产生 2 个相位相差 90° 的基准脉冲，则会分别产生 U_d、U_a、U_c 和 U_b 基准信号。此时，当目标位于光学系统的光轴上时，失调角 $\Delta q = 0$，目标像点轨迹的圆心 O' 与正交四元探测器中心 O 重合，像点以等间隔时间扫过 a、b、c、d 四个探测器，探测器输出等间隔的脉冲信号，与基准脉冲信号无相位差；当目标不在光轴上时，目标像点轨迹圆心 O' 与探测器中心 O 不重合，像点通过各个探测器之间的时间间隔不再相等，探测器输出不等时间间隔的脉冲串 U_d'、U_a'、U_c' 和 U_b'。将脉冲串 U_d'、U_a'、U_c' 和 U_b' 与基准信号 U_d、U_a、U_c 和 U_b 分别进行比较，即可求出其相位差 ϕ_a 和 ϕ_β，如图 6-45 所示。由图 6-45 中的几何关系，可得

$$\begin{cases} \rho\cos\theta = R\sin\phi_a \\ \rho\sin\theta = R\sin\phi_\beta \end{cases} \tag{6-28}$$

将式 (6-27) 代入，可得脉冲信号位置信息：

$$\begin{cases} \phi_a = \arcsin\left(\dfrac{f'}{R}\tan\Delta q \cdot \cos\theta\right) \\ \phi_\beta = \arcsin\left(\dfrac{f'}{R}\tan\Delta q \cdot \sin\theta\right) \end{cases} \tag{6-29}$$

根据以上分析，假设目标分别位于相对于十字叉探测系统光轴的中心、右上、左上、左下、右下位置时，利用式 (6-29) 可得脉冲信号位置计算结果，如图 6-48 所示。由此可知，所得脉冲位置信息反映了目标的实际位置。

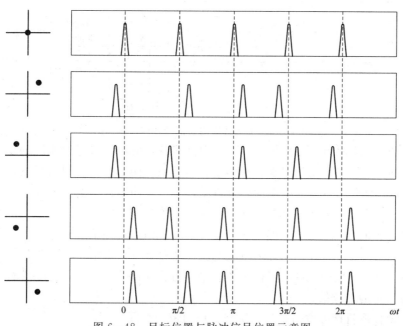

图 6-48　目标位置与脉冲信号位置示意图

求解方程式(6-29)可得到目标相对于光轴(四元探测器中心)的失调角 Δq 和方位角 θ。

3. 基于交流基准信号的方位信息提取

如果基准信号发生器为两个旋转变压器,当次反射镜转动电机驱动次镜旋转时,带动基准信号发生器转动,则会分别产生相位相差90°的两个基准电压,这两个交流基准信号电压可表示为

$$\begin{cases} U_{AZ} = U_0 \sin(2\pi ft) \\ U_{EL} = U_0 \cos(2\pi ft) \end{cases} \tag{6-30}$$

式中:U_{AZ} 为方位基准电压;U_{EL} 为俯仰基准电压;U_0 为基准电压最大值;f 为基准信号频率,它与光点扫描频率严格同步。

此时,十字叉探测器信号处理电路原理框图如图6-49所示。图6-50为处理电路各点波形示意图。方位和俯仰十字叉探测器产生的脉位调制信号分别输入到各自的前置放大器进行放大,然后馈入各自的对数放大器,再将对数脉冲信号分别经过各自的开关电路后,进入采样保持缓冲器,对来自基准信号发生器的正弦基准信号和余弦基准信号电压进行采样、保持,以产生瞬时的直流误差电压 U_{AZ} 和 U_{EL},此瞬时直流误差电压大小由脉位信号相对于正弦基准和余弦基准瞬时值的位置来决定,也就是由目标偏离光轴的失调角大小来决定。

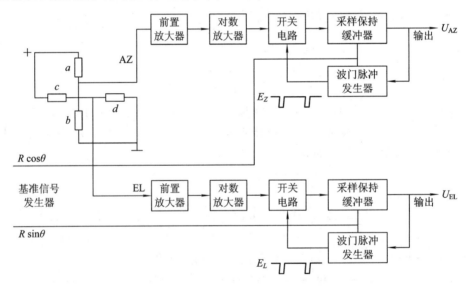

图 6-49 十字叉探测器信号处理电路框图

下面以方位通道为例,参照图6-50处理电路各点的波形来说明系统的工作原理。当目标位于光轴上时,方位通道的脉冲信号等间隔出现,两个脉冲之间的间隔为基准信号周期的一半,这样的信号脉冲对基准信号进行采样,由缓冲器输出的直流误差信号为零,如图6-50(a)所示。当目标偏离光轴,如扫描圆偏到右方时,信号脉冲不等间隔出现,此时缓冲器输出为正的直流电压,如图6-50(b)所示。同理,若扫描圆向左偏,则由缓冲器输出一个负的直流电压。缓冲器输出的直流电压值与目标偏离十字叉探测器中心(即光轴)的距离成比例,直流电压的极性由目标偏离光轴的方向来确定。因此,缓冲器输出的直流电压即可反映目标的方位信息。

俯仰通道提取目标方位信息的方法与方位通道的相同。

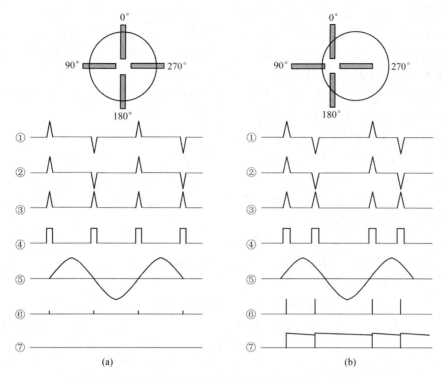

① 探测器输出波形；② 前置放大器输出波形；③ 对数放大器输出波形；
④ 开关电路输出波形；⑤ 方位(AZ)基准信号；⑥ 采样输出波形；⑦ 缓冲器输出波形

图 6-50 目标位于十字叉探测器不同位置时，处理电路各点波形

十字叉系统与调制盘系统相比，突出的优点是：无调制盘，无二次聚焦系统，因此目标能量利用效率高，误差特性曲线在整个视场范围内都是线性的，线性度较高；该系统理论上没有盲区，测角精度高，可达秒级。其主要缺点是：没有调制盘所具有的空间滤波性能；系统电子带宽较宽，探测器噪声大；相比单元探测器而言，多元十字叉探测器制作较为困难。

4. 抗背景干扰的措施

在不减小系统瞬时视场的前提下，可以采用目标位置实时波门跟踪器，即实时"选通"门电路，滤去视场内的背景，但它不能滤掉极靠近目标周围的背景辐射。

由图 6-49 可以看出，波门脉冲发生器产生一定的波门脉冲，波门脉冲控制开关电路的开启时间。只有在波门脉冲到来，开关电路的门打开的时间内，目标脉冲才能通过开关电路，开关电路才输出一脉冲信号，该脉冲信号对相应的基准信号采样、保持缓冲后，输出一直流误差电压。此直流电压又反馈到波门脉冲发生器中，与相应的基准信号进行比较，产生新的波门脉冲去套住下一个周期探测器产生的电脉冲。在波门脉冲未加到开关电路的其他时间内，开关电路关闭，其他脉冲或干扰不能通过，利用波门的选通作用，达到抑制背景的目的。波门脉冲出现的时间应与目标脉位调制信号出现的时间完全同步，而目标脉位调制信号是与目标的空间方位有关的，从缓冲器输出的直流误差电压反映了目标的方位，因此用这一直流电压控制而产生的波门脉冲也就跟随了目标方位的变化，故这种波门选通电路称为目标位置实时波门跟踪器。

采用波门选通电路，特别适合借助人工控制的系统，即先由人工捕获目标，再由系统

自动地紧紧套住目标。它可以在多目标的情况下，始终套住所选定的目标。

由于波门有一定的宽度，因此对那些紧靠目标的背景干扰则无法滤除。为进一步提高抗干扰能力，可减小选通器波门的宽度，但波门太窄又会降低系统的捕获能力，因此设计波门宽度时要综合考虑以上两种因素。

利用目标和大面积背景所产生的脉位调制脉冲的宽度不同，采用脉冲宽度鉴别电路，也可以在一定程度上选取目标排除背景。

有时从提高系统灵敏度的角度出发，为减小探测器单元面积，往往把十字叉探测器的每一臂做成多元的，以提高系统的信噪比 S/N。此时可将多元探测器每两两相近元件做成正负相减元件，从而达到抑制大面积均匀背景干扰的目的，这种方法称为"面积相减技术"。

此外，根据脉冲位置调制这一特点，还可设置一些其他类型的电路，来抑制背景的干扰。

5. 影响测角精度的因素

从上述提取目标方位信息的全部过程和原理来看，凡是影响到目标脉冲的形状、间隔以及相对于基准信号位置的因素，也都是影响测角精度的因素，归纳起来主要有以下几个方面。

1）光学系统的影响

光学系统的分辨率，即弥散圆的大小，直接影响信号脉冲的宽度和形状，它将直接影响采样输出波形相对于基准信号的位置，因而也就影响最后输出的直流误差电压的大小。为保证一定的测角精度，通常取元件的宽度为光学系统弥散圆直径的 1～3 倍。

2）扫描电机稳定性的影响

次镜旋转电机的转速稳定性以及它本身的晃动，都会影响测角精度，因此对电机的转速稳定性有一定要求，即对轴向窜动、径向跳动误差有一定的限制。

3）红外探测器制作误差的影响

红外探测器阵列每一臂窄边（即长方形的长边）互相不平行或每一窄边呈锯齿状，以及同一通道两个探测器不在同一直线上或两个通道探测器互相不垂直等，都会影响测角精度。

4）基准信号的影响

基准信号本身波形失真，两个通道基准信号相位差偏离 90° 的误差，都会影响测角精度。

5）电路相移的影响

目标信号脉冲或基准信号通过电路时所产生的相移，直接影响目标脉冲与基准信号的相对位置误差，故也影响测角精度。

对以上各种因素采取相应措施，是可以把测角误差限制在一定范围内的，十字叉系统的测角精度是很高的，通常可控制在数（角）秒以内。

6.3.3 四元红外探测系统视场分析

由于许多导引头都采用了四元红外探测系统结合圆锥扫描的工作模式，在该模式下，只要光学系统确定，四元红外探测系统的视场就决定了整个导引头的视场。按照导引头跟踪信号的精准程度，这一类导引头的视场通常被分为线性区和非线性区两部分。所谓线性区，就是在该区域内探测系统可以得到准确的目标位置信息，并根据该信息准确地输出跟踪信号，迅速驱动传动机构消除目标相对于中心的误差；而非线性区是指在该区域内，虽然不能准确地得到目标的位置信息，但可以大致知道其位置，经过估计输出信号驱动传动装置，直到目标进入线性区，再进行精确控制。

目前定义该类视场通用的方法是目标和探测系统中心所张开的圆锥角，一般将线性区定义为可以准确计算目标位置的区域，通常用圆锥角 α 表示，而将非线性区定义为仅可以大概知道目标的位置信息，通常用 $\beta=2\alpha$ 表示，这样做有效地解决了视场的定义和分区问题。但对四元红外探测系统的视场而言，采用图示方法表示更加方便，下面结合通用的线性区和非线性区定义，对该问题进行描述。

为了方便说明问题，我们假定扫描圆半径为 R，探测器长度为 $2R$，不考虑像点尺寸、探测器宽度以及探测器安装误差等因素。令 y 为目标相对于坐标原点的水平偏差，z 为目标相对于坐标原点的垂直偏差，按照脉冲出现的个数和顺序可分为以下几种情况：

（1）如图 6 – 51(a)所示，一个同步信号周期内有四个脉冲出现，并且这四个脉冲由四个探测器单元顺序输出。根据几何关系可知，只有目标位置满足 $\sqrt{y^2+z^2}<R$，才能出现该情况。目标坐标的具体计算方法如下：令 $\alpha=\angle AO'B$，$\beta=\angle AO'C$，由几何关系可知 $y=R\sin\alpha$，$z=R\cos\beta$，因为在该区域内可以精确获取目标的位置信息，所以该区域为线性区，具体区域为以坐标原点为圆心、R 为半径的圆形区域，如图 6 – 51(b)中的阴影区域所示。

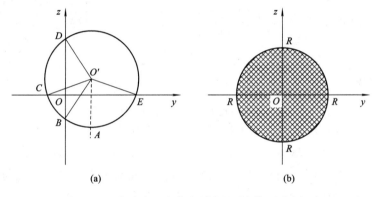

图 6 – 51　脉冲出现个数和顺序以及视场示意图(1)

（2）如图 6 – 52(a)所示，一个同步信号周期内有四个脉冲出现，但这四个脉冲并不由四个探测器单元顺序输出，而由相邻两个探测器单元输出。由几何关系可知，只有目标位置满足 $\sqrt{y^2+z^2}>R$ 且 $|y|<R$，$|z|<R$，才能出现该情况。目标坐标的具体计算方法如下：令 $\alpha=\angle AO'B$，$\beta=\angle AO'C$，由几何关系可知 $y=R\sin\beta$，$z=R\cos\alpha$，因为在该区域内可以精确获取目标的位置信息，所以该区域也为线性区，具体区域为边长为 $2R$ 的正方形

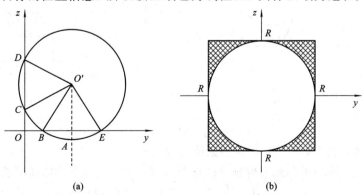

图 6 – 52　脉冲出现个数和顺序以及视场示意图(2)

区域减去以坐标原点为圆心、R 为半径的圆形区域，如图 6-52(b)中的阴影区域所示。

(3) 如图 6-53(a)所示，一个同步信号周期内有两个脉冲出现，而且这两个脉冲都由同一个探测器单元输出。由几何关系可知，只有目标位置满足 $R<|y|<2R$ 且 $|z|<R$，才能出现该情况；同时随着 y 的大小变化还能出现如图 6-53(b)所示的情况，即一个同步信号周期内只有一个脉冲出现。这两种情况可以合二为一，即单个探测器单元出现脉冲。目标坐标的具体计算方法如下：令 $\alpha=\angle AO'B$，由几何关系可知 $z=R\cos\alpha$，根据脉冲出现的探测器单元可以知道另一个坐标 $y>R$，却无法知道其精确值，因为在该区域内无法精确获取目标的位置信息，所以该区域为非线性区，具体区域为两个长为 $4R$、宽为 $2R$ 的长方形正交减去中间的重叠部分，如图 6-53(c)中的阴影区域所示。

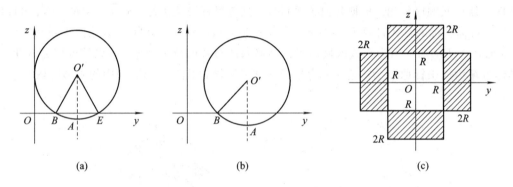

(a)　　　　　　　　　　(b)　　　　　　　　　　(c)

图 6-53　脉冲出现个数和顺序以及视场示意图(3)

(4) 如图 6-54(a)所示，一个同步信号周期内只有一个脉冲出现，且此时目标已经超出了四元探测器单元的区域方位。由几何关系可知，只有目标位置满足 $2R<|y|<3R$，$|z|<R$ 且 $\sqrt{(y-2R)^2+z^2}<R$，才能出现该情况。目标坐标的具体计算方法如下：令 $\alpha=\angle AO'B$，由几何关系可知 $z=R\cos\alpha$，根据脉冲出现的探测器单元可以知道另一个坐标 $y>0$，却无法知道其精确值，因为在该区域内无法精确获取目标的位置信息，所以该区域为非线性区，具体区域为四个半圆形区域，如图 6-54(b)中的阴影区域所示。

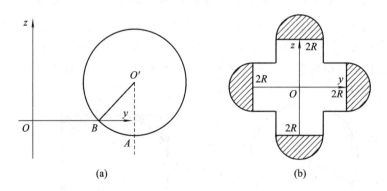

(a)　　　　　　　　　　(b)

图 6-54　脉冲出现个数和顺序以及视场示意图(4)

综合以上四种情况，四元红外探测系统的视场如图 6-55(a)所示，中心正方形即双阴影区域为线性区，沿四个探测器臂延伸的单阴影区为非线性区。按照通用的线性区和非线性区的分区方法，如图 6-55(b)所示，若 α 取半径为 R 的圆形区域①所形成的圆锥角，线性区将缩小，而非线性区在取 $\beta=2\alpha$ 时，在圆形区域②所形成的圆锥角中包含有盲区，同时又损失了一部分真正的非线性区；如图 6-55(c)所示，若 α 取半径 $\sqrt{2}R$ 的圆形区域③所形成的圆锥角，线性区将扩大，而非线性区在取 $\beta=2\alpha$ 时，在圆形区域④所形成的圆锥角中包含了更多的盲区，同时也不能将真正的非线性区全部包括。

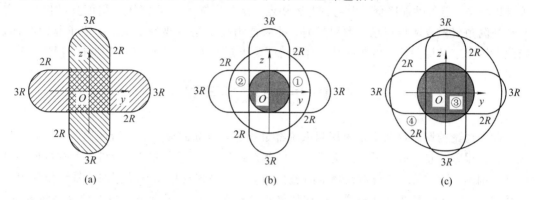

图 6-55　十字叉红外探测系统视场示意图

所以，十字叉红外探测系统具有对称结构的视场，该视场最大可以到距离中心 $3R$ 的位置，不过并不是 $3R$ 的圆锥角，因为在 $3R$ 的圆锥角区域内有盲区；同时，对于线性区和非线性区，这两个区域不符合非线性区为线性区 2 倍的关系，因此这种系统的视场比较复杂，不宜用圆锥角描述，图示法不失为一种直观有效的方法。

6.3.4　L 型方位探测系统

L 型方位探测系统是指探测器阵列排列成 L 型，如图 6-56(a)所示。L 型系统的目标信号形式、基准信号形式以及方位误差信号提取的原理都与十字叉系统相同，区别仅在于：光点转动一周时，一个通道内只产生一个脉位调制脉冲，因此对基准信号一个周期内只采样一次。

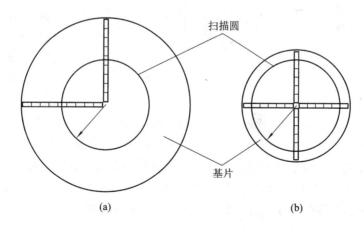

图 6-56　L 型及十字叉阵列探测器

由前述的讨论可知，十字叉系统由于一周采样两次，因此当基准波形不对称时，波形的局部误差、相位差、采样脉冲宽度等都会造成采样误差，降低了测量精度。而 L 型系统每周采样一次，克服了上述几种误差的影响，因此 L 型系统比十字叉系统的测角精度高。

在光学系统视场大小相同的情况下，L 型和十字叉探测器的每臂长度是不同的。为保证不丢失目标，L 型探测器一个臂的长度应等于光学视场的直径(2R)，而十字叉探测器一个臂的长度只有光学系统视场直径的一半(R)，如图 6-56(b)所示。如果视场大，又采用多元相减技术，则必然是 L 型探测器的基片尺寸太大，每臂的元数过多，使多元的均匀性等难以保证，器件性能降低。为克服上述缺点，充分发挥 L 型系统测量精度高的优势，有些红外测角仪做成两种视场：大视场时，捕获能力要求是主要的，而精度要求是次要的，因此采用十字叉探测器；小视场时，测量精度要求是主要的，因此采用 L 型探测器。

6.4　扫描探测系统

前面讨论的调制盘及十字叉探测系统都是基于对目标的辐射能进行调制的，然后解调取出方位误差信息。本节所要讨论的扫描探测系统(以下简称扫描系统)则无需对目标辐射能进行调制，而是系统本身对景物空间进行扫描，扫描到目标所在位置时，系统便输出一个脉冲，该脉冲对基准信号采样，这样便测得目标的方位误差信号。与前两种系统相比，扫描系统可以在瞬时视场很小的情况下，通过扫描观察到较大的空间范围，提高了系统的灵敏度和抗背景干扰的能力。

6.4.1　扫描系统结构简介

扫描系统的基本结构组成包括光学系统、探测器、信号处理电路、扫描驱动机构和扫描信号发生器。扫描驱动机构使光学系统在某一空间范围按一定规律进行扫描，扫描运动的规律(即扫描图形)由扫描信号发生器产生的扫描信号来控制。扫描图形有多种形式，例如可进行一线扫描、三线或四线扫描，其扫描图形如图 6-57 所示。

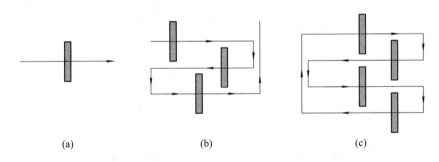

图 6-57　扫描图形示意图
(a) 一线扫描；(b) 三线扫描；(c) 四线扫描

探测器置于光学系统焦平面上，它可以是单元探测器或线阵、面阵多元阵列探测器。按多元阵列排列方式与扫描方向之间的关系，扫描系统可分为串联扫描、并联扫描和串并联扫描三种方式，各种扫描方式的详细讨论见第 7 章 7.3.4 节。

1. 扫描视场

扫描视场是指在扫描一帧的时间内，光学系统瞬时视场所能覆盖的空域范围。这个范围通常用方位和俯仰的角度(或弧度)来表示，如图 6-58(a)中的 $A \times B$，其中 A 为方位扫描视场，B 为俯仰扫描视场。扫描视场通常由系统使用的总体要求给定。

扫描视场 $A \times B$ 等于光轴的扫描范围 $C \times D$ 与光学系统瞬时视场 $\alpha \times \beta$ 之和，即

$$A \times B = C \times D + \alpha \times \beta \tag{6-31}$$

其中：C 和 D 分别为光轴扫描的水平和俯仰范围，整个的光轴扫描范围为 $C \times D$，即指光轴在空间扫描的空域范围；α 和 β 分别为光学系统的水平瞬时视场和俯仰瞬时视场，$\alpha \times \beta$ 是指光学系统静止时所能观察到的空域范围。瞬时视场可以是圆形的，如图 6-58(a) 所示，也可以是矩形的，如图 6-58(b) 所示。

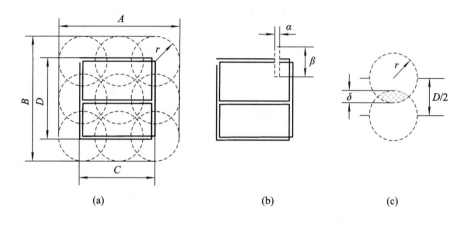

图 6-58 扫描视场、光轴扫描范围及瞬时视场

由式(6-31)并参照图 6-58(a)、(b)，扫描视场可按下列方法进行计算。对于圆形瞬时视场，有

$$\begin{cases} A = C + 2r \\ B = D + 2r \end{cases} \tag{6-32}$$

对于矩形瞬时视场，有

$$\begin{cases} A = C + \alpha \\ B = D + \beta \end{cases} \tag{6-33}$$

对于矩形瞬时视场，还可以表示为

$$A \times B = M\alpha + N\beta \tag{6-34}$$

其中，M、N 分别为扫描的列数和行数。

2. 重叠系数

为防止在扫描视场内出现漏扫的空域，确保在扫描视场内能有效地探测目标，相邻两行瞬时视场要有适当的重量。

重叠系数是指在扫描时，相邻两行光学系统瞬时视场的重叠部分(δ)与光学系统瞬时视场($2r$)之比，如图 6-58(c) 所示，即

$$k = \frac{\delta}{2r} \tag{6-35}$$

对于圆形视场来说，目标从瞬时视场的边缘扫过与从中心扫过相比，从边缘扫过时目标在瞬时视场内的驻留时间短，所产生的目标信号形式与中心不同，这就可能造成系统对处于边缘的目标发现概率低，为满足一定的发现概率要求，这类系统的重叠系数可相应取得大些。对于矩形瞬时视场，边缘与中心的驻留时间相等，信号形式相同，因此边缘与中心的发现概率相同，这类系统的重叠系数可取小些。可见，重叠系数的选择，是与扫描过

程中瞬时视场各处发现概率的均匀程度有关的。

3. 扫描角速度

扫描角速度是指在扫描过程中，光轴在方位方向上每秒钟转过的角度。通常根据目标相对于扫描系统的速度、探测方向及作用距离等因素，来确定扫描一帧（即一个扫描周期）所用的时间 T_f，然后根据扫描图形、光轴扫描范围的大小以及帧时间 T_f，求出扫描角速度。

扫描过程中，扫描图形帧扫方向上的行与行之间的转换时间很短，在忽略行与行之间转换所用的时间时，帧时间 T_f 基本上全部用来进行行扫描，此时扫描角速度 ω_f 可近似地表示如下：

$$\omega_f = \frac{C}{T_f/N} \qquad (6-36)$$

式中：C 为光轴水平扫描范围；T_f 为帧时间；N 为扫描图形的行数。

在光轴扫描范围为定值的情况下，扫描角速度越高，帧时间就越短，从而越容易发现扫描空域内的目标。但扫描角速度太高，又会造成截获目标困难。

6.4.2 扫描信号的形式

扫描信号的形式取决于光轴扫描图形的形式。根据已经确定的扫描视场，又考虑到光学系统的瞬时视场大小和重叠系数，就可确定光轴应扫几行。原则是在一个扫描周期内，整个扫描视场中不出现漏扫区域。当扫描视场大小要求一定时，如果瞬时视场较大，则扫描行数可以少些，见图 6-59(a)。如果瞬时视场较小，则要增加扫描行数，见图 6-59(b)，此时若不增加扫描行数，就会出现漏扫的空域，见图 6-59(c)。

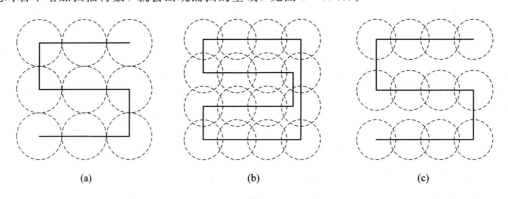

(a)　　　　　　　　　　(b)　　　　　　　　　　(c)

图 6-59　扫描的行数确定

扫描的行数确定以后，就可以进一步确定采用什么样的扫描图形。例如，扫三行的图形可以采用双 8 字形和 8 字形扫描，如图 6-60(a)、(b)所示；扫四行的图形可以采用凹字形扫描，如图 6-60(c)所示。双 8 字形和 8 字形扫描虽然都能产生三行扫描线，但实际的扫描效果是不完全相同的。双 8 字形扫描是每帧扫两场，每一行都重复扫两次，扫描视场边缘和中心的扫描机会是相等的。8 字形扫描是每帧只扫一场，但中心一行重复扫两次，扫描视场中心扫描的机会多于上下两边。因此，在要求中间扫描特别仔细的情况下，采用 8 字形扫描是合适的。在扫描视场大小相同、帧时间要求相同的情况下，双 8 字形扫描比 8 字形扫描的扫描角速度大，当设计上能够使系统有较好的截获性能时，采用双 8 字形扫描是有利的。

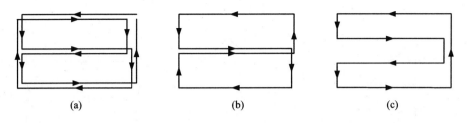

图 6-60 不同的扫描图形

(a) 双 8 字形；(b) 8 字形；(c) 凹字形

扫描信号的形式应根据光轴扫描图形要求确定。若形成图 6-60 所示的几种扫描图形，则要求光轴在行方向的扫描为匀角速度运动，行与行之间的转换为跳跃式的运动。若给扫描系统加上不同形式的信号电压（阶跃、斜坡），光轴就有不同的运动方式（跳跃的、匀角速度的）。通过控制输入电压的幅值和变化周期以及选择一定的回路参数，就可限制光轴的运动范围。因此，对于分为两通道（方位、俯仰）进行控制的扫描系统，其方位扫描信号为等腰三角波（即斜坡电压），俯仰扫描信号为等距阶梯波（即阶跃电压）。使三角波和阶梯波的频率满足不同的对应关系，便可得到不同的扫描图形。

1. 连续 N 行扫描图形

连续 N 行扫描的扫描信号形式如图 6-61 所示。图中所示的扫描信号，使光轴在每一行上正扫、回扫各扫一次，即每行重复扫两次。方位扫描信号 u_α 变化 N 个周期、俯仰扫描信号 u_β 变化一个周期为一完整的帧，因此两者频率关系为

$$f_\alpha = N f_\beta \tag{6-37}$$

式中：f_α 和 f_β 分别为方位和俯仰扫描信号频率；N 为扫描行数。

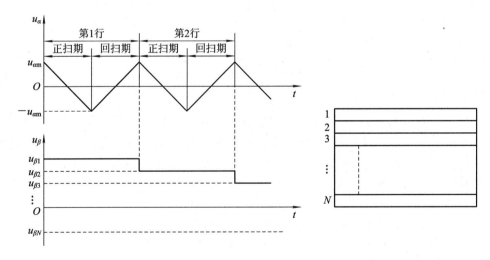

图 6-61 N 行扫描的扫描信号形式

2. 8 字扫描图形

图 6-62 所示为 8 字形扫描信号。正扫、回扫共四行为一完整的帧。其频率对应关系为

$$f_\alpha = 2 f_\beta \tag{6-38}$$

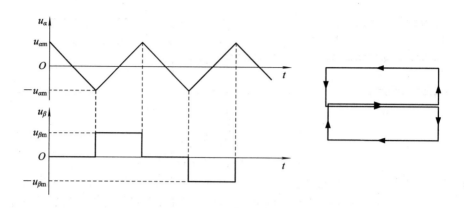

图 6-62　8 字形扫描的扫描信号形式

3. 凹字扫描图形

图 6-63 为凹字扫描信号。正扫、回扫共四行为一完整的帧。其频率对应关系为

$$f_\alpha = 2f_\beta \qquad\qquad (6-39)$$

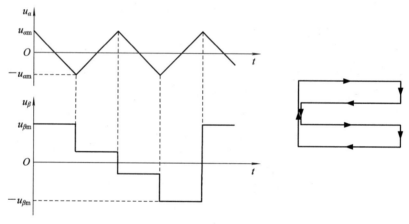

图 6-63　凹字形扫描的扫描信号形式

由以上分析可见，通过适当选择方位扫描信号频率与俯仰扫描信号频率的对应关系，以及通过设计扫描信号波的形式，特别是设计不同的俯仰阶梯波的形式，便可以得到不同形式的扫描图形。反过来，根据要求的扫描图形，就可以求出相应的扫描信号的形式，通常是每帧内方位三角波的周期数等于扫描图形行数的一半，每帧内俯仰阶梯波的阶梯数目等于扫描图形俯仰跳跃的次数。

扫描信号发生器基本上可以分为两种形式，即电子式和机电式。

6.4.3　目标信号的形式

在图 6-64 中，若在扫描空域范围内，空间某一位置有一个点目标，则瞬时视场扫过这一点时，便产生一个视频脉冲。若是单元扫描系统，则这个视频脉冲经过放大后即可直接用来提取目标位置信息；若是多元并扫系统，则可经过多路信号处理，先把空间某一位置的目标信号转换成按时序输出的视频脉冲，再从这个时序视频脉冲中提取目标的位置信息。

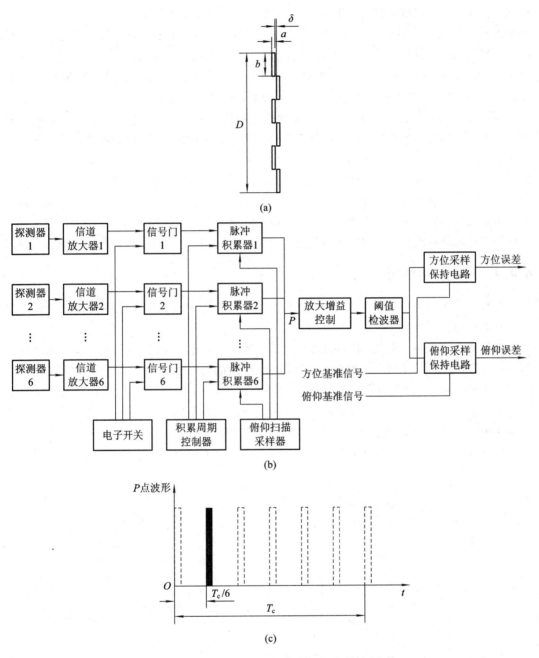

图 6-64　多元信号处理电路及位置误差检测电路

下面以一个六元并扫系统来说明目标信号的形式。图 6-64(a)为六元探测器排列方式,图 6-64(b)为红外多路信号处理电路及位置误差检测电路。在扫描过程中,信号在探测器上的驻留时间为 τ_d(τ_d 由扫描速度及探测器的方位方向瞬时视场 α 决定)。

每一个探测器都与一信道放大器(包括前置放大器和最佳噪音滤波器)相连,各信道放大器又与相应的信号门相连。信号门的开关受电子开关的驱动,在顺序接通 1 号至 6 号门的过程中,实际上就是在俯仰方向上完成了六倍探测器俯仰瞬时视场(6β)的电扫描(β 为探测器俯仰瞬时视场)。电子开关从 1 号至 6 号信号门顺序接通一遍所用的时间为一个采样

周期 T_c，$T_c < \tau_d$。这样，在 τ_d 时间内每一个信号门都要接通（即信号门开启）τ_d/T_c 次。此时如果在空间某一位置有一目标，使第二个探测器接收到红外辐射，则第二个探测器就输出一个宽度为 τ_d 的脉冲，该信号脉冲经信道放大器到了第二个信号门，信号门开启一次就对信号脉冲采样一次，则在 τ_d 时间内对信号脉冲采样 τ_d/T_c 次，信号门 2 也就输出了 τ_d/T_c 个采样脉冲。采样脉冲的宽度取决于信号门开启的时间，采样脉冲的幅度取决于信号脉冲的幅度。为了提高系统的检测性能和系统的探测距离，可将 τ_d/T_c 个采样脉冲积累起来再输出。此时，6 路脉冲积累器输出 6 个积累脉冲所占据的时间为采样周期 T_c，两相邻通道如果都有目标，则两个通道输出的积累脉冲应相距 $T_c/6$。图 6-64(b)中 P 点的波形如图 6-64(c)所示。由于第二个探测器处有目标，因此脉冲积累器 2 就输出一个窄脉冲，如图 6-64(c)中的实线脉冲所示。可见，多元并联扫描系统经多路信号处理后，输出的目标信号为视频脉冲。图 6-64(b)中的积累周期控制器控制各积累器的积累时间。俯仰扫描采样器的作用是使各脉冲积累器的积累脉冲按照 1～6 的顺序输出，从而在 P 点得到时序脉冲信号。

6.4.4 基准信号的形式

基准信号分为方位基准信号和俯仰基准信号，它们分别加入方位和俯仰采样保持电路，如图 6-64(b)所示。

方位基准信号为三角波，其周期为 T_x。俯仰基准信号为阶梯波，其周期为 T_y。对于单元探测器而言，T_y 内的阶梯数由俯仰观察视场内所包含的俯仰瞬时视场数决定（扫描行数）；对于多元探测器而言，当探测器并联，扫描图形为一线时，T_y 内的阶梯数等于探测器数目。

基准信号的周期 T_x、T_y 值及基准信号的形式，与探测器数目 n 及扫描图形有关。若观察视场为 $A \times B$，探测器单元瞬时视场为 $\alpha \times \beta$，如图 6-65 所示，则 $A \times B$ 内共包含 $M \times N$ 个瞬时视场，其中 $M = A/\alpha$ 为扫描列的数目，$N = B/\beta$ 为扫描行的数目。

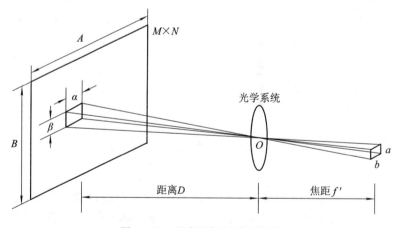

图 6-65 观察视场与瞬时视场

单元扫描系统的方位、俯仰基准信号波形如图 6-66 所示，若扫一行所用的时间为 T_1，帧时间为 T_f，则基准信号的周期为 $T_x = 2T_1$，$T_y = T_f$。

对于 n 元探测器并联扫描的系统，若扫描图形为一线（见图 6-57(a)），即 $n = N$，则基准信号波形如图 6-67 所示，其方位基准信号与单元扫描系统的相同，而俯仰基准信号的周期 $T_x = T_c$，T_c 为电子开关采样周期。

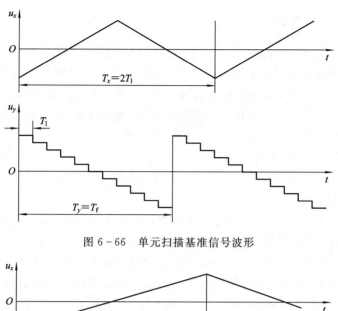

图 6-66　单元扫描基准信号波形

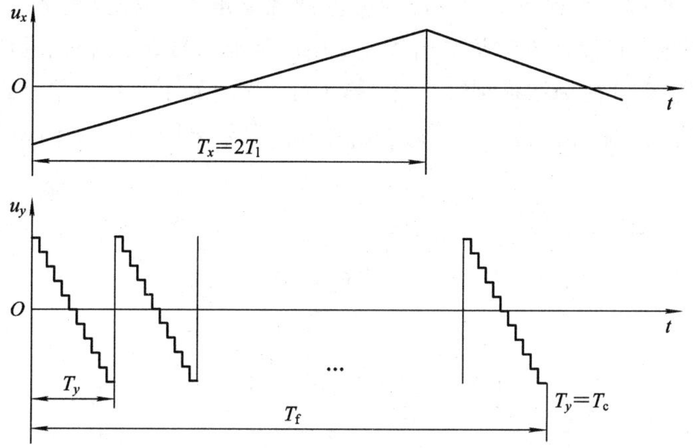

图 6-67　n 元并联一线扫描基准信号波形

若扫描图形为三线(见图 6-57(b)),即 $3n=N$,则基准信号波形如图 6-68 所示,其方位基准信号与前两种的相同,俯仰基准信号波形发生变化,此时俯仰基准信号的周期 $T_y=T_c$。

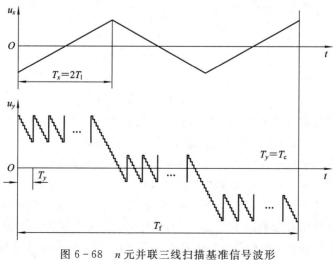

图 6-68　n 元并联三线扫描基准信号波形

6.4.5　方位信息的提取

参考图 6-64，由前述目标信号形式的分析可知，无论是单元还是多元扫描系统，所得目标信号都是一个视频脉冲，该视频脉冲出现的时间先后与目标所在的空间位置有关，因此扫描系统的目标信号实质上是脉冲位置编码信号。这个视频脉冲经放大增益控制进入阈值检波器，阈值检波器保证了具有一定信噪比的输入脉冲才能通过阈值检波器进入位置误差检测电路。目标位置误差检测电路就是两个采样保持电路，方位、俯仰基准信号分别加给方位、俯仰误差采样保持电路，目标脉冲分别对两个通道的基准信号采样，采样保持电路输出的幅值就是误差值，误差值的大小反映了目标脉冲与基准信号之间的相对位置，即反映了目标的空间方位。

为说明问题方便，我们以单元扫描系统为例，说明方位、俯仰误差产生的原理。前面所述的基准信号是以电压随时间变化的形式给出的。当扫描速度一定时，扫描时间就与一定的视场角相对应，T_1 对应水平视场角 A，T_f 对应俯仰视场角 B，因此，基准信号电压瞬时值对应离开光轴的角度值。我们把方位基准信号 u_x、俯仰基准信号 u_y 与扫描视场的相对位置关系示于图 6-69，假定瞬时视场扫描到第 i 列、第 j 行，接收到了目标辐射，此时所产生的目标脉冲对 u_x、u_y 分别进行采样保持，就得到该点的方位误差电压 u_{xi} 和俯仰误差电压 u_{yj}。

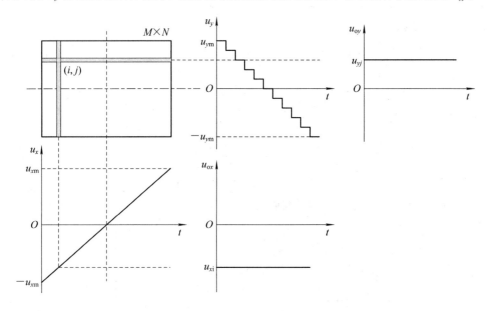

图 6-69　方位、俯仰误差电压产生原理示意图

对于多元扫描探测系统来说，误差电压的检测原理与上面所述单元扫描系统的完全相同，只是图 6-69 中的基准信号要换成相应的多元扫描基准信号。

多元探测器阵列中各单元探测器之间存在串音，并且多元探测器各单元往往不会排列在一条直线上，相邻的两个单元在方位方向上错开一个距离 δ，如图 6-64(a)所示，这时如果有两个方位偏离量相同，而俯仰偏离量不同的目标辐射分别被探测器 1、2 接收，则探测器 2 所产生的脉冲相对探测器 1 延迟一个 Δt 时间，这两个脉冲对方位基准信号进行采样时，输出的方位误差电压是相等的，从而造成了方位方向上的测角误差，为此一般是通过电路对两相邻探测器的脉冲信号延迟进行补偿，补偿后的目标脉冲再对基准信号进行采样，即可消除因信号延迟引起的测角误差。

扫描系统的测角精度由单个探测器的瞬时视场决定。考虑到光学系统及探测器的设计制作水平，一般瞬时视场为 0.5~1 mrad。因此，扫描系统的测角精度在 $2'$~$3.4'$ 之间。

6.4.6 提高扫描探测系统精度的方法

上述扫描探测系统中，在方位方向上采用目标脉冲对斜坡基准信号进行采样，获得方位误差信号，其测量精度较高；在俯仰方向上利用目标脉冲对阶梯波基准信号进行采样，获得俯仰误差信号，其测量精度即为俯仰方向瞬时视场的大小，该瞬时视场一般不能做得很小，因此，要得到较高的测量精度（例如秒级精度）是不可能的。然而，如果在俯仰方向上也能够利用目标脉位信号对连续波基准信号进行采样，则也可以得到较高的俯仰测量精度。下面介绍一种提高扫描探测系统俯仰方向测量精度的方法。

扫描探测系统为 n 元并联扫描工作方式，n 元探测器排列成如图 6-70(a) 所示的"小"字形（图中为 $n=23$ 的情形）。图中，1~21 为方位视场元件；22 和 23 为俯仰精测角元件。元件位置及图案如图 6-70(b) 所示。$A×B$ 为粗测角像面，$A'×B'$ 为精测角像面。工作时由摆动镜作一线扫描，一个周期包括一次正扫和一次回扫。若视场内有目标，则在像平面上得到的光点扫描轨迹如图 6-71 左边所示（为了分析方便，扫描线画得不重合，实际上扫描线是重合到一条线上的）。目标位于视场中心时，光点扫描轨迹中心位于探测器中心；若目标偏离了视场中心，则光点扫描轨迹中心也偏离探测器中心，偏离的方向不同反映目标位于不同的方位。下面分三个方面说明其基本工作原理。

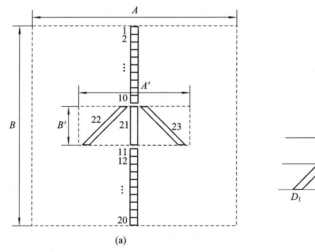
(a)

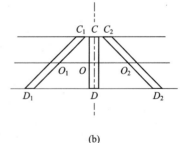
(b)

图 6-70 "小"字形探测器阵列

1. 方位误差信息的提取

在方位方向上采用脉位信号采样方案，与十字叉系统相同，区别仅在于取得脉位信号的方式不同。十字叉系统为圆形光点扫描轨迹，此方案为直线形光点扫描轨迹。如图 6-71 所示，⑥为连续波采样基准信号，它与光点扫描完全同步，以 2π 为周期；③表示目标位于视场中心的情况，此时目标脉冲等间隔出现，对基准信号采样电压为零；①、②表示目标像点偏到右边的情况，此时同一周期内两个目标脉冲分开，在两个周期交界处，目标脉冲靠近，对基准信号采样得到正的直流输出电压，目标偏离量越大，采样电压值越大；④、⑤表示目标像点偏到左边的情况，此时同一周期内两个目标脉冲靠近，采样输出负的直流电压（图中的虚线表示采样电压）。可见，采样保持电压的大小和极性反映了目标偏离量的大小和偏离的方向。其偏离量 Δq 与采样输出电压的关系曲线（即方位误差特性曲线）如图 6-72 所示。

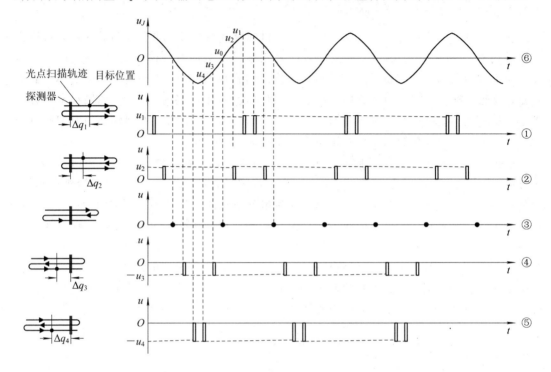

图 6-71　脉位信号采样原理示意图

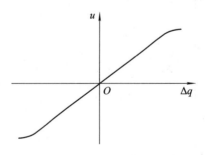

图 6-72　方位误差特性曲线

2. 粗测角视场内俯仰误差信号的提取

在粗测角视场内，俯仰误差信号是从元件的位置误差中获取的。方法是：用不同位置的探测器分别控制具有不同分压比的电子开关，当某一个探测器被光点照射到了，电子开关便控制输出一个与该探测器位置对应的误差电压信号。一个探测器的位置表示视场中的一个固定误差角。

3. 精测角视场内俯仰误差信号的提取

俯仰精测角元件的位置及图案如图 6-70(b)所示。O 为视场中心，元件 C_1D_1 和 C_2D_2

对称分布于中心线 CD 的两侧，光点扫描运动轨迹垂直于 CD。与图 6-71 所示的采样原理完全相同，当光点扫过中心位置 O_1OO_2 时，元件 C_1D_1 和元件 C_2D_2 的采样直流电压分别为 u_{O_1} 和 u_{O_2}；当目标像点偏到 O_1OO_2 线以上的 C_1CC_2 线上扫描时，扫过两个元件后分别得到采样电压 u_{C_1} 和 u_{C_2}；反之，目标像点偏到 O_1OO_2 线以下的 D_1DD_2 线上扫描时，分别得到采样电压 u_{D_1} 和 u_{D_2}。显然有

$$\begin{cases} |u_{C_1}| < |u_{O_1}| < |u_{D_1}| \\ |u_{C_2}| < |u_{O_2}| < |u_{D_2}| \end{cases} \tag{6-40}$$

此时取 $u_{O_1} = u_{O_2} = u_O$ 为标准电压，与上述俯仰位置偏离后的输出电压相减，则有

像点扫描线在中线（O_1OO_2 线）以上时，$|u_O| - |u_{C_1}| > 0$ 及 $|u_O| - |u_{C_2}| > 0$；

像点扫描线在中线上时，$u_O - u_{C_1} = 0$ 及 $u_O - u_{C_2} = 0$；

像点扫描线在中线以下时，$|u_O| - |u_{D_1}| < 0$ 及 $|u_O| - |u_{D_2}| < 0$。

相减得到的差值电压极性反映了目标俯仰偏离的方向，差值电压大小反映了俯仰偏离量的大小，这样便可精确地反映俯仰位置，使俯仰精度提高到秒级。信号处理电路可采用如图 6-73 所示的原理结构。

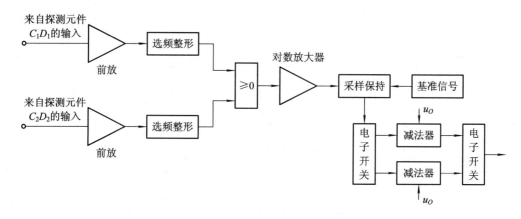

图 6-73　俯仰精测角采样电路原理图

6.5　玫瑰扫描探测系统

玫瑰扫描探测系统是利用小瞬时视场的单元红外探测器，经过一对转向相反、转速不等的光学偏斜元件，在空间扫描出玫瑰花瓣图案，从而获取目标位置和图像信息的一种光机扫描亚成像探测系统。与其他扫描方式相比，玫瑰扫描探测系统具有扫描效率高、分辨率高、可靠性好，且实现简单、抗干扰能力强、能区分多个目标等优点，在低成本红外导引头中得到了广泛应用。

6.5.1　玫瑰扫描的基本概念

玫瑰扫描是指通过两个反向旋转的偏斜光学元件，以不同频率旋转，形成的扫描轨迹。两个偏斜光学元件可以是具有不同倾角的反射镜、不同顶角的光楔等。如图 6-74 所

示，有一对顶角分别为 ϕ_1 和 ϕ_2 的光楔，一束光线从光楔 1 的左方入射，在光楔的作用下，从光楔 1 和光楔 2 出射的光线相对于入射光线会发生两次偏向，偏向角分别为 δ_1 和 δ_2，此时从光楔 2 右边出射的光线的总偏斜 $\boldsymbol{\delta}$ 将是两个单独偏斜 $\boldsymbol{\delta}_1$ 和 $\boldsymbol{\delta}_2$ 的矢量和。如果光楔 1 和光楔 2 分别以频率 f_1 和 f_2 进行方向相反的旋转，则出射光线将经历频率分别为 f_1 和 f_2 的圆锥扫描。在惯性直角坐标系中，合成扫描光点在像平面上的章动方程为

$$\begin{cases} x(t) = \dfrac{R}{2}\big[\cos(2\pi f_1 t) + \cos(2\pi f_2 t)\big] \\ y(t) = \dfrac{R}{2}\big[\sin(2\pi f_1 t) - \sin(2\pi f_2 t)\big] \end{cases} \tag{6-41}$$

用极坐标表示，其方程式为

$$\begin{cases} r(t) = R\cos\big[\pi(f_1 + f_2)t\big] \\ \theta(t) = \pi(f_1 - f_2)t \end{cases} \tag{6-42}$$

其中，R 为扫描花瓣长度，即视场半径，与偏斜角度有关，也与目标距离有关。

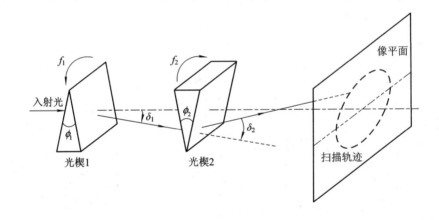

图 6-74　双光楔旋转扫描示意图

获得稳定、可重复扫描图形的基本条件是 f_1 和 f_2 恒定，初相位为零（即光楔 1 和光楔 2 每帧都在同一位置从同一时刻开始起转），并且 f_1 和 f_2 必须是有理数，否则扫描图形将不闭合。光楔 1 和光楔 2 的旋转频率 f_1 和 f_2 决定了扫描光点的速度和轨迹形状等。设 f 是 f_1 和 f_2 的最大公约数，当

$$f_1 = N_1 f, \quad f_2 = N_2 f \tag{6-43}$$

N_1、N_2 都是正整数时，扫描光点轨迹形成一个封闭的图形，如图 6-75 所示。

由图 6-75 可以看出，扫描图形是由许多从公共中心发散出来的扫描线所组成的，其外形酷似玫瑰花，故得名"玫瑰扫描"。实际上每个花瓣形的扫描线是瞬时视场中心的运动轨迹。

一个周期扫描图形的花瓣数为

$$N = N_1 + N_2 = \dfrac{f_1 + f_2}{f} \tag{6-44}$$

每个花瓣间的宽度随 $\Delta N = N_1 - N_2$ 的增大而增加，当 $\Delta N < 3$ 时，花瓣间将无重叠。

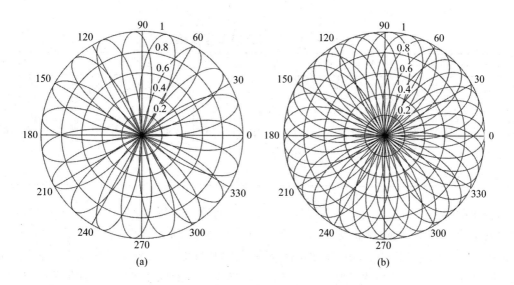

图 6-75 两种以 R 归一化的玫瑰扫描图形

(a) $N_1=12$，$N_2=7$，$\Delta N=5$；(b) $N_1=23$，$N_2=10$，$\Delta N=13$

花瓣频率 f_p 或每秒内扫出的花瓣总数（即扫过一个花瓣所用时间 T_p 的倒数）可由式 (6-41)求得，即

$$f_p = f_1 + f_2 = f(N_1 + N_2) = fN \tag{6-45}$$

扫描光点的速度为

$$v(t) = \pi R \left[f_1^2 + f_2^2 + 2f_1 f_2 \cos(2\pi f_1 t + 2\pi f_2 t) \right]^{1/2} \tag{6-46}$$

最高扫描速度 v_{max} 发生在图形的中心，最低扫描速度 v_{min} 发生在图形的顶部，即

$$v_{max} = \pi R(f_1 + f_2), \quad v_{min} = \pi R(f_1 - f_2) \tag{6-47}$$

从时序角度来看，玫瑰扫描图形有以下几个主要特点：

（1）几何不均匀性。尽管扫完一帧后的图形是规则的，但从扫描时间顺序上看，其花瓣顺序是交叉的，即"插花"式的。这不仅决定了目标脉冲的非周期性，而且当再作附加的搜索扫描时，其扫描轨迹的包络线将不是整齐的带状，而是"麻花"状。当 f_1、f_2 和 f 的选配不恰当时，尤为突出。

（2）扫描速度不均匀。边缘慢、中心快，不同位置处水平和垂直方向的分速度差异较大，这将使在相同距离处，同样尺寸的目标在视场中所处的位置不同时，在目标脉冲宽度上会出现差异。

（3）图形花瓣数 N 受帧频 f 的调制而变化。由式(6-45)可知，当花瓣频率 f_p 不变时，f 变，N 也随之而变，f 大，N 就变小；而 f 对 f_1、f_2 的变化也较"敏感"。表 6-1 列出了当 $f_2=70$ c/s 稳定不变，而 f_1 从 150 c/s 变到 140 c/s 时相应的 f、f_p 及 N 的变化情况。

另外，由图 6-75 可知，玫瑰扫描图形在中心重叠大（即扫描线密集），而边缘扫描线稀疏，这个特点正好适合靠人工瞄准、将目标引入视场后进行自动跟踪的制导系统。扫描线稀疏的边缘，可使之具有一般调制盘的功能，即产生表征目标坐标的误差信息；而扫描线密集的视场中心区，不仅能产生目标位置相应的误差信号，而且能提供目标的简单外形热图像。

表 6-1　玫瑰扫描工作参数

$f_2/(c/s)$	70										
$f_1/(c/s)$	150	149	148	147	146	145	144	143	142	141	140
帧频 f/Hz	10	1	2	7	2	5	2	1	2	1	70
花瓣频率 f_p/Hz	220	219	218	217	216	215	214	213	212	211	210
一帧中的花瓣数 N	22	219	109	31	108	43	107	213	106	211	3

由于此热图像的像素比一般热像仪所能提供的像素要少得多，所以不能分辨目标的细节，只能给出目标的简单轮廓的热图像，因此称之为"亚成像"或"伪成像"（Pseudo-Imaging）。这种玫瑰扫描亚成像作为位标器应用在地空或空空导弹制导系统上是比较合适的，因为天空背景比地物背景要单调得多，所以像素不多的成像制导系统能够满足其一定的战术技术要求。此外，凡是采用动力随动陀螺的制导导弹，均有高速旋转的陀螺转子，这对产生圆锥扫描是方便的，因此，玫瑰扫描具有很大的吸引力。

6.5.2　玫瑰扫描的瞬时视场与整体视场

在设计玫瑰扫描时，从最大限度地抑制背景和探测器噪声来说，总是希望把瞬时视场（IFOV）的尺寸做得越小越好，但是如果取得过小，可能无法覆盖总扫描视场（TFOV）而造成漏扫，从而降低整个系统的性能。因此，瞬时视场的大小应根据花瓣的宽度和相邻花瓣间的重叠量来确定。为了确定不同情况下的瞬时视场，下面以图 6-76 给出的花瓣间有、无重叠时，以 R 归一化的玫瑰扫描图形为例进行讨论。

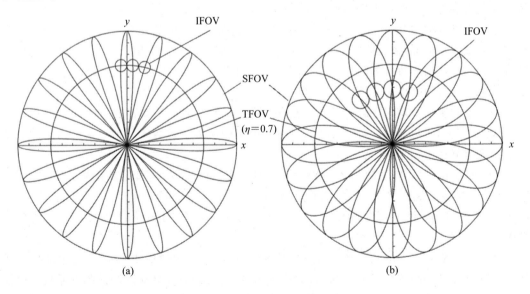

图 6-76　两种以 R 归一化的玫瑰扫描图形
（a）瓣间无交点，$N_1=11$，$N_2=9$；（b）瓣间有交点，$N_1=13$，$N_2=7$

当花瓣间无重叠时，如图 6-76(a)所示，花瓣宽度 w 就是花瓣最宽两点的弧长。花瓣宽度 w 的计算过程如下：通过在第一个花瓣上取 $dy/dt = 0$ 求出时间 t_w 点，并取 $y(t_w)$ 的二倍，即 $w = 2y(t_w)$。此时，时间 t_w 可由下式得到：

$$\frac{dy}{dt} = \pi R[f_1 \cos(2\pi f_1 t) - f_2 \cos(2\pi f_2 t)] \tag{6-48}$$

解 $dy/dt = 0$ 的条件是

$$\cos\alpha - \beta \cos(\alpha\beta) = 0 \tag{6-49}$$

其中，$\alpha = 2\pi f_1 t_w$，$\beta = f_2/f_1$，$0 \leqslant \beta \leqslant 1$。于是可得

$$w = 2y(t_w) = R[\sin\alpha - \sin(\alpha\beta)] \tag{6-50}$$

当花瓣间无重叠时，可以利用花瓣宽度 w 作为瞬时视场 ω，即 $\omega = w$ 进行估算，如图 6-76(a)所示。

由图 6-76(a)可以看出，当花瓣之间既无重叠也无空隙时，扫描图形的 α 值最小，因此瞬时视场 ω 也最小。实际上，当 α 和 β 都非常小时，由式(6-50)可知，有

$$w = 2y(t_w) = R(\alpha - \alpha\beta) = 2\pi R t_w(f_1 - f_2) \tag{6-51}$$

对于花瓣间有一定重叠的情况，如图 6-76(b)所示，其重叠量可以用花瓣相交点的半径 r_i 来表征。假设共有 N 个花瓣，沿着半径为 r_i 的圆，每个花瓣对应的角度 $\phi = 2\pi/N$，自基准点开始，扫描到第 i 个花瓣与相邻花瓣交点的时刻为 t_i，则由玫瑰扫描的极坐标方程可得该点所对应的极角为半个花瓣所对应的角度 $\phi/2$ 或 π/N，将其代入极坐标方程，则该花瓣所对应的极角 $\theta(t_i)$ 为

$$\theta(t_i) = \frac{i\phi}{2} = \pi(f_1 - f_2)t_i = \frac{i\pi}{N} \quad (i = 1, 2, \cdots) \tag{6-52}$$

由此可得

$$t_i = \frac{i}{(f_1 - f_2)N} \quad (i = 1, 2, \cdots) \tag{6-53}$$

对于只有一个花瓣的极限情况，当 $r_i = 0$ 时，$\theta(t_i)$ 达到最大值。由式(6-42)和式(6-52)可知，有

$$\frac{f_1 + f_2}{f_1 - f_2}\theta_{\max}(t_i) = \frac{i_{\max}\pi}{\Delta N} = \frac{\pi}{2} \tag{6-54}$$

$$i_{\max} = \frac{\Delta N}{2} \tag{6-55}$$

根据式(6-53)，将 t_i 代入到 $r(t)$ 的表达式(6-42)中，在 $\Delta N = N_1 - N_2 > 2$ 时求得 r_i，即

$$r_i = r(t_i) = R \cos\left[\frac{(f_1 + f_2)\pi}{(f_1 - f_2)N}i\right] \tag{6-56}$$

利用 $\Delta N = N_1 - N_2 = (f_1 - f_2)/f$，$N = N_1 + N_2 = (f_1 + f_2)/f$，可得

$$r_i = r(t_i) = R \cos\frac{i\pi}{\Delta N} \tag{6-57}$$

两个花瓣相交点的弧长为

$$w = 2r_i\theta(t_i) = \frac{2Ri\pi}{N}\cos\frac{i\pi}{\Delta N} \tag{6-58}$$

用弦长表示瓣宽，并简单地取 $i = 1$ 即可得瞬时视场 ω 的表达式：

$$\omega = w_1 = \frac{2\pi R}{N} \cos \frac{\pi}{\Delta N} \tag{6-59}$$

若以 $R' = w_1/2$ 为确定的瞬时视场半径，并以此瞬时视场用于沿玫瑰线的图形扫描，则在图形内部将无余隙而有重叠，但在 r_i 至 R' 间的图形外部仍可能有余隙。实际上，式 (6-59) 只在 $\Delta N \geqslant 3$ 时才适用，这是因为在 $\Delta N = 1$ 或 2 时，花瓣之间并不出现重量。在 $\Delta N = 3$ 时，扫描图形的花瓣之间才产生重量现象，其 r_i 值等于 $0.5R$，当 ΔN 增加到一个较大值时，就从 $0.5R$ 增至 R 的一个极限值。ΔN 越大，r_i 也越大，图形的重叠就越多且图形外的余隙就越小。从实际应用考虑，一般应取 $\Delta N \geqslant 7$，此时图形外的余隙可以忽略。

取瞬时视场半径 $R' = w_1/2$，可得

$$2R' = \frac{2\pi R}{N} \cos \frac{\pi}{\Delta N} \tag{6-60}$$

从而得到瞬时视场半径与整体视场半径的比为

$$\frac{R'}{R} = \frac{\pi}{N} \cos \frac{\pi}{\Delta N} \tag{6-61}$$

瞬时视场半径与整体视场半径的比值也等于瞬时视场角与整体视场角之比，所以得到瞬时视场与整体视场相互制约的关系式：

$$\frac{R'}{R} = \frac{\theta'}{\theta} = \frac{\pi}{N} \cos \frac{\pi}{\Delta N} \tag{6-62}$$

其中，θ、θ' 分别表示瞬时视场角和整体视场角。

瞬时视场越小，抗干扰能力及探测精度就越高。根据瞬时视场与整体视场的关系，若瞬时视场变小，则整体视场也变小。但是从锁定目标的能力来看，整体视场越大越好。因此，要确定瞬时视场的大小，需在这两者之间寻求一个平衡。整体视场既要保证对最远距离目标有较好的分辨率，又要保证对中近距离目标有较好的锁定能力，因此整体视场角 θ 的取值要适当。例如，当 $f_1 = 160$，$f_2 = 70$，$N = 23$ 时，瞬时视场及整体视场理想值分别为 0.006 rad 和 0.05 rad。在上述频率下，玫瑰扫描有 23 个花瓣，既能够很好地覆盖整个视场，又不会导致太多的冗余采样点。同时这样的花瓣数决定的瞬时视场和整体视场的大小，能够较好地满足抗干扰能力和目标的锁定能力。

每个花瓣的顶端与扫描图形的包络圆有一个切点，一般称为会切点，该点与相邻两花瓣的交点之间的径向距离称为会切点深度，见图 6-76。当 $\Delta N = 4$ 时，会切点深度可以忽略不计。前面已提到，玫瑰扫描线实质上是瞬时视场中心的运动轨迹。在图 6-76 所示的小圆即瞬时视场 (IFOV)，也就是以扫描线上任意一点为圆心、以花瓣上两条扫描线相距最宽的尺寸（即花瓣宽度 w 的 1/2 或 1/4）为半径所作的圆。

扫描图形圆外面、半径为 R 的包络圆即是扫描视场 (SFOV)。会切点的深度较大时，会出现漏扫，为保证瞬时视场在扫描时无漏扫的圆称为有效视场 (TFOV)，该圆的半径与包络圆半径之比称为有效因子 η，TFOV $= \eta$SFOV。

6.5.3　典型玫瑰扫描探测系统

典型玫瑰扫描探测系统主要由主反射镜、次反射镜、旋转偏斜光学元件以及红外探测器组成，常见的组成形式如图 6-77 所示。图 6-77(a) 中的偏斜光学元件分别是次镜和光楔，图 6-77(b) 中的偏斜光学元件分别是次镜和主镜，图 6-77(c) 中的偏斜光学元件是两

个光楔。下面以图6-77(c)所示的系统来进行描述。在该系统中，主反射镜和次反射镜完成光线会聚，两个光楔组合共同完成光学扫描，探测器完成光电信号转换。当两个具有顶角 ϕ_1 和 ϕ_2 的光楔1和光楔2分别以频率 f_1 和 f_2 进行反向旋转时，有入射光进入，并通过主、次反射镜反射到达光楔1和光楔2，从光楔1和光楔2出射的光线将进行频率分别为 f_1 和 f_2 的圆锥扫描，其扫描光点在光学系统焦平面上合成轨迹为玫瑰图形。

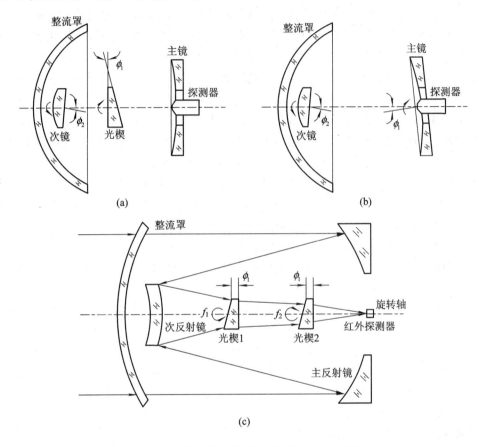

图 6-77　典型玫瑰扫描探测系统组成示意图

在设计玫瑰扫描探测系统时，应注意的是，不管采用何种偏斜光学元件来完成光学扫描，都要保证这两个偏斜光学元件所产生的圆锥扫描圆的半径必须相等。当扫描光学元件进行旋转时，扫描光点在焦平面上进行轨迹为玫瑰图形的扫描，利用光学原理，可以看成是系统以瞬时视场在总视场范围内进行扫描，如果视场内有目标存在，则探测器将接收到目标的红外辐射，从而产生电压或电流信号输出，利用相应的手段检测出该信号，即可完成目标方位的探测。

玫瑰扫描使其目标信号具有许多特点，现分述如下。

（1）非周期性。视场中的目标，特别是运动目标，其目标信号在时间坐标轴上是跳变的、非周期性的，这是由花瓣"插花"特性引起的。

（2）多脉冲特性。由于花瓣重叠，对一个目标可能先后有若干花瓣线扫过它，因而一帧中一个目标可能出现多个脉冲信号，花瓣越密，交叉越多，脉冲信号也就越多。

（3）目标信号的可区分性。尽管有多个脉冲信号出现，但这些信号是可以区分开的。

一种情况是处于花瓣交点上的目标，若产生两个脉冲信号，在时间坐标轴上是分离的，目标位置在空间上重叠，在时间上不重叠，在一帧中是依次出现的；另一种情况是当视场中有多个目标脉冲时，只要空间位置不重叠，目标信号就不会重叠。

（4）目标信号的归一性。尽管一个目标可能有多个脉冲信号，但通过信号处理后获得的方位误差信号 $\Delta x(t)$、$\Delta y(t)$ 在数值上是相近的，因而多个脉冲信号都可表征同一个目标的特征 $\Delta x(t)$、$\Delta y(t)$ 的值。可以选择这一特征的脉冲信号，将相关信号作统计处理。

（5）目标的亚成像性。以上分析针对的都是目标尺寸比瞬时视场小，可视为点目标的情况；反之，当目标尺寸与瞬时视场相等，即充满瞬时视场，甚至大于瞬时视场时，由于玫瑰扫描在空间上是连续的，因此通过瞬时视场的空间扫描，可将一段时间内采样到的基准信号和红外辐射能量信息缓冲存储、处理并叠加后形成亚图像。这种按能级灰度分布的数字图像，基本包含了全部目标和背景的信息，已非常接近于低分辨率的红外凝视成像图像。借鉴成熟的图像目标自动识别检测和处理算法，可提升红外玫瑰扫描探测系统的性能，提高目标的分辨率，给出目标的数量、形状信息及其他相关信息。

根据式（6-41），要确定目标在视场内的方位，必须知道 R、f_1、f_2 以及检测到目标的时间 t。而 R 与偏斜角度有关，也与目标距离有关，当光学系统确定后，归一化的方位信息与 R 无关，因此，确定 f_1、f_2 和 t 成为问题的关键。

通常有以下几种方式可以提取目标的方位信息：

（1）目标信号对两个转动元件的正、余弦基准信号进行采样，得到相应的误差电压，此电压正比于目标位置距离视场中心的偏移量，可以计算出 $\Delta x(t)$、$\Delta y(t)$ 的值。

（2）目标信号对两个转动元件的转角进行采样，把采样值 $\varphi_1 = 2\pi f_1 t$，$\varphi_2 = 2\pi f_2 t$ 代入式（6-41），进行计算处理，便可得出 $x(t)$、$y(t)$ 的值。

（3）在两个旋转元件的圆周上，安装光电传感器，使之转一周给出一个电脉冲信号，以此作为时间基准，然后计算目标相对基准的时间间隔 t，同时测得转速 f_1、f_2，再将 t 代入式（6-41），即可求出目标的坐标 $x(t)$、$y(t)$。

（4）利用红外玫瑰线扫描亚成像特性以及瞬时视场间的相互覆盖关系，通过图像处理算法去除冗余信息，并综合运用多帧亚成像数据积累与补充，实现对红外玫瑰扫描亚图像数据的超分辨率处理，确立目标精确的位置。

1. 目标方位信息的提取

玫瑰扫描获得的目标信息是以目标脉冲的形式出现的，每一个目标脉冲都隐含了一个目标时间 t_i，而目标时间 t_i 是与目标的方位 x 和 y 息息相关的，尽管它不是简单的线性相关。利用这些目标脉冲，即可提取目标的方位信息。由以上分析可知，有三种方案可选。

（1）用目标脉冲对主、次镜的正、余弦同步基准信号进行实时采样。在主、次镜的驱动电机上分别设置正交的正弦、余弦旋转变压器，位相与主、次镜偏斜方向严格匹配。主、次镜旋转时给出严格与转轴同步的正弦和余弦信号，如图6-78所示。目标脉冲信号对两个正交信号进行采样和保持，其结果便是光轴（转轴）与目标视线偏差的正交分量。

（2）用目标脉冲对主、次镜的旋转角度进行实时采样。在主、次镜转轴上分别装置角度传感器，角度的起点与转镜偏斜方向相配，工作时随主、次镜作同步旋转。用目标脉冲分别对转角进行实时采样，并把采样值 $\varphi_{1i} = 2\pi f_{1i} t$ 和 $\varphi_{2i} = 2\pi f_{2i} t$ 代入式（6-41）进行计算处理，可得到方位信息 x 和 y，其中 $\varphi_{1i} = \omega_1 t_i$，$\varphi_{2i} = \omega_2 t_i$。

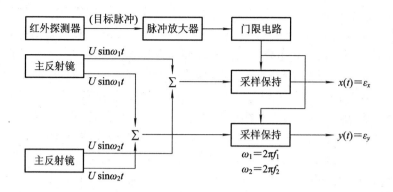

图 6-78　用目标脉冲对正弦和余弦同步信号的幅值进行实时以采样获取目标方位

（3）对时间基准进行采样。在主、次镜圆周上的某标志点（例如最薄处）装置光电或电磁传感器，使之每转给出一个电脉冲信号。把两路脉冲加到一个与门上。这样，只有主、次镜上标志点同时转在一起时，与门上才给出一个脉冲信号，以 $t_0 = 0$，$\varphi_0 = 0$ 作为一帧的起点，扫完一帧时又从 $t_0 = 0$ 开始，即基准时间。用目标脉冲对基准时间采样获得目标时间 t_i，将其代入式（6-41）计算出方位信息。

三种方案中，第一种用简单的模拟电路（坐标变换电路）即可实现，方位 x 和 y 的精度主要取决于同步旋转变压器给出的正弦和余弦函数的精度。第二、三种方案需要增加计算电路，因为直接将 t_i 代入式（6-41），在毫秒时间内计算方位值 x 和 y 是难以保证精度要求的，必须采用查表求函数值的方法，并采用周期性压缩数据量以减少系统的存储量，这样就可以减少计算周期，达到实时控制的要求。此外，第一、二两种方案都是用目标脉冲对两个转动单元旋转参数进行实时采样。关键是"实时"，对 f_1 和 f_2 及初相位 φ_0 的要求可以放松，因为安装于两个转动单元上的旋变（函数发生器）和角度传感器的位置精度及同步都能满足要求。第三种方案是用目标脉冲对基准时间进行实时采样来获得目标时间 t_i，而 t_i 又是计算方位 x 和 y 的基本参数。因此，不仅要求实时采样，而且为了建立基准时间（时基），对 f_1、f_2 和初相位 φ_0 要求严格，需采取稳速（f_1、f_2）、移相、稳相（$\varphi_0 = 0$）等措施，否则 f_1 和 f_2 不稳定时将不能保证 $\varphi_0 = 0$，而无论 $\varphi_0 > 0$ 或 $\varphi_0 < 0$ 都将使与门无法给出时基脉冲，从而使目标脉冲时间 t_i 的取值出现误差而直接影响 x 和 y 的计算精度。由于 t_i 与 x 和 y 不是简单的线性关系，因此计算中也不便用修正或补偿的方法来减少由 t_i 的误差带来的影响。

三种方案中不论哪一种都是用探测器接收目标脉冲，对与主、次镜同步的基准信号（正弦和余弦信号、角度信号、时基信号）进行实时采样，以便提取目标方位信息。因此，对探测器接收的目标脉冲信号可以单独进行信号处理（放大、识别和筛选），而与扫描图形无关，这也是玫瑰扫描的又一特性。

由式（6-41）知，玫瑰扫描的目标方位 $x(t)$ 和 $y(t)$ 是线性相关的，即随着目标偏离中心位置以相同的比例变化。目标处于中心时，$x(t) = y(t) = 0$，一旦偏离中心便有 x 和 y 值出现，并随偏离程度而增大，一旦超出扫描视场，目标脉冲消失，此时 $x(t) = y(t) = 0$，即目标丢失。

2. 红外玫瑰扫描亚成像处理方法

由前面分析可知，传统红外玫瑰扫描信息处理方法是通过脉冲幅度判别、脉冲宽度识别和脉冲波形关系，判断红外信息的采样峰值，解算玫瑰方程提取目标的红外辐射强度及位置，从而在此基础上解调识别目标。该方法几乎只利用了红外玫瑰扫描中采样数据序列的红外脉冲峰值信息，且未利用采样信息点时序中的相互关系及空域中相邻点间相互关联的信息，忽略了背景对目标识别的影响。传统光机扫描到的一维时间信号受扫描系统误差影响很大，通过设计阈值门限识别目标所受限制较大，信息利用率较低，且玫瑰扫描本身具有多向性和随机性，同一位置上目标会多次在不同方向上被扫描到，但在采样序列中对应的时间间隔长短各异，难以准确确定后续脉冲峰值是否反映的为同一目标，即在时间采样序列中区分多目标的难度较大。另外，受瞬时视场精度的限制，系统的干扰辨识能力也不强。

随着微电子、计算机和信号处理等技术的进步，探测信息处理平台实时采集和缓冲存储的信息数量与质量有较大提升，不仅包括传统红外玫瑰扫描体制利用红外脉冲峰值信息，而且还有作为背景或噪声去除的大量其他采样点信息。如能找到各采样点间的关系以协助解调计算目标位置信息，则可进一步提高系统目标定位精度。近年来探测系统计算机硬件普遍有相当大的资源余量，可将一段时间内采样到的基准信号和红外辐射能量信息缓冲存储、处理并叠加后形成亚图像。这是按能级灰度分布的数字图像，基本包含了全部目标和背景的信息，已非常接近于低分辨率的红外凝视成像图像。可借鉴成熟的图像目标自动识别检测和处理算法提升红外玫瑰扫描探测系统的性能，提高目标的分辨率，给出目标的数量、形状信息及其他相关信息。

为了利用玫瑰扫描所获得的亚成像信息，近年来人们借鉴图像处理技术，先后给出了各种恢复探测信息的方法，用来计算不同目标的位置和形状等信息。

对于玫瑰扫描花瓣间无重叠的情况，例如 $f_1=130$，$f_2=110$，$N_1=13$，$N_2=11$，假设视场中有一个圆形目标，其圆心在点$(0.2,0.3)$，半径为0.13，扫描结果如图 6-79 所示，其中加号"+"显示了玫瑰扫描检测到目标的位置。一般来说，根据目标辐射信号强度的不同，目标信号会具有不同灰度值。如果在检测中设定一个阈值，则当辐射强度达到该值时，认为检测到目标，目标图像可用二值图像来表示，即 0 表示没有，1 表示有。

由于玫瑰扫描的同一个花瓣扫描时间不连续，因此需要将一个花瓣分为两部分进行处理。将某个扫描花瓣的顶点取在极坐标的极轴上，并将上半个花瓣设为第一个，然后将每半个花瓣按照其空间位置的逆时针顺序排列，将其上的采样点排列为一行，若共扫描 N 个花瓣，在半个花瓣上的采样点个数为 2^K，其中 K 为选定的整数，则这些采样点可以形成一个 $2N \times 2^K$ 的矩阵，且采样点数为

$$N_T = 2N \times 2^K \tag{6-63}$$

此时，一维数据映射到二维空间，数据排列和其在空间中的真正相对位置关系一致。根据采样数可得采样时间间隔为

$$\Delta t = \frac{T_p}{N_T} = \frac{1}{fN_T} \tag{6-64}$$

根据采样点的位置，其所在的行 i 可由下式确定：

$$i = \begin{cases} \left[\dfrac{\theta(t)N}{\pi}\right] + 1 & (\theta(t) \geqslant 0) \\ \left[\dfrac{\theta(t)+2\pi N}{\pi}\right] + 1 & (\theta(t) < 0) \end{cases} \tag{6-65}$$

式中：$\theta(t)$ 为采样点在极坐标下的极角；$[\cdot]$ 表示向下取整。当点所在行确定之后，需要

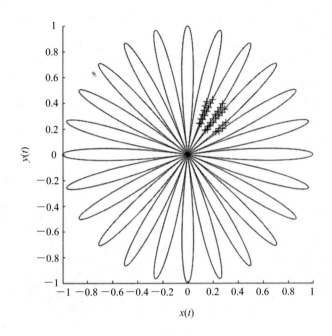

图 6-79　无重叠的玫瑰扫描图像

确定该点所在的列 $j(1\leqslant j\leqslant 2^K)$。每一个花瓣两部分的扫描方向分别为从中心向边缘和从边缘向中心。根据这个规律，以及该点在一维序列中的位置 $N_j=1,2,\cdots,N_T$，可由下式确定点所在的列 j：

$$j=\begin{cases}(1+F)2^K-N_j+1 & (F\text{ 为偶数})\\ N_j-2^KF & (F\text{ 为奇数})\end{cases} \qquad (6-66)$$

式中，$F=\left[\dfrac{N_j}{2^K}\right]$。

根据式(6-65)和式(6-66)，一个扫描周期中的采样点可以依次映射到一个二维空间。如果某位置探测到目标，则其值取为 1，否则值为 0。对于图 6-79 中的扫描过程和目标，取 $K=5$ 可以得到一个二维数据，其中包含非零数据的局部如图 6-80 所示。

$$
\begin{array}{ccccccccc}
0 & 0 & 0 & 0 & 0 & 0 & 0 & 0 & 0 \\
0 & 0 & 0 & 0 & 1 & 0 & 0 & 0 & 0 \\
0 & 0 & 1 & 1 & 1 & 0 & 0 & 0 & 0 \\
0 & 0 & 1 & 1 & 1 & 1 & 1 & 1 & 0 \\
0 & 1 & 1 & 1 & 1 & 1 & 1 & 0 & 0 \\
0 & 0 & 1 & 1 & 1 & 1 & 1 & 1 & 0 \\
0 & 0 & 1 & 1 & 1 & 0 & 0 & 0 & 0 \\
0 & 0 & 0 & 0 & 0 & 0 & 0 & 0 & 0 \\
0 & 0 & 0 & 0 & 0 & 0 & 0 & 0 & 0 \\
\end{array}
$$

图 6-80　二维数据

图 6-80 中的"1"和图 6-79 中目标的采样点是一一对应的。虽然图 6-80 中"1"构成

的形状不能表示图 6-79 中目标的真实形状，但图 6-80 和图 6-79 的图像间有着重要的联系。

首先，在图 6-79 中连通的图像区域在图 6-80 中仍然保持连通。当一个扫描周期内探测到多个不同的目标时，在对应的二维空间中不为 0 的点会形成几个不同的连通区域。其次，映射过程保持原来图像的边缘和内部属性不变，而且边界点的相对位置关系也保持不变。

图 6-81 分别是视场中目标的真实形状、探测信号处理后的存储图像和还原后的图像。

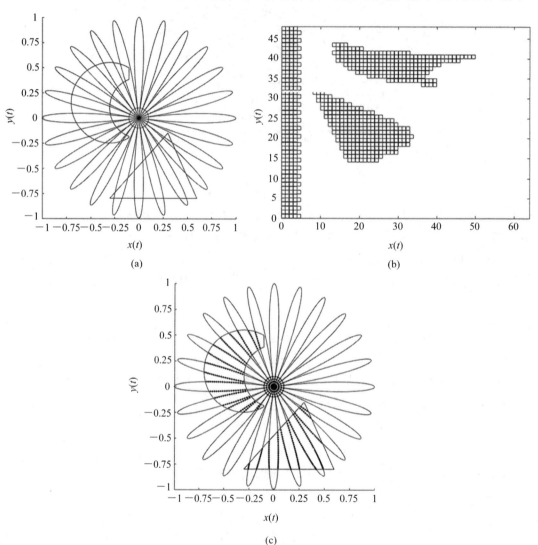

(a)

(b)

(c)

图 6-81　目标扫描存储与识别过程
（a）视场中目标的真实情况；（b）探测信号处理后的存储图像；（c）还原后的图像

对于有重叠的玫瑰扫描，例如取扫描参数为 $f_1=110$，$f_2=40$，$N=15$，得到重叠的扫描图像（见图 6-82），其映射过程也容易实现：用射线将图像分为 $2N$ 个互不相交的区间，将每一个区间内的采样点对应一行。由于在每一个区间内，不同采样点离中心的距离不同，所以不同分区内采样点数量相同。虽然这些采样点不在同一个花瓣上，但是根据它们离中心距离的远近，还可以利用式(6-66)来确定采样点所在的列。采样点所在的行可通过直接计算该点的极坐标角度所属区间来确定。

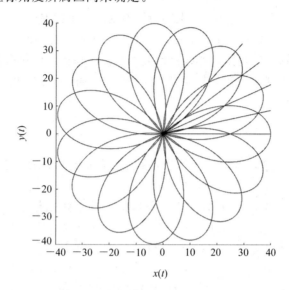

图 6-82　重叠的玫瑰扫描图像

实际上，图 6-80 所示的二维数据就是一幅二值图像，其中的"1"即表示图像所对应的点，如果空间中有多个目标，则在映射后的二值图像中就会对应着不同的区域。只需使用图像处理中简单的图像分割方法就可以完成目标的分类。这些点所表示的形状虽然不是空间目标的真实形状，但将不同类中的点映射回扫描空间，即可得到目标的真实形状，同时也实现了目标的分类。在完成目标的分类后，探测系统将目标的形状信息传递给信息处理单元，信息处理单元采用一定处理算法，如形心(重心)计算方法，确定目标中心与总体视场中心的偏差，为红外导引头进行目标指向。

若视场内有多个目标，则需要通过目标识别策略对目标和干扰进行区分，通常采用双波段检测技术、幅度检测技术及脉冲宽度检测技术。

(1) 双波段检测技术。由于红外干扰弹与飞机目标的燃烧和辐射温度存在差别，因此可以根据红外干扰弹与飞机目标在两个波段内的辐射特性的差异来区分目标和干扰。其抗干扰的基本原理和信号处理过程为，当双色探测器的瞬时视场扫过绝对温度相同的辐射源时，同时获得红外与紫外光谱信号强度以及红外与紫外信号强度的比值。红外信号强度与紫外信号强度的比值随温度单调变化，对于给定的物体，这个比值近似为常数。如果以飞机尾焰作为检测标准，由此产生的信号比作为给定门限，则当红外干扰弹进入双色探测器视场时，根据双色探测器输出信号电平的比值是否超过给定门限，判断目标是飞机还是红外干扰弹。该方法的主要优点是可以利用目标与红外干扰弹光谱辐射特征差异来检测导引头视场中是否存在红外干扰弹，检测红外干扰弹的概率较高。同理，也可以区别目标和其他背景。

(2) 幅度检测技术。飞机投放的红外干扰弹辐射强度一般要比飞机的辐射强度大得多，约为十几倍。在飞机辐射能量不变的情况下，导引头接收到飞机的红外辐射信号强度的变化应该是有规律且连续增长的。投放出红外干扰弹后，导引头视场内接收的红外能量变化规律将被打破，可利用能量突跳检测技术检测到信号强度急剧增加，以此判别视场内是否存在红外干扰弹。当红外干扰弹和目标分离后，可以根据脉冲信号的幅度大小来检测目标和干扰，即大脉冲是干扰，小脉冲是目标，不受红外干扰弹的欺骗，始终跟踪目标。

（3）脉宽检测技术。由于目标在体积上是要大于红外干扰弹的，当红外干扰弹和目标的距离满足一定条件时，玫瑰扫描可以得到关于目标面积大小的更多信息，玫瑰扫描得到的目标脉冲宽度要大于红外干扰弹脉冲宽度，因此可以通过检测到的脉冲宽度来识别红外干扰弹和飞机。

★ 本章参考文献

[1] 宋晓东，张大鹏，孙静. 一种红外玫瑰扫描亚图像分辨率提升算法[J]. 上海航天，2014，31(2)：13 - 18

[2] 柴世杰，李建勋，童中翔，等. 空空导弹红外导引头建模与抗干扰仿真[J]. 兵工学报，2014，35(5)：681 - 690

[3] 王小英，王静. 基于玫瑰扫描目标探测与识别的研究[J]. 光电技术应用，2014，29(5)：34 - 137

[4] 孙玉泉，郑红. 一种新的玫瑰扫描目标跟踪边界重心法[J]. 航空学报，2012，33(7)：1312 - 1318

[5] 王恩德，朱枫，肖阳辉，等. 四元红外探测系统视场分析[J]. 仪器仪表学报，2010，31(8)：161 - 164

[6] 张文华，王星，叶广强，等. 红外正交四元探测器的时域建模与仿真[J]. 系统仿真学报，2007，19(19)：4375 - 4377

[7] 何国经，张建奇，徐军. 玫瑰扫描亚成像系统的性能分析[J]. 光子学报，2004，33(9)：1127 - 1130

[8] 石虎山. 红外 L 型探测器的数学建模[J]. 红外，2004，2：25 - 27

[9] 张磊，裘雪红. 一种新的确定玫瑰线扫描中瞬时视场的方法[J]. 红外技术，2003，25(1)：44 - 46

[10] 王茜蒨，刘敬海，林幼娜. 多元探测器在玫瑰扫描红外亚成像系统中的应用[J]. 光学技术，2002，28(2)：179 - 180

[11] 王茜蒨，刘敬海，林幼娜. 玫瑰扫描亚成像系统中非均匀采样参数的确定[J]. 红外与激光工程，2002，31(4)：322 - 325

[12] 邹立建，刘敬海，林幼娜，等. 玫瑰扫描系统中提取目标方位信息的方法[J]. 红外与激光工程，2000，29(4)：38 - 41

[13] 邹立建，刘敬海. 形态学滤波在玫瑰扫描亚成像系统中的应用[J]. 红外与激光工程，2000，29(3)：4 - 6

[14] 张宏俊. 红外/紫外双色玫瑰扫描导引系统建模及数字仿真[J]. 上海铁道大学学报，2000，21(6)：148 - 151

[15] JAHNG S G, HONG H K. New infrared counter-countermeasure technique using an iterative self-organizing data analysis algorithm for the rosette scanning

infrared seeker[J]. Opt. Eng. , 2000，39(9)：2397 - 2404

[16] JAHNG S G，HONG H K，HAN S H，et al. Dynamic simulation of the rosette scanning infrared seeker and an infrared countercountermeasure using the moment technique[J]. Opt. Eng. , 1999，38(5)：921 - 928

[17] JAHNG S G, HONG H K, CHOI J S. Simulation of Rosette Scanning Infrared Seeker and Counter-Countermeasure Using K-Means Algorithm[J]. IEICE TRANS. , Fundamentals, 1999，E82 - A(6)：987 - 993

[18] 屠文庆. 探测臂宽度对四元正交探测器阵线性检测的影响[J]. 航空兵器，1998，4：22 - 26

[19] 屠文庆. 四元正交探测器阵输出信号的鉴相方式[J]. 航空兵器，1997，2：26 - 29

[20] 高稚允，高岳. 军用光电系统[M]. 北京：北京理工大学出版社，1996

[21] 杨铎，李文曹，文庄. 玫瑰线扫描特性及方位信息提取问题的探讨[J]. 红外与激光工程，1996，25(2)：42 - 47

[22] 杨宜禾，岳敏，周维真. 红外系统[M]. 2 版. 北京：国防工业出版社，1995

第 7 章　红外成像系统

红外成像系统是指通过接收景物的红外辐射，并将其转换成可见光图像的装置。红外成像系统将红外光学、光机扫描、红外探测器、信号处理以及图像显示等不同领域的研究成果进行了综合集成，因此可以说，红外成像系统是当代红外技术水平的标志。由于红外成像系统主要是通过摄取景物热辐射分布图像，并将其转换为人眼可见图像的，因此人们也将红外成像系统称为红外热成像系统，简称热成像系统或热像仪。本章主要介绍典型红外成像系统的工作原理和技术特点。

7.1　红外成像系统的基本构成与分类

由于人眼无法识别红外辐射，因此必须使用特殊的装置实现物体红外辐射分布的可视化，即红外成像系统。早在 1929 年，人们使用一种名为"蒸发式热像仪"的设备制作出了第一幅红外图像。该红外图像是利用红外热辐射在薄油膜上形成的热蒸发量差异，形成与红外热辐射分布对应的"底片"，同时借助薄油膜"底片"的可见光反射生成相应的可视化图像。20 世纪 40 年代至 50 年代，随着各种现代红外探测器的研制成功，为满足日益增长的军事应用需求，红外成像技术不断演变。近年来，随着红外光学材料，特别是红外探测器及信号处理技术的进步，可用于不同场合的各种类型红外成像系统迅速发展，这些红外成像系统在军事、工业、农业、医学等各领域得应到了广泛应用。

7.1.1　红外成像系统的基本构成

红外成像系统的主要目的是将红外辐射转换成伪彩或灰度图像，该图像应表示目标或背景红外辐射的二维分布。一个完整的红外成像系统的基本构成如图 7-1 所示。

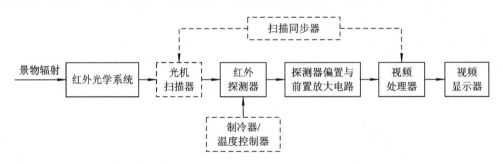

图 7-1　红外成像系统基本构成示意图

由图 7-1 可以看出，红外成像系统主要包括红外光学系统、红外探测器、探测器偏置与前置放大电路、视频处理器、视频显示器等。图 7-1 中，虚框所标注的光机扫描器、扫描同步器以及制冷器/温度控制器部分，不是必不可少的，可根据成像扫描体制以及探测器类型进行选择。另外，在视频处理和视频显示部分，还可根据应用需求，添加包含输出、控制和图像显示的用户界面。

根据图 7-1 所示的红外成像系统的基本构成，红外成像系统各组成单元的基本功能描述如下：

（1）红外光学系统（又称红外望远镜）接收并会聚来自景物的红外辐射。

（2）光机扫描器（即光学机械扫描器）完成红外望远镜大视场与红外探测器小视场的匹配；同时按照显示制式的要求，进行信号编码。当使用敏感元数量足够多的红外焦平面探测器时，光机扫描器部分可以省略。

（3）红外探测器将所接收的红外辐射转换成电流或电压信号。制冷器/温度控制器用于保证某些红外探测器在低温度下正常工作，或者用于保证红外探测器性能不随外界温度变化而改变。

（4）探测器偏置与前置放大电路完成红外探测器所需的电压或电流偏置，并负责对探测器输出的微弱电信号进行放大处理。

（5）视频处理器配合扫描同步器（在采用红外焦平面探测器时，扫描同步器可省略），将来自放大处理电路的信号转化为视频显示器所能接收的信号。在这个过程中，视频处理器一般需要完成位深提升、分辨率规格转换、缩放、彩色空间转换以及图像处理和增强等功能。

（6）视频显示器完成可见光图像以及用户界面的显示。

7.1.2　红外成像系统的分类

红外成像系统综合利用了红外物理、精密光学与机械、半导体与微电子、低温制冷、电信号处理以及计算机等各类技术，实现了将人眼不可见的景物红外辐射分布转换成人眼可观察的热红外图像，并根据军事、工业、农业、医学等各领域的应用需求，涌现出不同的种类。众多的红外成像系统可按图 7-2 所示分为以下几种类型。

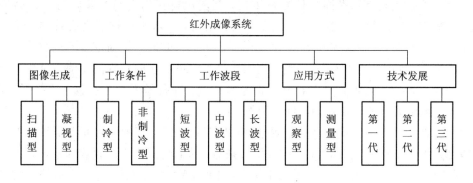

图 7-2　红外成像系统的分类

1. 按图像生成方式分类

按照图像生成方式或红外探测器像元数量与排列方式的不同，可将红外成像系统分为扫描型和凝视型。

1）扫描型

扫描型红外成像系统是借助光机扫描器（或称光机扫描系统、光机扫描机构）使单元探测器依次扫过景物的各个部分，从而形成景物的图像。

如图7-3所示，扫描机构包括水平扫描器（水平扫描反射镜）和垂直扫描器（垂直扫描反射镜），是完成景物图像解析的主要工具；景物目标的二维红外辐射分布，经物镜成像后，以扫描点的形式，被扫描机构从左到右（行扫）、从上到下（场扫）依次扫过单个（或多个）探测器单元；探测器依次将所接收各时空点上的红外辐射转换为电信号，通过隔直流电路把背景辐射从场景电信号中滤除，最后显示为对比度良好的可见光图像。

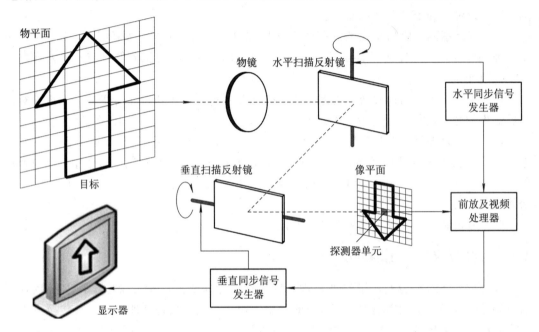

图7-3　单元光机扫描成像系统示意图

水平扫描器上装有水平同步信号发生器，其输出电压对应每一瞬时行扫描器的角坐标，并以此信号来控制显示器的相应显示单元。因而，当水平扫描器完成对景物平面一个水平条带的扫描时，显示器就相应地呈现图像的一行。此时，驱动垂直扫描器，使扫描点在垂直方向上对应一定角度下移一行。同时，垂直扫描器上的垂直同步信号发生器控制显示器的相应显示单元，水平扫描器也回到起始位置，准备做下一行扫描。这样循环往复，扫完一帧，显示器上就呈现景物的红外图像。

如果探测器在垂直方向上的数目足够多（线阵探测器），探测器阵列上下贯穿像平面的垂直跨度，则可省去垂直扫描器，只需水平扫描器，从而构成水平扫描成像系统，如图7-4所示。在图7-4所示的水平扫描成像系统中，水平扫描器仍按图7-3所示的方式扫描水平视场，而垂直方向的扫描由线阵探测器中的行转移处理器（多路传输器）以电子扫描工作方式完成。此种方式工作的红外成像系统技术难度相对适中，工艺成熟，性能较好。

如果目标或场景相对成像系统运动，例如在图7-4中，箭头目标相对成像系统沿水平方向移动，则水平方向的扫描可利用这种运动来完成，这样，水平扫描器也可省去，从而降低了传统系统的复杂性。这种方式工作的成像系统称为红外行扫描仪，主要应用在移动

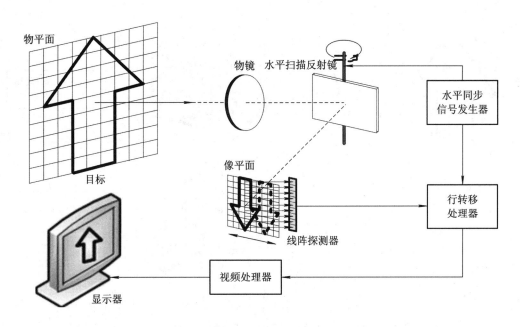

图 7-4　水平光机扫描成像系统示意图

平台（如飞机或卫星）上，进行遥感成像。在红外行扫描仪中，也可使用单元红外探测器，此时，一维方向上的扫描仍采用扫描反射镜进行，另外一维方向上的扫描则利用目标或景物相对移动平台的运动来完成，如图 7-5 所示。

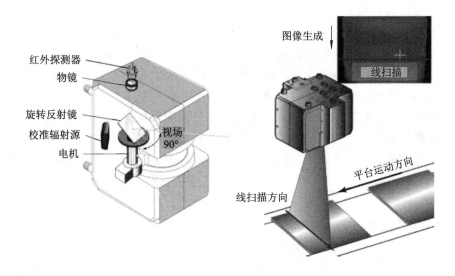

图 7-5　红外行扫描仪示意图

　　扫描型红外成像系统由于存在光机扫描器，因此系统结构复杂，体积较大，可靠性低，成本也较高；但由于探测器性能的要求较低，技术难度相对较简单。因此，在 20 世纪 70 年代以后，国际上实用红外成像系统主要是扫描型的，目前仍有一些主要的应用。

　　2）凝视型

　　如果采用足够大的红外焦平面阵列（FPA）探测器（例如 512×512 像元），则完全可以省掉光机扫描机构，从而组成所谓的凝视型红外成像系统，如图 7-6 所示。

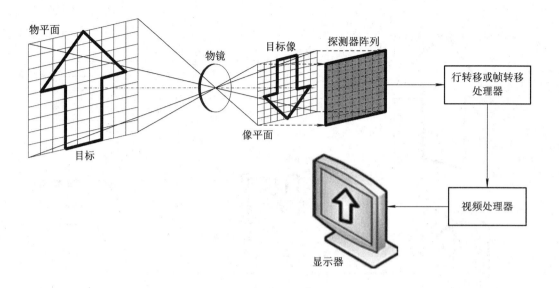

图 7-6 凝视型红外成像系统示意图

在凝视型红外成像系统中,景物目标通过物镜成像到光学系统的焦平面处,位于焦平面上的红外探测器阵列(称为红外焦平面阵列)将所接收的红外辐射转换成相应的电信号,并在多路传输器信号驱动下,在积分时间内将各单元的光电信号多路传输至一条或几条输出线,以行转移或帧转移的视频信号形式输出。行转移或帧转移处理器的功能实际上是采用一种电子驱动自扫描工作方式(因而取消了光机扫描机构,以电扫描取代光机扫描),将探测器的信号逐个依次读出,驱动电扫描的同时也发出行与帧的同步脉冲,送给显示器,以保证各单元的信号在显示器上能被正确排列,成为所希望的可见光图像。

由于红外焦平面阵列在两个方向的探测器数目都可以满足视场要求,因而在没有光机扫描的情况下,物空间采样是每一景物单元对应于一焦平面阵列单元,即焦平面阵列"凝视"整个视场,系统无移动部分,此时红外成像系统被称为凝视型的。在凝视型红外成像系统中,红外焦平面阵列由两维多路传输器进行水平和垂直方向的电子扫描,使凝视型红外成像系统有许多优越性:首先,由于消除了光机扫描,因而减少了红外成像系统的复杂性,提高了可靠性;同时,系统的尺寸、重量将大大减小;另外,由于几乎可以利用所有的入射辐射,因而红外成像系统的热灵敏度大幅度提高。

2. 按工作条件分类

这里所说的工作条件主要是指探测器的工作温度。目前,许多红外探测器工作时需要制冷器将其降低到较低的温度,才能正常工作或呈现出较高的性能,而有些探测器在室温环境下就可有很好的性能。因此,通常将红外探测器按其工作温度分为制冷型和非制冷型。例如,光子探测器中的锑化铟和碲镉汞探测器,需要77K(-196℃)的低温条件才能较好地工作,硫化铅和硒化铅探测器可在室温下工作,但在195K(-78℃)温度下则有更好的响应度;热探测器中的热电堆、测辐射热计以及热释电探测器在室温环境下就有较好的性能。

一般而言,制冷型红外成像系统具有较高的性能,主要应用在军事、科研以及一些特殊的场合,但其制作成本高昂、可靠性较低;而非制冷型红外成像系统省去了昂贵、复杂的低温制冷器，突破了高制作成本障碍，可靠性大大提高，因此，在军事、工业、医学以及民用领域得到了广泛应用。

3. 按工作波段分类

根据红外成像系统所处大气环境的辐射传输特性，通常将其分为短波红外（SWIR）、中波红外（MWIR）和长波红外（LWIR）成像系统。当然，如果红外成像系统可同时工作在两个或多个红外波段，则可称其为双波段或多波段红外成像系统。

4. 按应用方式分类

根据应用领域，红外成像系统可分为两个不同的类型：观察型红外成像系统和测量型红外成像系统。观察型红外成像系统主要应用于军事、安防领域中的黑暗或恶劣大气环境下的观察监视，这类系统对图像质量有较高的要求；测量型红外成像系统主要应用于工业生产、科学研究领域中的物体表面温度分布的非接触式测量。对于测量型红外成像系统，如果只关注相对温度的测量（如红外无损检测），就像观察型那样，被测目标的图像质量通常是最重要的要求；如果绝对温度测量是必需的，那么温度测量结果的准确性则是最重要的标准。

通常，观察型红外成像系统都不具备关注对象的温度测量能力，而测量型红外成像系统的图像质量则不如观察型红外成像系统。如今，这两种应用的界线已不十分清晰，因为随着红外成像技术的不断发展，许多红外成像系统既可以用于观察也可以进行测量。

5. 按技术发展分类

历史上，一些红外技术发达国家（如美国、英国、法国等），为了最大限度地降低红外成像系统的研制成本、缩短系统开发周期以及便于维护和技术保障，将所有红外成像系统中的关键组成部件进行通用化设计，提出了红外成像系统通用组件的概念。在红外成像系统的各通用组件（红外探测器、制冷器、扫描器以及信号处理器）中，红外探测器组件是技术最复杂、研制周期最长、投入最大的，人们往往根据红外探测器组件技术水平，并结合具体的应用要求，再研制相应类型的红外成像系统。根据所采用的红外探测器组件，并结合扫描器类型，将红外成像系统的发展历程进行了化代分类。

目前最普遍的化代分类方法是，将基于分立单元或多元探测器阵列的光机扫描型红外成像系统称为第一代，将基于焦平面阵列探测器的红外成像系统称为第二代或者第三代。具体划分如下：

（1）由分立单元或多元探测器与光机扫描器所构成的红外成像系统称为第一代红外成像系统。其主要特征为探测器单元数少于 200 个，热灵敏度在 100 mK 左右，空间分辨率为 0.2 mrad 量级。

（2）将一维扫描型红外成像系统或小规模凝视型红外成像系统（如 320×240 等）称为第二代红外成像系统。其主要特征为探测器单元数大于 2 万个，像元尺寸为 30 μm 左右，热灵敏度在 50 mK 左右，空间分辨率为 0.1 mrad 量级。

（3）将 640×480 像元以上的凝视型红外成像系统称为第三代红外成像系统。其主要特征为探测器单元数大于 30 万个，像元尺寸减小到 20 μm 左右，热灵敏度在 10 mK 左右，空间分辨率小于 0.1 mrad 量级。

未来将发展与高清晰度电视图像像素相当的多光谱焦平面阵列，具有信号处理功能强大的读出电路，采用复杂的信号处理和图像融合技术，可以得到多光谱，甚至全光谱的高清晰度的"彩色"红外图像,这种红外成像系统称为第四代红外成像系统。在与第三代红外成像系统大致相同的条件下,作用距离、空间分辨率、信息量和数据处理能力比第三代热像仪有明显的提高。

上面我们从不同角度对红外成像系统进行了分类,其中最重要的是按图像生成方式的分类。下面先介绍红外成像系统的基本参数,在了解这些描述红外成像系统最基本性能的参数后,再分别讨论光机扫描型和凝视型红外成像系统的工作原理。

7.2 红外成像系统的基本参数

由 7.1 节的讨论可知,一个完整的红外成像系统是由红外光学系统、扫描器(光机扫描器或电子驱动自扫描器)电子处理系统和显示器等子系统构成的,每一个子系统都有描述其性能的参数,这些参数一起构成了红外成像系统的基本参数,这些基本参数又是描述红外成像系统综合性能的基础。下面先介绍红外成像系统的基本参数和对应的概念。

1. 瞬时视场(IFOV)

瞬时视场指的是探测器线性尺寸对系统物空间的两维张角,由探测器的形状、尺寸和光学系统的焦距决定。若探测器为矩形,尺寸为 $a \times b$,光学系统焦距为 f_0,则水平及俯仰(垂直)方向的瞬时视场角 α、β 分别为

$$\alpha = \frac{a}{f_0}, \quad \beta = \frac{b}{f_0} \tag{7-1}$$

α、β 的大小反映了红外成像系统的空间分辨率的高低。$\alpha \times \beta$ 称为一个分辨单元。如果探测器的尺寸单位取微米(μm),光学系统的焦距单位取毫米(mm),则瞬时视场角的单位为毫弧度(mrad)。

2. 总视场(FOV)

总视场是指系统观察的物空间的两维视场角。若总视场在水平和俯仰(垂直)方向的角度分别为 W_H、W_V,则总视场角可表示为 $W_H \times W_V$。在光机扫描器中,W_H、W_V 由系统所观察的景物空间和光学系统的焦距决定;对于电子驱动自扫描器,W_H、W_V 由红外焦平面器件的总光敏面积和光学系统的焦距决定。

3. 帧周期和帧频

系统完成一幅完整画面所需的时间 T_f 称为帧周期(或帧时),单位为 s;系统一秒钟完成的画面帧数 f_p 称为帧频或帧速,单位为 Hz。f_p 和 T_f 的关系为

$$f_p = \frac{1}{T_f} \tag{7-2}$$

4. 扫描效率

光机扫描机构对景物扫描时,实际扫过的空间角度范围通常比观察视场角 W_H、W_V 要大。观察视场完成一次扫描所需的时间 T_{fov} 与扫描机构实际扫描一周所需的时间之比称为扫描效率 η_{scan},即

$$\eta_{scan} = \frac{T_{fov}}{T_f} \tag{7-3}$$

通常空间扫描是由水平扫描和俯仰扫描合成的，所以扫描效率也分为水平扫描效率 η_{Hscan} 和俯仰扫描效率 η_{Vscan}，有

$$\eta_{scan} = \eta_{Hscan}\eta_{Vscan} \tag{7-4}$$

5. 驻留时间

对光机扫描器而言，物空间一点扫过探测器单元所经历的时间称为驻留时间 τ_d。探测器在观察视场中对应的分辨单元数为

$$n_H \times n_V = \frac{W_H}{\alpha}\frac{W_V}{\beta} \tag{7-5}$$

其中，$n_H = W_H/\alpha$ 和 $n_V = W_V/\beta$ 分别为水平方向和俯仰方向的分辨单元数目。由 τ_d 的定义，有

$$\tau_d = \frac{T_f\eta_{scan}}{n_H \times n_V} = \frac{\alpha\beta\eta_{scan}}{W_HW_V}\frac{1}{f_p} \tag{7-6}$$

红外成像系统的综合性能参数是在以上各基本技术参数的基础上作进一步的综合分析得出的。

7.3 光机扫描红外成像系统

早期的红外成像系统中，由于探测器单元或小规模焦平面阵列的瞬时视场较小，不能覆盖需要观察景物的视场，为了对需要观察视场中的景物进行成像，必须对景物空间进行扫描，这种扫描通常采用机械传动的光学扫描部件完成，相应的扫描过程称为光机扫描，所构成的红外成像系统就是光机扫描红外成像系统。光机扫描红外成像系统对红外成像技术的发展具有重要的推动作用，在许多领域得到了广泛的应用，而且基于这种成像技术的研究和应用仍在继续。

7.3.1 基本扫描方式

光机扫描系统是一个非常复杂、精密的光学元件和机械传动机构，这个机构也称为光机扫描器。光机扫描器的作用是使光学系统所成的景物像对探测器作相对移动，以便探测器能对景物像进行顺序分解。

根据扫描器置于聚光光学系统的前面或后面，可构成两种基本的扫描方式，即物方扫描和像方扫描。

1. 物方扫描

物方扫描是指扫描器位于聚光光学系统之前的平行光路中，对物方光束进行扫描。由于扫描器在平行光路中工作，故也称其为平行光束扫描，如图 7-7 所示，其中 γ 为扫描部件的转动角度，W 为入射光线的偏转角度。这种扫描方式一般需要比聚光光学系统口径大的扫描镜，且口径随聚光光学系统的增大而增大。由于扫描器比较大，扫描速度的提高受到限制。

2. 像方扫描

像方扫描是指扫描器位于聚光光学系统和探测器之间的光路中，对像方光束进行扫描。由于扫描器在会聚光路中工作，故也称其为会聚光束扫描，如图 7-8 所示。由于扫描

镜置于会聚光路中，扫描器可做得较小，易于实现高速扫描。但这种扫描方式需要使用后截距长的聚光光学系统。同时，由于在像方扫描会导致像面的扫描散焦，故对聚光光学系统有较高的要求，且扫描视场不宜太大，像差修正较为困难。

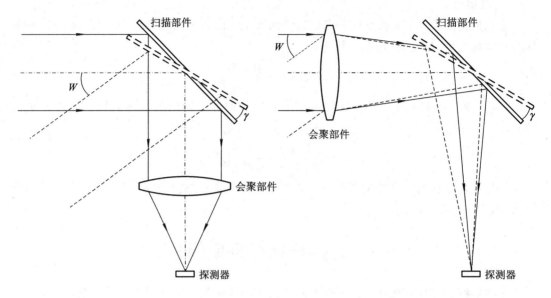

图7-7　物方扫描方式示意图　　　　　　图7-8　像方扫描方式示意图

另有一种扫描方式称为伪物扫描，也属于平行光束扫描的类型，其原理结构如图7-9所示，其中 f_1 和 f_2 为构成前置望远镜的透镜焦距。物方光线经望远镜压缩光束宽度后，再由扫描器扫描，然后经光学会聚部件聚焦成像。

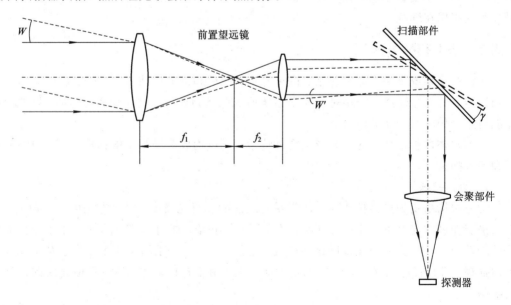

图7-9　伪物扫描方式示意图

3. 两种基本扫描方式的比较

由以上分析可知，两种扫描方式各有利弊。两种扫描方式的比较见表7-1。

	物 方 扫 描	像 方 扫 描
优缺点	产生平直扫描场； 大多数扫描器不产生附加像差； 扫描器光学质量对系统聚焦性能影响较小，像差校正容易； 扫描器尺寸大，不易实现高速扫描	产生弯曲场； 扫描器存在不可避免的散焦； 扫描器光学质量对系统聚焦性能影响较大，像差校正困难，聚光系统设计复杂； 扫描器尺寸较小，容易实现高速扫描
应用	民用红外成像系统中居多，配以无焦望远系统，压缩平行光路，减小尺寸，可用于军事上	军用红外成像系统，如前视红外系统等

7.3.2　光机扫描器

用于红外成像系统的扫描器(也称扫描部件)大部分是为了产生直线扫描光栅。光机扫描机构中的扫描部件有摆动平面反射镜、旋转多面反射镜、旋转折射棱镜、旋转光楔、摆动透镜和旋转 V 型反射镜。在光机扫描红外成像系统中，主要采用的是前三种扫描器。对扫描器的基本要求是：

(1) 扫描器转角与光束转角呈线性关系；

(2) 扫描器扫描时，对聚光系统像差的影响尽量小；

(3) 扫描效率高；

(4) 扫描器尺寸尽可能小，结构紧凑。

1. 摆动平面反射镜

摆动平面反射镜(简称摆镜)在一定范围内周期地摆动完成扫描。根据光学原理，若出射光线保持不变，当镜面转过 γ 角时，相应的入射光线转角 $\theta = 2\gamma$，如图 7－10 所示。

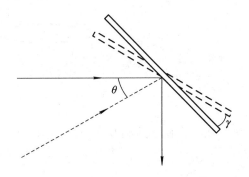

图 7－10　镜面转动角 γ 与入射光线转角 θ 的关系

摆动平面反射镜构成的扫描器既可以用作平行光束扫描器，又可用作会聚光束扫描器。下面分别就平面反射镜作为平行光束扫描器以及作为会聚光束扫描器的情况介绍其工作特性。

1) 平行光束扫描器(物方扫描及伪物扫描)

平面反射镜用作物方扫描时，其入射光线即是物方光线，则镜面转角 γ 与物方入射光束偏转角 W 的关系为

$$W = \theta = 2\gamma \qquad\qquad (7-7)$$

当平面反射镜用作伪物扫描时，镜面的入射光束就是望远镜的出射光束（参见图7-9）。设望远镜的角放大率为$\Gamma(=|f_1/f_2|>1)$，则有

$$W = \frac{W'}{\Gamma} = \frac{\theta}{\Gamma} = \frac{2\gamma}{\Gamma} \tag{7-8}$$

平面反射镜摆动时，对入射的平行光束不引起光程差，出射波阵面仍是平面，因此平面反射镜用作平行光束扫描时无像差。

对反射镜最小尺寸的要求由入射光束的宽度D及镜面相对光轴的最大夹角$(\alpha+\gamma_m)$决定。如图7-11所示，其中M和M'分别是镜面的基准位置及摆动后的位置；α为镜面基准角，即镜面基准位置（当入射光束平行于光轴时的镜面位置）同光轴的夹角；γ_m为镜面相对基准位置的最大偏转角。

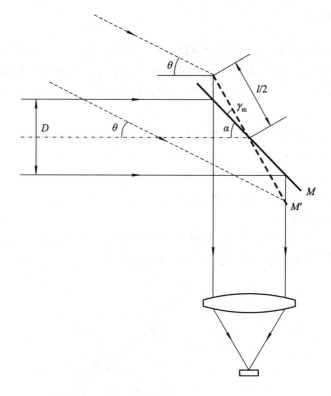

图7-11　镜面尺寸l同D、α、γ_m之间的关系

利用图7-11并考虑到$\theta=2\gamma_m$，经几何推算可得

$$l = \frac{D}{\sin(\alpha - \gamma_m)} \tag{7-9}$$

对于$\alpha=\pi/4$的典型情况，有

$$l = \frac{\sqrt{2}D}{\cos\gamma_m - \sin\gamma_m} \tag{7-10}$$

当γ_m较小时，式（7-10）近似为

$$l \approx \frac{\sqrt{2}D}{1 - \sin\gamma_m} \tag{7-11}$$

2) 会聚光束扫描器

摆动平面反射镜也常在会聚光束中作扫描器用。反射镜在摆动前后对光束的反射情况如图 7-12 所示，其中 M 和 M' 分别是镜面的基准位置及摆动后的位置。由图 7-12 可知，当镜面位于 M' 时，探测器所在处 D 的镜像为 D'，可得

$$W = \arctan\left[\frac{b\,\sin 2\gamma}{a + b\,\cos 2\gamma}\right] \qquad (7-12)$$

这即是物方转角 W 与镜面转角 γ 的关系式。当 γ 很小时，式(7-12)近似为

$$W \approx \frac{2b\gamma}{a + b} \qquad (7-13)$$

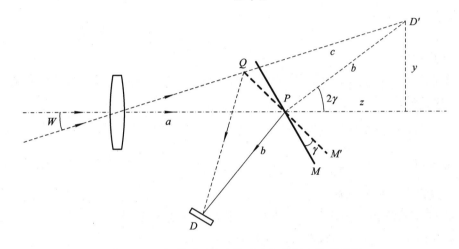

图 7-12　摆动平面镜会聚光束扫描器光路示意图

由图 7-12 可见，当镜面在基准位置 M 时，从透镜中心到探测器的光程为 $a+b$。当镜面摆到 M' 位置时，主光线向轴外偏移，相应光程为 c。显然 $c<a+b$，表明平面反射镜用于会聚光束扫描时造成了光程差，将引起散焦。因为

$$c = \frac{y}{\sin W} = \frac{b\,\sin 2\gamma}{\sin W} \approx \frac{b\,\sin[W + (a/b)W]}{\sin W} = c(W) \qquad (7-14)$$

在未校正像差时，实际系统的像面为一曲面，c 随 W 的变化与系统场面的曲率往往不一致，因而产生散焦，影响像质，应设法加以补偿。

在会聚光束扫描中，平面镜的最小尺寸不仅取决于入射光束宽度 D、镜面基准角 α 及最大偏转角 γ_m，还与焦距 f_0 以及镜面相对会聚透镜的距离有关。由于平面镜用于会聚光束中，因此其尺寸可以较小。

摆动平面镜是周期性往复运动的，因为扫描机构有一定的惯量，所以扫描速度不能太大，通常用作帧扫描。

2. 旋转多面反射镜(旋转反射镜鼓)

旋转多面反射镜亦称旋转反射镜鼓，是由 n 个矩形平面反射镜组成的棱柱，可绕中心轴作连续转动，如图 7-13 所示。在高速扫描的情况下，经常采用旋转反射镜鼓，由于其是连续转动的，故比较平稳。旋转反射镜鼓主要用于平行光束扫描。旋转反射镜鼓与摆动平面镜的工作状态基本相同，转角关系和像差也类似，当旋转反射镜鼓的反射面绕镜鼓中心线旋转时，镜面位置相对于光轴会产生位移。下面讨论有关的几个问题。

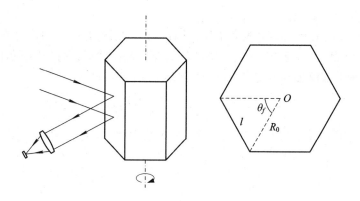

图 7 - 13　旋转多面反射镜

1) 镜面宽度

设镜鼓有 n 个反射镜面,镜面宽为 l,每面对轴心的张角为 θ_f,外接圆半径为 R_0,如图 7 - 13 所示,则有

$$\theta_f = \frac{2\pi}{n} \tag{7 - 15}$$

$$l = 2R_0 \sin \frac{\theta_f}{2} \tag{7 - 16}$$

2) 镜鼓转动时镜面的移动量

镜鼓在转动过程中,镜面除有转动外,还要发生法向平移。如图 7 - 14 所示,设镜面转过的角度为 γ,则在初始镜面位置的法线方向上,旋转后镜面的中心点产生的平移量为 δ,即

$$\delta = R_i - R_i \cos\gamma = R_i(1 - \cos\gamma)$$
$$= R_0 \cos \frac{\theta_f}{2}(1 - \cos\gamma) \tag{7 - 17}$$

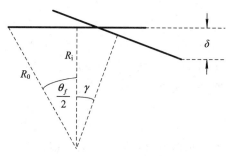

式(7 - 17)表明镜面中心随旋转角 γ 而移动。倘若用于会聚光束中,这种镜面的法向平移运动会使焦点位置随旋转角 γ 而变化,从而引起严重的散焦。因此,旋转反射镜鼓主要用作平行光束扫描。

图 7 - 14　镜鼓旋转时镜面的法向位移

3) 镜鼓的最小半径

由于镜鼓在转动时,镜面位置还发生切向位移,因此在转动过程中,入射光束的边缘光线可能射不到同镜面上,从而不能为系统所接收,产生渐晕现象。在平行光束扫描条件下,要不产生渐晕,在入射光束宽度为 D 时,镜鼓的外接圆半径 R_0 必须大于某一最小值。计算表明,镜鼓的外接圆半径需满足:

$$R_0 = \frac{D}{2 \cos\theta \sin[(\theta_f - \gamma_0)/2]} \tag{7 - 18}$$

其中:θ 是镜面处于扫描中间位置时入射光束与出射光束的夹角;γ_0 为镜鼓的有效转角,即使物方光线的偏转角等于视场角时,所需扫描部件转过的角度。由式(7 - 18)可知,镜鼓的有效转角 γ_0 不能太接近 θ_f,否则 R_0 过大。

3. 旋转折射棱镜

具有 $2(n+1)$ 个侧面 $(n=1,2,3,\cdots)$ 的折射棱镜，绕通过其质心的轴线旋转，就构成旋转折射棱镜，如图 7-15 所示。

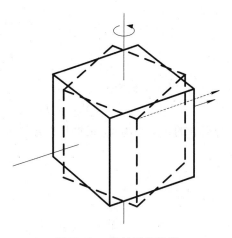

对于具有平行界面的折射体，当平行光束入射时，出射光束仍是平行光束且方向与入射光束相同。因此，旋转折射棱镜只用于会聚光束扫描。图 7-16 给出了折射棱镜在会聚光束中作扫描器的情况。当棱镜置入系统后，入射光束经物镜系统，再经折射棱镜会聚成像。当它旋转时，焦点不仅沿纵向移动了 Z，又沿横向移动了 Y。下面分别讨论焦点横向位移、纵向位移和棱镜转角的关系。

图 7-15　旋转折射棱镜

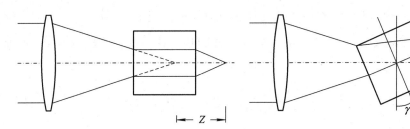

图 7-16　旋转折射棱镜的焦点位移

1）焦点的横向位移

旋转折射棱镜相对的两个平面互相平行，相当于一块平行平板玻璃。图 7-17 表示了光线通过平行平板的情况，该图也是图 7-16 的简化，用于分析焦点横向位移与扫描器转角 γ 的关系。图中只画出了一条主光线，设棱镜厚度为 t，折射率为 n。当棱镜转过 γ 角时，入射光线对镜面的入射角为 $\varphi_1-\gamma$，折射角为 $\varphi_2-\gamma$。由图 7-17 可知

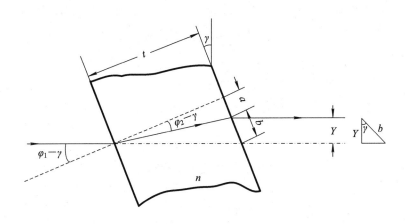

图 7-17　焦点的横向位移

$$\begin{cases} \tan(\varphi_1 - \gamma) = \dfrac{a+b}{t} \\ \tan(\varphi_2 - \gamma) = \dfrac{a}{t} \end{cases} \tag{7-19}$$

因为 $\cos\gamma = Y/b$，故有

$$Y = t[\tan(\varphi_1 - \gamma) - \tan(\varphi_2 - \gamma)]\cos\gamma \tag{7-20}$$

因为空气的折射率为 1，根据折射定律 $n\sin(\varphi_2 - \gamma) = \sin(\varphi_1 - \gamma)$，得

$$\tan(\varphi_2 - \gamma) = \frac{\sin(\varphi_2 - \gamma)}{\sqrt{1 - \sin^2(\varphi_2 - \gamma)}} = \frac{\sin(\varphi_1 - \gamma)}{\sqrt{n^2 - \sin^2(\varphi_1 - \gamma)}} \tag{7-21}$$

从而有

$$Y = t\left[\tan(\varphi_1 - \gamma) - \frac{\sin(\varphi_1 - \gamma)}{\sqrt{n^2 - \sin^2(\varphi_1 - \gamma)}}\right]\cos\gamma \tag{7-22}$$

对于小角度偏转，即 $(\varphi_1 - \gamma)$ 和 γ 值都很小的情况，有

$$Y \approx t\left[(\varphi_1 - \gamma)\left(1 - \frac{1}{n}\right)\right]\cos\gamma = t(\varphi_1 - \gamma)\left(1 - \frac{1}{n}\right) \tag{7-23}$$

即在小角度范围内，棱镜在旋转时产生近似的线性扫描。对于近轴光线 $\varphi_1 = 0$，根据式 (7-22) 得

$$Y = -t\left[1 - \frac{\cos\gamma}{\sqrt{n^2 - \sin^2\gamma}}\right]\sin\gamma \tag{7-24}$$

2）焦点的纵向位移

如图 7-18 所示，入射光束为会聚光束，在没有棱镜折射时，焦点为 F_1'，加入折射棱镜后在棱镜未转动的情况下（$\gamma = 0$），其焦点沿纵向从 F_1' 至 F_2' 移动了 Z，且

$$Z = t - b = t - \frac{a}{\tan\varphi_1} = t\left(1 - \frac{\tan\varphi_2}{\tan\varphi_1}\right) \tag{7-25}$$

利用折射定律，经简化得

$$Z = t\left(1 - \frac{\cos\varphi_1}{\sqrt{n^2 - \sin^2\varphi_1}}\right) \tag{7-26}$$

即焦点的纵向位移 Z 随光线倾角 φ_1 的增加而增加，且与棱镜厚度 t 成正比。

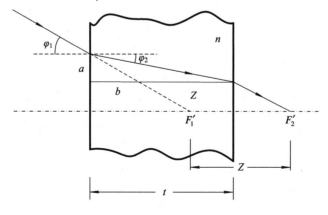

图 7-18　焦点的纵向位移

当棱镜转动 γ 角时,对于轴上光线($\varphi_1 \approx 0$),纵向位移 Z 由下式给出:

$$Z = t\left[\cos\gamma - \frac{\cos(2\gamma)}{n^2 - \sin^2\gamma} - \frac{1}{4}\frac{\sin^2(2\gamma)}{(n^2 - \sin^2\gamma)^{3/2}}\right] \qquad (7-27)$$

会聚光束中旋转折射棱镜扫描器除使焦点移动外,还产生各种像差,但由于其运动平衡而连续,尺寸小,机械噪声小,有利于提高扫描速度;而对物镜系统消像差要求较高,增加了设计难度。

7.3.3 几种常用的光机扫描方案

将各种扫描器作不同的组合,可构成实用的二维扫描。下面介绍几种常用的光机扫描方案。

1. 旋转反射镜鼓作行扫描,摆镜作帧扫描

图 7-19 是旋转反射镜鼓作行扫描,摆镜作帧扫描的扫描方案实例。

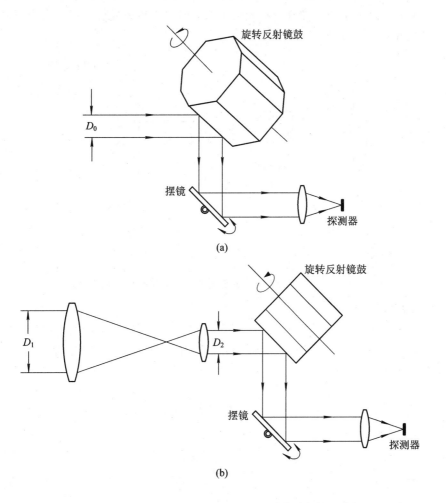

图 7-19 旋转反射镜鼓作行扫描,摆镜作帧扫描示意图

在图 7-19(a)中,旋转反射镜鼓和摆动平面镜都处于物镜系统外侧的平行光路中,其结构尺寸由光束的有效宽度 D_0 和视场角 W 决定,因而结构尺寸一般较大。实际应用中,

通常在扫描器前端有望远系统，可以压缩光束直径。

在图 7-19(b) 中，摆镜置于会聚光路中，仍作帧扫描用。在这种方案中，由于加上了前置望远镜，使光束口径变小（$D_2 = D_1/\Gamma$，其中 Γ 为望远镜的角放大率）。若不计望远镜的透射损失，则在同样入射光束口径 D_1 的条件下，这种扫描机构比前面述及的扫描机构可以缩小扫描部件的尺寸，有利于系统小型化及提高扫描速度；而在同样光束口径 D_2 的条件下，该扫描机构比上述扫描机构的实际接收口径要大，这不仅增大了接收的能量，而且使衍射效应减小。这种扫描方案极大地改善了性能，因此其应用非常广泛。但这种方案的缺点是结构较复杂，视场增大时，像质会变差，不适宜作大视场扫描用。

2. 旋转折射棱镜作帧扫描，旋转反射镜鼓作行扫描

图 7-20 为旋转折射棱镜作帧扫描、旋转反射镜鼓作行扫描的扫描方案实例。旋转折射棱镜置于前置望远系统的中间光路中作帧扫描，可获得较稳定的高转速。由于旋转折射棱镜比摆镜的扫描效率高，故总扫描效率较前面方案的高。旋转反射镜鼓置于压缩的平行光路中作行扫描。这种系统的像差校正较为困难，但如果设计得好，可作大视场及多元探测器串并扫描用。

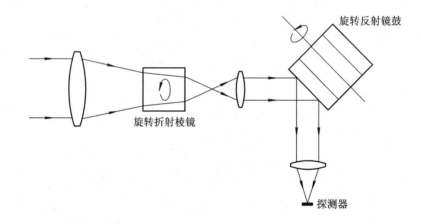

图 7-20 旋转折射棱镜作帧扫描，旋转反射镜鼓作行扫描示意图

3. 两个旋转折射棱镜扫描

图 7-21 为两个旋转折射棱镜的扫描方案实例。帧扫描棱镜在前，行扫描棱镜在后，都是八面棱柱，可使垂直和水平视场像质一样。这种系统的优点是扫描效率高，扫描速度快，但像差修正难度大。

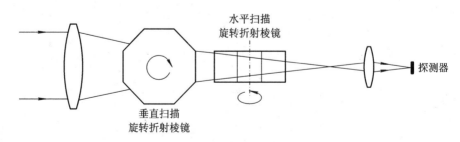

图 7-21 两个旋转折射棱镜扫描示意图

4. 两摆动平面反射镜扫描

两摆动平面反射镜扫描示意图如图 7-3 所示。单元探测器光机扫描红外成像系统通常采用这种扫描方案，帧扫描和行扫描都采用摆动平面反射镜。由于摆镜的稳定性差，故不适合高速扫描。

5. 倾斜面镜鼓扫描

在实际阵列探测器扫描应用中，还有一种由倾斜面镜鼓组成的扫描结构，这种倾斜面镜鼓如图 7-22 所示。它是一个由多个反射面构成的多面体，每一侧面与旋转轴构成不同的倾角，例如，第 1 面倾角 $\theta_1 = 0$，第 2 面倾角 $\theta_2 = \alpha$，第 3 面倾角 $\theta_3 = 2\alpha$，第 i 面倾角 $\theta_i = (i-1)\alpha$，如此等等。这样，当第一面扫完一行转到第二面时，光轴在列的方向上也偏转了 α 角。若使 α 角正好对应于探测器面阵（或并扫线阵）在列方向的张角，则这个单一的旋转反射镜鼓就可兼有二维扫描的功能。因此，这种倾斜反射镜鼓多用在平行光路中，对入射平行光束既作行扫描，也作帧扫描。这种扫描方案结构紧凑，扫描效率也较高，适用于中低档水平的红外成像系统和手持式红外成像系统，但存在扫描线性不好的问题。

6. 平面反射镜摆扫/推扫

在航空航天遥感应用中，常使用一种比较简单的平面反射镜摆扫式（也称扫帚式）方案，如图 7-23 所示。在这种方案中，平面反射镜的转轴与平台飞行方向平行，电机带动平面反射镜绕转轴转动的过程称为摆扫；扫描方向与探测器线列方向一致且与平台飞行方向垂直。随着平台的飞行以及平面反射镜的扫描，探测器阵列依次扫过地物所对应的像平面，从而实现对地面景物的扫描成像。

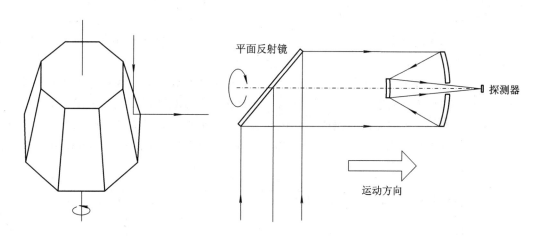

图 7-22　倾斜面镜鼓扫描示意图　　　　图 7-23　平面反射镜摆扫示意图

摆扫式方案在高空对地成像时，可获得较大的物方视场。但如果探测器线列方向（垂直于纸面）的单元数量足够多，可覆盖整个像平面的跨度，进而获得较大的物方视场，则不需要在探测器线列方向上进行扫描，因此平面反射镜可以去掉。此时，探测器线列方向上的扫描可由阵列内的多路传输器以电子扫描工作方式完成，而水平方向的扫描依靠飞行平台的运动来进行，此种扫描方式称为推扫式（也称推帚式）。

平面反射镜摆扫/推扫机构设计简单，但要求平面反射镜扫描速度或探测器电子扫描速度与平台运动速度有较高的匹配。

7.3.4 多元探测器的扫描方式

在光机扫描成像系统中，我们是利用探测器单元对一定空间范围内的景物进行分解而完成成像的。通常系统需要观察的视场 $W_H \times W_V$ 是比较大的(例如 $30° \times 20°$)，而系统的瞬时视场(即由探测器所对应的空间视场)$\alpha \times \beta$ 往往比较小(例如 30 mrad × 30 mrad)，为了能在有限的时间内观察一帧完整的观察视场，必须将瞬时视场在观察视场内按一定顺序进行扫描。最常用的扫描形式为直线扫描，即将瞬时视场从左到右进行行扫描(称为方位扫描)，扫完一行后依次从上到下移动一行再进行第二行扫描，这种上下挪动的扫描称为列扫描，即帧扫描。如此一行一行地扫下去，直到扫完全帧，如图 7-24 所示。

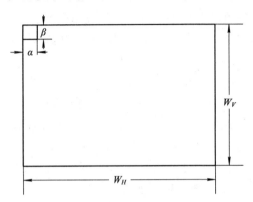

图 7-24 扫描系统中的观察视场与瞬时视场

可以认为，瞬时视场 $\alpha \times \beta$ 将观察视场 $W_H \times W_V$ 分成了 $N(=n_H \times n_V)$ 个单元，即 n_H 列、n_V 行，

$$N = n_H \times n_V = \frac{W_H}{\alpha} \times \frac{W_V}{\beta} \qquad (7-28)$$

由 7.2 节可知，对于单个探测器单元扫描而言，若扫过全帧的时间为 T_f，则扫过一个观察空间单元的时间(假设扫描效率 $\eta_{\text{scan}}=1$)，即驻留时间 $\tau_d = T_f/N = \alpha\beta/(W_H W_V f_p)$，帧速(或帧频)$f_p = 1/T_f$。

对单个探测器单元扫描来说，当探测器面积一定时，为保证在规定的帧时 T_f 内扫完整个观察视场 $W_H \times W_V$，扫描系统必须具有相应的帧速 f_p。

为了提高系统的热灵敏度，人们提出了多元探测方法，即将单个探测器单元形式的变成多元阵列形式，把很多个探测器单元集合起来去探测景物以提高热灵敏度。对多元探测器来说，则设法从增加信号值或降低扫描速度两个方面来提高系统的信噪比值。根据多元探测器的排列和扫描方向的不同，扫描方式可分为串联扫描、并联扫描和串并联扫描三种，如图 7-25 所示。

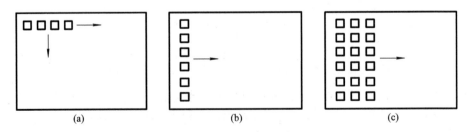

图 7-25 多元探测器的三种扫描方式

(a) 串联探测器作水平快扫描，垂直慢扫描；(b) 并联探测器作水平快扫描，垂直慢扫描或隔行扫描；
(c) 串并联探测器作水平慢扫描，垂直慢扫描或隔行扫描

需要说明的是，如果从像空间来看，扫描器摆动或转动时，相当于探测器单元在光学系统焦平面上扫描。因此，图 7-24 和图 7-25 也可以看作是探测器瞬时视场在焦平面上

扫描的一种表示。

下面详述串联扫描和并联扫描两种扫描方式。由于串并联扫描是两种扫描方式的复合，因此仅作简单描述。

1. 串联扫描

当探测器由数个至数十个单元组成一行，并且元件排列方向与行扫描方向一致时，即可实现串联扫描，如图 7-25(a)所示。由 4.2.4 节分析可知，如果由 n 个探测器单元完成串联扫描，并采用时间延迟积分(TDI)技术，则其信噪比相对单个探测器单元扫描提高了 $\sqrt{n}$ 倍。

应当指出，采用串联扫描方式时，其行扫描单元必须在平行光路中。若以会聚光束作行扫描，则会使沿行扫描方向排列的线阵探测器部分出现离焦现象。另外，由于串联扫描方式依然需要快速行扫描和慢速帧扫描，故要求各探测器单元时间常数小，放大电路的频带相应要宽。

串联扫描方式的突出优点是对线阵器件各单元的性能一致性要求大大放宽。另外，它的信号处理简单，无须扫描转换即可形成时序视频信号，便于与电视显示兼容。

2. 并联扫描

当探测器由数个至数百个单元组成一列，且元件排列方向与行扫描方向垂直时，即可实现并联扫描，如图 7-25(b)所示。每个单元对应于一个相应的景物空间单元。

假设在垂直方向上有 n 个探测器单元纵向并列，则 n 个探测器单元对应于 n 个垂直方向的景物空间单元。行扫描时，n 个并列的探测器单元同时对景物空间进行方位扫描，因此每进行一次行扫描，各探测器单元都彼此平行地在景物空间上扫过一行，即扫过 n 行景物空间，从而形成多路信号。并联的多路信号分别经由各自的放大器放大后送到采样开关处，多路信号经采样开关依次采样后变成单一的视频信号。

设单个探测器单元扫描的红外成像系统扫过一帧的时间和 n 元并联扫描系统扫过一帧的时间相等，即两者的帧速 f_p 相等。对单个探测器单元扫描的成像系统而言，由式(7-6)可知(假设扫描效率 $\eta_{scan}=1$)，驻留时间为

$$\tau_{ds} = \frac{T_f}{N} = \frac{\alpha\beta}{W_H W_V} \frac{1}{f_p} \tag{7-29}$$

对 n 元并联扫描成像系统而言，驻留时间为

$$\tau_{dp} = \frac{T_f}{N/n} = \frac{n\alpha\beta}{AB} \frac{1}{f_p} \tag{7-30}$$

而由第 3 章的讨论可知，对于矩形脉冲，当系统的通道频带宽度 Δf 与驻留时间 τ_d 满足

$$\Delta f = \frac{1}{2\tau_d} \tag{7-31}$$

时，系统的输出信噪比增大。因此，根据式(7-31)，由式(7-30)和式(7-29)可知，多元并联扫描的成像系统比单个探测器单元扫描的成像系统带宽要窄 n 倍。若带宽缩小为原来的 $1/n$，噪声也就减小为原来的 $1/\sqrt{n}$。多元并联扫描和单个探测器单元扫描两者信号值是相同的，因此多元并联扫描的信噪比比单个探测器单元扫描时提高了 $\sqrt{n}$ 倍。

从上述讨论可知，在探测器单元的特性均匀一致，且单元数相等时，多元串联扫描和多元并联扫描的灵敏度提高是相同的。

采用 n 元并联扫描方式时，可通过会聚光束扫描，利用同一反射镜完成探测器扫描及

显示器扫描,从而使系统结构紧凑。而且,由于一次可扫出 n 行,在帧速不变的条件下,探测器驻留时间增长,故放宽了对单个探测器单元响应速度的要求。

n 元并联扫描成像系统的主要缺点如下:

(1) 要求各探测器单元一致性很好,否则会直接影响红外图像的质量。

(2) 每一探测器单元至少要有一根引线与前置放大器连接,在探测器单元数很多时,引线的排列和引出会有工艺上的困难,同时使热负载增加,制冷困难。

若需要观察的景物空间俯仰角度 β 较 n 行对应的景物空间要大,并且由于排线以及热负荷的限制而不能采用更多的探测器单元时,除了行扫以外,还需要慢速帧扫,即扫描完整的一帧需要若干(例如 2)行。这种扫描方式可以是依次紧挨着扫 2 次,如图 7-26(a)所示,也可以是相间扫 2 次,如图 7-26(b)所示,待两场扫完后,进行拼接获得一帧完整的景物图像。

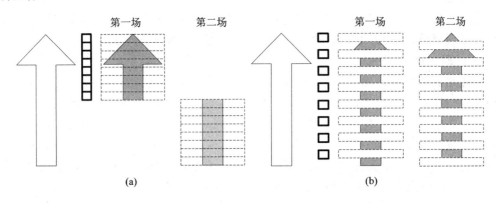

图 7-26 观察景物空间俯仰角度较大时的多元并联扫描示意图

图 7-26(b)所示的扫描方式称为隔行扫描。在隔行扫描中,要相应地使探测器单元隔行地排列在与行扫描正交的方向上,即两个相邻单元的间隔正好等于一个单元的尺寸。这种隔行扫描的实施需配有隔行扫描器,此时,在第一场扫完后,隔行扫描器使垂直方向的扫描机构向下偏转,光轴向下倾斜,其倾角正好与一个探测器单元的尺寸相当,再扫第二场。前后两场拼接起来组成一帧完整的景物图像。

图 7-26 所示的扫描方式可用 $n/2$ 个探测器单元达到 n 个探测器单元的扫描视场,同时又不增加放大器的带宽。但它扫一帧多花了一倍的时间,而且扫描机构复杂一些,即在铅垂方向增加一个固定角度的上下摆动机构。

3. 串并联扫描

串并联扫描是指将探测器排列成 $m \times n$ 元的矩阵形式,其沿水平方向排列的 n 元探测器与串联扫描功能类似,而沿与之正交方向排列的 m 元探测器则与并联扫描功能类似。它兼有使目标信息增强的优点,又可降低扫描速率,对各单元的一致性要求相对较低。尤其在并扫线列的跨度不能覆盖垂直方向的全视场时,必须采用串并联扫描方式。

从多元探测器的排列形式而言,它是以两维面阵取代前面所述的一维线阵。图 7-27 给出了一种典型多元面阵器件结构和读出电路。如图 7-27(a)所示,该探测器阵列为二维 288×4 元结构,垂直于扫描方向有 288 个探测器单元,奇数和偶数探测器单元分别为 144 个,每个探测通道有 4 个独立的光敏元。288 个探测器单元在沿扫描方向并扫的同时,同一探测器单元的 4 个光敏元也沿扫描方向 TDI 串扫。由图 7-27(b)可以看出，每个探测器单元的 4 个光敏元依次扫过同一目标像点时，产生的光电荷通过一个 CCD 传输并累加，从而实现 TDI 功能。所有探测器单元的输出分别从 16 个端口输出，每个端口输出 18 个探测器单元的 TDI 信号。每 18 个探测器单元的 TDI 输出经另一个 CCD 移位器从相应的端口串行输出到显示器。注意，图 7-27(b)只给出了部分探测器单元的 TDI 信号输出示意。

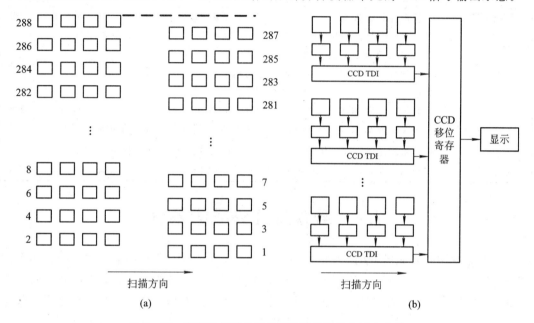

图 7-27 实现串并联扫描的面阵器件结构和读出电路

相对于并联扫描，串并联扫描方式有许多优点：

（1）由于探测器单元的输出可以叠加，故其响应率误差可以平均，无须专设复杂的灵敏度校正电路，可利用其最高灵敏度获得优质图像。

（2）探测器的冷屏相对小些，冷屏角度接近光学系统的孔径角。

（3）获得相同性能所必需的探测器数量只有并联扫描的 1/3～1/5。

4. 三种扫描方式的比较

综上所述，探测器的三种扫描方式各有特点，在提高系统热灵敏度方面具有大体相同的效果，但在具体应用上却受到许多实际问题的影响，使其在使用上有一定的差异。表7-2 对这些差异进行了比较。

表 7-2 三种扫描方式的比较

项目　　扫描方式	串联扫描方式	并联描方式	串并联扫描方式
探测器阵列	阵列方向与行扫描方向一致	阵列方向与行扫描方向垂直	两维面阵
探测器单元数	较少	较多	较多
探测器特性	对探测器特性一致性要求不高，但要求响应速度快	对探测器性能的一致性要求高	对探测器特性要求与并联扫描相同，但有利于提高图像质量

扫描方式 项目	串联扫描方式	并联描方式	串并联扫描方式
制冷	探测器阵列短，制冷和冷屏蔽方便	探测器阵列长，制冷和冷屏蔽困难，制冷效果差	探测器面阵尺寸不大时，可实现冷屏蔽
系统频带及频带范围	频带宽，低频端可取高些，可避开 $1/f$ 噪声	频带窄，低频端不能取得太高，往往避不开 $1/f$ 噪声	介于二者中间，比串联扫描带宽窄
信号处理	延迟后叠加，不需扫描转换就可以形成单通道视频信号	探测器信号并行输出，需经多路传输和扫描转换形成视频信号	电路复杂，需延迟叠加和多路传输、中间存储器
信噪比	通过信号叠加来增强信号，从而提高信噪比；理论上信噪比可提高 $\sqrt{n}$ 倍	通过降低系统带宽来降低噪声，从而提高信噪比；理论上信噪比可提高 $\sqrt{n}$ 倍	兼有两种提高信噪比的功能；理论上信噪比可提高 $\sqrt{n}$ 倍
扫描速度	扫描速度高，不易实现	扫描速度相对较低，易实现	扫描速度较低，易实现

7.4 凝视型红外成像系统

所谓凝视型红外成像系统，是指采用红外焦平面阵列(IRFPA)覆盖光学系统的焦平面视场，从而实现红外成像。换句话说，这种系统完全取消了光机扫描，采用足够多的探测器面阵，使探测器单元与系统观察范围内的景物单元一一对应。这里的"凝视"是对红外探测器响应目标辐射的时间远比取出每个探测器响应信号所需的读出时间要长而言的。

对于红外焦平面阵列而言，视场内的景物同时被投射到焦平面上时，IRFPA 的探测器单元与观察景物的空间单元一一对应，直接实现对景物空间的分解，分解的景物像元数量就是 IRFPA 探测器单元的数量。IRFPA 同时接收景物各像元的红外辐射，并采用电子驱动自扫描的方式，将 IRFPA 各探测器单元的信号读出，变成一维时序信号，经处理后的信号送至显示器即可得到景物的红外图像。

下面讨论凝视型红外成像系统与光机扫描红外成像系统相比有哪些独到之处。

从前面的讨论可知，对于采用单个探测器单元扫描的光机扫描红外成像系统，探测器的驻留时间为 $\tau_{ds}=\alpha\beta/(W_H W_v f_p)$。

如果采用并联扫描，并假设沿垂直方向放置一个探测器数目为 n_v 的线阵，恰好覆盖所要求的垂直视场，而在水平方向扫描，则当帧频一定时，并联扫描热成像系统探测器的驻留时间增加至单个探测器单元时的 n_v 倍，即 $\tau_{dp}=n_v\tau_{ds}$，通道频带宽度压缩至单个探测器单元系统的 $1/n_v$，从而使通道信噪比提高了 $\sqrt{n_v}$ 倍。可以这样认为，采用单个探测器单元扫描的系统，是以牺牲通道信噪比为代价的。在并联扫描的系统中，用 n_v 个探测器覆盖一维方向上所要求的空间范围，另一维采用低速扫描来覆盖所要求的空间范围，使探测器响应景物辐射的时间增加，也就是使每个探测器的采样频率降低为原来的 $1/n_v$，因为多路传输几乎没有信号传递损失，所以这种扫描方式最大限度地发挥了探测器的性能，提高了系统的信噪比。

假如在水平方向用 n_H 个探测器来覆盖所要求的空间范围，以取代低速行扫描，则对

于这种系统，每个探测器的驻留时间为

$$\tau_{d}^{'} = n_V \times n_H \tau_{ds} \qquad (7-32)$$

此时，系统的通道频带宽度 $\Delta f^{'}$ 压缩为单个探测器单元扫描系统的通道频带宽度 $\Delta f = 1/(2\tau_{ds})$ 的 $1/(n_H \times n_V)$，即

$$\Delta f^{'} = \frac{1}{2} \frac{1}{\tau_{d}^{'}} = \frac{1}{n_V \times n_H} \frac{1}{2} \frac{1}{\tau_{ds}} = \frac{\Delta f}{n_V \times n_H} \qquad (7-33)$$

由于带宽压缩为单个探测器单元扫描系统带宽的 $1/(n_H \times n_V)$，所以信噪比提高了 $(n_H \times n_V)^{1/2}$ 倍。

为了在驻留时间内将 $n_H \times n_V$ 个通道转换成单一通道，每一通道所占的时间为

$$\tau^{'} = \frac{\tau_{d}^{'}}{n_H \times n_V} = \tau_{ds} \qquad (7-34)$$

所以系统的采样频率为

$$f_{ts}^{'} = \frac{1}{\tau^{'}} = \frac{1}{\tau_{ds}} = \frac{W_H W_V}{\alpha \beta} f_p = n_H \times n_V f_p \qquad (7-35)$$

由此可以看出，$f_{ts}^{'} \gg f_p$，因此取出每个探测器响应信号所需的时间很短，在帧频一定的条件下，采样频率取决于所用的探测器单元数。而由式(7-32)可知，探测器驻留时间大幅度增加，表示响应目标辐射的时间长。对于系统来说就是响应时间长，而读取信号的时间短，两者相比，响应时间长到好像固定注视一样，这就是"凝视"概念的由来。

从前面的讨论可知，无论是串扫、并扫或串并扫方式，都需用两维扫描，使系统结构复杂化，而且光机扫描的扫描速度不宜太高，限制了红外成像系统快速性能的发挥，即使采用了快速响应的光子探测器，光机扫描的扫描速度也难于满足要求。在凝视型红外成像系统中，以电子驱动自扫描取代光机扫描，从而显著地改善了系统的响应特性，并且提高了系统的可靠性。很明显，凝视型红外成像系统的最大优点是取消了扫描机构，这不仅简化了结构，缩小了体积，给使用带来极大方便，更重要的是改善了系统的性能：一是使系统的信噪比提高到单个探测器单元扫描时的 $(n_H \times n_V)^{1/2}$ 倍；二是最大限度地发挥了探测器快速响应的特性。从理论上讲，这种系统对景物辐射的响应时间只受探测器时间常数的限制，而不再受扫描机构扫描速度的影响，凝视型红外成像系统所能达到的快速响应能力是光机扫描红外成像系统无法比拟的。

为了更好地说明凝视型红外成像系统的优点，图7-28给出了扫描型红外成像系统和凝视型红外成像系统所拍摄的长波红外图像，其中图7-28(a)为窗子附近的局部扫描线，图7-28(b)为完整的红外图像(240×320 像素)，图7-28(c)为窗子附近的局部 FAP 像元网格。

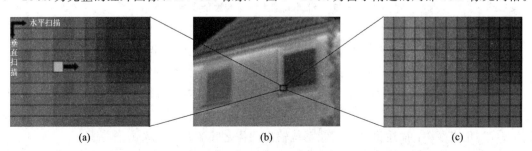

图 7-28　扫描型和凝视型红外成像系统的输出图像

对于凝视型红外成像系统而言，如果采用快速的光子探测器和较短的信号积分时间，则在采用电子驱动自扫描取代光机扫描后，像元输出速率可以达到 8～20 MHz，信号输出可用 1～8 路，对于 240×320 的图像大小，成像帧频可达 100～300 Hz。

对于单元扫描型红外成像系统而言，如果仍采用上述快速光子探测器，则在积分/读出时间为 1.8 μs 的情况下，顺序读出处理意味着一帧中每个像元需 1.8 μs，此时，对于 240×320 的图像大小，行频会降低到每秒约 2100 行或 7.2 Hz 帧频；对于 480×640 的图像大小，将降低到每秒 1050 行或 1.8 Hz 帧频。原则上，更快的帧速率似乎是可能的，只需将每个像元的积分/读出时间减少即可。然而，减少这一时间是没有意义的，因为目标信号会减少，信噪比会降低。

由于焦平面探测器技术以及在像素数量和帧速限制方面的持续改进，用于红外成像的扫描系统变得不那么重要了。然而，扫描型红外成像系统也提供了一些比凝视型红外成像系统更为优越的特性，例如，在辐射测量方面，慢速的扫描可以提高测量精度。

7.5 红外成像系统的综合性能参数

红外成像系统可以生成人眼所看到的图像，因此，有可能采用人眼视觉进行红外成像系统评估。然而，如果只通过观看典型景物的红外图像，即使是专业人员也很难精确地对红外成像系统进行评价。因此，为了准确地评价红外成像系统，需要定义一系列的可测量参数。这些参数是红外成像系统的定量物理度量，其测量通常要在实验室条件下进行，但使用这些参数或其中一部分参数，可使专业人员或一般使用者预测红外成像系统在实际工作条件下能否很好地工作。

红外成像系统综合性能参数分类如图 7-29 所示。

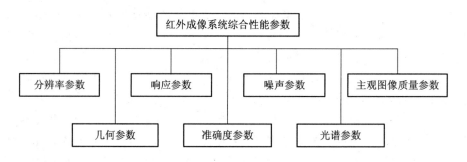

图 7-29　红外成像系统综合性能参数分类

（1）分辨率参数：描述红外成像系统能够分辨出目标细节的能力。

（2）响应参数：描述红外成像系统对目标大小和目标红外辐射的响应水平。

（3）噪声参数：描述限制红外成像系统对低对比度目标探测能力的噪声特征。

（4）主观图像质量参数：描述人眼利用红外成像系统对不同场景中目标的探测、识别、辨识能力。

（5）几何参数：描述目标与成像系统输出图像之间的几何关系。

（6）准确度参数：描述利用红外成像系统进行非接触温度测量的精确度。

（7）光谱参数：描述红外成像系统响应与波长的关系。

7.5.1 分辨率参数

红外成像系统的分辨率参数包含空间分辨率、时间分辨率、温度（灰度等级）分辨率和光谱分辨率。空间分辨率也称图像分辨率或成像分辨率，主要指红外成像系统对高对比度目标空间细节的感知能力；时间分辨率是在时间上区分事件能力的度量；温度（灰度等级）分辨率表示的是能量分辨细节；光谱分辨率就是系统的光谱通带。本小节先讨论空间分辨率，然后再讨论时间分辨率。由于温度（灰度等级）分辨率主要受响应信号、A/D转换器以及基底噪声的影响，因此将其放在噪声参数一节中讨论。光谱分辨率比较简单，可以认为是系统的波段范围，例如短波红外、中波红外以及长波红外等，故不做专门的讨论，只在适当地方做简单的说明。

1. 空间分辨率

对于红外成像系统而言，人们最为关心的是系统能否精细地感知到目标的空间分布、能否清晰地再现目标的图像细节，即系统的成像分辨率或图像分辨率。由于红外成像系统的应用目的不同，而且成像过程又包含人眼感知能力在内的许多环节，因此，可以从不同的角度对空间分辨率涉及的概念进行描述。

1）图像清晰度和图像分辨率

在对红外成像系统以及输出图像进行描述和评价时，常采用图像清晰度和图像分辨率这两个参数。通常，人们认为图像清晰度和图像分辨率是一样的，但必须说明，尽管图像清晰度和图像分辨率的测量常使用相同的靶标和测试技术，但这两个参数在概念上是有差异的。

图像清晰度是指人眼宏观看到的图像的清晰程度，是由系统客观综合结果造成人们对最终图像的主观感觉。虽然是主观感觉，但清晰度这种主观感觉是可以进行定量测试的，例如，在测量显示屏的清晰度时，可以用黑白相间的标准线条图案进行衡量，其测量数据有明确的单位，即电视线 TVL。

图像分辨率与图像清晰度不同，它不是指人的主观感觉，而是指在扫描（采集）、传输、存储和显示过程中所使用的图像质量记录指标，以及显示设备自身具有的表现图像细致程度的固有属性。具体讲，图像分辨率就是指单幅图像信号的扫描格式和显示设备的像素规格。无论是图像信号的扫描格式，还是显示设备的像素规格，都是用"水平像素×垂直像素"来表达的，其单位不是"线"，而是"点"。

根据上述描述可知，图像信号的分辨率和显示设备的分辨率是由制式和规格决定的，固定不变的，而清晰度是随条件可改变的。清晰度的线数永远小于图像信号分辨率像素所连成的线数。

2）图像清晰度的度量

人眼的分辨力是指人眼对所观察实物细节或图像细节的辨别能力，量化来讲，就是能分辨出平面上两个点的能力。人眼的分辨力是有限的，在一定距离、一定对比度和一定亮度的条件下，人眼只能区分出小到一定程度的点，如果点更小，就无法看清了。根据人眼的分辨力，即可给出图像工作者力求达到的图像（影像）清晰度指标。

人眼分辨图像细节的能力也称为"视觉锐度"，其大小可以用能观察清楚的两个点的视角来表示，这个最小分辨视角称为"视敏角"。视敏角越大，能鉴别的图像细节越粗糙；视敏角越小，能鉴别的图像细节越细致。在中等亮度和中等对比度的条件下，观察静止图像时，对正常视力的人来说，其视敏角在 $1'\sim 1.5'$ 之间；观察运动图像时，视敏角更大一些。

为了将研究对象从两个点扩大到一个面，可以将视敏角从人眼到两个点之间的夹角，引申到从观察点（人眼）到一定距离的一条相邻黑白线条之间的夹角。如果观察的是在水平方向上排列的一系列连续黑白线条，则能表现出图像的垂直清晰度，如图 7-30(a) 所示；如果观察的是在垂直方向排列的一系列连续黑白线条，则能表现出图像的水平清晰度，如图 7-30(b) 所示。

(a)   (b)

图 7-30　清晰度测试图案

(a) 垂直清晰度；(b) 水平清晰度

电视正是利用了这个原理，确定出了电视应当设计成具有多高的垂直清晰度和水平清晰度，再从清晰度推算出需要多少条水平扫描线和垂直扫描线，从扫描线又推导出需要多少水平像素和垂直像素，从而建立起相应的单幅电视图像的扫描格式，将它再与每秒钟图像的显示次数和其他指标结合起来，最终建立起相应的电视制式。

根据视敏角原理，人眼能辨别在垂直方向上排列的相邻黑白水平线条的细致程度（即垂直清晰度）。怎么来鉴别和量度这个细致程度呢？下面参照图 7-31 来加以说明。假设画面高度为 H，在垂直方向上有 M 条黑白相间、具有一定宽度的水平线条，每条水平线条在垂直方向上的宽度为 h。如果人眼在距离为 l 处刚好可以分辨清楚这些水平线条，则视敏角 θ 可表示为

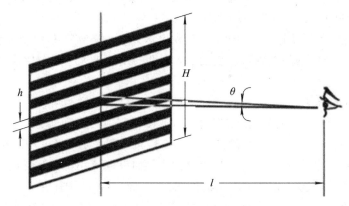

图 7-31　视敏角和垂直清晰度定义示意图

$$\theta = \frac{h}{l} \tag{7-36}$$

因为每条线对的宽度为 $h = H/M$，则有

$$\theta = \frac{H}{lM} \tag{7-37}$$

将弧度化为角度后，有 $\theta = 3439H/(lM)$ 分，即

$$M = \frac{3439H}{l}\frac{1}{\theta} \tag{7-38}$$

试验表明，观看图像的最佳距离应当是画面高度的 4 倍至 5 倍，这时的总视角约为 15 度，在这种情况下，可以保证人眼不转动就能看到完整的画面。这个距离既可以避免因过近观看时眼球需要不停地转动而引起眼疲劳，又可以避免过远观看时对图像辨别能力的降低，以及防止画面以外的景象进入视野中。如果选择观看距离 l 为画面高度 H 的 5 倍，即 $l = 5H$，将其与视敏度 $\theta = 1.5$ 分一起代入式(7-38)后，则有

$$M = 3439 \times \frac{1}{5} \times \frac{1}{1.5} = 458（线） \tag{7-39}$$

这个 458 线也就是我们所说的 458 条电视线，简称"线"。从上面的计算可以看到，在 5 倍画面高度的距离观看图像时，人眼的垂直分辨力约是 458 线，这时图像所具有的垂直清晰度正是 458 线。这样，在制定电视制式的扫描格式时，其垂直像素应当基于 458 线清晰度来考虑。

水平清晰度的确定与垂直清晰度的确定思路是一样的。不过，由于电视画面的宽高比以及垂直清晰度和水平清晰度对整体图像质量影响的关系，不经过上述复杂的推导，也可以很方便地算出水平清晰度线数来。

传统电视屏幕的宽高比是 4∶3，这是根据原来的电影银幕的长宽比预先确定下来的。试验说明，在图像显示时，水平清晰度和垂直清晰度应当接近或一样，才能获得最佳的图像质量。利用这两点，再根据垂直清晰度计算原理，将垂直清晰度线数乘以屏幕幅型比 4/3，即可算出图像的水平清晰度线数 N 为

$$N = \frac{4}{3} \times M = \frac{4}{3} \times 458 = 610（线） \tag{7-40}$$

这就是说，在 5 倍画面高度距离观看 4∶3 画面的图像时，人眼的水平分辨力约为 610 线，这时图像所具有的水平清晰度正是 610 线。

以上就是电视垂直清晰度和水平清晰度的来源。从这里不难看出，在明确了人眼的垂直和水平"分辨力"后，也明确了电视的"清晰度"的概念：电视的清晰度是指电视机已经显示出来的黑白相间的直线，在垂直方向或水平方向将屏幕排满时，人眼所能辨别的最细线条数，或者说能辨别的最多线条数。在垂直方向排列的这种水平线条的最大数量，是电视的垂直清晰度；在水平方向排列的这种垂直线条的最大数量，是电视的水平清晰度。

可见，清晰度是在确定图像像素数之前就提出来的一个重要概念和物理量，而与"水平像素×垂直像素"所表示的分辨率概念完全不是一个东西。对图像信号或显示器的屏幕像素来说，分辨率都是固定不变的，而清晰度却是可变的。虽然图像信号分辨率的高低对电视机图像清晰度有影响，但图像信号分辨率并不是人们看到的图像清晰度；显示设备的像素对图像清晰度也有影响，但它也并不是人们看到的图像清晰度。图像信号分辨率是源

头，最终显示的图像清晰度是结果；从数量上来说，清晰度永远小于分辨率。同一分辨率的图像信号，通过不同的传输渠道和不同的显示设备，最终得到的图像清晰度是各不相同的。因此，分辨率与清晰度之间并没有直接换算关系。

另外，从前面的介绍已经知道，将处于同一垂线上的所有扫描点（垂直像素）连接起来，可以构成许多垂直线条；将处于同一水平线上的所有扫描点（水平像素）连接起来，可以构成许多水平线条。那么，如果已经有458条水平扫描线和610条垂直线条将屏幕布满，这些线条是否可以再现出上面计算出的458线垂直清晰度和610线水平清晰度来呢？回答是否定的，因为这涉及"孔阑效应"、扫描线有效性和视频带宽以及其他技术条件限制，所以有不同的制式，如PAL和NTSC等。

3）图像分辨率的度量

前面在定义图像分辨率时讲过，图像分辨率就是指单幅图像信号的扫描格式和显示设备的像素规格，因此，在具体描述图像分辨率之前，先对构成分辨率的基本单元"像素"进行说明。

图像有两大类：一类是矢量图，也称向量图；另一类是点阵图，也称位图。矢量图比较简单，它是由大量数学方程式创建的，其图形是由线条和填充颜色的块面构成的，而不是由像素组成的，对这种图形进行放大和缩小，不会引起图形失真。点阵图很复杂，是利用成像系统通过扫描的方法获得，由像素组成的。点阵图具有精细的图像结构、丰富的灰度层次和广阔的颜色阶调。

红外成像系统所成的图像都是点阵图。

（1）像素的含义。

像素就是组成数字图像的最小单元，即一个一个彩色的颜色点。"像素"一词是个外来词，在英文中，像素的单词Pixels就是由"Picture"和"Element"两个单词的词头"Pi-el-"拼合而成的，是构成图像的元素的意思。从中文来说，像素这个术语是"图像元素"一词的简称，也称像元。

一般人都以为像素是一个个的小圆点，但实际上它不是圆的，而是方的，从构成CCD或CMOS成像器件的每一探测器单元形状或显示器上每一个显示单元的形状不难理解这一点。也就是说，数码图像是由大量微小的彩色小方块按照一定的方式排列起来的。如果在计算机上把一幅图像放得很大，在图形的边缘和有斜线的地方就可以看见像素了，那是阶梯状或马赛克状的小方块，而不是小圆点。

（2）像素的特性。

构成点阵图图像的像素具有如下特性：

① 像素关系的独立性。组成图像的像素具有独立性，即各个像素之间不是互相关联的，改变其中一个像素，不会影响其他像素。利用这个特性，可以对图像像素进行去像素处理或插补新像素的处理，而不会改变原图像的形貌，但对得到的新图像质量有一定影响。

② 像素数量大小的固定性。一幅图像的像素多少是固定的，构成图像的像素数量并不因为显示图像时的放大或缩小而改变其数量。要注意，像素数量大小与单个像素大小的区别。实际上，作为一个一个的像素块来说，其大小是可以改变的，整幅图像的大小也可以随之改变。

③ 排列位置的固定性。像素点的排列位置是固定的，单独的像素点不能随意移动，如果移动像素，将对整幅图像造成完全的破坏。最典型的例子是利用图像处理软件对画面进

行波纹化处理，像素的相对位置改变了，原始图像状态也破坏了。

④ 像素的位深决定图像的层次。像素位深是指 RGB 三原色的比特数(Bit)。彩色图像中，在 R、G、B 三个颜色通道中，如果每一种颜色通道占用了 8 位，即有 256 种颜色，三个通道就包含了 256^3 种颜色，即 1677 万种颜色。对于单独的一种颜色，需要 8 个字节来记录；对于 3 种颜色来说，就需要 24 个字节来记录(8×3＝24)。因此，一般的彩色图像需要 24 位颜色来表现，成为"真彩色"。

(3) 图像分辨率的种类和意义。

虽然许多人在使用红外(光电)成像系统以及进行图像处理时，都采用分辨率来描述其成像或图像的细节，但很少有人特意去关注成像或图像分辨率的几种称谓以及它们各自的含义，因此在实际使用和交流时，普遍存在模糊和混乱现象。为了使读者在这个问题上能有一个清楚的概念，这里先将成像或图像分辨率归纳起来，区分成以下几种不同意义的分辨率。

根据学科和测量目的的不同，关于光学成像或光学图像的分辨率有多种不同的定义，表 7－3 总结了不同使用目的下分辨率的具体度量。

表 7－3　不同使用目的下的分辨率度量

使用目的	分辨率度量
光学系统设计	瑞利判据(极限分辨角)，艾里斑直径，弥散斑直径
焦平面探测器设计	焦平面像元尺寸，焦平面像元数
显示器设计	显示单元尺寸及数量
系统分析	像元对应张角(瞬时视场)
系统标定	水平像素数×垂直像素数
侦察和遥感分析	景物可分辨距离

在表 7－3 中，除了在光学系统设计中采用瑞利判据、艾里斑直径、弥散斑直径这种纯光学方法对分辨率进行度量，以及在显示器设计中采用显示单元尺寸及数量外，其他几种度量方法都可归结为图像分辨率的范畴。例如，图 7－32 给出了针对一辆长度为 5 m 的小车，在不同高度下拍摄时，所获得的具有不同可分辨距离(或地面采样距离 GSD)的图像。很明显，随着 GSD 的不断变小，图像的细节越加清晰，或者说图像分辨率越好。

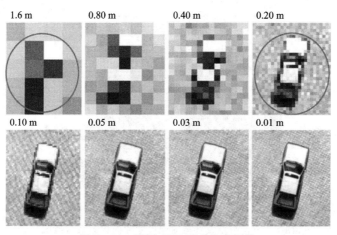

图 7－32　不同 GSD 下的汽车图像

下面就从图像分辨率角度对上述几种度量方法进行描述。同时，为了区分不同应用场合中其他几种分辨率的定义，也对显示器分辨率、显示分辨率、打印分辨率、打印机分辨率和印刷分辨率一并进行简单介绍。

① 图像分辨率。

图像分辨率是指成像系统在扫描（采集）、传输、存储和显示具体图像时所具有的分辨率。图像分辨率最常用的表达方式为"水平像素数×垂直像素数"或"水平像元数×垂直像元数"。

由前面关于红外成像系统原理的描述可知，在红外图像的扫描（采集）时，是利用具有一定尺寸大小的探测器单元完成空间辐射分解，进而获得具有"水平像元数×垂直像元数"的图像，因此，从分辨图像中景物细节的角度来讲，也可用探测器尺寸（像元尺寸）的大小来描述图像的分辨率。当然，如果考虑到成像系统所采用的光学系统，也有用像元张角（瞬时视场角）所对应物空间或像空间所能分辨的最小空间大小来表示图像分辨率的。进一步而言，如果将像元瞬时视场角与所覆盖的景物单元联系起来，也可用可分辨距离大小来表示分辨率。表 7-4 给出了几种典型红外成像系统分辨率参数。

表 7-4　典型红外成像系统分辨率参数

水平像元数× 垂直像元数	像元数目	像元尺寸 /(μm×μm)	光学系统焦距 /mm	瞬时视场角 /mrad	可分辨距离 （目标距系统 10 km）/m
320×240	76 800	45×45	50	0.90	9.0
320×256	81 920	30×30	50	0.60	6.0
640×480	307 200	30×30	50	0.60	6.0
640×512	327 680	15×15	50	0.30	3.0
1024×1024	1 048 576	15×15	50	0.30	3.0

从表 7-4 中可以看出，如果像元尺寸一定，像元数目越多，图像尺寸和面积也越大，因此，在许多文献中，也会用图像尺寸和图像面积来表示图像的分辨率，如图 7-33 所示。在这里，"尺寸"和"面积"一词的含义具有双重性，它们既可以指像元的多少，又可以指画面的大小。另外，由于这两个术语很容易与打印图像时的图片尺寸大小相混淆，因此，使用时应特别注意这些不同的称谓。

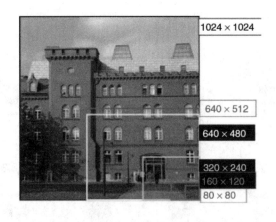

图 7-33　像元数目与图像尺寸和面积关系示意图

另外，如果由光学系统和焦平面阵列敏感区域所决定的成像系统总视场一定，随着像元数目的增加，相应的像元瞬时视场角减小，则图像分辨率增加，所成图像包含的细节信息增加，当显示在同一显示器上时，图像所展示的场景范围不变，但图像尺寸变大，如图7-34所示。

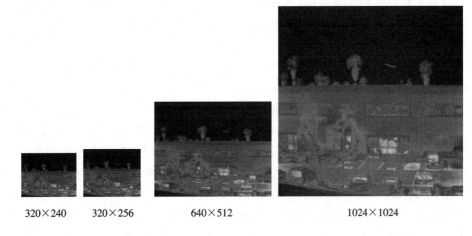

图 7-34　系统总视场一定情况下，随着像元数的增加，图像尺寸增大

值得注意的是，如果采用图像处理算法对一幅低分辨率进行处理，例如利用插值算法，将一幅分辨率为80×80的图像放大为分辨率为1024×1024的图像，如图7-35所示，则可以提高图像的分辨率。但是，由于这种算法仅是利用某一像元附近其他像元的颜色（灰度）值进行插值运算获得特定的颜色（灰度）值，并将具有该颜色（灰度）值的新像元插入到这一像元周围，从而增加像元数目，提高图像分辨率，因此，这种处理并不能明显增加图像所包含的细节信息。或者说，由于新插值的这些像元与原有像元具有相同或相近的颜色（灰度）值，所以这些像元所连接起来构成的垂直线条或水平线条无法被人眼分辨，清晰度并没有明显提高。

图 7-35　低分辨率图像的插值放大

② 显示器分辨率。

显示器分辨率是指显示器的物理分辨率，即在生产制造时加工出来的显像小单元的数量，这种显像小单元对 CRT 显示器来说是指屏幕上的荧光粉点，对液晶显示器和等离子

显示器来说是指显示屏上的像素。

显示器分辨率的高低，既可以用规格代号表示，如 VGA 和 XGA 等，也可以用"水平像素数×垂直像素数"的数字表示，如 640×480 和 1024×768 等。

③ 显示分辨率。

显示分辨率是指进行计算机桌面属性的"图像大小"或"屏幕分辨率"设置时选用的分辨率，它是用来实际显示图像时计算机所采用的分辨率，而与显示器分辨率无关。显示分辨率既可以小于显示器分辨率，也可以等于或大于显示器分辨率。

显示分辨率的表达方式与显示器分辨率的表达方式相同，即用"水平像素数×垂直像素数"来表示。

为了说明图像分辨率、显示器分辨率和显示分辨率之间的差别，假设用红外成像系统拍摄了一幅如图 7-36(a)所示的图像分辨率为 1024×1024 的图像。现有一个液晶显示器，其分辨率为 1680×1050。若将显示分辨率设为 1680×1050，则显示屏上显示的图像如图 7-36(b)所示，此时，由于图像分辨率小于显示分辨率，画面并未充满整个显示屏。若将显示分辨率设为 1024×768，则显示屏上显示的图像如图 7-36(c)所示，此时，由于垂直方向的图像分辨率恰好等于显示分辨率，则在垂直方向画面刚好充满整个显示屏；由于水平方向的图像分辨率大于显示分辨率，则在水平方向有一部分（最右边的）画面未在显示屏上显示。

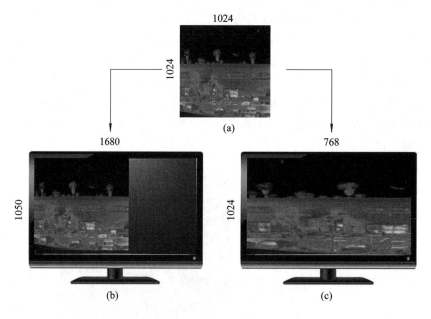

图 7-36 相同分辨率图像在不同显示分辨率下的显示效果

④ 打印分辨率。

打印分辨率是指需要通过计算机输出图像信号到打印机进行打印时，用户在计算机对话框上所选择的分辨。计算机将按这个参数输出图像信号，打印机按照这种设定的分辨率进行打印，因此打印分辨率也称输出分辨率。

具体来说，打印分辨率是指"在单位长度上具有的像素数量"。打印分辨率的单位是ppi(pixels per inch)，即指打印的图像上，任何部位每英寸长度上有多少个像素。打印分辨率的规格有很多，常见的有 100ppi、150ppi、200ppi、300ppi、600ppi 等。这个参数越大，说明图像的像素密度越高，图像越精细，清晰度越高。

⑤ 打印机分辨率。

打印机分辨率是指打印机在打印图像时所使用的分辨率，即指在打印时每英寸长度上需要喷出的微小墨滴的数量。因此，打印机分辨率的单位为 dpi(dots per inch)，即"点/英寸"。

⑥ 印刷分辨率。

印刷分辨率是指将数码图像进行大量印刷时，印刷制图所选用的分辨率，即指在单位长度上具有的印刷线数。印刷分辨率的单位是 lpi(line per inch)，即"线/英寸"，意思是在每英寸长度上有多少条印刷线。

4）调制传递函数

图像分辨率主要针对成像系统的输出结果，无法评价成像过程链路中各个环节的成像质量。对于光学系统成像过程而言，传统的成像分辨率评价方法有极限分辨角法和弥散斑直径法。这两种方法简单易行，但有局限性，其局限性主要表现在以下几个方面。第一，图像信息不全面。极限分辨角法代表输出图像对比度为 2% 时所对应的极限空间频率；弥散斑直径法代表由该极限空间频率所对应的两个靠近的物点，经系统成像后，像点弥散斑的扩展（双星点重叠）程度。因此，它们所反映的成像系统的图像信息不全面，与最终视觉观察效果往往出入较大，对多个成像元件级联在一起的成像系统的分析，这种矛盾更加突出。第二，结果不客观。极限分辨角法测试靠人眼判读，受测试人生理和心理因素的影响，所得结果不客观。第三，理论分析困难。在处理多个成像子系统线性级联系统的分辨率评价和分析时，遇到较大理论困难。

调制传递函数法比传统方法所能反映的信息要多得多，且不靠人眼判读，而靠仪器测出，同时，线性频谱理论比较成熟，所以调制传递函数法的理论和测试是评价和分析红外成像系统分辨率的有效手段，已得到广泛使用。

（1）调制传递函数像质评价方法。

由于调制传递函数法涉及许多光学知识和数学方法，为了方便理解，这里先回顾一下有关概念。

① 点扩展函数和线扩展函数。

由于成像元件的衍射、像差效应以及其他因素所造成的影响，在物空间一个光强分布为单位冲击函数 $\delta(x,y)$ 的物点，经过成像元件作用后，在像面上会形成一个光强分布为 $h(x',y')$ 的弥散斑，函数 $h(x',y')$ 称为该成像元件的点扩展函数，如图 7-37(a) 所示。如果只考虑沿 x' 方向的弥散效果，则可以令光强分布为单位冲击函数 $\delta(x)$ 的理想线光源经过成像元件后，形成一个光强分布为 $h(x')$ 的弥散线，函数 $h(x')$ 称为线扩展函数，见图 7-37(b)。

成像系统的成像质量标志之一，即像的清晰度变化，可采用直边物体的像照度变化来表征，如图 7-38 所示。

在图 7-38(a) 中，边界条件可看作一个亮度分布为 $L(x)$、衬度（所谓衬度，即指物面或像面上相邻部分间的黑白对比度）为 1 的矩形函数，即

$$L(x) = \begin{cases} L_{\max} = 1 & (x \leqslant x_0) \\ L_{\min} = 0 & (x > x_0) \end{cases} \tag{7-41}$$

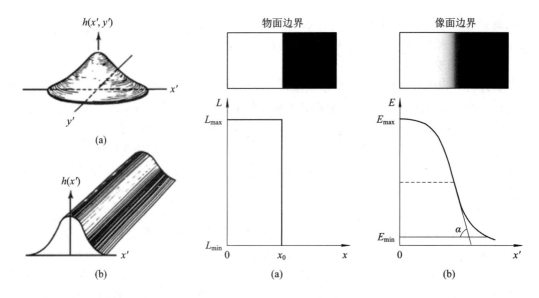

图 7 - 37　成像元件点(线)扩展
　　　　函数示意图

图 7 - 38　边界条件及边界
　　　　曲线示意图

像照度曲线如图 7 - 38(b)所示,称为边界曲线。物点通过成像系统后所成像的弥散斑越大,边界曲线就越平缓,像的清晰度也越差,故边界曲线的倾斜程度表示了成像系统的成像质量。边界曲线(也称边缘扩展函数)$E(x')$和线扩展函数 $h(x')$ 之间的关系为

$$E(x') = \int_0^\infty h(x - x') \mathrm{d}x \qquad (7 - 42)$$

由此可得

$$h(x') = \frac{\mathrm{d}E(x')}{\mathrm{d}x'} \qquad (7 - 43)$$

以上分析表明,当黑白相间的物体经成像系统后,利用其分界线在像面上的图像,即可得到边界曲线;当已知边界曲线(边缘扩展函数)时,进行微分即可得到线扩展函数。

② 调制度。

光学系统分辨率测试常用的图案如图 7 - 39(a)所示,图案线条黑白相间,间隔相同,相邻的一根亮线条与一根暗线条称为一个"线对"。光线通过它时,光亮度为如图 7 - 39(b)所示的矩形波,所以这种图案称为矩形波光栅。矩形波光栅沿某个长度方向(空间)的光亮度是变化的,这种矩形波称为空间波。类似于时间频率(周/秒或 Hz),单位距离内的空间周期数 f_{sp} 称为空间频率(周/毫米,即 lp/mm)。空间频率 f_{sp} 也可以看成是物(像)面每毫米上之光强空间周期变化数(即每毫米内包含的亮线条或暗线条的条数)。

测试时,不同空间频率的矩形波光栅被测试系统所成像,其中能被系统所分辨的图案线条结构就是系统的极限分辨率,表示为线对数/毫米(lp/mm)。当这种图案线条被成像系统所成像时,每一个几何线(宽度为无穷小)被成像为模糊的线,其截面即为线扩展函数。图 7 - 39(b)为条带物体亮度的横截面图,而图 7 - 39(c)显示的为像扩展函数是如何将像的"边角"进行"圆滑"的。图 7 - 39(d)示意了像模糊效应对逐渐精细图案的影响。很明显,当像的亮度对比度小于系统(例如,眼睛、胶片或光电探测器)能够探测的最小值时,图案将不再被"识别"。

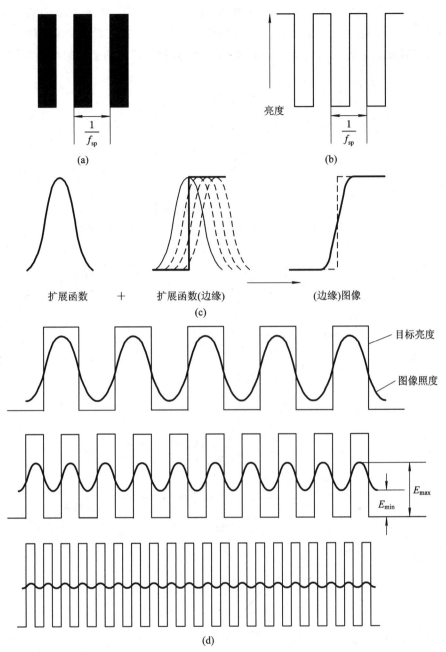

图 7 - 39　光学系统分辨率测试图案及边缘模糊示意图

为了描述物(像)光强周期信号的变化情况,特定义调制度 $M(f_{sp})$ 为

$$M(f_{sp}) = \frac{E_{max} - E_{min}}{E_{max} + E_{min}} \tag{7-44}$$

其中,E_{max} 和 E_{min} 是空间频率为 f_{sp} 的像照度的最大值和最小值,见图 7 - 39(d)。$M(f_{sp})$ 与对比度或衬度的概念相近,但数值有差别。如果用调制度 $M(f_{sp})$ 来描述像对比(或衬度),则可以画出作为空间频率 f_{sp} 的调制度曲线,如图 7 - 40(a)所示。调制度曲线与系统最小可探测调制度阈值曲线之间的交点,将给出系统的极限分辨率。系统或器件的最小可

探测调制度阈值曲线称为 AIM 曲线，其中 AIM（Aerial Image Modulation）表示可在系统或器件中产生信号响应的设想给定的像调制度。人眼、胶片、CCD 成像器件等的响应特性，可用 AIM 曲线进行恰当的描述。通常情况下，调制度阈值随空间频率的增加而增大。

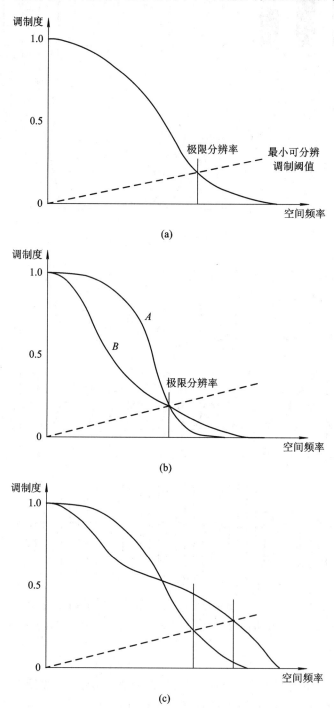

图 7-40　调制度随空间频率的变化示意图

极限分辨率不能完全描述系统的性能。如图 7-40(b)所示，两个具有相同极限分辨率的调制度曲线但系统性能却有很大的不同。很明显，在较低空间频率时具有较大调制度的系统，其性能更有优势，因为它会给出更锐利、明暗差别更大的图像。不过，在面对两个系统时，取舍哪一个是不好决定的。考察图 7-40(c)，其中一个系统具有较高的极限分辨率，而另一个在低频时可给出较高的对比度。在这种情况下，必须基于对比度和分辨率的相对重要性来进行选择决定。

③ 光学传递函数。

在讨论光学系统的成像性质时，可以把光强度连续分布的物面图形看作是由无限多个点构成的，这就相当于把物平面分解成无限多个物点。每个物点通过光学系统以后，在像面上形成一个弥散斑。假定每个弥散斑的形状相同，它们的光强度与物点的光强度成正比，把这些弥散斑累加起来，就得到物面通过光学系统所成的像。但是用这种方法进行实际计算有两方面困难：首先，如果把光瞳形状、像差校正状况、像面离焦等因素考虑进去，点扩散函数计算非常繁杂；其次，物体本身光强分布不能用显函数或精确图形来表示。

把物平面分解成无穷多个物点，只是讨论光学系统成像性质的一种方法。而由傅里叶分析方法可知，无论是周期函数还是非周期函数，都可以把它们分解成频率、振幅和位相不同的正弦（余弦）函数。对于周期函数只存在与原周期函数成整倍数的频率的正弦（余弦）函数，而非周期函数则存在无限多个频率连续改变的正弦（余弦）函数。通常把这些正弦（余弦）函数称为原函数的正弦（余弦）基元。因此，无论是物面光强分布函数还是像面光强分布函数，都可以分解为不同空间频率的正弦波分量的总和。所以，研究光学系统的成像特性，实际上只要分析它对不同空间频率正弦波分量的传递能力即可。

基于以上考虑，检验光学系统传递能力所用的分划板图案如图 7-41(a)所示，沿 x 方向的光亮度分布如图 7-41(b)所示。这个曲线是抬高了的正弦曲线，所以又称为正弦光栅。正弦光栅相邻两个极大值（或极小值）之间的距离 T_{sp} 称为空间周期（单位为毫米），空间频率为 f_{sp}（单位为 lp/mm）。由定义可知

$$f_{sp} = \frac{1}{T_{sp}} \tag{7-45}$$

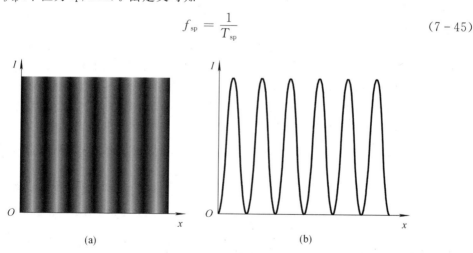

(a)   (b)

图 7-41　分划板图案及光强分布示意图

由图 7-42 可知，正弦光栅光亮度分布 $I(x)$ 可以看作是由一个均匀的底亮度 I_0 加上

振幅为 I_a 的正弦曲线而组成的。频率为 f_{sp} 的正弦光栅的亮度分布表示为

$$I(x) = I_0 + I_a \cos(2\pi f_{sp} x) \tag{7-46}$$

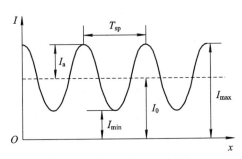

图 7 - 42　正弦光栅光亮度分布示意图

由图 7 - 42 直接看到各光亮度值之间有如下关系：

$$I_{max} = I_0 + I_a, \quad I_{min} = I_0 - I_a \tag{7-47}$$

类似于式(7 - 44)，可得物面正弦光栅的调制度为

$$M = \frac{I_a}{I_0} \tag{7-48}$$

由于亮度不可能为负值(在物理上无意义)，必然有

$$I_a \leqslant I_0 \tag{7-49}$$

因此，从式(7 - 48)中可以看出

$$M \leqslant 1 \tag{7-50}$$

用一个正弦光栅作为物体，经光学系统所成的像还是一个正弦光栅，可以用式(7 - 46)来表示，但式(7 - 46)内的参数可能各有不同。假设光学系统垂轴放大率为 β，正弦光栅像的宽度就放大为物体的 β 倍，即

$$T_{sp}' = \beta T_{sp} \tag{7-51}$$

将式(7 - 45)代入式(7 - 51)，得

$$f_{sp}' = \frac{f_{sp}}{\beta} \tag{7-52}$$

式中：f_{sp}' 为像方正弦光栅的空间频率；f_{sp} 为物方正弦光栅的空间频率。在讨论光学系统传递能力时，为排除物与像之间空间频率的差异，只是将实际成像与理想成像比较，而不去直接同物体比较。所谓理想成像，是指像的位置按高斯光学成像的位置，大小也由高斯光学决定，像的光亮度分布不考虑光学系统的衍射和光吸收的影响，以及表面反射的损失，即认为调制度是和物体完全一样的。今后以 M 代表物体的调制度，同时也代表理想像的调制度。

实际上由于衍射、像差以及其他效应的存在，实际像的调制度会降低。理想像与实际像的直流分量 I_0 都是一样的。如图 7 - 43(a)所示，实线代表理想光亮度分布，它的正弦曲线振幅为 I_a，实际像的光亮度分布曲线用虚线表示。由图 7 - 43(a)可以看出，经成像后亮线条会变暗，暗线条会变亮。这样看起来线条就没有原来那样明晰，实际像的正弦曲线振幅 I_a' 就比原来 I_a 小，设实际像的调制度为 M'，由式(7 - 48)有

$$M = \frac{I_a}{I_0}, \quad M' = \frac{I_a'}{I_0} \tag{7-53}$$

由于 $I'_a \leqslant I_a$，故

$$M' \leqslant M \tag{7-54}$$

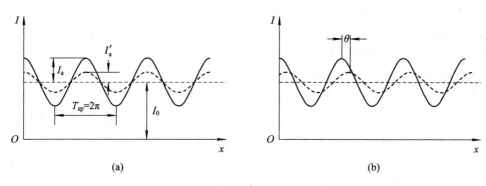

图 7-43　调制传递函数与相位传递函数示意图

式(7-54)说明实际像的调制度会降低，不会提高，而降低的程度随光学系统像质情况的不同而不同。M' 是空间频率 f_{sp} 的函数，这里 f_{sp} 代表实际像的空间频率，也代表理想像的空间频率（反映物体的情况）。经光学成像系统传递后，调制度降低的情况用 M' 与 M 的比较来表示，因而定义调制度传递函数 $T(f_{sp})$ 为

$$T(f_{sp}) = \frac{M'(f_{sp})}{M(f_{sp})} \tag{7-55}$$

调制度传递函数简称调制传递函数，简写为 MTF(Modulation Transfer Function)，有些文献也称其为对比度传递函数，简写为 CTF(Contrast Transfer Function)。

由式(7-54)可知，M' 只会比 M 小，在式(7-55)中两者的比值总是在 0～1 之间，即

$$0 \leqslant M(f_{sp}) \leqslant 1 \tag{7-56}$$

$M(f_{sp})$ 值小于 1，只是体现了光能分配的改变，而不是光能的损失，如图 7-43(a)所示，亮线亮度降低的光能正好等于暗线亮度增加的光能。

正弦光栅成像后，除了调制度降低之外，还可能产生位相移动。也就是说，实际成像的线条位置不在理想成像的线条位置上，而是沿 x 方向移动了一段距离。为了表达实际像对理想像的位移，最好用弧度值来表示，即用"位相"表示。图 7-43(b)中的虚线即为位相移动了 θ 弧度的情况。这种现象称为"位相传递"，这个移动量也随着 f_{sp} 的不同而不同，所以称之为"位相传递函数"，简写为 PTF(Phase Transfer Function)，记为 $\theta(f_{sp})$。

（2）调制传递函数的数学描述。

前面我们利用点（线）扩展函数，对物点通过光学成像系统（器件）后，在像面上形成一弥散斑的物理效应进行了描述，同时通过引入调制度，讨论了正弦光栅通过光学成像系统（器件）传递后，由于这种弥散效应使得正弦光栅调制度的降低，由此定义了光学成像系统（器件）的调制传递函数。下面利用数学方法，对调制传递函数进行具体描述。

① 线性系统。

光学系统的输入和输出可以都是一个二维自变量的实值函数（光强分布）。对系统输入 N 个激励函数，系统输出 N 个响应函数。如果把 N 个激励函数相叠加输入到系统中，由系统输出的是与之相应的 N 个响应函数的叠加，则这样的系统称为线性系统。光学系统用非相干光成像时，其像为目标上各个发光点或发光线通过光学系统产生的光强分布的叠

加。因此，目标为自发光或被非相干光照明时，光学系统具有线性系统的性质。

② 线性系统的点扩展函数。

线性系统的优点在于对任一复杂的输入函数的响应，能用输入函数分解成的许多"基元"激励函数的响应表示出来。前面曾指出：在讨论光学系统的光学传递函数时，只是研究成像质量，而不考虑系统的几何成像特性，为了排除物与像之间的放大率的影响，只将实际成像和理论成像(反映物面情况)相比较。

若对光学系统输入一个二维的激励函数(物面)，将其分解成许多物点作为"基元"激励，则在理想像面上相应的理想点都是几何点，具有 δ 函数的性质。设理想像面坐标为 (x,y)，其上光强分布为 $I(x,y)$(称为物光强分布或物函数)，则在点 (x,y) 处的光强为 $I(x,y)\delta(x,y)$。由于系统的衍射及像差影响，对应 δ 函数的实际像点为一光强分布，以 $h(x',y')$ 表示，称为点扩展函数。

③ 空间不变线性系统与卷积运算。

在理想像平面上有一点 (x_1,y_1)，该点的 δ 函数表示为 $\delta(x_1-x,y_1-y)$，它的光强为 $I_1=I(x,y)\cdot\delta(x_1-x,y_1-y)$，对应的点扩展函数为 $h(x_1'-x,y_1'-y)$，实际像点的光强分布为

$$I_1'(x_1',y_1') = I_1 \cdot h(x_1'-x,y_1'-y) \tag{7-57}$$

如图 7-44(a)所示(为了简化，这里只画出了一维情况)。对于另外一点 (x_2,y_2)，光强为 I_2，则有

$$I_2'(x_2',y_2') = I_2 \cdot h(x_2'-x,y_2'-y) \tag{7-58}$$

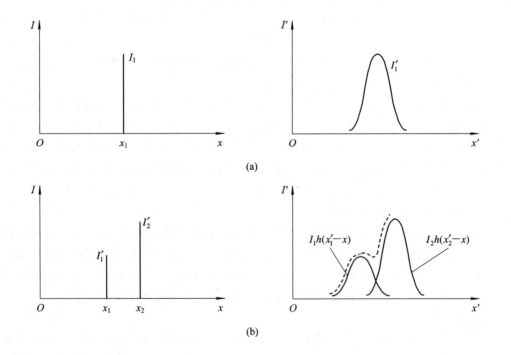

图 7-44 卷积成像过程示意图

(a) 一条亮线及其输出像；(b) 亮线像的合成——卷积

由于是线性系统，以上两点叠加后的实际光强分布为

$$I' = I_1'(x_1', y_1') + I_2'(x_2', y_2') = I_1 \cdot h(x_1' - x, y_1' - y) + I_2 \cdot h(x_2' - x, y_2' - y)$$

$$(7-59)$$

如图 7-44(b)所示。如果像面上的点扩展函数都一样，即物面上任一点通过光学系统都成像为相同的弥散斑，则可得

$$h(x_1' - x, y_1' - y) = h(x_2' - x, y_2' - y) = h(x' - x, y' - y) \quad (7-60)$$

这样的性质称为空间不变性。显然，具有空间不变性的光学系统必须满足等晕条件，或者说在等晕区内才能实现空间不变线性系统的性质。

对于等晕区内的物面(理解为理想像)，其光强分布为 $I(x, y)$，则像的光强分布 $I'(x', y')$ 可用下式表示：

$$I'(x', y') = \iint_\infty I(x, y) \cdot h(x' - x, y' - y) \mathrm{d}x \, \mathrm{d}y \quad (7-61)$$

在数学上，式(7-61)称为像的光强分布函数，等于物的光强分布函数和点扩展函数的卷积，可写为

$$I'(x', y') = I(x, y) * h(x' - x, y' - y) \quad (7-62)$$

式中，"$*$"表示卷积符号。此式在数学上被表述为像函数 $I'(x', y')$ 等于点扩展函数 $h(x' - x, y' - y)$ 对物函数 $I(x, y)$ 的卷积，即物的像是线扩展函数对物函数的卷积。这就是"卷积成像原理"。它的物理意义是：像面上的强度分布 $I'(x', y')$ 是各 $I(x, y)h(x' - x, y' - y)$ 叠加后的结果。

④ 光学传递函数的数学表达。

综上所述，可把红外成像系统的调制度传递过程概述为表 7-5 所示的情况。

表 7-5 红外成像系统的调制度传递过程

物平面(理想像面)	像平面
点，δ 函数	弥散斑，点扩展函数 $h(x', y')$
物，光强分布 $I(x, y)$	像光强分布 $I'(x', y') = \iint_\infty I(x, y)h(x' - x, y' - y)\mathrm{d}x \, \mathrm{d}y$

为简单起见，下面仅就一维的物光强分布函数经光学系统的传递进行讨论。

在一维情况下，光强只在 x 方向发生变化，单位脉冲函数 $\delta(x)$ 可以理解为被照明的无限细的狭缝，它在像面上形成的响应函数应是一条线状光强分布函数 $h(x)$，称为线扩展函数，其和点扩展函数 $h(x, y)$ 的关系为

$$h(x) = \int_{-\infty}^{+\infty} h(x, y) \mathrm{d}y \quad (7-63)$$

当光学系统的物光强分布是沿 x 方向的一维函数时，可以把物光强分布函数 $I(x)$ 看成是由无限多条非相干光照明亮线排列组成的，随着空间坐标 x 的不同，亮线的光强度也不同。每条亮线经光学系统成像，在像面上都形成一个光强分布，在等晕区域内这些线状像的光强分布即线扩展函数都具有相同的函数形式 $h(x)$，而 $I(x)$ 经光学系统所成的像 $I'(x')$ 就是无数条亮线所形成的线扩展函数的叠加，如图 7-45 所示。

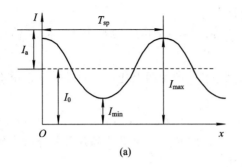

(a)

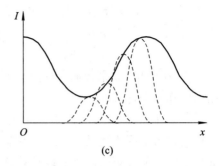

(c)

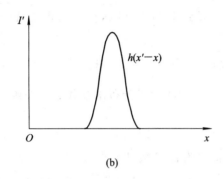

(b)

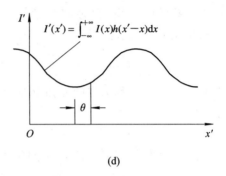

(d)

图 7 - 45　目标亮度分布函数 $I(x)$ 与线扩展函数 $h(x)$ 的卷积示意图

(a) 目标亮度分布函数 $I(x)$；(b) 线扩展函数 $h(x)$；

(c) $I(x)$ 被 $h(x)$ 调制的方式；(d) 目标像亮度分布函数 $I'(x')$

利用式(7-61)，可得一维物光强分布的像函数为

$$I'(x') = \int_{-\infty}^{+\infty} I(x)h(x'-x)\mathrm{d}x \tag{7-64}$$

将式(7-46)代入，可得

$$I'(x') = \int_{-\infty}^{+\infty} (I_0 + I_\mathrm{a} \cos2\pi f_\mathrm{sp}x)h(x'-x)\mathrm{d}x \tag{7-65}$$

设 $\delta = x' - x$，即 $x = x' - \delta$，于是

$$
\begin{aligned}
I'(x') &= \int_{-\infty}^{+\infty} \left[I_0 + I_\mathrm{a} \cos2\pi f_\mathrm{sp}(x'-\delta) \right] h(\delta)\mathrm{d}\delta \\
&= \int_{-\infty}^{+\infty} \left[I_0 + I_\mathrm{a}(\cos2\pi f_\mathrm{sp}x' \cos2\pi f_\mathrm{sp}\delta + \sin2\pi f_\mathrm{sp}x' \sin2\pi f_\mathrm{sp}\delta \right] h(\delta)\mathrm{d}\delta \\
&= \int_{-\infty}^{+\infty} I_0 h(\delta)\mathrm{d}\delta + b\cos2\pi f_\mathrm{sp}x' \int_{-\infty}^{+\infty} h(\delta)\cos2\pi f_\mathrm{sp}\delta \ \mathrm{d}\delta \\
&\quad + I_\mathrm{a} \sin2\pi f_\mathrm{sp}x' \int_{-\infty}^{+\infty} h(\delta)\sin2\pi f_\mathrm{sp}\delta \ \mathrm{d}\delta
\end{aligned}
\tag{7-66}
$$

令

$$\int_{-\infty}^{+\infty} h(\delta)\mathrm{d}\delta = 1 \tag{7-67}$$

$$M_\mathrm{c}(f_\mathrm{sp}) = M(f_\mathrm{sp})\cos\varphi = \int_{-\infty}^{+\infty} h(\delta)\cos2\pi f_\mathrm{sp}\delta \ \mathrm{d}\delta \tag{7-68}$$

$$M_\mathrm{s}(f_\mathrm{sp}) = M(f_\mathrm{sp})\sin\varphi = \int_{-\infty}^{+\infty} h(\delta)\sin2\pi f_\mathrm{sp}\delta \ \mathrm{d}\delta \tag{7-69}$$

则式(7-66)变为

$$I'(x') = I_0 + M(f_{sp})I_a \cos2\pi f_{sp}x' \cos\varphi + M(f_{sp})I_a \sin2\pi f_{sp}x' \sin\theta$$
$$= I_0 + M(f_{sp})I_a \cos2\pi f_{sp}(x' + \theta) \tag{7-70}$$

可见,物平面上某一空间频率谐波经线性成像系统成像后,在像平面上仍为同一空间频率的谐波,只是其振幅由 I_a 被调制减小为 $I_a M(f_{sp})$;位相由 0 偏移到 φ。根据式(7-68)和式(7-69),有

$$M(f_{sp}) = \sqrt{M_c^2(f_{sp}) + M_s^2(f_{sp})}, \quad \theta(f_{sp}) = \arctan\left(\frac{M_s(f_{sp})}{M_c(f_{sp})}\right) \tag{7-71}$$

式中:$M(f_{sp})$ 为该成像系统的调制传递函数 MTF;$\theta(f_{sp})$ 为其位相传递函数 PTF。两者统一到一个指数表达式中,有

$$H(f_{sp}) = M(f_{sp})e^{-j\theta(f_{sp})} \tag{7-72}$$

此处,$H(f_{sp})$ 称为光学传递函数 OTF。从数学上讲,OTF 是光学系统线扩展函数 $h(\delta)$ 归一化后的傅里叶变换,因为

$$H(f_{sp}) = M(f_{sp})e^{-j\theta(f_{sp})} = M_c(f_{sp}) - jM_s(f_{sp})$$
$$= \int_{-\infty}^{+\infty} h(\delta)\cos2\pi f_{sp}\delta \, d\delta - j\int_{-\infty}^{+\infty} h(\delta)\sin2\pi f_{sp}\delta \, d\delta$$
$$= \int_{-\infty}^{+\infty} h(\delta)e^{-j2\pi f_{sp}\delta} \, d\delta \tag{7-73}$$

式(7-73)正是函数 $h(\delta)$ 的傅里叶变换表达式。

OTF 是 f_{sp} 的函数,因此对某光学系统的 OTF 往往画成如图 7-46 所示的曲线。该图中采用统一的横坐标 f_{sp};纵坐标下半部为 MTF,分格由 0 到 1,上半部为 PTF,分格用弧度。

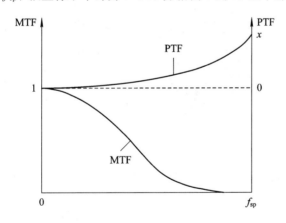

图 7-46 光学传递函数表示方法示意图

(3) MTF 的物理意义。

比较式(7-70)和式(7-46)可知,物和像的谐波调制度分别为 I_a/I_0 和 $(I_a/I_0)M(f_{sp})$,所以

$$M(f_{sp}) = \frac{M_{out}}{M_{in}} \tag{7-74}$$

这意味着一个成像系统的 MTF 从数值上等于谐波输出调制度 M_{out} 与输入调制度 M_{in} 之比。

显然,对于由几个独立的成像元件级联而成的一个线性成像系统,会有

$$M_{\text{out}}(f_{\text{sp}}) = M_{\text{in}}(f_{\text{sp}}) \cdot M_1(f_{\text{sp}}) \cdot M_2(f_{\text{sp}}) \cdots M_n(f_{\text{sp}}) \tag{7-75}$$

式中，$M_1(f_{\text{sp}})$，$M_2(f_{\text{sp}})$，$\cdots$，$M_n(f_{\text{sp}})$ 分别是各构成元件的 MTF。式(7-75)说明，线性级联成像系统的 MTF 等于各级联成像元件的 MTF 之积。

由式(7-74)和式(7-75)可以看出，MTF 是空间频率 f_{sp} 的函数。对于红外成像系统而言，随着空间频率 f_{sp} 的增加，正弦光栅像的对比度会随之降低；在较高空间频率 f_{sp} 下，正弦光栅像的对比度将降低到分辨不出它的亮度变化，即看不到所成图像的细节信息，如图 7-47 所示。这个对比度阈值称之为可分辨对比度。一般情况下，当对比度阈值取 5% 时，图像细节还是易于观测的；而当对比度阈值取 2% 时，需要仔细观测才有可能辨识出图像细节。

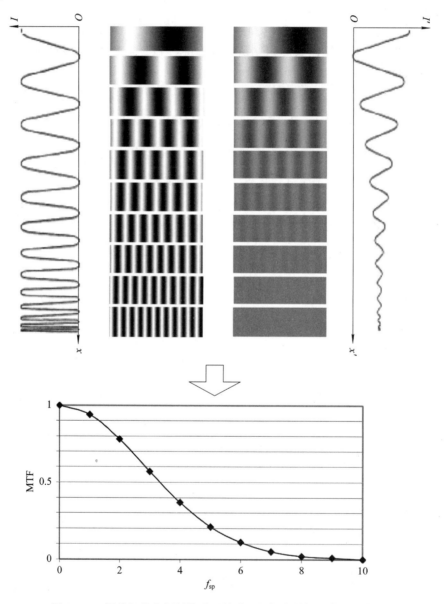

图 7-47　图像细节和调制传递函数随空间频率增加而降低示意图

同样可以证明

$$\theta_{\text{out}}(f_{\text{sp}}) = \theta_1(f_{\text{sp}}) + \theta_2(f_{\text{sp}}) + \cdots + \theta_n(f_{\text{sp}}) \tag{7-76}$$

即级联系统的总相位移 $\theta_{\text{out}}(f_{\text{sp}})$ 是各级联元件相位移 PTF 之和。很明显，如果级联系统的总相位移 $\theta_{\text{out}}(f_{\text{sp}})$ 在某些空间频率处等于180°，则总的光学传递函数 $H(f_{\text{sp}})$ 变为负的，这意味着相对物而言，像的对比度将发生反转，如图7-48所示。

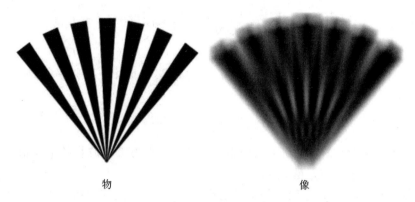

物　　　　　　　　　　　　　　　像

图 7-48　图像对比度反转现象

实践和理论可以证明，如果成像元件的点扩展函数是轴对称的，则 PTF=0。

式(7-75)和式(7-76)是人们研究和改进红外成像系统衬度传递特性的重要理论依据，它们能将系统总的 MTF 和 PTF 与其构成单元器件的相应参数联系起来。

（4）光学传递函数的特点。

光学传递函数 OTF 的主要特点如下：

① 系统总的 OTF 可由其各个环节的 OTF 求得。

OTF 分为 MTF 和 PTF 两个部分，总的 MTF 是各个环节的 MTF 之乘积，总的 PTF 是各个环节的 PTF 之和。

② 光学传递函数的检测方法可用于各种类型的光学系统。

OTF 能适应各种情况，测量时用正弦光栅作为目标物，似乎好像与被成像对象不符，但是经数学证明，任何图样都可以分解成一系列频率不同亮度呈正弦变化的图样，如矩形波就是由许多个正弦波组成的。

（5）典型成像元件的 MTF。

由以上分析可知，对于线性非移变成像系统，可以用光学传递函数 OTF 来描述其成像质量；并且，当相位传递函数 PTF 很小或可忽略时，光学传递函数 OTF 就等于调制传递函数 MTF。对于红外成像系统而言，在一定的近似条件下，例如光学元件的像差影响较小、扫描系统的非线性较弱、采样过程未产生频谱混叠时，可以认为红外成像系统是满足线性非移变的，因此可以利用光学传递函数来评价其成像质量。下面针对典型的成像元件，即光学子系统、探测器子系统、电子处理子系统以及显示子系统等，介绍每个子系统的调制传递函数。

① 光学系统的 MTF$_{\text{opt}}$。

光学系统中，对于非相干光成像，物及像都可以进行光强的叠加，因此光学系统具有线性系统的叠加性。实际的光学系统不可能在整个物、像面上都满足非移变性，这是因为系统存在像差。但可认为在小区域内具有非移变性，即小区域内的各个点光源的像具有相同的分布形式。在此条件下，可应用 OTF 的概念。

- 衍射限系统的 MTF_{opta}。

当光学系统不存在像差时，该系统称为衍射限系统。对于圆形光瞳，其衍射限光学传递函数为

$$\text{OTF}_{\text{opta}}(f_{\text{sp}}) = \begin{cases} \dfrac{2}{\pi}\left[\arccos\dfrac{f_{\text{sp}}}{f_{\text{spc}}} - \dfrac{f_{\text{sp}}}{f_{\text{spc}}}\sqrt{1-\left(\dfrac{f_{\text{sp}}}{f_{\text{spc}}}\right)^2}\right] & (f_{\text{sp}} < f_{\text{spc}}) \\ 0 & (f_{\text{sp}} > f_{\text{spc}}) \end{cases} \tag{7-77}$$

式中：f_{sp} 是在像平面上度量的空间频率（周/mm）；f_{spc} 是截止空间频率（周/mm）。截止空间频率 f_{spc} 的表达式为

$$f_{\text{spc}} = \frac{2NA}{\lambda} = \frac{1}{\lambda F_{\sharp}} \tag{7-78}$$

其中：NA 是数值孔径；λ 是非相干光的中心波长，通常为工作波长的平均值 $(\lambda_1+\lambda_2)/2$，(λ_1,λ_2) 为工作波长范围；$F_{\sharp}$ 是 $F/$ 数。

对于一些应用场合，以空间角频率讨论比较方便，可将空间线频率 f_{sp} 转换成空间角频率 f_{sp}'（周/mrad），有

$$\frac{f_{\text{sp}}}{f_{\text{spc}}} = \frac{f_{\text{sp}}}{\dfrac{1}{\lambda F_{\sharp}}} = \frac{f_{\text{sp}}}{\dfrac{D_0}{\lambda f_0}} = \frac{f_{\text{sp}}f_0}{\dfrac{D_0}{\lambda}} = \frac{f_{\text{sp}}'}{f_{\text{spc}}'} \tag{7-79}$$

式中：f_0 是像方焦距；$f_{\text{sp}}'=D_0/\lambda$（周/mrad）为截止角频率；$D_0$ 是光学系统的有效孔径；f_{sp}' 是从光学系统像方主点向像平面看过去的空间角频率。另外，当仅考虑一个方向，比如 x 方向上的传递函数时，只需将以上各式中的 f_{sp} 改写成 $f_{\text{sp}x}$ 即可，f_0 不变。

对于矩形光瞳，其衍射限光学传递函数为

$$\text{OTF}_{\text{opta}}(f_{\text{sp}x}, f_{\text{sp}y}) = \left(1-\frac{f_{\text{sp}x}}{f_{\text{spc}x}}\right)\left(1-\frac{f_{\text{sp}y}}{f_{\text{spc}y}}\right) \tag{7-80}$$

式中，$f_{\text{spc}x}=2NA_x/\lambda$，$f_{\text{spc}y}=2NA_y/\lambda$。

对于衍射限光学系统，其 OTF_{opta} 是实函数，因此 $\text{OTF}_{\text{opta}}=\text{MTF}_{\text{opta}}$。圆形光瞳及矩形光瞳的 MTF 见图 7-49。

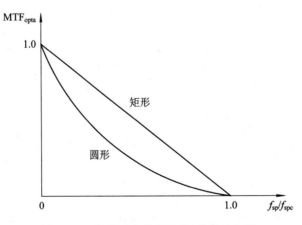

图 7-49 衍射限光学系统的 MTF 示意图

• 非衍射限系统的 MTF_{optb}。

当光学系统存在像差时，该系统称为非衍射限系统。如果由像差引起的弥散斑光强分布是圆对称的高斯分布，则点扩展函数为

$$h_{\text{optb}}(x,y) \propto \exp\left(-\frac{x^2 + y^2}{2\sigma_0^2}\right) \tag{7-81}$$

其中，σ_0 为由像差引起弥散斑能量分布的标准偏差。作为估算，若假设全部能量聚集在弥散斑中，则标准偏差 σ_0 为弥散斑直径的 25%。弥散斑的大小可由艾里斑公式给出，即 $d_{\text{dif}}(\lambda) = 2.44 f_0 \lambda / D_0$。

调制传递函数 MTF_{optb} 为

$$\text{MTF}_{\text{optb}}(f_{\text{spx}}, f_{\text{spy}}) = \exp\left[-2\pi^2 \sigma_0^2 (f_{\text{spx}}^2 + f_{\text{spy}}^2)\right] \tag{7-82}$$

当采用空间角频率时，由于 $f'_{\text{spx}} = f_{\text{spx}} f_0$，$f'_{\text{spy}} = f_{\text{spy}} f_0$，$\sigma_0' = \sigma_0 / f_0$，故式(7-82)可改写为

$$\text{MTF}_{\text{optb}}(f'_{\text{spx}}, f'_{\text{spy}}) = \exp\left[-2\pi^2 \sigma_0'^2 (f_{\text{spx}}'^2 + f_{\text{spy}}'^2)\right] \tag{7-83}$$

高斯型 MTF_{optb} 曲线示于图 7-50。

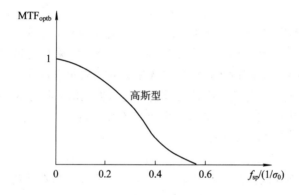

图 7-50　高斯型 MTF 示意图

在红外光学系统设计时，对于工作在 $3\sim5~\mu\text{m}$ 波段的系统，由于衍射较弱，衍射效应对应的截止空间频率较高，同由像差决定的 MTF 相比，其影响通常可忽略；而对于工作在 $8\sim14~\mu\text{m}$ 波段的系统，衍射截止空间频率较低，因此应计及由衍射决定的 MTF。

② 探测器的 MTF_{det}。

对探测器而言，存在几种工作方式，即单元光机扫描、多元串扫、多元并扫和凝视型等，下面分别讨论不同工作方式下探测器的 MTF。

• 单元光机扫描探测器。

对于单元光机扫描探测器，设单元探测器尺寸为 $a \times b$，作 x 方向的扫描，扫描行间距为 c。由于在 y 方向上是采样过程(y 是离散值)，产生了新生频谱成分，不满足线性系统条件，因此在 y 方向上不存在 MTF。对此问题，可采取两种处理方法：

a. 仅在扫描方向上讨论 MTF_{det}，即只考虑 x 方向上存在不同的空间频率分量，y 方向仅有零频率分量的情况，此时 MTF_{det} 为

$$\text{MTF}_{\text{det}}(f_{\text{spx}}) = \text{sinc}(a f_{\text{spx}}) \tag{7-84}$$

b. 照度频谱若为有限带宽，且其高端频率 $f_{\text{sph}} \leqslant 1/(2c)$ 时，器件的输出信号谱不发生混叠。可用滤波器去除新生边带，消除采样效应。在此条件下，可在二维方向上考虑 MTF。经滤波后，MTF_{det} 为

$$\mathrm{MTF}_{\mathrm{det}}(f_{\mathrm{sp}x}, f_{\mathrm{sp}y}) = \mathrm{sinc}(af_{\mathrm{sp}x})\,\mathrm{sinc}(bf_{\mathrm{sp}y}) \tag{7-85}$$

· 多元串扫探测器阵列。

多元串扫的空间扫描方式与单元器件的情况一样，以上的讨论与结论均适用于串扫方式的多元阵列。

· 多元并扫探测器阵列。

对于多元并扫的多路并行传送方式，对探测器输出信号的空间频谱的分析结果同于单元器件扫描的结果，因为从空间分解方式来说两者是一样的。仅有的区别在于多元并扫时，单元间距 $c \geqslant b$，而单元器件扫描时，扫描行间距 c 可以小于 b。

对于多元并扫的多路转换方式，由于在垂直于扫描方向上是器件阵列作空间采样，且在扫描方向上对每个元件存在时间采样（可将其等效为空间采样），因此器件输出信号的频谱不同于前述几种情况的结果。在多路转换方式下，因在 x、y 两个方向上均是采样过程，所以仅当照度谱的上限频率 $f_{\mathrm{sph}x} \leqslant m/(2a)$（$m$ 为在驻留时间 τ_{d} 内每个元件被采样的次数），$f_{\mathrm{sph}y} \leqslant 1/(2c)$，且进行滤波消去新生边带时，才有可能讨论 MTF。

· 凝视型探测器。

二维凝视型探测器不同于前述的以扫描方式工作的器件，它除去与前述相同的区域平均及空间采样作用外，还具有信号线度拓宽效应（即经空间采样与区域平均后得到的信号占有一定的空间线度）。如面阵 CCD 中每个光敏元对入射辐射的光积分有空间区域平均作用，光敏阵列具有空间采样作用，而且信号电荷包占据光敏元尺寸大小的空间区域。

与前述的讨论相同，仅当照度谱与新生边带不发生混叠，且进行滤波后，二维凝视器件才可考虑 MTF。在满足该条件时，有

$$\mathrm{MTF}_{\mathrm{det}}(f_{\mathrm{sp}x}, f_{\mathrm{sp}y}) = \mathrm{sinc}^2(af_{\mathrm{sp}x})\,\mathrm{sinc}^2(bf_{\mathrm{sp}y}) \tag{7-86}$$

其中：a 和 b 为凝视型探测器阵列的光敏元大小；$f_{\mathrm{sp}x}$ 和 $f_{\mathrm{sp}y}$ 为在系统焦平面上度量的空间线频率（周/mm）。若采用空间角频率，则只需作如下代换：

$$af_{\mathrm{sp}x} = \frac{a}{f_0}(f_0 f_{\mathrm{sp}x}) = \alpha f'_{\mathrm{sp}x} \tag{7-87}$$

$$bf_{\mathrm{sp}y} = \frac{b}{f_0}(f_0 f_{\mathrm{sp}y}) = \beta f'_{\mathrm{sp}y} \tag{7-88}$$

式中：α、β 为瞬时视场角；$f'_{\mathrm{sp}x}$ 与 $f'_{\mathrm{sp}y}$ 是从光学系统的像方主点向焦平面看过去的空间角频率。$\mathrm{sinc}(pf_{\mathrm{sp}})$ 与 $\mathrm{sinc}^2(pf_{\mathrm{sp}})$ 曲线示于图 7-51，其中 p 为常量参数。

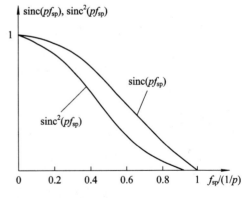

图 7-51　$\mathrm{sinc}(pf_{\mathrm{sp}})$ 与 $\mathrm{sinc}^2(pf_{\mathrm{sp}})$ 曲线

③ 电路系统的 $\mathrm{MTF}_{\mathrm{ele}}$。

红外成像系统的电路通常作为线性非时变系统看待，从频域角度看，可以将其等效为一个电滤波器。与前面讨论的光学元件及探测器不同的是：电路的脉冲响应是单边的，传递函数是时间频率域的。将电路作为整个红外成像系统的一个环节考虑时，应将时间频率变换为空间频率。

由于红外成像系统中采用的电路形式多种多样，因此传递函数各异。在红外成像系统中讨论电路的传递函数，其关键是时间频率与空间频率的变换关系，这种变换关系取决于

扫描方式。

时间频率与空间频率变换关系的基本公式为

$$f_{t} = f_{sp}v \quad 或 \quad f_{t} = f'_{sp}v' \tag{7-89}$$

其中：f_{t} 为时间频率（Hz）；v 为在像平面上度量的对信号的拾取速度（mm/s）；v' 为在像平面上度量的对信号的拾取角速度（mrad/s）；f_{sp} 为 v 方向上的空间频率（1/mm）；f'_{sp} 为 v' 方向上的空间角频率（周/mrad）。

对于单元光机扫描，由驻留时间 τ_{d} 的定义可知

$$v = \frac{a}{\tau_{d}} \ (\text{mm/s}), \quad v' = \frac{\alpha}{\tau_{d}} \ (\text{mrad/s}) \tag{7-90}$$

对于多元串扫以及多元并扫的多路并行传送方式，v 的表达式同上。

对于多元并扫的多路转换方式，设在 τ_{d} 内对每个元件采样 m 次，则对器件阵列的 n 个元件完成一次信号拾取的时间为 τ_{d}/m，而阵列长度为 nb 或 $n\beta$，则有

$$v = \frac{nb}{\tau_{d}/m} = \frac{mnb}{\tau_{d}} \ (\text{mm/s}), \quad v' = \frac{n\beta}{\tau_{d}/m} = \frac{mn\beta}{\tau_{d}} \ (\text{mrad/s}) \tag{7-91}$$

应注意的是，对此种扫描方式，时空频率转换关系式中的 f_{sp} 是指器件阵列方向上的空间频率，而不是光机扫描方向上的空间频率。

对于凝视型成像阵列，设输出转移区域的时钟频率为 f_{tc}（转移时钟周期为 τ_{c}），器件阵列在水平方向上光敏单元中心间距为 c，所以有

$$v = f_{tc}c \ (\text{mm/s}), \quad v' = \frac{f_{tc}c}{f_{0}} \ (\text{mrad/s}) \tag{7-92}$$

由于红外成像系统中采用的前置放大器、视频放大器等电子滤波器件的响应特性都随着频率增大而减少，所以采用低通滤波器来模拟红外成像系统的电路滤波特性是合理的。例如，对于 RC 低通滤波器，其功率谱传递函数如下：

$$|H_{1}(f_{t})|^{2} = \left[1 + \left(\frac{f_{t}}{f_{t3dB}}\right)^{2}\right]^{-1} \tag{7-93}$$

其中，$f_{t3dB} = 1/(2\pi RC)$ 为低通滤波器的 3 dB 频率。将式(7-93)的时间频率转化为空间频率，并考虑到光强信号在电路中是由电压而不是功率表示的，所以还需在式(7-93)两端开根号，得到调制传递函数：

$$\text{MTF}_{ele} = |H_{1}(f_{sp})| = \left[1 + \left(\frac{f_{sp}}{f_{sp3dB}}\right)^{2}\right]^{-1/2} \tag{7-94}$$

其中，空间 3 dB 频率 $f_{sp3dB} = f_{t3dB}/v$。

由于在垂直于 v 方向上的空间频率 $f_{\perp vt}$ 所对应的电频率是很低的，故滤波器对该方向的空间频率造成的信号衰减可忽略不计，即认为

$$\text{MTF}_{ele}(f_{\perp v}) = 1 \tag{7-95}$$

④ 显示器的 MTF_{mon}。

阴极射线管（CRT）的 MTF_{CRT} 可由对光点在 CRT 上的点扩展函数作傅里叶变换求得。通常将 CRT 上的光斑看作高斯分布，即

$$h_{CRT}(x,y) \propto \exp\left(-\frac{x^{2}+y^{2}}{2\sigma_{c}^{2}}\right) \tag{7-96}$$

则有

$$\mathrm{MTF_{CRT}}(f_{\mathrm{spcx}}, f_{\mathrm{spcy}}) = \exp\left[-2\pi^2\sigma_c^2(f_{\mathrm{spcx}}^2 + f_{\mathrm{spcy}}^2)\right] \qquad (7-97)$$

参量 σ_c 的确定，除了可采用在光学元件 MTF 的讨论中介绍过的由给定半径内的能量百分比的方法来求以外，实际测量时也可利用 CRT 的收缩光栅分辨率及电视分辨率来求取。收缩光栅分辨率定义为：在 CRT 上将等距光栅的线距缩小，直到光栅线刚好融合在一起不能分辨出来时的光栅线距 h_c 称为收缩光栅分辨率。因为 CRT 上光点的能量分布近于高斯分布，所以在线距约为 $2\sigma_c$ 时光栅线融合后近于平面场，即

$$h_c = 2\sigma_c \qquad (7-98)$$

CRT 的 MTF 是基于点扩展函数来定义的，由光点的能量散布决定。收缩光栅分辨率与电视分辨率是基于扫描定义的。两者相互间似乎无关，但都表征了 CRT 的空间分辨能力。通常认为人眼要分辨出亮暗条纹的差异，所需的图像对比度要大于 3%。因此，可以把 CRT 的 MTF 值下降到 0.03 时对应的空间频率称为 CRT 的截止频率。

对于平板显示器或发光二极管，其显示单元（像素）都是矩形的。通常观察者距离这些像素是非常远的，而且由于人眼分辨率削弱了与像素间相关联的空间频率，因此，人们无法观察到单个的像素，感觉到图像是连续、光滑的。如果像素的水平和垂直大小分别为 d_w 和 d_H，则平板显示器的 MTF 可表示为

$$\mathrm{MTF_{FLAT}}(f_{\mathrm{spcx}}, f_{\mathrm{spcy}}) = \mathrm{sinc}(d_w f_{\mathrm{spcx}})\,\mathrm{sinc}(d_H f_{\mathrm{spcy}}) \qquad (7-99)$$

注意，在描述显示器的 MTF 各表达式中，f_{spcx} 和 f_{spcy} 为在显示器平面上度量的空间线频率（周/mm）。

f_{spcx} 和 f_{spcy} 与焦平面上度量的空间线频率 f_{spx} 和 f_{spy} 的关系为

$$f_{\mathrm{spcx}} = f_{\mathrm{spx}}\frac{V_W}{D_W} = \frac{f_{\mathrm{spx}}}{V_D}, \quad f_{\mathrm{spcy}} = f_{\mathrm{spy}}\frac{V_H}{D_H} = \frac{f_{\mathrm{spy}}}{V_D} \qquad (7-100)$$

其中：V_D（对于水平而言，$V_D = D_W/V_W$；对于垂直而言，$V_D = D_H/V_H$）为显示器图像对于焦平面图像的线放大率；D_W 和 D_H 表示平板显示器的宽和高；V_W 和 V_V 表示水平和垂直视场范围。

⑤ 人眼的 $\mathrm{MTF_{eye}}$。

对人眼的空间频率响应，人们作了很多研究，一般把正弦波响应（SWR）作为眼-脑 MTF 的近似表达。SWR 忽略了空间噪声、背景光照、角取向和曝光时间，但以上这些因素均显著影响着人眼对图像的解读。MTF 在纯粹意义上是与噪声无关的，但人眼响应对空间和时间噪声非常敏感，因此 SWR 仅可认为是其真实响应的近似。进一步而言，所有人群的响应具有相当大的差异性，因此，任何用于人眼的 MTF 近似仅仅是一个粗略估计，并且在总的 MTF 分析中表现为最大的不确定性。

影响人眼观察能力的因素包括：目标最小尺寸、目标背景对比度以及监视器至观测者的距离等。基于人眼 SWR 近似于高斯分布的 MTF 的表达式为

$$\mathrm{MTF_{eye}}(f'_{\mathrm{eye}}) = \exp(-2\pi^2\sigma'^2_{\mathrm{eye}} f'^2_{\mathrm{eye}}) \qquad (7-101)$$

其中：σ'_{eye} 为实验经验参数，大量试验结果表明 σ'_{eye} 在 0.2~0.3 mrad 之间；f'_{eye} 为人眼的空间角频率，单位为周/mrad。

人眼的空间角频率 f'_{eye} 取决于监视器的尺寸 D_W、观测者至监视器的距离 R 以及电子变倍数 Z，即

$$f'_{\text{eye}} = \cfrac{1}{2 \arctan\left(\cfrac{Z}{2 \times V_w \times f_{\text{sp}x}}\cfrac{D_w}{R}\right)} \qquad (7-102)$$

由于观测者可能距监视器任意近，故小角度近似可能不适用，但当人眼注视监视器的中心小目标时，可合理地以小角度近似表示为

$$f'_{\text{eye}} = \frac{1}{Z}\frac{V_w}{D_w}R f_{\text{sp}x} = \frac{1}{Z}\frac{R f_{\text{sp}x}}{V_D} \qquad (7-103)$$

其中，$V_D = D_w/V_w$ 为显示器图像对于焦平面图像的线放大率。

⑥ 红外成像系统总的 MTF_{sys}。

在 MTF 的物理意义一节（7.5.1 节）中已经描述，红外成像系统总的 MTF 可由级联的各子系统的 MTF 相乘得到，即

$$\text{MTF}_{\text{sys}} = \text{MTF}_{\text{opt}} \cdot \text{MTF}_{\text{det}} \cdot \text{MTF}_{\text{ele}} \cdot \text{MTF}_{\text{mon}} \cdot \text{MTF}_{\text{eye}} \qquad (7-104)$$

需注意的是，进行相乘的诸 MTF 中的空间频率，其意义及量纲应规格化为一致。进行规格化可用不同的方式，但在诸 MTF 中出现的空间频率响应是同一的。例如，对于水平方向（即 x 方向），一种规格化方式是，以正弦图案在焦平面上的空间线频率 $f_{\text{sp}x}$ 作为度量系统的总 MTF 的规格化频率。MTF_{opt} 与 MTF_{det} 中的空间频率直接取为 $f_{\text{sp}x}$；MTF_{ele} 中时间频率 f_{t} 向空间频率 $f_{\text{sp}x}$ 的转换系数 v 应取为在焦平面上对信号的拾取线速度；MTF_{mon} 中的空间线频率 $f_{\text{sp}x}$ 需换成 $f_{\text{sp}x}/V_D$，其中 V_D 为显示器图像对于焦平面图像的线放大率；MTF_{eye} 中的空间角频率 f'_{eye} 应换成 $f_{\text{sp}}R/V_D$，R 是人眼到显示器的观察距离。由此有

$$\begin{aligned}\text{MTF}_{\text{sys}}(f_{\text{sp}x}) = {} & \text{MTF}_{\text{opt}}(f_{\text{sp}x}) \cdot \text{MTF}_{\text{det}}(f_{\text{sp}x}) \cdot \text{MTF}_{\text{ele}}(f_{\text{sp}x} \mid f_{\text{sp}x} = f_{\text{t}}/v) \\ & \cdot \text{MTF}_{\text{mon}}(f_{\text{sp}x}/V_D) \cdot \text{MTF}_{\text{eye}}(f_{\text{sp}x}R/V_D) \qquad (7-105)\end{aligned}$$

图 7-52 给出了各子系统及红外成像系统总的 MTF 曲线。

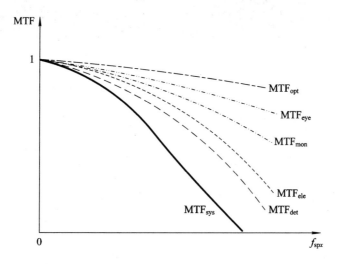

图 7-52　红外成像系统各子系统及总的 MTF

在求系统的总的 MTF 时，有与概率论的中央权限定理相类似的地方，就是 N 个脉冲响应的卷积，会随着 N 的变大而趋于高斯分布，即总的脉冲响应呈现高斯函数形状。因此，可将系统总的 MTF 拟合成一条高斯函数的傅里叶变换曲线。

由已得到的 MTF_{sys} 来求与其拟合的高斯型 MTF'_{sys}，只需求出根方差 σ_{sys} 即可。方法如下：

从已知的 $\mathrm{MTF_{sys}}$ 曲线上(或数值表中)任找一对数据 $[f_{spp}, \mathrm{MTF}(f_{spp})]$,将该对数据代入高斯函数的傅里叶变换结果,即

$$\mathrm{MTF_{sys}}(f_{spp}) = \exp(2\pi^2\sigma_{sys}^2 f_{spp}^2) \tag{7-106}$$

解得

$$\sigma_{sys} = \frac{[-\ln \mathrm{MTF_{sys}}(f_{spp})]^{1/2}}{\sqrt{2}\pi f_{spp}} \tag{7-107}$$

则得到

$$\mathrm{MTF_{sys}'}(f_{sp}) = \exp(2\pi^2\sigma_{sys}^2 f_{sp}^2) \tag{7-108}$$

当选取的计算点 $[f_{spp}, \mathrm{MTF}(f_{spp})]$ 不同时,求得的 σ_{sys} 会有偏差。一般将计算点取在 $\mathrm{MTF_{sys}}$ 的中部,可使拟合误差减小。

(6) 红外成像系统 MTF 的测量。

红外成像系统的 MTF 测量,常采用摄取狭缝靶标和边缘靶标的图像进行。当这些靶标图像被数字化处理后,结合式(7-43)(线扩展函数)以及式(7-42)(边缘扩展函数),并通过式(7-73)计算 $H(f_{sp})$ 的幅值获得 MTF,整个过程如图 7-53 所示。必须指出的是,

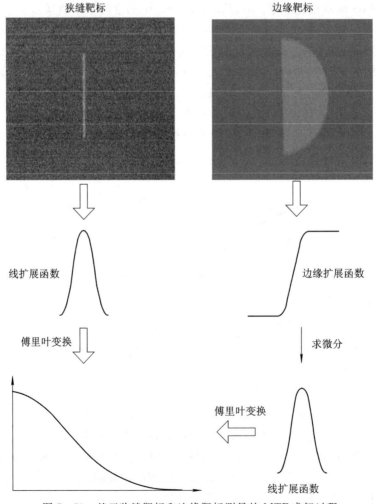

图 7-53 基于狭缝靶标和边缘靶标测量的 MTF 求解过程

MTF 的实际测量必须要进行噪声校正处理。

（7）MTF 曲线的应用。

为了展示 MTF 对图像分辨率的影响，图 7-54 给出了两个具有不同 MTF 的红外成像系统作用后的图像效果，输入图像包括调频图像和场景图像。由图 7-54 可以看出，当 MTF 曲线较为平缓时，MTF 对调频图像中较高频率的图像对比度有所衰减，但高频中的图像细节仍可分辨，而对场景图像有一些模糊作用；当 MTF 曲线比较陡峭，且在调频图像频率范围内降为零时，MTF 对调频图像中较高频率的图像对比度衰减十分明显，高频中的图像细节无法分辨，而由于 MTF 的作用，高频图像对比度的衰减和损伤使得场景图像又变得非常模糊。

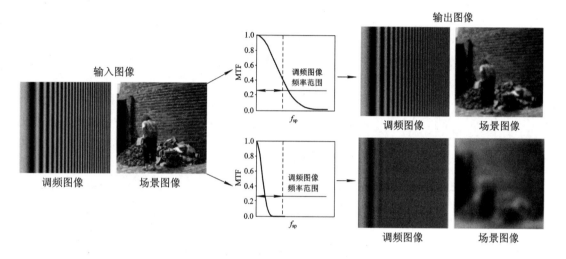

图 7-54　不同 MTF 对图像分辨率的影响

根据所选取的可分辨对比度值，平行于横坐标画一直线，此直线与 MTF 曲线交点所对应的频率就是分辨率，如图 7-55(a)所示。如果光学系统是对无限远成像的物镜，则根据其焦距也可以把分辨率换算成角度值。实际上能分辨的最低对比度对各个空间频率不是常数，可分辨对比度曲线大体如图 7-55(b)所示。

必须指出，分辨率并不能表征整个成像质量，例如有两个相对孔径相同的物镜 A 与物镜 B，它们的 MTF 曲线如图 7-55(c)所示，它们的分辨率虽相同，可是在能分辨的空间频率范围内，曲线 B 都比曲线 A 低，显然物镜 A 比物镜 B 像质好。又例如两物镜的 MTF 曲线如图 7-55(d)所示，尽管 B 的分辨率比 A 高，但对低频景物来说 A 比 B 好，而对高频景物来说 B 比 A 好。

（8）等效平方带宽与等效分辨率。

如前所述，作为红外成像系统成像质量的度量准则，MTF 是非常卓越的。然而，曲线的解读要比简单数值参数的理解困难得多，另外，如果没有计算机的辅助，MTF 曲线的图形展示也是比较困难的。因此，前期人们为了度量红外成像系统的成像质量，普遍采用了一些基于 MTF 函数的数值参数。尽管这些参数已很少使用，但知道这些数值参数与 MTF 的关系，对于理解 MTF 函数的作用还是有益的。

① 等效平方带宽。图像的视在清晰度可用成像系统的 MTF 平方的频率积分来描述，该积分值称为等效平方带宽（或等效行数、等效矩形带宽），即

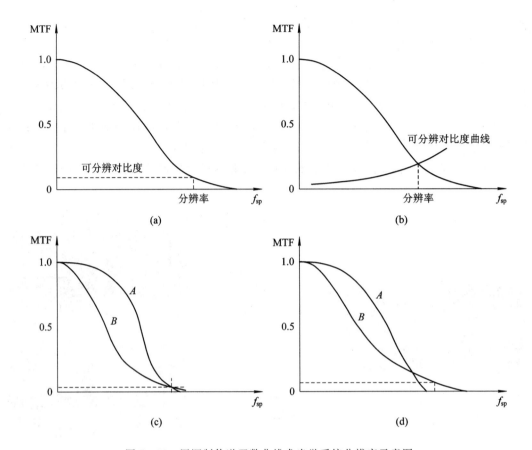

图 7 - 55　用调制传递函数曲线求光学系统分辨率示意图

$$N_e = \int_0^\infty \mathrm{MTF}_{\mathrm{sys}}^2(f_{\mathrm{sp}}) \mathrm{d} f_{\mathrm{sp}} \quad (\text{周} /\mathrm{mm}) \tag{7-109}$$

N_e 可作为空间频率域中衡量分辨率的一个量度。N_e 的优点在于它能以一个数来表达系统总的响应效果,主要用于比较具有相同 MTF 形式的不同系统的性能指标。实验证明,N_e 与图像视在清晰度的联系比其他的分辨率量度所反映的一致性都要好,换句话说,即在某种定义下的分辨率不同,但 N_e 相同的两个系统所显示图像的视在清晰度非常接近。

② 等效分辨率。N_e 是空间频率域的分辨率度量,在空间域中相应参数称为等效分辨率 R_e。R_e 定义为

$$R_e = \frac{1}{2N_e} \quad (\mathrm{mm}) \tag{7-110}$$

即 R_e 是"截止空间频率"N_e 的半周期。R_e 为用于简单地比较系统整体性能的数值量,该量无法直接测量。

随着 MTF 的增加,R_e 将减小,系统的分辨能力将得到改善(越小越好)。因此,R_e 提供了一种衡量系统分辨能力的度量,利用 R_e 可进行目标被探测最大距离的估算,即

$$D_R = \frac{D_{\mathrm{bb}}}{R_e} \tag{7-111}$$

其中:D_R 为目标可精确再现(即分辨)的最大距离;D_{bb} 为目标的尺寸。

③ 半空间频率。实验表明,感知图像清晰度与 MTF 等于 0.5 时的空间频率密切相关。

这意味着 MTF 下降为 0.5 时的空间频率可以很好地表征图像清晰度，此空间频率称为半空间频率 HF。

④ 等效瞬时视场。等效瞬时视场定义为

$$\text{IFOV}_e = \frac{1}{2 \cdot \text{HF}} \tag{7-112}$$

⑤ 极限分辨率。极限分辨率定义为 MTF 等于 $0.02 \sim 0.05$ 时的空间频率。该定义基于的事实是，人眼无法识别与 MTF 下降到 $0.02 \sim 0.05$ 以下所对应空间频率的高对比度正弦光栅。极限分辨率的准确值取决于观测者。

以上表明，当 MTF 函数已知时，获得上述几个数值参数是非常容易的。然而，由于如今计算机的普遍使用，MTF 的测量、显示和存储都非常简单，直接使用 MTF 函数来表征成像系统的成像质量或分辨率是最好的选择。只有当采用直观的数值参数来比较具有不同MTF 形式的成像系统时，以上这些数值参数才会被使用。

2. 时间分辨率

简单来说，时间分辨率就是成像系统的帧频（或帧速），即单位时间内输出图像的数量。帧频的倒数为帧时，即输出一幅图像所需要的时间。红外成像系统的帧频越大，单位时间内输出的图像数越多，输出一幅图像所需要的时间越短，图像输出的时间密集度也越高。现有红外成像系统的典型帧频为 $30 \sim 60$ Hz，30 Hz 代表一秒钟输出 30 幅图像，60 Hz代表一秒钟输出 60 幅图像。因此，如果要对高速运动的物体进行成像及分析，就需要较高的帧频，即需要较高的时间分辨率。

1）帧频受限的主要因素

由红外成像系统的工作原理可知：系统输出一幅图像的时间可分为两部分，一部分是图像的生成时间（类似于数码相机的快门速度），另一部分是图像的传输及存储时间，因此红外成像系统的帧频大小主要受限于以上两部分时间的长短。

图像的生成时间取决于焦平面探测器的时间常数。对于光电二极管探测器而言，由于光子通量可直接转换成电信号（光电流），其时间常数大约为 1 μs，这样，在选择的积分时间（几微秒到全帧时间）内，每个成像单元的信号光电流对其电容器进行充电，形成信号电荷，读出电路（ROIC）将电容内的信号电荷读出，读出可采用边读出边积分（integrate-while-read）或积分后再读出（integrate-then-read）的模式，如图 7 - 56 所示。因此，基于光子探测器的快速信号生成以及读出过程，光子探测器焦平面阵列型红外成像系统可以具有较快的帧频，测量过程完全可以触发式地完成。

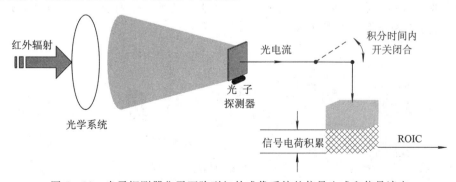

图 7 - 56　光子探测器焦平面阵列红外成像系统的信号生成和信号读出

但是，系统可实现的最大帧频完全受限于数据的传输和存储。如果假设探测器的时间常数远低于 1 μs，且帧积分时间为 1 μs，那么 1 MHz 的帧频理论上是可能的。对于读出而言，大多数采用 14 位，这将导致 14 Mb/s 的数据速度。如果阵列大小增加到常用的 320×240 规模(76 800 像素)，则需要大约 1 Tb/s 的数据速率。目前，读出电子线路所给出的最大数据速率上限是远远低于这个值的。例如，配备有 1024×1024 像元的 InSb FPA 中波红外成像系统，采用 16 通道读出时，所允许的最大帧频为 132 Hz，实际的数据速率约为 2 Gb/s。对于更高的帧频，可采用窗口读出模式。这种模式允许用户选择局部大小焦平面阵列窗口。减少像元数量，可获得更快的帧频，例如，在 160×120 像素下可获得 909 Hz。为了捕捉高速目标，高速红外成像系统可提供的典型最大帧速分别为 48 kHz(2×64 像素)和 36 kHz(4×64 像素)。图 7-57 描述了某种红外成像系统的焦平面阵列窗口尺寸和最大帧频。

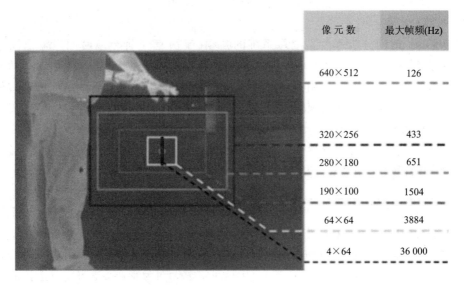

像元数	最大帧频(Hz)
640×512	126
320×256	433
280×180	651
190×100	1504
64×64	3884
4×64	36 000

图 7-57　某种红外成像系统的焦平面阵列窗口尺寸和最大帧频

然而，对于热探测器(如氧化钒微测辐射热计)焦平面阵列而言，其响应时间较长，时间常数由热时间常数决定，一般为 8～12 ms。因此，采用热探测器型红外成像系统，其图像生成是在全帧时间内，由探测器输出信号的顺序读出(也称为"滚动读出")来完成，如图 7-58 所示。由于"积分时间"由热探测器的热时间常数决定，无法改变，热探测器焦平面阵列红外成像系统的帧频不能由用户自行调整，因此，基于热探测器的较慢信号生成以及读出过程，这类红外成像系统的帧频不会太高。

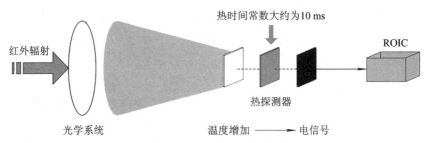

图 7-58　热探测器焦平面阵列红外成像系统的信号生成和信号读出

2）时间分辨率对测量结果的影响

由以上分析可知，在观察快速运动目标或进行物体瞬态热过程分析中，需要选择帧频高的红外成像系统，或者说时间分辨率足够大的系统。对于光子探测器型成像系统，可通过设置不同的积分或曝光时间来改变其帧频，而热探测器型成像系统无法改变其帧频。

一般情况下，人们都用帧频来表征系统的时间分辨率，但下面列举的一个简单实验表明，帧频不足以完全表征成像系统的时间分辨率。在这个实验中，将一个直径为 3 厘米的橡皮球加热到约 70℃，并从离地面 1 米的高度开始向下自由降落。同时，在距球大约 4 米处，利用两个不同的红外成像系统对球进行热成像，一个是采用热探测器（氧化钒测辐射热计）型长波热像仪，另一个是采用光子探测器（InSb）型中波热像仪，测量都采用 50 Hz的帧频。图 7 - 59 给出了这两个系统的测量结果。

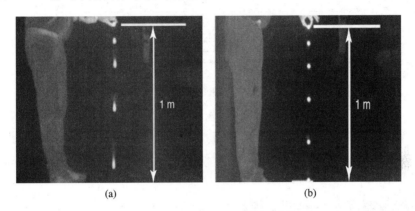

(a)　　　　　　　　　　　(b)

图 7 - 59　50 Hz 帧频下自由下落球的热红外图像（球被加热到 70℃，从 1 米高度开始下落）
(a) 热探测器型长波热像仪测量结果；(b) 光子探测器型中波热像仪测量结果

由图 7 - 59(a)可以看出，温度约为 70℃的球总是表现出最大的灰度值（温度最高），而在自由落体运动中，随着球的速度增加，热探测器型长波热像仪所拍摄的球的图像变得越来越模糊。由图 7 - 59(b)可以看出，尽管球的速度在增加，但光子探测器型中波热像仪所拍摄的球的图像并不模糊。

热像仪测得的球温度随球运动的时间依赖关系分析如下。根据图 7 - 59(a)所示的热红外图像，可以求得在整个运动过程中所测得的球温度，如图 7 - 60 所示。由图 7 - 60 可以看出，随着速度的增加直到落地，所测得的球温度一直在下降；落地反弹后，球的速度降低，所测得的球温度上升到大约为顶部时的温度；到达顶部时，球处于静止状态，所测得的球温度大约为初始温度；随着球的周期下降和上升，所测得的温度也周期地变化。很明显，只有球处于静止时，才能够测得正确的球温度。利用图 7 - 59(b)所示的热红外图像不难得出，尽管在自由落体和落地反弹过程中，球的速度在不断变化，但所测得的球温度不会改变。以上结果表明，采用热探测器型热像仪进行运动物体瞬态热过程或温度分析时，需要详细知道由热探测器时间常数所给出的热像仪的响应限制。对于光子探测器型热像仪，可以通过选择积分时间，以适应瞬态热过程分析。

由于热探测器的时间常数较大，热像仪响应较慢，球的运动使得所拍图像模糊，而模糊的红外图像不能真实反映球的空间温度分布，对此可以使用与球运动相关的热图像中的温度分布进行详细的讨论。图 7 - 61 给出了自由落体球温度测量结果，此时的图像对应于

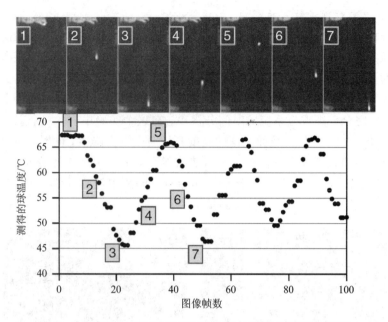

图 7-60 热探测器型热像仪测得的自由落体过程中的球温度

球已下降了约 93 厘米, 其中球的大小已进行校准, 下降高度 s 随时间 t 的变化关系为 $s = 1/2gt^2$, g 为重力加速度。很明显, 尽管球只有 3 厘米的直径, 但在所测量的温度廓线中观测到的非零温差 ΔT 处于 16 厘米的范围内。

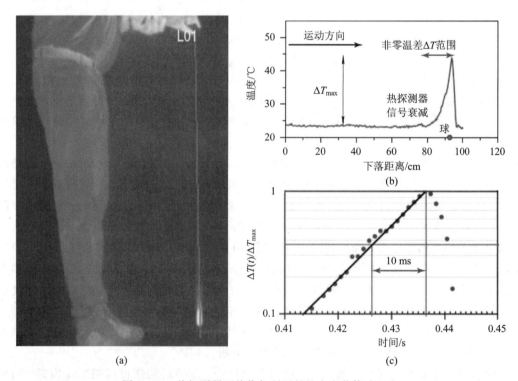

图 7-61 热探测器型热像仪所测得的自由落体球温度

(a) 下降 93 厘米时球的热图像; (b) 沿下降线的球温度分布; (c) 沿下降线所测得温度随时间的关系

由图 7-61(b)可以看出，所测得的球温度变化特征是由热探测器型热像仪中测辐射热计探测器的时间常数引起的。测辐射热计这类热探测器的时间常数在毫秒范围内，所测得的温度线轮廓对应于热像仪测辐射热计探测器的温度上升及下降过程，而不是测辐射热计的焦平面滚动读出过程。在红外图像中的最大下降距离处（对应最大下降时间），对应于测辐射热计探测器信号开始上升的时刻；图像中球的实际位置后面，对应于这些位置处的探测器不再接收来自球的红外辐射，信号有所下降，下降特征由探测器的时间常数决定。因此，观察信号随时间的衰减直接反映了这一时间常数。图 7-61(c)给出了探测器的信号上升和衰减，为了更容易地分析，信号对最大温差进行了归一化处理。

在 50 Hz 帧频下，每 20 ms 记录一个图像，但探测器对温度变化的响应是非常慢的。因此，不仅下降的图像是模糊的，而且下降球的温度测量也是不准确的（见图 7-60 和图 7-61）。在下降 93 cm 时，球的速度为 4.27 m/s，这样，一个像元接收球热辐射的时间只有 6 ms（瞬时视场为 1.3 mrad，测量距离为 4 m，球的直径为 3 cm），通常小于测辐射热计的时间常数。所以，最大信号是远小于 100% 准确信号的，见图 7-62。此外，从一个 6 ms 时间窗口所获得的单个测辐射热计信号是不能进行准确分析的，它还取决于光学系统的质量。因为波长范围扩展、镜头畸变也可能会引入额外的不确定性，以及信号衰减仅由探测器时间常数决定，所以无法对接近于球落点的测辐射热计信号的上升进行定量分析。

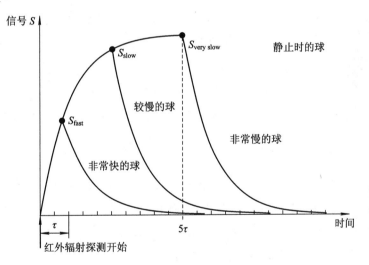

图 7-62　相对于热探测器时间常数而言，不同球速下，热探测器信号的上升和衰减

因此，对于热探测器型热像仪，人们可以估计信号随时间常数 τ 的指数变化（$\tau=$ 10 ms），从而确定热像仪受限于时间常数 τ 的时间分辨率。

对于光子探测器型热像仪而言，探测器时间常数非常小（纳秒到毫秒级），响应非常快，而且光子探测器型热像仪的积分时间可变，从 9 μs 到整帧时间是可能的。对于同样的落球实验（图 7-59），采用 1 ms 的积分时间，在球整个下降过程中，球的图像没有变模糊，球的温度可以正确地确定。

7.5.2　响应参数

响应参数描述了红外成像系统在对目标进行观测时，系统输出信号与目标温度或目标尺寸变化的响应关系。通常情况下,关于红外成像系统的响应参数,常用的有三个:响应函数、非周期传递函数(ATF)和狭缝响应函数(SRT)。

1. 响应函数

响应函数是针对尺寸较大的目标,成像系统输出信号(电压、电流或屏幕亮度)与目标温度(绝对或相对)关系的描述函数,可以用两个参数进行表征:信号传递函数(SiTF)和动态范围。

1)系统输出信号与目标温度的关系

假设有一扩展源黑体(可分辨目标),面积为 A_S,温度为 T,辐亮度为 $L_{bb}(T)$,放置在距成像系统 R_1 处,如图 7-63 所示,则该目标入射到入瞳面积为 A_o 的光学系统处的辐射通量为

$$\Phi_{len} = L_{bb}(T)A_S \frac{A_o}{R_1^2}\tau_{atm} \tag{7-113}$$

其中,τ_{atm} 为大气的透过率。到达像平面轴上的辐射通量 Φ_{image} 为

$$\Phi_{image} = L_{bb}(T)A_S \frac{A_o}{R_1^2}\tau_o\tau_{atm} \tag{7-114}$$

其中,τ_o 为光学系统的透过率。

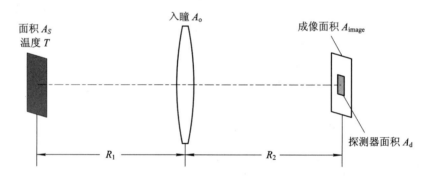

图 7-63 红外成像系统直接观察扩展源目标示意图

如果目标 A_S 的像大小为 A_{image},且大于探测器单元的面积 A_d,即 $A_{image} \gg A_d$,则入射到探测器单元上的辐射通量 $\Phi_{detector}$ 就可简化为两者的面积之比,即

$$\Phi_{detector} = \Phi_{image} \frac{A_d}{A_{image}} \tag{7-115}$$

假设探测器位于光学系统的像空间距主点 R_2 处,则由物像关系可知

$$\frac{A_S}{R_1^2} = \frac{A_{image}}{R_2^2} \tag{7-116}$$

若光学系统的焦距为 f_o,由成像方程可知

$$\frac{1}{R_1} + \frac{1}{R_2} = \frac{1}{f_o} \tag{7-117}$$

利用式(7-116)和式(7-117),并假设光学系统的轴向放大率为 M_{optics}(即 $M_{optics} = R_2/R_1$),光学系统为圆形孔径($A_o = \pi D_o^2/4$),则有

$$\Phi_{detector} = \frac{\pi}{4}\frac{D_o^2 L_{bb}(T)A_d\tau_o\tau_{atm}}{f_o^2(1+M_{optics})^2} = \frac{\pi}{4}\frac{L_{bb}(T)A_d\tau_o\tau_{atm}}{F_\#^2(1+M_{optics})^2} \tag{7-118}$$

其中，$F_\sharp = f_o/D_o$ 为光学的 $F/$数。

假设探测器单元的电压响应度为 R_u，则探测器单元所输出的信号电压为

$$U_{ds} = R_u \Phi_{detector} \qquad (7-119)$$

考虑到上述变量与波长 λ 的关系，并假设系统的增益为 G，则成像系统所输出的信号电压为

$$U_{sys} = G \int_{\lambda_1}^{\lambda_2} \frac{\pi}{4} \frac{R_u(\lambda) L_{bb}(T,\lambda) A_d \tau_o(\lambda) \tau_{atm}(\lambda)}{F_\sharp^2 (1+M_{optics})^2} d\lambda \qquad (7-120)$$

其中，$\lambda_1 \sim \lambda_2$ 为系统光谱响应的带宽。

在红外成像系统测量时，人们关心的是目标与相邻背景辐射所产生的信号差，即

$$\Delta U_{sys} = G \int_{\lambda_1}^{\lambda_2} \frac{\pi}{4} \frac{R_u(\lambda) \Delta L_{bb}(T,\lambda) A_d \tau_o(\lambda) \tau_{atm}(\lambda)}{F_\sharp^2 (1+M_{optics})^2} d\lambda \qquad (7-121)$$

在式(7-121)中，$\Delta L_{bb}(T,\lambda) = L_{bbT}(T,\lambda) - L_{bbB}(T_B,\lambda)$ 为目标辐亮度 $L_{bbT}(T,\lambda)$ 与背景辐亮度 $L_{bbB}(T_B,\lambda)$ 之差，其中 T_B 为背景温度。

当用一个焦距为 f_c 的准直仪观察面源目标时，如图 7-64 所示，入射到像平面上的辐射通量为

$$\Phi_{image} = L_{bb}(T) A_S \frac{A_o}{f_c^2} \tau_o \tau_{atm} \qquad (7-122)$$

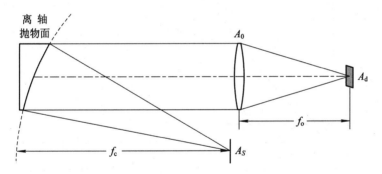

图 7-64　带有准直仪的红外成像系统观察扩展源目标示意图

当利用准直仪观察面目标时，系统聚焦在无穷远处，则有

$$\frac{A_S}{f_c^2} = \frac{A_{image}}{f_o^2} \qquad (7-123)$$

如果仍采用圆形入瞳，则探测器上的辐射通量为

$$\Phi_{detector} = \frac{\pi}{4} \frac{L_{bb}(T) A_d \tau_o \tau_{atm}}{F_\sharp^2} \qquad (7-124)$$

同样，由目标和其相邻背景所产生的信号差为

$$\Delta U_{sys} = G \int_{\lambda_1}^{\lambda_2} \frac{\pi}{4} \frac{R_u(\lambda) \Delta L_{bb}(T,\lambda) A_d \tau_o(\lambda) \tau_{atm}(\lambda)}{F_\sharp^2} d\lambda \qquad (7-125)$$

考察式(7-121)可知，由于红外成像系统的物距 R_1 远远大于像距 R_2，则 $M_{optics} = R_2/R_1 \rightarrow 0$，此时式(7-121)与式(7-125)完全一致。利用辐出度 $M_{bb}(T,\lambda)$ 与辐亮度 $L_{bb}(T,\lambda)$ 之间的关系 $M_{bb}(T,\lambda) = \pi L_{bb}(T,\lambda)$，有 $\Delta M_{bb}(T,\lambda) = M_{bbT}(T,\lambda) - M_{bbB}(T_B,\lambda)$，则式(7-125)可以写成

$$\Delta U_{\text{sys}} = G \int_{\lambda_1}^{\lambda_2} \frac{1}{4} \frac{R_u(\lambda)\Delta M_{\text{bb}}(T,\lambda)A_d\tau_o(\lambda)\tau_{\text{atm}}(\lambda)}{F_\#^2} \, d\lambda \qquad (7-126)$$

由式(7-126)可知，对于可分辨的扩展源目标，到达探测器的总辐射通量仅受探测器张角 DAS(即瞬时视场张角 A_d/f_o^2)的限制，成像系统所输出的信号与辐射源面积无关。另外，系统输出信号 ΔU_{sys} 与入射目标辐射 $\Delta L_{\text{bb}}(T,\lambda)$ 成比例关系，如果将 ΔU_{sys} 表示成 ΔT 的函数，则该函数即是系统响应函数，典型的响应函数曲线呈"S"型，如图 7-65 所示。由图 7-65(a)可以看出，对于扫描直流耦合系统(凝视系统)而言，通常把输出 ΔU_{sys} 作为输入 T 绝对值的函数，系统基底噪声(或暗电流)限制了系统的最小可探测信号，而由系统增益 G 和探测器响应度 R_u 所决定的系统饱和度则给出了系统最大可探测信号。对于采用自动增益控制电路的扫描交流耦合系统及直流耦合系统来说，输出集中在均值附近，这样可以方便地根据温度变化差值 ΔT 获得系统输出变化 ΔU_{sys}，因为人们通常主要关注的是差值变化。相对平均值而言，正负差值下的饱和度通常受放大器的动态范围或 A/D 转换器的电学特性限制，如图 7-65(b)所示。

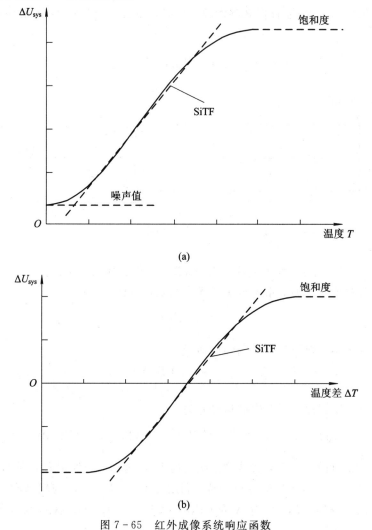

图 7-65　红外成像系统响应函数

(a)直流耦合系统响应函数；(b)采用自动增益控制电路的交流和直流耦合系统响应函数

2）信号传递函数（SiTF）

在图 7 - 65 所示响应曲线中，其中线性部分的斜率就是信号传递函数（SiTF），即

$$\Delta U_{\text{sys}} = \text{SiTF}\Delta T \tag{7 - 127}$$

其中，ΔT 为目标温度 T 与背景温度 T_B 之差，即 $\Delta T = T - T_B$。

由式（7 - 126）可知，如果将目标与背景辐出度之差 $\Delta M_{\text{bb}}(T,\lambda)$ 写成

$$\Delta M_{\text{bb}}(T,\lambda) = M_{\text{bbT}}(T,\lambda) - M_{\text{bbB}}(T_B,\lambda) = \left[\frac{\partial M_{\text{bb}}(T,\lambda)}{\partial T}\right]_{T=T_B} \Delta T \tag{7 - 128}$$

其中 $\partial M_{\text{bb}}(T,\lambda)/\partial T$ 为普朗克公式的热偏导，则可定义信号传递函数

$$\text{SiTF} = \frac{\Delta U_{\text{sys}}}{\Delta T} = G \int_{\lambda_1}^{\lambda_2} \frac{1}{4} \frac{R_u(\lambda)A_d\tau_o(\lambda)\tau_{\text{atm}}(\lambda)}{F_\#^2} \left[\frac{\partial M_{\text{bb}}(T,\lambda)}{\partial T}\right]_{T=T_B} \mathrm{d}\lambda \tag{7 - 129}$$

根据定义可知，信号传递函数 SiTF 可理解为对扩展源目标进行观测时，系统对目标温度变化线性灵敏度的一种度量。但要注意的是，由于信号传递函数会随着系统增益的变化而变化，因此它本身并不适合用来比较不同的成像系统。

3）动态范围

动态范围是一个非常常见的概念，表示一系列值中最大值与最小值的比率。而在红外成像领域内，这一系列值指的是目标辐射亮度值。红外成像系统的整个工作过程中包括几种动态范围的概念：器件动态范围、输出动态范围和系统动态范围，必须对这几个相近的动态范围概念进行区分。

从红外辐射接收的角度出发，单个焦平面探测器的器件动态范围 DR（Dynamic Range）可以使用对数函数定义为

$$\text{DR} = 20\ \lg\left(\frac{L_{\text{max}}}{L_{\text{min}}}\right) \tag{7 - 130}$$

也可以使用比例函数定义为

$$\text{DR} = \frac{L_{\text{max}}}{L_{\text{min}}} \tag{7 - 131}$$

其中，L_{max} 和 L_{min} 为可以被焦平面探测器线性检测到的目标辐射亮度的最大和最小值。

对于某个具体的焦平面探测器而言，其个体的器件动态范围在硬件制造完成之后就已经确定了。它也可以用相应的电信号来描述，即当处于饱和曝光量时，焦平面探测器达到最大的饱和容量，即无论再怎样增加曝光也无法接收更多的电子，此时感光单元处于全电荷容量饱和状态。而最小曝光量也等于噪声曝光量，它相当于在无目标入射时焦平面探测器仅仅有本身暗电流时的曝光量。此时，感光单元通过的电流为暗电流。所以，焦平面探测器的器件动态范围可以有如下定义

$$\text{DR}_{\text{device}} = \frac{I_s}{I_d} \tag{7 - 132}$$

其中，I_s 指焦平面探测器的饱和电流，I_d 指暗电流。

另一种在成像过程中出现的动态范围概念称之为输出动态范围。红外成像系统的输出图像是以数字的形式表示的，信息的存储最终也是以数字的方式来进行。所以该系统中必定有一个模拟/数字转换器（A/D Converter），而 A/D 转换器的一个重要指标就是 A/D 的位数。将红外成像系统的输出动态范围定义为其 A/D 转换器的最大数值范围之比，即

$$DR_{out} = \frac{N_{max}}{N_{min}} \qquad (7-133)$$

其中，N_{max} 为 A/D 转换器的最大位数，N_{min} 为 A/D 转换器的最小位数。

对本章而言，讨论的重点则是第三种动态范围概念，即红外成像系统的系统动态范围。系统动态范围指的是整个成像系统经过各种光电方法处理之后，其最大可探测辐射亮度 L_{max} 与最小可探测辐射亮度 L_{min} 之比，即

$$DR_{sys} = \frac{L_{max}}{L_{min}} \qquad (7-134)$$

这个系统动态范围在形式上的定义与焦平面器件动态范围是一致的，只是其中使用到的辐射亮度极值的取值范围扩大到整个系统整合后的辐射亮度范围。也就是说，系统动态范围是指在焦平面传感器固有曝光范围不变的前提下，通过改变成像系统的各种参数，可以正确曝光的最大的辐射亮度与最小辐射亮度的范围。

根据前面的描述可知，红外成像系统可线性检测到的是目标与背景辐射亮度之差 $\Delta L_{bb}(T,\lambda)$，并且 $\Delta L_{bb}(T,\lambda)$ 可以转换成目标与背景温度之差 ΔT，见式(7-128)。因此，图7-65 所描述的红外成像系统响应函数也提供了系统动态范围的信息。

假设系统最小可检测的温差为 NETD(与噪声有关，称为噪声等效温差，详见7.5.3节)。对于具有"S"型响应函数的系统来说，依据不同的应用，可以用四种方法来确定最大的可检测信号。第一种方法来自于可接受的响应函数线性度的偏差：落在一个特定区域内的数据点的范围可定义为动态范围，该区域由系统响应函数的线性段(SiTF)决定，如图7-66 所示，其中平均值有5％的偏差。第二种方法是，当信号达到一个特定的等级，比如峰值的90％时，所确定的动态范围，如图7-67 所示。第三种方法是用响应函数的线性部分与和饱和值相交的点来确定动态范围，如图7-67 所示。第四种方法是用最小 SiTF 来确定动态范围。

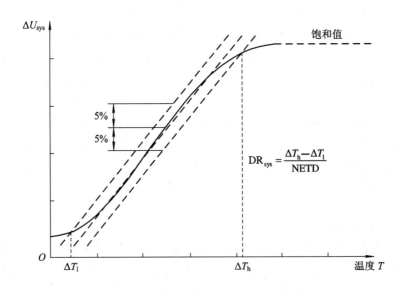

图7-66　根据线性度定义的动态范围

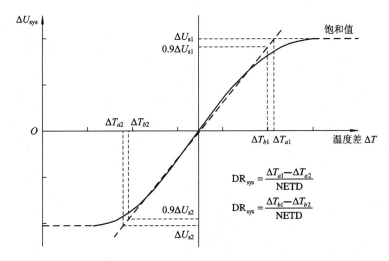

$$DR_{sys} = \frac{\Delta T_{a1} - \Delta T_{a2}}{NETD}$$

$$DR_{sys} = \frac{\Delta T_{b1} - \Delta T_{b2}}{NETD}$$

图 7-67　根据饱和度定义的动态范围

例如，若要求的动态范围是 1000：1，如果 NETD 是 0.05℃，而最大输出视频电压是 1 V，那么，要达到要求的动态范围，最小的 SiTF 是多少？

饱和之前的最大信号是 1000×0.05＝50℃。用 1 V 的视频输出，则最小的 SiTF 是 1/50＝20 mV/℃。如果被测量的 SiTF 更大，那么系统输出达到饱和时的输入条件 ΔT 还会更小，但是可以降低增益，以便达到 1000：1 的动态范围。利用饱和值和响应曲线线性部分的交点也可以得到动态范围。用这种方法所得到的结果和利用 SiTF 最小值的方法是相同的，即图 7-67 中 $DR_{sys} = (\Delta T_{a1} - \Delta T_{a2})/NETD$ 或 $DR_{sys} = (\Delta T_{b1} - \Delta T_{b2})/NETD$。

对于大多数系统，调整增益和偏置电平可以使 A/D 转换器达到最大的动态范围。图 7-68 说明了一个包含 8 位 A/D 转换器的系统。假设转换器的输入范围是 0～1 V，输出范围是 0～255 灰度。通过选择增益和偏置，像元的电压输出能够与数字输出范围匹配。图 7-69 说明了 3 个不同增益和偏置的情况。对于线性系统，随着增益的提高，信号和噪声同时增加，但是信噪比和 NETD 却保持不变，只是饱和度限制了最大的信号。当动态范围是输入范围除以 NETD 时，随增益的增加，动态范围会降低，如图 7-69 所示。图 7-69 中，输出 A 对应于最大的增益；B 对应于适中的增益；C 对应于最小的增益。在三种增益下，像元输出和 A/D 转换器的整个动态范围相匹配。在任何特定的增益设置条件下，可以通过牺牲最小可测量信号为代价来扩展动态范围。例如，NETD 通常是在最大增益条件下测得的（图 7-69 中的范围 A）。系统动态范围也可以改变，因此最小可测量信号就是一个最低的有效位（图 7-69 中的范围 C）。

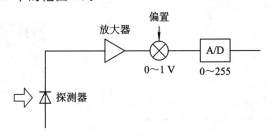

图 7-68　带有 8 位 A/D 转换器的系统（增益和电平可以通过自动和手动控制）

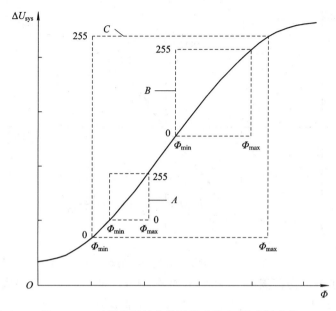

图 7-69 不同的增益和偏置影响输入/输出的变换

当辐射源照度值小于 Φ_{min} 时，辐射源就看不到了（显示为 0）；当照度值大于 Φ_{max} 时，辐射源将会显示为 255 的灰度，可以说系统处于饱和状态。对于每个增益和电平设置，Φ_{min} 和 Φ_{max} 都要重新定义。

如今，大多数红外成像系统都提供了 8～16 位 A/D 转换器，这相当于 256～65 536 的信号等级，因此提供了扩展测量范围的可能性。例如，如果一个成像系统具有 $-20\,℃\sim$ $80\,℃$ 的测量范围，则可能测量略高于或低于测量范围限制的温度。图 7-70 描述了一个 12 位的探测器数字化系统，整个测量范围的温度信息可被捕获并用于图像分析。为了表示和分析起见，可以固定一个灰度和灰度范围，这两个参数仅分别影响图像的表示以及图像亮度和对比度。在该范围之内的温度可以用灰色等级或伪彩色来表示，并依据红外成像系统

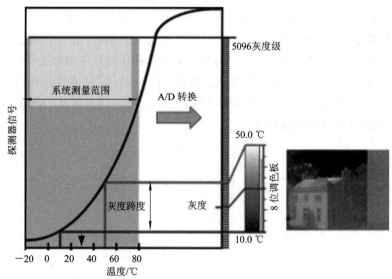

图 7-70 具有 12 位 A/D 转换器的探测器信号数字化

的 A/D 转换器位数进行灰度量化。假设 A/D 转换器为 8 位，变换的电压信号范围为 $U_{\min} \sim U_{\max}$，则其灰度级范围为 $0 \sim 255$，最小灰度级为 $G_{g\min}=0$，最大灰度级为 $G_{g\max}=255$，任意输出电压信号对应的灰度级为

$$G_g = \frac{255-0}{U_{\max}-U_{\min}}(\Delta U_{\text{out}}) \tag{7-135}$$

2. 非周期传递函数(ATF)

以上所讨论的响应函数描述了系统在观测尺寸较大且为常数的目标时，输出信号与目标温度变化的关系。下面所要讨论的非周期传递函数(ATF)则提供了有关系统对小目标探测能力的信息，它定义为系统对可变尺寸矩形(或圆形)目标的归一化响应。

红外成像系统可以探测角尺寸小于其瞬时视场(IFOV)的目标，但当目标很小，且由于衍射或像差原因造成很明显的弥散斑时，成像系统对这类目标的分辨就会有问题，且探测输出信号与弥散斑的大小有一定的关系，这种关系可以利用非周期传递函数对理想情况下的系统输出信号进行修正。

1) 系统输出信号与目标尺寸的关系

当目标面积趋近于零或者目标距离系统较远时，扩展源目标逐渐成为理想的点源。从几何光学的角度来看，点源目标像的尺寸也将趋近于零，然而，由于衍射和像差的原因，目标像的最小尺寸将具有一定的限制。不同系统输出的信号 ΔU_{sys} 取决于弥散斑直径与探测器单元尺寸的相对大小。

如果弥散斑直径比探测器尺寸小得多，则入射到探测器上的辐射通量 Φ_{detector} 等于像平面轴上的辐射通量 Φ_{image}，即

$$\Phi_{\text{detector}} = \Phi_{\text{image}} \tag{7-136}$$

假如在准直仪焦点处放置一个理想的点源，则探测器上的辐射通量为

$$\Phi_{\text{detector}} = \frac{L_{\text{bb}}(T,\lambda)A_S A_o \tau_o \tau_{\text{atm}}}{f_c^2} \tag{7-137}$$

然而，由于背景辐射的原因，探测器所接收到的不仅是点源目标的辐射通量，在探测器张角 DAS(即瞬时视场 IFOV 张角)所覆盖的范围内，周围背景所发出的辐射通量也会到达探测器。如图 7-71 所示，A_{DAS} 就表示一个 DAS 在物空间的投影区域。由图 7-71 可得到某一探测器所接收到的辐射通量为

$$\Phi_{\text{detector}} = \frac{A_o \tau_o \tau_{\text{atm}}}{f_c^2}\left[L_{\text{bbT}}(T,\lambda)A_S + L_{\text{bbB}}(T_B,\lambda)(A_{\text{DAS}}-A_S)\right] \tag{7-138}$$

该探测器与其相邻探测器所接收的辐射通量差为

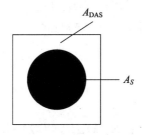

图 7-71　对应一个 DAS 投影区内的小目标(探测器接收目标与背景的辐射)

$$\Delta\Phi_{\text{detector}} = \frac{A_{\text{o}}\tau_{\text{o}}\tau_{\text{atm}}}{f_{\text{c}}^2}\{[L_{\text{bbT}}(T,\lambda)A_S + L_{\text{bbB}}(T_{\text{B}},\lambda)(A_{\text{DAS}} - A_S)] - L_{\text{bbB}}(T_{\text{B}},\lambda)A_{\text{DAS}}\}$$

$$(7-139)$$

利用式(7-139)可得成像系统所输出的信号电压差为

$$\Delta U_{\text{sys}} = G\int_{\lambda_1}^{\lambda_2} \frac{R_u(\lambda)\Delta L_{\text{bb}}(T,\lambda)A_S A_{\text{o}}\tau_{\text{o}}(\lambda)\tau_{\text{atm}}(\lambda)}{f_{\text{c}}^2}\,\text{d}\lambda \qquad (7-140)$$

根据对称性原理,有

$$\frac{A_{\text{DAS}}}{f_{\text{c}}^2} = \frac{A_{\text{d}}}{f_{\text{o}}^2} \qquad (7-141)$$

对于圆形入瞳,有

$$\Delta U_{\text{sys}} = G\int_{\lambda_1}^{\lambda_2} \frac{\pi}{4}\frac{R_u(\lambda)\Delta L_{\text{bb}}(T,\lambda)A_{\text{d}}\tau_{\text{o}}(\lambda)\tau_{\text{atm}}(\lambda)}{F_\sharp^2}\frac{A_S}{A_{\text{DAS}}}\,\text{d}\lambda \qquad (7-142)$$

2)非周期传递函数

由前面的分析及式(7-142)可知,对于点源目标,由于到达探测器的总辐射通量与目标面积 A_S 以及探测器单元张角 DAS 在物空间的投影面积 A_{DAS} 有关,因此成像系统输出信号 ΔU_{sys} 与 A_S/A_{DAS} 成正比。根据理想几何光学原理,目标在像面上的大小(即成像面积) A_{image} 与目标大小 A_S 成正比关系,其比例常数即为图 7-72 所示的直线的斜率 $A_{\text{d}}/A_{\text{DAS}}$。由图 7-72 可以看出,如果目标面积 A_S 等于探测器单元张角 DAS 在物空间的投影面积 A_{DAS},则目标像的大小 A_{image} 就等于探测器单元的大小 A_{d},即目标像 A_{image} 恰好覆盖一个探测器单元 A_{d}。当 $A_S = A_{\text{DAS}}$,即目标像刚好覆盖一个探测器单元时,点源目标就成为面源目标,在该处式(7-125)与式(7-142)是相同的。

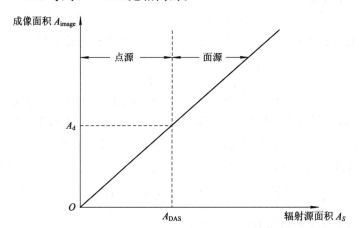

图 7-72 成像面积与目标面积的几何关系

因此对于理想成像系统,可将式(7-125)与式(7-142)写成统一的形式,即

$$\Delta U_{\text{ideal,sys}} = \begin{cases} \Delta U_{\text{max}}\dfrac{A_S}{A_{\text{DAS}}} & (A_S < A_{\text{DAS}}) \\[2mm] \Delta U_{\text{max}} & (A_S \geqslant A_{\text{DAS}}) \end{cases} \qquad (7-143)$$

其中

$$\Delta U_{\text{max}} = G\int_{\lambda_1}^{\lambda_2} \frac{\pi}{4}\frac{R_u(\lambda)\Delta L_{\text{bb}}(T,\lambda)A_{\text{d}}\tau_{\text{o}}(\lambda)\tau_{\text{atm}}(\lambda)}{F_\sharp^2}\,\text{d}\lambda \qquad (7-144)$$

即 $\Delta U_{\max}$ 为成像系统观测面源目标时所输出的信号。

然而,光学系统的衍射和像差效应会限制成像面积的最小尺寸,即点源目标在像平面上也不会是一个点,而是一个弥散斑。图 7-73 给出了可能的三种情况:图 7-73(a) 为没有衍射和像差效应,或效应很弱时,理想几何光学所成的像;图 7-73(b) 为有衍射和像差效应,但弥散斑直径小于像元直径时所成的像;图 7-73(c) 为弥散斑直径大于像元直径时所成的像。图 7-74 给出了与图 7-73 对应情况下,成像面积 A_{image} 与辐射源面积 A_S 的关

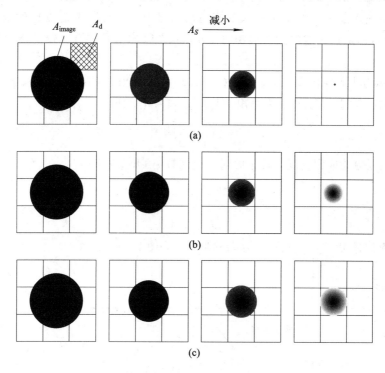

图 7-73　不同情况下像的尺寸

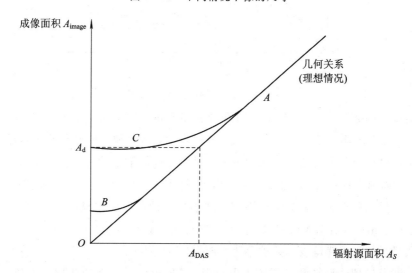

图 7-74　在图 7-73(a)、(b)、(c) 三种情况下像的大小与辐射源尺寸之间的关系

系曲线。在图 7-74 中，曲线 A 是理想情况，与图 7-72 和图 7-73(a) 相对应；曲线 B 表示的是弥散斑面积小于像元面积的情况，与图 7-73(b) 相对应；曲线 C 表示的是弥散斑直径大于像元直径的情况，与图 7-73(c) 相对应。

由上述分析可知，在图 7-73(a) 及图 7-74 曲线 A 的情况下，式(7-143) 是完全适用的；在图 7-73(b) 及图 7-74 曲线 B 的情况下，式(7-43) 是近似成立的；而在图 7-73(c) 及图 7-74 曲线 C 的情况下，直接利用式(7-143) 会带来较大的误差。在这种情况下，由于出现了明显的弥散斑，在计算成像系统输出信号时，应充分考虑点扩散效应和采样效应。这样，当目标从点源过渡到扩展源时，成像系统输出信号将有比较复杂的形式，即

$$\Delta U_{sys} = \Delta U_{max} \text{ATF} \tag{7-145}$$

其中，ATF 称为非周期传递函数。由式(7-145) 可以看出，非周期传递函数 ATF 可定义为成像系统输出信号 ΔU_{sys} 被最大输出信号 U_{max} 归一化，即

$$\text{ATF} = \frac{\Delta U_{sys}}{\Delta U_{max}} \tag{7-146}$$

很明显，对于理想的成像情况，其非周期传递函数 ATF_{ideal} 为

$$\text{ATF}_{ideal} = \begin{cases} \dfrac{A_S}{A_{DAS}} & (A_S < A_{DAS}) \\ 1 & (A_S \geqslant A_{DAS}) \end{cases} \tag{7-147}$$

对于实际的成像情况，ATF 具有较复杂的形式，如图 7-75 所示。

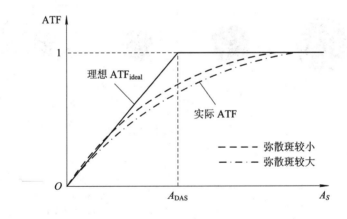

图 7-75　非周期传递函数示意图

非周期传递函数 ATF 主要针对具有明显弥散斑时，定量描述目标从点源到扩展源过渡过程中，成像系统输出信号的变化形式。分析表明，衍射和像差越严重，弥散斑越明显，ATF 值越小。由于 ATF 是基于像元测量的，只要目标能被成像系统分辨，ATF 就与目标尺寸无关，所以当目标尺寸 A_S 较大时，ATF 趋近于 1。从概念上讲，在亚像元尺度上，尽管目标不能在显示屏上被显示，但非周期传递函数可精细地描述成像系统输出信号的变化趋势。从另一个角度来说，ATF 与高于系统空间截止频率有关，而在该空间频率范围内，目标是无法显示的。这就是该函数被称为"非周期"的原因。

如果能够通过理论计算和测量的手段获得 ATF 随目标尺寸的变化关系以及最大输出信号 U_{max}，那么利用式(7-145) 即可计算出实际成像系统的输出信号 ΔU_{sys}，这对预测和评

估系统的性能大有帮助。

在实际应用中，将面临利用成像系统探测点源目标的极限情况。在这种情况下，弥散斑将决定点目标图像的大小以及辐射通量的分布，而与目标大小无关。在这种极限情况下，由于ATF趋于零，因此无法用于计算系统的输出信号。对于这种极限情况，可利用目标传递函数(TTF)进行定量描述。

3) 目标传递函数

目标传递函数(TTF)也称目标尺度函数，定义为实际和理想情况下的非周期传递函数之比，即

$$\text{TTF} = \frac{\text{ATF}}{\text{ATF}_{\text{ideal}}} \tag{7-148}$$

由定义式(7-148)可以看出，TTF可用于描述实际情况和理想情况的差别，并用于估算弥散斑对系统输出信号的影响。TTF值越大，实际情况和理想情况的差别越小，弥散斑对系统输出信号的影响越弱。例如，当TTF=1时，意味着弥散斑对系统输出信号没有影响。利用式(7-146)和式(7-148)以及图7-75，可以得到TTF随目标面积A_S的变化趋势，如图7-76所示。由图7-76可以看出：在过渡过程中，当A_S与A_{DAS}相等时，TTF取最小值，这意味着在该点处，弥散斑对系统目标探测影响最为严重；光斑的弥散程度将明显地减小TTF；当目标面积A_S很小或趋于零时，TTF将趋近于一个常数PVF，该常数称为点可见度因子。PVF与弥散斑大小和像元尺寸有关。我们知道，当目标面积趋近于零时，可以得到系统的点扩展函数，因此，可以说点可见度因子PVF是点扩展函数在像元上的垂直投射。

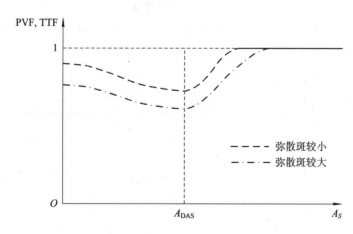

图 7-76　目标传递函数示意图

利用 TTF 的定义，可得

$$\text{TTF} = \begin{cases} \text{ATF}\left(\dfrac{A_{\text{DAS}}}{A_S}\right) & (A_S < A_{\text{DAS}}) \\ \text{ATF} & (A_S \geqslant A_{\text{DAS}}) \end{cases} \tag{7-149}$$

因此，有

$$\Delta U_{\text{sys}} = \left[G \int_{\lambda_1}^{\lambda_2} \frac{R_u(\lambda)\Delta L_{\text{bb}}(\lambda)A_o A_S \tau_o(\lambda)\tau_{\text{atm}}(\lambda)}{f_c^2} \, d\lambda \right]\text{TTF} \quad (A_S < A_{\text{DAS}}) \tag{7-150}$$

$$\Delta U_{\text{sys}} = \left[G \int_{\lambda_1}^{\lambda_2} \frac{\pi}{4} \frac{R_u(\lambda) \Delta L_{\text{bb}}(\lambda) A_d \tau_o(\lambda) \tau_{\text{atm}}(\lambda)}{F_{\#}^2} \, \mathrm{d}\lambda \right] \text{TTF} \quad (A_S \geqslant A_{\text{DAS}}) \qquad (7-151)$$

其中，$A_{\text{DAS}} = A_d (f_c / f_o)^2$。当 A_S 趋近于零时，可以用辐射强度 $\Delta I_{\text{bb}}(\lambda)$ 代替 $\Delta L_{\text{bb}}(\lambda)$，于是有

$$\Delta U_{\text{sys}} = \left[G \int_{\lambda_1}^{\lambda_2} \frac{R_u(\lambda) \Delta I_{\text{bb}}(\lambda) A_o \tau_o(\lambda) \tau_{\text{atm}}(\lambda)}{f_c^2} \, \mathrm{d}\lambda \right] \text{PVF} \qquad (7-152)$$

该式就是成像系统点源探测方程，其中 f_c 可以看作是点源目标到红外成像系统的距离。

3. 狭缝响应函数(SRF)

当目标为狭长形状，且其宽度角尺寸 θ(水平方向)小于像元瞬时视场(IFOV)，长度角尺寸(垂直方向)远大于像元瞬时视场(IFOV)时，借助同样的描述方法，可获得系统输出信号随目标宽度的变化关系，从而得到一维狭缝响应函数(SRF)。因此，狭缝响应函数(SRF)被定义为系统对可变尺寸狭缝目标的归一化响应，它提供了有关系统对狭长目标探测能力的信息。

用 SRF 代替 ATF，有

$$\Delta U_{\text{sys}} = \left[G \int_{\lambda_1}^{\lambda_2} \frac{R_u(\lambda) \Delta I_{\text{bb}}(\lambda) A_o \tau_o(\lambda) \tau_{\text{atm}}(\lambda)}{f_c^2} \, \mathrm{d}\lambda \right] \text{SRF} \qquad (7-153)$$

狭缝响应函数的曲线形式如图 7-77 所示，其中 θ_1 为成像分辨率，θ_2 为信号分辨率。这里要强调的是，成像分辨率为 SRF 产生 50% 响应时所对应的目标张角，对应理想系统而言，DAS 是成像分辨率的两倍；信号分辨率为 SRF=0.99 时，可如实再现目标辐射强度的最小目标张角。并且，这种方式定义的成像分辨率和信号分辨率都只应用于扫描系统，很少用于凝视型成像系统。凝视型成像系统分辨率通常用 DAS 来确定。随着弥散斑直径的减小，SRF 达到理想情况。当狭缝宽度趋近于零时，就可得到系统的线扩展函数。扫描系统在扫描方向和垂直扫描方向上的响应不同，因此两个方向上的 SRF 也不相同。

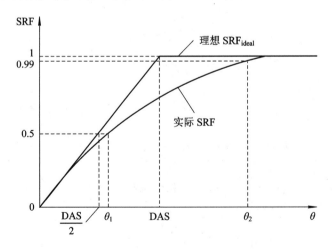

图 7-77　狭缝响应函数示意图

ATF 或 SRF 的测试装置如图 7-78 所示。对于 SRF 和 ATF 测试来讲，目标应与像元中心严格保持在一条直线上。对每个目标尺寸记录下峰值输出，如图 7-79 所示。实验中，

通过标记出目标传递函数趋近于常数的位置就可以得到 PVF。对于红外搜索跟踪系统来说，PVF 是基本的技术指标；对于商用扫描型成像系统来说，SRF 是一个性能度量，但它很少用在凝视型成像系统中。

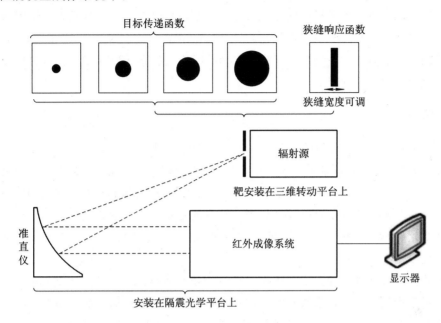

图 7-78 ATF 和 SRF 的通用测试装置

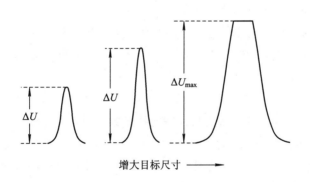

图 7-79 输出信号与目标尺寸的关系

对于 SRF，目标张角应在 0.1IFOV 与 5IFOV 之间变化。对于 ATF，目标面积应在像元投影面积的 0.1～5 倍之间变化。小目标制作很困难的，可能会影响到测试结果。对于 SRF，狭缝长度不是非常重要的，但必须足够大，从而避免垂直刀口的影响。狭缝长度必须覆盖足够多的探测器像元，至少要比使用任何行间插值方法所用到的行数多。狭缝必须准确地和探测器阵列轴平行。

因为测试与目标尺寸有关，所以辐射源强度不是重要的，但辐射源强度也要足够高，这样，在没有进入非线性区的情况下，可以提供一个较高的信噪比。然而，随着目标尺寸的减小，来自黑体的辐射通量也会减小。当辐射通量降低到系统可探测极限以下时，得到的就是一个点。这样，就给出了一个在给定目标辐射度条件下可用目标尺寸的下限。对于任何比该下限尺寸要小的目标，都无法进行 ATF 和 SRF 测量。

在测试 ATF 之前，最后先测量响应函数，以确定未进入非线性区域前或未达到饱和时最大可允许的电平。为了提高信噪比，可通过减小系统增益和增大辐射源强度来降低系统噪声。为避免大气干扰影响，通常把测试系统放在密封室内来减小湍流的影响。同样，把测试系统放在隔震光学平台上，可减小震动的影响。系统 ATF 和理想 ATF 的接近程度与弥散斑直径和像元尺寸有关。

7.5.3　噪声参数

从广义上讲，任何不需要的信号成分都可以定义为噪声。噪声可能以各种形式出现，比如，固定图案噪声、行间非均匀性、$1/f$ 噪声、散粒噪声、带宽（漂移）和通道闪烁等。它们中的任何一个都可成为占主要地位的噪声源。由于噪声的瞬态特性，它们的度量可能是困难的。而一些噪声影响可能很容易预测，但测量起来却不容易。例如，人眼对于图像帧间的强度变化（闪烁）非常敏感，但闪烁现象在单路模拟视频的行扫描线中或单帧数据中也许并不明显。

从系统输出的红外图像上讲，噪声一般可以分为两类：时间噪声和空间噪声。时间噪声是指在观察均匀目标时，像元输出信号的时间变化。对于扫描型成像系统，这种信号变化是针对扫描线信号而言的；对于凝视型成像系统，这种信号变化指的是帧间信号。空间噪声是指在观察均匀目标时，不同像元信号之间的差异，而不是帧间的变化。这两种类型的噪声都有自己的噪声功率谱密度（NPSD）。

噪声可以明显降低图像质量并限制系统检测低对比度目标能力，对红外成像性能度量非常重要。关于噪声的描述，常采用三种不同的分析方法：单参数模型、三维噪声模型以及四参数模型。

1. 单参数模型

在参考大多数红外成像系统制造商提供的技术数据时，关于噪声信息的描述，通常会使用"热敏感度"、"热分辨率"、"温度分辨率"或"噪声等效温差"等名称。尽管这些参数有不同的名称，但通常都是指噪声等效温差 NETD。必须说明的是，NETD 是在使用扩展辐射源条件下，利用系统信号传递函数（SiTF）测得的信噪比为 1 时，并转换成目标与背景的温差或目标温度的变化量。因此，NETD 可用来表示对扩展源目标进行测量时，系统的最小可测量信号。如果使用的是点源目标，则最小可测量信号一般用噪声等效通量密度（NEFD）或噪声等效辐射强度（NEI）来表征。

1）噪声等效温差 NETD

历史上，NETD 是用来描述红外探测器特性的物理量，如今已发展成为描述系统可检测最小信号能力，即噪声的一种度量。在不同文献中，关于 NETD 的定义和测量技术都不大一样。根据经典定义，NETD 是指在系统基准化电路输出端产生单位峰值信号-均方根噪声比时，扩展源目标与背景之间的温度差。因此 NETD 也可表征红外成像系统受客观信噪比限制的温度分辨率。根据定义，有

$$\text{NETD} = \frac{\Delta T}{\Delta U_{\text{sys}}/u_n} = \frac{u_n}{\Delta U_{\text{sys}}/\Delta T} = \frac{u_n}{\text{SiTF}} \qquad (7-154)$$

式中：u_n 是基准电路输出噪声的均方根值；ΔU_{sys} 是目标与背景之间温差为 ΔT 时基准电路输出端的输出信号。

利用式(7-127)和式(7-129)，并假设系统增益 $G=1$，同时不考虑大气影响，即 $\tau_{\text{atm}}(\lambda)=1$，可得

$$\Delta U_{\text{sys}} = \text{SiTF}\Delta T = \int_{\lambda_1}^{\lambda_2} \frac{1}{4} \frac{R_u(\lambda)A_d\tau_o(\lambda)}{F_\#^2} \left[\frac{\partial M_{\text{bb}}(T,\lambda)}{\partial T}\right]_{T=T_B} \text{d}\lambda\Delta T \qquad (7-155)$$

探测器响应度 R_u 与比探测率 D^* 之间的关系为

$$R_u(\lambda) = \frac{u_n D^*(\lambda)}{(A_d\Delta f_e)^{1/2}} \qquad (7-156)$$

其中，Δf_e 为噪声等效带宽。将式(7-156)代入式(7-155)，并根据 $A_o = \pi(D_o/2)^2$，$1/F_\# = D_o/f_o$，$\alpha = a/f_o$ 和 $\beta = b/f_o$，有

$$\frac{\Delta U_{\text{sys}}}{u_n} = \frac{A_o\alpha\beta\Delta T}{\pi\sqrt{ab\Delta f_e}} \int_{\lambda_1}^{\lambda_2} D^*(\lambda)\tau_o(\lambda) \left[\frac{\partial M_{\text{bb}}(T,\lambda)}{\partial T}\right]_{T=T_B} \text{d}\lambda \qquad (7-157)$$

根据 NETD 的定义式(7-154)，可得

$$\text{NETD} = \frac{\pi\sqrt{ab\Delta f_e}}{A_o\alpha\beta} \frac{1}{\displaystyle\int_{\lambda_1}^{\lambda_2} D^*(\lambda)\tau_o(\lambda) \left[\frac{\partial M_{\text{bb}}(T,\lambda)}{\partial T}\right]_{T=T_B} \text{d}\lambda} \qquad (7-158)$$

式(7-158)为噪声等效温差的一般表达式，对于特定的红外成像系统，必须明确噪声带宽 Δf_e，才能准确地预测系统的 NETD。

对于扫描型成像系统，分布在各分系统中的噪声主要是时间噪声。通过噪声功率谱密度，把系统噪声等效为一个噪声源插入到探测器之后，并利用基准参考滤波器模拟后续子系统的滤波效果，从而求得成像系统噪声的等效带宽

$$\Delta f_e = \int_0^\infty s(f_e)\text{MTF}_e^2(f_e)\text{d}f_e \qquad (7-159)$$

其中：$s(f_e)$ 为系统随频率 f_e 变化的噪声功率谱密度，对于白噪声，$s(f_e)=1$；$\text{MTF}_e(f_e)$ 为电子滤波器传递函数。由于 $\text{MTF}_e(f_e)$ 一般为低通滤波器，因此可得到 Δf_e 与 3 dB 频率点 f_{eo} 的关系为 $\Delta f_e = \pi f_{eo}/2$。一般为保持光脉冲信号波形能达到最大值，要求 $f_{eo} = 1/(2\tau_d)$。因此，噪声等效带宽 Δf_e 与 τ_d 的关系为

$$\Delta f_e = \frac{\pi}{2} \frac{1}{2\tau_d} \qquad (7-160)$$

对于凝视型成像系统，测量点一般是在视频信号输出口(即系统显示之前)，此时，系统的主要信号处理已经完成；另外，信号处理和焦平面非均匀性也会对系统噪声有重大贡献，甚至占据主要地位。也就是说，凝视型成像系统输出信号既包含时间噪声，也包含空间噪声，同时还具有时间无关-空间相关噪声、空间无关-时间相关噪声等，因此有关凝视型成像系统的噪声等效带宽的确定是非常复杂的。但是，为了使通过式(7-158)估算的 NETD 仍可用来表征凝视型成像系统的时间噪声，其噪声等效带宽按如下方式确定：电信号的最高频率是在器件(CCD)输出端每传送两个电荷包所需时间之倒数，或者说是 CCD 输出转移时钟频率的 1/2，因此有

$$\Delta f_e = \frac{\pi}{2} \frac{1}{2\tau_{int}} \qquad (7-161)$$

其中，τ_{int} 是积分时间或凝视时间。

如上所述，对于扫描型成像系统而言，用 NETD 作为噪声现象的描述参数是相对清晰的，它是扫描线上高频时间噪声的一种度量。对于凝视型成像系统，情况要更复杂一些。尽管仍然采用上述定义，但主要差别在于如何计算均方根噪音。对于凝视型成像系统 NETD 的计算，有以下几种不同的计算方法：

(1) 均方根噪声可以根据单个像元信号的时间标准偏差进行计算，此时，NETD 是像元时间噪声的度量。

(2) 均方根噪声可以根据一组像元信号的时间及空间标准偏差进行计算，此时，NETD 就是总噪声(时间和空间噪声分量)的度量。

(3) 均方根噪声可以根据一组像元信号经空间噪声校准后的时间及空间标准偏差进行计算，此时，NETD 就是一组像元平均时间噪声的度量。

以上三种方法在低频校正与否的情况下都可以使用。这意味着，取决于是否进行了低频校正，NETD 可以仅作为高频噪声的度量，或全带宽噪声的度量。

例如，图 7-80(a)给出了某一凝视型红外成像系统拍摄的黑体红外图像，对于一给定的黑体温度，通过采集一千多帧图像(50 帧/s，大约 20 s)来记录一个测量点温度起伏，其中图 7-80(b)~(e)给出了不同时刻的局部放大图像，以展示其温度的波动情况。

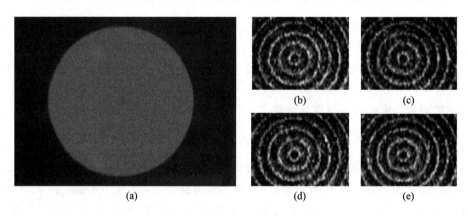

图 7-80　NETD 测量实验截图
(a) 黑体图像；(b)~(e) 温度波动图像

利用所记录的图像，可得出特定像元温度随时间的变化情况，如图 7-81(a)所示，它很好地说明了红外成像系统噪声随时间的变化情况。像元测量温度的分布可以标准正态分布进行描述，如图 7-81(b)所示，利用该分布可以求出温度波动的均方根值，由该均方根值即可计算出 NETD 为 0.065K。

总而言之，NETD 可以被视为度量噪声现象的一种有用的参数，但前提是，是否了解噪声是如何测量的；如果没有这方面的知识，NETD 数据可能是非常令人费解的。使用不同计算方法得到的 NETD 数值差异非常明显。使用第一种方法得到的 NETD 可能比使用第二种方法得到的 NETD 小很多。

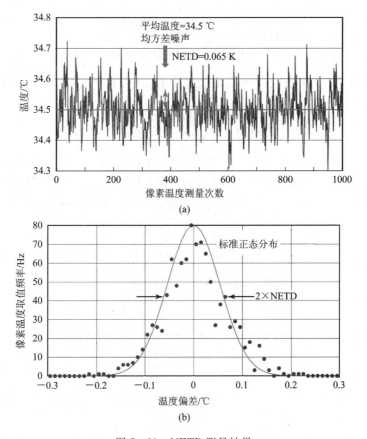

图 7 − 81　NETD 测量结果

（a）像元点温度的时间变化（测量时间为 20 s，帧频为 50 Hz）；（b）像元温度的概率分布

2）噪声等效通量密度（NEFD）

对于点源目标，系统最小可测量信号通常用噪声等效通量密度（NEFD）或噪声等效辐照度（NEI）来表征，其定义为在系统基准化电路输出端产生单位峰值信号-均方根噪声比时，点源目标入射的辐射通量密度，或点源目标在光学系统处的辐照度，即

$$\text{NEFD} = \frac{\Delta E}{\Delta U_{\text{sys}} / u_n} \qquad (7-162)$$

其中：u_n 是基准电路输出噪声的均方根值；ΔU_{sys} 是目标与背景辐照度差为 ΔE 时基准电路输出端的输出信号。

由红外物理可知，辐射强度为 $\Delta I_{\text{bb}}(\lambda)$ 的目标在距离 f_c 处所产生的辐射照度 $\Delta E_{\text{bb}}(\lambda) = \Delta I_{\text{bb}}(\lambda) / f_c^2$。同样，假设系统增益 $G = 1$，且不考虑大气影响，即 $\tau_{\text{atm}}(\lambda) = 1$，则由式（7−152）可得

$$\Delta U_{\text{sys}} = \left[\int_{\lambda_1}^{\lambda_2} R_u(\lambda) \Delta E_{\text{bb}}(\lambda) A_o \tau_o(\lambda) \mathrm{d}\lambda \right] \text{PVF} \qquad (7-163)$$

另外，光谱范围 $\lambda_1 \sim \lambda_2$ 内的波段辐照度 ΔE_{bb} 为

$$\Delta E_{\text{bb}} = \int_{\lambda_1}^{\lambda_2} \Delta E_{\text{bb}}(\lambda) \, \mathrm{d}\lambda \qquad (7-164)$$

将式（7−163）和式（7−164）代入式（7−162）可得

$$NEFD = \frac{u_n \int_{\lambda_1}^{\lambda_2} \Delta E_{bb}(\lambda) d\lambda}{PVF \int_{\lambda_1}^{\lambda_2} R_u(\lambda) \Delta E_{bb}(\lambda) A_o \tau_o(\lambda) d\lambda} \qquad (7-165)$$

如果光谱带宽 $\Delta\lambda = \lambda_2 - \lambda_1$ 很小，可以用带宽中心 $\lambda_c = (\lambda_1 + \lambda_2)/2$ 的值估算积分，并将式 (7-156)代入，则有

$$NEFD = \frac{(A_d \Delta f)^{1/2}}{PVF D^*(\lambda_c) A_o \tau_o(\lambda_c)} \qquad (7-166)$$

在式(7-165)和式(7-166)中，如果用 TTF 替代 PVF，即可描述系统对任意尺寸目标的响应。如图 7-82 所示，由于点源采用的是可视因子 PVF，所以 NEFD 随辐射源面积接近于零而增大。如果所有辐射都投射到一个像元上，那么 PVF 值就接近于常数。

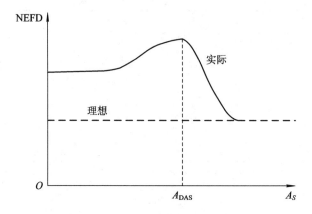

图 7-82　NEFD 与目标面积的关系

另一种求解 NEFD 的方法是，用一扩展源目标测试 NETD，同时采用数学方法来校正 PVF，从而将 ΔT 转换为辐射通量密度

$$NEFD = \frac{u_n}{SiTF} \frac{SiTF}{(\Delta U_{sys}/\Delta E)} \qquad (7-167)$$

或

$$NEFD = NETD \frac{\int_{\lambda_1}^{\lambda_2} \frac{1}{4} \frac{R_u(\lambda) A_d \tau_o(\lambda)}{F_\#^2} \left[\frac{\partial M_{bb}(T,\lambda)}{\partial T} \right]_{T=T_B} d\lambda \int_{\lambda_1}^{\lambda_2} \Delta E_{bb}(\lambda) d\lambda}{\left[\int_{\lambda_1}^{\lambda_2} R_u(\lambda) \Delta E_{bb}(\lambda) A_o \tau_o(\lambda) d\lambda \right] PVF} \qquad (7-168)$$

同样，用带宽中心 $\lambda_c = (\lambda_1 + \lambda_2)/2$ 的值估算积分，有

$$NEFD = NETD \frac{A_d}{4F_\#^2 A_o} \frac{1}{PVF} \left[\frac{\partial M(T,\lambda_c)}{\partial T} \right]_{T=T_B} \Delta\lambda \qquad (7-169)$$

对于线性系统，ΔU_{sys} 和 ΔE 成正比，所以 $\Delta U_{sys}/\Delta E$ 与背景强度无关。对于背景限系统，u_n 将随背景温度的增加而增大。因此，随着背景温度的增加，NEFD 也会增大。

3) NETD 的局限性

NETD 作为系统性能的综合量度有一些不足之处，主要表现在以下几个方面：

(1) NETD 的测量点是在基准化电路的输出端。由于从电路输出端到终端图像之间还有其他子系统(如显示器)，因而 NETD 并不能表征整个系统的性能。

(2) NETD 反映的是客观信噪比限制的温度分辨率，但人眼对图像的分辨效果与视在

信噪比有关。NETD 并没有考虑视觉特性的影响。

（3）单纯追求低的 NETD 值并不意味着一定有好的系统性能。例如，增大工作波段的宽度，显然会使 NETD 减小。但在实际应用场合，可能会由于所接收的日光反射成分的增加，使系统测出的温度与真实温度的差异增大。

（4）NETD 反映的是均匀背景下，系统对低频景物（均匀扩展源目标）的温度分辨率，不能表征系统用于观测较高空间频率景物时的温度分辨性能。尽管 NEFD 考虑了点源目标，可用来分析系统最小的可测量信号，但针对的仍是均匀背景情况。

因此，NETD 作为系统性能的综合量度是有局限性的。但是 NETD 定义简单，测量容易，目前仍在广泛采用。尤其在系统设计阶段，采用 NETD 作为对系统诸参数进行选择的权衡标准是有用的。

2. 三维噪声模型

前面说过，对于采用焦平面阵列的凝视型成像系统，其输出噪声既有时间噪声，也有空间噪声，同时还有时间无关-空间相关噪声、空间无关-时间相关噪声等。为了描述凝视型成像系统的噪声，人们提出了三维噪声模型，即将噪声置于一个三维坐标系中（时间 T_s、水平方向 V_s、垂直方向 H_s）来考察噪声的大小。

与分析传统噪声一样，必须有一个符合一定要求的数据源。分析三维噪声的数据源要求如下：

（1）以一个均匀黑体源为目标，热成像系统采集其连续的数字化图像，形成数据集。

（2）得到的数据集在数学上可分为三维，即时间方向、垂直方向、水平方向。如果一帧图像中共有 $m×n$ 个像素，数据集中共包含 N 帧图像，则 $1{\leqslant}V_s{\leqslant}m$、$1{\leqslant}H_s{\leqslant}n$、$1{\leqslant}T_s{\leqslant}N$。

（3）数据源构成如图 7-83 所示的数据立方体。

必须说明的是，尽管三维噪声模型是针对凝视型成像系统提出的，但也可将其扩展应用到扫描型成像系统，因此，在图 7-83 中，对扫描型成像系统而言，水平轴（H_s）代表时间；而对凝视型成像系统来说，水平轴（H_s）则代表空间。对于凝视列阵，m 和 n 表示的是探测器像元的方位；对于并扫系统，m 表示的是像元数目，n 表示的是数字信号；对于串扫系统，m 表示的是扫描线数目，n 表示的是数字信号。

三维噪声模型的核心是把上述的原始图像数组以一个全程常数 S 和 7 种可能噪声的综合组成代替，即

$$U(T,V,H) = S + N_T + N_V + N_H + N_{TV} + N_{TH} + N_{VH} + N_{TVH} \tag{7-170}$$

其中，S 是三维数据库中所有数据值的平均，对应信号的输入响应，跟随 S 的 7 种噪声应具有零平均，因此对总平均不作贡献。7 种噪声类型的物理意义分别为：N_T 为仅在时间方向变化的噪声，可以贴切地描述为"帧-帧噪声"；N_V 为仅在垂直方向变化而与时间无关的噪声，可描述为"固定行噪声"，它由探测元之间的非均匀性引起；N_H 为仅在水平方向变化的噪声，代表固定水平非均匀性，可描述为"固定列噪声"，来源于扫描效应、探测器非均匀性；N_{TV} 为垂直方向随时间变化的噪声，但不影响水平方向，可描述为"瞬态行噪声"，主要包含 $1/f$ 噪声、读出噪声；N_{TH} 为水平方向随时间变化的噪声，可描述为"瞬态列噪声"，来源于扫描效应；N_{VH} 为仅在空间 2 方向随机变化而不随时间变化的噪声，可描述为"固定像素噪声"，来源于像素处理、探测器的非均匀性、$1/f$ 噪声；N_{TVH} 为在时间、水平、垂直 3 个方向均随机变化的噪声，可描述为"瞬态像元噪声"，来源于探测器瞬态噪声。

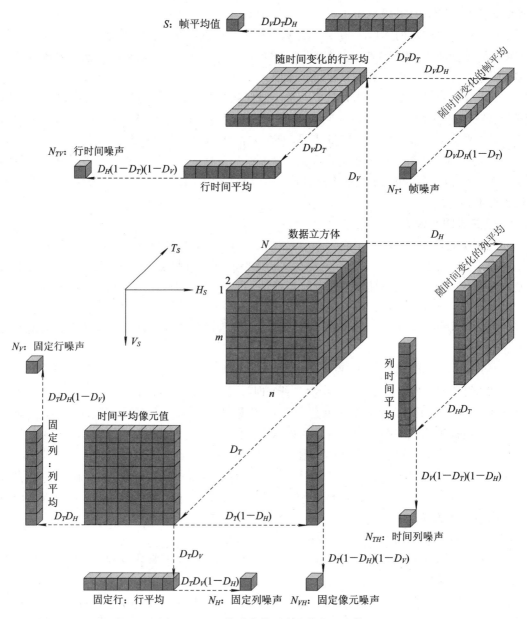

图 7 - 83　三维噪声模型中的数据立方体

1) 方向操作算子

为了方便求出 7 种噪声的大小，特引入方向操作因子 D_T、D_H 和 D_V 的概念，其定义为

$$D_T = \frac{1}{N} \sum_{t=1}^{N} U(T,V,H) \qquad (7-171)$$

$$D_V = \frac{1}{m} \sum_{v=1}^{m} U(T,V,H) \qquad (7-172)$$

$$D_H = \frac{1}{n} \sum_{h=1}^{n} U(T,V,H) \qquad (7-173)$$

方向操作因子 D_T、D_H 和 D_V 的意义很明确：D_T 表示某一像元各帧信号的平均值；D_H 表示某一帧中某一列所有像元信号的平均值；D_V 表示某一帧中某一行所有像元信号的平均值。取平均值意味着所有波动被排除，在数学上，相当于该因子具有从原始数据中消除该类型噪声的功能，因此，当方向操作因子作用于图像数据时，即意味着去除此方向的噪声。这样，如果要求取此方向的噪声对三维噪声的贡献量，则必须引入相反操作因子 $1-D_i(i=T,V,H)$，它分别表示从数据集当中去除平均值。利用操作因子求取信号与噪声的公式为

$$S = D_T D_V D_H U(T,V,H) \tag{7-174}$$

$$N_T = D_V D_H (1-D_T) U(T,V,H) \tag{7-175}$$

$$N_V = D_T D_H (1-D_V) U(T,V,H) \tag{7-176}$$

$$N_H = D_T D_V (1-D_H) U(T,V,H) \tag{7-177}$$

$$N_{TV} = D_H (1-D_T)(1-D_V) U(T,V,H) \tag{7-178}$$

$$N_{TH} = D_V (1-D_T)(1-D_H) U(T,V,H) \tag{7-179}$$

$$N_{VH} = D_T (1-D_V)(1-D_H) U(T,V,H) \tag{7-180}$$

$$N_{TVH} = (1-D_T)(1-D_V)(1-D_H) U(T,V,H) \tag{7-181}$$

这样就可获得该数据集的起伏 N_i（即噪声）。以上各运算含义见图 7-83，其中，N_T 表示每帧是 $m \times n$ 个像元平均后的结果；N_V 表示每行是 n 个像元和 N 帧平均后的结果；N_H 表示每列是 m 个像元和 N 帧平均后的结果；N_{TV} 表示每行是 n 个像元平均后的结果；N_{TH} 表示每列是 m 个像元平均后的结果；N_{VH} 表示每个像元是 N 帧平均后的结果；N_{TVH} 表示每个像元去平均后的结果。各个噪声成分所包含的数据元数量见表 7-6。

表 7-6 各个噪声分量中数据元数量

3D 数据集	数据元数量 N_e
N_{TVH}	$m \times n \times N$
N_{VH}	$m \times n$
N_{TH}	$n \times N$
N_{TV}	$m \times N$
N_H	n
N_V	m
N_T	N
S	1

2）噪声的组成

数据集 N_i 的标准差 σ_i 就是该数据集的 rms 噪声值。表 7-7 将噪声成分分解成空间和时间成分。表 7-7 列出了 7 种噪声成分以及可能影响串扫、并扫和凝视型成像系统的噪声成分。从数学完整性讲，噪声模型包含 8 种成分，其中第八种是全局平均值 S。根据不同系统的工作原理，这些噪声成分中的任意一个都可能占统治地位。这些噪声的来源有很大的不同，其存在和出现都与红外成像系统的特性有关，并不是每种噪声成分都会在每个红外成像系统中出现。某些噪声，比如颤噪声就很难描述，因为它们可能以不同的形式出现。"读出电子噪声"是凝视列阵中所有可能导致失真的噪声的总称，其影响表现在水平或垂直

方向上。表7-8中列出了它们可能出现的形式。

表 7-7   三维噪声的表示符号

噪声成分	像元标准差	行标准差	列标准差	帧标准差
时间	σ_{TVH}	σ_{TV}	σ_{TH}	σ_T
空间	σ_{VH}	σ_V	σ_H	$\sigma_S = 0$

表 7-8   三维噪声模型的 7 种成分

3D 噪声成分	描述	串扫	并扫	凝视列阵
σ_{TVH}	随机 3D 噪声	随机和 $1/f$ 噪声	随机和 $1/f$ 噪声	随机
σ_{VH}	不随帧间变化的空间噪声	非均匀性	非均匀性	非均匀性、固定图案噪声
σ_{TH}	列平均变量，在帧间变化，如雨状斑点	—	电磁干扰	读出电子噪声
σ_{TV}	行平均变量，在帧间变化，如斑纹状（图像拖尾）	电磁干扰	瞬态噪声（像元闪烁）和 $1/f$ 噪声	读出电子噪声
σ_V	行平均变量，时间固定，水平线或条带	行间插值	像元增益变化，行间插值	读出电子噪声，行间插值
σ_H	列平均变量，时间固定，垂直线	—	—	读出电子噪声
σ_T	帧间强度变量，闪烁	帧处理	帧处理	帧处理

注：读出电子噪声影响表现在水平或垂直方向上。

系统总噪声为

$$\sigma_{\text{sys}} = \sqrt{\sigma_{TVH}^2 + \sigma_{TV}^2 + \sigma_{TH}^2 + \sigma_{VH}^2 + \sigma_T^2 + \sigma_V^2 + \sigma_H^2} \qquad (7-182)$$

对于几乎所有的系统，σ_T 相对 σ_{TVH} 来讲，都是可以忽略的，因此可从数据集中略去。固定图案噪声能通过合并 σ_{TVH}、σ_V、σ_H 得到。目前，只有 σ_{TVH} 是可以预测的，其他噪声成分一定要通过测量和估计得到。图7-84是通过系统成像分析模拟产生的，表示了噪声的影响。其中，图7-84(a)为 σ_{TVH} 噪声的影响，图7-84(b)为 σ_V 噪声的影响，图7-84(c)为

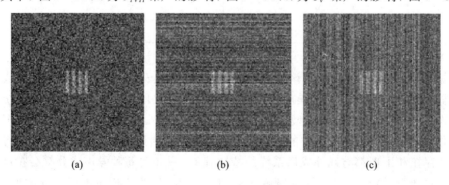

(a)　　　　　　　　　　(b)　　　　　　　　　　(c)

图 7-84　红外成像系统的噪声示意

σ_H 噪声的影响。随机噪声在帧间是变化的，而固定图案噪声则是不变的。图 7 - 84(a)所示的噪声经常在凝视型成像系统中出现，图 7 - 84(b)所示的噪声经常在扫描型成像系统中出现，图 7 - 84(c)所示的噪声出现的情况较少。

3）扫描型成像系统

除随机扫描噪声外，在并联扫描系统中最常见的噪声分量是 σ_{TV} 和 σ_v。对一个设计良好的扫描型成像系统，总的系统噪声可近似表示为

$$\sigma_{\text{sys}} \approx \sqrt{\sigma_{TVH}^2 + \sigma_{TV}^2 + \sigma_V^2} = \sigma_{TVH} \sqrt{1 + \left(\frac{\sigma_{TV}}{\sigma_{TVH}}\right)^2 + \left(\frac{\sigma_V}{\sigma_{TVH}}\right)^2} \qquad (7-183)$$

作为参考，表 7 - 9 中给出了一个采用 HgCdTe 探测器，在 $8 \sim 12 \, \mu m$ 波段内工作的扫描型成像系统的典型噪声值。表 7 - 9 中的"低噪声"对应于常见的系统，"中噪声"对应于二代扫描型成像系统。当二代扫描型成像系统有更低的 NETD 时，相关的 σ_{TV} 和 σ_v 值更高。表 7 - 9 表明，对于常见的系统，σ_{TV} 和 σ_v 可能比测得的 σ_{TVH} 小 25%，对于二代扫描型成像系统则小 75%。

表 7 - 9　典型扫描型成像系统的噪声值

相关噪声	低噪声	中噪声
σ_{VH}/σ_{TVH}	0	0
σ_{TV}/σ_{TVH}	0.25	0.75
σ_V/σ_{TVH}	0.25	0.75
σ_{TH}/σ_{TVH}	0	0
σ_H/σ_{TVH}	0	0

4）凝视型成像系统

对于凝视型成像系统，固定图案噪声（σ_{VH}）是整个系统噪声中的主要因素。对于大多数凝视型成像系统来说，总噪声近似等于

$$\sigma_{\text{sys}} \approx \sqrt{\sigma_{TVH}^2 + \sigma_{VH}^2} = \sigma_{TVH} \sqrt{1 + \left(\frac{\sigma_{VH}}{\sigma_{TVH}}\right)^2} \qquad (7-184)$$

表 7 - 10 给出了采用 PtSi 焦平面阵，在 $3 \sim 5 \, \mu m$ 波段内工作的凝视型成像系统的典型噪声值。表 7 - 10 表明，测得的 σ_{VH} 比 σ_{TVH} 可能小 40%。表 7 - 10 中的值是凝视型成像系统校准后立即测得的典型值，校准温度与背景温度近似。

表 7 - 10　典型凝视型成像系统的噪声值

相对噪声	典型值
σ_{VH}/σ_{TVH}	0.40
σ_{TV}/σ_{TVH}	0
σ_V/σ_{TVH}	0
σ_{TH}/σ_{TVH}	0
σ_H/σ_{TVH}	0

5）NETD、固定图案噪声（FPN）和非均匀性

每种噪声都有各自的噪声功率谱密度（NPSD）。通过将 NPSD 分解为低频、高频成分，

就可以定义最常见的噪声参数。低频噪声趋于对系统产生的扰动作用；高频噪声干扰系统的基本运行，能显著地影响系统对细节的分辨能力。$1/f$ 噪声是 σ_{TVH} 的低频分量，固定图案噪声(高频空间噪声)和非均匀性(低频空间噪声)是 σ_{VH} 的分量，NETD 是随机噪声的高频分量，见表 7 - 11。

表 7 - 11　NETD、FPN 和非均匀性

3D 噪声分量	频率分量	串扫	行扫	凝视列阵
σ_{TVH}	高	NETD	NETD	NETD
	低	$1/f$	$1/f$	$1/f$
σ_{VH}	高	—	—	固定图案噪声
	低	非均匀性	非均匀性	非均匀性

有四种众所周知的噪声源：探测器像元响应的非均匀性、探测器像元光谱响应的偏差、探测器像元的 $1/f$ 噪声和阵列的 $1/f$ 噪声。固定图案噪声指的是那些不会在帧间明显变化的噪声。探测器像元响应和光谱响应通常不随时间发生变化，而且其偏差的显示将是一幅几乎不变化的图案。但是，如果探测器的温度发生变化，那么响应度和暗电流也相应改变。$1/f$ 噪声是一种低频现象，它随时间缓慢变化。因为每个像元有不同的 $1/f$ 噪声特性，这些低频分量以不同的直流偏置形式出现。不同的直流偏置又表现为固定图案噪声。因为每个像元是独立的，所以 $1/f$ 噪声的漂移将是不同的，固定图案噪声也会随时间发生变化。一个完整随机的非均匀性空间噪声随时间缓慢变化，归一化后，空间噪声将作为时间的函数单调增加。尽管 $1/f$ 噪声是低频时间噪声，但它依赖于系统的设计和操作。$1/f$ 噪声在扫描型成像系统中可以作为条纹(拖尾)出现。因为它影响系统使用，或是出于美观原因，这种行间的变化或条纹是不能接受的。由于每行可以有不同的平均值，所以它以 σ_{TV} 形式出现。固定图案噪声通常与扫描型成像系统无关，但固定图案噪声可能出现在垂直方向上。对于凝视型成像系统，所测得的噪声值与最后增益/灰度校正时间有关。

尽管非均匀性最早是用来测量光学缺陷的(阴影、斑点和瑕疵)，但现在它包括所有可能产生非均匀输出的原因，如冷反射和扫描噪声。均匀性常被看作是一种外观缺陷，在某些增益设置和背景强度条件下，它可能比其他情况下更容易观察到。在实验室环境温度下，这种情况也许不明显，但在观察单一场景或冷天空时，这种现象会明显地出现在视场中。冷反射，这种产生非均匀性干扰的因素，可以利用与冷反射信号等值的匹配黑体温度的方法来消除。如果系统增益足够高或选择适当的背景温度，冷反射噪声和黑斑总会出现并观察到。

3. 四参数模型

噪声现象非常复杂，采用单参数方法(如 NETD 法)是无法精确表征的。即使很清楚地知道了 NETD 是如何测试的，还必须深入了解噪声现象，才能用 NETD 进行准确的描述。两个成像系统可以具有相同的 NETD，但人们可观察到由这些系统所拍摄图像间的较大差异。另一方面，3D 噪声模型使用了 8 个分量来表征噪声现象，这太过复杂以至于不能普遍接受和使用。因此，在这种情况下，采用折中的方式或许是一种不错的选择，即将噪声用四参数模型进行表征。

四参数模型的基础是,假设存在于红外成像系统输出图像中的噪声可分为时间噪声和空间噪声两类,而每一类噪声又进一步划分为低频噪声和高频噪声,如图 7-85 所示。

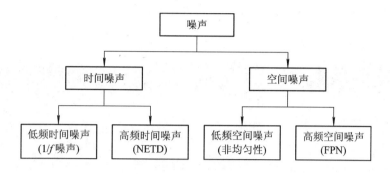

图 7-85　噪声分类示意图

时间噪声会在目标辐射强度不随时间变化的情况下,使成像系统像元的亮度随时间发生变化;而空间噪声会在均匀目标辐照的情况下,使成像系统像元的亮度在空间上发生变化。

低频时间噪声会引起系统像元亮度随时间缓慢地变化,该噪声分量一般是由 $1/f$ 噪声产生的。如果我们捕捉和比较系统在相隔较长一段时间(比如至少十几分钟以上)内生成的图像,会明显地看到这种现象。如图 7-86 所示,与第一帧图像相比,第二或第三帧图像显然要暗一些或亮一些。

图 7-86　较长时间间隔捕获的均匀目标的图像

高频时间噪声会引起系统像元亮度随时间快速地变化。参照扫描型成像系统的原始 NETD 定义可知,NETD 可被视为总噪声高频噪声分量的度量。如果观察系统所产生的几帧紧邻的图像,可明显地看到这种高频噪声分量。如图 7-87 所示,尽管图像是紧邻的几帧,时间间隔非常短(1/60 秒 NTSC 视频系统,或 1/50 秒 PAL 视频系统),但像元亮度在帧间快速地变化了。

图 7-87　高频时间噪声占主导地位的均匀目标的相邻三帧图像

低频空间噪声会引起系统像元亮度在空间上缓慢地变化，该噪声通常称为非均匀性噪声。如果低频空间噪声分量很强，在所捕获的几个紧邻帧间图像中，该现象是非常明显的，如图 7-88 所示。可以注意到，低频空间噪声并不会在帧间发生改变，且在每一帧中几乎是相同的。

图 7-88　低频空间噪声占主导地位红外成像系统所捕获的均匀目标的相邻三帧图像

高频空间噪声会引起系统像元亮度在空间上快速地变化，该噪声通常称为固定图案噪声。如果高频空间噪声分量很强，在所捕获的几个紧邻帧间图像中，该现象是非常明显的，如图 7-89 所示。可以注意到，高频空间噪声出现在每一帧中，并不会在帧间发生改变且在每一帧中几乎是相同的。

图 7-89　高频空间噪声占主导地位红外成像系统所捕获的均匀目标的相邻三帧图像

通常认为：对于 NTSC 视频信号来讲，150 kHz 为高频与低频之间的拐点；而对于 PAL 视频信号来讲，186 kHz 是高频与低频之间的拐点。可以采用合适的低通滤波器或高通滤波器，从总噪声中将低频时间和空间噪声分离出来。分离不同噪声分量的另一个更方便的方法是，当均匀目标充满系统视场时，捕捉一系列系统所产生的图像，利用捕获的数据创建 3D 空间-时间矩阵，然后采用低/高数字滤波器进行数据滤波，从而将总噪声分成 4 种噪声分量。

根据系统主要噪声是遍历性噪声或非遍历性噪声，从而确定从 3D 空间-时间矩阵中分离 4 种噪声分量的方法。如果成像系统的噪声是遍历性的，那么从统计上讲，噪声与探测器像元有关，则可根据 n 个不同探测器像元进行平均计算，或将同一探测器像元进行 n 次计算。因此，均方根噪声的计算公式为

$$\sigma = \sqrt{\sigma_{ave}^2} = \sqrt{\frac{s_1^2 + s_2^2 + \cdots + s_n^2}{n}} \tag{7-185}$$

其中：s_i^2 是来自第 i 个探测器像元的噪声方差，或来自同一探测器像元但被测量 i 次的噪声方差；n 是探测器像元的数量或来自同一探测器像元的数据记录次数。

如果成像系统噪声是非遍历性的，那么噪声可认为与探测器像元无关。从统计上来

讲，每个探测器像元都是不同的噪声源。因此，均方根噪声的计算公式为

$$\sigma = \sigma_{\text{ave}} = \frac{s_1 + s_2 + \cdots + s_n}{n} \tag{7-186}$$

从某种程度上讲，扫描型系统噪声可看成是遍历性的，凝视型系统噪声可认为是非遍历性的。这种假设尽管并非完全令人满意，但假设的结论并不是十分重要，因为利用上述两个公式计算出的均方根噪声的差别非常小，通常低于 2%。

有了上述基础，现在就可描述通过测量图像来计算 4 种噪声分量的方法。

1) $1/f$ 噪声

（1）捕获帧间隔很长的几十组图像，每一组都可以看作是一个 3D 噪声矩阵。这样，就有 n 组 3D 噪声矩阵，其中 n 是捕获图像的组数。

（2）对每一组进行帧间平均运算。每一组 3D 噪声阵列用一个平均帧代替。将高频时间噪声分量消除或减少，从而创建新的 3D 矩阵，所包含的信息就只有低频时间噪声。

（3）像元亮度随时间变化的标准差就是所要计算单个像元的 $1/f$ 噪声。

（4）包括整个组所有像元的平均 $1/f$ 噪声，就是所要计算整个组像元（或整个红外图像）的 $1/f$ 噪声。

（5）将以灰度级为单位计算所得的 $1/f$ 噪声 $(1/f)_{\text{Dnoise}}$ 转换为以温度为单位计算所得的 $1/f$ 噪声 $(1/f)_{\text{Tnoise}}$：

$$(1/f)_{\text{Tnoise}} = \frac{(1/f)_{\text{Dnoise}}}{\text{SiTF}} \tag{7-187}$$

（6） $1/f$ 噪声也可以表示为所考虑区域平均信号的百分比或 NETD 的百分比。

只有分析很长一段视频序列图像，也就是说至少要几分钟，$1/f$ 噪声分量才会明显地显现。对于较短暂的视频序列，$1/f$ 噪声效果并不明显。通常，$1/f$ 噪声会对系统像元亮度产生一个缓慢变化的影响。换句话说，$1/f$ 噪声会使空间噪声产生缓慢的时间变化，即出现 FPN 和非均匀性。

$1/f$ 噪声不会对人眼观察图像质量产生直接影响。因此，在系统噪声分析时，$1/f$ 噪声通常是被省略的，该噪声分量很少被测量。NETD、FPN 以及非均匀性被认为是三个基本噪声参数，且通常被测量。

2) NETD

（1）捕获一段短暂的图像视频序列（如果捕获的视频图像帧数不超过一百帧，则 $1/f$ 噪声可忽略不计），创建 3D 噪声矩阵。

（2）单一像元亮度随时间变化的标准差即是该像元的 NETD。

（3）整个一组像元（或整个图像）的 NETD 是所有像元 NETD 的平均值。

（4）将以灰度级为单位的 NETD_D 转换为以温度为单位的 NETD_T：

$$\text{NETD}_T = \frac{\text{NETD}_D}{\text{SiTF}}$$

3) FPN

（1）捕获一段短暂的图像视频序列。

（2）对捕获图像进行帧间平均计算，用单帧图像（时间噪声分量被消除或至少被减少）代替帧序列图像。

（3）对帧间平均图像进行高通滤波运算。

（4）所考虑区域内不同像元亮度空间变化的标准差就是该区域（或整个图像）的 FPN。

（5）将以灰度级为单位的 FPN_D 转换为以温度为单位的 FPN_T：

$$FPN_T = \frac{FPN_D}{SiTF}$$

（6）FPN 可表示为所分析区域平均亮度的百分比或 NETD 的百分比。

4）非均匀性

（1）捕获一段短暂的图像视频序列。

（2）对捕获图像序列进行帧间平均计算，用单帧图像（时间噪声分量被消除或至少被减少）代替帧序列图像。

（3）对帧间平均图像进行低通滤波运算。

（4）所考虑区域内不同像元亮度空间变化的标准差就是该区域（或整个图像）的非均匀性。

（5）将以灰度级为单位的 NU_D 转换为以温度为单位的 NU_T：

$$NU_T = \frac{NU_D}{SiTF}$$

（6）NU 也可以表示为分析区域平均亮度的百分比或 NETD 的百分比。

用 NETD 所表示的高频时间噪声通常在制冷型红外成像系统中占主导地位。用 FPN 所表示的高频空间噪声通常在非制冷型红外成像系统中占主导地位。制冷型红外成像系统中的低频空间噪声（非均匀性）通常要比非制冷型低得多。典型的测量结果如表 7-12 所示。注意，这只是很典型的例子，每种测试结果会有很大的差别。另外，通常会在成像系统内部校准后立即进行测量，因此，非均匀性测量结果会更低。

表 7-12　不同红外成像系统典型测量结果

成像系统类型	NETD/K	$1/f$/K	FPN/K	NU/K
制冷扫描型	0.1	0.04	0.07	0.08
制冷凝视型	0.05	0.05	0.03	0.1
非制冷凝视型	0.12	0.09	0.15	0.3

7.5.4　主观图像质量参数

红外成像系统可以扩展人类在黑暗和低能见度条件下的可视能力。从用户的角度来看，如果想要借助红外成像系统对感兴趣的目标进行远距离探测、识别和辨识，就需要了解红外成像系统的温度分辨率和空间分辨率。从前面的分析可知，图像分辨率可描述系统对目标空间分布细节的分辨能力，而噪声等效温差可以描述系统对目标温度变化的探测能力。但是，图像分辨率针对的是高对比度条件下目标细节的变化；而噪声等效温差针对的是均匀扩展源目标下目标温度的变化。所以说，这两个分辨率参数是相互独立，且都是以客观测量为基础的。而人眼观察一种主观行为，客观测量所得的参数，无法适应主观观察图像质量的描述。

最小可分辨温差（MRTD）以及最小可探测温差（MDTD）将图像分辨率和温度分辨率进行了巧妙的融合，且引入了人眼视觉的主观因素，是综合描述红外成像系统温度分辨能力和空间分辨能力的重要参数，对于评价红外成像系统全链路性能十分必要。

1. 最小可分辨温差(MRTD)

MRTD 的定义为：对于处于均匀黑体背景中，具有某一空间频率高宽比为 7：1 的四个条带黑体目标的标准条带图案如图 7-90 所示，由观察者在显示屏上作无限长时间的观察，直到目标与背景之间的温差从零逐渐增大到观察者确认能分辨(50% 的概率)出四个条带的目标图案为止，此时目标与背景之间的温差称为该空间频率下的最小可分辨温差。当目标图案的空间频率变化时，相应的可分辨温差将是不同的，也就是说 MRTD 是空间频率的函数。

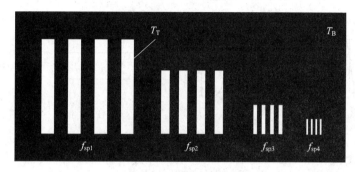

图 7-90　MRTD 测试图案

MRTD 的数学推导法是根据图案特点及人眼视觉特性，将客观信噪比修正成视觉信噪比，从而得到与图案测试频率有关的在极限视觉信噪比下的温差值。

由 NETD 的定义可知，对均匀扩展源目标图案，有

$$\text{NETD} = \frac{\Delta T}{(\Delta U_{\text{sys}}/u_n)_{\text{ob}}} \tag{7-188}$$

其中，$(\Delta U_{\text{sys}}/u_n)_{\text{ob}}$ 为客观信噪比。由式(7-188)可知

$$\left(\frac{\Delta U_{\text{sys}}}{u_n}\right)_{\text{ob}} = \frac{\Delta T}{\text{NETD}} \tag{7-189}$$

该信噪比是由温差 ΔT 产生的，在基准化电路输出端测得的客观信噪比。下面在 MRTD 的观测条件下，对 $(\Delta U_{\text{sys}}/u_n)_{\text{ob}}$ 进行修正。

1）条带图案相当于方波函数

单位振幅的方波用傅里叶级数表示为

$$r_f = \frac{4}{\pi}\left[\sin(2\pi f'_{\text{sp}T}x) - \frac{1}{3}\sin(2\pi \cdot 3f'_{\text{sp}T}x) + \frac{1}{5}\sin(2\pi \cdot 5f'_{\text{sp}T}x) - \cdots\right] \tag{7-190}$$

其中：$f'_{\text{sp}T}=1/(2W')$ 为条带的空间角频率(cyc/mrad)，W' 为条带角宽度(即光学系统像方主点向像平面看过去的空间角宽度)。

若成像系统总的调制传递函数为 $\text{MTF}_{\text{sys}}(f'_{\text{sp}T})$(不包括人眼)，当满足条件 $f'_{\text{sp}T} \gg f'_{\text{spc}}/3$ 时，其中 f'_{spc} 为 $\text{MTF}_{\text{sys}}(f'_{\text{sp}T})$ 的截止频率，则 r_f 中的倍频均被滤掉，此时系统输出为频率为 $f'_{\text{sp}T}$、幅度为 $(4/\pi)\text{MTF}_{\text{sys}}(f'_{\text{sp}T})$ 的基波。因此，采用基频为 $f'_{\text{sp}T}$ 的条带(方波)图案时，对信号的修正因子应为

$$h_1 = \frac{4}{\pi}\text{MTF}_{\text{sys}}(f'_{\text{sp}T}) \tag{7-191}$$

其意义见图 7-91。h_1 中的 $4/\pi$ 是由于采用方波信号时，对其基波分量的幅度衰减而引入的相对低频大目标信号时的幅度修正。

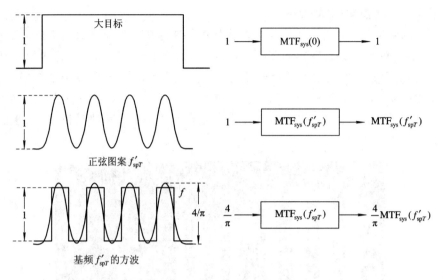

图 7-91 修正因子 h_1 的意义

2）眼睛感受到的目标亮度是平均值

因正弦信号半周内的平均值是幅值的 $2/\pi$，则对信噪比应有修正因子：

$$h_2 = \frac{2}{\pi} \qquad (7-192)$$

3）眼睛的时间积分效应

眼睛能在一段有限时间内保留或存储信号，并能将一段时间内的信号累积起来，即视觉暂留。研究结果表明，眼睛不能觉察出随机噪声的瞬时性，而只能觉察出它在有限时间内的均方根值。对于眼睛的积分时间 T_e，多数研究结果给出的值在 $0.1 \sim 0.25$ s 之间。由于眼睛的时间积分特性，在较快帧速的成像系统中，如果噪声在帧间互不相关，则视在信噪比会改善 $\sqrt{T_e f_p}$。从视觉效果上说，就是眼睛在积分时间 T_e 内将几帧合起来所感觉到的图像噪声要低于单帧图像噪声。因此，眼睛时间积分效应使信噪比改善的修正因子为

$$h_3 = \sqrt{T_e f_p} \qquad (7-193)$$

4）眼睛在俯仰方向的空间积分效应

人们会有这样的感觉，一个较大的目标，即使其亮度比一个小目标的极限可觉察亮度（阈值亮度）还要低，仍可看得到。实验表明，在一定范围内，简单目标的阈值亮度同目标的线度成反比。这种现象表明，在俯仰方向上，眼睛将进行信号空间积分，并沿线条取噪声均方根，利用垂直瞬时视场 β 作为噪声的相关长度，得到视觉信噪比的改善修正因子为

$$h_4 = \sqrt{\frac{L'}{\beta}} = \sqrt{\frac{7W'}{\beta}} = \sqrt{\frac{7}{2f'_{spT}\beta}} \qquad (7-194)$$

式中，L' 为条带角长度。

5）眼睛在水平方向的空间积分效应

在图像的水平方向上，眼睛的空间积分效应可由眼睛的匹配滤波器来等效。研究结果表明，眼睛的 MTF 并不是单个空间滤波器的结果，它是多个窄带滤波器的包络线，每个窄带滤波器具有各自的中心频率。对于给定的目标，大脑可通过从多个窄带滤波器中选用与目标频谱最匹配（使信噪比最大）的若干个窄带滤波器组成一种近于最佳的滤波器。根据上述眼睛的

最佳空间随波效应，可将眼睛看作是与目标匹配的滤波器，则该滤波器的滤波函数为

$$\text{MTF}_{\text{eye}} = \text{sinc}(W' f'_{\text{sp}}) = \text{sinc}\left(\frac{1}{2} \frac{f'_{\text{sp}}}{f'_{\text{sp}T}}\right) \tag{7-195}$$

因此，人眼的积分响应可通过将实际系统带宽转换为考虑人眼匹配滤波器作用的噪声带宽 Δf_{eye}。在白噪声情况下，若电路、显示器的传递函数分别为 MTF_{ele}、MTF_{mon}，则有

$$\Delta f_{\text{eye}} = \int_0^\infty \text{MTF}_{\text{ele}}^2(f_t) \text{MTF}_{\text{mon}}^2(f_t) \, \text{sinc}^2\left(\frac{1}{2} \frac{f'_{\text{sp}}}{f'_{\text{sp}T}}\right) \text{d}f'_{\text{sp}} \tag{7-196}$$

注意，这里 f_t 为时间频率。时间频率 f_t 与空间频率 f'_{sp} 的变换关系为 $f_t = f'_{\text{sp}} v'$，其中 v' 是在像平面上度量的对信号的拾取速度（mrad/s），对于单元光机扫描，$v' = \alpha/\tau_d$。

眼睛的匹配滤波效应对信噪比的改善作用体现为改变了系统的噪声等效带宽，即应以 Δf_{eye} 替代 NETD 测量中的 Δf_e。因 $(\Delta U_{\text{sys}}/u_n)_{\text{ob}} \propto 1/\text{NETD} \propto 1/\sqrt{\Delta f_e}$，则对 $(\Delta U_{\text{sys}}/u_n)_{\text{ob}}$ 的修正因子为

$$h_5 = \frac{\sqrt{\Delta f_e}}{\sqrt{\Delta f_{\text{sys}}}} = \frac{1}{\sqrt{\rho}} \tag{7-197}$$

式中，$\rho = \Delta f_{\text{sys}}/\Delta f_e$ 为噪声等效带宽修正比。当在系统通带内满足 $\text{MTF}_{\text{ele}}(\Delta f_t) \cdot \text{MTF}_{\text{mon}}(f_t) \approx 1$ 的条件时，有

$$\rho = \frac{\Delta f_{\text{sys}}}{\Delta f_e} \approx \frac{\int_0^\infty \text{sinc}^2\left(\frac{1}{2} \frac{f'_{\text{sp}}}{f'_{\text{sp}T}}\right) \text{d}f'_{\text{sp}}}{\Delta f_e} = \frac{\alpha}{\tau_d} \frac{f'_{\text{sp}T}}{\Delta f_e} \tag{7-198}$$

由以上结果可得视在信噪比为

$$\left(\frac{\Delta U_{\text{sys}}}{u_n}\right)_{\text{sb}} = \left(\frac{\Delta U_{\text{sys}}}{u_n}\right)_{\text{ob}} h_1 h_2 h_3 h_4 h_5$$

$$= 1.52 \frac{\Delta T \text{MTF}_{\text{sys}}(f'_{\text{sp}T}) \sqrt{\tau_d f_p T_e \Delta f_e}}{\text{NETD} \sqrt{\alpha\beta} f'_{\text{sp}T}} \tag{7-199}$$

即有

$$\Delta T = \frac{(\Delta U_{\text{sys}}/u_n)_{\text{sb}}}{1.52} \frac{\text{NETD} \sqrt{\alpha\beta} f'_{\text{sp}T}}{\text{MTF}_{\text{sys}}(f'_{\text{sp}T}) \sqrt{\tau_d f_p T_e \Delta f_e}} \tag{7-200}$$

人眼对条带图案进行分辨的效果与视在信噪比有关。温差 ΔT 愈小，信号及视在信噪比也愈小。当视在信噪比低到某极限值时的 ΔT 即 MRTD。极限视在信噪比与分辨概率有关。研究表明，当要求分辨概率不低于 50% 时，需视在信噪比大于 2.25；当要求分辨概率高于 90% 时，需视在信噪比大于 4.5。令极限视在信噪比为

$$\left(\frac{\Delta U_{\text{sys}}}{u_n}\right)_{\text{sb}}\bigg|_{\text{min}} = K(P) \tag{7-201}$$

其中，P 是所要求满足的分辨概率值。由此，即得到 MRTD 为

$$\text{MRTD} = \frac{K(P)}{1.52} \frac{\text{NETD} \sqrt{\alpha\beta} f'_{\text{sp}T}}{\text{MTF}_{\text{sys}}(f'_{\text{sp}T}) \sqrt{\tau_d f_p T_e \Delta f_e}}$$

$$= \frac{K(P)}{1.52} \frac{\frac{\text{NETD}}{\sqrt{\Delta f_e}} f'_{\text{sp}T} \sqrt{\alpha\beta}}{\text{MTF}_{\text{sys}}(f'_{\text{sp}T}) \sqrt{\tau_d f_p T_e}} \tag{7-202}$$

将空间线频率 f_{sp} 与空间角频率 f'_{sp} 之间的关系 $f_{\text{sp}} f_0 = f'_{\text{sp}}$、瞬时视场角的定义 $\alpha = a/f_0$

和 $\beta = b/f_0$、条带角宽度 W' 与像平面处条带线宽度 W 的关系 $W = W'f_0$ 代入式(7-202)中，可得以空间线频率度量的 MRTD 的表达式：

$$\text{MRTD} = \frac{K(P)}{1.52} \frac{\dfrac{\text{NETD}}{\sqrt{\Delta f_e}} f_{\text{spT}} \sqrt{ab}}{\text{MTF}_{\text{sys}}(f_{\text{spT}}) \sqrt{\tau_d f_p T_e}} \qquad (7-203)$$

上面推出的 MRTD 表达式(7-202)和(7-203)，对于以成帧方式工作的光机扫描型成像系统及凝视型成像系统均是适用的，只需将各方式下的 NETD 表达式的结果代入 MRTD 公式中即可。

由式(7-202)可知，$\text{NETD} \propto \sqrt{\Delta f_e}$，式(7-202)中的 $\text{NETD}/\sqrt{\Delta f_e}$ 消除了 MRTD 与 Δf_e 的关系。另外，因为 $\tau_d \propto 1/f_p$，所以由式(7-202)可知 MRTD 与 f_p 无关。原因在于虽然提高 f_p 可由眼睛的时间积分作用提高视在信噪比，但同时也增大了系统的噪声等效带宽 Δf_{eye}，抵消了时间积分对信噪比的改善。

当系统的诸设计参数已确定时，MRTD 仅是图案中目标基频 f'_{spT} 或 f_{spT} 的函数，可写作

$$\text{MRTD}(f'_{\text{spT}}) = A \frac{f'_{\text{spT}}}{\text{MTF}_{\text{sys}}(f'_{\text{spT}})}, \qquad \text{MRTD}(f_{\text{spT}}) = A \frac{f_{\text{spT}}}{\text{MTF}_{\text{sys}}(f_{\text{spT}})} \qquad (7-204)$$

其中，A 是比例系数。

图 7-92 给出了某一红外成像系统所拍摄的一系列靶标的红外图像。可以看出，对于同样大小(空间频率相同)的靶标，随着靶标与背景之间温差的不断减小，对比度细节越来越不明显；而对于不同大小(空间频率不同)的靶标，在靶标与背景之间温差一定的情况下，尺寸较小(空间频率较大)的靶标的对比度细节较差，当靶标与背景之间温差降低时，对应于最大空间频率的靶标首先不能被观测到。根据上述测量结果以及利用 MRTD 的定义，可以得到 MRTD 与空间频率 f'_{spT} 的关系，如图 7-93 所示。在图 7-93 中还给出了不同视场下的测量结果。

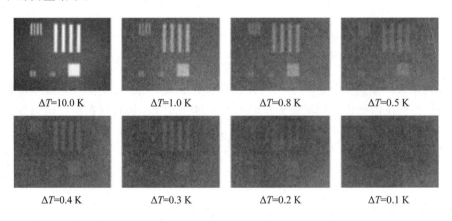

$\Delta T = 10.0\ \text{K}$ $\Delta T = 1.0\ \text{K}$ $\Delta T = 0.8\ \text{K}$ $\Delta T = 0.5\ \text{K}$

$\Delta T = 0.4\ \text{K}$ $\Delta T = 0.3\ \text{K}$ $\Delta T = 0.2\ \text{K}$ $\Delta T = 0.1\ \text{K}$

图 7-92 靶标与背景间具有不同温差的测量图像

2. 最小可探测温差 MDTD

最小可探测温差 MDTD 是将 NETD 与 MRTD 的概念在某些方面作了取舍后而得出的。具体地说，MDTD 仍是采用 MRTD 的观测方式，由在显示屏上刚能分辨出目标时所需的目标对背景的温差来定义。但 MDTD 采用的标准图案是位于均匀背景中的单个方形目标，其尺寸 W' 可调变，这是对 NETD 与 MRTD 的标准图案特点的一种综合。

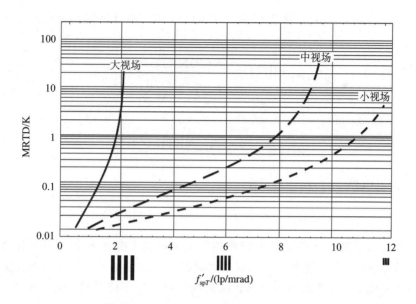

图 7 - 93　MRTD 与空间频率 f'_{spT} 的关系

推导 MDTD 的步骤与 MRTD 类似，仍是由考虑了目标图案及视觉效应后，从对测量信噪比作修正入手来导出的。

（1）由于系统对目标高频成分的衰减，矩形均匀目标 $O(x,y)$ 经系统后成的像 $I(x,y)$ 不再是均匀的，且因人眼感受的是像的均值 $\overline{I(x,y)}$，则对 $(\Delta U_{sys}/u_n)_{ob}$ 应乘以修正因子

$$h_1 = \overline{I} = \frac{I_M(x,y)}{O(x,y)} \frac{\overline{I(x,y)}}{I_M(x,y)} = \frac{\overline{I(x,y)}}{O(x,y)} \qquad (7-205)$$

式中：$I_M(x,y)/O(x,y)$ 是对信号峰值的修正；$\overline{I(x,y)}/I_M(x,y)$ 是视觉平均作用对信号的修正；$\overline{I}$ 表示总的修正系数。$\overline{I}$ 相当于在 MRTD 中的 $4/\pi \cdot MTF_{sys}(f'_{spT})$ 与 $2/\pi$ 的两次修正。

（2）眼睛的时间积分效应对信噪比的修正因子仍为

$$h_2 = \sqrt{T_e f_p} \qquad (7-206)$$

（3）在俯仰方向上，眼睛的空间积分作用对信噪比的修正因子为

$$h_3 = \sqrt{\frac{W'}{\beta}} \qquad (7-207)$$

（4）在水平方向上，眼睛的空间积分效应仍用眼睛的匹配滤波器来等效，即

$$h_4 = \frac{1}{\sqrt{\rho}} \qquad (7-208)$$

由此，视在信噪比为

$$\left(\frac{\Delta U_{sys}}{u_n}\right)_{sb} = \left(\frac{\Delta U_{sys}}{u_n}\right)_{ob} h_1 h_2 h_3 h_4 = \frac{\Delta T}{NETD} \overline{I} \sqrt{f_p T_e} \sqrt{\frac{W'}{\beta}} \frac{1}{\sqrt{\rho}} \qquad (7-209)$$

故

$$\Delta T = \frac{\left(\frac{\Delta U_{sys}}{u_n}\right)_{sb} NETD \sqrt{\rho}}{\overline{I} \sqrt{f_p T_e} \sqrt{\frac{W'}{\beta}}} \qquad (7-210)$$

当 $(\Delta U_{\text{sys}}/u_n)_{\text{sb}}$ 取为极限视在信噪比时的 ΔT 即 MDTD 时，令 $(\Delta U_{\text{sys}}/u_n)_{\text{sb}}\big|_{\min} = K(P)$，则有

$$\text{MDTD} = \frac{K(P)\text{NETD}\sqrt{\rho}}{\bar{I}\ \sqrt{f_p T_e}}\sqrt{\frac{W'}{\beta}} \qquad (7-211)$$

若取 $W' = 1/(2f'_{\text{spT}})$，可得

$$\text{MDTD} = \sqrt{2}K(P)\frac{\text{NETD}}{\bar{I}}\frac{\sqrt{\beta\rho f'_{\text{spT}}}}{\sqrt{f_p T_e}} \qquad (7-212)$$

将式(7-212)与式(7-202)作比较，有

$$\text{MDTD} = 2.14\frac{\text{MTF}_{\text{sys}}(f'_{\text{spT}})}{\bar{I}}\text{MRTD} \qquad (7-213)$$

图 7-94 给出了某一红外成像系统所拍摄的不同温差矩形靶标的红外图像。可以看出，对于同样大小的靶标，随着靶标与背景之间温差的不断减小，靶标与背景之间的对比度变得越来越不明显，在背景中检测出靶标目标的概率呈下降趋势。可以推测，在同样温差下，矩形靶标的尺寸越大，在背景中检测出靶标目标的概率越大；或者说，在同样的检测概率下，矩形靶标的尺寸越大，所需的目标与背景间的温差越小。根据上述结论以及 MDTD 的定义，可以得到 MDTD 与靶标尺寸的关系，如图 7-95 所示。

$\Delta T = 1.0\text{ K}$　$\Delta T = 0.5\text{ K}$　$\Delta T = 0.2\text{ K}$　$\Delta T = 0.1\text{ K}$　$\Delta T = 0.08\text{ K}$　$\Delta T = 0.05\text{ K}$

图 7-94　矩形靶标与背景间具有不同温差的测量图像

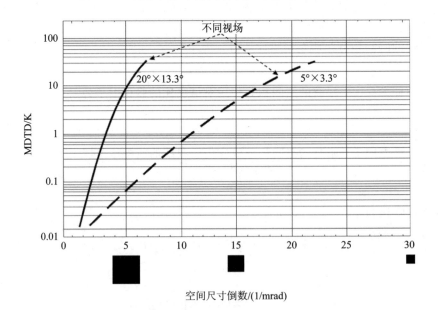

图 7-95　MDTD 与靶标尺寸的关系

MDTD 在应用上的不便之处在于：要准确地求出方块目标经系统所成的像 $I(x,y)$ 的相对平均值 $\bar{I}$ 是困难的。当方块目标尺寸 W' 比探测器张角 α 小时，可近似计算 $\bar{I}$ 为

$$\bar{I} = \left(\frac{W'}{\alpha}\right)^2 \tag{7-214}$$

上式的含义是：在目标与背景的温差 ΔT 不变的条件下，目标小于探测器尺寸时的情况与目标大于探测器时的情况相比(后一情况下信号与目标大小无关)，信号按目标面积与探测器面积之比衰减。在此情况下，MDTD 方程用来估算点源目标的可探测性是有价值的。

3. 三角方向辨别阈值(TOD)

随着红外焦平面阵列以及数字图像处理技术的发展，传统红外成像系统性能度量标准(最小可分辨温差 MRTD)的不足日益突出，其适用性也进一步受到限制，如：MRTD 的测量过程具有明显的主观性，不同实验室的测试结果往往有很大的不同；MRTD 性能模型是基于线性系统理论建立的，对非线性因素(如零散空间欠采样、数字滤波等)考虑不足；在测试焦平面成像系统的 MRTD 时，观测的周期矩形靶标输出图像表现出明显的欠采样噪声，而观察真实场景中的非周期目标，欠采样噪声并不明显，即周期条纹的测试效果不能反映系统对真实目标的观测效果；实验数据表明，适用于扫描型成像系统现场性能预测的周期准则，应用于新型焦平面成像系统时，会导致较大的作用距离预测误差。因此，迫切需要对 MRTD 度量标准作修正，或采用新的度量方法以适应新型红外成像系统的性能评价。

为此，人们在研究了不同类型的图像降质(模糊、采样、噪声)对人眼识别简单空间测试样条的影响后发现，周期矩形样条的焦平面成像表现为明显欠采样频谱混淆，而观察实际的非周期目标，这种现象并不明显，而非周期三角形的成像观测特性受焦平面欠采样频谱混淆的影响较小，更能反映真实目标的观察特性。在这些研究成果的基础上，针对基于周期矩形样条的性能评价本身的固有缺陷，人们提出了一种能充分表征红外成像系统性能且易使用的新方法：三角方向鉴别阈值法(Triangle Orientation Discrimination Threshold)，即 TOD 法。此方法是利用不同尺寸、不同对比度的等边三角形作为测试样条，通过红外成像系统，由观察者多次判断三角形方位，得到 75% 正确判断概率对应的阈值对比度与三角形尺寸之间的关系曲线。TOD 性能表征方法是以等边三角形测试样条、更好地定义观察者任务和一种纯粹的心理测量程序为基础，具有较强的理论基础和实验应用的优点，适合于扫描型、凝视型红外成像系统，且能够很好地用于真实目标的获取性能预测。这种方法自提出后，就受到红外成像领域的普遍关注，被认为是一种适用于新型红外成像系统性能表征的新方法。

1) TOD 测试靶标

TOD 法使用的测试样条为均匀背景中的等边三角形。三角形有四个可能的方向：上、下、左、右，如图 7-96 所示。测试样条由其尺寸 S 和样条与背景温差 ΔT 表征。

TOD 的三角形测试图样可描述目标的特征细节，细节之间的关系通过三角形角的相对位置来描述。对于真实的目标，由采样、模糊或其他图像降质引起的扭曲或偏移导致待测目标与其他目标混淆在一起；同样，三角形的扭曲或角的相对偏移也导致其与其他三角形方向相混淆，从而确保 TOD 与真实目标获取之间保持密切的联系。

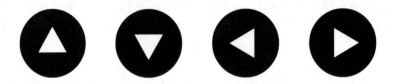

图 7-96 TOD 法中四个不同方向（上、下、左、右）的三角形样条

由于三角形样条不具周期性，因而 TOD 法受 Nyquist 频率的影响比较小，也就从根本上解决了 MRTD 中由于 4 条带图案的周期性引起的频谱混淆问题。同时，通过平均三角形许多随机位置，消除了采样阵列上测试图样的实际位置对整个系统识别性能测量的影响。除此之外，与周期性 4 条带图案相比，三角形测试样条简单且易生成。

2) TOD 曲线测量方法

TOD 曲线度量的具体步骤：在每一次实验中，让确定尺寸、确定对比度、方向随机（即上、下、左、右方向不确定）的等边三角形样条标准靶（如图 7-97 所示）先后多次显示给红外成像系统，每一次由观察者判断经过红外成像系统后输出三角形样条的方向（不管是否看清，必须做出判断），即四选一测量方法（统计正确判断的次数，得到正确判断概率，假如显示 16 次，有 8 次判断正确，那么正确判断概率为 50%），这样就得到特定尺寸下某一对比度所对应的正确判断概率值；然后，在三角形尺寸不变的情况下，调整对比度大小，重复以上过程，就可得到一定尺寸下不同对比度所对应的正确判断概率（在实验中只对一些典型的对比度进行测量，以便正确判断概率范围为 25%～100%，对比度太高或太低没

尺寸 ————————————————→

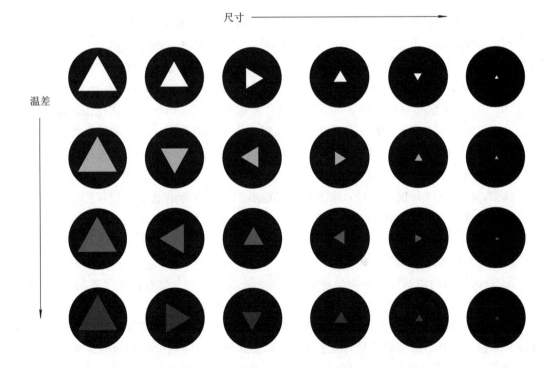

温差

图 7-97　按尺寸和对比度排列的三角形测试样条

有意义）；最后对测量结果进行拟合，得到不同对比度对应判断概率的拟合曲线，如图 7-98 所示，利用此曲线可求得 75% 正确判断概率所对应的对比度，即得到某一特定尺寸的三角形样条在 75% 正确判断概率下所对应的对比度值。

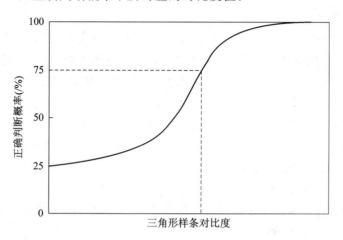

图 7-98　拟合正确判断概率点得到的曲线

　　TOD 曲线是在 75% 的正确判断概率下，目标对比度与尺寸的关系曲线。因此，改变三角形的尺寸，重复上述过程，分别得到不同选定尺寸所对应的正确判断概率为 75% 时的对比度值。然后，对这些点作二项式拟合，则可得到三角形尺寸与对比度之间的拟合函数，以对比度为纵坐标，尺寸 S 的倒数为横坐标，表示角空间频率，把此函数标定在坐标系中，即可得到 TOD 曲线。TOD 曲线和 MRTD 曲线类似，综合表征了红外成像系统的固有性能。图 7-99 给出了一个红外成像系统的 TOD 曲线。

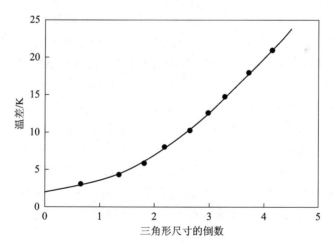

图 7-99　75% 正确判断概率对应的 TOD 曲线

　　TOD 测量与 MRTD 测量使用的调节校正过程相比，具有以下突出优点：

（1）阈值结果受观察者的主观判定影响很小。

（2）观察者的工作相对来说比较简单。

（3）观察者的响应判定可进行统计检测，即阈值设置可进行客观检测。

总的来说，TOD 的测量过程有效克服了 MRTD 测量中由于观察者主观因素的影响所带来的不同实验室间测量结果不一致、测量精度不高等一系列问题。

3）TOD 度量理论模型

与 MRTD 理论模型一样，TOD 模型与三角形靶标、成像系统和观察者视觉系统有关。因此，在推导 TOD 理论模型过程中，需要将三者作为整体来考虑，以图像视觉信噪比为理论基础，把三角形标准靶空间分布特性、调制模糊效应、传感器噪声及视觉系统对信号、传感器噪声的空间传递、空时域积分效应联系起来，综合考虑各因素对系统性能的影响。同时，假设人眼感觉到的图像信噪比大于或等于视觉阈值信噪比时，实现三角形方向鉴别，此时对应的等边三角形标准靶与背景的温差为三角形方向鉴别阈值温差。

TOD 模型的建立需要以下几步：

（1）利用傅里叶变换，计算三角形标准靶的空间频谱。

（2）利用调制传递函数描述成像系统各模块（包含人眼）的空间滤波和时间积分效应，从而获得视觉感知信号表示。

（3）将三角形标准靶等效为矩形窗，进行水平和垂直分量分离，同时利用所对应的水平和垂直匹配滤波器，对视觉系统的时间积分、垂直方向空间积分和水平方向空间积分引起各噪声带宽进行修正，从而获得视觉感知噪声。

（4）利用视觉感知信号和视觉噪声，获得观察三角形标准靶的感知信噪比。根据定义，假设视觉信噪比刚好大于阈值视觉信噪比时，人眼刚好能鉴别三角形样条的方位，即此时对应的目标温差为三角形可鉴别阈值温差 TOD。

4. 最小可感知温度差（MTDP）

除了上述的 MRTD 和 TOD，最小可感知温度差（MTDP）也可以用来描述红外成像系统的主观观察图像质量。MTDP 定义为测试图案放置在最佳相位（最佳探测相位）时，能被观察者分辨出二条、三条或四条带图案的最小温差。MTDP 模型与 MRTD 模型相似，只是调制传递函数（MTF）被一种称为 AMOP 的品质因子所替代。AMOP 品质因子描述了在采样和信号读出（包含人眼 MTF）后对于成像的 MRTD 测试图案在最佳相位的平均调制。AMOP 无明确的解析表达式，对于指定的系统，可通过标准四条带测试图案实验测得。MTDP 是 MRTD 概念的扩展，使用 MTDP 概念，超过奈奎斯特频率（1/2 采样频率）的成像性能仍然可进行分析，并且可以消除经典 MRTD 的显著缺点。同时，MTDP 使用了 MRTD 的一些概念（类似的靶标，相同的测试设备），对于熟悉 MRTD 的人员很容易理解和接受。MTDP 概念已在热成像系统性能评估模型中得到采用。如果 MTDP 能得到普遍接受和支持，将来有可能成为红外成像系统的主要品质因数。

MTDP 的特点如下：

（1）不是四条带靶标都要求分辨。

（2）测试图案位置必须选择最优相位。

（3）MTDP 中使用了 AMOP。

（4）系统性能评估不局限在 1/2 采样频率内。

图 7-100 给出了典型的 MTDP 与 MRTD 曲线的比较。

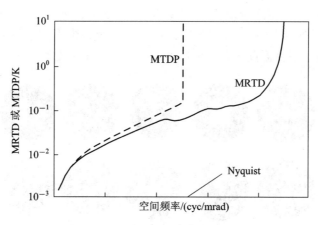

图 7-100 MTDP 与 MRTD 的比较

5. 主观图像质量参数测量

以上所描述的主观图像质量参数：最小可分辨温差（MRTD）、最小可探测温差（MDTD）以及三角方向鉴别阈值（TOD）以及前几节所讨论的信号传递函数（SiTF）和调制传递函数（MTF），都可在专业测试平台上进行测量，从而完成对红外成像系统的综合评价。

红外成像系统性能参数测试平台基本构成如图 7-101 所示。由图 7-101 可知，被测热像仪的光轴与红外平行光管（准直器）重合，旋转轮放置在准直器的焦平面处，一组具有不同图案的标准靶标固定在旋转轮上，靶标与紧靠其后的黑体一起构成可变温差目标生成器。通过调节黑体温度，目标生成器产生具有一定温度差的目标热辐射分布，通过准直器将目标热辐射分布投射到被测热像仪入瞳上，热像仪产生目标图像，目标图像被观测者观察评价，或被图像捕获器捕获并由专业软件进行处理，从而完成热像仪性能测试。下面对主要模块做简要说明。

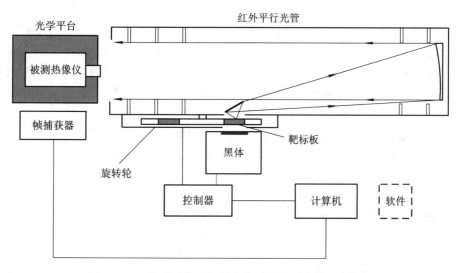

图 7-101 红外成像系统性能参数测量平台的基本构成

1）目标生成器

目标生成器由靶标、旋转轮和黑体共同构成。

热像仪测试用的靶标图案是利用精密机械加工技术在金属板上切割成的特定图案。根据不同的测试任务，可采用不同的靶标图案，如图 7-102 所示。当靶标放置在黑体前面时，被测热像仪"看到"的是一个处于均匀背景上，由靶标图案决定的不同形状的目标，该目标的表观温度等于黑体温度，背景的表观温度等于金属板温度。

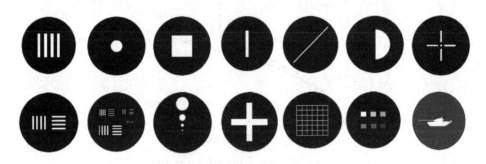

图 7-102　不同测试任务时的靶标图案

为了使靶标表面温度分布均匀，金属板要具有一定的厚度且导热系数要高，且朝着热像仪的靶标表面通常要涂有特殊的黑色高发射率涂层；同时，为了减小黑体辐射的影响，另一面可涂上高反射率的涂层，如图 7-103 所示。

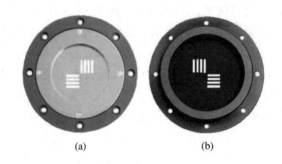

(a)　　　　　　　　(b)

图 7-103　热像仪测试用金属靶标
（a）涂有高反射率涂层表面；（b）涂有高发射率涂层表面

为了快速地将不同的靶标图案投射到被测热像仪上，通常将具有不同图案的靶标安装在旋转轮上。当然，也可以将靶标安装在可水平或垂直移动的滑块上，但旋转轮使用较为简单。

黑体的功能是产生具有一定温差的热辐射。为了测量 MRTD、MDTD 及其他参数，通常对黑体的性能有一些严格的要求，例如，温度分辨率、工作温度范围、差分温度范围、发射率、均匀性等。

2）红外平行光管（准直器）

准直器的作用是模拟无穷远目标。准直器可采用折射系统或反射系统。折射系统易变焦，可改变空间频率，但价格较昂贵；反射系统通常采用离轴抛物面反射镜。被测热像仪要置于准直器像空间辐照度均匀的位置上，使光束照射与被测系统到准直物镜的距离无关。准直器参数选择取决于待测热像仪性能，例如分辨率、孔径、光谱范围、热性能得到满足时，才能不失真或低失真地将靶标辐射投射到被测热像仪上。

3）图像采集/分析

图像采集/分析模块是由计算机、帧捕获器（视频卡）和测试软件构成的。该模块实现被测热像仪输出信号的捕获、图像分析以及被测热像仪主要特征的半自动确定。

7.5.5 几何参数

系统的几何参数主要包含视场、畸变和扫描线性度。对理想的成像系统而言，显示器上看到的图像可以精确地复现目标的几何特征。自动视觉(机器视觉)系统则依赖于系统的几何传递特性，这是因为系统的输出是由所测得的目标几何特征推导出来的，这些几何特征包括目标的外形、尺寸及运动等。通常情况下，所有与复现目标几何特征有关的输入输出变化关系都称为几何传递函数。

光学子系统可能在水平和垂直方向上引起几何失真。光学子系统所引起的几何失真通常称为几何畸变。几何畸变定义为点源成像的实际位置与理想位置之间的极距除以垂直视场。典型的畸变包括桶形畸变(矩形向外凸起)、枕形畸变(矩形向内收缩)以及 S 形畸变(直线扭曲为"S"形状)，如图 7-104 所示。

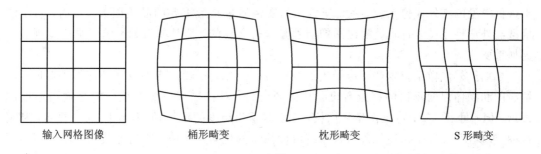

输入网格图像　　　　桶形畸变　　　　枕形畸变　　　　S 形畸变

图 7-104　畸变效果示意图

对于扫描型成像系统，几何失真的原因可能是扫描的非线性(扫描方向的失真)，也可能是正向和反向扫描区域没有准确地对准(往返扫描失真)。当阵列存在缺陷像元(该像元的响应度与其他像元有较大差别，或与其他像元相比噪声较大)时，相邻像元的输出与缺陷像元输出会"捆绑"在一起形成条带。图 7-105 为扫描型成像系统可能出现的几何失真示意图。

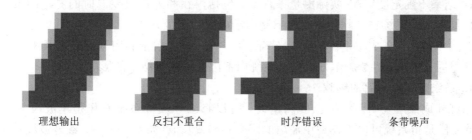

理想输出　　　　反扫不重合　　　　时序错误　　　　条带噪声

图 7-105　扫描系统几何失真示意图

几何畸变测试一般为针孔矩阵靶标或矩形靶标，而扫描失真测试通常采用 45°放置的窄带靶标，如图 7-106 所示。

人们对几何失真的要求会根据感兴趣的区域不同而变化。通常情况下，在视场中心区域，要求有质量好的图像(即几何失真最小)，而在视场边缘，可以允许有一定的几何失真。除非是非常严重的失真，否则在对实际景物成像时，由于实际物体的轮廓一般都很平滑，失真很难观察到。

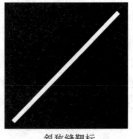

针孔矩阵靶标   斜狭缝靶标

图 7-106 几何畸变测试靶标

7.5.6 准确度参数

到目前为止，我们所讨论的参数几乎都是用于测试和评估观察型红外成像系统的，对于这种类型的红外成像系统，系统所输出的图像质量是最重要的品质因数。然而，对于测量型红外成像系统，高质量输出图像当然是非常必要的，但其非接触测温的准确度则显得更加重要。

早期红外成像系统生产厂家给出的"准确度"指标，一般是指在忽略外部误差源时，测量温度和物体温度真值的接近程度，其典型值为：对扫描型成像系统一般是输出温度的±1％但不小于1℃；对凝视型热像仪，一般是输出温度的±2％但不小于2℃。显然，利用这种"准确度"参数来描述红外成像系统温度测量的优劣，一是不太容易理解，二是不够严谨，因为该"准确度"是温度测量值与真值的接近程度，只表示了一个定性的概念，而不是一个定量的数值。因此，采用"测量不确定度"作为红外成像系统温度测量准确度的衡量是比较合适的。测量不确定度表示了与最好值的接近程度，可通过估计测量结果离散度的标准差来衡量。测量不确定度一般用测量过程的数学模型和传递规则来评估。

红外成像系统的测温不确定度可分为两类：内在不确定度和结果不确定度。"内在不确定度"是忽略所有外部误差时的测温不确定度，这个参数可以用来比较不同的红外成像系统；"结果不确定度"是在实际测量条件下，包括内在和外部误差源时的测量结果，这也是评估红外成像系统在实际使用条件下测温准确度的衡量方法。

在具体描述红外成像系统的测温不确定度之前，首先讨论利用红外成像系统进行目标温度测量时，工作条件、操作方式以及系统内部因素对测量结果的影响。

1. 系统定标对测温的影响

当红外成像系统用于目标温度测量时，可以将红外成像系统看作是单波段成像测温仪。单波段是指系统可以工作在中波(如 3~5 μm)或长波(如 8~12 μm)红外波段；成像测温仪是指可将被测目标进行成像，并在输出图像中标记出所要测量的区域，依据输出信号数字量化结果，即温度与灰度值之间的定量关系，显示出目标的温度分布。单波段测温原理与5.3节所描述的亮度法测温仪一样。因此，如果将红外成像系统作为测温仪使用，则可以将红外成像系统看作是由 $m \times n$($m \times n$ 为输出图像的像素数)个单波段测温仪组成，规格为 $m \times n$ 同步输出，输出速率为 f_p(f_p 为帧频)的红外测温仪。

1）定标

定标的目的是确定热像仪输出与入射辐射量之间的准确定量关系。定标时，通常采用不同温度的黑体，因为它们的辐射量，如光谱辐射亮度 $L_{bb}(\lambda,T)$ 是准确已知的。因此，定标过程在输出信号与黑体温度之间建立了一个确定的关系。热像仪定标后，所有像元都可给出目标的准确温度信息。

在定标过程中，黑体完全充满热像仪孔径；热像仪与黑体之间的距离很小，大气透过率可以假定为 1。对于给定的热像仪，在波长 (λ_1,λ_2) 内，输出信号 $S_{out}(T_{bb})$ 与黑体辐射亮度 $L_{bb}(\lambda,T)$ 之间的关系可以写为

$$S_{out}(T) = C_{con}\int_{\lambda_1}^{\lambda_2} R_{sysi}(\lambda)L_{bb}(\lambda,T)\mathrm{d}\lambda \qquad (7-215)$$

输出信号 $S_{out}(T)$ 取决于热像仪的光谱响应 $R_{sysi}(\lambda)$，而 $R_{sysi}(\lambda)$ 由探测器光谱响应和光学系统光谱透过率决定，特征常数 C_{con} 与热像仪光学系统有关。变换镜头可能会改变 C_{con} 以及光学系统的光谱透过率，因此，对于每个镜头，都必须进行定标。使用滤光片，热像仪的光谱响应也将改变，因此带有滤光片的热像仪也必须进行重新定标。

理想情况下，计算获得的相对输出信号 $S_{out}(T)$ 与黑体温度 T 之间的关系见图 7-107。其中 LW 对应长波（8～12 μm）光子探测器（PtSi）热像仪，MW 对应中波（3～5 μm）热探测器（测辐射热计）热像仪。为了方便起见，计算时将系统光谱响应 $R_{sysi}(\lambda)$ 假定为矩形波形式，即在 (λ_1,λ_2) 内假定为常数，在 (λ_1,λ_2) 外假定为零。

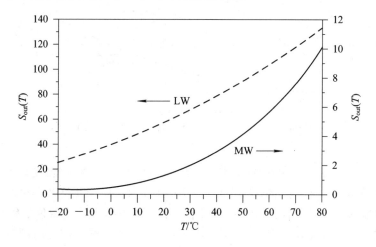

图 7-107　热像仪输出信号与黑体温度之间的关系

根据图 7-107 所示的曲线形状，定标曲线可以用指数拟合函数对实测的信号 $S_{out}(T)$ 进行拟合：

$$S_{out}(T) = \frac{R}{\exp\left(\dfrac{B}{T}\right)-F} \qquad (7-216)$$

通过调整拟合参数 R（响应因子）、B（光谱因子）、F（形式因子），以达到最佳拟合。

实际上，由于热像仪所采用探测器的光谱响应曲线并不是理想的矩形（如图 7-108 给出了两种探测器的真实相对光谱响应曲线，一个是量子阱探测器（光子探测器），另一个是测辐射热计（热探测器）），因此，热像仪的光谱响应会对定标曲线的特征产生影响，如图 7-109 所示。因为量子阱探测器光谱响应的光谱带宽较窄，测辐射热计探测器光谱响应的光谱带宽较宽，所以，在对同一温度目标进行测量时，光子探测器热像仪输出信号要比热探

测器热像仪输出信号小得多(注意是相对输出信号)。但是,输出信号与温度关系曲线的斜率,对于光子探测器热像仪而言,由于具有较大的 D^* 值,光子探测器热像仪的温度分辨率要更好。

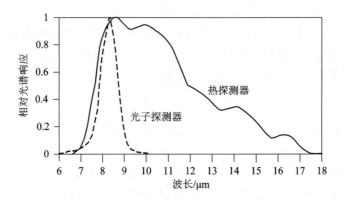

图 7-108 典型光子探测器和热探测器的相对光谱响应

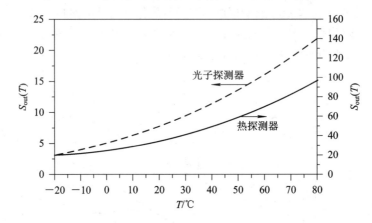

图 7-109 光子探测器热像仪和热探测器热像仪输出信号与黑体温度之间的关系

除了光谱依赖关系外,热像仪输出信号受入射目标辐射,以及来自热像仪部件,如光学系统、探测器窗口和热像仪内部元件额外辐射的影响。因此,热像仪的输出信号代表这两部分辐射的总和。额外辐射取决于热像仪温度,该温度会导致信号的漂移。这些额外辐射的影响,也可以通过热像仪定标来校正。

大多数热像仪可提供完整的温度测量范围,从低于 0℃ 到 1000℃～2000℃。为了确保最佳的温度敏感度,同时避免探测器信号饱和,通常将整个温度范围分成若干小的温度区间,因此,热像仪测温范围被分为不同的子范围。通过调整信号放大,可改变测量子范围,且可以通过外加滤光片减弱入射到探测器上的辐射,以确保探测器工作在其线性范围。

在确定了被测温度范围 (T_1,T_2) 之后,根据定标关系曲线(见图 7-109),即可确定热像仪输出信号范围 $[S_{out}(T_1),S_{out}(T_2)]$,并利用 A/D 转换器,将 $[S_{out}(T_1),S_{out}(T_2)]$ 转换成灰度级 $[G_{gmin}(T_1),G_{gmax}(T_2)]$。为了定量表示和分析起见,需要固定一个灰度和灰度范围,这两个参数仅分别影响图像的显示亮度和对比度。在该范围之内的温度可以用灰色级或伪彩色来表示,并依据热像仪 A/D 转换器位数进行灰度量化。假设 A/D 转换器为 8 位,变换的信号范围为 $S_{out}(T_1)$～$S_{out}(T_2)$,则其灰度级范围为 0～255,最小灰度级为 $G_{gmin}(T_1)=0$,最大灰度级为 $G_{gmax}(T_2)=255$,任意灰度级 G_g 对应的输出信号 $S_{out}(T)$ 为

$$S_{\text{out}}(T) = \frac{G_g\left[S_{\text{out}}(T_2) - S_{\text{out}}(T_1)\right]}{255 - 0} + S_{\text{out}}(T_1) \tag{7-217}$$

据此，便可通过灰度级 G_g 求出输出信号 $S_{\text{out}}(T)$，再利用图 7-109 所示的定标曲线，求取目标的温度 T。如果进一步假设系统输出信号 $S_{\text{out}}(T)$ 与目标温度 T 成线性关系，即热像仪工作在线性范围内，则有

$$S_{\text{out}}(T) - S_{\text{out}}(T_1) \propto T - T_1 \tag{7-218}$$

故任意灰度级 G_g 所表示的温度 T 为

$$T = \frac{T_2 - T_1}{255 - 0} + T_1 \tag{7-219}$$

式(7-217)和式(7-219)所表示的图像输出和温度显示如图 7-70 所示。

2）非均匀性校正（NUC）

在热像仪用于定量温度测量之前，有两个重要的校准步骤必须执行。第一个是前面描述的温度定标；第二个是探测器阵列不同单元增益以及信号偏移的校正，即探测器阵列的非均匀性校正。这两个步骤是相互关联的，但原理上是有区别的。

红外焦平面阵列（IRFPA）是一种兼具辐射敏感和信号处理功能的新一代红外探测器，是现代红外成像系统的关键器件。由于受材料和制造工艺等原因限制，各个探测单元的响应率不一致，导致红外焦平面阵列普遍存在非均匀性。

IRFPA 非均匀性产生的原因大致有以下几个：

（1）红外探测器单元自身的非均匀性。这类原因与制造探测器的材料质量和工艺过程有直接的关系，如光敏元面积、光谱响应的差异以及偏置电压的不同等。IRFPA 一旦制造完成，这些非均匀性将固定存在，而且很难避免。

（2）探测器与读出电路的耦合非均匀性。这类因素主要是由探测器件的电荷转移效率以及探测器自身与 CCD 读出电路的耦合相关的紧密程度的不同造成的。

（3）器件工作状态引入的非线性，如焦平面器件所处的工作温度、入射的目标和背景红外辐射强度的变化范围，红外探测器单元和 CCD 器件的驱动信号等。

（4）红外光学系统的影响，如红外光学系统镜头的加工精度、探测元相对光轴的偏离角度等因素。

IRFPA 非均匀性（增益和偏移发散）会在入射辐射相同的条件下产生探测器输出信号的发散。如果非均匀性较大，成像系统输出的图像就变得无法识别，从而极大地限制了红外成像系统的性能，因此，无论对观察型还是测量型红外成像系统，都必须进行 IRFPA 非均匀性校正。

非均匀性校正的方法很多，但总体上可将其分为基于参考源的定标类校正算法和基于场景的自适应校正算法两大类。前者是目前常用的校正方法（如一点校正、两点校正、多点校正以及改进的两点校正、"S"曲线模型校正、非线性拟合校正等算法），在进行定标时，要求停止镜头的正常工作；后者不需要停止探测系统的正常工作，非均匀性校正数据的获取是通过对数帧图像的计算之后，自动更新并进行实时校正（如时域高通滤波器法、人工神经网络法、恒定平均统计法等）实现的。

下面介绍两种较为简单的非均匀性校正算法。

（1）两点校正法。

根据 IRFPA 工作时场景的变化范围，选定 N 个入射辐射 $\Phi_1,\Phi_2,\cdots,\Phi_N$ 作为校正定标点，得到 IRFPA 中所有 $m \times n$ 个探测器单元的输出 $U_{mn}(\Phi_k)$，$k=1,2,\cdots,N$。IRFPA 非均匀性校正算法就是找到在任意辐射度 Φ 下，第 (i,j) 个探测器单元的输出值 $U_{ij}(\Phi)$ 与其校正值 $U'_{ij}(\Phi)$ 之间的函数映射关系 $U'_{ij}(\Phi)=f[U_{ij}(\Phi)]$，使得各探测器单元的 $U'_{ij}(\Phi)$ 尽可能保持一致。可以通过不同的数值方法，构造离散点 $U_{mn}(\Phi_k)$、任意点 $U_{ij}(\Phi)$ 及其校正值 $U'_{ij}(\Phi)$ 之间的关系。根据不同的假设，探测器响应模型可以分为基于探测器线性响应模型和基于探测器非线性响应模型两类。两点校正法就是基于探测器线性响应模型的一种较为简单的方法。

假设探测器单元响应是线性的，则其响应可以表示为

$$U_{ij}(\Phi) = \mu_{ij}\Phi + \nu_{ij} \tag{7-220}$$

式中，μ_{ij} 和 ν_{ij} 分别是坐标为 (i,j) 阵列单元的增益和偏移量，对于每一个阵列单元，μ_{ij} 和 ν_{ij} 的值都是固定的，并且不随时间变化。因此，采用两点校正法即可实现 IRFPA 的非均匀性校正，即

$$U'_{ij}(\Phi) = G_{ij}U_{ij}(\Phi) + O_{ij} \tag{7-221}$$

式中：G_{ij} 和 O_{ij} 分别为两点校正法的校正增益和校正偏移量；U'_{ij} 为校正后的输出。

采用两点校正法在光路中插入一均匀辐射的黑体，通过各阵列单元对高温 T_H 和低温 T_L 下的均匀黑体辐射的响应，计算出 G_{ij} 和 O_{ij}，从而实现非均匀性校正。

图 7-110 给出了两点校正法的示意图。两点校正法，将所有阵列单元在高温 T_H 和低温 T_L 下的响应分别规一化为 U_H 和 U_L：

$$U_H = G_{ij}U_{ij}(\Phi_H) + O_{ij} \tag{7-222}$$

$$U_L = G_{ij}U_{ij}(\Phi_L) + O_{ij} \tag{7-223}$$

从而校正增益和校正偏移量可通过下式计算出来：

$$G_{ij} = \frac{U_H - U_L}{U_{ij}(\Phi_H) - U_{ij}(\Phi_L)} \tag{7-224}$$

$$O_{ij} = \frac{U_L U_{ij}(\Phi_H) - U_H U_{ij}(\Phi_L)}{U_{ij}(\Phi_H) - U_{ij}(\Phi_L)} \tag{7-225}$$

其中，$U_{ij}(\Phi_H)$ 和 $U_{ij}(\Phi_L)$ 分别为像元 (i,j) 在高温和低温均匀辐射背景下的响应。

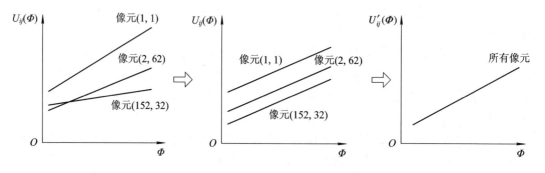

图 7-110　两点校正法的示意图

将各探测器单元的校正增益 G_{ij} 和校正偏移量 O_{ij} 预先存储起来，在探测过程中以此对探测器的响应值按式（7-221）不断进行校正，从而在给定温度区间或附近得到合理的校正，探测器阵列将产生非常一致的信号，如图 7-111 所示。

两点校正法基于探测器响应的线性模型，具有算法简单、计算量小的特点，但是由于线性模型与实际系统还是有较大差别，且存在动态范围小的缺点，故本着多点逼近的思

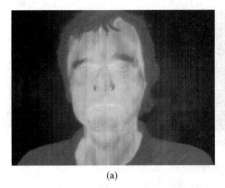
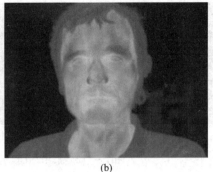

(a)   (b)

图 7-111　非均匀性校正前后图像质量比较

(a) 非均匀性对图像质量的影响；(b) 非均匀性校正效果

想，人们提出了分段线性插值算法。在系统的动态范围内，按照辐射通量等级把定标数据分成若干个区间，在每个区间内按照两点校正法进行校正。

当然，也可以基于探测器非线性响应模型，采用插值或多项式拟合方法进行非均匀性校正。

(2) 基于场景的非均匀性校正法。

定标法在需要精确测温的应用中是必要的，但在很多实际应用中往往并不需要十分精确的校正，而只需非均匀性补偿来消除固定模式噪声，基于场景的非均匀性校正法非常适合此类应用。基于场景的非均匀性校正法通常利用图像序列并依赖帧间运动对焦平面阵列的非均匀性进行校正。全局非均匀性校正就是一种典型的方法。

设图像为 $x(i,j)$，大小为 $m \times n$，灰度级范围为 $0 \sim G$，图像平均灰度为 $\overline{X}$，每一行的平均灰度值为 $\overline{R}(j)$，变换后的灰度值为 $\gamma(i,j)$，则校正公式为

$$\gamma(i,j) = x(i,j)\overline{X}/\overline{R}(j) \tag{7-226}$$

该算法可将各行的平均灰度 $\overline{R}(j)$ 有效地钳到全局平均灰度值 $\overline{X}$，由于存在舍入误差，偏移最多不会超过 1 个灰度级。校正系数 $\overline{X}/\overline{R}(j)$ 可固化在 ROM 中，以查找表形式实时取出。

为了工程应用方便，可将系数归一化，以 $\min[\overline{R}(j)]/\overline{R}(j)$ 替换原系数，使校正系数压缩在 $0 \sim 1$ 内，校正公式变形为

$$\gamma(i,j) = x(i,j)\min[\overline{R}(j)]/\overline{R}(j) \tag{7-227}$$

该算法是目前最简单的方法，可突出目标，对一些垂直方向上灰度差异较小的场景，能够获得较理想的效果。

必须指出的是，NUC 算法迫使 FPA 阵列单元面对均匀目标入射辐射时，趋于输出均匀信号。原则上，基于任意目标也有可能完成 NUC。图 7-112 给出了采用 NUC 后，热像仪所记录的红外图像。图 7-112(a) 显示的是利用均匀背景实现 UNC 后，直接记录的人的红外图像；图 7-112(b) 显示的是基于图 7-112(a)，利用全部场景 UNC 后，记录的人的红外图像。由图 7-112(b) 可知，由于目标(人)与背景之间具有较大的辐射差异，实行基于场景 NUC 后，目标被校正而消失了，人几乎看不到了。而在图 7-112(c) 中，人已经离开，若采用固化的基于场景 NUC 参数，热像仪只观察均匀背景，尽管背景辐射处处一样，此时仍可检测到人的特征。图 7-112 说明，FPA 阵列单元增益和偏移的电子学校正可以明显地改变表观辐射分布。因此，NUC 必须小心翼翼地执行。

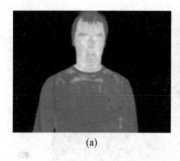 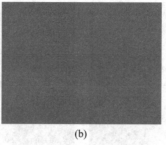 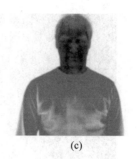

图 7 - 112　采用 NUC 后热像仪所记录的红外图像

(a) 基于均匀背景 NUC 的红外图像；(b) 基于场景 NUC 的红外图像；

(c) 基于场景 NUC 固化参数后均匀背景的红外图像

　　需要强调的是，探测器信号只在一个特定输出范围内是线性的，例如，从饱和信号的 20%到80%。NUC 也只适用于这些范围内。很低的信号或接近饱和的信号，会出现较强的固定图案噪声，也就是说，NUC 不再适合工作了，如图 7 - 113 所示。

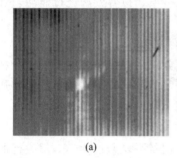 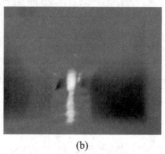 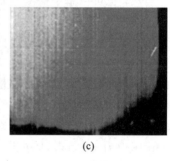

图 7 - 113　探测器信号包含对 NUC 的限制

(a) 未点亮的灯泡，无 NUC 的红外图像；(b) 点亮的灯泡，基于均匀室温背景 NUC 后的红外图像；

(c) 高压脉点亮后的灯泡，瞬间拍摄的红外图像

　　在图 7 - 113(a)中，由于灯泡未点亮，辐射能量很低，探测器信号过弱；在图 7 - 113(c)中，由于灯泡加了高压，辐射能量非常强，探测器信号接近饱和。这两种情况下，都不适合进行 NUC，因此热像仪输出红外图像出现了明显的固定图案噪声。而在图 7 - 113(b)中，由于灯泡加了适当的电压，辐射能量适中，探测器信号处于线性区间，采用 NUC 后，热像仪输出的红外图像得到了明显的改善。

　　最后，需要特别说明的是，NUC 的效果以及目标温度测量的准确度取决于探测器工作的稳定性。探测器的热漂移将改变像元的响应曲线，此时必须重新进行 NUC。这意味着，为了确保逼真的红外图像输出以及准确的温度测量，FPA 热像仪要定期进行测校。为了使热像仪能够在工作期间进行校正，通常在其内部安装校准靶或自动遮板，以进行必要的单点偏移 NUC。如果自动遮板操作关闭，热像仪的定期再校准 NUC 将中断，这将导致显示温度的漂移，如图 7 - 114 所示。在图 7 - 114 中，针对经历约 2 h 温度稳定后的 70℃黑体，在自动遮板操作关闭（即没有进行定期再校准）下，两个热像仪同时对黑体进行持续的温度测量，其中 LWIR 热像仪采用的是热探测器（测辐射热计）FPA，MWIR 热像仪采用的是光子探测器(PtSi)FPA。如图 7 - 114 所示，如果在 $t=0$ 时，将热像仪的自动遮板操作关闭，则 LWIR 热像仪显示了一个非常明显的温度漂移（约 3 K），而 MWIR 热像仪的温度偏

移不明显(小于 0.5 K)。

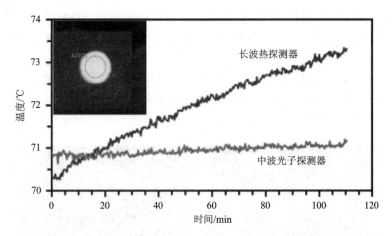

图 7-114　针对 70℃稳定黑体温度,自动遮板不工作时,热像仪持续温度测量结果

　　由热探测器的工作原理可知,测辐射热计的信号来自到达探测器的净辐射功率,该净辐射功率等于目标(黑体)辐射功率与探测器自身辐射功率之差。此外,热探测器与热像仪外壳及光学部件之间也会有辐射交换。因此,热像仪内部温度平衡的一个微小变化,将会改变净辐射功率交换,从而导致测量误差。此外,由于测辐射热计具有较高的温度系数,其响应强烈地依赖于探测器的温度。所以,当测辐射热计温度有微小变化时,其输出信号会有明显的变化。也就是说,如果自动遮板操作关闭,热像仪没有进行定期再校准,就会产生较大的温度测量误差。估算表明,如果测辐射热计内部有约 100 mK 的温度起伏,其热像仪输出温度误差大约为 3 K。

　　相比之下,光子探测器的信号主要来自入射辐射自身,热像仪温度的变化也会引起探测器信号的变化,但远远小于测辐射热计。

　　这个例子表明,一个适当的自动遮板操作(定期再校准)对于温度 NUC 的重要性,特别是对测辐射热计 FPA 热像仪而言。

　　3) 盲元补偿

　　盲元或称失效元,是指 IRFPA 中的响应过高和过低的探测器单元。由于红外敏感元件、读出电路、半导体特性等各种的原因,红外焦平面阵列不可避免地存在着盲元。随着焦平面阵列规模的扩大以及像元尺寸的减小,材料和工艺的影响越发显著,盲元出现的几率也大幅提高。在红外成像时不经相应的处理,盲元会使图像出现亮点或暗点,严重影响成像质量。

　　正如 FPA 非均匀性校正一样,在红外成像系统中剔除盲元是非常关键的步骤。盲元的剔除包括盲元检测和补偿两个方面。

　　盲元检测是对盲元进行补偿的前提和基础,能否尽可能地不漏检和过检盲元是十分关键的。盲元漏检会影响对亮点、暗点的抑制;盲元过检则会损失真实信息。常用的盲元检测方法分为定标法和基于场景检测法两类。定标法是通过对黑体成像以获取单帧或序列均匀辐射图像,在此基础上根据盲元和正常单元在响应率、偏差系数、噪声统计量等不同特征上的区别来判定盲元。定标法需要较长时间打断系统的正常工作以便采集黑体的均匀辐射,其操作流程比较繁琐,仅适用于检测固定盲元,无法处理实际应用过程中随机出现的新盲元。而基于场景的检测方法则能进一步对成像过程中随机出现的盲元进行检测和补偿，因此受到研究者越来越多的重视。

盲元补偿是采用盲元周围的有效图像信息或前后帧的图像信息对盲元位置的信息进行预测和替代的过程，其方法相对简单和固定，通常有线性插值法、相邻像元替代法、中值滤波法等。

图7-115是未经盲元补偿的两幅红外图像，其中图7-115(a)中包含了大量的孤立和连续盲元；图7-115(b)中心处有一片较大的连续盲元。图7-116(a)、(b)是经过盲元补偿后对应的红外图像，其中为了图像显示，对图像灰度进行了重新量化。

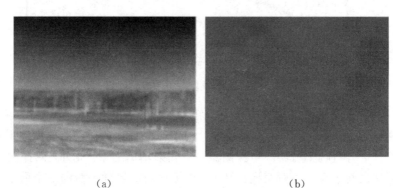

(a)   (b)

图7-115   未经盲元补偿的红外图像

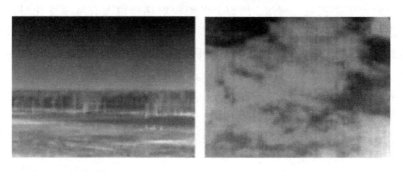

(a)   (b)

图7-116   经过盲元补偿后的红外图像

2. 热像仪操作对测温的影响

使用热像仪进行精确的温度测量，需要正确的规范操作。例如，虽然采用了实验室室内测试流程，但如果热像仪还未达到热平衡，将无法很好地完成实地测量。在开始测试前几小时，热像仪应首先开机，以使热像仪处于热平衡状态。为了达到精确的校准，大部分红外热像仪都有内置的温度传感器，实时检测热像仪内部部件的温度。在校准过程中，通常将热像仪放置在一个环境仓内，不同环境温度以及不同黑体温度下所收集的数据，都存储在内部固件中。这些数据被用来校正热像仪的温度输出。同时，在整个校准过程中，这种校正（称为环境漂移修正）也用于校正热像仪类似的热稳态行为。

为了展示与温度测量相关的不确定性，下面讨论几个典型的操作行为对测量结果的影响。第一，开机后，立即测量，这将导致错误的温度读数；第二，环境温度快速变化过程中测量，即所谓的热冲击，这也会导致测量误差；第三，在特定的测量角度下，可能出现冷反射现象，这也将影响测量结果。

1) 热像仪开机效应

利用 MWIR 光子探测器(PtSi)和 LWIR 热探测器(微测辐射热计)热像仪,在开机后立即进行测量,会发生明显的目标温度漂移现象,这是由热像仪温度漂移引起的。图 7-117 给出了在热像仪开机后,立即对黑体进行温度测量所获得的结果(其中黑体温度分别设置在 30℃和 70℃,并在开始测量前,经过超过 2 小时的长时间温度稳定,且 $\Delta T_{bb} \leqslant$ 0.1℃)。对于 LWIR 热像仪而言,开机过程大约需要 5 分钟;对于制冷型 MWIR 热像仪而言,开机过程大约需要 10 分钟。图 7-117 表明,在开机 90~120 分钟内,两个热像仪都显示出明显的信号变化。

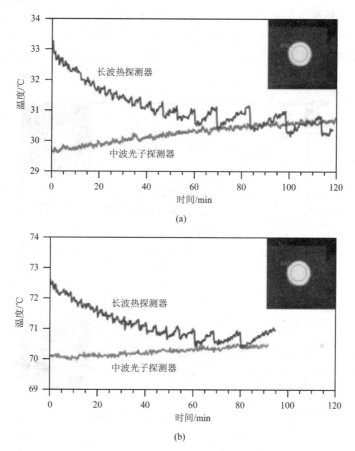

图 7-117 不同黑体温度下,热像仪温度测量结果随开机后时间的变化情况
(a) 30℃稳定黑体温度;(b) 70℃稳定黑体温度

由图 7-117 可以看出,LWIR 热像仪显示的温度测量结果,随开机后时间的变化非常明显,在开机后立即开始测量,所测得的温度要高 2 K~3 K(偏差与黑体温度有关);对 MWIR 热像仪而言,大约有 0.5 K~1 K 的测量偏差。对于这两个热像仪,自动遮板功能是打开的,可定期测量标志点以完成一点式再校准。与时间相关的温度观测步长是由自动遮板工作时间所决定的。由热探测器的工作原理可知,测辐射热计的灵敏度与其工作温度是密切相关的,因此,非热平衡条件以及测辐射热计工作温度漂移会强烈地影响温度的测量。

热像仪达到热平衡的时间大约需要 90 分钟,但是,在开机大约 10 分钟后,两个热像仪的温度读数会达到热像仪给定的±2 K 的规范温度精度。

2）热冲击的影响

野外实地测量中，环境温度经常会快速变化，例如，在冬天，将热像仪从温度较高的室内移动到温度较低的室外，反之亦然。这种移动会导致热像仪受到强烈的热冲击，尽管热像仪可能已开启了数小时，但它还未达到新的热平衡，此时仍会导致不正确的温度读数。

正如前面所述的那样，热像仪测量信号必须对额外的辐射进行校正。如果环境温度迅速改变，热像仪将经历瞬时的温度变化，变化与热像仪内的温度梯度有关。并且，由于热像仪具有较大的热惯量，热时间常数可能会很大，如几分钟到几小时，这种温度变化过程可能也会很长。所以，环境温度的突然变化，将限制 FPA 信号校正算法的准确性，并引起测量误差。

为了展示这种热冲击影响，先将热像仪在 13℃ 的保温仓内放置 2 小时，使其达到热稳定状态；然后，将热像仪从保温仓内拿到温度为 23℃、相对湿度为 50%（露点温度高于13℃）的室外，同时开机。待热像仪准备好记录数据后，立即对温度稳定的黑体进行测量，测试结果如图 7-118 所示。

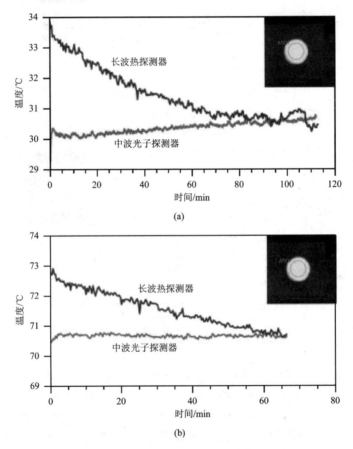

(a)

(b)

图 7-118　当热像仪开机后，其环境温度从 13℃ 快速变化到 23℃ 时，针对
不同的黑体温度，热像仪温度测量结果随时间的变化情况
（a）30℃ 稳定黑体温度；（b）70℃ 稳定黑体温度

由图 7-118 可以看到，在该实验中，热像仪开机效应以及热冲击现象被同时观察到。与单纯的开机效应一样，LWIR 热像仪对热冲击更敏感：在测量开始时，由于受到 10℃ 的热冲击，测量结果有 3 K～4 K 的偏差，需要 20～30 分钟才能达到 ±2℃ 的测量精度规范。

对于 MWIR 热像仪而言，测量开始不久，很快就达到测量精度规范。

从图 7-117 和图 7-118 可以得出结论：平衡稳定的热像仪温度，对于准确的温度测量是十分必要的。由于热探测器信号校正对于温度十分敏感，热探测器热像仪开机效应或热冲击现象的表现十分明显，因此其测量精度受瞬态温度变化影响严重。

3）冷反射现象

在红外成像中，会出现一种在可见光内未见的图像异态，即冷反射效应。冷反射效应是热像仪所特有的一种现象，是指制冷型红外探测器"看到"自身的反射像，它是从热像仪镜头、窗口，甚至是被测物体反射进入光敏面的辐射。这种现象一旦产生，图像中心在呈现被测物体像的同时还呈现探测器的影像，严重影响系统的图像质量和测量精度。

目前常用的红外探测器都工作在液氮级温度 77 K 中，而系统和壳体都工作在室温 300 K 中，它们之间温差约为 220 K，红外探测器只对温度变化量有响应，也就是热像仪只探测和显示目标与背景的温差。典型热像仪的温度动态范围为十几到几十 K，220 K 远远超出该动态范围，如此大的温差，即使有 $0.3\% \sim 1.0\%$ 的微小反射，也会产生过饱和信号。冷反射的表现形式为在显示图像中央有一黑斑（白热状态）。

当光线以很小的入射角度落在一个表面上时，冷反射现象最强。冷反射的绝对量级很小，然而，如果把 300 K 的环境温度和 77 K 的探测器之间的热反差算进去，那么少量的反射也会产生较大的影像。冷反射现象的计算十分复杂，通常采用经验粗略估算一个特定表面的冷反射贡献，即

$$\Delta T_n = \frac{\Delta T_{sd} \rho}{S_n S_1} \tag{7-228}$$

式中：ΔT_n 为由冷反射引起的图像中的表观温度变化；ΔT_{sd} 为环境与探测器之间的温差；ρ 为表面的反射率；S_n 为冷反射点直径；S_1 为正常像点直径。

假定环境温度为 300 K，$\rho = 0.015$，$S_n/S_1 = 3$，则 $\Delta T_n = 0.37$ K。虽然 ΔT_n 的数值很小，但现在的红外成像系统 MRTD 已达 0.02 K，冷反射在图像中产生一个明显的温差，超过了系统的最小可分辨温差，因此在图像上清晰可见。

图 7-119 给出了在观测室温（约 22℃）下的一块抛光钢板时，制冷型（77 K）InSb MW 和测辐射热计 LW 热像仪所出现的冷反射现象。LW 热像仪所测得的最大温度为 39℃，MW 热像仪所测得的温度低于 -60℃。避免这种现象的一种可能措施是，改变观测角度，

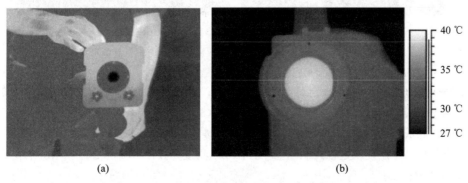

图 7-119 室温下抛光钢板所观察到的冷反射现象

（a）MW 热像仪输出图像；（b）LW 热像仪输出图像

使得冷反射不进入热像仪的物镜。

如果使用滤光片，冷反射现象尤为重要，例如，窄带探测或其他位于热像仪与目标间的部分平行透明板。

为了控制凝视型热像仪的冷反射现象，可通过非均匀校正来补偿，但这只对应某一特定的状态校正。当相对于已校正状态的一些条件变化时，冷反射现象又会重现。图 7-120 示意了如果将一反射物体（如双面抛光的硅片）放置在热像仪前，采用非均匀校正算法消除冷反射现象的效果。硅片在 MW 红外区是相对透明的，其反射率约为 50%。图 7-120(a) 显示在 NUC 之后，具有均匀背景的目标场景。图 7-120(b) 表明，如果将硅片放置在镜头面前，冷反射现象清晰可见。现利用均匀背景 NUC 算法，但仍将硅片放置在热像仪前，经过处理后，冷反射现象消除了，见图 7-120(c)。如果将硅片移去，但仍保持刚才的 NUC 算法，则会出现逆冷反射现象，如图 7-120(d) 所示。因此，在使用光滑表面滤光片进行测量时，应注意 NUC 的使用。

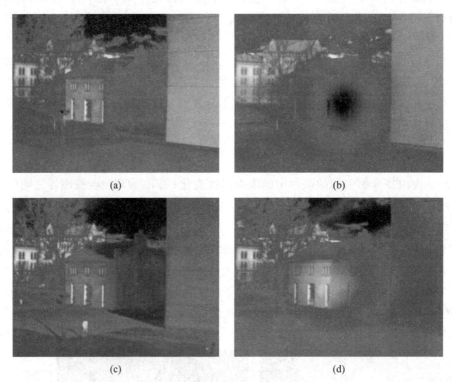

(a)　　　　　　　　　　　(b)

(c)　　　　　　　　　　　(d)

图 7-120　在热像仪中运行 NUC 算法，消除由双面抛光硅片所引起的冷反射现象示意图
(a) 无晶片，运行 NUC 后的目标图像；(b) 物镜前放置硅片，冷反射现象清晰可见；
(c) 物镜前放置硅片，NUC 算法运行后冷反射现象消除；(d) 移去硅片后，目标中心出现逆冷反射现象

3. 红外成像系统的内在不确定度

描述红外成像系统测温精度的参数有七个：最小误差 ME、噪声产生误差 NGE、数字温度分辨率 DTR、温度稳定性 TS、重复能力 RE、测量一致性 MU、测量空间分辨率 MSR。

1）最小误差 ME

最小误差定义为测量条件和标定条件完全一致时，输出温度和对象真实温度的偏差。标定条件通常为：被测目标是一个足够大的黑体，被测目标与红外成像系统之间的距离足

够小以至于可以忽略大气传输的影响，环境温度为实验室温度（20℃～30℃），被测目标位于视场中心。温度测量要求在红外成像系统的最小量程内进行，测量结果是多次测量的平均。

最小误差 ME 可以用典型的函数"$X‰\times T_{out}$ 但不小于 $X℃$"作为粗略估计，类似于一个喇叭口形状的开口曲线，如图 7-121 所示。

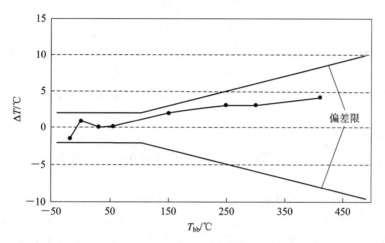

图 7-121　实验室条件下测量黑体温度时的最小偏差

2）噪声产生误差 NGE

噪声产生误差 NGE 定义为系统噪声引起的输出温度偏差的标准差。NGE 有时间和空间两种测量方法。时间测量方法是测量单一像元随时间变化的标准差；空间测量方法是测量均匀黑体温度下一帧图像的标准差。空间测量方法因为包括了噪声和探测器的非均匀性，所以要大一些，但经过非均匀性校正后，两种测量方法的结果基本一致。

典型红外成像系统的 NGE 测量结果如图 7-122 所示。噪声对红外成像系统精度的影响一般随着温度的降低而显著降低，但是从图 7-122 中可以看出，这种影响对低温和高温一样重要，原因在于虽然高温对象的辐射强度要高一些，但由于滤镜或积分时间缩短，在测量高温对象时信噪比实际上有可能降低。除个别特殊点之外，系统噪声带来的误差相对较小，对于单波段红外成像系统，NGE 与系统的 NETD 相当。

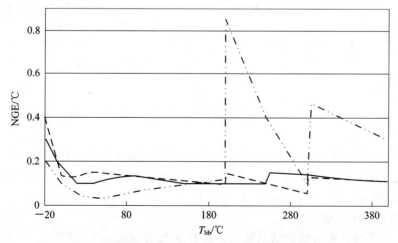

图 7-122　不同黑体温度下的红外成像系统噪声产生误差 NGE

3）数字温度分辨率 DTR

数字温度分辨率 DTR 定义为红外成像系统数字通道能够分辨的最小温差。DTR 体现了红外成像系统数字通道的分辨率限度，即在忽略热像仪模拟噪声时所能分辨的最小黑体温差，但当 NGE 存在时 DTR 不易被准确测得，一般采用下式估计：

$$\mathrm{DTR} = \frac{\Delta T_{\mathrm{span}}}{2^N} \tag{7-229}$$

式中：ΔT_{span} 是测量温度范围；N 是红外成像系统 A/D 转换器的位数。一般被测热像仪的温度范围不超过 200℃，其 A/D 转换器的位数为 12 位时，DTR 的估计值小于 0.1℃，可见数字通道分辨率限度带来的影响可以忽略不计，在测量 NGE 时已经包括了它，在测试参数中不必单独考虑。

4）温度稳定性 TS

温度稳定性 TS 定义为在厂商给出的红外成像系统工作环境温度范围内测量结果的偏差。

图 7-123 给出了一些红外成像系统的温度稳定性。图 7-123 中假设红外成像系统的环境温度范围为 5℃～40℃，3# 系统的温度稳定性为 0.2℃，2# 系统的温度稳定性为 17℃，环境温度对 3# 系统的影响几乎可以忽略不计，但对 2# 系统的影响比较大。1# 系统的温度稳定性取决于开关的状态，环境温度为 3.8℃ 时开关闭合，测量误差为 2.11℃，环境温度为 7.2℃ 时测量误差增加到 4.8℃，但是当瞬时打开开关再闭合时，测量误差便减小到 0.06℃。所以，1# 系统的误差在开关刚闭合后是比较小的，不超过 ±2℃，当环境温度变化时误差迅速增大，这种热像仪在稳定的环境温度下可以得到准确的测量结果。

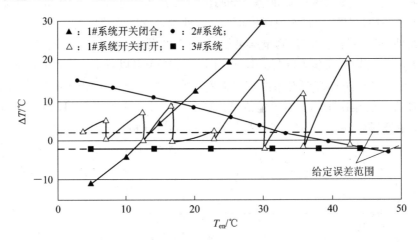

图 7-123　在环境温度 T_{en} 下测量 90℃ 黑体的误差

5）重复能力 RE

重复能力 RE 定义为在同一测量条件下测量结果的偏差，该测量必须和 ME 的测量条件完全一致。重复能力体现了红外成像系统的时间稳定性，该参数的测量比较费时，它的影响在 ME、NGE、TS 中已经体现，因此没有必要专门进行测量。

6）测量一致性 MU

测量一致性 MU 定义为测量对象位于红外成像系统视场的不同区域时测量结果的偏差。实验表明，这种偏差类似于测量 NGE 的偏差，因此位置误差的影响在红外成像系统中可以忽略不计。

7）测量空间分辨率 MSR

测量空间分辨率 MSR 定义为不影响温度测量结果的被测对象的最小角度。MSR 的测量方法是，首先定义一个狭缝温度响应函数 STRF，即狭缝和背景的温差与狭缝角宽度的函数，并将温度对狭缝宽度归一化；然后将 MSR 定义为狭缝温度响应函数 STRF 值为 0.99 时的角度狭缝尺寸。狭缝响应函数 SRF 是基于归一化的信号输出，而 STRF 是基于归一化的温度输出，引入 STRF 的原因是不可能测量红外成像系统输出的电信号或亮度信号。通过定义狭缝图像的最大温度和均匀背景的归一化温差，可以测量被测成像系统的 STRF，而且在不考虑阵列探测器的采样效应下，STRF 不依赖于狭缝在水平或垂直方向的位置，或这种依赖在设备的测量误差范围内是可以忽略的。由图 7 - 124 可以看出，1♯ 成像系统的 MSR 是 3.5 mrad，2♯ 成像系统的 MSR 是 10 mrad，而这些成像系统的瞬时视场 IFOV，1♯ 成像系统是 0.75 mrad，2♯ 成像系统是 2.0 mrad，因而实测得到的空间分辨率比所提供的 IFOV 要相差好几倍。另外，不同的红外成像系统，其 MSR 会有很大的差异，因此，在试图测量小目标的温度之前，应仔细检查测量红外成像系统的 MSR。

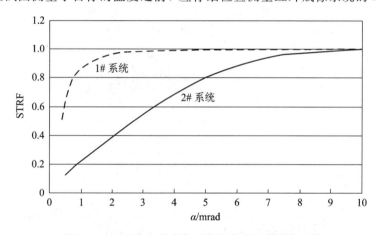

图 7 - 124　两个红外成像系统的狭缝温度响应函数

前六个参数给出了红外成像系统不同误差带来的输出温度与真实温度的偏差：模拟通道噪声、数字通道分辨局限、环境温度变化、系统参数随时间的变化、系统参数在视场内的变化、存在于标定条件的其他误差源。最后一个参数给出了红外成像系统被测对象的最小尺寸。如果知道了这些参数，就可用下式来确定红外成像系统的内在不确定度：

$$u_{\mathrm{in}} = (u_{\mathrm{ME}}^2 + u_{\mathrm{NGE}}^2 + u_{\mathrm{DTR}}^2 + u_{\mathrm{TS}}^2 + u_{\mathrm{RE}}^2 + u_{\mathrm{MU}}^2)^{1/2} \tag{7-230}$$

其中：$u_{\mathrm{ME}} = \mathrm{ME}/\sqrt{12}$，$u_{\mathrm{NGE}} = \mathrm{NGE}$，$u_{\mathrm{DTR}} = \mathrm{DTR}/\sqrt{12}$，$u_{\mathrm{TS}} = \mathrm{TS}/\sqrt{12}$，$u_{\mathrm{RE}} = \mathrm{RE}/\sqrt{12}$，$u_{\mathrm{MU}} = \mathrm{MU}/\sqrt{12}$。

测量表明，市场上红外成像系统的实际准确度差别很大；数字温度分辨率 DTR、重复能力 RE 和测量一致性 MU 对系统内在不确定度的影响较小，可以忽略不计；描述红外成像系统内在测量不确定度的参数可以减少到四个：最小误差 ME、噪声产生误差 NGE、温度稳定度 TS、测量空间分辨率 MSR，从式（7 - 230）中去掉 DTR、RE 和 MU 就可以粗略计算系统的内在温度测量不确定度。分析表明，温度测量稳定度 TS 是刻画红外成像系统的参数中最重要、最关键的参数。

4. 红外成像系统的测量结果不确定度

实际使用中，在采用红外成像系统进行温度测量时，有四个方面的测量不确定度来源：由于真实物体的发射率 ε_r 未知而导致的不确定度 u_ε；由于真实背景有效温度 T_{back} 未知而导致的不确定度 u_T；由于真实大气有效透过率 τ_{air} 未知而导致的不确定度 u_τ；成像系统的内在不确定度 u_{in}。红外成像系统输出温度 T_{out} 的综合不确定度 u_c 由下式决定：

$$u_c(T_{out}) = (u_\varepsilon^2 + u_T^2 + u_\tau^2 + u_{in}^2)^{1/2}$$
$$= \{[c_\varepsilon u(\varepsilon_r)]^2 + [c_T u(T_b)]^2 + [c_\tau u(\tau_{air})]^2 + u_{in}^2\}^{1/2} \tag{7-231}$$

式中：$u(\varepsilon_r)$ 是确定目标发射率 ε_r 的标准不确定度；$u(T_b)$ 是确定有效背景温度 T_b 的标准不确定度；$u(\tau_{air})$ 是确定大气有效透过率 τ_{air} 的标准不确定度；c_ε、c_T 和 c_τ 是灵敏度系数，计算如下：

$$c_\varepsilon = \frac{\displaystyle\int_0^\infty \frac{r_{sys}(\lambda)}{\lambda^5\left[\exp\left(\frac{c_2}{\lambda T_{out}}\right)-1\right]}d\lambda - \int_0^\infty \frac{r_{sys}(\lambda)}{\lambda^5\left[\exp\left(\frac{c_2}{\lambda T_b}\right)-1\right]}d\lambda}{\displaystyle\int_0^\infty \frac{\varepsilon_r r_{sys}(\lambda)c_2 \exp\left(\frac{c_2}{\lambda T_{out}}\right)}{\lambda^6 T_{out}^2\left[\exp\left(\frac{c_2}{\lambda T_{out}}\right)-1\right]^2}d\lambda} \tag{7-232}$$

$$c_T = \frac{\displaystyle\int_0^\infty \frac{(1-\varepsilon_r)r_{sys}(\lambda)\exp\left(\frac{c_2}{\lambda T_b}\right)}{\lambda^6 T_b^2\left[\exp\left(\frac{c_2}{\lambda T_b}\right)-1\right]}d\lambda}{\displaystyle\int_0^\infty \frac{\varepsilon_r r_{sys}(\lambda)c_2 \exp\left(\frac{c_2}{\lambda T_{out}}\right)}{\lambda^6 T_{out}^2\left[\exp\left(\frac{c_2}{\lambda T_{out}}\right)-1\right]^2}d\lambda} \tag{7-233}$$

$$c_\tau = \frac{\displaystyle\int_0^\infty \frac{\varepsilon_r r_{sys}(\lambda)}{\lambda^5\left[\exp\left(\frac{c_2}{\lambda T_{out}}\right)-1\right]}d\lambda - \int_0^\infty \frac{(1-\varepsilon_r)r_{sys}(\lambda)}{\lambda^5\left[\exp\left(\frac{c_2}{\lambda T_b}\right)-1\right]}d\lambda}{\displaystyle\int_0^\infty \frac{\varepsilon_r \tau_{air} r_{sys}(\lambda)c_2 \exp\left(\frac{c_2}{\lambda T_{out}}\right)}{\lambda^6 T_{out}^2\left[\exp\left(\frac{c_2}{\lambda T_{out}}\right)-1\right]^2}d\lambda} \tag{7-234}$$

其中，r_{sys} 为系统相对光谱灵敏度。

为了计算综合的标准不确定度 $u_c(T_{out})$，不但要知道系数 c_ε、c_T 和 c_τ，还要知道标准差 $u(\varepsilon_r)$、$u(T_b)$、$u(\tau_{air})$。用户一般难以准确得到 $u(\varepsilon_r)$、$u(T_b)$ 和 $u(\tau_{air})$，但是可以通过估计随机变量 ε_r、T_b 和 τ_{air} 的区间范围估计出不确定度，即知道实际发射率 ε_r 位于 $[\varepsilon_r-\Delta\varepsilon,\varepsilon_r+\Delta\varepsilon]$ 区间范围，实际有效背景温度 T_b 位于 $[T_b-\Delta T_b,T_b+\Delta T_b]$ 区间范围，实际有效透过率 τ_{air} 位于 $[\tau_{air}-\Delta\tau,\tau_{air}+\Delta\tau]$ 区间范围。

虽然可以估计出 ε_r、T_b、τ_{air} 的区间范围，但很少能估计出这些量的概率分布类型。可以假设它是均匀分布的，$u(\varepsilon_r)$、$u(T_b)$、$u(\tau_{air})$ 可以按下式计算：

$$u(\varepsilon_r) = \frac{\Delta\varepsilon}{\sqrt{3}}, \quad u(T_b) = \frac{\Delta T_b}{\sqrt{3}}, \quad u(\tau_{air}) = \frac{\Delta\tau}{\sqrt{3}} \tag{7-235}$$

前述的内在不确定度 u_{in} 可以基于测量得到的 ME、NGE、TS 用式(7-230)计算得到，这样，用式(7-231)就可以计算观测系统的综合不确定度标准差 $u_c(T_{out})$。

根据中心极限定理，在有至少 3 个不确定分量，且综合的不确定度标准差不是由其中的一个分量主导时，实际测量结果近似正态分布，成像系统的综合不确定度满足这些条件，这样目标温度测量值 T_{out} 位于 $[T_{out}-u_c(T_{out}),T_{out}+u_c(T_{out})]$ 的置信度为 68%。

在确定了红外成像系统的参数和测量条件后，可以采用误差模型计算系统的温度测量不确定度。红外成像系统的参数包括相对谱灵敏度函数 $r_{sys}(\lambda)$ 和内部不确定度 u_{in}，测量条件参数包括被测对象的温度范围、被测对象的视场角，以及用户假定的对象发射率 ε_r、背景温度值 T_b、大气有效透过率 τ_{air} 的散布范围，诸如分布区间、分布类型或标准差等。表 7-13 给出了一组测量条件和相关参数，表 7-14 是计算结果。可以看出，实际测量结果和厂家给定的"准确度"差异还是比较大的，因而在成像观测系统综合性能模型中要考虑这些客观因素和参数。

表 7-13　一组典型的测量条件和红外成像系统参数

测 量 参 数	参 数 值
目标输出温度 T_{out}	400℃
系统测量时采用的测温区间	100℃
被测目标的视场角	150 mrad
用户假定的目标发射率 ε_r 及其范围	0.7±0.1(均匀分布)
用户假定的背景温度值 T_b 及其范围	40℃±10℃
用户假定的大气有效透过率 τ_{air} 及其范围	0.95±0.3
系统相对光谱灵敏度函数 $r_{sys}(\lambda)$	8~12 μm 红外成像系统典型函数
热像仪内在不确定度	T_{out} 的 2% 但不小于 2℃

表 7-14　计 算 结 果

不确定度来源	各部分不确定度(标准差)
确定目标有效发射率的误差	35.3℃
确定背景有效温度的误差	0.68℃
确定大气有效透过率的误差	8.1℃
红外成像系统的内在不确定度	8℃
输出温度：400℃	综合不确定度(标准差)：37.1℃

7.6 红外成像系统的作用距离估算

作用距离就是依据系统的基本性能参数，在已知目标与背景红外辐射特性和大气气象条件的情况下，系统可能达到的最大观察距离。红外成像系统性能的好坏，最终都体现在观察距离上，因此，其作用距离的估算，对于系统性能分析、总体方案论证以及型号项目技术指标的确定，都具有重要的指导意义。为了尽可能正确地估算红外成像系统的作用距离，需要采用合理的数学模型。

7.6.1 对点源目标的作用距离

当红外成像系统探测很远处的目标时，目标张角小于或等于系统的瞬时视场，此时称目标为点目标或点源。当对点目标进行观测时，目标细节已不可分辨，但从能量的角度来看，只要目标辐射足够强，系统输出信号足够大，就可能探测到。

1. 基于系统参数的作用距离模型

由 7.5.2 节的分析可知，当红外成像系统探测点目标时，由于光学系统的衍射和像差效应会限制成像面积的最小尺寸，即点目标在像平面上也不会是一个点，而是一个弥散斑。弥散斑将决定点目标图像的大小以及辐射通量的分布，而与目标大小无关。

假设目标的面积为 A_S、温度为 T_T、辐射亮度为 $L(\lambda, T_T)$、与系统的距离为 R，背景的温度为 T_B、辐射亮度为 $L(\lambda, T_B)$，光学系统的入瞳面积为 A_o、透过率为 $\tau_o(\lambda)$，探测器电压响应度为 $R_u(\lambda)$，大气透过率为 $\tau_{atm}(\lambda)$，系统的目标传递函数为 TTF，系统信号增益为 G，则由式（7-152）可知，相对于背景而言，系统在波段 (λ_1, λ_2) 的输出信号为

$$\Delta U_{sys} = \left[G \int_{\lambda_1}^{\lambda_2} \frac{R_u(\lambda) \Delta L_{bb}(\lambda) A_o A_S \tau_o(\lambda) \tau_{atm}(\lambda)}{R^2} d\lambda \right] TTF \qquad (7-236)$$

其中，$\Delta L(\lambda) = L(\lambda, T_T) - L(\lambda, T_B)$。

由于 $R_u(\lambda)$、$\Delta L(\lambda)$、$\tau_o(\lambda)$ 和 $\tau_{atm}(\lambda)$ 均是波长的函数，根据式（7-236）很难求出 R 的确切解析式。为了计算简单，假设光谱带宽 $\Delta\lambda = \lambda_2 - \lambda_1$ 很小，可以用带宽中心 $\lambda_c = (\lambda_1 + \lambda_2)/2$ 的值估算积分，因此有

$$\Delta U_{sys} = G \frac{R_u(\lambda_c) \Delta L_{bb}(\lambda_c) \Delta\lambda A_o A_S \tau_o(\lambda_c) \tau_{atm}(\lambda_c)}{R^2} TTF \qquad (7-237)$$

对于 $R_u(\lambda_c)$，有

$$R_u(\lambda_c) = \frac{D^*(\lambda_c) u_n}{(\Delta f_e A_d)^{1/2}} \qquad (7-238)$$

其中：$D^*(\lambda_c)$ 为探测器的比探测率；u_n 为基准电路输出噪声；Δf_e 为噪声等效带宽；A_d 为敏感元件的有效敏感面积。

将式（7-238）代入式（7-237），并利用 $\Delta I(\lambda_c) = \Delta L(\lambda_c) A_S$，其中 $\Delta I(\lambda_c)$ 为辐射强度，有

$$R = \left[\Delta I(\lambda_c) \Delta\lambda \tau_{atm}(\lambda_c) \right]^{1/2} \left[A_o \tau_o(\lambda_c) \right]^{1/2} \left[D^*(\lambda_c) \right]^{1/2} \left[\frac{G \cdot TTF}{(\Delta U_{sys}/u_n)(\Delta f_e A_d)^{1/2}} \right]^{1/2}$$

$$(7-239)$$

式（7-239）符号的右边，第 1 项为目标、背景及大气辐射参数；第 2 项为光学系统参数；第

3 项为探测器参数;第 4 项为系统和信号处理参数。如果上述参数均可获得,则可计算出成像系统作用于点目标的作用距离 R。

需要说明的是,上述推导过程和结论完全适用于第 5 章所描述的红外方位探测系统,因为方位探测系统作用的对象就是点目标。

2. 基于 NEFD 和 NETD 的作用距离

噪声等效通量密度 NEFD 和噪声等效温差 NETD 是红外成像系统的重要性能参数之一,通常用来描述系统的温度分辨率,大多数系统制造商都会提供这一参数。利用 NEFD 和 NETD,可以估算系统针对点目标的作用距离。

根据 NEFD 的定义可知,在不考虑大气影响的情况下,当基准化电路输出端产生单位噪声比时,点目标在光学系统处的辐照度即 NEFD。如果已知系统的 NEFD,且考虑大气透过率 $\tau_{\mathrm{atm}}(\lambda_c)$,假设点目标的辐射强度为 $\Delta I(\lambda_c)\Delta\lambda$,则在距离系统为 R 处的辐照度为 $\Delta E = \Delta I(\lambda_c)\Delta\lambda\tau_{\mathrm{atm}}(\lambda_c)/R^2$,于是由式(7 – 162)可知

$$\mathrm{NEFD} = \frac{\Delta I(\lambda_c)\tau_{\mathrm{atm}}(\lambda_c)\Delta\lambda/R^2}{\Delta U_{\mathrm{sys}}/u_n} \tag{7 – 240}$$

故

$$R = \left[\Delta I(\lambda_c)\Delta\lambda\tau_{\mathrm{atm}}(\lambda_c)\right]^{1/2}\left[\frac{1}{\mathrm{NEFD}(\Delta U_{\mathrm{sys}}/u_n)}\right]^{1/2} \tag{7 – 241}$$

式(7 – 241)等号的右边,第 1 项为目标、背景及大气辐射参数;第 2 项为系统和信号处理参数。如果上述参数均可获得,则可计算出成像系统作用于点目标的作用距离 R。

在定义和测量系统的 NETD 时,要求目标的角尺寸超过系统的瞬时视场若干倍,但在点目标探测时,目标像不能充满系统的单个分辨元,因此,需要对 NETD 进行修正。根据 NETD 推导式(7 – 154),以及目标没有充满瞬时视场时的系统输出信号表达式(7 – 150)及式(7 – 149),可得目标没有充满瞬时视场情况下的 NETD 修正式为

$$\mathrm{NETD}_{\mathrm{p}} = \mathrm{NETD}\frac{1}{\mathrm{ATF}} \tag{7 – 242}$$

其中,ATF 为系统的非周期传递函数。理想情况下,由式(7 – 147)可知

$$\mathrm{ATF} = \frac{A_S}{A_{\mathrm{DAS}}} = \frac{\alpha'\beta'}{\alpha\beta} \tag{7 – 243}$$

其中:α' 和 β' 为目标对系统的张角;α 和 β 为系统的瞬时视场角,且 $\alpha'<\alpha$,$\beta'<\beta$,并且有

$$\alpha'\beta' = \frac{A_S}{R^2} \tag{7 – 244}$$

如果考虑大气透过率 $\tau_{\mathrm{atm}}(\lambda_c)$ 的影响,假设黑体目标与背景之间的零视距温差为 ΔT_0,经过一段距离 R 的大气传输到达红外成像系统时,目标与背景之间的等效温差 ΔT 可近似表示为

$$\Delta T = \Delta T_0\tau_{\mathrm{atm}}(\lambda_c) \tag{7 – 245}$$

根据噪声等效温差的定义,此时,有

$$\mathrm{NETD}_{\mathrm{p}} = \mathrm{NETD}\frac{1}{\mathrm{ATF}} = \frac{\mathrm{NETD}\alpha\beta R^2}{A_S} = \frac{\Delta T_0\tau_{\mathrm{atm}}(\lambda_c)}{\Delta U_{\mathrm{sys}}/u_n} \tag{7 – 246}$$

故

$$R = \left[\Delta T_0 A_S \tau_{atm}(\lambda_c) \right]^{1/2} \left[\frac{1}{\text{NETD} \alpha \beta (\Delta U_{sys}/u_n)} \right]^{1/2} \qquad (7-247)$$

式(7-247)等号的右边，第 1 项为目标、背景及大气辐射参数；第 2 项为系统和信号处理参数。如果上述参数均可获得，则可计算出成像系统作用于点目标的作用距离 R。

3. 基于 MDTD 的作用距离

人眼通过热成像系统对点目标视距估算的基本要求是：系统的信噪比应大于或等于阈值信噪比。即对于空间角频率为 f'_{sp} 的点目标，其与背景的实际温差在经过大气传输到达热成像系统时，仍大于或等于系统对应阈值信噪比及频率 f'_{sp} 下的 MDTD，即

$$\begin{cases} \dfrac{1}{f'_{sp}} \leqslant \dfrac{2h}{R} \\ \Delta T_0 \tau_{atm}(\lambda_c) \geqslant \text{MDTD}(f'_{sp}) \end{cases} \qquad (7-248)$$

其中：f'_{sp} 为目标的空间角频率；h 为目标的尺度；R 为目标与成像系统的距离。在利用式(7-248)估算系统对点目标的作用距离 R 时，由于目标张角小于系统瞬时视场角，必须对 MDTD(式(7-212))中的 NETD 进行修正。

满足式(7-248)要求的最大距离 R_{max} 即为红外成像系统对点目标的作用距离。由于 α' 和 β' 是目标大小和距离的函数，NETD 的变化将造成 MDTD 的变化，因此，对应点探测阈值信噪比下的 MDTD 也将受目标大小和距离的影响。

必须指出的是，在以上对点目标探测作用距离的各计算表达式中，大气透过率 τ_{atm} 是和距离 R 有关的，并可写为

$$\tau_{atm}(\lambda_c) = e^{-k(\lambda_c)R} \qquad (7-249)$$

其中，$k(\lambda_c)$ 为大气的消光系数。因此，式(7-239)、式(7-241)、式(7-247)和式(7-248)是关于 R 的复杂函数，可借助数值计算方法进行求解。

7.6.2 对面源目标的作用距离

当目标的角宽度超过成像系统的瞬时视场时，该目标称为扩展源或面源目标。红外成像系统对面源目标的作用主要是成像，典型特征图像细节的输出是基本要求，面源目标的发现、识别和辨认是任务需求。因此，不仅要考虑目标辐射的能量大小，还要考虑目标的几何尺寸和形状、辐射特性以及要求的观察等级等因素。成像系统作用距离（视距）估算应尽可能统筹考虑诸多因素，分析系统对面源目标的观察情况。目前较公认的方法是利用表征系统静态性能的 MRTD 法。

1. 基于 MRTD 的视距模型

红外成像系统对面源目标视距估算的基本思想是利用目标等效条带图案，即利用一组总宽度为临界目标尺寸、长度在垂直于临界尺寸方向上横跨目标，视在温差为 ΔT 与目标相同的线条图案来代替目标。如图 7-125 所示，人眼通过红外成像系统能够探测、识别和辨认一个目标的基本要求是：对于空间角频率为 f'_{sp} 的目标，其与背景的实际温差在经过大气传输到达红外成像系统时，仍大于或等于该红外成像系统对应该频率的 MRTD(f'_{sp})，同时目标对系统的张角应大于或等于探测水平所要求的最小视角：

$$
\begin{cases}
\dfrac{1}{2f'_{\mathrm{sp}}} \leqslant \dfrac{\theta}{N_{\mathrm{e}}} = \dfrac{h}{N_{\mathrm{e}}R} \\[3mm]
\Delta T_0 \tau_{\mathrm{atm}} \geqslant \mathrm{MRTD_e}(f'_{\mathrm{sp}}, T_{\mathrm{b}})
\end{cases}
\qquad (7-250)
$$

式中：f'_{sp} 为目标的空间角频率；h 为目标高度；θ 为目标对系统的半张角；N_{e} 为按约翰逊准则所确定的发现、识别和辨认目标时所需的等效条带对数；T_{b} 为背景温度；ΔT_0 为零视距时目标固有等效黑体温差；$\mathrm{MRTD}(f'_{\mathrm{sp}})$ 为经过修正后的 MRTD；R 为目标的距离。

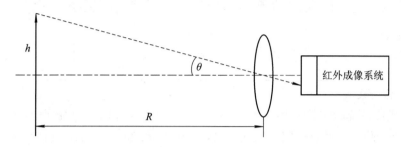

图 7-125　红外成像系统成像与目标距离的关系

满足式(7-250)的最大距离 $R_{\max}$ 为红外成像系统在相应观察条件 N_{e} 下对面源目标的作用视距。

2. 模型修正

由于红外成像系统性能参量是实验室参量，当红外成像系统用于实际目标的观察时，目标特性和环境条件并不满足实验室标准条件，因而必须对 MRTD 及其他一些参量进行修正。同时，约翰逊准则是一个基于实验的等效准则，也必须进行说明。主要的修正和说明有以下几项。

1）目标温差

红外成像系统实际探测到的是一个复杂景物图像，要精确地确定复杂图像是比较困难的，涉及目标、背景、环境、大气传输等，以及诸因素间的相互影响，目前的模型尚难以包含全部目标的红外特性。因此，在视距估算中主要采用能反映目标宏观特性的参数，如目标尺寸、相对于背景的等效温差条带图案（或目标与背景红外辐射之差）来表示目标特征。

模型化目标用一个相对背景温差为 ΔT 的矩形目标来代替真实目标，其面积大小与实际目标相同，目标温度为在整个目标信息区内温度对面积的加权平均值：

$$
T_{\mathrm{ave}} = \frac{\sum A_i T_i}{\sum A_i}
\qquad (7-251)
$$

式中：T_{ave} 为目标加权平均温度；A_i 为目标信息面积元；T_i 为 A_i 的温度。

于是，目标相对背景温度 T_{b} 的加权平均温差，即等效温差 ΔT 为

$$
\Delta T = T_{\mathrm{ave}} - T_{\mathrm{b}}
\qquad (7-252)
$$

在实际计算中输入这些特征值工作量是很大的，因此常采用实验统计分析结果，表 7-15 为典型目标夏季野外的平均温差统计值。

表 7-15 典型目标夏季野外平均温差统计值

目 标		$\Delta T/{}^\circ\!C$	面积/m^2
坦克	侧面	5.25	2.7×5.25
	正面	6.34	2.7×3.45
卡车	侧面	10.40	2.03×4.22
	正面	8.25	2.03×1.67
自行火炮	侧面	4.67	1.8×4.8
	正面	5.65	1.8×2.09
站立人		8.0	0.5×1.5

2）大气传输衰减

在红外成像系统的实验室性能参量中，未考虑大气传输的影响。但实际目标的探测中，目标红外图像总要经过一定的大气传输，从而不能忽略其影响，且往往大气衰减是最主要的影响之一。

对于小温差目标的探测，红外成像系统所接收到的目标背景辐射通量差（即信号）与目标背景间的温差成正比。设黑体目标与背景之间的零视距（$R=0$）温差为 ΔT_0，经过一段距离 R 的大气传输到达红外成像系统时，目标与背景之间的等效温差 ΔT 可近似表示为

$$\Delta T = \Delta T_0 \tau_{\text{atm}} \tag{7-253}$$

大气传输衰减对实际红外成像系统视距的影响是很明显的，不同大气条件所产生的衰减也有很大的差别，因此，在红外成像系统的视距估算时，应有明确的大气条件（如大气压、大气温度、相对湿度、能见距离、传输路径及其他大气条件等）。目前，大气传输特性的模拟常采用美国 Modtran 软件，可计算水平路径、倾斜路径以及众多大气条件下的大气传输性能。

3）约翰逊准则

目标的观察包括了所有的过程，根据不同的要求级别进行目标确认，可简单地分为探测、识别和辨认。

（1）探测。

目标的探测有两种选择：有目标或没有目标。纯粹的探测是在复杂背景下，或在人的辨别能力有限的情况下，判断视场中是否有目标。探测概率就是描述系统能检测到目标的能力。

（2）识别。

所谓目标的识别，就是系统在场景中探测到有目标存在后，对探测到的目标辨别它属于什么样的目标，如是人、动物、飞机、坦克还是轮船等。识别概率就是描述系统对目标识别的能力。

（3）辨认。

所谓目标的辨认，就是在系统识别目标类型后，在某一类型目标中进一步区分出特定的特征，例如，一个坦克目标被认定为特定型号的坦克，即是 M1 坦克还是 T72 坦克。辨认概率就是描述系统辨认目标的能力。

约翰逊准则将视觉观察分为三等：探测、分类/识别和辨认。在利用光电成像系统对各

种目标进行实地观测,并与对比度及尺度相同的实验室标准条带图案观测结果进行比较后,约翰逊准则给出了不同观察等级下,所需要的最小等效条带对数,如图 7 - 126 所示。约翰逊准则给出了不同的数据集和评估方法,在成像系统性能评估中得到了广泛应用。

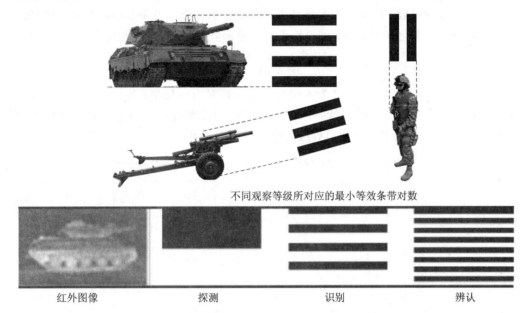

不同观察等级所对应的最小等效条带对数

| 红外图像 | 探测 | 识别 | 辨认 |

图 7 - 126　不同观察等级下所需要的最小等效条带对数

根据约翰逊准则,针对不同的观察任务,目标临界尺寸方向上最小可观察的条带对数 N_e 是一定的,因此,对于临界尺寸为 x_{min}、位于系统距离为 R 的目标,其所对应的空间角频率为

$$f'_{sp} = \frac{N_e}{x_{min}/R} \tag{7-254}$$

其中:N_e 为目标临界尺寸方向可观测的条带对数;x_{min}/R 为目标的临界张角(mrad)。

针对典型目标,不同的观察任务要求不同的等效条带对数(分辨率),如表 7 - 16 所示。

表 7 - 16　完成目标观测任务时目标临界尺寸对应的等效条带对数

观测任务 目标	等效条带对数		
	探测	识别	辨认
卡车	0.90	4.5	8.0
M48 坦克	0.75	3.5	7.0
Stalin 坦克	0.75	3.3	6.0
半履带车	1.0	4.0	5.0
吉普车	1.2	4.5	5.5
指挥车	1.2	4.3	5.5
105 榴弹炮	1.0	4.8	6.0
士兵	1.5	3.8	8.0
平均	1.0±0.25	4.0±0.8	6.4±1.5

表 7-16 给出的观察等级所需目标等效条带对数是在观察概率为 50％时得到的。所谓 50％的观察概率是指，假设有 100 个人观察目标，50 个人能观察到目标，50 个人观察不到目标。但是，现场观察目标的探测概率不一定是 50％，因此，需要建立其他观察概率所需要的目标等效条带对数。根据大量实验结果，利用概率拟合以及 Johnson 准则，观察概率与目标等效条带对数之间的关系，即目标传输概率函数（TTPF）可表示为

$$P = \frac{(N_e/N_{50})^E}{1 + (N_e/N_{50})^E} \tag{7-255}$$

其中：$E = 2.7 + 0.7(N_e/N_{50})$；$P$ 为不同观察等级所对应的概率；N_{50} 为 50％观察概率所要求的目标等效条带对数，可由表 7-16 给出；N_e 为观察概率 P 下所要求的目标等效条带对数。图 7-127 给出了不同观察等级对应的 TTPF 曲线。

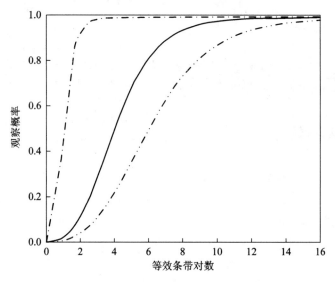

图 7-127　探测、识别和辨认的目标传递概率函数曲线

4）MRTD 修正

在利用标准四条带图案推导 MRTD 时，只考虑了一维（水平）方向的空间频率变化，在实际情况下，目标的空间频率可能在水平方向和垂直方向都会有变化，因此需要建立二维 MRTD 模型，分别从水平方向和垂直方向描述系统的性能；同时，由于 MRTD 理论模型是基于纵横比为 7：1 的标准条带，而对于真实目标，纵横比不一定满足 7：1，因此，需要根据目标的几何尺寸和形状及分辨等级对实验室的 MRTD 进行修正。例如，对于水平方向的 $MRTD_x$，其修正关系为

$$\mathrm{MRTD}_{xe}(f'_{\mathrm{sp}x}) = \sqrt{\frac{\gamma_b}{N_e \gamma_S}} \mathrm{MRTD}_x(f'_{\mathrm{sp}x}) \tag{7-256}$$

式中：γ_b 为标准条带纵横比；γ_S 为目标纵横比；N_e 为约翰逊准则确定可分辨条带对数。

另外，采用 4N 扫描型和凝视型焦平面的二代红外成像系统，固定图样噪声将是影响系统性能的主要因素，并且多元探测器的欠采样效应会产生伪信号，使系统分辨率降低，为此，需要引入三维噪声模型和压缩传递函数，对 MRTD 理论模型加以扩展。

5）灰体景物修正

由于实际目标和背景并不一定是黑体，利用红外成像系统静态性能参量时，应考虑相

应的修正。目前对选择性吸收的处理还没有很好的方法，通常的方法是把目标和背景作为灰体来处理。

6）背景温度修正

实际背景温度不一定为实验室测试的背景温度 T_b，因此，实际应用 MRTD 及 NETD 时，应做相应的温度修正。

7）大温差目标修正

静态性能参量 NETD 及 MRTD 等模型是基于小温差情况得到的，其基本思想是把系统所接收感应到的目标与背景辐射量差 ΔW 近似用其微分 dW 来表示，即随着温差的加大，误差将逐渐变大。在实际目标的探测中，有时目标与背景之间的温差很大，甚至可达几十或几百度。此时作为真实信号，即目标与背景的响应辐射量差用其微分 dW 来表示误差就很大，必须用实际响应辐射量差值 ΔW 来代替。

3. 作用距离估算步骤

利用 MRTD 模型或曲线以及约翰逊准则，同时考虑到大气的衰减，把场景目标特征和系统性能参量联系起来，就可以估算不同观察等级对应的系统作用距离，其基本思想如图 7-128 所示，实现步骤如下：

（1）根据目标和背景辐射温差，利用统计方法，确定目标的固有温差 ΔT_0，见式（7-252）。

（2）根据大气传输特性计算大气的透过率 τ_{atm}，并得到目标在 R 距离处的表观温差

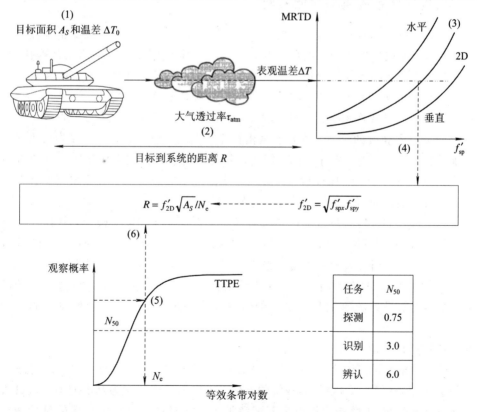

图 7-128　二维 MRTD 预测现场性能实现原理

ΔT，见式(7 - 253)。

（3）分析影响红外成像系统性能的各类因素，对系统的 MRTD 进行必要的修正，见式（7 - 256）。

（4）利用 ΔT 与 MRTD 曲线的交点，确定目标表观温差对应的角空间频率 f'_{2D}，即

$$\Delta T = \mathrm{MRTD}_x\,(f'_{spx}) \tag{7 - 257}$$

$$\Delta T = \mathrm{MRTD}_y\,(f'_{spy}) \tag{7 - 258}$$

$$f'_{2D} = \sqrt{f'_{spx} f'_{spy}} \tag{7 - 259}$$

（5）根据所设想的观察概率，利用约翰逊准则和目标传递概率函数 TTPF，确定所要求的等效条带对数 N_e，见式（7 - 255）。

（6）根据目标临界尺寸和对应等效条带对数，见式（7 - 254），确定一定观察概率要求下的作用距离 R，即

$$R = \frac{f'_{2D}\sqrt{A_S}}{N_e} \tag{7 - 260}$$

其中，A_S 为目标的等效面积。

必须说明的是，由于大气透过率 τ_{atm} 是与目标到系统之间的距离 R 有关的，因此可采用数值迭代方法，获得满足精度要求的距离。同理，按照上述逆过程，也可求得一定距离下的观察概率。

7.6.3　红外成像系统典型性能模型

如上所述，将目标与背景红外辐射特性、大气传输特性以及红外成像系统性能参数结合起来，可以预测或估算成像系统的作用距离，或一定作用距离下的输出信噪比/观察概率，通常将这种计算称为红外成像系统现场性能预测，或性能评估。由于所采用的模型未考虑系统或目标的运动特性，所以将这种模型称之为静态模型。

国际上关于红外成像系统的性能评估方面的研究开始得比较早，20 世纪 50 年代，人们利用分辨率与光亮度的关系，研究了照相胶片和电视传感器，此方法成为后来光电成像系统性能评价的基本思想。20 世纪 70 年代，有人把上述研究成果应用于红外成像系统和微光成像系统的评价中。从那以后，针对光电成像评价所开展的工作主要集中在红外成像系统。1975 年，美国夜视电子传感器管理局（NVESD）提出了第一套较完整的性能模型，即 1975 NVL 模型，之后经过较大改进和完善，又提出了 FLIR92 模型，并在此基础上发展了 NVTherm 和 NVThermIP 模型。英、法、德和荷兰等国也都具有相应的红外成像系统性能模型，如德国研究者提出了最小感知温差（MTDP）的概念，并发展了 TRM3 模型；荷兰研究者提出了 TOD 模型等。这些性能模型主要面向基于人眼的红外成像系统的现场性能预测，对性能模型的研究起了重要的借鉴作用。下面简单介绍几种典型的性能评估模型。

1. 1975 NVL 模型

1975 NVL 模型是美国夜视实验室（NVL）早期开发的一种红外系统静态性能模型，其中最小可分辨温差（MRTD）模型是一维的，适用于以串扫或并扫为基础的第一代红外成像系统。该模型把眼睛/大脑响应模拟为匹配滤波器，能够对中等空间频率的目标做出较好的预测，满足了当时美军的要求。但随着红外成像系统的结构越来越复杂，性能更加先进，

1975 NVL 模型已不能适合预测和评价当代红外系统成像系统的性能。因为 1975 NVL 模型有着不能忽视的缺陷：没有包括采样效应，仅考虑了随机噪声，对较低或较高的空间频率目标不能充分地预测。为了能够预测新一代的红外成像系统性能，美国 NVESD 实验室开发了 FLIR92 性能模型。

2. FLIR92 模型

FLIR92 模型是在 1975 NVL 模型的基础上发展起来的，克服了 1975 NVL 模型的很多缺点。该模型的主要特点是：包含了采样效应和虚警效应；引入了三维噪声模型，为分析各种噪声源提供了基本框架。三维噪声模型全面表征了所涉及的噪声源：随机噪声、固定图案噪声、扫描噪声、散粒噪声、抖动噪声和电路处理噪声等，使复杂噪声因素与 MRTD 模型的融合变得简单。为了能更准确地预测红外成像系统的现场性能，FLIR92 模型把水平和垂直方向的 MRTD 进行几何平均得到二维 MRTD 模型，把眼睛/大脑的响应模拟为同步积分模型。FLIR92 性能模型主要用于第二代红外成像系统的性能预测，能够对具有时间延迟积分(TDI)探测器、SPRITE 探测器、通用组件、凝视阵列的红外成像系统做出准确的性能预测。虽然 FLIR92 模型已经获得了广泛的应用，但由于 MRTD 是空间频率的函数，而 FLIR92 模型仅能计算奈奎斯特频率以内的 MRTD 和调制传递函数 MTF，任何高于奈奎斯特频率的 MRTD 和 MTF 被忽略，高于奈奎斯特频率的信号叠加进低频信号，因此细节被扭曲，不能分辨精确的特征。这样，就人为地限制了成像系统的作用距离。

3. NVTherm 模型

1999 年，NVESD 实验室在 FLIR92 模型的基础上发展了 NVTherm 性能模型，对 FLIR92 做了两方面的改进：MTF 压缩和新的眼睛模型。NVTherm 不再把 MRTD 局限在奈奎斯特频率以内，压缩了采样因素对 MTF 的影响，压缩的程度与目标探测的等级有关。FLIR92 模型使用的眼睛模型仅适合有限距离的预测，NVTherm 引入新的眼睛模型，考虑了场景的亮度、瞳孔尺寸和眼睛的颤动，能够比 FLIR92 提供更好的 MRTD 值，更精确地预测目标的识别和辨别距离。TRM3 模型与 NVTherm 类似，能够预测高于奈奎斯特频率的 MRTD，只是在一些具体细节上稍有不同。

FLIR92、NVTherm 和 TRM3 模型对每一个输入和等效噪声温差 NEDT 仅能提供单一的 MTF 和 MRTD 曲线，这些模型所选择的值一般为期望平均值，没有任何关于结果的统计信息。由于各种误差的影响，每一个参数都有一定的变化范围，得到的具体指标也将围绕着某一个均值上下波动。1995 年，人们提出了一种考虑组件公差的蒙特卡罗方法，这种方法围绕着 FLIR92 作了一个外壳，每一个输入由均值和标准偏差描述。现已商业化的通用红外成像系统性能软件包 STADIUM FLIR 正是采用了上述方法。

4. NVThermIP 模型

2004 年，美国 NVESD 实验室针对约翰逊准则预测现场性能时仅考虑表观对比度对应的截止频率，没有考虑截止频率以内信息的不足，提出利用成像系统对比度阈值函数(CTF)替代最小可分辨温差，以目标任务性能(TTP)准则替代约翰逊准则，确立了面向任务性能预测的 NVThermIP 模型，并于 2006 年发布了该模型的仿真软件。该模型能提供比约翰逊准则更好的准确度，而且可以直接应用于采样成像器件，以及存在色噪声成像器件的现场性能预测。当把模型扩展应用到采样成像器件和数字图像增强时，TTP 准则简单地补充了约翰逊准则的距离性能模型。

★本章参考文献

[1] 陈凯，孙德新，刘银年. 长波红外系统三维噪声模型及其分析[J]. 红外技术，2015，37(8)：676 - 679

[2] 刘欣，潘枝峰. 红外光学系统冷反射分析和定量计算方法[J]. 红外与激光工程，2012，41(7)：1684 - 1688

[3] 王巍，樊养余，司俊杰，等. 红外焦平面阵列盲元类型与判别[J]. 红外与激光工程，2012，41(9)：2261 - 2264

[4] 黄曦，张建奇，刘德连. 红外图像盲元自适应检测及补偿算法[J]. 红外与激光工程，2011，40(2)：370 - 376

[5] 张建奇，王晓蕊. 光电成像系统建模及性能评估理论[M]. 西安：西安电子科技大学出版社，2010

[6] VOLLMER M，MÖLLMANN K P. Infrared Thermal Imaging：Fundamentals，Research and Applications[M]. Weinheim：WILEY-VCH Verlag GmbH & Co. 2010

[7] FIETE R D. Modeling the imaging chain of digital cameras[M]. Bellingham：SPIE Press，2010

[8] CHRZANOWSKI K. Testing Thermal Imagers：Practical Guidebook[M]. Warsaw：Military University of Technology，2010

[9] 陆子凤. 红外热像仪的辐射定标和测温误差分析[D]. 北京：中国科学院研究生院，2009

[10] WILLIAMS T. Thermal imaging cameras：characteristics and performance[M]. Boca Raton：CRC Press，2009

[11] 金伟其，王吉晖，王霞，等. 红外成像系统性能评价技术的新进展[J]. 红外与激光工程，2009，38(1)：7 - 13

[12] XUE F，YAGOLA A G. Analysis of point-target detection performance based on ATF and TSF[J]. Infrared Physics & Technology，2009，52：166 - 173

[13] 董立泉，金伟其，隋婧. 基于场景的红外焦平面阵列非均匀性校正算法综述[J]. 光学技术，2008，34：112 - 118

[14] 杨正，屈恩世，曹剑中，等. 对凝视红外热成像冷反射现象的研究[J]. 激光与红外，2008，38(1)：35 - 38

[15] 李凡，刘上乾，张峰，等. 点源目标的红外搜索与跟踪系统的作用距离估算[J]. 红外技术，2008，30(9)：502 - 504

[16] 蔡盛，柏旭光，乔彦峰. 基于标定的 IRFPA 非均匀性校正方法综述[J]. 红外技术，2007，29(10)：589 - 592

[17] DANIELS A. Field guide to infrared systems，detectors，and FPAs[M]. 2nd ed. Bellingham：SPIE Press，2007

[18] 张良. 凝视型红外光学系统中的冷反射现象[J]. 红外与激光工程，2006，35(增刊)：8 - 11

[19] LUCKE R L, KESSEL R A. Signal-to-noise ratio, contrast-to-noise ratio, and exposure time for imaging systems with photon-limited noise[J]. Optical Engineering, 2006, 45(5): 056403 - 1 - 6

[20] 王晓蕊, 张建奇, 左月萍. 红外成像系统性能模型的研究进展[J]. 红外与激光工程, 2002, 31(5): 399 - 403

[21] 吴颖霞, 张建奇, 杨红坚, 等. Johnson 准则在红外成像系统外场识别性能评估中的应用[J]. 光子学报, 2001, 40(3): 438 - 442

[22] BOREMAN G D. Modulation transfer function in optical and electro-optical systems[M]. Bellingham: SPIE Press, 2001

[23] CHRZANOWSKI U K, MATYSZKIEL R, FISCHER J, et al. Uncertainty of temperature measurement with thermal cameras[J]. Optical Engineering, 2001, 40(6): 1106 - 1114

[24] HOBBS P C D. Building Electro-Optical Systems: Making it All Work[M]. Hoboken: John Wiley & Sons, Inc. 2000

[25] HOLST G C. Electro-optical imaging system performance[M]. 2nd ed. Bellingham: SPIE Press, 2000

[26] 唐海蓉, 金伟其, 仇谷峰. 二代热成像系统的三维噪声模型[J]. 红外技术, 2000, 22(6): 6 - 11

[27] WITTENSTEIN W. Minimum temperature difference perceived: a new approach to assess undersampled thermal imagers[J]. Optical Engineering, 1999, 38(5): 773 - 781

[28] POROPAT G V. Effect of system point spread function, apparent size, and detector instantaneous field of view on the infrared image contrast of small objects[J]. Optical Engineering, 1993, 32(10): 2598 - 2607

第8章　光谱成像系统

光谱和图像是人们在纷繁的大千世界中认识事物，以至识别所要寻求对象的最重要的两种依据，而光谱成像技术将由物质成分决定的目标光谱与反映目标存在格局的空间图像完整地结合起来，即对每一个空间图像的像元赋予具有其本身特征的光谱信息，实现了谱像一体化，为人们观测目标、认识世界提供了又一种犀利的手段。

光谱成像系统(Spectral Imaging System)也称光谱成像仪(Spectral Imager)或成像光谱仪(Imaging Spectrometer)，是一种将光谱和成像技术巧妙组合，可同时获得被测目标几何信息和光谱信息的装置，对于目标的识别、探测等具有独特的优势，在军事、农业、地质、环境、生化等领域具有广泛的应用。

本章首先对光谱成像技术进行分类，然后重点介绍几种典型的光谱成像系统。

8.1　光谱成像仪的分类

光谱成像仪是在 20 世纪 80 年代中期，根据多光谱扫描仪和红外行扫描仪等遥感仪的基本原理发展起来的，具有精细分光和扫描成像两种功能。它的基本原理是：在扫描成像原理的基础上，将成像辐射的波段划分成更狭窄的多个波段同时成像，从而获得同一景物的多个光谱波段的图像。图 8-1 表示了光谱成像技术的基本概念。被探测目标有二维的几何信息，对不同波段的电磁波又具有不同的发射率或反射率，光谱成像仪不仅对空间维进行了采样，同时还对光谱维进行了采样，从而同时获取三维的图像数据，通常称为之数据立方体(Data Cube)。每一像元在光谱维提供了目标的辐射光谱曲线，而每一层的光谱维数据则提供了探测范围内所有目标对应该谱段所成的图像，因此光谱成像所得的数据具有谱像合一的性质。

光谱成像仪由光谱分光和成像两部分组成，前者完成光谱维扫描或光谱波段分割，后者完成对目标的空间成像。因此，根据光谱维扫描或光谱波段分割以及空间成像的方式，光谱成像仪的分类也有多种形式。

1. 按照光谱分辨率划分

按照光谱分辨率的不同，光谱成像仪主要分为多光谱型、高光谱型和超光谱型三种，如图 8-2 所示。

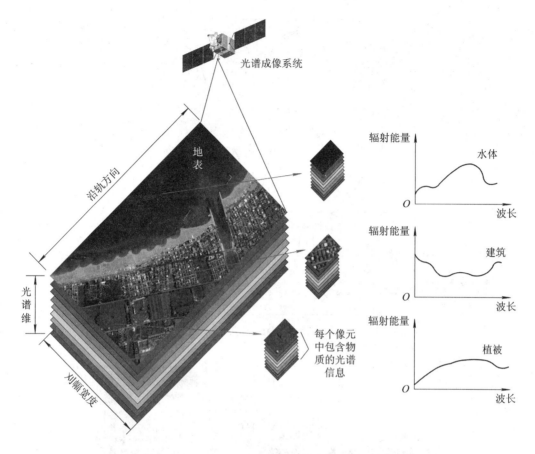

图 8-1 光谱成像技术的基本概念

（1）多光谱型（Multispectral）：光谱范围较宽，谱段选择在目标辐射特性处，通常为几个谱段，可用于地物分类和土地使用评估。

（2）高光谱型（Hyperspectral）：光谱范围较窄，光谱分辨率适中，一般为几十到几百谱段，主要用于军事侦察、农业、资源调查等领域。

（3）超光谱型（Ultraspectral）：光谱范围最窄，光谱分辨率极高，一般为几千谱段，主要用于研究气体等的物质成分。

2. 按照空间维信息获取方式划分

按照空间维信息获取的方式，光谱成像仪可分为摆扫式（Whiskbroom）、推扫式（Pushbroom）、凝视式（Staring）和视窗式（Windowing）四种。

（1）摆扫式（Whiskbroom）：采用线阵探测器，扫描镜在垂直于飞行方向完成一维扫描，平台沿着飞行方向的运动完成另一维推扫，两者结合获取二维空间信息。同时在每个瞬时视场，线阵探测器获取光谱维信息，整个扫描过程形成一条带状轨迹。这种扫描方式一般应用于机载平台，视场覆盖大，光学系统简单，像元配准精度高，定标方便，数据稳定性高，但是系统曝光时间小，信噪比低，存在扫描部件。

（2）推扫式（Pushbroom）：面阵探测器本身完成垂直于飞行方向的扫描，利用飞行器运动，面阵探测器沿轨道进行另一维扫描。此种方式相对于前者信噪比有了较大提高，无机械扫描结构，实用性、可靠性强。

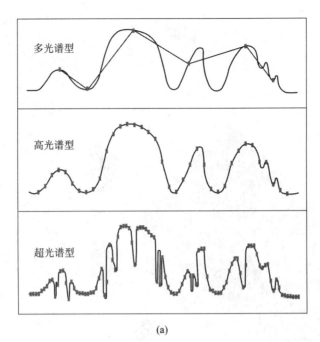

(a)

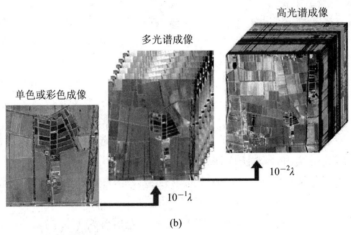

(b)

图 8-2　多光谱、高光谱和超光谱的区别

(a) 光谱维；(b) 数据立方体

（3）凝视式（Staring）：采用面阵探测器，当飞行器运动时，探测器始终对准同一区域的目标成像。此种方式对于光谱成像数据立方体的获取形式有要求，只有可调谐滤光片型和新型的几种快照式光谱成像技术才能在运动平台实现。

（4）视窗式（windowing）：采用小型面阵探测器，视场沿平台运动方向进行一维扫描，相当于采用较小的二维扫描元通过一维运动获取整个区域的二维空间信息。

图 8-3 给出了四种不同扫描方式的工作示意图。

实际成像时，针对不同的应用，可采用不同的扫描方式。表 8-1 列出了四种不同扫描方式的优缺点以及适用的成像条件。

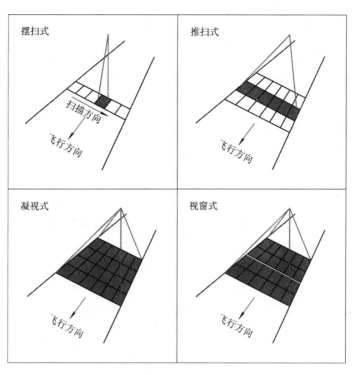

图 8-3　四种空间维信息的获取方式

表 8-1　不同扫描方式的比较

名　称	优　　点	缺　　点	适用场合
摆扫式	简单，速度快； 光学系统容易实现； 可实现大视场覆盖； 定标简单、精度高； 对焦平面器件要求低； 控制系统简单等	需要扫描机构； 要求电子系统处理速度较快； 需要进行图像重建	机载； 地面
推扫式	无运动部件； 多通道获取等	对焦平面器件要求高； 视场较小； 光学系统复杂，设计难度大； 定标复杂； 存在谱线弯曲	机载； 星载； 地面
凝视式	系统简单，紧凑； 对光学系统要求较低； 对电子系统要求较低； 定标简单	只适合特殊光谱成像技术，应用受限； 获取完整数据立方体时间较长； 视场较小	机载； 星载； 地面
视窗式	系统简单，紧凑； 对光学系统要求较低； 对电子系统要求较低； 对焦平面器件要求高； 定标简单	光谱分辨率较低； 视场较小； 需要稳定机构	机载； 星载； 地面

3. 按照光谱维信息获取方式划分

按照光谱维信息获取方式和重构方法的不同，光谱成像仪主要分为直接分光型、傅里叶变换型和计算成像型三种。

（1）直接分光型：主要包括棱镜色散、光栅色散、滤光片分光等三种类型的光谱成像仪，其空间信息和光谱信息都是直接探测获取，不需要经过额外的变换重构，一般需要一个维度的扫描才能获得数据立方体。其原理方法简单、技术成熟度极高。

（2）傅里叶变换型：主要利用波动光学的相干成像，获得的是干涉图像，需要经过傅里叶变换才能间接得到光谱图像；同样也需要一个维度的扫描才能获得完整的数据立方体。

（3）计算成像型（Holography）：主要包括光场成像型、编码孔径成像型等，其数据立方体的获取不需要其他维度的扫描。这种形式的光谱成像技术一般都是将三维信息投影到两维探测器上，通过相对应的重构方法获得目标的图像和光谱信息，是一种快照式的成像技术。

不同的光谱获取方式各有利弊，表 8-2 给出了几种不同分光方式的光谱成像技术的优缺点，在系统设计时，可根据使用条件和指标要求选择合理的分光方式。

表 8-2　不同分光方式的比较

名称	优　点	缺　点
滤光片型	系统简单，结构紧凑； 光学系统简单； 定标简单； 空间分辨率可以很高	系统能量收集能力较低； 光能利用率低； 可能需要像移补偿机构来保证足够的曝光时间； 信噪比低； 需要通过光谱维扫描获取完整数据立方体
色散型	直接得到目标的光谱图； 光谱分辨率较高； 光能利用率较高	光学系统较复杂； 存在谱线弯曲； 存在非线性问题； 定标复杂； 存在狭缝，系统光通量低； 空间分辨率与光谱分辨率存在制约关系； 需要通过扫描获得完整数据立方体
干涉型	高通量，多通道； 光谱分辨率高，能够实现高光谱或超光谱； 红外高信噪比	数据量大； 需要进行后处理才能得到光谱图； 系统复杂； 定标复杂； 需要通过扫描获得完整数据立方体

8.2　光谱成像仪的基本性能参数

在光电子技术、微电子技术等领域发展的基础上，光谱学与成像技术交叉融合形成了光谱成像学和光谱成像技术。光谱成像技术在获得目标空间信息的同时，还为每个图像提供数十个至数百个窄波段光谱信息。光谱成像仪获取的数据包括二维空间信息和一维光谱信息，所有的信息可以视为一个三维数据立方体。下面结合三维数据立方体概念的讨论，给出光谱成像仪的基本性能参数。

8.2.1 光谱成像数据的表达

光谱成像数据相对于其他成像数据的主要优势是它除了拥有二维的平面图像外，还包含了光谱维，从而蕴含了丰富的图像及光谱信息。但是，如何表达这些信息是光谱成像应用中的一个重要问题。人们希望能尽量把这些信息转化为可视的图像，这样既可以给用户以直观、形象的认识，也可以发挥人眼对图像的细节分辨能力及对图像的总体特征的概括能力，更好地进行数据分析。

1. 光谱成像信息集——光谱图像立方体

在通常二维图像信息的基础上添加光谱维，就可以形成三维的坐标空间。如果把光谱图像的每个波段数据都看成是一个层面，将光谱成像数据整体表达到该坐标空间，就会形成一个拥有多个层面、按波段顺序叠合构成的数据（图像）立方体。由于在现实中只有二维显示设备，因而需要利用人眼的特性，将三维的图形图像信息通过视图变换的方法显示到二维设备上，以达到三维的视觉效果。

设图像灰度值为 DN，可以简单定义构成光谱图像立方体的三维：空间方向维 X，空间方向维 Y，光谱波段维 Z，其构成坐标系如图 8-4 所示。

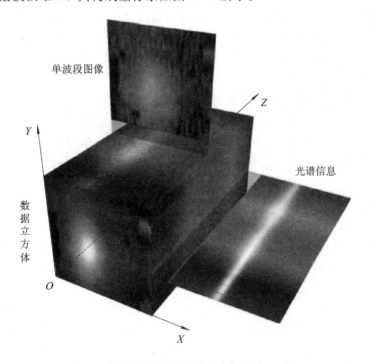

图 8-4 光谱图像立方体构成

为了简化处理，假设图像立方体的各个层面是"不透明"的，只能看到立方体的表面。图像立方体共有六个表面，最多可以同时看见三个表面。这六个表面又可分成两类：① 空

间直线 X 与空间直线 Y 决定的空间平面，即 OXY 平面；② 空间维与波段维构成的平面，即 OXZ 平面和 OYZ 平面。

OXY 平面的图像与传统的图像是相同的，它可以是黑白灰度图像，反映某一个波段的信息；或者是三个波段的彩色合成图像，同时表达三个波段的合成信息，这时三个波段可以根据需要任意选择以突出某方面的信息。

OXZ 平面和 OYZ 平面的图像则与传统图像不尽相同，它们反映的不是物体特征的二维空间分布，而是某一条直线上的物体光谱信息。从直观上说，是光谱成像数据立方体在光谱维上的切面。因为图像立方体是"不透明"的，不能看见立方体内部，所以在系统实现时可以增加选择功能，由用户任意选择立方体内部的任意切面来显示。

光谱成像切面是一单色平面，该切面数据反映了各波段的辐射能量，不能显示出图像的光谱特征。考虑到人对彩色的敏感程度更高，采用密度分割的方法，给各灰度级赋予不同的色彩值，可将光谱切面的灰度图转换成彩色图，再用一个与 256 级的彩色查找表来完成 DN 值到彩色的转换。

2. 二维光谱信息表达——光谱曲线

对于某一点的光谱特征最直观的表达方式就是二维的光谱曲线。如果已知某一点的反射率（或发射率）数据为 $r(i)$，$i=1, 2, \cdots, N$，i 为光谱的波段序号，对应每一波段的波长数据为 $\lambda(i)$，$i=1, 2, \cdots, N$，用直角坐标系表示光谱数据，横轴表示波长，纵轴表示反射率，则光谱的吸收特征可以从曲线的极小值获得。在显示曲线时，须将波段序号转换到光谱波长值，映射到水平轴上。

由于成像光谱图像的波段数有限，因此光谱曲线只是一些离散的样点，通过这些样点再现光谱曲线需进行插值，最简单也最常用的插值方法是线性插值，即用折线连接样点构成光谱曲线。然而，这样连成的曲线不够光滑，特别是在波段数较少时尤为明显，如果要获得光滑的曲线，就要采用三次样条插值或其他方法。

3. 三维光谱信息表达——光谱曲面图

二维光谱图只能表示某一像元物体的特征，反映的信息量较少，不利于对整个成像光谱、图像光谱特征的整体表达。为了同时表达出更多的光谱信息，选取一簇光谱曲线，构成三维空间的曲面，用投影方式显示在二维平面上，形成三维光谱曲面图。

8.2.2 光谱成像仪的主要性能参数

通过前面的简单介绍可知，光谱成像仪的工作可分为三部分：光谱信息的获取、空间信息的获取以及信息的重构。因此光谱成像仪的好坏主要受光谱和空间信息获取性能的影响。光谱成像仪的性能描述可以借助光电成像系统和光谱辐射计的参数，主要集中在以下几个方面。

1. 光谱分辨率

光谱分辨率是指光谱成像仪在波长方向上的记录宽度，又称波段宽度，表示仪器对物体光谱的探测能力，包括探测波谱的宽度、波段数、各波段的波长范围和间隔。仪器所探测的波段越多，每个波段的波长范围越小，波段间的间隔越小，则它的光谱分辨率越高。仪器的光谱分辨率高，它采集的图像就能很好地反映出物体的光谱特性，不同物体间的差别就能在图像上很好地体现出来，仪器探测物体的能力就强。

2. 空间分辨率

对于光谱成像仪，其空间分辨率是由系统的角分辨力（即系统的瞬时视场角）决定的。系统的瞬时视场角是指某一瞬间系统探测单元对应的瞬时视场 IFOV。IFOV 以毫弧度（mrad）计量，其对应的地面大小被称为地面分辨单元（Ground Resolution cell，GR），它们的关系为

$$GR = 2H \tan(IFOV/2) \tag{8-1}$$

式中，H 为仪器平台高度。空间分辨率的大小由平台高度和瞬时视场角决定。与常规光学成像仪所不同的是，光谱成像仪通常有两个方向的空间分辨率。狭缝作为光谱成像仪的视场光阑，其宽度通常决定沿轨方向的空间分辨率，此时瞬时视场为狭缝宽度除以望远镜焦距，空间分辨率即为 GR。当探测器采样积分宽度小于狭缝宽度时，空间分辨率为平台地面速度与积分时间的乘积。穿轨方向的空间分辨率为探测器采样间隔与光学系统的放大率的乘积。

3. 辐射分辨率

辐射分辨率是指光谱成像仪接收波谱信号时能分辨的最小辐射度差。辐射分辨率由最小可分辨的辐射差值决定，辐射分辨率高，图像的对比度就高，可测量微小的辐射能变化，它与系统电子系统的动态范围（采样数据的量化）和信噪比等有关。

4. 时间分辨率

时间分辨率指对同一地点进行采样的时间间隔，也称重访周期。对星载的系统来说，时间分辨率与系统的总视场有关，总视场越大，重访周期越短，工作效率越高。

5. 凝视时间

探测器的瞬时视场角扫过地面分辨单元的时间称为凝视时间，其大小为行扫描时间与每行像元数的比值。凝视时间越长，进入探测器的能量越多，光谱响应越强，图像的信噪比也就越高。推扫型光谱成像仪比摆扫型光谱成像仪的凝视时间有很大提高。

6. 信噪比

信噪比是光谱成像仪采集到的信号与噪声的比值。它可以通过等效电子法来计算，即计算探测器所产生的信号电子数和噪声电子数。基于这种方法，信噪比可表示为

$$SNR = \frac{S_e}{N_e} \tag{8-2}$$

式中，S_e、N_e 分别为信号电子数和噪声电子数。信噪比是光谱成像仪一个极其重要的性能参数，它的高低直接影响图像的分类和目标的识别等处理效果。信噪比与空间分辨率和光谱分辨率是相互制约的，后两者的提高都使信噪比降低，它们是辩证的关系，在实际设计时要综合权衡取舍。

由前面的分析可知，基于空间维和信息维获取方式的不同组合，光谱成像仪可以有许多类型。不同类型的光谱成像仪，其工作原理、信息重构方法、系统性能以及应用场合都有很大的不同。下面以光谱维信息获取方式为主线，重点介绍典型的直接分光型、傅里叶变换型和计算成像型光谱成像仪的基本工作原理。

8.3　直接分光型光谱成像仪

直接分光型光谱成像仪的分光元件主要包括色散棱镜、色散光栅和滤光片，因此，直

接分光型光谱成像仪又分为色散型光谱成像仪和滤光片型光谱成像仪。

8.3.1 色散型光谱成像仪

色散型光谱成像技术出现得比较早，技术比较成熟，它利用色散元件(一般是棱镜或光栅)使入射的复色光在一个方向上散开，再通过成像镜成像，实现光谱图像的采集。一般色散型光谱成像系统由前置物镜、狭缝、准直物镜、色散元件、成像镜和阵列探测器等组成，如图8-5所示。入射狭缝位于准直系统的前焦面上，入射的辐射经准直光学系统准直，再经棱镜或光栅色散后由成像系统将光能按波长顺序成像在不同位置的阵列探测器上。

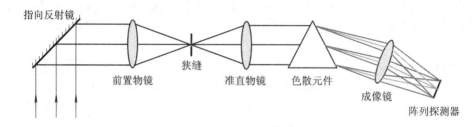

图8-5 色散型光谱成像仪的基本组成示意图

根据所采用的探测器类型，色散型光谱成像仪可以分为摆扫式光谱成像仪和推扫式光谱成像仪。

摆扫式光谱成像仪的工作原理如图8-6所示。

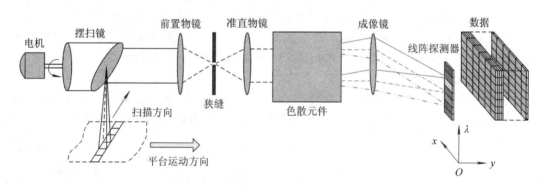

图8-6 摆扫式光谱成像仪原理图

在摆扫式光谱成像仪中，线阵探测器用于探测任一瞬时视场(即目标上所对应的某一空间像元)内目标点的光谱分布。扫描镜的作用是对目标表面进行横向扫描，一般空间的第二维扫描(即纵向或帧方向扫描)由运载该仪器的平台(卫星或飞机)的运动所产生。在某些特殊情况下，空间第二维扫描也可用扫描镜实现。一个空间像元的所有光谱分布由线阵探测器同时输出，所获得的光谱数据形式如图8-7所示。

推扫式光谱成像仪的工作原理如图8-8所示。

在推扫式光谱成像仪中，面阵探测器同时记录并输出目标穿轨方向上一行像元的光谱分布，所获得的光谱数据形式如图8-7所示。面阵探测器穿轨方向的探测器数量应等于目标穿轨方向上的像元数量，另一方向的探测器数量与系统波段数量一致。同样，空间第二

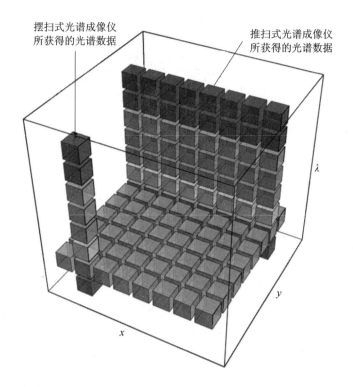

图 8-7 摆扫式和推扫式光谱成像仪所获得的光谱数据形式

维扫描既可由飞行器本身实现,也可使用扫描反射镜实现。

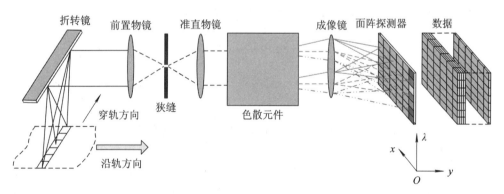

图 8-8 推扫式光谱成像仪原理图

传统的色散型光谱成像仪都是应用在准直光束中。与传统的准直光束色散系统相比,将色散型光谱成像技术应用在发散光束中有较多优点,如没有准直镜可以简化系统结构,色散像按波长线性分布在像面上,色散像没有几何失真。

1. 棱镜色散型光谱成像仪

棱镜色散型光谱成像仪即采用棱镜作为色散元件对光谱进行分光的成像光谱仪。棱镜作为色散元件时,由于材料对不同波长的折射率不同,不同波长的光经过棱镜折射后,偏向角有一定程度的差异。根据几何光学,入射光线和经过棱镜的出射光线之间的夹角称为偏向角,偏向角用 σ 表示,见图 8-9。角色散表示偏向角 σ 随波长 λ 的变化速率,亦即波长相差 $d\lambda$ 的两光线被棱镜分开后的角度。由于偏转角可表示为

$$\sigma = \alpha + \delta - \theta \tag{8-3}$$

所以当入射角 α 等于出射角 δ 时，角色散为

$$\frac{\mathrm{d}\delta}{\mathrm{d}\lambda} = \frac{\mathrm{d}\sigma}{\mathrm{d}\lambda} = \frac{2\sin(\theta/2)}{[1 - n^2\sin^2(\theta/2)]^{1/2}} \cdot \frac{\mathrm{d}n}{\mathrm{d}\lambda} \tag{8-4}$$

其中：θ 为棱镜顶角；$\mathrm{d}n/\mathrm{d}\lambda$ 为棱镜材料的色散率。此式表明角色散取决于棱镜和光线的几何条件与棱镜材料的色散率。

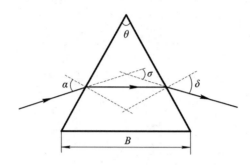

图 8-9　棱镜色散原理图

棱镜的材料和形状最终决定了棱镜的分辨本领（也称分辨能力）。分辨本领是指分离开两条邻近谱线的能力。如果棱镜能分辨波长为 λ 和 $\lambda + \mathrm{d}\lambda$ 的单色光，根据瑞利判据，一条谱带的最大宽度刚好与邻近谱带的最小宽度相重叠，则其理论分辨本领为

$$R_{\mathrm{p}} = \frac{\lambda}{\mathrm{d}\lambda} \tag{8-5}$$

对于矩形孔的棱镜，当角色散等于能够分辨的最小角距离时，有

$$\mathrm{d}\delta = \frac{2\lambda\sin(\theta/2)}{B[1 - n^2\sin^2(\theta/2)]^{1/2}} \tag{8-6}$$

则

$$R_{\mathrm{p}} = \frac{\lambda}{\mathrm{d}\lambda} = B\frac{\mathrm{d}n}{\mathrm{d}\lambda} \tag{8-7}$$

可以看出，棱镜的分辨能力只与材料特性 $\mathrm{d}n/\mathrm{d}\lambda$ 和底边宽度 B 有关，与波长成非线性关系。

除了常规的棱镜用于光谱成像系统以外，将棱镜的表面从平面变为曲面，也可用于光谱成像，这种棱镜称为 Féry 棱镜，如图 8-10(a)所示。Féry 棱镜两个表面一般为球面，但两个球面不共轴，因此除了能够像常规棱镜具有色散功能外，还具有光焦度，将色散与成像功能合二为一。Féry 棱镜可单独与反射镜系统组合，光线两次经过 Féry 棱镜，系统满足

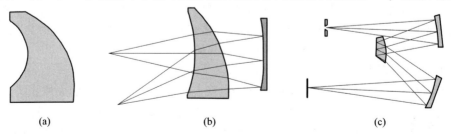

图 8-10　Féry 棱镜及其用于光谱成像系统的几种布局

（a）Féry 棱镜；（b）同心结构的 Féry 棱镜系统；（c）Féry 棱镜与 Offner 系统布局

齐明条件，自动校正球差、彗差，如图 8 - 10(b)所示。Féry 棱镜也可以与 Offner 中继系统联合使用，在 Offner 系统的两个臂分别插入 Féry 棱镜，实现色散成像，如图 8 - 10(c)所示。

2. 光栅色散型光谱成像仪

光栅色散型光谱成像仪即采用光栅作为色散元件对光谱进行分光的光谱成像仪。衍射光栅是一种周期性的光学元件，能够对入射光的振幅或相位进行调制，其衍射图样称为光栅光谱，特点是衍射条纹的位置随波长发生变化，因此用复色光照明时，可将不同波长的光谱分开，这就是光栅分光的基本原理。

衍射光栅可做成透射式或反射式，对光的调制可以是振幅调制，也可以是相位调制，光栅的工作表面可以是平面，也可以是曲面。在光谱成像仪中通常采用反射式光栅。反射式平面衍射光栅是刻有一系列等距的平行划痕的反射平面镜，划痕的间距 d 称为光栅常数，它的倒数 $1/d$ 即每单位长度所含划痕数量，又称为光栅的划痕密度。图 8 - 11 是光栅分光的原理以及反射式平面衍射光栅实物的细节。

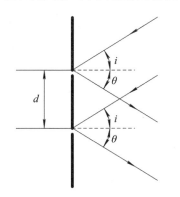

图 8 - 11　光栅分光原理及衍射光栅的细节

光栅的衍射可采用光栅方程描述：

$$d(\sin i \pm \sin\theta) = m\lambda \qquad (8-8)$$

其中：i 是入射角；θ 是衍射角；$m=0, \pm1, \pm2, \cdots$ 是衍射级次，衍射光与入射光处于同侧时取正号，处于异侧时取负号。

对式(8-8)求微分，可得到光栅的角色散率

$$\frac{\mathrm{d}\theta}{\mathrm{d}\lambda} = \frac{m}{d\cos\theta} \qquad (8-9)$$

可见，角色散率与衍射级次成正比，与光栅常数成反比。角色散率可转换为线色散率，表示为

$$\frac{\mathrm{d}l}{\mathrm{d}\lambda} = f_。\frac{m}{d\cos\theta} \qquad (8-10)$$

其中，$f_。$ 是成像镜的焦距。

一般来说，光栅的线色散率与衍射角有关，因此是非线性的，只有在衍射角变化不大时，线色散可近似认为是线性，称为匀排光谱。另外，由于线色散与光栅常数成反比，光栅越密，其色散能力越强。

根据瑞利判据，一条谱线的强度最大值与另一条谱线的第一个极小值重合时，认为两

条谱线可分辨。与光谱角距离对应的波长差为

$$\Delta\lambda = \left(\frac{\mathrm{d}\lambda}{\mathrm{d}\theta}\right)\Delta\theta = \frac{\lambda}{mN} \tag{8-11}$$

其中，N 是光栅的线数。因此，光栅的分辨能力为

$$R_{\mathrm{p}} = \frac{\lambda}{\Delta\lambda} = mN \tag{8-12}$$

可见，光栅的分辨能力与衍射级次和光栅线数成正比，与光栅常数无关。

光栅由于存在多级衍射，当光谱范围较宽时，波长为 λ 的光的 $m+1$ 级衍射与波长为 $\lambda+\Delta\lambda$ 的 m 级衍射可能重合，即 $(m+1)\lambda = m(\lambda+\Delta\lambda)$，则

$$\Delta\lambda = \frac{\lambda}{m} \tag{8-13}$$

称为自由光谱范围。

光栅用于光谱成像时，主要是与 Offner 中继系统联合使用。将 Offner 系统中的次镜变为凸面光栅，在成像的同时进行色散，得到入射狭缝处目标的光谱图像。也可以采用 Dyson 中继系统与凹面光栅结合的形式设计更紧凑的光栅光谱仪。图 8-12 是典型的 Offner 光栅光谱仪结构和 Dyson 凹面光栅光谱仪结构。

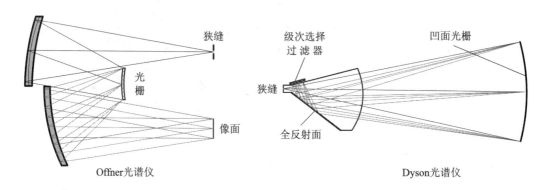

图 8-12　典型光栅光谱仪结构

无论是棱镜色散型还是光栅色散型光谱成像系统，其空间分辨率和光谱分辨率都存在一定的关系。空间分辨率与狭缝的宽度有关，狭缝的宽度又和探测器像元对应，与此同时，色散后的光谱也由探测器像元进行采样，每个像元得到的是对应像元尺寸的距离内光谱能量的积分，当空间分辨率确定后，光谱分辨率要求越高，对光谱仪的线色散范围要求也越高。

值得注意的是，色散型光谱成像系统由于存在狭缝，系统光通量也受到限制。

8.3.2　滤光片型光谱成像仪

采用滤光片作为分光元件的光谱成像技术可有多种实现方式，如由普通的窄带滤光片组合而成的滤光片轮、滤光片阵列（FA）、线性渐变滤光片（LVF）、声光可调谐滤光片（AOTF）、液晶可调谐滤光片（LCTF）等，其中滤光片轮、LCTF、AOTF 主要用于凝视式成像，FA 用于视窗式成像，LVF 用于推扫式成像。图 8-13 是几种滤光片器件的实物图。

滤光片轮通过旋转机构，每次更换滤光片直接插入到光路中，循环转动滤光片轮就可

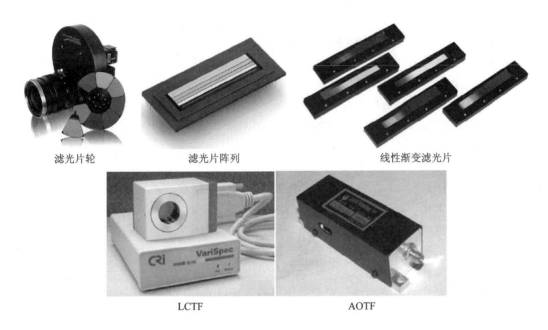

滤光片轮　　　　　滤光片阵列　　　　　　线性渐变滤光片

LCTF　　　　　　　　　AOTF

图 8-13　几种滤光片器件的实物图

以得到目标的多光谱图像。

　　滤光片阵列是在一块基片上同时镀制若干个条带的窄带滤光膜，放置于探测器靶面附近。可直接将滤光片阵列作为探测器的保护玻璃使用。探测器的行精确匹配滤光片的一个通道，使得该行接收到的辐射仅为特定窄谱段的目标辐射，由此将目标区域分割成不同光谱的子图像，再通过推扫获得完整的多光谱图像（见图 8-14）。由于滤光片的任意一个谱段通道随地物空间条带的不同而不一致，不难发现，这种分光技术是在同一时刻获得不同地物空间条带在不同光谱通道上的图像，因此，同一个地物空间条带在所有谱段通道上的光谱信息是分时获得的，该系统的光谱性能对应于各个条带的窄带滤光片的光谱性能。

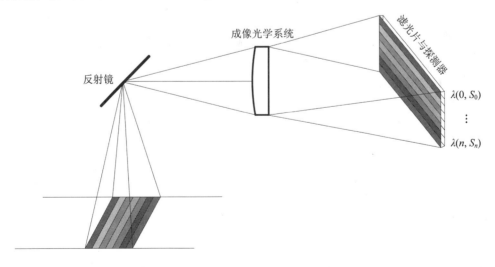

图 8-14　滤光片型光谱成像仪的工作原理

线性渐变滤光片与滤光片阵列类似，区别在于它不是离散的波长分布，而是波长沿空间位置连续分布。将线性渐变滤光片放置于探测器靶面附近，每个像元收集到的能量是该像元在光谱维对应的透过区域的能量积分值，再通过推扫获得完整的光谱数据，因此系统的光谱性能对应滤光片本身光谱性能的积分，而非滤光片自身的光谱性能。

由于滤光片类型的光谱成像技术原理简单，系统结构紧凑，因此得到了广泛应用。系统光谱分辨率主要取决于滤光片器件自身的性质，空间分辨率与光谱分辨率一般没有制约关系，滤光片轮、滤光片阵列等常用于多光谱成像，LCTF、AOTF 和 LVF 多用于高光谱成像。

1. 线性渐变滤光片(Linear Variable Filter，LVF)

渐变滤光片作为一种光谱特性随滤光片表面位置变化的光学薄膜器件，具有体积小、重量轻、稳定性好等优点，在便携式快速分光、光谱仪线性度校正、光栅二级次光分离等方面有着广泛的应用。渐变滤光片一般可分为线性渐变滤光片和圆谐渐变滤光片两种。线性渐变滤光片(光楔滤光片)的光谱特性随着滤光片的表面位置在一定方向上呈线性渐变；圆谐渐变滤光片的光谱特性则在圆周方向上随着滤光片的角度呈线性变化。在光谱成像仪上主要使用的是线性渐变滤光片。

线性渐变滤光片是由楔形多层膜介质组成的干涉滤光片。图 8 - 15 是一种采用法布里-珀罗干涉仪制成的线性渐变滤光片示意图，从中可以看出，法布里-珀罗干涉仪的腔体厚度随着水平位置呈线性变化。实际上，可将对应每个不同腔体厚度的那部分看成一个小的法布里-珀罗干涉仪，而整个线性渐变滤光片则是由很多个法布里-珀罗干涉仪组成的。

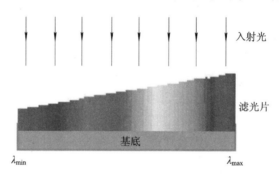

图 8 - 15　线性渐变滤光片的工作原理

线性渐变滤光片的厚度随着空间位置沿波长方向线性地增大，在某一波长处的位置，渐变滤光片在空间方向上的厚度是不变的。$\lambda_{\min}$ 是渐变滤光片能通过的波长最小值，在渐变滤光片的左端；$\lambda_{\max}$ 是渐变滤光片能通过的波长最大值，在渐变滤光片的右端。

对于线性渐变滤光片，滤光片透过率函数只与空间位置和波长有关。假定线性渐变滤光片光谱维的物理尺寸为 B，波长范围从 $\lambda_{\min}$ 到 $\lambda_{\max}$ $(\lambda_{\max} > \lambda_{\min})$，则以短波 $\lambda_{\min}$ 处为起点，距离为 x 处的中心波长为

$$\lambda_x = \lambda_{\min} + \frac{\lambda_{\max} - \lambda_{\min}}{B} x \tag{8-14}$$

若透过率函数 $f_p(x;\lambda)$ 波形为高斯型，则透过率函数可写为

$$f_p(x;\lambda) = \tau_{px} \exp\left[-\frac{(\lambda - \lambda_x)^2}{2\sigma^2}\right] \tag{8-15}$$

其中：τ_{px} 是 x 处的峰值透过率；σ 是高斯波形的方差。对于线性渐变滤光片，σ 与相对带宽和 λ_x 有关，如图 8 - 16 所示。

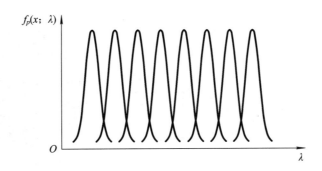

图 8 - 16　线性渐变滤光片不同波段的透过率随波长的变化情况

将线性渐变滤光片按图 8 - 17 的方式紧贴在探测器阵列上(其中水平方向为波长维,垂直方向为空间维),则探测器阵列的若干行像元对应 LVF 的某一光谱带,整个像面对应全部工作波段。每次拍摄能够获得目标的二维空间信息以及各瞬时视场对应的谱带信息。通过扫描(扫描方向与 LVF 渐变方向一致)可获得目标的完整数据。最后通过数据处理可重构出该目标的准单色图像及其光谱信息。

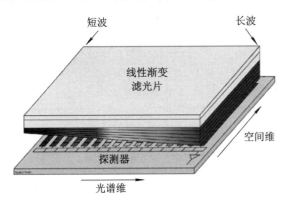

图 8 - 17　线性渐变滤光片与探测器阵列的组合

实际上,探测器单元存在一定尺寸,每个像元内接收到的能量为该像元所对应的空间区域内能量的积分值,即探测器上第 i 个像元内对应的光谱为

$$f_i(\lambda) = \int_{(i-1/2)_p}^{(i+1/2)_p} f_p(x;\lambda)\mathrm{d}x = \int_{(i-1/2)_p}^{(i+1/2)_p} \tau_{px} \exp\left[-\frac{(\lambda-\lambda_x)^2}{2\sigma^2}\right]\mathrm{d}x \qquad (8-16)$$

但是,线性渐变滤光片不可能与探测器靶面重合,二者之间存在一定的间隔,这样单个探测器像元内的光谱实际应具有更复杂的表达式。

2. 滤光片阵列

滤光片阵列也称阶跃式集成滤光片,它以台阶式的阶跃空腔替代了 LVF 的连续渐变空腔,同样可以得到多个谱段,如图 8 - 18 所示。

由于阶跃式集成滤光片在单一基片上集成了多个微型法布里-珀罗滤光片,F - P(微型法布里-珀罗)滤光片中空谐振腔的厚度、高低折射率介质的厚度以及介质层数,共同决定了其中心波长及带宽。阶跃式集成滤光片分光技术,在中短波红外成像光谱领域内,既能保证高的光学效率,又极大地简化了分光系统的设计,还兼具 TDI 的功能。因此,阶跃式集成滤光片分光方式十分适合于短积分时间的航天高光谱应用场景,通过增加单个谱段覆

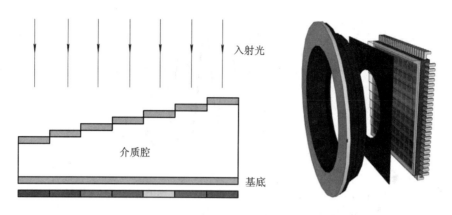

图 8-18　滤光片阵列的工作原理

盖探测器像元行数，可以增大 TDI 级数，进一步提高系统灵敏度。

对于滤光片阵列，滤光片透过率函数可表示为若干个二维函数之和，每个滤光片单元的透过率只与所在位置和波长有关。假定每个滤光片单元的宽度为 B_i，其条带中心位置为 x_i，条带透光中心波长为 λ_i，峰值透过率为 τ_i，半高宽为 $FWHM_i$，条带总数为 N，则对于高斯波形的滤光片阵列，其透过率函数可表示为

$$f(x,y;\lambda) = f_w(x;\lambda) = \sum_{i=1}^{N} \tau_i \exp\left[-\frac{(\lambda-\lambda_i)^2}{2\sigma_i^2}\right] \mathrm{rect}\left(\frac{x-x_i}{B_i}\right) \qquad (8-17)$$

其中，$\sigma_i = \dfrac{FWHM_i}{2\sqrt{2\ln2}}$。对于矩形波形的滤光片阵列，其透过率函数可表示为

$$f_w(x;\lambda) = \sum_{i=1}^{N} \tau_i \mathrm{rect}\left[\frac{\lambda-\lambda_i}{FWHM_i}\right] \mathrm{rect}\left(\frac{x-x_i}{B_i}\right) \qquad (8-18)$$

更一般地，可表示为

$$f_w(x;\lambda) = \sum_{i=1}^{N} f_i(\lambda) \mathrm{rect}\left(\frac{x-x_i}{B_i}\right) \qquad (8-19)$$

其中，$f_i(\lambda)$ 是该通带内的滤光片函数。

3. 声光可调谐滤光片(AOTF)

声光可调谐滤光片是根据声光互作用原理制成的分光器件，其功能是从复杂光谱中滤出所需波长的衍射光。与其他分光技术相比，声光可调谐滤光片具有扫描速度快，调谐范围宽，入射孔径角大，分辨率高，无活动部件，体积小，光路简单，易于实现计算机控制等特点，因此被广泛应用于光谱分析、光谱成像等领域。

如图 8-19 所示，AOTF 主要由声光晶体(如 TeO_2)和超声换能器构成，换能器的作用是将电信号转换为在晶体内的超声波。当一列高频声波在一个光学弹性介质(晶体)中传播时，晶体内部的晶格会在声波的作用下发生局部的压缩或膨胀，这种晶体内部有规律的应力变化使得晶体内部各处的光学折射率产生周期性变化，简单地讲，就是晶体中高频声波的存在改变了晶体的光学特性，此时，当一束光在晶体中传播时，能够产生偏转或被调制，并且随着声波频率的改变，光波在晶体中产生的变化也相应地改变，这就是声光效应。基于声光效应的原理，当一束复色光通过一个高频振动的具有光学弹性的晶体时，某一波长的单色光将会在晶体内部产生衍射，以一定角度从晶体中透射出来，未发生衍射的复色光则沿原光线传播方向直接透射过晶体，由此达到分光的目的。当晶体振动频率改变时，

可透射单色光的波长也相应改变，这就是 AOTF 分光的基本原理。

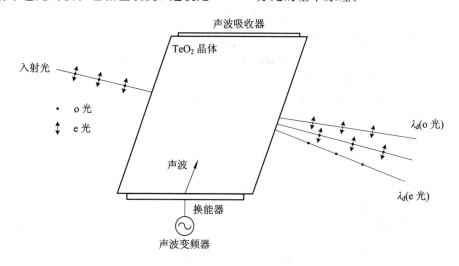

图 8-19 AOTF 的工作原理

AOTF 通常工作在反常布拉格衍射的非共线模式下。如图 8-19 所示，从 AOTF 出射的光可分为三束，一束零级光和两束一级衍射光。中间的一束复合光是零级光，它是未发生衍射的入射光透射过 AOTF 形成的，因此与入射光在同一直线上。两束一级衍射光对称分布在零级光的两侧，与零级光之间的夹角相等。两束衍射光同为某一波长的单色光，光强也相同，区别在于偏振方向不同。

从量子论的观点来看，声光相互作用可以被看成声子和光子的碰撞。当入射光子与入射声子相互作用发生碰撞时，用波矢量动量匹配条件来描述其动量守恒：

$$h\boldsymbol{k}_\mathrm{d} = h\boldsymbol{k}_\mathrm{a} \pm h\boldsymbol{k}_\mathrm{i} \tag{8-20}$$

$$|\boldsymbol{k}_\mathrm{i}| = \frac{2\pi n_\mathrm{i}}{\lambda}, \qquad |\boldsymbol{k}_\mathrm{d}| = \frac{2\pi n_\mathrm{d}}{\lambda}, \qquad |\boldsymbol{k}_\mathrm{a}| = \frac{2\pi f_\mathrm{a}}{v_\mathrm{a}} \tag{8-21}$$

其中：$\boldsymbol{k}_\mathrm{i}$ 为入射光波矢，$\boldsymbol{k}_\mathrm{a}$ 为声波波矢，$\boldsymbol{k}_\mathrm{d}$ 为衍射光波矢；n_i 为入射光的折射率，n_d 为衍射光的折射率，它们可根据双折射晶体的 Sellmeier 色散方程和折射率椭圆得到；f_a 为超声波的频率，取决于所加电信号频率；v_a 为矢量方向的超声波速度；λ 为真空光波长。同时，为了获得较大的角孔径，便于成像，AOTF 常设计成平行切线波矢布局。结合动量匹配条件和平行切线波矢布局，可得 λ 与 v_a、f_a 以及入射光极角 θ_i 和衍射光在晶体内的衍射角 θ_d 之间的关系为

$$f_\mathrm{a} = \frac{v_\mathrm{a}}{\lambda} \left[n_\mathrm{i}^2 + n_\mathrm{d}^2 - 2n_\mathrm{i}n_\mathrm{d} \sin(\theta_\mathrm{i} - \theta_\mathrm{d}) \right]^{1/2} \tag{8-22}$$

由式(8-22)可见，驱动频率和衍射波长呈单调递减关系，因此，改变驱动信号频率，衍射光波长也随之改变。

AOTF 实际的波长调谐范围取决于声光晶体的通光谱段，例如常用的 TeO_2 晶体能够覆盖 $0.2 \sim 4.5~\mu m$ 的波长范围。但由于受超声换能器的带宽影响，AOTF 的波长调谐范围常被限制在一个倍程($\lambda \sim 2\lambda$)。AOTF 的波长调谐速度取决于超声波在晶体中的渡越时间，通常是几十微秒，使得 AOTF 能够在极短的时间内调谐到需要的波段，实现快速、随机的波长选择。这有助于光谱成像系统对某些具有特征波段的快速分类，利用典型的少数波段

而不是全波段信息可以减少探测系统的数据量，降低信息冗余度。

基于 AOTF 的成像光谱仪通常由前置系统、声光晶体、后置成像系统和二维焦平面阵列组成。目标辐射经前置光学镜头进入成像光谱仪，然后被 AOTF 衍射成单色光，单色光波长对应驱动频率，再经后续光学系统成像在二维焦平面阵列上，从而得到单一波长的目标图像。通过微机控制，可以获取 AOTF 调谐波段范围内的随机波段图像。在全波段范围内得到了被测目标的光谱图像之后，经微机处理，将得到被测物的数据立方体，然后结合实验定标数据，就能提取出被测目标的光谱信息和图像信息，实现图谱合一。

4. 液晶可调谐滤光片（LCTF）

基于双折射滤光片原理，使用液晶可调延迟波片（液晶盒）部分或全部代替其中的双折射晶片，利用液晶材料的电控双折射效应进行波长调谐，即可获得液晶可调滤光片。

图 8-20(a) 是一种常见的 Lyot 型双折射滤光片示意图，其中两偏振片互相平行，相位延迟片的光轴与偏振片透光轴成 45°角。假定相位延迟片的厚度为 d，双折射率为 $\Delta n = n_o - n_e$，那么波长为 λ 的光经过延迟片将会产生相位延迟量 $\Gamma = \dfrac{2\pi}{\lambda} \Delta n d$，则该滤光片透过率 τ 的函数形式为

$$\tau = \cos^2\left(\frac{\Gamma}{2}\right) = \cos^2\left(\frac{\pi}{\lambda}\Delta n d\right) \tag{8-23}$$

相应的透过率曲线见图 8-20(b)。

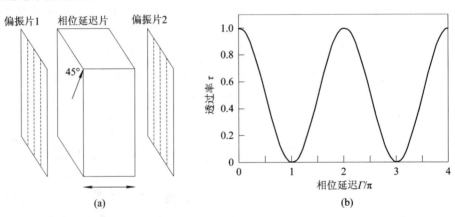

图 8-20　Lyot 型双折射滤光片示意图

在实际应用中，希望进一步减少非期望光的透射，可将一系列具有不同相位延迟量的单级 Lyot 型滤光片叠加成多级滤光片。由上述单级 Lyot 型滤光片按一定相位延迟量叠加而成的多级 Lyot 型滤光片如图 8-21 所示。该滤光片是由 $P_1, P_2, P_3, \cdots, P_{N+1}$ 主透射面相互平行的 $N+1$ 个偏振棱镜和 $L_1, L_2, L_3, \cdots, L_N$ 光轴以及与偏振棱镜主透射面成 45°角的 N 块晶片组成的。此结构相当于 N 个不同的单级 Lyot 型滤光片的叠加，其中偏振棱镜 $P_1, P_2, P_3, \cdots, P_N$ 既作为前一级滤光片的出射偏振器，又作为后一级滤光片的入射偏振器，多级滤光片系统的透过率可以表示为所包含的单级滤光片透过率的乘积：

$$\tau = \tau_1 \tau_2 \tau_3 \cdots \tau_N = \cos^2\left(\frac{\Gamma_1}{2}\right)\cos^2\left(\frac{\Gamma_2}{2}\right)\cos^2\left(\frac{\Gamma_3}{2}\right)\cdots\cos^2\left(\frac{\Gamma_N}{2}\right) \tag{8-24}$$

其中：$\Gamma_n = \dfrac{2\pi}{\lambda}\Delta n d_n$，$n = 1, 2, 3, \cdots, N$。

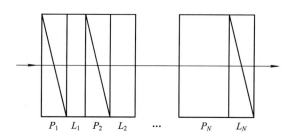

图 8 - 21　多级 Lyot 型滤光片

在设计多级 Lyot 型滤光片时，主波长 λ_0 确定后，根据所要求的调谐范围可计算出 Γ_1，根据光谱分辨率要求可计算出 Γ_n。

下面以一个以相位延迟量为 2 的等比数列的四级 Lyot 型滤光片为例，来描述各级透过率与总透过率的关系，如图 8 - 22 所示。

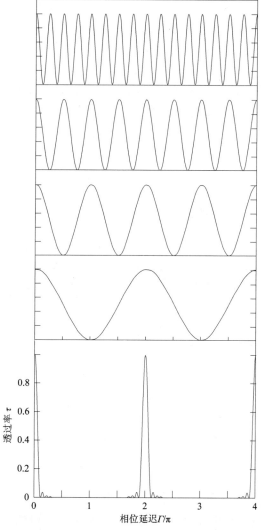

（上面四条曲线是单级 Lyot 型滤光片的透过率，最下面的曲线是四级 Lyot 型滤光片的总透过率）

图 8 - 22　四级 Lyot 型滤光片透过率示意图

从式(8-23)可以得出,当 $\Delta nd = m\lambda_0$,$m=1,2,3,\cdots$ 时,透过率 $\tau=1$。现选取其中某固定级次的透射峰,即 m 一定时,延迟量 $\Omega = \Delta nd$ 与峰值波长 λ_0 是一对应的关系,那么通过改变延迟量 Ω 可以使峰值波长 λ_0 在一定范围内调谐。由此,就需要一种可以实现延迟量调节的可变相位延迟片来构建可调谐滤光片。

由于液晶分子排列并不像晶体分子排列那么牢固,当给液晶加上不同的电压时,液晶分子的长轴会发生一定的倾角旋转,此时,液晶的光轴与未加电压前不同,双折射率也会受电场的影响,这就是液晶的电控双折射效应。对于作为可变相位延迟片的向列液晶盒而言,当垂直入射到液晶盒的光波长为 λ,所加电场稳定后,o 光和 e 光之间所产生的相位差为

$$\Gamma = -\Gamma_0 \left\{ \frac{1}{4}\left[\left(\frac{n_e}{n_o}\right)^2 + \frac{n_e}{n_o}\right](u^2 - u_{th}^2)\left[\frac{2}{3}u^2 + (K_{33} - K_{11})\frac{u_{th}}{K_{11}}\right] \right\}^{-1} \quad (8-25)$$

其中:$\Gamma_0 = 2\pi(n_e - n_o)d/\lambda$,$d$ 是液晶层厚度;n_e 和 n_o 分别是 e 光和 o 光的折射率;u 是所加电压;u_{th} 是阈值电压;K_{11} 和 K_{33} 是液晶弹性模量分量。K_{11} 和 K_{33} 由选用的液晶材料决定,因此式(8-25)中 u 是唯一变量,于是可以通过改变液晶盒上所加电压来调节液晶盒所产生的相位差,从而实现滤光片的可调谐性。

单级 Lyot 型 LCTF 结构如图 8-23 所示。P 和 A 为偏振片,构成平行偏振系;相位延迟片由石英片(固定相位延迟片)和向列相液晶盒(可变相位延迟片)构成,液晶盒与石英片的光轴一致,并且与偏振片透光轴成 45°角。依据式(8-23),不难得出图 8-23 滤光片的透过率公式:

$$\tau = \frac{I}{I_0} = \cos^2\left(\frac{\Gamma}{2}\right) = \cos^2\left(\frac{\pi(\Omega_{lc} + \Omega_{qz})}{\lambda}\right) = \cos^2\left(\frac{\pi(\Delta n_{lc}d_{lc} + \Delta n_{qz}d_{qz})}{2}\right) \quad (8-26)$$

其中,Ω_{lc} 和 Ω_{qz} 分别是由液晶盒引起的延迟量和由石英片引起的延迟量,Ω_{lc} 可由电压调节。因此,在不同外加电压下,可得到单级 Lyot 型 LCTF 所产生的透射光谱。

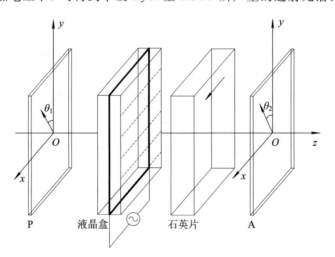

图 8-23　单级 Lyot 型 LCTF 结构

同样,为了得到更宽的自由光谱区和更窄的透射峰,可以依据多级 Lyot 型滤光片的原理,制作多级 Lyot 型 LCTF,如图 8-24 所示。

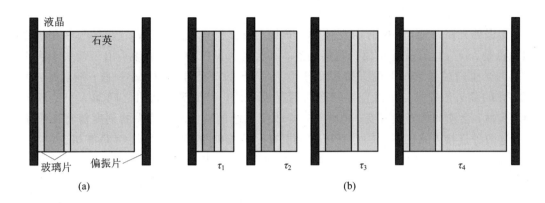

图 8-24　多级 Lyot 型 LCTF 结构示意图

(a) 单级 Lyot 型 LCTF；(b) 四级 Lyot 型 LCTF

液晶可调滤光片的主要优点包括：

（1）适用于超宽的光谱范围，很多向列相液晶在近紫外、可见光和红外谱段具有较大的双折射率和较好的透射性；

（2）波长调谐能力由液晶的电控双折射率决定，通常使用相对较低的电压（约几伏）即可获得较大的双折射率变化，实现较大范围的波长调谐；

（3）不会对光束引入偏移；

（4）滤光片中的液晶厚度控制相当灵活；

（5）温度对滤光片性能的影响可以通过电压进行补偿；

（6）可以制成大口径器件；

（7）器件结构紧凑，制造简单，价格低廉。

目前，液晶可调滤光片在视频图像显示、医学成像、高光谱成像、拉曼光谱成像、灾光显微成像、光通信、激光技术等领域应用广泛。

基于 LCTF 的多光谱成像系统由光学镜头、LCTF 和单色 CCD 相机三部分组成。光学镜头和 CCD 相机组成照相系统，LCTF 作为分光元件与照相系统的组合有两种可能的方式，一种是将 LCTF 置于镜头的前方，如图 8-25(a) 所示，另一种是将 LCTF 置于镜头和 CCD 相机之间，如图 8-25(b) 所示。

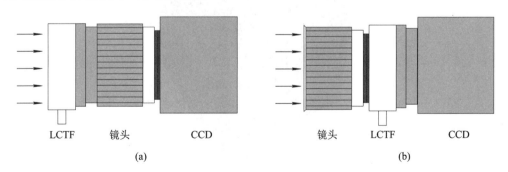

图 8-25　基于 LCTF 的多光谱成像系统

这两种连接方式各有优缺点。将 LCTF 置于镜头的前方的优点是：镜头直接与 CCD 相机连接，能够准确调焦使成像清晰；缺点是：由于 LCTF 有一定的厚度，当镜头的通光口径大于 LCTF 的孔径时会有光能损失并产生渐晕。LCTF 的重量也会影响成像系统的设计，为保证光路共轴，必要时需要对 LCTF 加上支撑机构。将 LCTF 置于镜头和相机之间的优点是：LCTF 的重量与相机直接相连，不会对机械结构产生影响，由于镜头和焦平面之间的光束口径通常小于镜头的入瞳口径，LCTF 的口径可以稍微小一些；缺点是：由于商品化的镜头是按照与相机直接相连的情况设计的，当镜头和相机之间加入一定厚度的 LCTF 后，会使图像产生畸变、色差等，并改变系统的放大率，镜头的刻度值将不再准确等。这两种连接方式的共同特点是可以选用有标准接口的商用镜头和 CCD 相机。

　　基于 LCTF 的多光谱成像系统的工作原理为，在照相光路中加入 LCTF 滤光片作为分光元件，以电调谐的方式改变透光中心波长，每调整一次波长后相机曝光一次，系统记录下该波段的二维图像数据，然后再设定下一透光中心波长，如此循环，直到完成所有预定波长的图像采集任务。将上述数据按照波长顺序组合起来即可获得目标的包括二维图像信息和一维光谱信息的光谱图像数据立方体。

8.4　傅里叶变换型光谱成像仪

　　傅里叶变换型光谱成像技术，又称干涉光谱成像技术，是一种间接光谱成像技术，利用干涉图和光谱图之间的傅里叶变换关系，通过采集目标的干涉图，再经过傅里叶变换反演出目标的光谱图。由于采用了积分变换的方法进行调制，傅里叶变换型光谱成像仪能够同时记录所有谱元的信息，其光谱数据形式如图 8-26 所示，同时，利用计算机强大的处理能力，可获得信噪比更高、光谱分辨率更高的信息。相比于传统的色散型光谱成像技术，干涉方法测量光谱具有多通道、高通量、高测量精度等优点。除上述几点外，傅里叶变换型光谱成像仪能适应很宽的光谱范围(受限于探测器的光谱响应范围和光学材料的性质)，同时也是目前将光谱范围和光谱分辨率融合得最好的光谱成像仪。

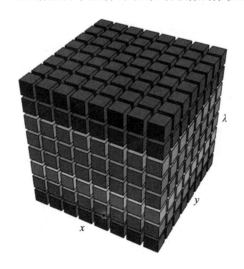

图 8-26　傅里叶变换型光谱成像仪所获得的光谱数据形式

　　傅里叶变换型光谱成像仪主要利用迈克尔逊干涉原理，从原理上可以分为时间调制型、空间调制型和时空联合调制型三种。顾名思义，时间调制型光谱成像仪是通过干涉仪中动镜的运动产生不同的光程差,以时间积分的方式记录所有不同光程差下对应的不同干涉级次的干涉图(条纹)信号,而探测器某一时刻上获取的是所有目标在同一光程差处的强度图像。空间调制型光谱成像仪是通过剪切干涉仪中剪切分束器产生不同的光程差,并在沿一定空间方向的不同位置上产生同一目标的不同干涉级次的干涉图,而在其垂直方向对应不同空间目标;此时一般采用面阵探测器采样,在某一时刻上获取的是相应不同目标在不同光程差处的干涉强度图像。与空间调制型光谱成像仪的原理相似,时空联合调制型光谱成像仪同样利用剪切干涉仪中剪切分束器产生不同的光程差,不同之处在于某一时刻在其沿一定空间方向的不同位置上产生不同目标的不同干涉级次的干涉图,对同一目标(成像到探测器某一点)则只产生单个干涉级次的干涉图;通过扫描目标的全部视场,获得所有不同目标的不同级次的干涉图。

8.4.1 时间调制型光谱成像仪

时间调制型光谱成像仪通过对双光束干涉仪产生的干涉图进行傅里叶变换数值计算来测定光谱图。迄今为止,在时间调制型光谱成像仪中,已经出现多种干涉仪,其中最简单和最基本的是迈克尔逊干涉仪。其他各种形式的干涉仪,尽管在结构上可能与迈克尔逊干涉仪很不相同,但它们的物理原理和所涉及的干涉图的基本理论是一致的。通过对迈克尔逊干涉仪产生的干涉图的定量分析,可以阐明时间调制型光谱成像技术的基本理论。

1. 干涉图与光谱图

傅里叶变换型光谱成像技术的基础是傅里叶变换光谱学,最为经典的傅里叶变换型光谱成像仪就是迈克尔逊干涉仪。迈克尔逊干涉仪通常由前置镜组、分束器、动镜、定镜、成像镜和探测器等组成,如图 8-27 所示。

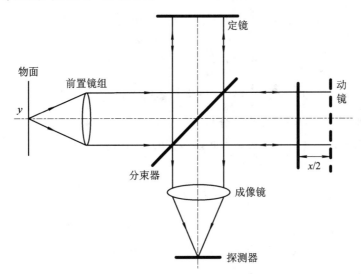

图 8-27 迈克尔逊干涉仪的组成

为了便于讨论光谱图与干涉图之间的关系,首先假设光源发出的是一束振幅为 E_0、波长为 λ(波数为 $\bar{\nu}=1/\lambda$)的理想单色光束,分束器的反射比为 r、透射比为 τ,则从分束器上反射和透射光束的振幅分别为 rE_0、τE_0。两束光经定镜和动镜反射后在分束器再次相遇,形成两路相干光束,一路返回入射光源方向,另一路与入射方向垂直传播,经成像镜光学

系统输入到探测器上成为有用的光信号。根据电磁场理论，到达探测器上的第一束和第二束光的复振幅分别为

$$\begin{cases} E_1(\tilde{\nu}) = r\tau E_0(\tilde{\nu}) \mathrm{e}^{-\mathrm{j}\phi_1} \\ E_2(\tilde{\nu}) = r\tau E_0(\tilde{\nu}) \mathrm{e}^{-\mathrm{j}\phi_2} \end{cases} \tag{8-27}$$

这里暂且忽略反光镜的反射效率，认为其为 100%。显见，E_1 和 E_2 是相干光，它们干涉以后的电场强度为

$$E(\tilde{\nu}) = r\tau E_0(\tilde{\nu}) \mathrm{e}^{-\mathrm{j}\phi_1} + r\tau E_0(\tilde{\nu}) \mathrm{e}^{-\mathrm{j}\phi_2} = r\tau E_0(\tilde{\nu}) \mathrm{e}^{-\mathrm{j}\phi_1} (1 + \mathrm{e}^{\mathrm{j}\phi}) \tag{8-28}$$

式中，ϕ 为动镜和定镜反射光束之间的相位差。如果动镜移动的距离为 $x/2$，此时两束光的光程差为 x，则有

$$\phi = \phi_2 - \phi_1 = \frac{2\pi x}{\lambda} = 2\pi x \tilde{\nu} \tag{8-29}$$

从而探测器上的光强为

$$\begin{aligned} I_\mathrm{D}(\tilde{\nu}, x) = E(\tilde{\nu}) E^*(\tilde{\nu}) &= 2 \, |r|^2 \, |\tau|^2 E_0^2(\tilde{\nu}) [1 + \cos(2\pi \tilde{\nu} x)] \\ &= 2 \, |r\tau|^2 B_0(\tilde{\nu}) [1 + \cos(2\pi \tilde{\nu} x)] \end{aligned} \tag{8-30}$$

其中，$B_0(\tilde{\nu}) = E_0^2(\tilde{\nu})$，为入射光光谱强度。令 $B(\tilde{\nu}) = |r\tau|^2 B_0(\tilde{\nu})$ 表示修正后的光源强度，则式(8-30)可以写成

$$I_\mathrm{D}(\tilde{\nu}, x) = 2B(\tilde{\nu}) [1 + \cos(2\pi \tilde{\nu} x)] \tag{8-31}$$

该式表示探测器接收到的信号强度变化为一沿光程差方向扩展的余弦函数。这就是理想准直单色光通过干涉仪后形成的测量干涉图。

当入射光由多个波长的光谱组成时，假定光源是连续宽带光源，那么，探测器所测得的光强 $I(x)$ 就是所有频率的光强的积分，即

$$I_\mathrm{D}(x) = 2\int_0^{+\infty} B(\tilde{\nu}) \mathrm{d}\tilde{\nu} + 2\int_0^{+\infty} B(\tilde{\nu}) \cos(2\pi \tilde{\nu} x) \mathrm{d}\tilde{\nu} \tag{8-32}$$

当 $x = 0$ 时，$I_\mathrm{D}(0) = 4\int_0^{+\infty} B(\tilde{\nu}) \mathrm{d}\tilde{\nu}$，则式(8-32)可写为

$$I_\mathrm{D}(x) - \frac{1}{2} I_\mathrm{D}(0) = 2\int_0^{+\infty} B(\tilde{\nu}) \cos(2\pi \tilde{\nu} x) \, \mathrm{d}\tilde{\nu} \tag{8-33}$$

可以说测量干涉图是一个叠加在直流分量上的波动信号，而这一直流分量在由干涉图计算复原光谱时应当减去，只保留反映输入光谱形状的交流分量。令 $I(x)$ 表示滤去直流分量的信号强度

$$I(x) = I_\mathrm{D}(x) - \frac{1}{2} I_\mathrm{D}(0) \tag{8-34}$$

则有

$$I(x) = 2\int_0^{+\infty} B(\tilde{\nu}) \cos(2\pi \tilde{\nu} x) \mathrm{d}\tilde{\nu} \tag{8-35}$$

由于理想干涉仪情况下，干涉图是一个偶函数，根据傅里叶变换规则，有

$$I(x) = 2\int_0^{+\infty} B(\tilde{\nu}) \cos(2\pi \tilde{\nu} x) \, \mathrm{d}\tilde{\nu} = \int_{-\infty}^{+\infty} B(\tilde{\nu}) \mathrm{e}^{\mathrm{j}2\pi \tilde{\nu} x} \, \mathrm{d}\tilde{\nu} \tag{8-36}$$

对式(8-36)做反傅里叶变换即可得到干涉信号到光谱信号的变换公式：

$$B(\tilde{\nu}) = 2\int_0^{+\infty} I(x) \cos(2\pi \tilde{\nu} x) \, \mathrm{d}x = \int_{-\infty}^{+\infty} I(x) \mathrm{e}^{-\mathrm{j}2\pi \tilde{\nu} x} \, \mathrm{d}x \tag{8-37}$$

式(8-36)和式(8-37)是一个傅里叶变换对,是干涉(傅里叶变换)光谱学的基本方程,故而采用这种思路设计的光谱成像仪被称为傅里叶变换型光谱成像仪。上述公式表明,对任一给定波数 $\tilde{\nu}$,如果已知干涉图,即探测器接收到的信号强度与光程差的关系 $I(x)$,则干涉图的傅里叶变换式(8-37)给出波数 $\tilde{\nu}$ 处的光谱强度 $B(\tilde{\nu})$。为得到光谱分布,只需对所关心的波段内的每一个波数,利用式(8-37)重复地进行傅里叶变换运算即可。图8-28给出了一个中红外波段的干涉图和光谱图示例。

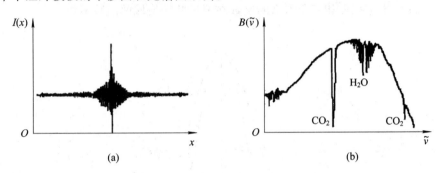

图8-28 干涉图与光谱图示例
(a) 中红外的干涉图；(b) 中红外的光谱图

2. 仪器线型函数

式(8-37)表明,在理论上,人们可以测量 $(0, +\infty)\,\mathrm{cm}^{-1}$ 且分辨率无限高的光谱,然而这就要求干涉仪的动镜必须扫描无限长的距离,而实际上,动镜只能在 $(-L, +L)$ 有限的范围内移动,所以我们只能测量到某一有限的极大光程差 L,则傅里叶变换型光谱成像仪的光谱被截断为

$$B(\tilde{\nu}) = \int_{-\infty}^{+\infty} I(x) T(x) \cos(2\pi\tilde{\nu}x)\,\mathrm{d}x \qquad (8-38)$$

其中,$T(x)$ 称为截断函数,一般是一个矩形函数:

$$T(x) = \mathrm{rect}\left(\frac{x}{2L}\right) = \begin{cases} 1 & (|x| \leqslant L) \\ 0 & (|x| > L) \end{cases} \qquad (8-39)$$

$T(x)$ 表示截取 $(-L, +L)$ 区间内的干涉图来复原光谱,而这一区间外的干涉图全部赋值为零。

由于截断函数的影响,此时的复原光谱不再是原光谱 $B(\tilde{\nu})$,而是原光谱 $B(\tilde{\nu})$ 与截断函数 $T(x)$ 的傅里叶变换函数 $F^{-1}[T(x)]$ 的卷积:

$$\tilde{B}(\tilde{\nu}) = B(\tilde{\nu}) * t(\tilde{\nu}) \qquad (8-40)$$

其中

$$t(\tilde{\nu}) = F^{-1}[T(x)] = 2L\,\mathrm{sinc}(2\pi\tilde{\nu}L) = 2L\frac{\sin(2\pi\tilde{\nu}L)}{2\pi\tilde{\nu}L} \qquad (8-41)$$

称为仪器线型函数 ILS(Instrument Line Shape)或光谱扫描函数。

由式(8-41)可知,采用矩形函数截断干涉图后,傅里叶变换型光谱成像仪的 ILS 函数为 sinc 函数。而 sinc 函数在第一个零点外出现旁瓣振荡现象,产生旁瓣振荡的真正原因是干涉图在 $\pm L$ 处被突然截断,因而出现了尖锐的不连续现象。振荡的旁瓣是虚假信号的来源,必须加以抑制,这种抑制旁瓣的做法就是切趾。为此,人们引入了切趾函数作为截断函数。最常见的切趾函数是三角形函数：

$$T(x) = \begin{cases} 1 - \left| \dfrac{x}{L} \right| & (|x| \leqslant L) \\ 0 & (|x| > L) \end{cases}$$

(8 - 42)

它的傅里叶变换为

$$t(\bar{\nu}) = F^{-1}[T(x)] = L\,\mathrm{sinc}^2(\pi\bar{\nu}L)$$

(8 - 43)

图 8 - 29 给出了矩形和三角形截断函数在傅里叶变换域的函数图像。

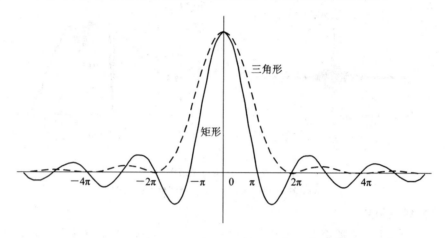

图 8 - 29　矩形和三角形截断函数的比较

从图 8 - 29 中可以看出，加了三角窗函数后，旁瓣明显减弱，而且负旁瓣完全消失；但主瓣宽度却变成之前的近两倍，这意味着分辨率将要下降。可见，切趾函数虽然具有抑制旁瓣影响的优点，但带来了分辨率下降的缺点。牺牲主瓣宽度而使旁瓣得到抑制，这是一个需要折中考虑的问题。

3. 分辨率

分辨率是光谱成像仪最重要的质量指标之一，它表示仪器能够分开两条最靠近的谱线的能力。最常用的分辨率判据是瑞利判据和半高宽判据。瑞利判据指出，如果两条等强度的谱线中的一条谱线的峰点正好落在另一条的第一个零点上，那么就认为这两条谱线刚好能被分开。比如，两条等强度的 $\mathrm{sinc}^2(x)$ 线形的谱线，它们叠加的结果如图 8 - 30(a) 所示，叠加的谱线中间有一个约为 20% 的下凹，能够勉强区分两个谱峰。而如果是两条等强度的 $\mathrm{sinc}(x)$ 线形的谱线，利用瑞利准则，它们叠加的结果如图 8 - 30(b) 所示，叠加的中间部分混合在一起，已经不能区分出两个谱峰。这时按照半高宽(FWHH)判据来定义光谱成像仪的分辨率就更合理一些。半高宽判据是用谱线的半高宽给出谱线的分辨率，即对于两条强度相等的谱线，当它们之间的距离为其半高宽时，刚好能够被分开。例如，对于 $\mathrm{sinc}(x)$ 线形，谱线半高宽为 $0.605/L$，当两条这样的谱线相距这个距离时，刚好能够被分开，如图 8 - 30(c) 所示；而对于 $\mathrm{sinc}^2(x)$ 线形，只有当两条谱线相距 $0.73/L$ 时，才能出现图 8 - 30(a) 所示的那样，两谱峰之间具有 20% 的下凹，从而被明显地分辨出来。

影响傅里叶变换型光谱成像仪分辨率的因素主要有切趾函数、动镜行程和数据采集信噪比等。前面已经提到，切趾函数不同，谱线主瓣被展宽的程度就不同，因此对谱线分辨率的影响也会不同。

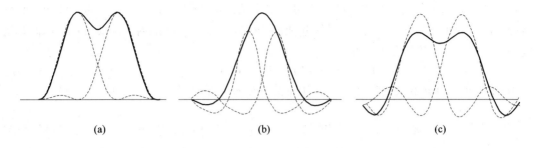

$$(a) \qquad\qquad (b) \qquad\qquad (c)$$

图 8-30　分辨率判据示意图

(a) 瑞利判据用于两条等强度的 $\mathrm{sinc}^2(x)$ 线形的谱线；(b) 瑞利判据用于两条等强度的 $\mathrm{sinc}(x)$ 线形的谱线；

(c) 半高宽判据用于两条等强度的 $\mathrm{sinc}(x)$ 线形的谱线

假如切趾函数选用三角形，对应的谱线线形是 $\mathrm{sinc}^2(x)$ 函数，如果按照瑞利判据来判断两个峰是否可分辨，如图 8-29 和图 8-30(a) 所示，一条谱线的峰点刚好经过另一条谱线的第一个零点，两者的相位间隔刚好相差 2π，即

$$2\pi\tilde{\nu}_2 L - 2\pi\tilde{\nu}_1 L = 2\pi \tag{8-44}$$

则分辨率极限是

$$\tilde{\nu}_2 - \tilde{\nu}_1 = \frac{1}{L} \tag{8-45}$$

因此，在切趾函数选用三角形的情况下，若采用瑞利判据，则傅里叶变换型光谱成像仪的分辨率极限等于最大光程差的倒数；若采用半高宽判据，则分辨率极限变为 $\tilde{\nu}_2 - \tilde{\nu}_1 = 0.605/L$。

如果切趾函数选用矩形，对应的谱线线形是 $\mathrm{sinc}(x)$ 函数，同样按照瑞利判据，如图 8-29 和图 8-30(b) 所示，两条谱线之间的相位差正好等于 π，即

$$2\pi\tilde{\nu}_2 L - 2\pi\tilde{\nu}_1 L = \pi \tag{8-46}$$

则分辨率极限是

$$\tilde{\nu}_2 - \tilde{\nu}_1 = \frac{1}{2L} \tag{8-47}$$

因此，在切趾函数选用矩形的情况下，若采用瑞利判据，则傅里叶变换型光谱成像仪的分辨率极限等于最大光程差的 2 倍的倒数；若采用半高宽判据，则分辨率极限变为 $\tilde{\nu}_2 - \tilde{\nu}_1 = 0.73/L$。

然而，不论采用哪种判据和哪种切趾函数，傅里叶变换型光谱成像仪的分辨率数值极限都与仪器的最大光程差 L 成反比，亦即 L 越长，分辨率极限数值越小，L 越短，分辨率极限数值越大。但是，由于动镜的移动距离是有限的，干涉图上有噪声的影响，分辨率不可能随扫描长度无限提高。在零光程差附近的干涉信号强度很大，信噪比也相对要高很多；但是，随着动镜移动到离零光程差点较远后，干涉信号的幅度会迅速下降，对应的信噪比也会迅速降低，当干涉图的信号下降到小于系统的噪声时，检测得到的信号就失去意义了。而且，动镜扫描距离越长，运动的精度就越难以保证。如果继续延长动镜运动的距离，将只能检测到更多的噪声，不但不能提高分辨率，反而会使分辨率降低。此时要想提高仪器的分辨率，必须先提高仪器的信噪比，而仪器的信噪比主要通过数据采集系统的良好设计和高性能的模拟滤波器来改善。

4. 干涉图采样

前面的分析表明，我们只能在 $(-L, +L)$ 有限区间内对干涉图进行傅里叶变换。事实

上，在$(-L,+L)$有限区间内，也无法用无限小的间隔来采样不同光程差的干涉图，而只能用有限大小的间隔Δx，并进行傅里叶变换。在最大光程差范围内，若以Δx的光程差间隔进行采样，则相当于得到离散光强：

$$\tilde{I}(x) = I(x)T(x) \cdot \text{comb}(x - n\Delta x) \tag{8-48}$$

其中，$\text{comb}(\ )$是梳状函数，是一系列脉冲函数的级数和，即

$$\text{comb}(x) = \sum_{n=-\infty}^{+\infty} \delta(x-n) \tag{8-49}$$

为避免光谱信息损失，减小复原谱畸变和提高计算效率，在傅里叶变换运算过程中，选取合适大小的采样间隔Δx十分重要。对于波数范围为$\tilde{\nu}_{\min} \sim \tilde{\nu}_{\max}$的输入光谱，根据奈奎斯特(Nyquist)采样定理，干涉图采样间隔应满足：

$$\Delta x < \frac{1}{2\tilde{\nu}_{\max}} \tag{8-50}$$

当被研究光谱波数下限不为零时，干涉图采样间隔可以比式(8-50)大。采样间隔必须满足更为一般的条件：

$$\Delta x < \frac{1}{2(\tilde{\nu}_{\max} - \tilde{\nu}_{\min})} \tag{8-51}$$

事实上，式(8-45)或式(8-47)和式(8-50)或式(8-51)是傅里叶变换型光谱成像仪设计中的两个重要的关系，当选择探测器和光学系统参数时，应同时满足这些限制条件。

5. 相位误差影响

在傅里叶变换光谱学中，研究某一光谱源时，某光程差为零的位置选为$\Delta = 0$或波长的整数倍均可，但是，研究复色光源时则必须将零点选在光程差为零的位置。因为复原光谱是由干涉图的傅里叶积分变换得到的，即

$$B(\tilde{\nu}) = \int_{-L}^{+L} I(x)T(x)\cos(2\pi\tilde{\nu}x)\mathrm{d}x \tag{8-52}$$

或

$$B(\tilde{\nu}) = 2\int_{0}^{L} I(x)T(x)\cos(2\pi\tilde{\nu}x)\mathrm{d}x \tag{8-53}$$

其中$T(x)$为切趾函数，故由式(8-52)或式(8-53)可知，由干涉图计算得到复原光谱时必须知道零光程差的准确位置，否则计算得到的光谱将是失真的畸变光谱。

然而，在实际情况下，在读出干涉图或者数字化干涉图的过程中，事先无法预知零光程差的位置，从而难以保证正好从$x=0$处的零光程差开始，而是一般都存在一个零位相位误差ε。

干涉图的相位误差也有其他诸多产生因素，如不同波长可能导致干涉图的相位色散，因而难以唯一地确定零光程差点。又由于采样间隔的不均匀和非对称采样，探测器光谱响应的不一致等，都会导致干涉图的非对称性，使计算光谱时出现困难。干涉仪的光学准直性不可能是完全理想的，分束器也存在吸收损耗，从而也会导致干涉图出现一定程度的非均匀性和相位误差，并且可能是非线性的相位误差。

对存在零位误差的双边干涉图来说，即干涉图的有效采样范围为从$-L$到$+L$的区间，对之进行傅里叶变换，则不需要关于零位位置的准确信息，就可以消除相位误差，获得正确的复原光谱。更为一般的结论为：任何与波数呈线性关系的相位误差，可以用计算

双边干涉图的光谱来消除。

对存在零位误差的单边干涉图来说，必须通过一定的方法来消除或修正相位误差。

6. 技术优势

由前面的分析可知，时间调制型光谱成像仪是一种双光束干涉光谱成像仪，以动镜扫描产生不同光程差，并以时间积分的方式记录对应的不同干涉级次的干涉图（条纹）信号，其结构典型特征为具有动镜扫描部件。

时间调制型光谱成像仪具有多通道、高通量、低杂散光的特点，以及高光谱分辨率、高波数准确度和高信噪比等显著优势。

（1）高光谱分辨率是通过双光束干涉仪中动镜运动产生大的光程差来实现的。理论上，动镜运动的有效行程越大，产生的光程差越大，仪器的光谱分辨率也越高。

（2）高波数准确度是使用激光干涉条纹来高精度地测量动镜的位移，可以消除复原光谱中出现的"鬼线"，从而使傅里叶变换型光谱成像仪比常规分光计测定的波数更为准确。

（3）高信噪比除了与高通量有关外，还与动镜的运动相关。由于动镜以 $V/2$ 速度移动时，使波数为 $\tilde{\nu}$ 的干涉光强调制为频率为 $2\pi V\tilde{\nu}$ 的电信号，再考虑严格的分束过程，其他来源或频率的光被同样调制的可能性很小。

7. 技术分类

按照动镜运动和产生光程差的方式不同，时间调制型光谱成像仪可主要分为直线运动式、摆动运动式、旋转运动式干涉仪。

1）直线运动式干涉仪

直线运动式干涉仪的构型配置主要有以下几种：

第一种是干涉仪左右两臂关于分束器完全对称的构型，干涉仪的两臂各自分开，只有一个动镜（见图 8-27）；或者干涉仪两臂连接在一起，即动镜由两个反射镜组成且被连接在一起运动，如图 8-31 所示。

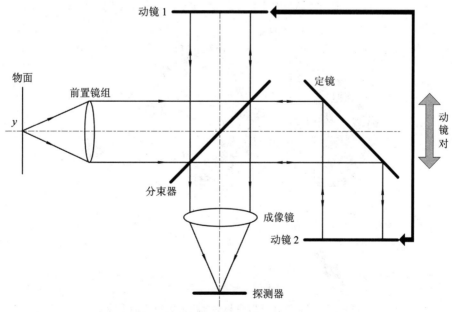

图 8-31 双动镜直线运动式干涉仪示意图

第二种是干涉仪两臂关于分束器的不对称构型。传统迈克尔逊干涉仪中的动镜为平面镜，其运动过程中容易发生倾斜，造成干涉图的相位误差和调制度的退化。为此，迈克尔逊干涉仪中的平面镜往往被其他抗倾斜的反射镜替代，如二面角反射镜、立方角反射镜、猫眼镜等。图 8－32 表示了一种移动角锥体反射镜和固定平面镜组合的干涉仪结构，可以有效消除动镜倾斜和横移问题。消除干涉仪动镜横移问题的另一个巧妙设计如图 8－33 所示，在一个干涉臂上使用角锥体和平面镜组合，且该平面镜为双面反射镜，它反射的光束相互平行，从而进一步减小了倾斜和横移影响。

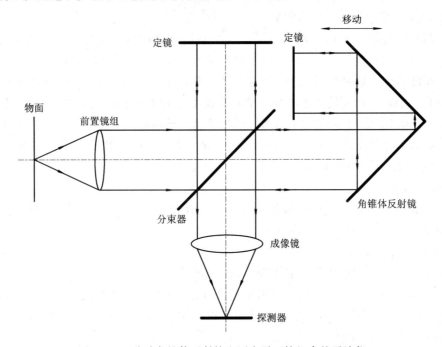

图 8－32　移动角锥体反射镜和固定平面镜组合的干涉仪

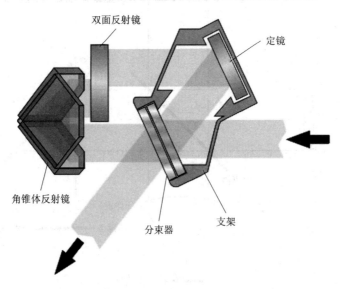

图 8－33　角锥体反射镜与双面反射镜组合的干涉仪

第三种是采用猫眼镜代替平面镜系统来克服平面动镜倾斜带来的影响。由于猫眼镜也具有与角锥体反射镜一样，使得入射光束与出射光束互相平行的性质，因而猫眼镜也被作为反射器而常用于高分辨率傅里叶变换型光谱成像仪中。

猫眼镜由主镜和次镜两个元件组成，一般有三种类型：第一种主镜为凹面反射镜，次镜为凸透镜，主镜位于凸透镜的焦点处，如图 8-34(a) 所示；第二种主镜为凹面反射镜，次镜为平面反射镜且位于主镜的焦平面上，如图 8-34(b) 所示；第三种主镜为凹面反射镜，次镜为凹球面反射镜，并且次镜反射面的中心位于主镜的焦点处，如图 8-34(c) 所示。猫眼镜干涉仪的原理如图 8-35 所示，两个猫眼镜互相运动产生光程差。

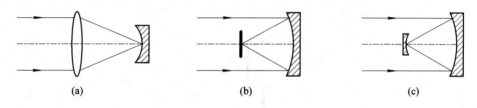

(a)   (b)   (c)

图 8-34　猫眼镜系统示意图

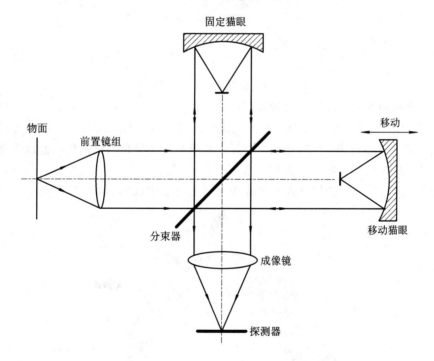

图 8-35　猫眼镜干涉仪示意图

2）摆动运动式干涉仪

将直线运动变换为摆动运动，是有效改善动镜式干涉仪性能的措施之一，其典型结构如图 8-36 所示。由于臂结构的转动运动，干涉仪对扭矩变化敏感，对动镜顶点横移有一定要求，但是对动镜倾斜不敏感。

摆动运动往往比直线运动易于控制，系统更加稳定，而且重复性好，可靠性高；不过，通过匀速摆动产生不同光程差的方式会造成光程差是非线性的，这也就意味着需要复杂的

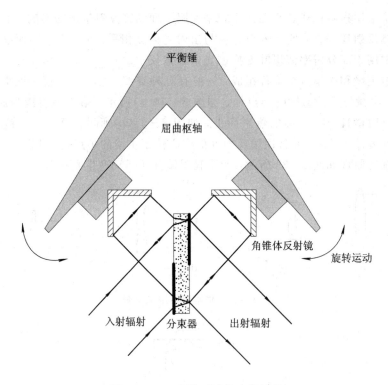

图 8 - 36 双摆臂干涉仪光学原理

理论计算或利用激光辅助光路对光程差作非线性的精确校正，而且动镜摆动时角度幅度有限，从而干涉仪产生的光程差有限，不可能像直线动镜式一样，因而它的最高光谱分辨率难以与直线运动式相媲美。尽管如此，摆臂式傅里叶变换型光谱成像仪已经成为光谱学商业界的宠儿，许多国际知名公司都有一系列的代表商业产品。为了减少动镜顶点横移对干涉的影响，一种结构变型的摆臂式傅里叶变换型光谱成像仪如图 8 - 37 所示，其基本光学

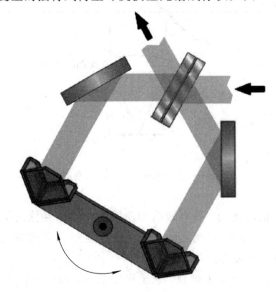

图 8 - 37 双摆臂干涉仪变形结构

原理与图8-36相同，它与标准双臂干涉仪的不同之处在于每个臂插入了一个平面反射镜，且摆臂的质心在臂轴上。在光路中插入平面反射镜使得光路沿原光路返回，从而消除横移带来的影响。

其他类型的摆臂干涉仪有倾斜补偿式干涉仪以及其改进型。它们的典型光线结构分别如图8-38和图8-39所示。前者使用两个或多个固定在同一平台的平行平面镜转动而使得入射光束与出射光束平行，在干涉仪的两个臂产生光程差。后者通过转动三个反射镜组合产生光程差，虽然与前者在光学原理上等效，但是由于使用了同一个平面镜来反射来自两个臂的光束，结构会更紧凑，而且对热变化和机械压力变化都不敏感。

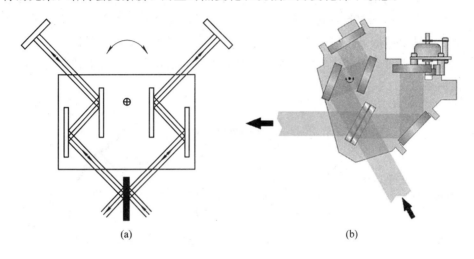

(a)   (b)

图8-38　倾斜补偿式摆臂干涉仪

（a）四平行平面镜补偿式；（b）双平行平面镜补偿式

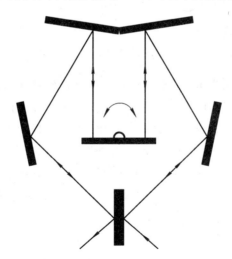

图8-39　改进型补偿式摆臂干涉仪

3）旋转运动式干涉仪

旋转运动式干涉仪进一步将动镜的运动方式多样化，它将动镜的直线运动或摆动变为连续的旋转转动，去掉了动镜运动中的启动加速和停止换向减速环节，使得动镜干涉仪的时间分辨率大大提高，具有高速的特征。旋转运动式干涉仪可分为透射转镜式干涉仪和反射转镜式干涉仪两种类型。

透射转镜式干涉仪的系统光学结构如图 8-40 所示。其主要设计思想为：改直线运动的精密动镜为旋转动镜。采用转镜产生光程差，克服了摆动机构摆动带来的往复运动问题，没有因加减速运行而产生的不连续性，使探测速度大大提高，动镜运行也比较平稳。当速度增加到一定程度，由于惯性轮作用，旋转伺服系统性能稳定，对外界具有抗干扰能力，使得光谱仪对振动敏感程度降低。换句话说，因为获得干涉图的时间短，所以机械振动频率必须很高才可能影响光谱图的质量。扫描速度受到探测器带宽、信噪比和转子平衡性的影响大于所需的伺服系统功率和采样精度的影响，因此大大提高了系统的稳定性和可靠性。由于这种仪器依靠透射材料及其转动角度产生的光程差，而材料折射率随波长不同所引起的光程差是非线性的，转镜的有效转角范围也是有限的，因此对透射材料的选择提出了很高的要求。

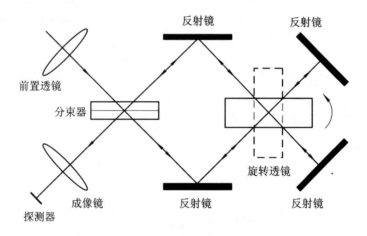

图 8-40　透射转镜式干涉仪的系统光学结构

相比透射转镜式干涉仪方案，反射转镜式干涉仪方案采用反射式转镜来代替直线移动的精密动镜或透射式转镜，不但保留了高速透射转镜式干涉光谱技术的诸多优点，而且从根本上避免了传统透射式转镜对转镜材料要求高、光能量损耗大等缺陷，时间利用率接近100%。一种高速反射转镜式干涉仪的光学原理如图 8-41 所示，它的动臂采用十分巧妙的反射系统，使得波面经过倾斜转镜四次反射并未倾斜，与静臂光束仍然保持了很好的相干性。这种方案的改进型如图 8-42 所示，仪器两臂的光程差和光通量更加匹配。

对转镜式干涉仪来说，转动时一般需要保持动镜角速度不变，但是光程随转角的变化率是非线性的，所以造成了光程差也是非线性的。而且驱动动镜转动的电机是旋转电机，这种电机需用齿轮，运行时自身会产生一定的震动，从而引起动镜的抖动，带来干涉图的幅值误差，因而难以满足高信噪比要求的场合。另外，动镜旋转时，产生的光程差一般不大。对透射转镜式干涉仪来说，光程差越大对透射材料的折射率等要求越高；对反射转镜式干涉仪来说，倾斜转镜反射的光线是空间三维的，光程差越大所需光程越长，光学设计难以实现，因而光程差也受限。实际上，一般转镜式干涉仪的光谱分辨率低于 1 cm^{-1}。

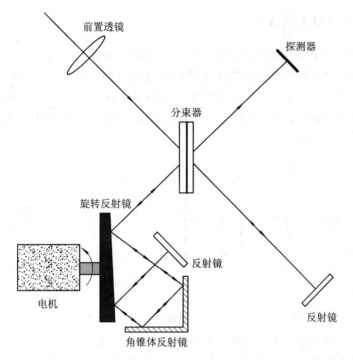

图 8-41   反射转镜式干涉仪的光学原理

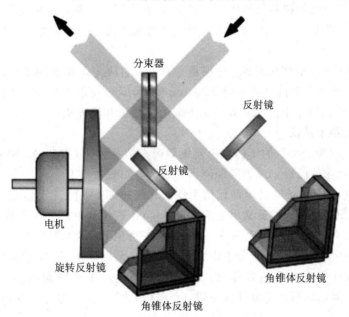

图 8-42   改进的反射转镜式干涉仪

转镜式干涉光谱成像技术探测速度很快,在当今探测器技术和数据采集水平条件下,实现千帧/秒的高速测量是完全可能的,因此该技术实时性很强,非常适用于对快速运动目标和快光谱变化过程的探测;而且,这时获取的干涉图是时间调制的,相比空间调制型和时空联合调制型光谱成像技术来说,光谱分辨率高得多,因而具有"高光谱分辨率"和"高时间分辨率"的双重特征,发展前景良好。

8.4.2 空间调制型光谱成像仪

为了克服时间调制型光谱成像技术中精密动镜系统带来的技术困难，20 世纪 80 年代后期，人们开始对静态傅里叶变换光谱成像技术进行研究。20 世纪 90 年代，随着面阵探测器的发展，国际上出现了空间调制型傅里叶变换光谱技术的概念。空间调制型光谱成像仪的主要组成部分有前置透镜、入射狭缝、准直透镜、分束器、傅里叶变换透镜、柱面镜和探测器等，如图 8-43 所示。

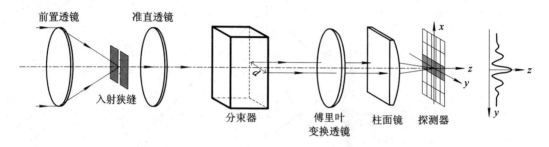

图 8-43　空间调制型光谱成像仪的组成原理图

空间调制型光谱成像仪中需利用一狭缝扫描，在每一扫描位置得到被测面的一维空间狭缝像和该狭缝中各像元的空间序列干涉图，通过在与狭缝垂直的方向对被测面进行扫描，得到其另一维空间像和各狭缝中对应像元的空间序列干涉图，从而得到数据立方图。至于扫描方式，在地基工作方式或地球同步卫星遥感平台上一般需通过机械扫描装置推扫来实现。

对空间调制型光谱成像仪来说，分束器是核心，它决定了系统的主要性质。比较好的分束器有 Sagnac 棱镜、双折射棱镜（Wollaston 棱镜）以及双角反射体等。它们的主要特点是能够将从狭缝出射的光束沿垂直光轴的方向分成两束相干光束。

1. Sagnac 棱镜干涉仪

基于 Sagnac 棱镜分束器的干涉仪由前置望远光学系统、入射狭缝、Sagnac 棱镜、傅里叶变换透镜、再成像柱面镜以及面阵探测器等组成，如图 8-44 所示。

结合图 8-44，Sagnac 棱镜干涉仪的工作原理描述如下：前置望远光学系统将被测物面成像到入射狭缝处，从入射狭缝出射的光经 Sagnac 棱镜分束面分成反射光和透射光，再经 Sagnac 棱镜的两个反射面反射及分束面反射或透射后入射到傅里叶变换透镜上。当 Sagnac 棱镜的两个反射面相对于分束面完全对称时，无光程差存在，故亦无干涉效应。而当两个反射面相对于分束面不对称时，两束相干光相对于光轴向两边分开。对于采用 Sagnac 棱镜的空间调制型光谱成像仪来说，光源（物体或狭缝）均位于 Sagnac 分束器有限距离内，光经过分束器后，均被横向剪切为两个虚光源。图 8-45 为近距离的垂直于纸面的狭缝 S 经 Sagnac 分束器后，被横向剪切为两个垂直于纸面的虚狭缝 S_1 及 S_2 的光路图。这两个虚物点来自同一光源，是相干的；同时，光路设置使入射狭缝置于傅里叶变换透镜的前焦面处，由这两个虚物点 S_1 及 S_2 发出的相干光束经过傅里叶变换透镜后变成平行光，再经傅里叶变换透镜和柱面镜后，在其共同的焦面（傅里叶变换透镜后焦面）上会聚形成干涉条纹和目标像。

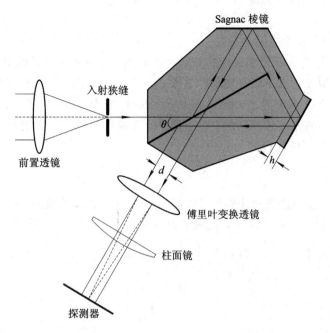

图 8-44 Sagnac 棱镜干涉仪的工作原理

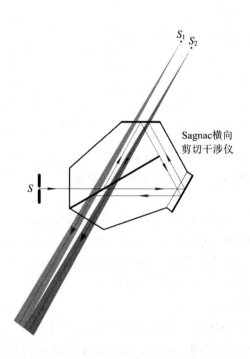

图 8-45 经 Sagnac 分束器被横向剪切为二虚像 S_1、S_2 光路图

利用图 8-44 所示的结构可以证明，其横向剪切量为

$$d = 4h\,\sin\theta \qquad\qquad (8-54)$$

式中，θ 为光轴与分束面之间的夹角。

S_1、S_2 二虚像之后的光学系统的等效光路如图 8-46 所示。设纸平面为子午面，狭缝垂直于子午面，即在垂直于纸平面的竖直平面——弧矢面内。由于柱面镜在子午面内没有光焦度，故在此可以不予考虑。设二虚像 S_1、S_2 相距为 d，同时 S_1、S_2 也代表狭缝的宽度，箭头表示它们的方向是相同的。位于傅里叶变换透镜后焦面探测器上 O 点的光程差为零，则其上任意点 P 的光程差为

$$\Delta = d\sin\beta = \frac{d}{f'}y \qquad\qquad (8-55)$$

其中，f' 为傅里叶变换透镜的焦距。可以证明，式(8-55)对狭缝内的任意点都是成立的，所以当波数范围为 $\Delta\bar{\nu}=\bar{\nu}_2-\bar{\nu}_1$ 时，光强可表示为

$$I(y) = \int_{\bar{\nu}_1}^{\bar{\nu}_2} B(\bar{\nu})\cos\left(2\pi\bar{\nu}\,\frac{d}{f'}y\right)\mathrm{d}\bar{\nu} \qquad\qquad (8-56)$$

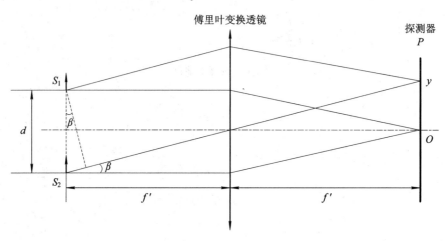

图 8-46 虚光源干涉示意图

以上分析表明，光程差以及干涉图案的产生无需借助光学元件的运动，因此，该技术称为静态傅里叶变换光谱技术。利用与时间调制型傅里叶变换光谱技术相同的数据处理方法，可以获得目标的光谱信息。

由式(8-56)可知，干涉图的调制度(余弦项系数)为 1，即不受狭缝形状、大小等因素的影响。因此，在空间分辨率允许的情况下，狭缝可以较宽或具有任意形状，从而可增大视场角(增加狭缝高度)、提高辐射通量(增大狭缝面积)。故由此类分束器构成的空间调制型光谱成像仪具有潜在高通量和大视场的功能。

2. 双折射型干涉仪

双折射型干涉仪利用晶体的双折射现象，采用偏振干涉方法，在垂直狭缝方向同时产生物面像元辐射的整个空间序列干涉图。双折射型干涉仪由前置望远光学系统、入射狭缝、准直透镜、两个 45° 偏振片、渥拉斯顿(Wollaston)棱镜、傅里叶变换透镜、柱面镜以及面阵探测器等元器件构成，其光学原理图如图 8-47 所示。

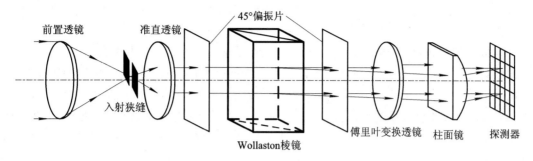

图 8-47 双折射型干涉仪原理图

结合图 8-47，双折射型干涉仪的工作原理可描述如下：前置透镜将被测物面成像在其焦面上，该面也是双折射型干涉仪的入射狭缝所在面；由入射狭缝出射且垂直扫描方向的光谱辐射，经准直透镜准直和 45°偏振片后，偏振光入射到渥拉斯顿棱镜上。渥拉斯顿棱镜是由两个棱角相同的直角晶体光楔胶合成的一个平行平板，其两晶体光楔的光轴与外表面平行且彼此垂直。它将入射线偏振光分解为两个彼此正交的偏振分量；寻常分量 o 光和非寻常分量 e 光，此二分量在渥拉斯顿棱镜内传播的光程不同，光束在渥拉斯顿棱镜内传播的情形如图 8-48 所示。

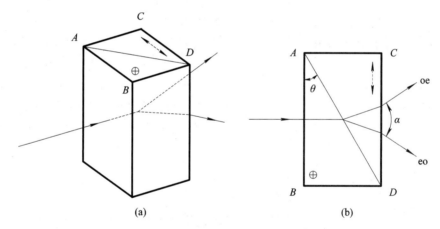

图 8-48 光束在渥拉斯顿棱镜内的传播示意
(a) 侧视图；(b) 顶视图

由图 8-48(a) 可知，光束入射到 AB 面上时，由第一块棱镜产生的 o 光和 e 光不分开，但以不同的速度传播。由于第二块棱镜的光轴相对于第一块棱镜转过了 90°，因此在界面 AD 处，o 光和 e 光发生转化。如图 8-48(b) 所示，垂直纸面的偏振光在第一块棱镜中为 o 光，而在第二块棱镜中转变为 e 光；平行纸面的偏振光在第一块棱镜中为 e 光，而在第二块棱镜中转变为 o 光。

计算表明，两条出射光线 oe、eo 间的夹角为

$$\alpha = 2(n_e - n_o)\tan\theta \qquad (8-57)$$

其中，n_o 和 n_e 分别为寻常折射率与非寻常折射率。这就是一束自然光经过渥拉斯顿棱镜后被分束成二线偏振光之间的夹角，即角剪切量。

45°偏振片将从渥拉斯顿棱镜出射的二个正交线偏振光束复合成同一方向偏振的偏振光。复合光束通过由傅里叶变换透镜和柱面镜组成的再成像系统，并在其焦面处的面阵探

测器上会聚，沿垂直狭缝方向产生对应狭缝中各像元的干涉图，沿平行狭缝方向产生该狭缝的像。

从以上的分析可知，双折射型干涉仪的原理与 Sagnac 棱镜干涉仪的原理相似，只是采用双折射元件分光代替了 Sganac 分束器分光。二者均属于空间调制型光谱成像仪，所以二者的共同点就是都具有一个入射狭缝。Sganac 棱镜干涉仪的二虚物（二虚狭缝）与实际狭缝共面，均位于傅里叶变换透镜的前焦面上；而双折射型干涉仪的虚物（虚狭缝）位于渥拉斯顿棱镜内的条纹定位上，故在双折射型干涉仪中，条纹的定位面即为傅里叶变换透镜的前焦面。

3. 双角反射体型干涉仪

除了基于 Sganac 棱镜横向剪切分束器和 Wollaston 型角剪切分束器的干涉仪外，还有其他类的分束器也可用来制作空间调制型光谱成像仪，例如双角反射体横向剪切分束器等。

图 8-49 是基于双角反射体分束原理的空间调制型光谱成像仪。图 8-49 中 a 和 b 分别为两个角反射体的直角边长，c 为两个角反射体的错位量，d 为光束被分割后的剪切量。该光谱成像仪主要由七部分组成：前置透镜、狭缝、双角反射体分束器、傅里叶变换透镜、柱面镜、面阵探测器及信号处理系统。其工作原理为：前置透镜将目标成像于傅里叶变换透镜的前焦面，此处垂直纸面放置一个狭缝，经双角反射体分束器分束后，狭缝在傅里叶变换透镜的同一前焦面上被分成一对虚像，它们与原狭缝平行并且宽度方向一致。两虚狭缝在傅里叶变换透镜后焦面处的干涉强度被探测器阵列接收，柱面镜将该干涉光束收集到水平方向（沿探测器某一行平行于纸面），这样，狭缝上位于垂直纸面方向不同视场点的干涉强度分布被探测器的不同行接收，这些干涉强度分布经逆傅里叶变换即得到目标点的光谱分布，从而获得一维光谱和一维空间信息。当狭缝推扫过目标像时，即可获得另一维空间信息。

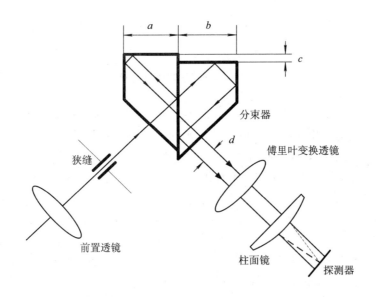

图 8-49 采用双角反射体分束器的空间调制型光谱成像仪

可以证明，当 $b-a=c$ 时，两光束在分束器中走过的光程相等，这是双角反射体必须满足的条件，否则，被分束的两光束之间将有附加光程差。由图 8-49 可得横向剪切量 d 与错位量 c 之间的关系为

$$d = 2\sqrt{2}(b-a) = 2\sqrt{2}c \qquad (8-58)$$

由于两束光经过分束面时都是一次反射和一次透射，所以对分束膜要求较为宽松。但是由于这种分束器分割的两束光分别走过不同的光路，因此，对两块角反射体的一致性，包括角度、面形以及胶合层均匀性、楔角等，都有比较高的要求。

总体而言，空间调制型光谱成像仪的主要优点有：不需要精密扫描动镜，稳定性好；具有对光谱测量的实时性，即对目标干涉图的测量是同时的，适用于对快速运动目标或者光谱快速变化目标的测量；在空间分辨率允许的前提下，有较大的视场角和通光孔径，具有潜在高通量（与色散型比较而言）；狭缝宽度仅与一维空间分辨率有关，与光谱分辨率无关；采用面阵探测器需依靠推扫获得两维空间信息与一维光谱信息。

然而，在空间调制型光谱成像仪中，通常都需要一个入射狭缝，以保证获得狭缝宽度方向上足够高的空间分辨率。这些狭缝减小了进入仪器的辐射通量，因此为了保证信号具有较高的信噪比，不得不采取增加光学系统焦距、相对孔径等措施来补偿因狭缝面积较小而光通量太小的缺点，这样仪器相关结构的体积都要随之增大，重量也将大大增加。为了兼顾高通量和高稳定度，人们提出了大孔径静态干涉光谱成像仪（Large Aperture Stationary Imaging Spectrometer，LASIS），它与空间调制型光谱成像仪有类似之处，都是采用横向剪切分束器实现分光的，不同的是，LASIS 中的横向剪切分束器处于平行光路中，而空间调制型光谱成像仪中的横向剪切分束器处于发散光路中，且前者的光路中没有类似后者的狭缝。但是 LASIS 需要推扫完成对目标不同光程差处的干涉信号采样，又具有时间积分的性质，所以，又被称为时空联合调制型光谱成像仪。

8.4.3 时空联合调制型光谱成像仪

时空联合调制型光谱成像仪（即大孔径静态干涉光谱成像仪）是在普通照相系统中加入横向剪切干涉仪，从而使像面上得到的不再是目标的直接图像，而是目标的"干涉图像"。"大孔径静态"的提法是针对干涉系统的特点而言的。时空联合调制型光谱成像仪与通常意义上的空间调制型光谱成像仪不同，此干涉系统没有入射狭缝，因而是"大孔径"的；与时间调制型光谱成像仪也不同，此干涉系统中没有扫描运动部件，因而是"静态"的。简单地说，时空联合调制型光谱成像仪就是在成像系统中加入这样一种双光束干涉仪，它将每一束成像光分为相干的两束，它们在像平面上发生干涉，使得像平面被自己的自相关函数所调制，从而在面阵探测器上形成一个静态的"自相关调制场"，场中各点的相位关系与它们在物空间中的位置关系相对应，其工作原理如图 8-50 所示。

在图 8-50(a) 中，像面 P_1 是前置光学系统的后焦面，S_0、S_θ 分别表示视场角为 0 和 θ 的平行光在像面 P_1 上的会聚点，可以当作干涉仪的两个点光源。分束器是干涉仪的核心，它的作用是将一个点光源沿垂直于光轴的方向等光程地分成两个，这样，一束入射光经分束器后成为两束互相平行的相干光。由于这两束光对于前面的分束器来说，等光程面是垂

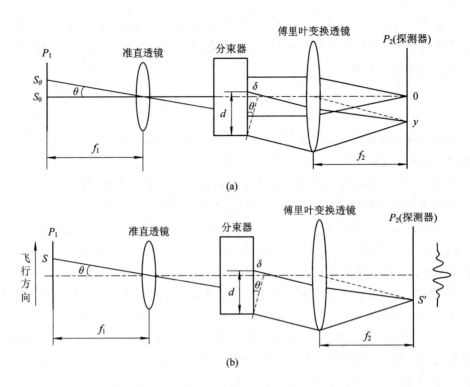

图 8-50 时空联合调制型光谱成像仪的工作原理图

直于光轴方向的；而对于后面的成像系统来说，等光程面则是垂直于光线方向的。对于视场角不为 0 的光线，这两个等光程面是不重合的，因此，当两束平行的相干光会聚到傅里叶变换透镜的后焦面 P_2 上同一点时，就存在光程差，从而发生干涉。设被剪切开的两束光之间的横向距离（沿垂直于光轴方向度量）为 d，则它们在像面 P_2 上干涉时的光程差为

$$\delta(\theta) = d\sin\theta \qquad (8-59)$$

对于傅里叶变换透镜而言，

$$\sin\theta = \frac{y}{f_2} \qquad (8-60)$$

图 8-50(b)表示某一时刻物点 S 刚刚进入干涉仪视场的情形，在飞行器推扫整个视场的过程中，S 对干涉仪的视场角将从正的最大值变到 0，又变到负的最大值，其几何像点 S' 也将沿横向从焦平面探测器的一端移动到中心又移动到另一端。由于不同的像点位置对应不同的光程差，因此记录 S' 在不同位置时探测器输出的干涉强度，将得到与物点 S 的光谱分布相对应的干涉图。由于像面 P_1 到探测器之间是物像关系，相当于二次成像的过程，因此在探测器上同时获得了目标的二维像和一维干涉图。

若 S 为单色点光源，则输出干涉强度为

$$I_{\tilde{\nu}}(y) = B(\tilde{\nu})\cos\left(2\pi\tilde{\nu}\frac{d}{f_2}y\right) \qquad (8-61)$$

当光源具有一定的光谱分布时，得到的干涉图应表示为

$$I(y) = \int_{\tilde{\nu}_{\min}}^{\tilde{\nu}_{\max}} B(\tilde{\nu})\cos\left(2\pi\tilde{\nu}\frac{d}{f_2}y\right)\mathrm{d}\tilde{\nu} \qquad (8-62)$$

根据傅里叶变换光谱学的基本关系式，光源的光谱分布可由干涉图的傅里叶变换来求得。

图 8-51 是某一时刻大孔径静态干涉光谱成像仪获得的一幅完整的图像,可以看作是被干涉仪调制过的一幅全视场景物图像。在图的中部,干涉条纹很明显,景物的空间信息则有些模糊;在图的边缘,物像对应关系很明显,却几乎看不到干涉条纹。得到这样的图像是由大孔径静态干涉光谱成像仪干涉系统的特点决定的:随着视场角的增大,干涉仪产生的光程差增大,干涉现象减弱,图像被调制的程度就降低。值得一提的是,探测器焦平面上接收到的是看似带干涉条纹的图像。但其实是:干涉条纹不是同一目标景物的干涉,所以不是严格意义上的干涉条纹;图像是不同视场角(对应不同目标景物)在不同光程差处的干涉强度组合,不能算严格的图像。

图 8-51　某一时刻大孔径静态干涉光谱成像仪获得的一幅完整的图像

根据傅里叶变换光谱学原理,干涉图与光源的光谱分布之间存在傅里叶变换关系,这正是大孔径静态干涉光谱成像仪获得光谱信息的依据。大孔径静态干涉光谱成像仪数据处理包含两个主要内容,即从干涉图像复原物点的光谱分布以及还原景物的真实图像。

大孔径静态干涉光谱成像仪利用面阵探测器并依靠推扫获得两维空间信息和一维光谱信息。对于视场中的每一点,随着飞行器的推扫,其相对于干涉仪的视场角将发生变化,当飞行器扫过一个全视场的面积时,将得到这一点的干涉图,对干涉图实施傅里叶变换就得到该物点的光谱分布。如果对视场中的每一点作同样的处理,再将它们的光谱信息与其空间位置信息结合起来,就能合成一幅景物的真彩色图像。

目前,大孔径静态干涉光谱成像仪中的干涉仪大多选择 Sagnac 型,该结构中进入干涉仪的光有一半沿原路返回,不能完全利用,为此可将 Sagnac 型干涉仪用其他类型的干涉仪代替。

大孔径静态干涉光谱成像仪具有许多优点,主要表现在以下几个方面:

(1)原理简单,使得系统结构简化,系统设计难度降低。

(2)没有运动部件,提高了系统的稳定性、可靠性、抗震动性和抗冲击性,能够适用于野外和航空航天环境,从而扩大了仪器的使用范围。

(3)允许有很大的视场和任意形状、大小的通光口径,在满足光通量的要求下可以大大减小仪器的体积、重量、功耗等。

以上这些优点构成了实现轻型、高稳定度干涉成像光谱技术的基础。

8.4.4 空间调制型与时空联合调制型光谱成像仪的比较

时空联合调制型光谱成像仪与空间调制型光谱成像仪都是基于横向剪切干涉仪的无动镜干涉光谱成像仪，二者产生光程差的原理是相同的。时空联合调制型光谱成像仪是在空间调制型光谱成像仪的基础上提出的，但与空间调制型光谱成像仪在系统结构和工作方式上有明显的区别。

1. 系统结构

将图 8-50 与空间调制型光谱成像仪的示意图 8-43 相比不难发现，图 8-50 所示的时空联合调制型光谱成像仪中没有入射狭缝，也没有柱面镜。在空间调制型光谱成像仪中，入射狭缝的形状和大小虽然不影响光谱分辨率（由探测器单元数决定），却会影响空间分辨率（由探测器单元数和狭缝宽度共同决定），柱面镜使探测器在一个方向上获得一维光谱分辨率的同时又在另一个方向上获得了一维空间分辨率。由于入射狭缝和柱面镜的共同作用，在狭缝高度方向上获得空间信息，而在狭缝宽度方向上获得光谱信息。这样，对于横向剪切干涉仪只需研究从狭缝宽度方向入射的光线。

对于图 8-50 所示的时空联合调制型光谱成像仪而言，去掉其中的横向剪切干涉仪就成为一个典型的照相系统。这时面阵探测器上得到的将是与景物有着简单物像对应关系的图像。加入横向剪切干涉仪后，携带景物空间信息的光线在到达探测器之前都要经过干涉仪的调制，因而面阵探测器上得到的图像不仅体现了视场中物点的空间分布情况，同时又包含了物点的光谱信息。探测器单元将图像离散化，相当于对空间信息和光谱信息同时进行采样，因此空间分辨率和光谱分辨率都是由探测器单元数决定的。

2. 工作方式

在空间调制型光谱成像仪中，一幅焦平面阵列图像对应于限制在入射狭缝视场内，沿狭缝长度方向、不同视场单元的干涉强度，同时被焦平面阵列的不同行所接收，这样，焦平面阵列在列方向上获得一维光谱信息的同时，又在行方向上获得了一维空间信息，通过推扫可以获得另一维空间信息。由于干涉图的获得不需要推扫，因此空间调制型光谱成像仪对光谱的测量是实时的。

时空联合调制型光谱成像仪产生光程差的方式属于空间调制，而获得干涉图的方式却有时间调制的特点。虽然时空联合调制型光谱成像仪的一幅焦平面阵列图像中同时包含着两维空间信息和一维光谱信息，但要获得一幅完整的干涉图必须经过一次全视场的推扫过程。因此，时空联合调制型光谱成像仪对光谱的测量是非实时的。

从以上两个方面的比较中不妨这样认为：空间调制型光谱成像仪是一台能够成像的光谱仪，而时空联合调制型光谱成像仪则是一台能够获得光谱信息的成像仪。

8.5 计算成像型光谱成像仪

传统的光谱成像技术，无论是滤光片型、色散型还是干涉型，在空间分辨率、光谱分辨率、信噪比、曝光时间等方面存在相互的制约关系，某一指标的提高必将会带来其他指标的降低，这些方面的折衷也在一定程度上降低了它们的性能。传统的光谱成像技术在一些应用领域中存在如下问题：

（1）能量利用率低，难以实现高分辨率和高信噪比。传统的棱镜色散、光栅衍射和空间调制型光谱成像系统中存在入射狭缝，极大地降低了系统的光通量和能量利用率，进而限制了系统的空间分辨率和信噪比。为了提高光谱图像数据的信噪比，通常采用运动像移补偿方式，通过摆镜或平台摆动的方式，增加光谱成像仪对每一地物的曝光时间，提高图谱数据的信噪比，但这也导致光谱成像仪无法对目标进行连续成像，特别是在空间分辨率较高的情况下，每一轨道的成像区域非常有限，无法对大范围的环境进行连续的光谱成像探测。

（2）稳定度要求高，难以实现高光谱分辨率。相比较而言，基于迈克尔逊型或大孔径静态型的干涉光谱成像系统中没有狭缝，能量利用率高，同时在成像原理上采用点对点成像，每一探测器像元可以探测到目标点的所有能量，使得获取数据的信噪比很高，适合于高空间分辨率的应用。但由于上述技术采用时间调制方式，需要在较长时间里稳定获取完整的光谱信息，因此，对平台稳定度要求极高，随着分辨率的进一步提高，姿态稳定度指标将很难实现，光谱数据处理和反演的难度也很大。反过来看，在一定稳定度的平台上，上述光谱成像仪不可能获得更高的光谱分辨率。

（3）传统光谱成像技术一次成像只能获取完整三维数据立方体的一个一维或二维子集，为了获取目标完整的光谱图像，需要进行时间上的扫描（如摆扫、推扫、凝视扫描等）。同时，随着空间分辨率和光谱分辨率的提高，对探测器的帧频要求也越来越高，大数量的传输也成了一大问题。

可以看出，基于传统理论的光谱成像系统，在一些重要的应用领域中，已不可能或难以满足对大范围的环境进行高空间分辨率、高光谱分辨率和高信噪比的连续成像探测的需求，因此，寻找有效的方法，既解决现有技术的不足，又满足未来的应用需求，是光谱成像技术的发展趋势。近年来，随着计算机技术的飞速发展，人们已经不满足于仅仅对传统光学系统获取的图像进行处理，而是开始将很多计算的方法直接引入到成像的物理过程中来，从而形成一个新兴的成像技术，即计算成像（Computational Imaging）技术，利用该技术可获得传统成像方法所无法达到的效果。

计算成像方法在成像过程中引入了一个新的自由度，它将光学与图像处理看作一个整体，进行全局优化。将计算成像与光谱成像相结合就构成了所谓的计算光谱成像。下面对计算光谱成像的原理进行简单的介绍。

8.5.1　基于微透镜阵列的光谱光场成像技术

传统光学成像只能捕获到光辐射在二维平面上的投影强度，而丢失了其他维度的光学信息。这一信息维度的缺失导致光学成像在原理与应用上都存在不可调和的问题。

（1）传统成像在理论上只能获得单个物平面的清晰像。探测器单元的有限宽度使得这一清晰成像的范围扩展到一定的深度，即景深。但由于传统成像将光学系统整个孔径发出的光辐射直接进行积分，因而景深的范围受限于孔径的大小。若要获得大景深的清晰图像，则必须减小成像孔径，但这会造成图像分辨率的降低和图像信噪比的损失。同时，在一定的孔径尺寸下，为了得到不同深度位置的清晰像，必须在成像之前通过机械调焦的方式来对准到相应的深度，而机械调焦的过程往往影响了成像的实时性，即时间分辨率。

（2）实际的光学系统都是非理想成像系统，光辐射经过透镜时并不能得到理想的相位变换，并且在透镜的不同位置上光辐射的相位变换误差也不一样。此时，光辐射在像平面上的叠加就会导致几何像差的存在。在传统成像中，只能依靠光学系统的物理优化来控制几何像差的影响，而光学系统的设计和加工难度随着其口径的增大呈指数增长，这就限制了现有成像系统的最大口径。

（3）传统成像只能感知单个像平面的强度信息，若要获得目标的三维形态或光谱特性，则只能采用推扫或凝视成像的方式进行多次扫描曝光。扫描的过程往往需要一定的时间周期，因而影响了信息获取的时效性，对位置、形态或理化属性处于快速变化中的物体无法进行探测。

传统成像作为一种"所见即所得"的探测形式，其图像的主要性能取决于光学系统的物理指标，而后续的图像数据处理往往只起到锦上添花的作用。实际上，成像过程本身就可以看作一系列针对光辐射的数学计算，如相位变换和投影积分等。如果能够获取到光辐射的完整分布，也就可以通过变换和积分等数据处理方法计算出所需的图像。这里，将光辐射的场分布称为光场（Light Field），而光场成像指的就是光场的采集以及将光场处理为图像的过程。

光场成像作为一种计算成像的方法，利用现代信息处理技术的优势，不仅克服了传统成像在原理上的某些局限性，同时也降低了成像能力对于物理器件性能的依赖性。与传统成像方式的"所得即所见"不同，光场成像作为一种计算成像技术，其"所得"（光场）需经过相应的数字处理算法才能得到"所见"（图像）。光场成像的优势主要体现在以下几点：

（1）任一深度位置的图像都可以通过对光场的积分来获得，因而无需机械调焦，同时也解决了景深受孔径尺寸的限制。

（2）在积分成像之前对光辐射的相位误差进行校准，能够消除几何像差的影响。

（3）从多维度的光辐射信息中能够实时计算出目标的三维形态或提取出其光谱图像数据。

1. 光场的参数化表征

根据人眼对外部光线的视觉感知，人们提出用七维函数来表征空间分布的几何光线，称其为全光函数（即光场），也就是说，空间中光线的辐射强度 I 可用全光函数 $I(x,y,z,\theta,\varphi,\lambda,t)$ 来表征，其中 (x,y,z) 为光线中任一点的三维坐标，(θ,φ) 为光线的传输方向，λ 为光线的波长，t 为时间。若只考虑光线在自由空间中的传输，其波长一般不会发生变化，因此任一时刻的自由空间光线可由五维坐标 (x,y,z,θ,φ) 来决定。更进一步，忽略光线在传输过程中的衰减，五维全光函数可降至四维，即用 $I(x,y,\theta,\varphi)$ 来表示光线强度 I 与光线分布位置 (x,y) 和传播方向 (θ,φ) 之间的映射关系。

在几何光学中，光场指的就是光线强度在空间中的位置和方向分布，该分布函数可用光线与两个平行平面的交点坐标来进行参数化表征。如图 8-52(a) 所示，$I(u,v,s,t)$ 表示光场的一个采样，其中 I 为光线强度，(u,v) 和 (s,t) 分别为光线与两个平面的交点坐标。那么，这条光线在以 u 为纵轴、s 为横轴的二维坐标系中可以表示成一个点，其中 u 和 s 同时决定了这条光线的方向信息，I 值的大小即表示光线的强度，如图 8-52(b) 所示。

采用双平面参数来表征光场的合理性和实用性在于，现实中的大部分成像系统中都可以简化为相互平行的两个平面，比如传统成像系统中的镜头光瞳面和探测器像面。如果用探测器像面中的坐标 (x,y) 表示光线的分布位置，那么镜头光瞳面坐标 (u,v) 就反映了光线的传输方向。

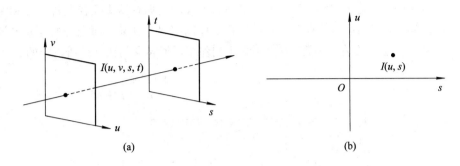

图 8-52 四维光场的参数表征

传统成像系统所采集到的光场分布可用图 8-53(a)来表示。探测器像面上每个点接收来自整个光瞳的光线，像面(x,y)处的光照度为

$$E(x,y) = \iint I(u,v,x,y)\mathrm{d}u\,\mathrm{d}v \qquad (8-63)$$

其中，(u,v)为镜头出瞳面上的坐标。由于传统相机结构限制，无法区分出光线与光瞳面的交点坐标，因此其光场信息如图 8-53(b)所示，其中每一个长条代表了不同像元所采集到的光线信息，长条的宽度等于像元的宽度，而长条的长度等于光瞳面的口径。

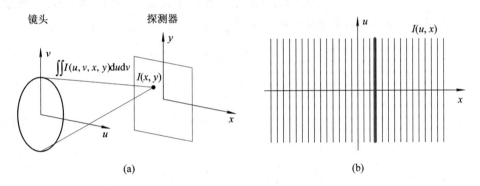

图 8-53 传统成像系统所采集的光场分布

可见，传统成像系统所探测到的光场只能反映其强度 I 和位置(x,y)之间的关系，而损失了(u,v)方向信息。

2. 光场的采集

与传统成像不同，光场成像需要利用二维的探测器像面来同时记录光场的四维信息，即二维位置分布和二维传输方向。为实现这种四维信息向二维平面的转换，必须对四维光场进行重新采样和分布。为方便起见，下面先从针孔阵列出发，从物理机理和数学模型上分析四维光场的获取原理，然后再将其推广到微透镜阵列。采集到光场分布之后，通过对成像积分公式的不同变换，可以实现不同的成像应用，如视角变换以及数字对焦与变焦。

1）基于针孔阵列的光场采样

如图 8-54 所示，在传统成像系统的探测器前方距离 b 处，放置一组等间距针孔阵列可实现光场的重采样。从镜头发出的光线，经过每个针孔后，投影到探测器平面形成一子图像，此时，子图像中的点对应于镜头光瞳发出的一条光线（即一个光场采样）。若将每个子图像整体看作一个宏像素，则每个宏像素对应于光场的一个位置采样，而宏像素内的每一点对应于光场在该位置内的一个方向采样;所有宏像素共同组成了光场在镜头孔径上每一点和每一个针孔位置的采样。光场的位置采样分辨率由针孔采样间隔 d 所决定,而光场的方向分辨率则取决于其在镜头孔径上的采样次数,这是由每个宏像素内所包含的像元数所决定的。

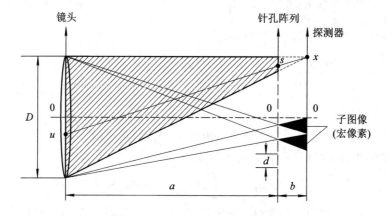

图 8-54　基于针孔阵列的光场采样

上述直观上的理解也可以从成像公式的数学推导来验证。如图 8-54 所示,镜头孔径的直径为 D,镜头与针孔阵列之间的距离为 a,针孔阵列中相邻针孔的距离为 d,则探测器上任一点处的光照度可表示为光场经过针孔过滤后的积分

$$E(x) = \int I(u,x) \sum_i \delta(s-id) \mathrm{d}u \tag{8-64}$$

其中:$\delta(\cdot)$ 表示针孔所对应的 Dirac 脉冲函数;i 为整数,id 表示每个针孔在针孔阵列所在平面上的坐标。

对于图 8-54 中任一条光线,若其经过三个平面时的交点分别为 u、s 和 x,则存在如下关系:

$$\frac{s-u}{a} = \frac{x-s}{b} \tag{8-65}$$

作简单变换后可得

$$s = \frac{xa+ub}{u+b} \tag{8-66}$$

引入临时变量

$$f = \frac{ab}{a+b} \tag{8-67}$$

则式(8-66)变为

$$s = \frac{f}{b}x + \frac{f}{a}u \tag{8-68}$$

将其代入式(8-64)中,得到

$$\begin{aligned}
E(x) &= \int I(u,x) \sum_i \delta\left(\frac{f}{a}u + \frac{f}{b}x - id\right)\mathrm{d}u \\
&= \frac{a}{f}\int I(u,x) \sum_i \delta\left(u + \frac{a}{b}x - \frac{a}{f}id\right)\mathrm{d}u \\
&= \frac{a}{f} \sum_i I\left(\frac{a}{f}id - \frac{a}{b}x, x\right)
\end{aligned} \tag{8-69}$$

为使探测器像元得到最大程度的利用，令相邻子图像在边界处相切，则由相似三角形易得

$$\frac{D}{a+b} = \frac{d}{b} \tag{8-70}$$

变换后为

$$d = \frac{Db}{a+b} = \frac{Df}{a} \tag{8-71}$$

将其代入式(8-69)中，得到

$$E(x) = \frac{a}{f} \sum_i I\left(iD - \frac{a}{b}x, x\right) \tag{8-72}$$

在图8-54中，任一光场采样的u坐标需限制在镜头孔径范围内，即式(8-72)应满足：

$$\left| iD - \frac{a}{b}x \right| \leqslant \frac{D}{2} \tag{8-73}$$

从而得到

$$\frac{x}{h} - \frac{1}{2} \leqslant i \leqslant \frac{x}{h} + \frac{1}{2} \tag{8-74}$$

其中，h定义为镜头孔径经过一个针孔投影到探测器像面上的直径，即

$$h = \frac{Db}{a} \tag{8-75}$$

考虑到i只能取整数，从式(8-74)可以得到

$$i = \left\lfloor \frac{x}{h} + \frac{1}{2} \right\rfloor \tag{8-76}$$

其中，$\lfloor \ \rfloor$为向下取整符号。将式(8-76)代入式(8-72)，得到

$$E(x) = \frac{a}{f} \sum_{i = \left\lfloor \frac{x}{h} + \frac{1}{2} \right\rfloor} I\left(iD - \frac{a}{b}x, x\right) = \frac{a}{f} I\left(\left\lfloor \frac{x}{h} + \frac{1}{2} \right\rfloor D - \frac{a}{b}x, x\right) \tag{8-77}$$

式(8-77)可以直接推广到实际的四维光场中：

$$E(x,y) = \frac{ab}{f^2} = \frac{a}{f} I\left(\left\lfloor \frac{x}{h} + \frac{1}{2} \right\rfloor D - \frac{a}{b}x, \left\lfloor \frac{y}{h} + \frac{1}{2} \right\rfloor D - \frac{a}{b}y, x, y\right) \tag{8-78}$$

从式(8-78)和式(8-63)的对比可以看出，加入针孔阵列以后，二维探测器上任一个像点对应的是四维光场的重采样，而不再是其积分，因而能够同时获得光场的位置和方向信息。

2）基于微透镜阵列的光场采样

利用针孔阵列所采集到的光场在位置维度上采用的是点采样方式，这样造成光场位置信息的大量缺失，也严重损失了成像系统的光通量。由于针孔的作用可以理解为对镜头孔径进行成像，因此可将其替换为具有同样功能的微透镜。如图8-55所示，在原针孔阵列的位置放置微透镜阵列，微透镜单元的孔径大小等于针孔采样间隔d，而微透镜的焦距正是式(8-67)中的f。

如同针孔对光场的采样方式类似，每个微透镜单元将主镜头孔径成像到探测器上形成一个宏像素，宏像素中每个像元对应主镜头孔径的一个采样（子孔径）。与针孔采样的区别在于，微透镜单元对光场的位置维度采取矩形采样（或圆形采样，取决于微透镜单元的孔

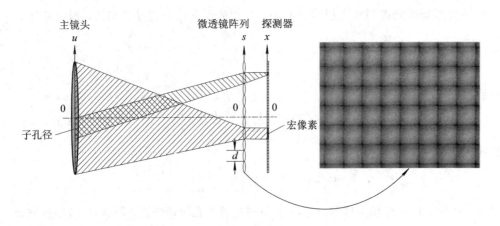

图 8-55　基于微透镜阵列的光场采样

径形状)的方式,不会损失成像系统的光通景。图 8-56 给出了两种光场采样方式在光场坐标空间中的对比。

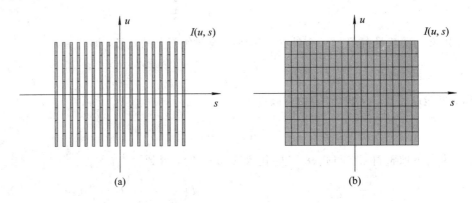

图 8-56　基于针孔阵列和微透镜阵列的光场采样比较

(a) 针孔采样;(b) 微透镜采样

　　为了保证探测器像元的最大利用率,相邻微透镜的子图像应在边界处相切,即应满足式(8-71),稍作变换为

$$\frac{a}{D} = \frac{f}{d} \tag{8-79}$$

式中: f/d 为微透镜的焦距除以其孔径,即微透镜的 $F/$ 数;而 a/D 可理解为主镜头的像距除以主镜头孔径,即主镜头的像方 $F/$ 数。换言之,微透镜和主镜头的 $F/$ 数相等时能最大程度地利用探测器像元数。

　　在理想情况下,若微透镜单元的数量为 $M_1 \times M_2$,每个微透镜所覆盖的像元数为 $N_1 \times N_2$,则探测器中的像元数应为 $M_1 N_1 \times M_2 N_2$。

　　图 8-57 给出了利用微透镜阵列和探测器进行光场采样后所获得的光场图像,宏观上来看与常规图像没有太大区别,但从放大后的图中可以明显看出,每个微透镜所对应的宏像素均覆盖了若干个探测器像元。由于二维探测器上任一个像点对应的是四维光场的重采样,如果对二维光场图像中的像素进行重新排列,即可得到四维光场矩阵,也就是四维光场信息。

图 8-57 光场图像与局部放大

3. 光场的处理

采集到四维光场之后，就可以利用式(8-78)计算二维图像。通过对式(8-63)的不同处理，能够得到对应不同应用需求的图像。

1) 视角变换

在式(8-63)中，四维光场各变量的取值区间分别由主镜头孔径和微透镜阵列的大小所决定。若限定其(u,v)的积分坐标和范围，所得到的图像则为目标经过主镜头某一子孔径范围所成的像，即对应一个成像视角。

$$E(x,y) = \int_u^{u+\Delta u} \int_v^{v+\Delta v} I(u,v,x,y)\mathrm{d}u\,\mathrm{d}v \qquad (8-80)$$

在图 8-55 所采集的光场数据中，每个微透镜单元后同一位置的像元均是主镜头同一子孔径的投影，由这些像元可共同组成一幅子孔径图像。从图 8-58(a)中可以看出，子孔径图像相当于主镜头减小光圈后在与微透镜阵列等效的像元阵列上所成的像。因此，子孔径图像具有较大的景深范围，但其信噪比也相应降低。从四维坐标空间中来看，子孔径图像等于光场在方向维度的水平切片，见图 8-58(b)。要注意的是，如果选择每个微透镜单元后另一位置的像元，则对应于选择不同的子孔径，从而可以提取不同的子孔径图像，当然，所有这些子孔径之和一定等于主透镜的原始孔径大小。图 8-59 给出了从光场中提取的两幅不同的子孔径图像，注意，这两幅子孔径图像是不相同的，对应于从两个视角所"看到"的图像。

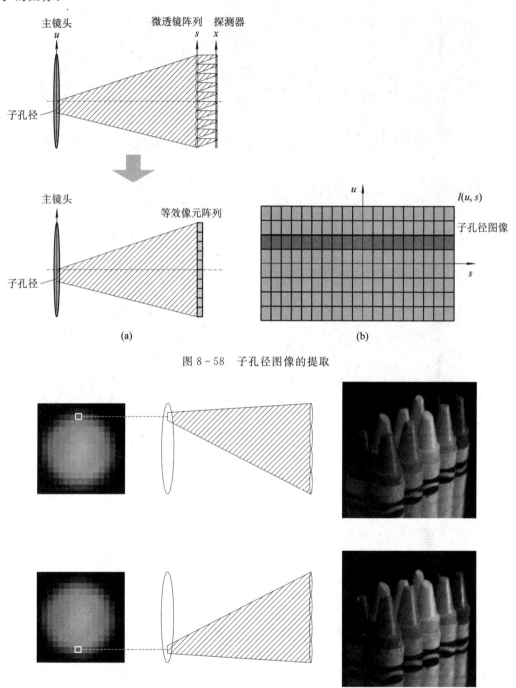

图 8-58 子孔径图像的提取

图 8-59 不同子孔径图像对比

2）数字对焦与数字变焦

在传统的光学成像系统中，对焦(Focus，又称调焦)与变焦(Zoom)一般都采用机械机构的调节方式使离焦模糊目标变得清晰。二者的区别在于，对焦改变的是探测器像面与镜头之间的距离，即像距；而变焦所改变的是镜头本身的焦距。从光学角度来看，对焦是将光场重新投影到新的像平面上，而变焦则是改变了光场的传输方向。在光场成像系统中，四维光场既已能被记录下来，就允许我们采用数据计算的方式来改变光场的投影平面或传输方向，分别称之为数字对焦(Digital Refocusing)和数字变焦(Digital Zooming)。

（1）数字对焦。

数字对焦是将采集到的光场重新投影到新的像平面上进行积分。在图 8-60 中，$I(u,s)$ 为采集的光场，U 和 S 分别表示主镜头孔径所在平面和微透镜阵列所在平面，两个平面之间的距离为 l。选择新的对焦平面 S'，与 U 面之间的距离为 l'，令 $l'=al$。S' 面上所成的像等于 US' 之间光场的积分，即

$$E(s') = \int I'(u,s')\mathrm{d}u \tag{8-81}$$

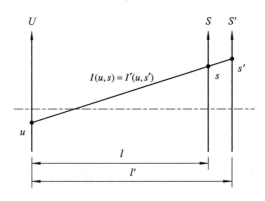

图 8-60　数字对焦时的光场重采样

对于同一条光线而言，应有

$$I(u,s) = I'(u,s') \tag{8-82}$$

同时根据光线与各平面的交点坐标可得

$$\frac{s'-u}{l'} = \frac{s-u}{l} \tag{8-83}$$

变换后为

$$s = \frac{s'}{\alpha} + u\left(1 - \frac{1}{\alpha}\right) \tag{8-84}$$

将其先后代入式(8-82)和式(8-81)，得到

$$E(s') = \int I\left[u, \frac{s'}{\alpha} + u\left(1 - \frac{1}{\alpha}\right)\right]\mathrm{d}u \tag{8-85}$$

式(8-85)即为光场投影到新对焦面上的成像公式。从式(8-85)中可以看出，数字对焦就是对光场在位置维度进行平移后在方向维度进行积分的过程。图 8-61 演示了式(8-85)在不同 α 时所对应的数字对焦过程以及显示效果，其中光场的投影角度 θ 由下式决定：

$$\tan\theta = \frac{1}{\alpha} - 1 \tag{8-86}$$

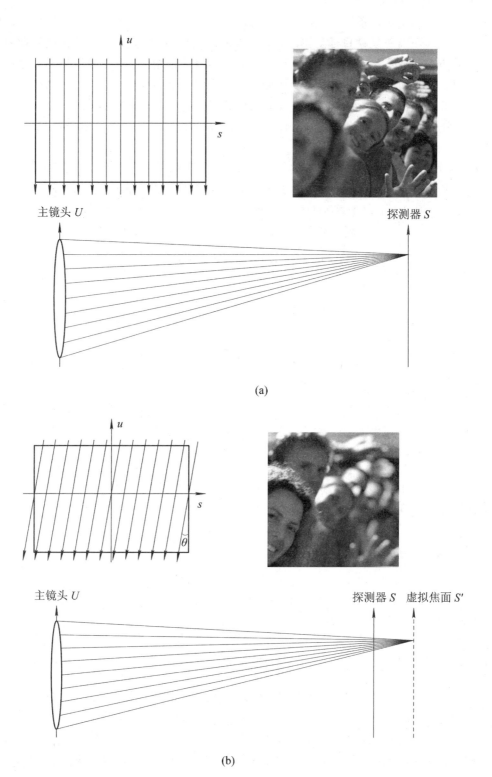

主镜头 U

探测器 S

(a)

主镜头 U

探测器 S   虚拟焦面 S'

(b)

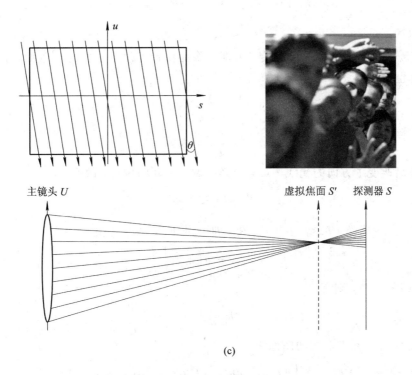

(c)

图 8-61　数字对焦在光场坐标中的表示及效果显示

(a) 原始光场；(b) $\alpha>1$ 情形下的数字对焦；(c) $\alpha<1$ 情形下的数字对焦

（2）数字变焦。

数字变焦改变的是镜头的焦距，因而也改变了光线通过镜头时的传播方向。在图 8-62 中，$I(u,s)$ 为表示采集到的一个光场采样。若将镜头焦距从 F 变为 F'，光线 $I(u,s)$ 将改变其方向成为 $I'(u,s_x)$，此时仍存在：

$$I(u,s) = I'(u,s_x) \tag{8-87}$$

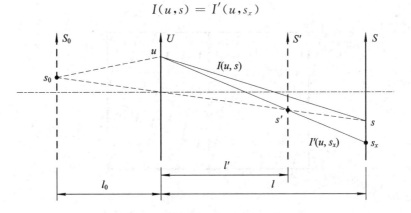

图 8-62　数字变焦时的光场重采样

对于 S 面上 s 处的像点，假设其对应的物面为 S_0 平面，l_0 和 s_0 分别是其物距和物点在 S_0 上的坐标，则有

$$\frac{1}{l_0} + \frac{1}{l} = \frac{1}{F} \tag{8-88}$$

$$\frac{s_0}{-l_0} = \frac{s}{l} \tag{8-89}$$

变焦后，该物点的像也发生改变，若新的像面位置为位于 l' 处的 S' 平面，新的像点坐标为 s'，则也可得到

$$\frac{1}{l_0} + \frac{1}{l'} = \frac{1}{F'} \tag{8-90}$$

$$\frac{s_0}{-l_0} = \frac{s'}{l'} \tag{8-91}$$

同时，变焦后改变了方向的光线 $I'(u, s_x)$ 必经过这一新的像点，故有

$$\frac{u - s'}{l'} = \frac{u - s_x}{l} \tag{8-92}$$

联立式(8-88)～式(8-92)，并令 $l' = \beta l$，即可得到

$$s = s_x - u\left(1 - \frac{1}{\beta}\right) \tag{8-93}$$

将其代入式(8-87)，则有

$$I'(u, s_x) = I\left[u, s_x - u\left(1 - \frac{1}{\beta}\right)\right] \tag{8-94}$$

从而得到变焦后 S 面上形成的图像为

$$E(s_x) = \int I'(u, s_x)\mathrm{d}u = \int I\left[u, s_x - u\left(1 - \frac{1}{\beta}\right)\right]\mathrm{d}u \tag{8-95}$$

同样，我们可以通过图 8-63 从空间域来描述式(8-95)所表达的数字变焦过程(图中为 $\beta > 1$ 的情形)，其中所示的投影角度 ϕ 取决于

$$\tan\phi = 1 - \frac{1}{\beta} \tag{8-96}$$

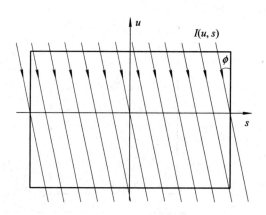

图 8-63　数字变焦在光场坐标中的表示

对比图 8-61 与图 8-63，可见数字对焦和数字变焦在本质上都是将光场沿某个相应的角度进行投影积分。而从式(8-85)与式(8-95)的比较中也能够看出，两种调焦方法在光场投影时所对应的位置采样间隔存在 α 倍的关系。因为数字变焦并没有改变像平面的位置，因而也没有改变成像系统的放大倍率，而数字对焦则将放大倍率变为原来的 α 倍。

4. 快照式多光谱光场成像

光场成像在一次曝光中能够获取四维的光场信息，借鉴这一特点，可以利用光场相机实现多维光学信息的快照式采集。

图 8-64 给出了一种多光谱光场成像系统的示意图。在微透镜阵列型光场相机的结构中，在主镜头的光瞳面放置一片多通道光谱滤光片阵列，每个滤光片单元各自透过不同波长的光线。若光场相机中每个微透镜单元覆盖 N_f 个探测器像元，则主镜头孔径可等效划分为 N_f 个子孔径。令滤光片单元和子孔径单元的位置一一对应，当目标物点发出的光线经过主镜头时，在每个子孔径处分别得到不同波长的滤光，再投射到微透镜单元后被相应的探测器像元所接收。此时，光场的方向维度转换为光谱维度，光谱采样与方向采样一一对应，因而实现了多谱段信息的同时获取。

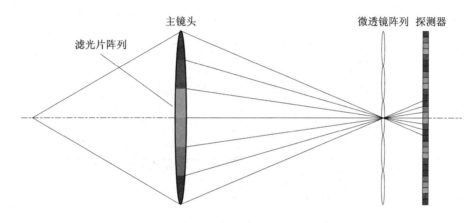

图 8-64　多光谱光场成像原理示意图

从探测器所采集的光场图像重构出多光谱图像的原理也非常直观。在多光谱光场成像系统中，每个微透镜的位置代表一个像点的二维空间坐标，而每个微透镜后的 N_f 个像元分别代表该像点在不同波长下的光谱强度。根据图 8-55 所示的视角变换原理，假设每个微透镜单元覆盖了 N_f 个探测器像元，则光场图像可分解为 N_f 个子孔径图像，因而也就能等效为 N_f 谱段的图像。图 8-65(a)描述了在光场坐标空间中任一波段光谱图像重构的过程。

多光谱光场相机在获得光谱信息的同时仍然保留了光场的方向信息，因此当被探测目标的像面偏离微透镜阵列平面时，可以利用光场成像中的数字对焦算法对离焦图像和混叠光谱进行复原。同样，在光场坐标空间中可用图 8-65(b)来表示离焦光谱图像的复原过程。

在成像系统中，镜头的轴向色差是指光线经过透镜会聚时会沿着光轴方发生色散，即镜头的焦距与波长相关。对于光谱成像仪来说，若成像镜头中具有未经校正的轴上色差，则部分谱段的光线在会聚成像时将偏离像平面而发生离焦弥散，造成图像的模糊和光谱的混叠。在多光谱光场相机中，每个谱段的光线方向都记录在光场数据中。根据式(8-95)，将焦距发生偏离的光线通过数字变焦算法重新会聚到理想的像平面上，能够纠正轴向色差的影响。图 8-65(c)也在光场坐标空间中绘出了校正轴向色差所对应的光场重采样过程。

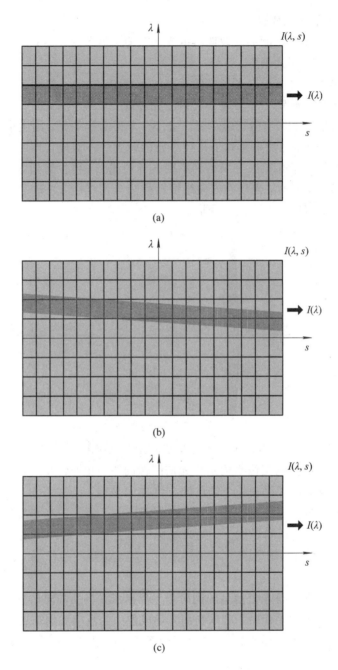

图 8-65　光场到光谱图像的重采样示意图

(a) 在焦光谱图像提取；(b) 离焦光谱图像提取；(c) 轴向色差校正

8.5.2　基于编码模板的光谱成像仪

通过对推扫型或摆扫型光谱成像系统与傅里叶变换型光谱成像系统的比较可知，前两者属于"单通道"结构，而后者属于"多通道"结构。在"单通道"结构中，线阵探测器或面阵探测器，在某一特定时刻，某个探测器像元接收到的仅仅是对应空间位置点、特定窄波段的光谱辐射，各个光谱通道之间并无关联。这种"单通道"结构的确有利于光机系统的简化设计和后续的数据采集与光谱复原，但是当面临高信噪比需求时，就会受到系统结构的限制而陷入信噪比与光谱分辨率等的制约矛盾之中。在"多通道"的傅里叶变换型光谱成像仪中，由于没有像色散分光那样将待测光谱之外的光谱能量去除，而是所有通道的光谱能量都同时被接收，从而形成干涉条纹图样，所以傅里叶变换型光谱成像仪能够实现高光通量和高信噪比。

受传统成像系统的线性和空间不变性特点启发，人们提出了基于编码模板的计算成像技术。这种成像技术不是直接获取图像信号，它采用特殊的光学系统结构，在传统成像系统的像平面（一次像面）上放置一个特定的编码模板（特殊的通光板或反光板），利用编码模板加载的编码函数（也称观测矩阵）对目标进行编码，结合特殊的采样方式，获得满足景物重构的采样数据量，实现空间信息和光谱信息的高精度重构，具有多通道、高光通量、高信噪比、选择性好等优势。这种基于编码模板的计算成像技术也称编码孔径光谱成像技术。

编码孔径光谱成像系统的一般组成如图 8-66 所示，该系统由六部分组成：前置物镜、编码模板、准直镜、色散棱镜、成像镜和探测器。工作原理如下：目标通过前置物镜成像在一次像面，处于一次像面处的编码模板对目标辐射进行特定的调制，调制后的信号经准直镜到达色散棱镜进行分光，分光后的信号经成像镜后被探测器接收，得到最终的编码并色散开的辐射信息。

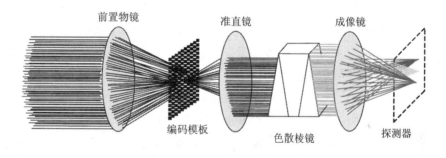

图 8-66　编码孔径光谱成像系统示意图

由图 8-66 可知，编码模板和色散棱镜分别对目标的空间信息和光谱信息进行调制，而探测器相当于一个求和器，每一次编码后采集到的信号不能直接反映物体的图像和光谱，需要通过联合编码模板才能重构物体的三维数据立方体。也就是说，图像是被"计算"出来的，而不是直接获取的。

根据编码模板选择的观测矩阵的不同，可以将这种计算成像分为非压缩编码孔径光谱成像和压缩编码孔径光谱成像。下面详细分析基于这两种模式的光谱成像技术。

1. 非压缩编码孔径光谱成像技术

非压缩编码孔径光谱成像模式下，编码模板加载的观测矩阵是可逆的，由于这种观测矩阵对空间维或光谱维进行投影变换时维度不变，因此后续的信号采样是不可压缩的。基于哈达玛（Hadamard）变换的编码函数是最典型的一种可逆观测矩阵，下面从分析称重设计入手，阐明哈达玛变换光谱成像技术的基本原理。

1）哈达玛变换及模板技术

20 世纪 70 年代中期，人们将统计学中的称重设计理论引入光学领域，初步形成了 Hadamard 变换技术的编码与解码理论，由于它是一种多通道测量方法，因此基于 Hadamard 变换的方法可以获得更高的信噪比。

（1）称重设计。

称重设计属于统计学范畴，它研究的是如何精确地称量多个物体的重量。

设有 n 个物体待称，其真实重量分别为 ϕ_1，ϕ_2，$\cdots$，ϕ_n，实际称得的重量分别为 η_1，η_2，$\cdots$，η_n。假定所用的称重仪器已校准，每次称重的误差 e_i 满足：e_i 为独立于所称物体重量的随机变量，其数学期望值为零，即 $E\{e_i\}=0$；e_i 具有方差 σ^2，且每次测量是相互独立的，即 $E\{e_ie_j\}=\sigma^2\delta(i,j)$。

常规称重方法是一次只称一个物体。此时，称重结果为 η_i，就是 ϕ_i 的估计值，即

$$\hat{\phi}_i = \eta_i = \phi_i + e_i \quad (i=1,2,\cdots,n) \tag{8-97}$$

显然，称重误差就是所用称重仪器的误差。

称重设计方法是将 n 个物体以组合方式称重 n 次，每次称重相应于 n 个物体的一个线性组合，则有线性方程组

$$\begin{cases} \eta_1 = w_{11}\phi_1 + w_{12}\phi_2 + \cdots + w_{1n}\phi_n + e_1 \\ \eta_2 = w_{21}\phi_1 + w_{22}\phi_2 + \cdots + w_{2n}\phi_n + e_2 \\ \vdots \\ \eta_n = w_{n1}\phi_1 + w_{n2}\phi_2 + \cdots + w_{nn}\phi_n + e_n \end{cases} \tag{8-98}$$

式中的系数矩阵 $\boldsymbol{W}=(w_{ij})$ 确定了组合称重的方式，称为组合称重矩阵。

令 $\boldsymbol{\eta}=(\eta_1,\eta_2,\cdots,\eta_n)^{\mathrm{T}}$，$\boldsymbol{\Phi}=(\phi_1,\phi_2,\cdots,\phi_n)^{\mathrm{T}}$，$\boldsymbol{E}=(e_1,e_2,\cdots,e_n)^{\mathrm{T}}$，则式（8-98）可写成矩阵方程：

$$\boldsymbol{\eta} = \boldsymbol{W}\boldsymbol{\Phi} + \boldsymbol{E} \tag{8-99}$$

若称重矩阵 $\boldsymbol{W}$ 可逆，则由式（8-99）可得 $\boldsymbol{\Phi}$ 的无偏估计为

$$\hat{\boldsymbol{\Phi}} = \boldsymbol{W}^{-1}\boldsymbol{\eta} = \boldsymbol{\Phi} + \boldsymbol{W}^{-1}\boldsymbol{E} \tag{8-100}$$

第 i 个物体重量 ϕ_i 的无偏估计 $\hat{\phi}_i$ 为

$$\hat{\phi}_i = \phi_i + \xi_{i1}e_1 + \xi_{i2}e_2 + \cdots + \xi_{in}e_n \tag{8-101}$$

其均方误差 ε_i 为

$$\varepsilon_i = E\{(\hat{\phi}_i - \phi_i)^2\} = \sigma^2(\xi_{i1}^2 + \xi_{i2}^2 + \cdots + \xi_{in}^2) \tag{8-102}$$

式中，ξ_{ij} 是 $\boldsymbol{W}^{-1}$ 的第 i 行、第 j 列元素。

n 个物体重量的平均均方误差 ε 为

$$\varepsilon = \frac{1}{n}(\varepsilon_1 + \varepsilon_2 + \cdots + \varepsilon_n) = \frac{\sigma^2}{n}\mathrm{tr}\,(\boldsymbol{W}^{\mathrm{T}}\boldsymbol{W})^{-1} \tag{8-103}$$

式中，tr 表示矩阵主对角线上的各元素的和。

评定称重设计优劣的指标是信噪比。第 i 个物体称重结果的信噪比 SNR 定义为

$$\mathrm{SNR}_i = \frac{\phi_i}{\sqrt{E\{(\hat{\phi}_i - \phi_i)^2\}}} \tag{8-104}$$

由此可得称重设计方法相对于常规称重方法的信噪比增益 G 为

$$G = \left(\frac{\sigma^2}{\varepsilon}\right)^{1/2} \qquad\qquad (8-105)$$

由式(8-103)可知,信噪比增益 G 取决于组合称重矩阵 $\boldsymbol{W}$,对它的研究构成了称重设计的三个研究主题:组合称重矩阵 $\boldsymbol{W}$ 的选择;称重结果的信噪比改善;组合称重矩阵 $\boldsymbol{W}$ 与最佳组合称重矩阵的趋近程度。

(2)光学多通道技术。

光学多通道技术可视为称重设计理论在光学中的推广,是一种广义的称重设计。此时,待称的"重量"是图像中的各像元和光谱中各谱元的强度,对它们的组合探测是通过编码模板来实现的。此时,探测器充当了"称重仪器"。

在称重设计中,组合称重方法能够提高称重精度是基于对称重误差 e_i 作出的假设。对于光学多通道技术,亦应有类似的假设:测量噪声来自于探测器;噪声的大小与到达探测器的光通量大小无关。在这种情况下,采用多通道技术可提高图谱测量的精度,即改善信噪比。这是因为任何探测器都是一个噪声源,即使在没有辐射的情况下,探测器也将产生一个伪信号输出。利用多通道技术,可将大量的像元/谱元辐射同时投射到探测器上,从而提供一个较探测器噪声大许多的信号,使信噪比得到改善。

然而,多通道技术的应用不能超出探测器的动态范围,即最大允许的输入信号与探测器的噪声之比。对于 n 元的多通道技术,其所需的动态范围是单一元素测量所需值的 n 倍。对同一探测器若能应用多通道技术,则表明单一元素测量尚没有充分利用探测器的动态范围。若单一元素测量已利用了探测器的整个动态范围,多通道技术便不能应用。因此,不管用什么方法测量,最后所能达到的最大信噪比都受限于探测器的动态范围。

光学编码探测是一种光学多通道技术,是称重设计理论在光学中的应用。在光学情形下,要"称量"(即测量)像元或光谱元的强度。与一次只测量一个元成分强度的扫描型成像系统相比,采用多通道技术的探测系统是同时将若干个元成分传输到一个探测器单元,进行组合测量,可提高信噪比。对它们的组合探测是通过编码模板来实现的,此时,编码模板就相当于组合称重设计中的称重矩阵,而探测器则充当了"称重仪器"。

设有 4 个光学分量,其真实强度分别为 ϕ_1、ϕ_2、ϕ_3、ϕ_4,实际测得的强度分别为 φ_1、φ_2、φ_3、φ_4,$\widehat{\varphi_i}(i=1,2,3,4)$ 为估计值。采用单通道测量的方法是一次只测量一个强度分量(用一个探测器单元依次测量每个强度分量,或用有空间分辨率的探测器的每个像元对应测量每个强度分量)。显然,每次测量都会引入一个误差值 $e_i(i=1,2,3,4)$,这个误差值就是探测器本身的噪声。因此有

$$\begin{cases} \varphi_1 = \phi_1 + e_1 \\ \varphi_2 = \phi_2 + e_2 \\ \varphi_3 = \phi_3 + e_3 \\ \varphi_4 = \phi_4 + e_4 \end{cases} \qquad\qquad (8-106)$$

这样,估计值和真实值的差可以表示为

$$\widehat{\varphi_i} - \phi_i = e_i \qquad\qquad (8-107)$$

此时测量误差的平均值也称为误差的期望值 E 为零,$E\{\phi_i - \varphi_i\} = E\{e_i\} = 0$;同时,每次测量的均方根误差为

$$E\{(\hat{\varphi}_i - \phi_i)^2\} = E\{e_i^2\} = \sigma^2 \tag{8-108}$$

按照多通道的测量思想，要测量这 4 个光强分量，可以按图 8-67 所示的方式，同时以全部光分量充满取景框，利用编码模板进行空间调制，进行 4 次组合测量。

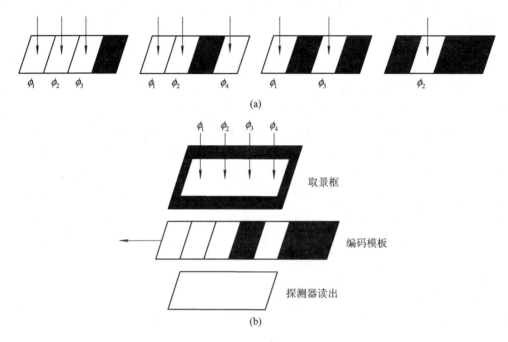

图 8-67 4 阶编码测量过程

图 8-67(a)显示了利用 4 块模板实现 4 路光束的 4 种开关情况：黑色区域代表关闭，光束被模板阻挡，不能被探测器接收；白色区域代表打开，光束可以通过模板到达探测器。通过的光束将进行光强的相加运算。图 8-67(b)显示了在保证 4 路光束空间位置不变的情况下，通过取景框和 4 阶循环模板向箭头方向每次移动一个单元，移动 4 次后从探测器上将分别读出相同的组合值。如果 4 次测量是独立的，则产生 4 个线性无关的方程组：

$$\begin{bmatrix} \varphi_1 \\ \varphi_2 \\ \varphi_3 \\ \varphi_4 \end{bmatrix} = \begin{bmatrix} 1 & 1 & 1 & 0 \\ 1 & 1 & 0 & 1 \\ 1 & 0 & 1 & 0 \\ 0 & 1 & 0 & 0 \end{bmatrix} \begin{bmatrix} \varphi_1 \\ \varphi_2 \\ \varphi_3 \\ \varphi_4 \end{bmatrix} \tag{8-109}$$

即

$$\boldsymbol{\Psi} = \boldsymbol{W}\boldsymbol{\Phi} \tag{8-110}$$

其中

$$\boldsymbol{\Psi} = (\varphi_1, \varphi_2, \varphi_3, \varphi_4)^{\mathrm{T}}, \quad \boldsymbol{\Phi} = (\phi_1, \phi_2, \phi_3, \phi_4)^{\mathrm{T}}, \quad \boldsymbol{W} = \begin{bmatrix} 1 & 1 & 1 & 0 \\ 1 & 1 & 0 & 1 \\ 1 & 0 & 1 & 0 \\ 0 & 1 & 0 & 0 \end{bmatrix} \tag{8-111}$$

如果考虑到探测器的噪声，并将测量误差写为 $\boldsymbol{E} = (e_1, e_2, e_3, e_4)^{\mathrm{T}}$，则式(8-110)可写为

$$\boldsymbol{\Psi} = \boldsymbol{W}\boldsymbol{\Phi} + \boldsymbol{E} \tag{8-112}$$

对该线性方程组求解可以得到 4 个光强的最佳估值 $\hat{\varphi}_i (i=1,2,3,4)$。

（3）编码矩阵。

在光学编码测量过程中，编码模板对光辐射的调制作用方式有三种：透射、反射和阻光。这就决定了编码矩阵中只能含有 $+1$、-1 和 0 三种元素。在这一前提下，对编码矩阵有如下要求：使平均均方误差 ε 尽可能小；解码计算简便；矩阵具有循环性；编码构形易于加工。

根据称重设计得出的结论，哈达玛矩阵和 S 矩阵是可供选择的两种编码矩阵。

哈达玛矩阵是一个 $N \times N$ 方阵，用 H_n 表示，其所有阵元都是由 1 和 -1 组成的，特点是任意不同序的两行元素的标量积是零。任意哈达玛矩阵都应满足：

$$H_n H_n^{\mathrm{T}} = H_n^{\mathrm{T}} H_n = n I_n \qquad (8-113)$$

根据哈达玛矩阵的性质，给 H_n 的任意行或列乘以 -1 得到的依然是哈达玛矩阵，因此任意阶数的 H_n 都可以被归一化成如下形式：

$$H_n = \begin{bmatrix} 1 & \mathbf{1}^{\mathrm{T}} \\ 1 & G_{n-1} \end{bmatrix} \qquad (8-114)$$

式（8-114）代表的意义是：任意哈达玛矩阵经过归一化（第一行和第一列的阵元都为 1），去掉第一行和第一列后可得到 $(n-1) \times (n-1)$ 阶 G 矩阵。在光学中使用 G 矩阵并不方便，因为如果引入 -1 即引入减法运算，使仪器构造复杂化，因此，将 G 矩阵中的 -1 变为 1，而将 1 变为 0，则 G 矩阵就被转化为全为由 1 和 0 表示的 S 矩阵：

$$G_3 = \begin{bmatrix} -1 & 1 & -1 \\ 1 & -1 & -1 \\ -1 & -1 & 1 \end{bmatrix} \Rightarrow \begin{bmatrix} 1 & 0 & 1 \\ 0 & 1 & 1 \\ 1 & 1 & 0 \end{bmatrix} \qquad (8-115)$$

在哈达玛变换光谱成像仪中使用最多的是左循环 S 矩阵，即它的第 $i+1$ 行都可以用第 i 行向左平移一个阵元的方式获得，例如下面所示的 7 阶 S 矩阵：

$$S_7 = \begin{bmatrix} 1 & 1 & 1 & 0 & 1 & 0 & 0 \\ 1 & 1 & 0 & 1 & 0 & 0 & 1 \\ 1 & 0 & 1 & 0 & 0 & 1 & 1 \\ 0 & 1 & 0 & 0 & 1 & 1 & 1 \\ 1 & 0 & 0 & 1 & 1 & 1 & 0 \\ 0 & 0 & 1 & 1 & 1 & 0 & 1 \\ 0 & 1 & 1 & 1 & 0 & 1 & 0 \end{bmatrix} \qquad (8-116)$$

可以看到，左循环 S 矩阵的优点是：对于 n 阶变换矩阵中任意一行 $(s_{i1}, s_{i2}, s_{i3}, \cdots, s_{in})$ 都可以通过一个 $(2n-1)$ 阶行矩阵向左平移 $(1,2,3,\cdots,n-1)$ 阵元来得到，一般这个行矩阵的构成为 $(s_{11}, s_{12}, s_{13}, \cdots, s_{1n}, s_{11}, s_{12}, s_{13}, \cdots, s_{1(n-1)})$。以上述 S_7 为例，这个 $(2n-1)$ 阶行矩阵为

$$S_{2n-1} = [1,1,1,0,1,0,0,1,1,1,01,0] \qquad (8-117)$$

式（8-109）中的 4 阶矩阵即为 4 阶哈达玛矩阵。分析表明，哈达玛矩阵是理论上最佳编码矩阵，构成了哈达玛变换光谱成像技术的理论基础。

图 8-67(a) 所表示的组合就是哈达玛编码，所对应的变换称为哈达玛变换，图 8-67(b)中的编码模板就是哈达玛模板。从上述的例子可知，在哈达玛变换中使用最多的是由 0、1

构成的 **S** 循环编码，其 0、1 编码的码元恰好符合光路通断（选择）的物理要求，同时，循环矩阵的使用让动态编码成为可能。

另外，统计学对上述问题的研究表明：

① 由 +1 和 -1 组成的正交哈达玛矩阵构成了最佳化学天平称重设计，矩阵中的 +1 和 -1 元素分别表示被称重的物体放在天平的两侧，当 **W** 为哈达玛矩阵时，$\varepsilon_i = \sigma^2/n$，信噪比增益为 $\sqrt{n}$，即称重精度为常规称重方法精度的 $\sqrt{n}$ 倍。

② 由 0 和 1 组成的 **S** 矩阵构成最佳弹簧测力计称重设计，矩阵中的元素 1 和 0 分别表示在某次称重中物体被称与否，当 **W** 为 **S** 矩阵时，$\varepsilon_i = 4\sigma^2 n/(n+1)^2 \approx 4\sigma^2/n(n \gg 1)$，信噪比增益为 $\sqrt{n}/2$，即称重精度为常规称重方法精度的 $\sqrt{n}/2$ 倍。其中 n 为调制矩阵 **W** 的阶数，当使用的调制矩阵的阶数越大时，信噪比优势也会更加明显。

2）光学系统中哈达玛模板的实现方式

上面讨论的模板都是从数学角度出发进行的描述，而在现实应用的过程中，这些数学模型中的 0、1 码需要转换到实际编码器件对光路的开关机制上，因此，器件的特点和性能将直接影响光学仪器的综合指标和图像复原精度。从原理上来说，编码器件应尽量满足以下基本条件：

① 对应开、关状态分别具备较高的透过率和阻断能力；

② 高度精确的模板定位能力；

③ 快速变换模板图样的能力。

下面对目前出现的几种编码器件分别进行介绍。

（1）移动式机械模板。

移动式机械模板是在哈达玛变换光谱仪器中出现最早的模板类型，它一般将预先设计好的 N 阶一维模板制作于一个基板上（多为石英玻璃），编码为 1 表示光路通过，设计为透光，相应的不透光区域代表 0。由于哈达玛编码各行之间的重复特性，可以通过步进电机驱动带动模板，沿某一方向通过变换步进量的大小来前后移动模板，进而实现对景物的 N 行哈达玛编码。其工作原理如图 8-68 所示：图 8-68（a）代表编码模板，在一块石英玻璃上通过刻蚀的方法制作出了一系列类似光谱仪中的狭缝的结构；图 8-68（b）为一块固定的取景框，其尺寸大小用来限制通过模板的总的光通量；图 8-68（c）演示了将模板和取景框进行组合后，模板沿箭头方向通过步进电机驱动左右移动，对取景框进行不同编码。

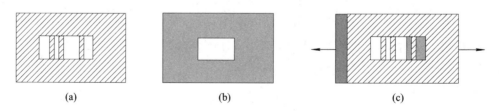

图 8-68　移动式机械模板工作原理示意图

（a）预制模板；（b）取景框；（c）在取景框的限制下左右移动编码模板

移动式机械模板制作简单，光路通断两种状态之间不存在间隙，如果步进电机的控制精度足够高，就可以实现较高精度的编码，在后期数据处理过程中减少了误差校正的工作量。其缺点也是明显的，即机械传动会降低重复定位精度，且考虑到震动带来的影响，要实现高速、实时的编码是十分困难的。

（2）声光调制器。

声光调制器应用领域繁多，而在光学（光谱学）成像仪器中较为成功的范例就是声光可调谐滤光片（Acousto-Optic Tunable Filter，AOTF）。它利用超声波与光信号在透明介质中的相互作用来实现分光功能，其基本原理是基于双折射晶体的声光衍射，在这一点上类似于传统的透射式衍射光栅。当一组电信号被换能器转换成相应的超声波信号并耦合至双折射晶体内时，晶体中的各点将出现随时间和空间周期性变化的弹性应变，其中各点的折射率也会产生相应的周期性变化。当一束复色光以特定角度入射后，将在该波场衍射的作用下成为两束单色的正交偏振光，这样产生的衍射光的波长受波场频率和入射角度控制，于是改变波场频率（可类比为光栅常数）即可实现衍射光波长的快速变换和选择。

声光调制器在光谱仪器中具备很高的应用前景。首先，声光调制器在实际工作过程中能够达到高速电调谐，各种衍射光谱之间的切换速度快；其次，相比与其他传统分光元件，声光调制器具备更大的通光孔径和视场，并且其衍射效率很高，在对微弱信号的光谱分析方面具有很高的应用价值。

（3）液晶空间光调制器。

液晶空间光调制器（Liquid Crystal Spatial Light Modulator，LC-SLM）是一种广泛用于投影显示、光信息处理、相干图像与非相干图像转换等方面的电子器件，由于其具备对光束的相位和振幅进行调节的功能，所以也被称为液晶光阀（Liquid Crystal Light Valve，LCLV）。经过近四十年的发展，LCLV已经成为信息处理、激光技术等学科领域的关键光电器件之一。

液晶是液晶光阀功能实现的关键部分，无论从物理特性或分子结构特性来说，液晶都处于固体和液体之间，从固体物理学角度可称为中间态或中间相。在这种状态下液晶即呈现出液体的流动特性，又同时具备了晶体的光学各向异性特征。在不受外界作用的前提下，液晶分子仅仅受到取向膜层的影响而表现出有序的排列状态，由于液态分子间分子作用力远远小于固态时的相互作用，所以利用液晶制作的光调制器可以对电、磁、光等外界施加的因素产生较为灵敏的反应，从而通过控制光束的偏振状态达到光路调制的功能。

液晶光阀在滤光片型光谱仪的研制中应用越来越广泛，因此也被称为液晶可调谐滤波器（滤光片）（Liquid Crystal Tunable Filter，LCTF）。LCTF相比于AOTF器件来说有了很大的改进，主要体现在结构更加简单，能耗较低，在小型化的光谱仪应用中有较强的优势。目前已出现高性能的LCTF成熟产品，工作谱段达到 $430 \sim 1600$ nm，其最小可控条带宽度可以达到 97 μm，间隙控制可达 3 μm，器件的光能总透过率接近 80%，产品如图 8-69 所示。

液晶可调谐滤光片具有较为理想的孔径、视场和较好的光学特性，可以在宽谱段范围内实现不同带宽光束的通断功能，整个器件没有机械移动组件，从图 8-69 看到其具有很高的机械模板编码图样的模拟能力，且编码过程完全依靠计算机指令完成，编码速度快，可靠性和实用性较前面提出的两种模板形式要高。但是，这种器件也有自身难以克服的局限性：首先是光能利用率依然不算理想，在编码状态为 1 的时候，液晶本身会对透过的这部分带通进行不同程度的吸收，这是液晶本身物理特性所致，除了从材料角度入手没有其他有效改善途径；其次是无法实现较为理想的 0、1 编码，除了上述吸收特性外，液晶自身

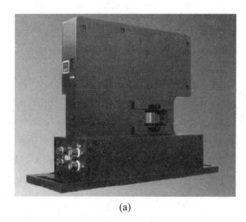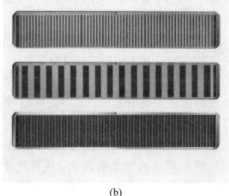

(a)　　　　　　　　　　　　　　　(b)

图 8 - 69　液晶可调谐滤波器示意图

(a) 实物照片；(b) 三种不同宽度的狭缝模拟

无法做到对光束的完全阻断，即在定量（强度）分析各个带通的过程中，需要对获取的数据进行重新校正才能使用，后期数据处理量大，数据的可靠性大幅降低。

（4）数字微镜器件。

数字微镜阵列（Digital Micro-mirro Array，DMA）是美国 Texas Instruments 研发的用于数字光线处理（Digital Light Processing，DLP）的兼有光机和电机性质的数控微光机电系统，该空间照明调制器由成千上万个数字微镜器件（Digital Micro-mirro Device，DMD）的微镜单元组成，人们习惯上将 DMA 简称为 DMD。空间照明调制器与适当的光学系统耦合时，可实现对入射光方向与强度的调制。DMD 最初的设计目的主要是数字投影。图8 - 70(a)给出了一个微镜的组成结构和工作原理示意图，图 8 - 70(b)为一个微镜的显微照片。由图 8 - 70(a)可以看出，反射镜安装在一个扭动铰链上，扭动铰链平行于反射镜的对角线方向。每一个存储器有两条寻址电极和两个搭接电极（图中未画出）。器件工作时，在两个电极上加一对差动电压。当两个电极间的电压为 0 时，微镜不发生偏转，处于"复位"状态；当两个电极之间的电压不为 0 时，微镜会根据电压正负情况发生偏转。在扭转力矩和静电的作用下，DMD 上的每个微镜存在两个稳定状态：$+12°$ 和 $-12°$（对当前大部分DMD 而言）。每个状态对应于一个特定的光束偏转方向。当微镜处于 $+12°$ 时，入射光经微镜反射后可进入后续的光学系统中，此时对应于微镜的"on"状态，在哈达玛编码矩阵中用数字"1"表示；当微镜处于 $-12°$ 时，入射光被反射后不能进入后续光学系统，对应于微镜的"off"状态，在哈达玛编码矩阵中用"0"表示。图 8 - 70(c)为两个分别处于"on"和"off"状态的微镜对同一束入射光的调制示意图。DMD 是由许多微镜组成的二维微镜阵列，在哈达玛调制过程中，需要使若干处于相同工作状态的微镜作为一个码元同时翻转，从而实现哈达玛变换的一维或二维编码。目前市场上公开销售的 DMD，每个微镜的几何尺寸大约为 $10.8~\mu m \times 10.8~\mu m$ 或 $13.5~\mu m \times 13.5~\mu m$，最大面阵尺寸已经可以达到 1920×1080 个像素，图 8 - 70(d)为 DMD 芯片照片。

采用 DMA 作为哈达玛模板的想法由来已久，但直到近几年开发商将 DMA 连同详细的电控组件作为独立产品公开后，对 DMD 的编程控制才得以实现。由于 DMA 器件具有以下优点，使其成为光谱成像系统核心部件——空间光调制器的最佳选择：

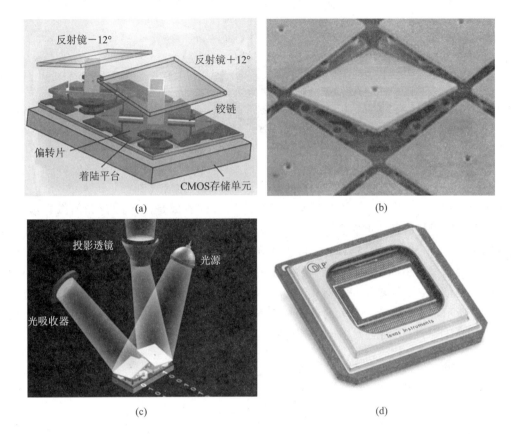

图 8-70 作为空间光调制器的 DMD

(a) DMD 单元微镜的组成结构和工作原理；(b) DMD 单元微镜显微照片；

(c) 两个处于"on"和"off"状态的微镜；(d) DMD 芯片照片

① DMD 的工作机理是对光路的反射而不是透射，所以在进行哈达玛编码时的 0 状态基本不会出现光路截止不彻底的现象。

② 良好的开关特性，可以准确编码。

③ 器件的窗口可以透射可见光到近红外的辐射，若更换表面封装窗口，可透射中红外和远红外辐射。

④ DMA 芯片的状态转换速率很高，平均时间不超过 20 μs，可以实现更快、更准确的模板输入，完成编码所用时间较短，可以有效减少外界光变化对系统产生的影响。

⑤ DMD 具有亮度高、对比度大(大于 2000：1)和高可靠性等优势，同时还可以简化光路结构。

3）基于哈达玛变换的多通道成像系统

图 8-71 是一个基于哈达玛变换的多通道成像系统原理图，光学系统将景物成像于编码模板面上，在探测器单元上得到的是对景物图像进行了编码后的辐射通量(忽略模板尺寸可能造成的衍射)，通过更换模板，完成整个编码序列，这样最终处理得到的将是在信噪比有所提高的图像。

当利用基于哈达玛变换的多通道探测方式获取目标的图像信息时，使用的调制矩阵是一个三维调制矩阵，即整个调制矩阵进行"折叠"得到随时间变化的一帧一帧的调制信息：

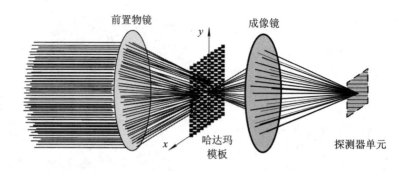

图 8-71 基于哈达玛变换的多通道成像原理图

如果一幅图像含有 $n(=n_1 \times n_2)$ 个像素(n_1 和 n_2 可分别看成是图像的行和列像素数)的信息,那么每帧调制信息一定要有 $n(=n_1 \times n_2)$ 个元素与这 $n(=n_1 \times n_2)$ 个像素相对应,并且在空间分布上也一一对应,这样,每帧调制信息都可以看作是一个二维的矩阵,而每帧的二维调制信息又是由原始的调制矩阵经重新排列而获得的。如果需要解算 $n(=n_1 \times n_2)$ 个像素的强度信息,则需要 $n(=n_1 \times n_2)$ 个 $n_1 \times n_2$ 阶调制矩阵。三维调制矩阵的获取方法如图 8-72 所示,首先生成一个大的观测矩阵 S,然后将 S 的每一行依次抽出重排为编码模板(例如 DMD)可以识别的大小,即 n 个 $n_1 \times n_2$ 大小的矩阵。

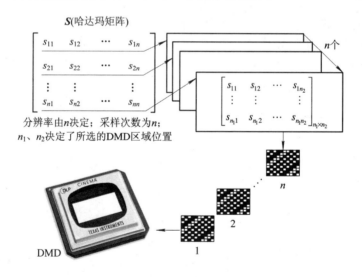

图 8-72 三维矩阵获取方法示意图

假设第 i 次编码模板的数学函数记为 $s_i(x,y)$,像面的光强分布函数为 $f(x,y)$,那么探测器单元第 i 次采集到的信号 y_i 可以表示为

$$y_i = s_i(x,y) \cdot f(x,y) \tag{8-118}$$

经过 $n(=n_1 \times n_2)$ 次编码后,理想的成像模型可以表示为如下矩阵方程:

$$Y = S \cdot F \tag{8-119}$$

将矩阵方程(8-119)用图形化的语言表示为图 8-73,其中 Y 是 $n \times 1$ 阶矩阵,Y 的每一个小方格代表每一次编码后探测器采集到的信号;S 是 n 阶方阵,S 的每一行($n_1 \times n_2$ 个元素)代表每一次编码模板的构形;F 是 $n \times 1$ 阶矩阵,F 的每一个小方格代表一次成像面上像素的光辐射强度。一般而言,编码次数和目标场景的分辨率息息相关,要想使分辨率越

高，编码次数就会更多。

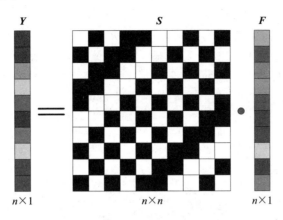

图 8-73　基于哈达玛变换成像的数学模型

根据图 8-71～图 8-73 所示的原理，基于哈达玛变换的多通道成像系统的工作过程可描述为：计算机向 DMD 控制电路发送调制信息，DMD 控制电路接收到调制信息之后控制 DMD 器件上的微镜进行翻转；一帧调制信息发送完毕后，微镜锁定一段时间，同时由DMD 控制电路发送一个触发信号触发数据采集系统进行数据采集；数据采集系统开始工作，将由放大电路放大后的探测器数据转换为数字信号后，作为反演运算的原始数据送入计算机进行处理；最后利用调制矩阵和探测器获取的原始数据反演出图像，探测器获取的原始数据就相当于式(8-119)中的左端项，调制矩阵相当于式(8-119)中各个线性方程的系数，计算图像的过程实际上就是求算 F 的过程。

这种计算成像模型中，编码模板 S 是可逆的，编码次数 n 和待成像目标场景的像素总数 n 相等。因此，重构的过程中，如果忽略噪声的影响，直接求解该矩阵方程(8-119)，则得到目标场景的像为

$$F = S^{-1} \cdot Y \tag{8-120}$$

考虑到噪声，矩阵方程(8-119)可以采用最小二乘法求解使噪声最小，此时成像模型的矩阵方程如下：

$$Y = (S^{\mathrm{T}}S)^{-1} \cdot S^{\mathrm{T}} \cdot F \tag{8-121}$$

从成像模型看出，在多次编码过程中，必须保证每次编码时目标物体不能发生相对移动，而且编码过程中，物面的光强分布不能发生大的波动。因此，这种成像方式不适合目标场景快速变化的领域，而对于静止目标的凝视观测具有很大的应用潜力。

4）基于哈达玛变换的编码孔径光谱成像仪

为了得到目标的光谱成分，需要在前面的模型中加入色散元件，它们可以是棱镜或光栅。根据空间调制器的位置不同，成像光谱系统的构成也有很大的区别，按这个原则可以将编码孔径光谱成像仪细分为三个主要的类型：第一个是将编码模板放在一次像面上，替代传统的色散型光谱仪的狭缝，对景物进行空间位置编码，即"先调制后分光"的空间维编码型；第二个是将编码模板放置于光线在色散后的光路中，对光谱信息进行调制，即"先分光后调制"的光谱维编码型；第三个是在一次成像面上和色散后的光路中都放置有编码模板，对景物空间位置和光谱信息进行组合调制，即"调制—分光—再调制"的空间及光谱维

组合编码型光谱成像系统。

（1）空间维编码型光谱成像仪。

空间维编码型光谱成像仪的组成如图8-74所示，该系统主要由六个部分组成：前置物镜、编码模板、准直镜、色散棱镜（或光栅）、成像镜和探测器阵列。其基本光学原理为：目标通过前置物镜成像在一次像面，编码模板正处于一次像面处，再通过准直镜变为平行光，进入色散棱镜色散，最后通过成像镜将编码并色散开的光线成像于探测器阵列靶面上。

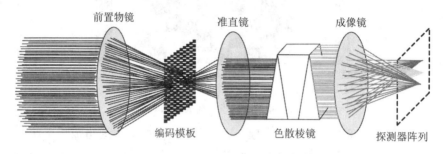

图8-74　空间维编码型光谱成像仪组成示意图

空间维编码型光谱成像仪的成像过程如图8-75所示。设(x, y)为二维图像信息坐标，λ为一维光谱信息坐标，那么目标的三维图谱信息可用三维函数$\phi(x, y, \lambda)$来表示，函数的取值等于目标上特定点(x, y)、特定光谱成分λ的辐射通量。成像光谱测量的目的就是确定$\phi(x, y, \lambda)$的分布。实际测量中，是将$\phi(x, y, \lambda)$离散化来确定其分布，为此将被测目标

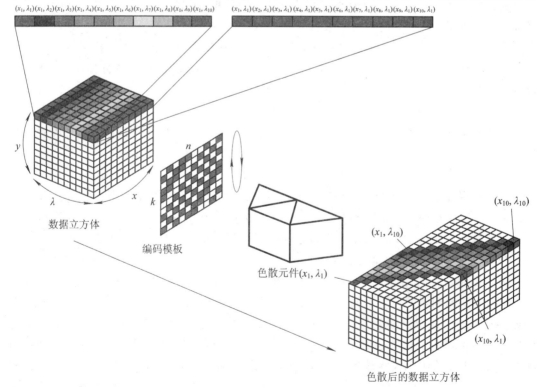

图8-75　空间维编码型光谱成像仪成像过程示意图

分为 k 行、n 列个像元；光谱分为 m 个谱元。

以数据立方体的第一行为例，不同颜色的数据块代表的是同一空间位置点的全部光谱信息。当采用静态凝视成像时，用于对这一行进行编码调制的是编码模板上的第一行。由于色散方向与模板行方向一致，所以只会在行方向上发生色散（如图 8-76 所示），而数据立方体不同行之间的空间维度上并不直接相关联。数据立方体经过编码和色散之后不同谱带的信息会分布在不同的位置上，最终在探测器像面得到行方向上发生图谱混叠的图像信息。

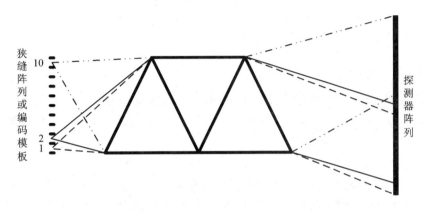

图 8-76 不同狭缝（或编码模板）处入射光的色散示意图

设 m 为光谱维采样点数，即光谱通道数，n 为空间维采样点数（x 方向），那么由图 8-75 可知，所采用的编码模板是一个 $k \times n$ 的矩阵（k 为 y 方向的采样点数）。由于空间维编码型光谱成像仪的编码模板元尺寸与探测器像元尺寸之间具有严格的比例关系，从而可以得到如图 8-75 所示的色散后恰好错开一个像元距离的混叠效果，因此选用的探测器阵列规模较大，至少要达到行方向上 $(m+n-1)$ 个像元、列方向上 k 个像元的规模。

以数据立方体的任意一行 $j (j=1,2,3,\cdots,k)$ 为例，考虑到严格比例关系下对波长维的色散偏移特性后，j 行色散后可以用矩阵 $\boldsymbol{\Phi}_j$ 来表示：

$$
\boldsymbol{\Phi}_j = \begin{bmatrix}
\phi(x_1,\lambda_1) & \phi(x_1,\lambda_2) & \phi(x_1,\lambda_3) & \cdots & \phi(x_1,\lambda_m) & 0 & 0 & \cdots & 0 \\
0 & \phi(x_2,\lambda_1) & \phi(x_2,\lambda_2) & \cdots & \phi(x_2,\lambda_{m-1}) & \phi(x_2,\lambda_m) & 0 & \cdots & 0 \\
0 & 0 & \phi(x_3,\lambda_1) & \cdots & \phi(x_3,\lambda_{m-2}) & \phi(x_3,\lambda_{m-1}) & \phi(x_3,\lambda_m) & \cdots & 0 \\
\vdots & \vdots & \vdots & & \vdots & \vdots & \vdots & & \vdots \\
0 & 0 & 0 & \cdots & \phi(x_n,\lambda_1) & \phi(x_n,\lambda_2) & \phi(x_n,\lambda_3) & \cdots & \phi(x_n,\lambda_m)
\end{bmatrix}
$$

$$(8-122)$$

注意：由于在每一行中，散射都按上述模式进行，所以在式（8-122）中没有标出 y 的坐标，而用 $\phi(x_i,\lambda_i)$ 来表示该行中 x_i 列、在波长 λ_i 处的辐射通量。在编码模板（大小是一个 $k \times n$ 的矩阵）上该行对应的模板行也是第 j 行。

当编码模板沿行方向循环变化 n 次，或沿行方向移动 n 次后，每一行数据依次通过循环模板进行了 n 次编码，则每一行进行了 n 次图谱混叠，探测器得到了 n 组采样数据。经 n 次循环后，正交编码模板可以构造一个与 $\boldsymbol{\Phi}_j$ 对应的编码矩阵 $\boldsymbol{S}_j$，两矩阵相乘得到的成像结果用矩阵 $\boldsymbol{Y}_j$ 来表示：

$$Y_j = S_j X_j$$

$$
= \begin{bmatrix}
s_{11} & s_{12} & \cdots & s_{1n} \\
s_{21} & s_{22} & \cdots & s_{2n} \\
\vdots & \vdots & & \vdots \\
s_{n1} & s_{n2} & \cdots & s_{nn}
\end{bmatrix}
$$

$$
\times \begin{bmatrix}
\phi(x_1,\lambda_1) & \phi(x_1,\lambda_2) & \phi(x_1,\lambda_3) & \cdots & \phi(x_1,\lambda_m) & 0 & 0 & \cdots & 0 \\
0 & \phi(x_2,\lambda_1) & \phi(x_2,\lambda_2) & \cdots & \phi(x_2,\lambda_{m-1}) & \phi(x_2,\lambda_m) & 0 & \cdots & 0 \\
0 & 0 & \phi(x_3,\lambda_1) & \cdots & \phi(x_3,\lambda_{m-2}) & \phi(x_3,\lambda_{m-1}) & \phi(x_3,\lambda_m) & \cdots & 0 \\
\vdots & \vdots & \vdots & & \vdots & \vdots & \vdots & & \vdots \\
0 & 0 & 0 & \cdots & \phi(x_n,\lambda_1) & \phi(x_n,\lambda_2) & \phi(x_n,\lambda_3) & \cdots & \phi(x_n,\lambda_m)
\end{bmatrix}
$$

$$(8-123)$$

从探测器的 n 组采样数据就可以得到 Y_j 的值，假设理想情况时不存在误差，则通过式 (8-123)反解得到矩阵 $\boldsymbol{\Phi}_j$ 各非零元素的值，就得到了数据立方体空间维度上第 j 行所有光谱通道的信息，即

$$\boldsymbol{\Phi}_j = S^{-1} Y_j \qquad (8-124)$$

然而，采用静态凝视成像时，由于在成像过程中需要沿 y 方向移动编码模板或循环编码变化，并且探测器与目标间不发生变化(凝视成像)，因此其主要应用领域限制于显微光谱成像、微光光谱成像方面。当然，由于编码孔径往往采用的是具有循环正交性的编码模板，所以本系统也可以转变为推扫式编码孔径系统。这时编码孔径就需要按照图 8-75 沿 y 方向进行推扫，其上的静态编码模板就可以对数据立方体进行逐行调制。这种基于循环正交编码模板的推扫式编码孔径光谱成像技术摆脱了凝视成像方式的限制，可以应用于航空航天遥感领域。

采用推扫方式时，系统对景物以行为单位进行采样成像，而其推扫方向与色散方向保持垂直，这样就可以保证色散方向上的行数据成像时不会与其他行上的数据产生混叠，最终通过平台的推扫，完成对目标景物的全孔径遍历成像，实现图谱重构。

第 1 帧观测时，景物的第 1 行数据被编码模板的第 1 行调制，在探测器的第 1 行编码混叠成像；第 2 帧观测时，景物数据立方体沿垂直于色散方向移动 1 行，景物的第 1 行数据相应地被编码模板的第 2 行调制，在探测器的第 2 行编码混叠成像。以此类推，当图谱立方体遍历全编码模板后(即逐行推扫成像)，每行数据依次通过了模板的 n 行，进行了 n 次混叠成像，得到了 n 次采样数据。以第 1 行为例，经过 n 后，可得到如式(8-123)所表示的图谱数据。而对其他而言，情况完全一样。

空间维编码型光谱成像仪具有多通道优势。由于色散方向与空间维行方向重合，所以在探测器像面上产生的是空间维与光谱维的共同混叠，即图谱混叠。正是这种多路混叠效应使得探测器单个像元接收到的有效探测能量增加，而探测器噪声不变，最终系统信噪比得到显著提升。

空间维编码型光谱成像仪具有以下特点：

① 光机结构与传统色散型光谱成像仪相类似，较为精简，无需增加额外的色散元件和后级光路。

② 编码孔径的模板单元尺寸与探测器像元尺寸之间需要满足严格的比例关系，比如

1：1 比例成像，这样便对光学系统的放大率设计提出了精确的理论数值要求，并且必须严格控制加工装调误差。

③ 在给定光学系统条件下，探测器阵列规模和像元尺寸既决定了空间分辨率，也决定了光谱分辨率。再结合上一点，此时模板单元尺寸也被相应固定，所以仪器对充当编码孔径的器件选型较为敏感。

④ 与光谱维混叠的那一维空间维度上不需要再进行遍历，可以进行完整成像，所以总编码次数相对较少，实时性较好。

⑤ 所需探测器阵列规模较大，亦即采集数据量大，且冗余数据较多，一般需要借助压缩感知算法进行重构反演，算法实现相对复杂。

（2）光谱维编码型光谱成像仪。

光谱维编码型光谱成像仪的结构示意图如图 8 - 78 所示。

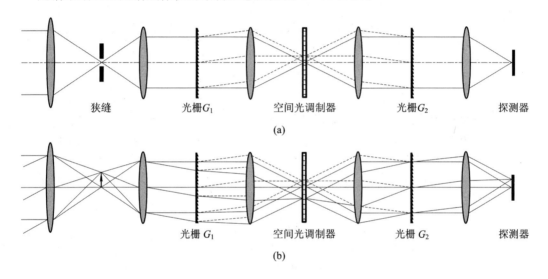

图 8 - 77　光谱维编码型光谱成像仪工作原理示意图

(a) 有狭缝推扫式；(b) 无狭缝凝视式

图 8 - 77(a)所示的光谱维编码型光谱成像仪框架结构与一般推扫式光谱成像仪（图 8 - 8 所示）相比，在空间光调制器(SLM)之前的组成部分是完全相同的，在物镜焦平面上也放置着一条狭缝。不同之处在于，图 8 - 8 中探测器的位置被空间光调制器(SLM)，也就是编码孔径所代替，并且后续增加了准直镜、光栅 G_2 和会聚镜，直到光路的最末才放置探测器。实际上带狭缝的光谱维编码孔径原理十分简单，就是在推扫式光谱成像仪的基础上增加多通道技术。图 8 - 77(a)中狭缝方向垂直于纸面，而色散方向与纸面平行，经色散后原本应在探测器各像元上单通道成像的光谱辐射，现在落在了图 8 - 77(a)所示的编码孔径表面，并且各个通道的光谱辐射落点位置是固定的，可以通过标定得到。此时，编码孔径就可以加载编码模板，选通其中多个谱段，使这些被选通道的辐射能量进入后级光路。而增添的准直镜、光栅 G_2 和会聚镜实际上起到了一个合光光路的作用，这些经色散分开的窄波段辐射能量又重新会聚在一起，附带着每次调制的编码信息，在探测器上得到响应值。根据这些探测器所测量的响应信号，利用图 8 - 67 所示的编码测量原理，即可解算出光谱信息。而对于垂直于狭缝的空间维信息，只需要进行推扫就可以得到。显然，每次成

像都是多通道叠加的结果，所以系统信噪比得到提升。

光谱维编码型光谱成像仪的光学结构具有非常好的对称特性，在有狭缝推扫式工作过程中，一个线阵探测器就可以满足成像要求。那么，如果将线阵探测器替换成面阵探测器，并且将物镜焦平面上的入射狭缝去除，是否还可以简单地照搬上述工作原理进行成像呢？

简要分析图8-77(b)可知，当入射狭缝被去掉以后，二维面型的编码孔径上不再只有相互正交的一维空间维和一维光谱维，而是在光谱维上又叠加了原本垂直于狭缝的另一维空间维。所以同"先调制后分光"的空间维编码型相类似，此时编码孔径表面也发生了图谱混叠。不同的是，由于后续合光光路的作用，混叠的那一维空间维经合光后又会被重构恢复，最终在探测器上得到的仍是面目标每个空间位置的像点，包含了特定的多个光谱通道的能量叠加。不过，由于是对光谱维进行编码，所以造成混叠的空间维会受到约束，导致编码成像时需要逐次遍历，完整成像有些困难。

综上所述，光谱维编码型光谱成像仪具有以下特点：

① 相较于传统色散型光谱成像仪，光机结构上需要额外地增加一片色散元件和相应的后级准直、会聚光路。

② 系统光谱分辨率由编码孔径的模板单元尺寸决定，而空间分辨率则由探测器像元尺寸决定，两种尺寸之间并没有直接的联系，降低了对光学系统设计的高精度要求和对加工装调误差控制的要求，也有利于编码孔径器件和探测器的灵活选型。

③ 与光谱维混叠的空间维度上需要逐次遍历，总编码次数相对增加，实时性能降低。

④ 探测器像面两个方向上的空间维都不发生混叠，数据相关性较小，图谱反演复原较为容易，用基本的线性代数理论能够解决，并且具备移植到嵌入式平台利用硬件技术来加速处理的潜力。

（3）空间及光谱维组合编码型光谱成像仪。

空间及光谱维组合编码型光谱成像仪是在常规的色散型光谱仪基础上，同时以编码模板取代了入射和出射狭缝，并增加了相应的消色散系统，如图8-78所示。

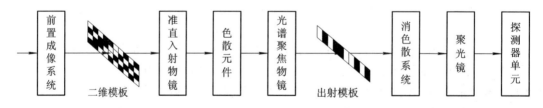

图8-78　空间及光谱维组合编码型光谱成像仪工作原理示意图

空间及光谱维组合编码型光谱成像仪的工作过程一般如下：前置成像系统将被测目标成像到二维模板上，在此处图像被二维编码调制；编码后的辐射，经色散元件分光，在仪器的出射焦平面上形成光谱；置于此处的出射模板进行光谱编码；经两次编码后的辐射由消色散系统和聚光镜投射到探测器单元上，探测器的输出就是各像元/谱元强度的线性组合；改变模板的编码构形，可测得像元/谱元的全部编码组合，然后解码，即可给出目标的图像和每一像元的光谱。

由于这种光谱成像仪以二维模板取代入射狭缝，实现了对像面的编码调制，增大了进入仪器的辐射通量，并且以出射模板取代出射狭缝，对谱面进行编码调制，使仪器具有多通道探测的优点，因此两者相结合，赋予了仪器成像光谱测量的功能。

设被测目标可分为 $n = n_1 \times n_2$ 个像元，其中 n_1、n_2 分别为图像的行、列数，光谱分为 m 个谱元，那么，要确定三维图谱空间的离散分布，共有 $n \times m$ 个未知像元/光谱成分待测，需进行 $n \times m$ 次组合编码测量。

设 $v_{i1}, v_{i2}, \cdots, v_{in}$ 是第 i 个二维模板的编码构形，$w_{j1}, w_{j2}, \cdots, w_{jm}$ 是第 j 个出射模板的编码构形，则相应的测量值为

$$\eta_{ij} = \sum_{r=1}^{n} \sum_{s=1}^{m} v_{ir} \varphi(x_r, y_r, \lambda_{rs}) w_{js} + e_{ij} \quad (1 \leqslant i \leqslant n, 1 \leqslant j \leqslant m) \quad (8-125)$$

式中：$\varphi(x_r, y_r, \lambda_{rs})$ 是目标上第 r 个像元的第 s 个光谱成分的强度，其中 (x_r, y_r) 为像元的中心点坐标；e_{ij} 为该次测量的探测器噪声。

令 $\boldsymbol{\eta} = (\eta_{ij})$ 是含有 $n \times m$ 个测量值的 $n \times m$ 矩阵；$\boldsymbol{\Phi}(x, y, \lambda) = [\varphi(x_r, y_r, \lambda_{rs})]$ 是含有 $n \times m$ 个未知像元/谱元的 $n \times m$ 矩阵，表征三维图谱函数的离散分布；$\boldsymbol{E} = (e_{ij})$ 为 $n \times m$ 噪声矩阵；$\boldsymbol{V} = (v_{ij})$ 是描述二维模板编码构形的 $n \times n$ 矩阵，$\boldsymbol{W} = (w_{ij})$ 是描述出射模板编码构形的 $m \times m$ 矩阵。那么，式(8-125)可写成矩阵方程：

$$\boldsymbol{\eta} = \boldsymbol{V} \boldsymbol{\Phi}(x, y, \lambda) \boldsymbol{W}^{\mathrm{T}} + \boldsymbol{E} \quad (8-126)$$

此式即编码的数学模型，在忽略噪声 $\boldsymbol{E}$ 时，该模型可用图 8-79 描述。

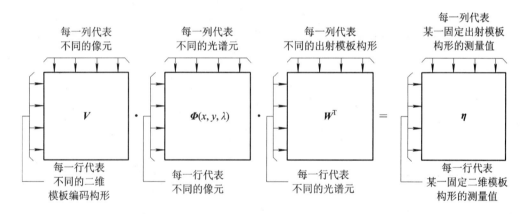

图 8-79　编码模型

为了由式(8-126)估计 $\boldsymbol{\Phi}(x, y, \lambda)$，对探测器噪声 e_{ij} 作如下假设：e_{ij} 是独立于投射到探测器上的辐射强度的随机变量，且 $E\{e_{ij}\} = 0$；$E\{e_{ij} e_{kl}\} = \sigma^2 \delta(i, k) \cdot \delta(j, l)$，式中 σ 为均方根噪声电平。

若 $\boldsymbol{V}^{-1}$ 和 $\boldsymbol{W}^{-1}$ 存在，则 $\boldsymbol{\Phi}(x, y, \lambda)$ 的无偏估计为

$$\hat{\boldsymbol{\Phi}}(x, y, \lambda) = \boldsymbol{V}^{-1} \boldsymbol{\eta} (\boldsymbol{W}^{\mathrm{T}})^{-1} \quad (8-127)$$

为了确定这一估计量的平均均方误差，应用矩阵的直积(或称克罗内克积)将式(8-126)改写为

$$\boldsymbol{\eta} = (\boldsymbol{V} \otimes \boldsymbol{W}) \boldsymbol{\Phi}(x, y, \lambda) + \boldsymbol{E} \quad (8-128)$$

式中

$$\boldsymbol{\eta} = (\eta_{11}, \eta_{12}, \cdots, \eta_{1m}, \eta_{21}, \eta_{22}, \cdots, \eta_{nm})^{\mathrm{T}}$$

$$\boldsymbol{E} = (e_{11}, e_{12}, \cdots, e_{1m}, e_{21}, e_{22}, \cdots, e_{nm})^{\mathrm{T}}$$

$$\boldsymbol{\Phi}(x,y,\lambda) = \left[\varphi(x_1,y_1,\lambda_{11}),\varphi(x_1,y_1,\lambda_{12}),\cdots,\varphi(x_2,y_2,\lambda_{2m}),\cdots,\varphi(x_n,y_n,\lambda_{nm})\right]^{\mathrm{T}}$$

由式(8-128)可得

$$\hat{\boldsymbol{\Phi}}(x,y,\lambda) = (\boldsymbol{V} \otimes \boldsymbol{W})^{-1}\boldsymbol{\eta} = (\boldsymbol{V}^{-1} \otimes \boldsymbol{W}^{-1})\boldsymbol{\eta} \qquad (8-129)$$

此式与式(8-128)等价,其平均均方误差为

$$\varepsilon = \frac{\sigma^2}{n \times m}\mathrm{tr}\left[(\boldsymbol{V} \otimes \boldsymbol{W})^{\mathrm{T}}(\boldsymbol{V} \otimes \boldsymbol{W})\right]^{-1} = \frac{\sigma^2}{n \times m}\mathrm{tr}\,(\boldsymbol{V}^{\mathrm{T}}\boldsymbol{V})^{-1}\,\mathrm{tr}\,(\boldsymbol{W}^{\mathrm{T}}\boldsymbol{W})^{-1} \qquad (8-130)$$

显然,由三维图谱函数的元偏估计导出的平均均方误差 ε 是评判多通道编码测量优劣的基本指标,其值愈小愈好。

由于仪器的色散方向平行于 x 轴,根据色散元件的分光特性,若由像面上第 i 列像元透射的波长为 λ 的辐射聚焦到谱面上第 j 个谱元的位置,那么,由第 $i+1$ 列像元透射的相同波长的辐射将聚焦到谱面上第 $j+1$ 个谱元的位置。如果第 j 个谱元位置是谱面上最靠近出射光阑的位置,则来自像面上第 $i+1$ 列像元的波长为 λ 的辐射将总被出射光阑遮挡。

假设由像面上第 1 列像元透射并聚焦到谱面上第 1 个谱元位置的辐射波长为 λ_0,则上述色散平移关系如图 8-80 所示。经分析可知:最后可得到目标的完整单色像 $m-n_2+1$ 幅,相应的波长为 $\lambda_0,\lambda_1,\lambda_{m-n_2}$,其余 n_2-1 幅均由复色光组成。

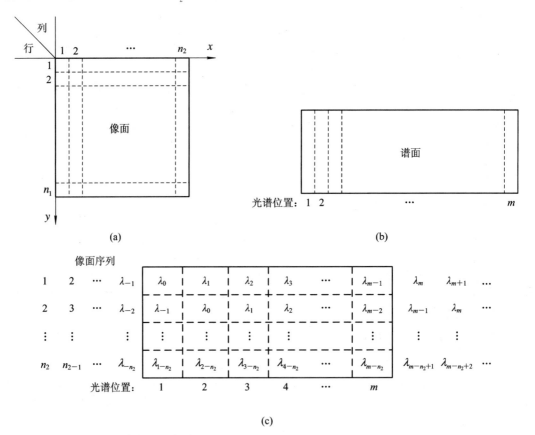

图 8-80　色散平移示意图

(a) 像面划分;(b) 谱面划分;(c) 像面上不同列透射的辐射在谱面上的位置

根据以上分析,利用式(8-129)可获得图像与光谱的再现。即求解式(8-129),可获

得含有 $n \times m$ 个未知像元/谱元的无偏估计 $\hat{\boldsymbol{\Phi}}(x,y,\lambda)$：

$$\hat{\boldsymbol{\Phi}}(x,y,\lambda) = \begin{bmatrix} \varphi(x_1,y_1,\lambda_0) & \varphi(x_1,y_1,\lambda_1) & \cdots & \varphi(x_1,y_1,\lambda_{m-1}) \\ \varphi(x_1,y_2,\lambda_0) & \varphi(x_1,y_2,\lambda_1) & \cdots & \varphi(x_1,y_2,\lambda_{m-1}) \\ \vdots & \vdots & & \vdots \\ \varphi(x_1,y_{n_1},\lambda_0) & \varphi(x_1,y_{n_1},\lambda_1) & \cdots & \varphi(x_1,y_{n_1},\lambda_{m-1}) \\ \varphi(x_2,y_1,\lambda_{-1}) & \varphi(x_2,y_1,\lambda_0) & \cdots & \varphi(x_2,y_1,\lambda_{m-2}) \\ \vdots & \vdots & & \vdots \\ \varphi(x_{n_2},y_{n_1},\lambda_{1-n_2}) & \varphi(x_{n_2},y_{n_1},\lambda_{2-n_2}) & \cdots & \varphi(x_{n_2},y_{n_1},\lambda_{m-n_2}) \end{bmatrix} \quad (8-131)$$

式中，(x_i,y_j) 代表像面上第 i 列、第 j 行的像元的中心坐标，且 $1 \leqslant i \leqslant n_2$，$1 \leqslant j \leqslant n_1$。

$\hat{\boldsymbol{\Phi}}(x,y,\lambda)$ 包含了全部待测的图谱信息，将这些信息按其在编码测量过程中的排列次序进行复原、组合，即可给出目标的图像与光谱特性。

图像与光谱的再现和显示可归结为一个四维问题：二维空间、一维光谱和光谱空间元的强度。为此，首先在矩阵 $\hat{\boldsymbol{\Phi}}(x,y,\lambda)$ 中寻找最大元素值，然后，将矩阵中的所有元素归一化。

设归一化后的矩阵为 $\hat{\boldsymbol{\Phi}}(x,y,\lambda) = [\varphi_I(x,y,\lambda)]$，则图谱再现如下。

（1）图像再现：将归一化矩阵 $\hat{\boldsymbol{\Phi}}(x,y,\lambda)$ 中具有相同光谱坐标的所有元素取出，按其 x、y 坐标排列成 $n_1 \times n_2$ 阵列，以元素的归一化值表示像元的灰度，即构成一幅单色图像，其元素分布为

$$\begin{bmatrix} \varphi_I(x_1,y_1,\lambda_j) & \varphi_I(x_2,y_1,\lambda_j) & \cdots & \varphi_I(x_{n_2},y_1,\lambda_j) \\ \varphi_I(x_1,y_2,\lambda_j) & \varphi_I(x_2,y_2,\lambda_j) & \cdots & \varphi_I(x_{n_2},y_2,\lambda_j) \\ \vdots & \vdots & & \vdots \\ \varphi_I(x_1,y_{n_1},\lambda_j) & \varphi_I(x_{n_2},y_{n_1},\lambda_j) & \cdots & \varphi_I(x_{n_2},y_{n_1},\lambda_j) \end{bmatrix} \quad (8-132)$$

此即波长 λ_j 的单色图像元素分布（$0 \leqslant j \leqslant m-n_2$）。

（2）光谱再现：将归一化矩阵 $\hat{\boldsymbol{\Phi}}(x,y,\lambda)$ 中具有相同 x、y 坐标的元素取出，并以波长 $\lambda_s (1-r_1 \leqslant s \leqslant m-r_1)$ 为横坐标，$\varphi_I(x_{r_1},y_{r_2},\lambda_s)$ 的值为纵坐标，得到像元 (x_{r_1},y_{r_2}) 的光谱特性曲线（$1 \leqslant r_1 \leqslant n_2$，$1 \leqslant r_2 \leqslant n_1$）。

2. 压缩编码孔径光谱成像仪

由前面的讨论可以看到，非压缩编码孔径（计算）光谱成像需要进行大量的编码，并且编码次数与最终的图像质量息息相关，事实上是一个用时间换取空间的成像方式。这样严格的限制条件必然极大地阻碍非压缩计算成像的应用，尤其在一些目标场景快速变化移动的航空航天遥感成像领域将可能无能为力。

那么，能否在减少编码次数的前提下，用少量的观测数据也能重构出很好的图像呢？压缩感知（Compressed Sensing, CS）理论可以很好地解决这一问题。CS 理论的核心是首先挖掘信号的冗余性和稀疏性；然后在采样过程中，不是获取信号的全部采样，而是通过特定的算法，选择合适的观测矩阵，每次对信号进行全局投影变换，接着采样这些投影后的信号数据；最后通过这些采样数据结合相关的恢复算法优化重构原始信号。

1）香农采样定理下的信号处理流程

现有光学成像技术的基础是几何光学原理，在光学系统设计能无限接近光的衍射效应时，这种成像系统的空间分辨率最终取决于图像传感器的像素大小。而图像信噪比主要取决于探测器的技术水平。如果考虑多光谱或者高光谱成像，则光谱分辨率取决于分光光路的设计性能以及探测器对不同波段光信号的获取效率。

从图像信号获取方面考虑，传统成像系统的信息获取流程，都是建立在香农采样定理前提下的。从传统的奈奎斯特采样频率来看，为了能获取高分辨率的图像，需要采集尽可能多的图像数据，而以香农采样定律为基础的信号处理方法，要求的信号处理速度和采样率越来越高。这种采样模式对宽带信号的处理困难正在日益加剧。一般而言，这种信号的获取与处理流程如图 8-81 所示。

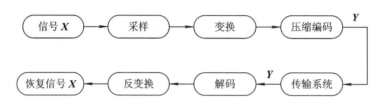

图 8-81　传统图像信号获取与处理流程

在光学成像应用时，图像信号的获取与处理流程如图 8-82 所示。

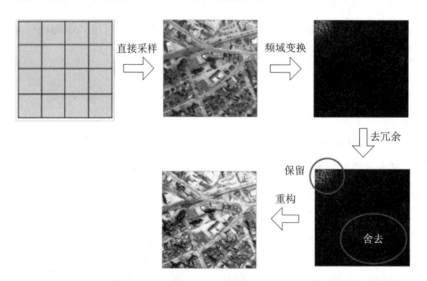

图 8-82　传统光学成像的信号处理流程

从图 8-81 和图 8-82 可以看出，这种传统的信号获取与处理方法存在两方面的缺陷。第一，在数据获取和处理方面，奈奎斯特采样使得硬件成本很高，同时获取的信息冗余度过大且有效信息提取的效率比较低，而在某些情况下甚至无法按照香农采样定理对信号进行采样；在压缩编码过程中，如此快的数据采样率和海量数据对系统的实时处理能力提出了极高的要求。第二，在数据存储和传输方面，这种传统做法是首先采用大面阵器件获取高分辨率图像，然后利用各种正交变换对图像数据进行压缩编码，传输过程中丢弃大量的比较小的变换系数，最后在接收端通过反变换计算得到原始图像。显然，这种传统方法将造成数据计算和内存资源的严重浪费。因此，突破香农-奈奎斯特采样定理是本质上提升现有数据采集处理能力的关键。

2）基于压缩感知的信号处理方法

既然信号具有可压缩性，那么完全可以在采样的同时，就实现信号的压缩获取。近年来，人们提出了一种信号的采样与压缩同时进行的理论，简称压缩感知（Compressive Sensing，CS）。压缩感知理论认为：只要信号是可压缩的，或者说是可稀疏表示的，那么就可以通过远低于奈奎斯特采样频率的方式进行数据的采样，原始信号仍能被高概率地精确重建出来。

与传统信号处理理论中的"先采样、后压缩"不同，CS 理论是信号在采样的同时就已经实现了压缩，也就是说采样后的数据是压缩数据。将 CS 应用于成像系统时，观测矩阵将高维图像信号投影到低维空间，然后可以用少量的探测器单元获取图像信号，显然这种方式可以显著节省传感器数量。

这种基于压缩感知理论的信号获取方式使得信号处理的技术负担从传感器以及 A/D 转换器方面转移到后续的数据处理上来。在压缩感知理论框架下，信号的采集与处理过程如图 8-83 所示。

图 8-83　基于压缩感知的信号获取与处理流程

这种基于压缩感知理论的信息获取与处理方法，首先要求信号是稀疏的或者可压缩的，然后利用一个特殊的观测矩阵将信号从高维空间投影到低维空间。低维空间的信号相当于是原始信号在观测矩阵下的线性组合函数。这样就可以用远低于奈奎斯特频率的采样率对信号进行非相关测量，事实上此时的采样频率与传统香农采样定律中的奈奎斯特频率无关。

从线性代数的角度来看，压缩感知理论下获取的每个采样信号都是传统采样理论下获取的信号的线性组合，因此每个采样信号都包含了所有原始信号的少量信息。最后需要通过重构算法，才能得到原始信号。这种信号的处理过程不再是简单的逆过程，而是需要通过求解一个非线性最优化问题实现对信号的精确重建或存在一定误差的近似重建，信号重构时所需采样值的数目远小于传统理论下的采样数。

将压缩感知理论与计算成像相结合，此时编码模板加载的观测矩阵是不可逆的，观测矩阵的行数远远小于列数，列数对应最终的图像分辨率，行数对应信号的编码次数，由于编码次数大大减少了，因此节省了信号采样时间。计算成像技术和压缩感知理论相结合的成像方法的图像获取过程如图 8-84 所示。

在图像信号采样时，编码模板加载的观测矩阵将高维信号投影变换到另一个低维空间，这样不但可以用一个探测器单元或者低速率的 A/D 采样投影信号，同时信号在采样的过程中同步实现了压缩。因此可以看出，这种成像方式一方面可避免追求大面阵的探测器和高速 A/D，同时可极大地减轻未来航空航天遥感成像领域的图像采集传输和存储压力。

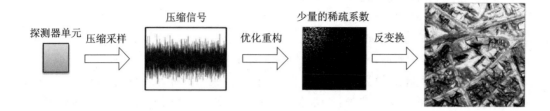

图 8 - 84　压缩感知计算成像的信号处理流程

3）压缩感知理论

根据香农采样定理，为了能精确获取原始信号，数据采集系统的采样速率必须大于或等于信号中最高频率的二倍。然而，对于光电成像和信号处理等众多应用，信号的带宽变得越来越大，从而对信号的采样速率、传输速度和存储空间的要求也越来越高。为了缓解这些变化带来的压力与挑战，传统的方法是先使用奈奎斯特采样频率获取信号，再采用各种数据压缩算法对采样信号进行压缩。但是对于超宽带信号而言，以奈奎斯特采样频率获取信号的成本非常高。同时由于信号存在稀疏性特征，以奈奎斯特采样频率获取的信号有很多成分是不重要的，并且存在大量的冗余性。

稀疏信号是指信号在大多数采样时刻的取值等于零或近似等于零，只有少量采样时刻才不等于零。但是一般而言，许多自然界中的信号在时域上几乎都不是稀疏的，只在某种正交变换框架下是稀疏的。许多已经被广泛应用的稀疏变换工具包括傅里叶变换、小波变换、离散余弦变换等。例如，图像信号在空域的采样是不稀疏的，但经过离散余弦变换后，在频域是稀疏的，而这也成为现在大多数图像数据的压缩标准；又如，窄带信号在时域是不稀疏的，但通过傅里叶变换，其频谱是稀疏的；语音信号在时域不是稀疏的，但经过短时傅里叶变换后，在频域是稀疏的。综合来说，在时域或空域不是稀疏的，但在某个变换域的表示下具有稀疏性的信号称为可压缩信号。

对于稀疏可压缩的信号，传统的方法一方面为了提高分辨率会采样大量的数据，而数据压缩算法又想方设法丢弃大量的冗余数据。为什么不在采样的过程中即实现对数据的压缩或者仅采样有用的没有冗余的信号呢？压缩＋低采样速率构成了一种全新的信号处理理论——压缩感知（Compressed Sensing，CS）理论。

令 $f(t)$ 是一连续时间信号，在理想的情况下采用奈奎斯特采样频率获得 n 个离散时间信号向量 $\boldsymbol{F}=[f(1),\cdots,f(n)]^{\mathrm{T}}\in\mathbf{R}^{n}$。在压缩感知理论框架下，可用远小于奈奎斯特采样频率的速率采样信号，只得到一低维的数据向量 $\boldsymbol{Y}=[y(1),\cdots,y(m)]^{\mathrm{T}}\in\mathbf{R}^{m}$，其中

$$y(k) = \langle \boldsymbol{\phi}_k, \boldsymbol{F} \rangle, \quad k \in m \tag{8-133}$$

$\boldsymbol{\phi}_k$ 表示测量矩阵 $\boldsymbol{\Phi}\in\mathbf{R}^{m\times n}$ 的第 k 列，$m\ll n$。因此，式（8-133）又可以写为如下矩阵方程：

$$\boldsymbol{Y} = \boldsymbol{\Phi} \cdot \boldsymbol{F} \tag{8-134}$$

式中：$\boldsymbol{\Phi}$ 在压缩感知理论中称为观测矩阵；$\boldsymbol{Y}$ 称为感知信号。在不同的应用领域中，$\boldsymbol{Y}$ 有不同的含义：它可以是时域或空域的信号；若感知信号为像素的指标函数，则 $\boldsymbol{Y}$ 是由照相机的传感器采集的图像数据向量；若感知信号是正弦波，则 $\boldsymbol{Y}$ 是由傅里叶变换所获得的系数向量，而这正是核磁共振成像的信号获取模式。

不过，即使我们能够正确地获得感知信号 $\boldsymbol{Y}$ 和观测矩阵 $\boldsymbol{\Phi}$，但由于 $m\ll n$，因此方程

(8-134)是一个病态方程，我们无法对其进行求解得到 F。

事实上，实际的信号或者图像通常是在时域表示的，而且在某个变换域或表示框架下是可压缩的，而可压缩的信号或者图像往往可以使用稀疏系数进行逼近。于是我们可以使用某种变换，将信号在基 Ψ 下进行稀疏表示：

$$F = \Psi \cdot S \qquad (8-135)$$

式中，稀疏系数向量 $S \in \mathbf{R}^n$ 是信号 F 的 K 稀疏表示，即 S 仅有 K 个非零元素。综上，我们可以将压缩感知的信号获取模型表示为

$$Y = \Phi \cdot F = \Phi \cdot \Psi \cdot S = T \cdot S \qquad (8-136)$$

式中，$T = \Phi \cdot \Psi$ 称为传感矩阵。

图 8-85 给出压缩感知信号的获取流程图，虚线部分表示传统信号获取方式，实际中不执行操作。

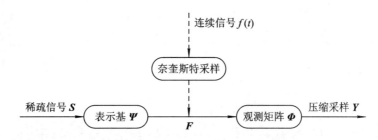

图 8-85　基于压缩感知的信号获取模式

综上，最终可以得出，压缩感知信号获取主要解决如下三个关键技术问题：

（1）信号的稀疏表示问题：根据待采样信号的特性选择合适的稀疏表示方法，使信号具有稀疏性的特征。在压缩感知理论中，信号的稀疏表示归结为稀疏表示基矩阵 Ψ 的设计。正交变换是信号的稀疏表示理论中一种最基础，也是最重要的方法。经典的正交变换比如傅里叶变换、离散余弦变换等已经被广泛应用于各种信号处理中。

（2）观测矩阵的设计：信号采样时，设计合适的观测矩阵，对信号进行从高维空间到低维空间的投影，从而实现信号在采样的过程中同时压缩。实际应用时，还需要考虑观测矩阵的硬件可实现性。目前普遍采用的观测矩阵分为如下两类：一是确定性矩阵，主要包括部分傅里叶矩阵（从 $n \times n$ 傅里叶矩阵中随机抽出 m 行，得到 $m \times n$ 的部分正交矩阵）、部分哈达玛矩阵（从 $n \times n$ 哈达玛矩阵中随机抽出 m 行，得到 $m \times n$ 的部分正交矩阵）；二是随机矩阵，主要包括高斯分布下的随机矩阵、均匀分布下的随机矩阵、伯努利矩阵等。

（3）信号的重构算法：由于获得的信号是原始信号在低维空间的投影值，因此重构模型是一个病态问题，所以需要设计合理的优化重构算法，同时考虑算法的效率和鲁棒性。信号重构算法有很多，比如凸优化类的梯度投影算法、贪婪算法类的正交匹配追踪等。

4）基于压缩感知的编码孔径光谱成像仪

基于压缩感知的编码孔径光谱成像仪通过特殊的编码孔径和分光部件调制外界场景的光场，然后利用一个面阵探测器来获取三维数据立方体在二维空间信息和光谱维的三维图谱混叠信息。与传统的光谱成像仪相比，该系统光谱成像仪不是直接通过扫描获取目标的三维数据立方体，而是基于压缩感知理论，通过少量的编码测量以及特定的重构算法，从三维图谱混叠的信息中重构出目标的三维数据立方体。这种方式可以极大地改善光谱成像

仪的光谱分辨率和空间分辨率，解决高光谱图像中的大数据量的问题。基于压缩感知的编码孔径光谱成像仪的原理图如图 8-86 所示。

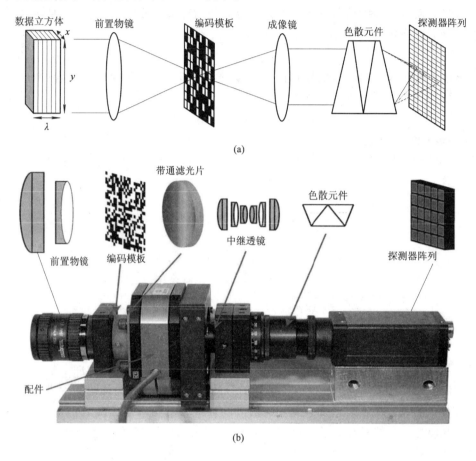

图 8-86　基于压缩感知的编码孔径光谱成像仪原理图和原理样机
(a)原理图；(b)原理样机

　　基于压缩感知的编码孔径成像光谱技术巧妙利用硬件化的数理计算方法对景物光场进行瞬时调制和压缩，利用特殊的编码孔径取代传统狭缝，将线视场扩展到面视场，同时采用压缩感知方法重构景物的三维图谱，弥补了传统成像光谱技术光通量低、信噪比低等缺陷，极大地降低了获取的数据量，减轻了数据的存储和传输压力。探测器得到的是三维图谱混叠信息，通过压缩感知计算得到原始景物的三维图谱数据立方体。

　　类似于非压缩时的计算成像模型即式(8-119)，压缩计算成像只需改变成像系统的编码模板构形。我们将此时的编码模板变为 $\boldsymbol{\Phi}$，因此这种成像方式同样可以写为如下矩阵方程：

$$\boldsymbol{Y} = \boldsymbol{\Phi} \cdot \boldsymbol{F} \tag{8-137}$$

将此矩阵方程同样用图形化的方式表示，如图 8-87 所示，其中 $\boldsymbol{Y}$ 是 $M \times 1$ 阶矩阵，$\boldsymbol{\Phi}$ 是 $M \times N$ 阶矩阵，$\boldsymbol{F}$ 是 $N \times 1$ 阶矩阵。图 8-87 中 $\boldsymbol{Y}$ 的每一个小方格代表每一次编码后探测器采集到的信号，$\boldsymbol{\Phi}$ 的每一行代表每一次编码模板的构形，$\boldsymbol{F}$ 的每一个小方格代表待成像的目标场景的像素。此时的编码测量次数 M 远远小于图像的总像素 N。因此，在采样的过程中直接就实现了数据的压缩。

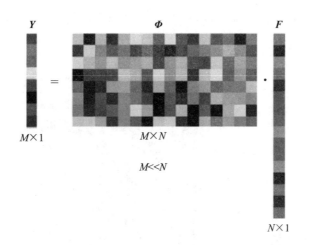

$$Y \qquad \boldsymbol{\Phi} \qquad F$$

$M\times1$

$M\times N$

$M\ll N$

$N\times1$

图 8-87　压缩计算成像的数学模型

在具体实现时，与非压缩编码成像类似，即利用多通道探测方式获取目标的图像信息时，使用"折叠"三维调制矩阵，如图 8-88 所示：首先从 $n\times n$ 傅里叶矩阵中随机抽出 m 行，得到 $m\times n$ 的部分正交矩阵，或从 $n\times n$ 哈达玛矩阵中随机抽出 m 行，得到 $m\times n$ 的部分正交矩阵，从而构成一个大的压缩感知观测矩阵 $\boldsymbol{\Phi}$；然后将 $\boldsymbol{\Phi}$ 的每一行依次抽出重排为编码模板（例如 DMD）可以识别的大小，即 m 个 $h\times k$ 的矩阵。

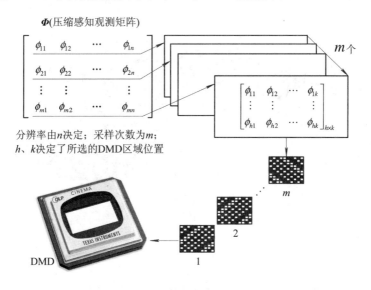

图 8-88　压缩计算成像编码模板文件的加载过程

图像重构时，显然由于 M 远远小于 N，因此上述的矩阵方程是一个病态方程，直接求解有无穷多个解。但是压缩感知理论框架中，只要信号 F 可以稀疏表示，就可以在稀疏约束下通过优化算法求解上述方程。

此时，如果式(8-137)中的信号 F 是稀疏的，并依据稀疏表示理论对信号 F 进行稀疏表示，假设稀疏表示基为 $\boldsymbol{\Psi}$，那么信号 Y 的稀疏表示方程如下：

$$F = \boldsymbol{\Psi} \cdot S \qquad\qquad (8-138)$$

将方程(8-138)用图形化的方式表示，如图 8-89 所示。图 8-89 中 S 是信号 F 的稀疏系数，大量的白色小方格表示稀疏系数趋于零，少量的有颜色的小方格部分表示不为零的稀疏系数。

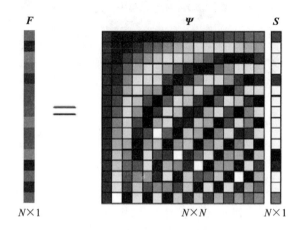

图 8-89　图像信号的稀疏表示模型

联合稀疏表示模型，最终我们将压缩感知计算成像的数学模型重新写为如下形式：

$$\boldsymbol{Y} = \boldsymbol{\Phi} \cdot \boldsymbol{F} = \boldsymbol{\Phi} \cdot \boldsymbol{\Psi} \cdot \boldsymbol{S} = \boldsymbol{T} \cdot \boldsymbol{S} \qquad (8-139)$$

同样，将式(8-139)用图形化的方式表示，如图 8-90 所示。图 8-90 中的矩阵 $\boldsymbol{T}$ 在压缩感

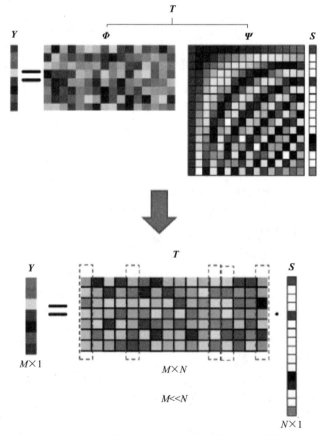

图 8-90　压缩感知理论框架下的最终计算成像模型

知理论中称为传感矩阵。

式(8-139)中，$Y \in C^M$ 为压缩感知理论框架下的采样信号，根据压缩感知理论 $M = O(K \cdot \mathrm{lb} N)$，由于 $M \ll N$，因此信号在采样过程中同步实现了压缩处理。最后通过信号重构算法，以少量的采样信号 Y 准确重构出原始信号 F。

以上分析表明，编码孔径光谱成像系统将色散型和干涉型这两种光谱成像仪的相对优势进行了结合，既能做到光机结构精简，对搭载平台稳定性要求低，又能实现高光通量和多通道复用，是光谱成像技术的重要发展。表8-3将同为多通道的傅里叶变换型光谱成像仪和编码孔径光谱成像仪进行了比较。

表8-3　编码孔径光谱成像仪与傅里叶变换型光谱成像仪的比较

项　　目	编码孔径光谱成像仪	傅里叶变换型光谱成像仪	备　　注
分辨率	与色散元件的尺寸成比例，一般为几个波数	与动镜的行程成比例，一般为百分之几波数	—
效率	两者近似相同		—
光谱估计值的平均均方误差	$4\dfrac{\sigma^2}{m}$	$8\dfrac{\sigma^2}{m}$	m—谱元数；σ—探测器的均方根噪声电平
自由光谱范围	受衍射光栅高级谱重叠的影响，约为最大波长的1/2	受光束分离器的限制，约为最大波长的2～3倍	—
通道数量	受色散系统的衍射和像差限制，一般为数百至几千	可达几万个	—
数据处理	快速编码孔径光谱成像仪比快速傅里叶变换型光谱成像仪快约10倍		谱元数相同
系统设计容限误差	几分之一毫米数量级	几分之一微米数量级	

★本章参考文献

[1]　王颖，巩岩. 线性渐变滤光片型多光谱成像光谱仪设计[J]. 激光与光电子学进展，2016，53：013003-1-7

[2]　王晓朵. 基于DMD的哈达玛变换近红外光谱仪的研究[D]. 北京：中国科学院大学，2016

[3]　张昊. 基于DMD的编码孔径成像光谱仪关键技术研究[D]. 北京：中国科学院大学，2016

[4]　马彦鹏. 基于压缩感知的计算成像技术研究[D]. 北京：中国科学院大学，2016

[5]　陈成. 静态傅里叶变换红外光谱化系统设计及关键器件研究[D]. 北京：中国科学院大学，2016

[6]　才启胜. 大孔径空间外差干涉光谱成像技术研究[D]. 合肥：中国科学技术大学，2016

[7]　SCHARDT M，MURR P J，RAUSCHER M S，et al. Static Fourier transform

infrared spectrometer[J]. Optics express，2016，24(7)：7767 - 7776

[8]   王文丛. 中波红外傅里叶变换成像光谱仪理论分析与光学系统设计研究[D]. 北京：中国科学院大学，2015

[9]   HUANG F Z，YUAN Y，LI J Z，et al. Spectrum reconstruction using relative-deviationbased kernel regression in temporally and spatially modulated Fourier transform imaging spectrometer[J]. Applied Optics，2015，54(22)：6737 - 6743

[10]   CHEN C，LIANG J Q，LIANG Z Z，et al. Fabrication and analysis of tall-stepped mirror for use in static Fourier transform infrared spectrometer[J]. Optics & Laser Technology，2015，75：6 - 12

[11]   SU L J，ZHOU Z L，YUAN Y，et al. A snapshot light field imaging spectrometer[J]. Optik，2015，126：877 - 881

[12]   GONG C L，HOGAN T. CMOS Compatible Fabrication Processes for the Digital Micromirror Device[J]. IEEE journal of the electron devices society，2014，2(3)：27 - 32

[13]   WANG W C，LIANG J Q，LIANG Z Z，et al. Design of spatio-temporally modulated static infrared imaging Fourier transform spectrometer[J]. Optics letters，2014，39(16)：4911 - 4914

[14]   SU L J，YUAN Y，BIN X L，et al. Spectrum Reconstruction Method for Airborne Temporally-Spatially Modulated Fourier Transform Imaging Spectrometers[J]. IEEE transactions on geoscience and remote sensing，2014，52(6)：3720 - 3728

[15]   LIN X L，ZHOU F，LI H，et al. Static Fourier-transform spectrometer based on Wollaston prism[J]. Optik，2014，125：3482 - 3484

[16]   魏儒义. 时间调制傅里叶变换红外光谱成像技术与应用研究[D]. 北京：中国科学院大学，2013

[17]   HAGEN N，KUDENOV M W. Review of snapshot spectral imaging technologies[J]. Optical Engineering，2013，52(9)：090901 - 1 - 23

[18]   王爽. 大孔径静态干涉光谱成像仪信噪比研究[D]. 北京：中国科学院大学，2013

[19]   钱路路. 计算光谱成像技术研究[D]. 合肥：中国科学技术大学，2013

[20]   付强. 基于成像链分析的光谱成像系统设计方法研究[D]. 北京：中国科学院研究生院，2012

[21]   沈志学. 基于液晶的光谱成像技术及其应用研究[D]. 绵阳：中国工程物理研究院，2012

[22]   周志良. 光场成像技术研究[D]. 合肥：中国科学技术大学，2012

[23]   TACK N，LAMBRECHTS A，SOUSSAN P，et al. A Compact，High-speed and Low-cost Hyperspectral Imager[C]. Proc. of SPIE，2012，8266：82660Q - 1 - 13

[24]   EMADI A，WU H W，GRAAF G，et al. Design and implementation of a sub-

nm resolution microspectrometer based on a Linear-Variable Optical Filter[J]. Optics express，2012，20(1)：489－507

[25]　徐晶．基于微透镜阵列的集成成像和光场成像研究[D]．合肥：中国科学技术大学，2011

[26]　MATALLAH N，SAUE H，GOUDAIL F，et al. Design and first results of a Fourier Transform imaging spectrometer in the 3～5 μm range[C]. Proc. of SPIE，2011，8167：816715－1－13

[27]　杨琨．傅里叶变换红外光谱仪若干核心技术研究及其应用[D]．武汉：武汉大学，2010

[28]　GILLARD F，GUERINEAU N，ROMMELUERE S，et al. Fundamental performances of a micro stationary Fourier transform spectrometer[C]. Proc. of SPIE，2010，7716：77162E－1－11

[29]　BERGSTROM D，RENHORN I，SVENSSON T，et al. Noise properties of a corner-cube Michelson interferometer LWIR hyperspectral imager[C]. Proc. of SPIE，2010，7660：76602F－1－8

[30]　KITTLE D，CHOI K，WAGADARIKAR A，et al. Multiframe image estimation for coded aperture snapshot spectral imagers[J]. Applied optics，2010，49(36)：6824－6833

[31]　ZHOU Z L，YUAN Y，BIN X L. Light Field Imaging Spectrometer：Conceptual Design and Simulated Performance[J]. OSA/FiO/LS，2010

[32]　杨庆华．高光谱分辨率时间调制傅氏变换成像光谱技术研究[D]．北京：中国科学院研究生院，2009

[33]　赵慧洁，周鹏威，张颖，等．声光可调谐滤波器的成像光谱技术[J]．红外与激光工程，2009，38(2)：189－193

[34]　杨国伟，郑臻荣，陈晓西，等．多级 Lyot 型液晶可调谐滤光片的研究[J]．浙江大学学报：工学版，2009，43(6)：1163－1167

[35]　SOOD A K，RICHWINE R，PURI Y R，et al. Multispectral EO/IR Sensor Model for Evaluating UV，Visible，SWIR，MWIR and LWIR System Performance[C]. Proc. of SPIE，2009，7300：73000H－1－12

[36]　HORSTMEYER R，ATHALE R，EULISS G. Modified light field architecture for reconfigurable multimode imaging[C]. Proc. of SPIE，2009，7468：746804－1－9

[37]　WAGADARIDAR A A，PITSIANIS N P，SUN X B，et al. Video rate spectral imaging using a coded aperture snapshot spectral imager[J]. Optics express，2009，17(8)：6368－6387

[38]　WAGADARIKAR A，JOHN R，WILLETT R，et al. Single disperser design for coded aperture snapshot spectral imaging[J]. Applied optics，2008，47(10)：B44－51

[39]　WAGADARIKAR A A，PITSIANIS N P，SUN X B，et al. Spectral Image

Estimation for Coded Aperture Snapshot Spectral Imagers[C]. Proc. of SPIE, 2008, 7076: 707602-1-15

[40] MATHEWS S A. Design and fabrication of a low-cost, multispectral imaging system[J]. Applied optics, 2008, 47(28): F71-76

[41] LUCEY P G, HORTON K A, WILLIAMS T. Performance of a long-wave infrared hyperspectral imager using a Sagnac interferometer and an uncooled microbolometer array[J]. Applied optics, 2008, 47(28): F107-F113

[42] CABIB D, GIL A, LAVI M, et al. Buckwald and Stephen G. Lipson. New 3 ~5 μm wavelength range hyperspectral imager for ground and airborne use based on a single element interferometer[C]. Proc. of SPIE, 2007, 6737: 673704-1-11

[43] NOGUEIRA F G, FELPS D, GUTIERREZ-OSUNA R. Development of an Infrared Absorption Spectroscope Based on Linear Variable Filters[J]. IEEE sensors journal, 2007, 7(8): 1183-1190

[44] FERNANDEZ C, GUENTHER B D, GEHM M E, et al. Longwave infrared (LWIR) coded aperture dispersive spectrometer[J]. Optics express, 2007, 15(9): 5742-5753

[45] GARINI Y, YOUNG I T, MCNAMARA G. Spectral Imaging: Principles and Applications [J]. International Society for Analytical Cytol/ogy, 2006, Cytometry Part A 69A: 735-747

[46] NG R, LEVOY M, BREDIF M, et al. Light Field Photography with a Hand-held Plenoptic Camera[C]. Stanford Tech Report, CTSR 2005-02

[47] 田媛. 声光可调滤光片在光谱化学分析中的应用[D]. 吉林: 吉林大学, 2004

[48] 桑伟, 徐可欣, 周定文, 等. 声光可调谐滤光器光学特性的研究[J]. 天津大学学报, 2003, 36(4): 395-399

[49] 董瑛, 相里斌, 赵葆常. 大孔径静态干涉成像光谱仪的干涉系统分析[J]. 光学学报, 2001, 12(3): 330-334

[50] 金锡哲. 干涉成像光谱技术研究[D]. 北京: 中国科学院研究生院, 2000

[51] COURTIAL J, PATTERSON B A, HARVEY A R, et al. Design of a static Fourier-transform spectrometer with increased field of view [J]. Applied optics, 1996, 35(34): 6698-6702

[52] DIERKING M P, KARIM M A. Solid-block stationary Fourier-transform spectrometer[J]. Applied optics, 1996, 35(1): 84-89

[53] SMITH W H, HAMMER P D. Digital array scanned interferometer: sensors and results[J]. Applied optics, 1996, 35(16): 2902-2909

[54] PADGETT M J, HARVEY A R, DUNCAN A J, et al. Single-pulse, Fourier-transform spectrometer having no moving parts[J]. Applied optics, 1994, 33(25): 6035-6040